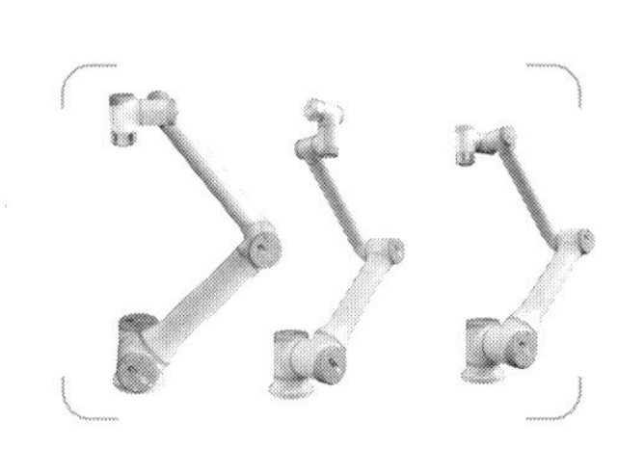

深度学习

——智能机器人应用的理论与实践

俞建峰　主　编
化春键　蒋　毅　副主编

化学工业出版社
·北京·

内容简介

智能机器人发展日新月异，相关的机器学习技术受到广泛关注。本书以其中关键的深度学习理论与实践为主线，系统介绍了机器智能、机器学习和神经网络的概念与算法；机器学习的参数及其拟合和欠拟合的问题；神经网络等数学模型；卷积神经网络模型；循环神经网络；注意力机制以及深度学习的算法；基于深度学习的人机协作识别、动作抓取、平面检测等应用知识。

本书适宜从事机械、自动控制等智能机器人相关专业的技术人员参考，也可作为相关专业的本科教材。

图书在版编目（CIP）数据

深度学习：智能机器人应用的理论与实践/俞建峰主编；化春键，蒋毅副主编．—北京：化学工业出版社，2024.7

ISBN 978-7-122-45321-1

Ⅰ．①深…　Ⅱ．①俞…②化…③蒋…　Ⅲ．①机器学习-应用-智能机器人-研究　Ⅳ．①TP242.6

中国国家版本馆CIP数据核字（2024）第065307号

责任编辑：邢　涛　　文字编辑：蔡晓雅
责任校对：刘　一　　装帧设计：韩　飞

出版发行：化学工业出版社
（北京市东城区青年湖南街13号　邮政编码100011）
印　　装：三河市延风印装有限公司
787mm×1092mm　1/16　印张27½　字数672千字
2024年7月北京第1版第1次印刷

购书咨询：010-64518888　　售后服务：010-64518899
网　　址：http://www.cip.com.cn
凡购买本书，如有缺损质量问题，本社销售中心负责调换。

定　　价：138.00元

前言

人工智能是引领未来的战略性技术，新质生产力的重要组成部分。我国出台了《新一代人工智能发展规划》，许多大学成立了人工智能学院，开设面向人工智能本科生特殊人才培养的图灵班等。作为人工智能的三大支柱之一的人工智能算法得到科学界和工业界的关注，以深度学习为代表的神经网络算法正在视觉识别、机器人导航、机器人控制、无人驾驶等领域得到广泛应用。

本书编撰的目的是总结深度学习算法的技术基础和基本理论，并且分享江南大学机器视觉与运动控制课题组在产学研合作中应用深度学习算法的案例，比如人机协作、机器人动态抓取、工业产品缺陷视觉检测等实践研究。本书可作为相关领域技术人员的职业指导，也可作为机械工程、机器人工程专业的研究生教材，还可作为智能制造工程、机械工程、机器人工程等专业本科生的专业选修课教材。

本书以深度学习理论和实践为主线，系统总结了深度学习的发展历史、主流算法和在智能机器人中的实际应用。本书分为十三章：第一章绪论，介绍了机器智能、机器学习、神经网络以及深度学习的概念与常见算法，并概述了深度学习在智能机器人方面的应用；第二章机器学习的数学基础，介绍了机器学习所需的数学基础知识，包括标量、矢量、矩阵和张量的概念，以及机器学习中度量指标和概念分布；第三章机器学习的构成及理论基础，介绍了机器学习的分类和重要参数，并对机器学习中存在的过拟合、欠拟合问题进行描述，总结了机器学习中存在的交叉验证方法和常见的机器学习模型；第四章神经网络基础，介绍了常见的神经网络类型，并针对神经网络中核心问题和最优化过程进行讲解，最后对常用的两种深度学习框架 PaddlePaddle 和 pyTorch 进行介绍；第五章卷积神经网络，介绍了卷积神经网络的基本组成和运行机理，列举了多种常见的卷积神经网络，并辅以实例进行介绍；第六章循环神经网络，介绍了循环神经网络的基本组成和运行机理，并针对长短时记忆网络、递归神经网络和门控循环单元网络进行讲解；第七章注意力机制与外部记忆，介绍了注意力机制和外部记忆的原理和具体方法，并针对计算机视觉中的注意力机制进行重点讲解，最后讲解了如何在 YOLOv7 网络中添加注意力机制；第八章深度学习调优方法，介绍了深度学习从数据、模型结构和模型参数三个方面出发进行调优的方法；第九章智能机器人的视觉感知方法与视觉处理技术，介绍了经典的视觉感知方法，从机器学习和深度学习两方面探讨了智能机器人的感知方法和相关技术；第十章智能机器人的定位与导航规划技术，介绍了智能机器人在移动中所需的地图构建和导航规划技术，最后讲解了多 AGV 任务调度及路径规划技术；第十一章基于深度学习的表面缺陷检测技术，介绍了表面缺陷技术的研究现状和相关技术，并以液晶面板电极缺陷检测为例，讲解了数据集建立和模型训练的具体操作；第十二章基于深度学习的人机协作动作识别，介绍了人机协作动作识别技术的研究现状和存在问题，并辅以代码进行具体操作的讲解；第十三章基于深度学习的机器人视觉抓取，介绍了机器人视觉抓取的研究现状和应用，并对机器人视觉系统标定与坐标转换进行描述，最后介绍了两种不同的抓取检测方法。

本书由俞建峰为主编，化春键和蒋毅为副主编；江南大学范先友、俞俊楠、黄然、刘子璇、熊焕、吴永泽、顾毅楠、孙辉、倪奕、贺顺、单子豪、邵柏潭等参与了编写工作并付出了艰辛的努力，在此表示感谢。感谢江南大学研究生院对本书出版的大力支持，本书获得江南大学 2023 年研究生教材立项（YJSJC23_ 004）。本书得到无锡尚实电子科技有限公司贾磊、无锡精质视觉科技有限公司蒋乐、无锡普瑞精密技术有限公司蔡立军、无锡华拓科技有限公司金熠、长广溪智能制造（无锡）有限公司吉峰等企业家的大力支持。编者还要感谢关心、支持、指导本书出版的专家学者，衷心感谢他们提出的宝贵建议。同时，对提供技术资料的相关企业和参考文献中涉及的国内外专家学者表示诚挚的谢意！

由于编者水平有限，书中难免存在不足之处，恳请广大读者批评指正！

俞建峰
于江南大学
2024 年 3 月 10 日

目录

第八章 深度学习调优方法 258

第一章

绪　论

近年来，人工智能（AI）领域迅猛发展，已成为科技浪潮的前沿。从语音识别到自然语言处理，从图像识别到无人驾驶，AI 的广泛应用不仅推动了各个行业的技术革新，也极大地丰富了我们的日常生活。

在 AI 的众多子领域中，深度学习凭借其独特优势和强大能力崭露头角。作为一种基于人工神经网络的机器学习技术，深度学习能够自主地从海量数据中学习并提取有价值的特征。由于其在图像识别、语音识别和自然语言处理等任务中的高效性和准确性，深度学习已经成为机器智能领域的核心技术之一。

同时，智能机器人作为深度学习应用的重要方向，展现出了巨大的潜力和广阔的发展前景。与传统工业机器人相比，智能机器人表现出更高的智能化程度、更大的灵活性、更强的自适应能力和更丰富的人性化特征。智能机器人能够通过传感器感知环境，并通过深度学习技术理解和适应环境，从而执行例如物体识别、搬运、自主导航等多种任务。这种集成了深度学习技术的智能机器人，能够更好地满足人们在生活和工作中的多样化需求。

本书将深入探讨深度学习的理论基础，并着重介绍它在智能机器人中的应用。我们将详细解析深度学习的基本概念、重要原理和核心算法，并深入讨论智能机器人的关键技术和应用场景，旨在为读者在理论学习和实践应用中提供全面的指导和帮助。

1.1　自然智能与机器智能

1.1.1　自然智能

自然智能，顾名思义，是指生物体所具有的认知能力和行为模式。它是一个跨学科的研究领域，涉及生物学、心理学、神经科学、计算机科学等多个学科。自然智能的研究有助于我们更好地理解生物体如何处理信息、解决问题和适应环境，进而为人工智能技术提供启示。下面，我们将从多个方面对自然智能进行详细介绍。

（1）感知

感知是生物体获取外部环境信息的能力，包括视觉、听觉、触觉、嗅觉和味觉等多种感知方式。通过感知，生物体能够知道周围的物体、空间、动态和环境变化，并对这些信息进行处理和解析，从而实现对环境的认知。感知能力使生物体能够快速做出反应，如捕食者发现猎物、猎物察觉捕食者的威胁等。

（2）思维

思维是生物体处理和操作信息的能力。它包括概念化、推理、判断、决策、解决问题等多种过程。生物体通过思维能力对感知到的信息进行加工、组织和整合，形成知识、观念和信念，并据此指导行为和决策。思维能力使生物体在面临复杂问题时能够做出合理的决策，以应对不断变化的环境。

（3）记忆

记忆是生物体存储和检索信息的能力。它涉及信息的编码、存储和提取等过程。记忆可以分为短时记忆和长时记忆。短时记忆负责临时存储信息，持续时间较短；长时记忆则用于长期存储知识和经验。记忆能力使生物体能够在不同时间和场景中利用过去的经验来指导当前的行为和决策，从而提高适应能力和生存能力。

（4）学习

学习是生物体通过经验改变行为和知识的能力。它可以分为观察学习、模仿学习、试错学习、条件反射等多种类型。学习能力使生物体能够在不断接触新环境和情境时提高自己的适应性。学习也有助于生物体在不断变化的环境中找到有效的策略和行为模式，从而提高生存概率。

（5）沟通

沟通是生物体通过符号、信号和行为等方式传递和接收信息的能力。不同生物体之间的沟通方式各异，如人类的语言、动物的叫声和植物的化学信号等。沟通能力使生物体能够在群体中互相交流和协作，共同应对环境挑战和生存压力。有效的沟通可以促进生物体之间的信息传递和资源共享，提高整个群体的适应性。

（6）情感

情感是生物体对内部和外部刺激产生的主观体验和反应。情感包括愉悦、悲伤、愤怒、恐惧、喜爱等多种类型。情感在生物体的认知、决策和行为中起到重要作用，例如情感可以增强记忆、调节注意力、影响判断和决策等。情感的出现可能与生物体对环境的适应性和生存策略有关，如情感反应可以帮助生物体识别有益或有害的刺激，从而做出适当的行为响应。

（7）意识

意识是生物体对自身和环境的主观体验和认知。意识具有多种特性，如主体性、统一性、持续性等。意识的本质和机制尚不完全清楚，但研究表明，意识可能与大脑的神经活动、信息处理和全局工作空间等因素有关。意识在生物体的认知、决策和行为中具有重要作用，如自我意识可以帮助生物体在复杂环境中更好地适应和生存。

（8）创造力

创造力是生物体产生和实现新颖、有价值的想法和解决方案的能力。创造力涉及多种认知过程，如发散思维、联想、类比等。创造力在生物体的适应性、进化和文化发展中起到关键作用。创造力使生物体能够在面临新挑战时找到创新的解决方案，从而在竞争中保持优势。

自然智能是生物体所具有的一系列认知能力和行为模式。这些能力使生物体能够感知环境、思考问题、记忆经验、学习新知、沟通交流、表达情感、意识自我和创造创新。自然智能的研究有助于我们揭示生物体的认知和行为机制，为人工智能和智能机器人技术提供理论基础和实践指导。

1.1.2 机器智能

北京航空航天大学的李昂生教授阐述了人工智能的三大科学原理：学习原理、自我意识理论和谋算理论。学习原理主要涉及通过特定策略解码和生成信息，旨在消除不确定性并理解确定性与不确定性之间的相互转化。自我意识理论聚焦于个体对确定性和不确定性及其相互转化的判断、识别与预测。博弈/谋算理论则借助“孙子模型”进行博弈设计和策略决策，实现信息与计算的结合，最大化敌方的不确定性和最小化己方的不确定性。李教授的这些深刻见解为人工智能的发展和应用提供了宝贵的理论基础和指导。

进一步说，机器智能是在这些自然智能原理的基础上发展起来的，它应用人工智能技术实现了计算机和其他智能设备的智能能力。机器智能的核心目标是模拟和扩展人类和其他生物体的认知能力和行为模式，从而为人类提供更高效、智能的服务，并解决现实生活中的各种问题。本书将深入探讨机器智能的多个方面，包括知识表示、推理、学习、感知、沟通、调度和规划和问题等，旨在更全面地了解机器智能的各个要素。

（1）知识表示与推理

知识表示是指将现实世界中的知识转化为计算机可以处理的形式，以便计算机能够理解和处理这些知识。知识表示的常见方法包括产生式规则、语义网络、框架、概念图和本体等。这些表示方法为实现基于知识的推理提供了基础。推理是基于已知知识进行逻辑推导和判断的过程，以得出新的结论。它包括演绎推理、归纳推理、类比推理和概率推理等。知识表示与推理在专家系统、自然语言理解、智能搜索引擎等领域具有重要应用。

(2) 机器学习与深度学习

机器学习是让计算机通过训练和学习数据来提高性能的技术。它包括监督学习、无监督学习、半监督学习、强化学习等多种模式。机器学习的核心任务是在有限的训练数据中发现规律，并对未见过的新数据进行准确预测。深度学习是一种基于多层人工神经网络的机器学习技术，它在诸如图像识别、语音识别、自然语言处理、生成对抗网络等领域取得了突破性成果。深度学习通过层次化特征提取，使模型能够自动学习数据中的复杂模式。

(3) 感知与计算机视觉

感知是机器智能设备获取外部环境信息的能力。常见的感知方式包括视觉、听觉、触觉、嗅觉和味觉等。计算机视觉是让计算机能够理解和分析图像或视频数据的技术。计算机视觉涉及图像处理、特征提取、目标识别、场景分析等方面。计算机视觉的主要任务是从视觉数据中提取有用的信息，如目标检测、目标跟踪、三维重建等。计算机视觉在无人驾驶、安防监控、工业自动化、医疗影像分析等领域具有广泛应用。

(4) 自然语言处理与语音识别

自然语言处理是让计算机能够理解和生成人类语言的技术。自然语言处理涉及语音识别、语义分析、机器翻译、情感分析、问答系统、文本挖掘等方面。自然语言处理使得机器智能设备能够与人类进行自然、流畅的交流，从而为人们提供更加智能化的服务。语音识别是自然语言处理的一个子领域，它关注计算机对人类语音的识别和转换。语音识别技术的发展使得人们可以使用语音助手、智能家居控制、车载语音系统和无障碍服务等功能。

(5) 调度与规划问题

调度是指有效地安排和管理资源，使得任务能够在一定的约束条件下按照最优的方式完成。规划是指制定长期的目标和策略，以及相应的行动计划，以达成特定的目标。调度与规划问题是机器智能设备实现自主、适应性行为的关键技术，这些技术在智能优化、智能调度、仿真优化、智能制造、智能电网、智慧矿山、智能导航、智慧旅游、智慧物流、智能建筑、智能交通、智慧医疗、智慧城市等领域有着广泛的应用。

(6) 机器人技术与人工智能硬件

机器人技术是指让机器具有自主性、可编程性和多功能性的技术。机器人技术包括机器人的设计、制造、控制、感知和决策等方面。机器人技术使得机器智能设备能够在物理世界中与环境互动、执行任务和实现多种功能。此外，人工智能硬件是实现机器智能的基础设施，包括处理器、传感器、执行器、存储器等。随着硬件技术的进步，机器智能设备的性能和能效得到了极大提升。人工智能硬件的发展为机器智能领域带来了更广阔的发展空间，支持了各种创新应用的实现。

机器智能基于自然智能原理，通过应用人工智能技术，旨在为人类提供更高效、更智能的服务，并解决实际问题。它在各个领域的应用不断扩展，从知识表示到机器学习和机器人技术，正大幅改变我们的生活。机器智能具有规范性和逻辑性，而人的智能则突显灵活性与创造性，通过人机交互协同，合理融合两者的智能，将极大增强人机系统在复杂任务和情境下的认知和适应能力。

1.2 机器获取知识的途径：机器学习

1.2.1 机器学习的概念

机器学习是一种人工智能技术，它使计算机能够从数据中自动学习规律和模式，进而让计算机能自主地进行预测和决策。这种技术通过在大量数据中识别隐藏的关系，使得计算机能够应对复杂、动态和不确定的现实世界问题。机器学习可以被视为一种通过数据学习函数的过程，即在给定一组输入和相应的输出数据的情况下，机器学习算法能从中学习输入和输出之间的关系，并依据学习到的模型对新的输入数据进行预测或分类。

机器学习主要可分为监督学习、无监督学习、半监督学习和强化学习四类，在第三章中做详细描述。

（1）监督学习（supervised learning）

监督学习是机器学习的一种方法，其中模型通过一组带有输入和对应输出的训练数据进行训练。训练数据包括一系列输入特征向量和与之相关联的目标标签。目标是让模型学习从输入特征到目标标签之间的映射关系，从而在给定新的输入数据时能够准确预测其对应的输出。

监督学习可以进一步分为回归和分类两类问题。回归问题的目标是预测连续值，例如预测温度等。而分类问题则涉及将输入数据划分到多个离散的类别中，例如垃圾邮件检测、图像识别等。

（2）无监督学习（unsupervised learning）

无监督学习是另一种机器学习方法，它不依赖于带标签的训练数据。无监督学习的目标是寻找数据集中的结构、模式或潜在关系。常见的无监督学习任务包括聚类、降维、密度估计等。

聚类是将数据划分为若干组，使得组内的数据点彼此相似，而组间的数据点差异较大。降维是将高维数据映射到低维空间，以便更好地可视化或处理。密度估计则是估计数据的概率密度分布，从而了解数据的统计特性。

（3）半监督学习（semi-supervised learning）

半监督学习介于监督学习和无监督学习之间，它利用少量带标签的数据和大量无标签的数据进行模型训练。半监督学习的目标是通过同时利用带标签和无标签数据的信息，提高模型的泛化性能。

半监督学习方法包括自学习、多视图学习、协同训练、生成式模型等。其中自学习是一种迭代过程，模型通过对无标签数据进行预测，并将预测结果作为伪标签，将其与原有的带标签数据一起用于训练。多视图学习则是利用不同的数据视图来提取信息并结合学习，从而提高模型性能。协同训练是通过训练多个基学习器，并让它们相互协作，以达到更好的泛化能力。生成式模型，如变分自编码器（VAE）和生成对抗网络（GAN），则试图通过学习数据的潜在表示来捕捉数据生成过程。

（4）强化学习（reinforcement learning）

强化学习是一种在环境中进行决策以最大化某种长期奖励的机器学习方法。强化学习的主体，也就是智能体（agent），在给定的状态下选择行动，并从环境中得到反馈，这个反馈通常以奖励（或者惩罚，即负的奖励）的形式给出。智能体的目标就是找到一种策略，使得它在长期中获得的奖励总和最大。这种策略不仅考虑立即的奖励，而且也会考虑未来的奖励。因此，强化学习是关于如何在即时奖励和长期奖励之间做出权衡的学习。

1.2.2 基本机器学习模型

在当今的机器学习领域，众多不同类型的算法各具优缺点，适用于解决各种问题。本节将重点介绍九种常见的机器学习算法，包括线性回归、逻辑回归、线性判别分析、朴素贝叶斯、K 最近邻算法、决策树、支持向量机、随机森林和神经网络。我们将对这些算法的基本原理、优缺点以及应用领域进行详细阐述。

（1）线性回归（linear regression）

线性回归是最基本的机器学习算法之一，旨在建立自变量与因变量之间的线性关系。线性回归的核心思想在于寻找一条合适的直线来拟合数据集，使得该直线与各数据点之间的误差最小。线性回归模型具有简单易懂、解释性强和计算速度快的优点。然而，其局限在于只能适用于线性模型，无法处理非线性问题。

线性回归模型通常表示为一个方程，通过为输入变量分配特定的权重（即系数 b），描述一条最佳拟合输入变量（x）与输出变量（y）之间关系的直线。线性回归的数学示例如图 1.2.1 所示。

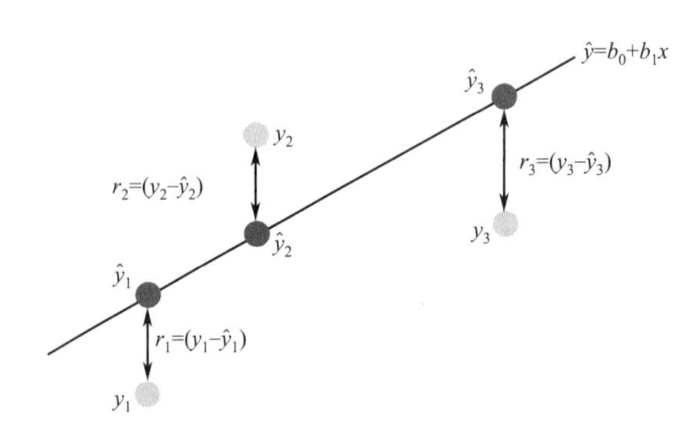

图 1.2.1　线性回归的数学示例图

例如，方程 $y=b_0+b_1x$ 描述了在给定输入值 x 的条件下预测 y 的关系。线性回归学习算法的目标是找到合适的系数 b_0 和 b_1。为了从数据中学习线性回归模型，我们可以采用不同的技术，如普通最小二乘法的线性代数解和梯度下降优化方法。

（2）逻辑回归（logistic regression）

逻辑回归是机器学习从统计学领域借鉴过来的一种技术，通常用于解决二分类问题。其基本思想是将特征线性组合后，通过一个逻辑函数将结果映射到［0,1］的概率区间，从而进行二分类。逻辑回归示意图如图 1.2.2 所示。

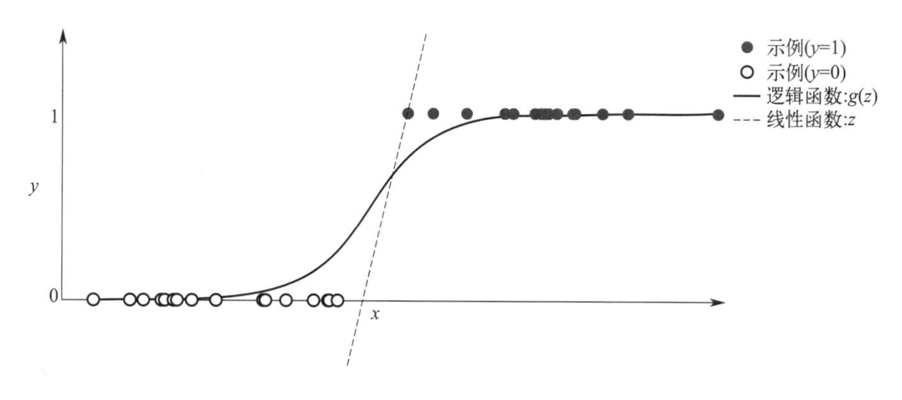

图 1.2.2 逻辑回归示意图

由于模型的学习方式，逻辑回归的预测结果也可以表示为给定数据实例属于类 0 或类 1 的概率。与线性回归类似，逻辑回归在移除与输出变量无关且彼此之间高度相关的属性后效果更佳。该模型学习速度快，对二分类问题非常有效。

（3）线性判别分析（linear discriminant analysis， LDA）

逻辑回归是一种传统的分类算法，适用于二分类问题。对于多分类问题（两个以上的类别），线性判别分析（LDA）算法是首选的线性分类技术。LDA 的基本思想是将数据集映射到一维空间上，使得不同类别的数据点尽可能地分开。LDA 常用于图像分类、语音识别、人脸识别等领域。线性判别分析示意图如图 1.2.3 所示。

LDA 的表示方法非常直观。它包含为每个类别计算的数据统计属性。对于单个输入变量而言，这些属性包括每个类的均值和所有类的方差。预测结果是通过计算每个类的判别值，并将类别预测为判别值最大的类而得出的。该技术假设数据符合高斯分布，因此最好预先从数据中删除异常值。LDA 是一种简单而有效的分类预测建模方法。

（4）朴素贝叶斯（naive Bayes）

朴素贝叶斯是一种基于贝叶斯定理的分类算法，其基本思想是利用特征之间的独立性假设，计算不同类别下的条件概率，然后根据贝叶斯定理计算后验概率，从而对新的数据进行分类。

该模型由两类可直接从训练数据中计算出来的概率组成：（a）数据属于每一类的概

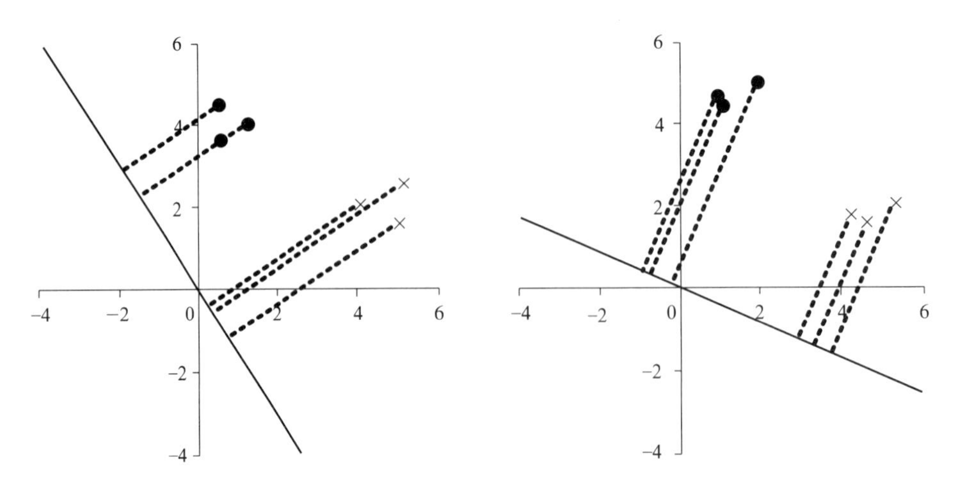

图 1.2.3 线性判别分析示意图

率；(b) 给定每个 x 值，数据从属于每个类的条件概率。一旦这两个概率被计算出来，就可以使用贝叶斯定理，用概率模型对新数据进行预测。当数据是实值的时候，通常假设数据符合高斯分布，这样就可以很容易地估计这些概率。贝叶斯定理示意图如图 1.2.4 所示。

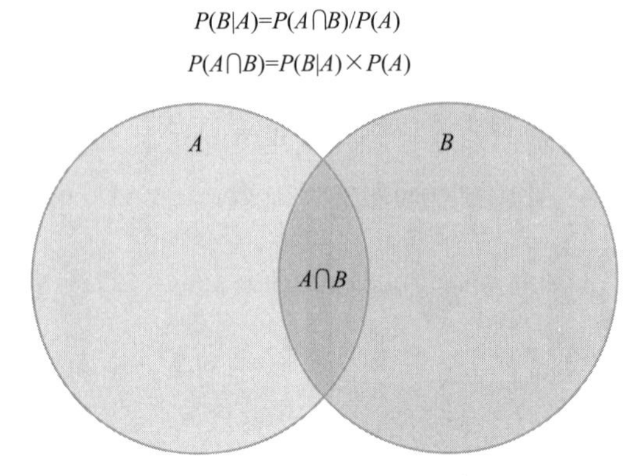

图 1.2.4 贝叶斯定理示意图

朴素贝叶斯之所以被称为“朴素”，是因为它假设每个输入变量相互之间是独立的。尽管这是一种很强的、对于真实数据并不现实的假设，但该算法在大量复杂问题中仍然十分有效。

(5) K最近邻算法(K-nearest neighbor, KNN)

KNN 是一种基于距离度量的分类算法，其基本思想是通过计算待分类对象与训练集中每个样本之间的距离，选取距离最近的 K 个样本，然后根据这 K 个样本的类别进行投票，得到待分类对象的类别。KNN 的优点是实现简单，对数据的要求不高，对非线性模型也适用。缺点是计算复杂度高，对大规模数据集不适用，同时需要选择合适的 K 值和距离度量方式。K 最近邻算法示意图如图 1.2.5 所示。

使用距离或接近程度的度量方法可能会在维度非常高的情况下（即输入变量数量很多）导致性能下降，从而对算法在问题上的性能产生负面影响。这种现象被称为维数灾难。这提示我们应该只使用与预测输出变量最相关的输入变量。

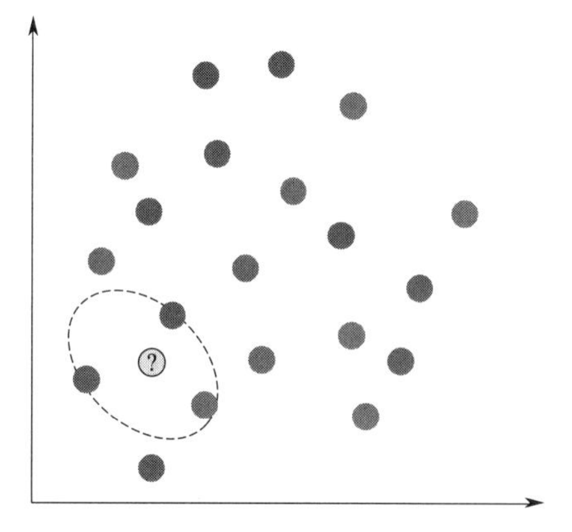

图 1.2.5 K 最近邻算法示意图

（6）决策树（decision tree）

决策树是一种基于树形结构的分类模型，它通过递归地将数据集分割成多个子集，构建出一个多层次的树形结构。在决策树中，每个内部节点表示一个特征或属性，而每个叶子节点代表一个类别。在分类过程中，从根节点开始根据特征属性逐层判断，最终将待分类对象分到叶子节点对应的类别中。决策树示意图如图 1.2.6 所示。

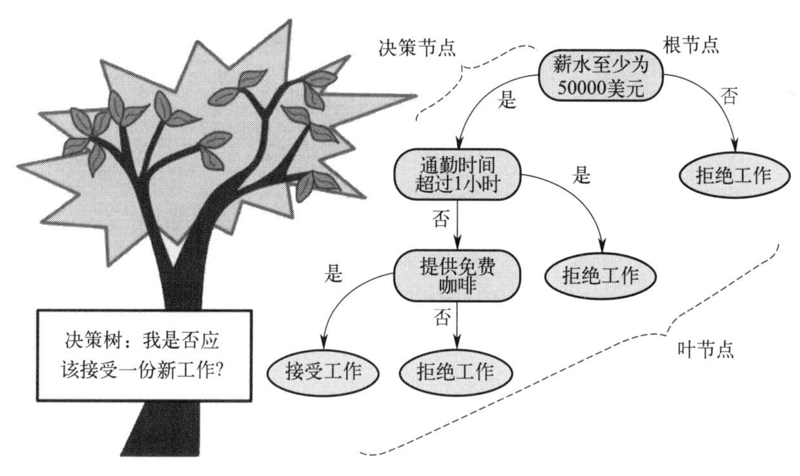

图 1.2.6 决策树示意图

决策树的学习速度很快，预测速度也很快。它们在许多问题中通常具有很高的准确性，且无需对数据进行任何特殊的预处理。

（7）支持向量机（support vector machine，SVM）

支持向量机是一种基于最大间隔分类的算法，其基本思想是在特征空间中寻找一个最优的超平面，使得不同类别的数据点在超平面上的投影距离最大。SVM 的优点是可以处理高维数据，对于小规模数据集表现优异，且具有很强的泛化能力。对于非线性模型，可以使用核函数进行处理。缺点是处理大规模数据集时速度较慢，同时对于多分类问题需要进行额外处理。支持向量机示意图如图 1.2.7 所示。

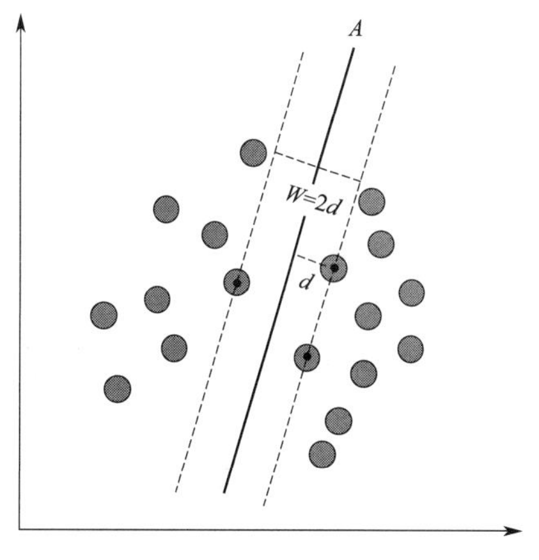

图 1.2.7 支持向量机示意图

超平面是用于划分输入变量空间的“直线”。支持

向量机旨在找到一个将输入变量空间中的点按类别（类 0 或类 1）进行最佳分割的超平面。在二维空间中，这个超平面可以看作是一条直线，假设所有输入点都可以被这条直线完全分开。SVM 学习算法的目标是寻找最终通过超平面实现最佳类别分割的系数。

（8）随机森林（random forest）

随机森林是最流行且最强大的机器学习算法之一，它是一种集成算法，通过集成多个决策树来实现分类任务。随机森林的基本思想是对每棵决策树随机选择部分特征和样本进行训练，然后对多棵决策树的结果进行投票，最终得到分类结果。随机森林算法示意图如图 1.2.8 所示。

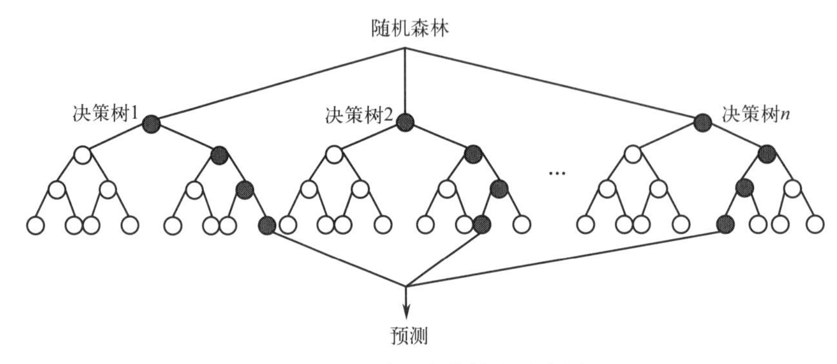

图 1.2.8　随机森林算法示意图

随机森林的优点是具有很强的鲁棒性和泛化能力，对噪声数据和离群点具有较好的容错能力。缺点是需要较长的训练时间和较大的内存空间，同时模型解释性较差。

（9）神经网络（neural network）

神经网络受人类神经系统结构和功能启发而设计，它由输入层、隐藏层和输出层组成。通过多层神经元和非线性激活函数的组合，神经网络能够实现复杂模式的抽象表示和高效学习。神经网络在许多领域都有广泛应用，如图像识别、语音识别和自然语言处理。

神经网络的优点包括能够处理大规模和高维度数据，对非线性模型具有良好的表现，以及在处理非结构化数据（如图像和语音）方面具有优异的效果。然而，神经网络也存在一些缺点，如模型复杂度高，需要大量的训练数据和计算资源，以及模型解释性较差。

尽管神经网络在处理复杂数字问题时可能需要较长的训练时间和大量计算资源，但它们在解决许多实际问题的应用中已经被证明是非常有效的方法。

这些机器学习算法都有各自的优缺点，适用于不同类型的问题。在实际应用中，根据具体问题和数据集的特点，选择合适的算法是非常重要的。同时，熟练掌握这些算法的原理和实现，可以帮助我们更好地解决实际问题。

1.3　机器认知智能的实现途径：神经网络

1.3.1　生物神经网络

生物神经网络是生物体内由神经元相互连接所构成的复杂网络系统，它构成了大脑和神经系统的基础。这种网络系统由大量神经元及其突触连接组成，通过化学和电信号进行通信，形成了复杂的信号传递和处理机制。神经元是生物神经网络的基本单元，负责接收来自其他神经元的信号，经突触连接将这些信号综合处理后输出一个电信号。大量神经元通过突触互相连接，构成了复杂的生物神经网络结构。这种网络具有很强的适应性和学习能力，能够通过不断的反馈和调整来适应环境和任务的变化。神经元结构示意图如图 1.3.1 所示。

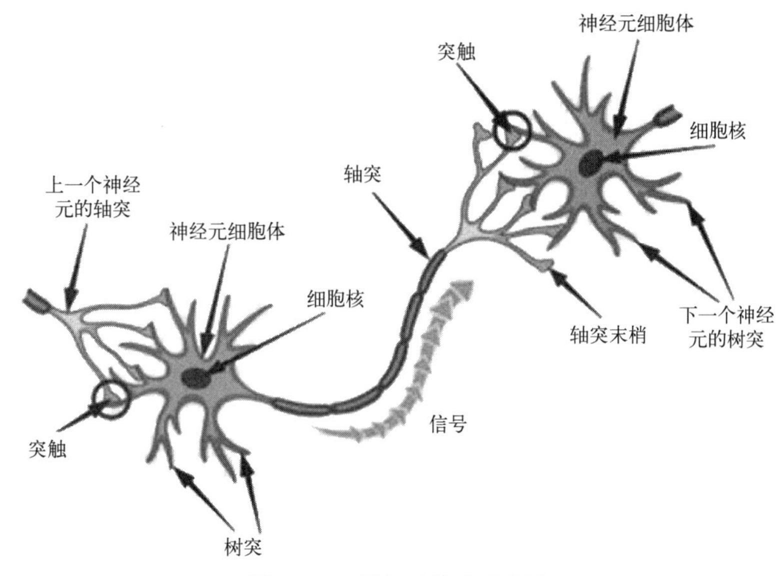

图 1.3.1　神经元构造示意图

生物神经网络具有以下特点：

高度并行：生物神经网络中有数十亿神经元，形成了复杂的神经网络，可以同时处理多个信息。

灵活性：生物神经网络的连接方式可自适应改变，不同的输入模式可以导致神经元之间连接的改变，从而实现信息处理和学习。

自适应性：生物神经网络可以根据输入和反馈信息改变神经元之间的连接强度和突触后电位，从而实现自适应学习和适应环境变化。

容错性：生物神经网络可以容忍一定程度的损坏和干扰，即使神经元数量减少，它们仍然能够组成可用的网络。

生物神经网络在神经科学、认知心理学、计算机科学等领域具有广泛应用。神经科学家通过研究生物神经网络来理解大脑的结构和功能；认知心理学家利用神经网络模型研究认知和行为的机制；计算机科学家受生物神经网络启发，设计更高效、灵活、自适应的人工智能和机器学习算法。

深度学习中的人工神经网络正是基于生物神经网络的启示发展而来的。它们采用与生物神经网络相似的结构和机制，通过大量神经元和连接进行信号处理和模式识别，从而实现了与生物神经网络相似的适应性和学习能力。然而，人工神经网络与生物神经网络之间仍存在显著差异，如人工神经网络中的神经元是基于数学模型构建的，而非生物学上的神经元，且连接方式也有很大不同。此外，人工神经网络的训练和优化方法通常需要借助计算机进行大量计算，而生物神经网络则是通过生物过程的自我调整和优化。

与计算机神经网络相比，生物神经网络是一种经自然演化形成的信息处理系统，具有独特的生物学特征和意义。研究和应用生物神经网络有助于加深我们对大脑的理解，并为未来科学研究和技术发展提供新的启示和方向。例如，神经启发式算法（neuro-inspired algorithms）正是从生物神经网络中汲取的灵感，试图模仿大脑处理信息的方式来设计更高效和更具生物仿真性的计算方法。

1.3.2 人工神经网络与神经元模型

人工神经网络（artificial neural networks，ANN）是受生物神经网络启发而设计的计算模型，其目的是模拟生物神经网络的工作原理以实现类似的功能。人工神经网络包含大量人工神经元（亦称为节点或单元），这些神经元通过连接权重相互关联。人工神经网络被广泛应用于模式识别、分类、预测和控制等任务。神经网络模型结构图如图 1.3.2 所示。

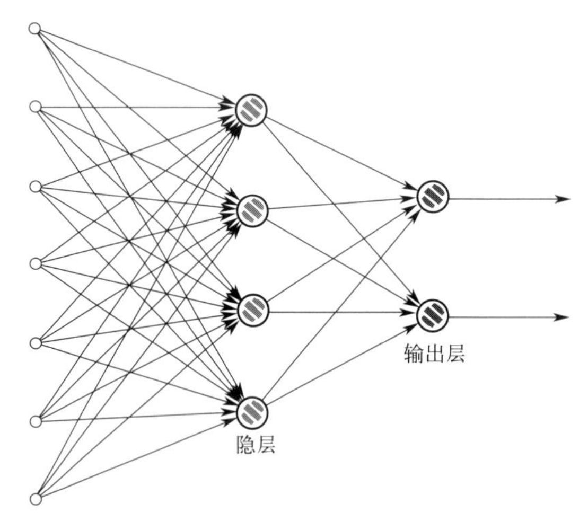

图 1.3.2　神经网络模型结构图

在人工神经网络中，神经元模型是一个基于数学模型的抽象概念，用于表示输入和输出之间的函数关系。神经元模型通常包括输入、激活函数和输出等部分。输入是从其他神经元接收的信号，这些信号通过连接权重加权并累加。激活函数将加权和的值转换为神经元的输出，这个输出可以传递给其他神经元。神经元模型如图 1.3.3 所示。

人工神经网络可以分为不同的类型，如前馈神经网络、循环神经网络和自组织映射等。此外，神经网络的学习过程涉及多种权重调整和优化算法。下面将详细介绍这些类型和算法，以帮助读者更深入地了解神经网络的原理和应用。

（1）人工神经网络的类型

人工神经网络可以根据其结构和功能特点划分为以下几类。

① 前馈神经网络（feedforward neural networks，FNN）

前馈神经网络是最简单的一类神经网络，其神经元按层次排列，信号从输入层流向输出层，不包含任何反馈连接。这类神经网络的代表是多层感知器（multilayer perceptron，

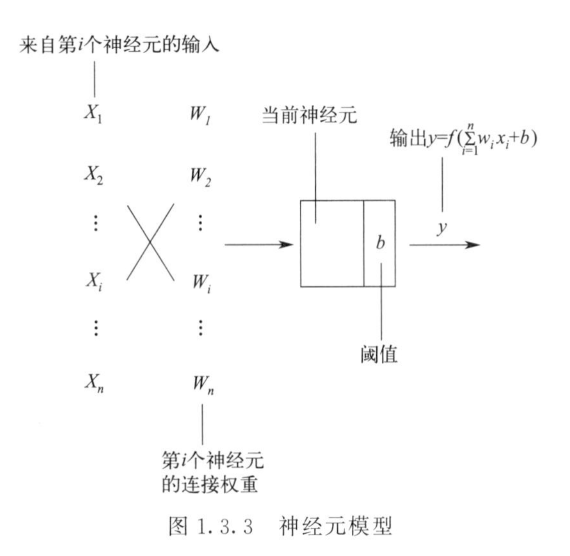

图 1.3.3　神经元模型

MLP），它在计算机视觉、语音识别和自然语言处理等领域有广泛应用。

② 循环神经网络（recurrent neural networks，RNN）

循环神经网络是一类具有反馈连接的神经网络，其中，某些神经元的输出会返回到输入，使网络具有记忆功能。这使得循环神经网络在处理时序数据时具有优势。常见的循环神经网络包括长短时记忆网络（long short-term memory，LSTM）和门控循环单元（gated recurrent unit，GRU），它们在语音识别、机器翻译和时间序列预测等领域取得了显著成果。

③ 自组织映射（self-organizing maps，SOM）

自组织映射是一种无监督的神经网络，通过竞争学习过程实现输入数据的聚类和降维。SOM 网络结构通常包括输入层和输出层（也称为特征层或映射层）。在训练过程中，SOM 根据输入数据的相似性调整输出层神经元的权重，使得相似的输入数据在输出层中的位置相邻。SOM 在数据挖掘、图像处理和模式识别等领域具有广泛应用。

（2）神经网络的学习过程

神经网络的学习过程通常包括权重调整和优化算法两个方面。权重调整是在学习过程中不断改变神经元之间连接的权重，以减小网络输出与期望输出之间的差异。优化算法则是在权重调整过程中采用的方法，例如梯度下降法、遗传算法和粒子群优化等。

① 梯度下降法

梯度下降法是一种常用的优化算法，通过计算损失函数（loss function）关于权重的梯度来更新权重，使损失函数的值逐渐减小。在神经网络中，损失函数通常用于衡量网络输出与期望输出之间的差异。梯度下降法的一个变种是随机梯度下降法（stochastic gradient descent，SGD），它每次仅使用一个训练样本来计算梯度并更新权重，以加快训练速度。此外，还有诸如小批量梯度下降法（mini-batch gradient descent）等改进版本，它们在每次迭代时使用一小批训练样本，既能加速训练过程，又能减小梯度估计的方差。

② 遗传算法

遗传算法（genetic algorithm，GA）是一种启发式搜索算法，它模拟自然界中生物的进化过程来求解优化问题。在神经网络中，遗传算法可以用于寻找最优的连接权重和结构。遗传算法的主要操作包括选择、交叉（crossover）和变异（mutation）。

选择操作根据适应度函数（fitness function）为每个个体分配概率，以便优秀个体有更高的概率被选中。交叉操作模拟生物遗传中的染色体交换过程，通过组合父母的基因产生新的后代。变异操作则对个体的某些基因进行随机改变，以增加种群的多样性。遗传算法在神经网络优化、特征选择和模型选择等方面具有较好的应用前景。

③ 粒子群优化

粒子群优化（particle swarm optimization，PSO）是另一种启发式搜索算法，它模拟鸟群或鱼群在寻找食物的过程中的集体行为。在神经网络中，粒子群优化可用于寻找最优权重。算法的每个粒子表示一个可能的权重解，粒子根据自身最佳解和全局最佳解来调整其位置（权重值），以逐渐逼近全局最优解。PSO 算法相对简单、易于实现，它在神经网络优化、函数优化和组合优化等问题中具有较好的性能。

（3）其他优化算法

除了梯度下降法、遗传算法和粒子群优化等方法外，还有许多其他优化算法可以应用于神经网络的学习过程，如模拟退火算法（simulated annealing，SA）、蚁群算法（ant colony optimization，ACO）和差分进化算法（differential evolution，DE）等。

① 模拟退火算法

模拟退火算法是一种基于随机搜索的全局优化算法，它模拟固体在冷却过程中晶体结构的演变。在神经网络中，模拟退火算法可用于寻找最优权重和结构。算法通过随机搜索和接受劣解的策略来挑出局部最优解，从而提高全局搜索能力。模拟退火算法在组合优化、函数优化和神经网络优化等问题中具有较好的性能。

② 蚁群算法

蚁群算法是一种自然启发式搜索算法，它模拟蚂蚁在寻找食物的过程中通过信息素交流来发现最优路径。在神经网络中，蚁群算法可用于寻找最优权重和结构。算法通过模拟蚁群对信息素的散播和跟随在搜索空间中寻找最优解。蚁群算法在组合优化、路径规划和神经网络优化等问题中具有较好的应用前景。

③ 差分进化算法

差分进化算法是一种基于种群的全局优化算法，它通过在种群中的个体之间进行差分操作来生成新的解。在神经网络中，差分进化算法可用于寻找最优权重和结构。算法通过对种群中的个体进行差分、交叉和选择操作来逐步改进解的质量。差分进化算法在函数优化、神经网络优化和约束优化等问题中具有较好的性能。

尽管人工神经网络受到生物神经网络的启发，但它们之间仍然存在显著差异。例如，人工神经网络中的神经元是基于数学模型构建的，而非生物学上的神经元，它们的连接方式和学习机制也有很大差别。人工神经网络在许多任务上已经显示出与生物神经网络类似的适应性和学习能力，这使得人工神经网络成为了解生物神经网络、认知心理学和计算机科学等领域的重要工具。

1.4 深度学习的前沿发展及其应用

1.4.1 深度学习

智能化系统是智能时代最大的特征，是将智慧融入物理实体系统。基于信息的信息传感、智慧分析和控制反应是智能化系统的三大支撑。深度学习是机器学习领域的一个重要子领域，其核心思想是通过构建多层神经网络模型来学习和表示数据，从而完成各种预测和分类任务。相较于传统的机器学习方法，深度学习具有卓越的自适应性、抽象能力和非线性表达能力，能够自动挖掘数据中的潜在特征和模式，从而显著提高机器学习的性能。

深度学习的关键特点是多层神经网络结构，每一层神经元的输出都会作为下一层神经元的输入。这种多层结构使得网络能够逐层提取和表达数据中的不同特征。深度学习网络可以由各种类型的层组成，如全连接层、卷积层、池化层和循环层等，每种层都有其特定的功能和作用。此外，深度学习网络通常采用非线性激活函数，如 sigmoid、ReLU 等，以增强非线性表达能力。

深度学习的发展离不开计算硬件技术和大规模数据集的支持。计算机技术的进步使得 GPU 和 TPU 等硬件加速器能够显著提升深度学习的计算效率。同时，互联网的快速发展和智能设备的普及使得大规模数据集的收集和处理变得更加便捷，为深度学习应用提供了广阔的发展空间。

深度学习在多个领域都有广泛的应用，如计算机视觉、自然语言处理、语音识别和游戏智能等。在计算机视觉领域，深度学习在图像识别、目标检测、人脸识别等方面取得了显著成绩，例如在 ImageNet 竞赛中表现出超越人类水平。在自然语言处理领域，深度学习可应用于机器翻译、文本分类、语音识别等任务，从而提升了处理自然语言的能力。在游戏智能领域，深度学习被用于开发如 AlphaGo 和围棋大师等游戏人工智能，显著提高了其对抗性能。

然而，尽管深度学习取得了许多成果，但仍面临一些挑战和限制。例如，深度学习需要大量的标注数据和计算资源，这限制了其在某些场景中的应用；此外，深度学习网络的黑盒性质导致其可解释性不佳，亟须研究如何理解和解释深度学习模型的决策过程。另一个挑战是模型的泛化能力，即如何在面对新任务和未见过的数据时仍然保持较好的性能。此外，深度学习模型可能受到对抗攻击的影响，使得其在某些情况下出现不可预测的行为。

对抗攻击是一种针对机器学习模型，尤其是深度学习模型的攻击手段。其基本思想是通过对输入数据添加微小的、往往是人类观察者不可察觉的扰动，来误导模型做出错误的预测。在深度学习领域，这种攻击方式被广泛研究，特别是在计算机视觉任务中，这种攻击能够导致模型的预测完全偏离真实类别。

对抗攻击的具体操作通常包括以下几个步骤：

(a) 攻击者需要选择一个目标模型。这个模型可以是公开可用的，也可以是有访问权限的。在白盒攻击中，攻击者可以访问模型的所有参数和结构；在黑盒攻击中，攻击者只能访问模型的输入和输出。

(b) 攻击者需要定义一个目标类别（对于分类任务）。例如，如果原始图像的真实类别

是“猫”，攻击者可能会选择“狗”作为目标类别。

(c) 攻击者通过优化算法生成一个对抗样本。这个过程通常需要计算模型对输入的梯度，以便找到一个可以最大化目标类别得分的微小扰动。对抗样本的生成可以是基于梯度的方法（如 fast gradient sign method，FGSM），也可以是更复杂的优化方法（如 carlini & wagner attack）。

(d) 攻击者将对抗样本输入模型，如果模型预测的类别是攻击者定义的目标类别，那么攻击就成功了。

对抗攻击（图 1.4.1）不仅在理论上揭示了深度学习模型的一些脆弱性，而且在实际应用中也带来了安全和隐私的问题。为了防御对抗攻击，研究人员已经提出了很多对抗训练和对抗防御的方法，如添加噪声、输入变换、梯度掩蔽等，但目前还没有一种方法能够完全克服这个问题。

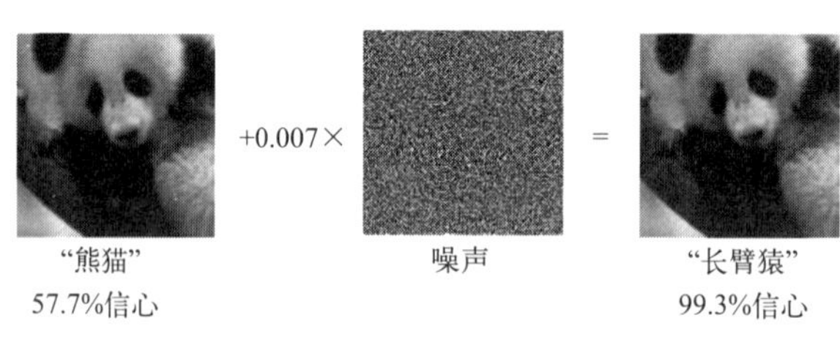

图 1.4.1　对抗攻击

为了克服这些挑战，研究人员正努力探索新的技术和方法。如可解释性方面，已经提出了一些技术，如梯度类激活映射（grad-CAM）和局部可解释性模型（LIME），以帮助更好地理解深度学习模型的内部机制。在泛化能力方面，研究人员正在探索如何利用迁移学习、元学习和增强学习等技术来提高模型的适应性。

另一方面，为了减轻对大量标注数据的依赖，研究人员正尝试利用无监督学习、半监督学习和自监督学习等方法来降低标注成本。这些方法试图通过利用未标注数据或少量标注数据来学习数据的结构和特征，从而提高模型性能。此外，研究者们还在关注模型压缩和优化技术，以降低模型的计算复杂度，使其能够在较低计算资源条件下仍然保持较好的性能。

在安全性方面，研究人员正在研究如何设计鲁棒性更强的模型，以抵御对抗攻击和保护数据隐私。例如，对抗性训练是一种训练方法，通过在训练过程中引入对抗性样本来增强模型的鲁棒性。

综上所述，深度学习是一个充满挑战和机遇的领域。尽管当前仍存在一些限制和问题，但随着技术的不断发展，我们有理由相信深度学习将在未来为人类带来更多的便利和突破。

1.4.2 大语言模型

大语言模型（large language model，LLM）近年来在自然语言处理（NLP）领域取得了显著的成果。LLM 通过利用大量文本数据进行预训练，学会了对自然语言的理解和生成能力。本节将详细介绍大语言模型的发展历程、核心技术、突破性应用及其在 NLP 领域的影响。

（1）大语言模型的发展历程

大语言模型的发展可以追溯到神经网络语言模型（NNLM）。随着深度学习的不断发展，各种不同结构的大型神经网络模型相继出现，如循环神经网络（RNN）和长短时记忆网络（LSTM）。2013年，Mikolov等人提出了Word2Vec，开启了词向量表示的研究热潮。2018年，BERT（bidirectional encoder representations from transformers）的出现标志着大语言模型的真正崛起，其基于Transformer结构，对双向上下文信息进行建模，大幅提升了自然语言处理任务的性能。之后，出现了更多类似的模型，如GPT、T5、RoBERTa等。

以Transformer为架构的大型语言模型机器学习系统，采用的神经网络学习能力和模型的参数规模呈正相关。GPT-2大约由15亿个参数组成，而GPT-3是一个由1750亿个参数组成的先进的语言模型。近年来，学术界和工业界开始尝试在自然语言处理领域应用神经网络方法，预先训练出大规模的语言模型，并针对具体场景构建特定数据集，供这些大模型在下游任务中通过参数微调以适配具体任务。

（2）大语言模型的核心技术

大语言模型的核心技术主要包括以下几点。

预训练和微调：大语言模型通过大量的无标签文本数据进行预训练，学会理解自然语言的语法、句法和语义。预训练过程中，模型学会生成一种通用的语言表示。之后，在特定任务上进行微调，使模型适应具体应用场景。

Transformer结构：Transformer是一种基于自注意力（self-attention）机制的深度学习模型。与传统的循环神经网络（RNN）和长短时记忆网络（LSTM）相比，Transformer可以更高效地处理长距离依赖和并行计算。

大规模计算资源和数据：大语言模型通常需要大量的计算资源和数据进行训练。训练数据的质量和数量直接影响模型的性能。同时，使用强大的计算资源可以加速训练过程，提高模型的性能。

（3）大语言模型的应用领域

大语言模型在自然语言处理领域有广泛的应用，包括：

（a）问答系统：大语言模型可用于构建问答系统，通过输入问题，模型生成相应的答案。这类应用在客户支持、知识库搜索等场景中具有很高的实用价值。

（b）机器翻译：LLM在机器翻译任务中取得了显著的成果，能够在多种语言之间实现高质量的文本翻译。

（c）文本摘要：大语言模型可以用于自动文本摘要，从输入的长篇文章中提取关键信息，生成简洁、准确的摘要。

（d）情感分析：LLM可以对输入文本的情感进行分析，如判断评论是正面还是负面，这对于市场营销、产品评估等场景非常有用。

（e）文本分类：大语言模型在文本分类任务中表现出色，可以将文本按照主题、情感等特征进行自动分类。

（f）生成任务：LLM可以用于生成任务，如自动写作、诗歌创作、广告文案生成等，大幅提高文本创作的效率。

（4）大语言模型在 NLP 领域的影响

大语言模型在自然语言处理领域产生了深远的影响：

(a) 预训练和微调的范式：大语言模型（如 GPT-4、BERT）的成功广泛验证了预训练和微调范式的有效性。此范式为 NLP 任务提供了一种新的方法论，使得模型能够在没有任务特定标注数据的情况下，利用大规模未标注数据学习语言知识，然后在具体任务上进行微调。这种范式的广泛应用极大地推动了 NLP 领域的发展，提高了各类任务的性能，扩大了 NLP 的应用领域。

(b) 通用性和可迁移性：预训练的大语言模型具有强大的通用性和可迁移性，使得我们可以将同一模型应用于多种 NLP 任务，而不再需要针对每个任务单独开发和训练模型。这不仅提高了模型开发的效率，而且也提高了模型性能的上限。这种通用性和可迁移性对于推动 NLP 领域的发展有着重大的影响。

(c) 计算资源的需求：大语言模型的训练需要大量的计算资源。这一需求推动了 AI 硬件和分布式计算技术的发展，也加大了 NLP 领域的技术门槛，可能会加剧资源富裕和资源匮乏的实验室、公司之间的差距。这是大语言模型给 NLP 领域带来的一个重要的社会和经济影响。

(d) 数据驱动：大语言模型的成功强调了数据在 NLP 领域的重要性，推动了数据收集、处理和利用的技术发展，也引发了关于数据隐私、数据偏见等问题的深入讨论。在一定程度上，大语言模型的数据驱动特性改变了 NLP 领域的研究方法和研究方向，使得数据成为研究和应用的关键。

1.4.3 ChatGPT：智能对话机器人

ChatGPT 是一种基于大语言模型（LLM）的智能对话机器人。借助先进的自然语言处理技术，ChatGPT 可以理解和生成自然语言，为用户提供智能、流畅的对话体验。本节将详细介绍 ChatGPT 的背景、核心技术、应用场景以及挑战与未来发展。

（1） ChatGPT 的背景

随着大语言模型的不断发展，如 GPT、BERT 等，在自然语言处理任务中取得了显著的成果。这些模型的成功推动了人工智能领域对智能对话系统的研究。ChatGPT 是这一研究方向的典型代表，它利用大语言模型的强大学习能力，实现了自然、准确的对话生成。

（2） ChatGPT 的核心技术

ChatGPT 的核心技术主要包括以下几点：

预训练和微调：与其他大语言模型相同，ChatGPT 也采用预训练和微调的方法。在大量无标签文本数据上进行预训练，学习通用的语言表示；然后在特定的对话任务上进行微调，使模型适应对话场景。

上下文建模：为了生成与上下文相关的回答，ChatGPT 需要对整个对话历史进行建模。

通过对上下文信息的有效利用，ChatGPT 可以生成连贯、一致的对话回复。

多轮对话管理：ChatGPT 需要管理多轮对话，识别并跟踪对话中的各种实体和信息。通过有效的对话管理，ChatGPT 可以在复杂的对话场景中表现出色。

（3） ChatGPT 的应用场景

ChatGPT 可以广泛应用于多种场景，包括：

客户服务：ChatGPT 可以作为智能客服助手，为用户提供实时、准确地帮助和解答，降低企业的客户服务成本。

虚拟助手：ChatGPT 可以作为个人虚拟助手，帮助用户处理日常事务，如设置提醒、查询天气、推荐餐厅等。

在线教育：ChatGPT 可以作为智能教育助手，为学生提供个性化的学习建议、解答疑问，提高学习效果。

游戏对话：ChatGPT 可以应用于游戏领域，为玩家提供自然、有趣的游戏对话体验，增强游戏的沉浸感和互动性。

内容创作：ChatGPT 可以协助用户进行内容创作，如撰写文章、生成广告文案、创作诗歌等，提高创作效率和质量。

社交媒体管理：ChatGPT 可以帮助企业和个人管理社交媒体账户，自动生成回复和发布内容，提高社交媒体运营效果。

（4） ChatGPT 面临的挑战与未来发展

虽然 ChatGPT 在多种应用场景中取得了显著的成果，但仍然面临一些挑战。

(a) 对话理解的深度：当前的 ChatGPT 可能在一些复杂场景中难以理解用户的意图，导致生成的回答不够准确。未来，研究者们需要继续提高模型的对话理解深度，以满足更高的对话质量要求。

(b) 长对话建模：ChatGPT 在长对话场景中可能会遇到上下文信息丢失的问题，导致生成的回答与对话历史不一致。未来，研究者们需要关注如何更有效地处理长对话建模问题。

(c) 个性化对话：为了满足不同用户的个性化需求，ChatGPT 需要学会根据用户特征生成个性化的回答。未来，研究者们可以尝试将用户特征和上下文信息相结合，实现更高质量的个性化对话。

(d) 对话策略优化：ChatGPT 的对话策略仍有优化空间，如避免过于冗长的回答、在回答中提供更多有效信息等。未来，研究者们可以继续探索对话策略的优化方法，提高 ChatGPT 的对话质量。

ChatGPT 作为一种先进的智能对话机器人，凭借其基于大语言模型的强大功能，在众多应用场景中已经显示了它的价值和潜力。为了让 ChatGPT 能够在更多领域发挥作用，科研人员和工程师正不断进行创新和探索，力图突破当前的限制和挑战。

1.4.4 OpenAI Codex：代码生成与辅助编程

OpenAI Codex 是一款基于大语言模型的代码生成和辅助编程工具。它可以理解自然语

言指令并生成相应的代码，为程序员提供高效、智能的编程体验。本节将详细介绍 OpenAI Codex 的背景、核心技术、应用场景以及挑战与未来发展。

（1） OpenAI Codex 的背景

随着大语言模型在自然语言处理领域的成功，研究者们开始尝试将这些模型应用于代码生成和编程辅助任务。OpenAI Codex 是在这一背景下应运而生的，它利用大语言模型的强大学习能力，实现了自然、准确的代码生成。

（2） OpenAI Codex 的核心技术

OpenAI Codex 的核心技术主要包括以下几点：

(a) 预训练和微调：与其他大语言模型相同，OpenAI Codex 也采用预训练和微调的方法。在大量无标签文本数据上进行预训练，学习通用的语言表示；然后在特定的代码生成任务上进行微调，使模型适应编程场景。

(b) 代码语法和语义建模：为了生成有效的代码，OpenAI Codex 需要对代码的语法和语义进行建模。通过对代码结构和功能的有效利用，OpenAI Codex 可以生成符合语法规范且功能正确的代码。

(c) 多语言编程支持：OpenAI Codex 支持多种编程语言，如 Python、Java、JavaScript 等。通过对多种编程语言的建模，OpenAI Codex 可以满足广泛的编程需求。

（3） OpenAI Codex 的应用场景

OpenAI Codex 可以广泛应用于多种场景，包括：

(a) 代码生成：OpenAI Codex 可以根据用户的自然语言指令自动生成代码，提高编程效率，如图 1.4.2 所示。

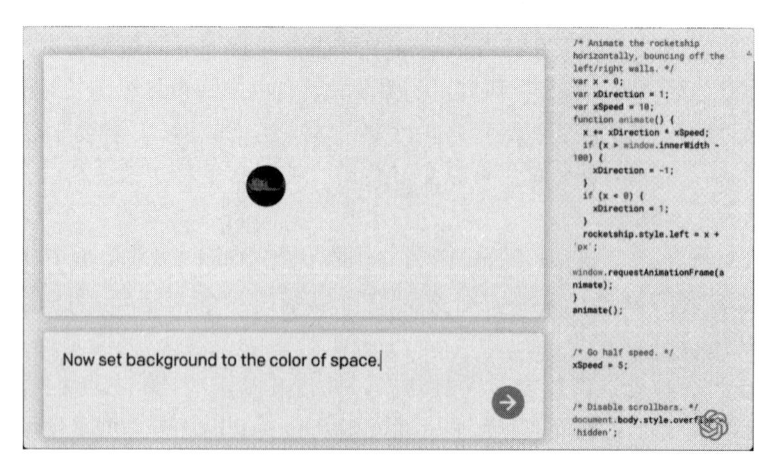

图 1.4.2　OpenAI Codex 根据要求生成的代码

(b) 编程教学：OpenAI Codex 可以作为编程教学辅助工具，为学生提供实时的代码示例和解答疑问，提高学习效果。

(c) 代码审查：OpenAI Codex 可以帮助程序员进行代码审查，自动发现代码中的错误和不规范之处，提高代码质量。

(d) 代码重构：OpenAI Codex 可以协助程序员进行代码重构，自动生成更高效、易读的代码替代方案。

(4) OpenAI Codex 面临的挑战与未来发展

虽然 OpenAI Codex 在代码生成和编程辅助任务中取得了显著的成果，但仍然面临一些挑战。

(a) 代码生成的准确性：当前的 OpenAI Codex 在一些复杂的场景中可能难以生成准确的代码，导致生成的代码无法满足用户需求。未来，研究者们需要继续提高模型的代码生成准确性，以满足更高的编程质量要求。

(b) 安全性和隐私保护：OpenAI Codex 需要确保生成的代码不包含恶意代码或泄露敏感信息。未来，研究者们需要关注如何提高模型的安全性和隐私保护能力。

(c) 个性化编程支持：为了满足不同用户的个性化编程需求，OpenAI Codex 需要学会根据用户特征生成个性化的代码。未来，研究者们可以尝试将用户特征和编程场景相结合，实现更高质量的个性化编程支持。

(d) 跨领域代码生成：OpenAI Codex 目前主要关注单一领域的代码生成任务。未来，研究者们可以探索如何将模型扩展到跨领域代码生成，提高模型的通用性和应用范围。

OpenAI Codex 作为一款卓越的代码生成和辅助编程工具，已经在不同的应用背景下展示了其实用性和前景。未来，为了进一步拓展 OpenAI Codex 的应用范围，仍需不懈地研究和开发，跨越现今的技术障碍。

1.5 深度学习与智能机器人

1.5.1 智能机器人的定义与目标

智能机器人是指集机械、电子、计算机、传感器等技术于一体，能够自主感知、学习和执行任务的机器人。智能机器人具备自主导航、环境感知、决策规划、执行任务等能力，能够在人类环境中进行自主工作和协作，成为人在未来社会中的重要助手和工具。

智能机器人的目标是实现智能化和自主化，具备与人类一样的智能和行为能力。具体来说，智能机器人应该能够根据环境的变化进行自主感知和决策，能够执行各种任务，如物品搬运、清洁、安全巡检等，同时还能够与人类进行自然的交互和合作，如语音对话、姿态识别、动作控制等。除此之外，智能机器人还应该具备可持续的发展能力，能够不断学习和适应新的环境和任务。

智能机器人的发展离不开深度学习等人工智能技术的支持。通过深度学习，智能机器人可以自主学习和优化自身的行为和性能，逐步提升智能水平。同时，深度学习可以帮助智能机器人实现对于复杂环境和任务的自主感知和决策，使其更加灵活和高效地完成各种任务。

1.5.2 智能机器人与工业机器人的区别

在讨论智能机器人与工业机器人的区别之前，我们首先需要了解它们各自的定义。工业机器人主要应用于生产制造领域，执行重复单一的任务，而智能机器人具有更广泛的应用领域，能够更加智能和灵活地适应环境和任务变化。在本节中，我们将分析工业机器人与智能机器人的区别，并从功能、应用、技术和发展趋势等方面进行比较。

（1）功能和应用范围

工业机器人主要应用于制造业，特别是汽车、电子、化工、食品等行业。它们通常用于重复性、危险性或高精度的任务，如搬运、装配、喷漆、焊接等。工业机器人的任务通常是预先编程的，按照设定的路径和速度执行。这些机器人主要是点到点控制，对环境的感知和适应能力较弱。

智能机器人则具有更广泛的应用范围，包括制造业、服务业、医疗、农业、交通等行业。智能机器人不仅可以执行传统的工业任务，还可以应对复杂、多变的环境和任务。这些机器人具有自主学习、决策（如优化生产线工作流程、推荐商品或服务、制定治疗方案、决定施肥和灌溉时机等）和适应能力，能够感知环境、分析数据、制定策略并与人协同工作。智能机器人的控制方式从点到点控制发展到响应环境，可以根据环境变化自动调整任务执行。

（2）技术特点

工业机器人和智能机器人在技术特点上也有显著的差异，这主要表现在以下几个方面。

① 控制系统

工业机器人通常采用预先编程的控制系统，按照设定的路径和速度执行任务。这种控制方式在简单、重复性的任务中表现出较高的精度和稳定性。然而，对于复杂、多变的环境和任务，工业机器人的适应性较差。

智能机器人则采用更为先进的控制系统，如基于人工智能和机器学习的算法，使机器人具有自主学习、决策和适应环境的能力，这使得智能机器人能够在复杂、多变的环境中执行任务，如动态路径规划、目标识别、环境感知等。

② 传感器和感知能力

工业机器人通常配备有限的传感器，如位置、速度和力传感器，用于监测机器人的状态和执行任务。这些传感器主要用于闭环控制，提高任务精度和稳定性。工业机器人的环境感知能力相对较弱。

智能机器人则具备丰富的传感器和感知能力，如视觉、听觉、触觉、嗅觉等多模态信息采集。这使得智能机器人能够更好地感知环境、分析数据、制定策略，并与人协同工作。

③ 人机交互

工业机器人的人机交互通常较为简单，主要通过编程和操作界面进行。操作者需要具备一定的编程和机器人操作技能。

智能机器人则具备更为友好和智能的人机交互方式，如语音识别、手势识别、面部表情识别等。这使得智能机器人能够更加自然地与人类进行交流和协作，降低操作难度和门槛。

④ 学习和适应能力

工业机器人主要依靠预先编程和人工调试来完成任务。当任务或环境发生变化时，工业机器人需要重新编程和调试。

智能机器人则具备自主学习和适应能力。通过机器学习、强化学习等方法，智能机器人可以自动学习新任务、优化策略和适应环境变化。这使得智能机器人能够在未知或变化的环境中继续执行任务。

（3）发展趋势

工业机器人的发展趋势主要体现在提高生产效率、降低生产成本、提高产品质量等方面。为了适应制造业的个性化、柔性化生产需求，工业机器人正朝着更高速度、更高精度、更高负载和更高灵活性的方向发展。同时，工业机器人也在向智能化方向发展，通过引入视觉、触觉等感知技术，实现对环境的感知和适应。

智能机器人的发展趋势主要体现在感知、认知、交互和协同等方面。随着传感器、计算和通信技术的进步，智能机器人的环境感知能力将不断提高，实现对复杂、多变环境的全面认知。智能机器人的决策能力也将得到提高，通过深度学习、强化学习等先进技术，实现对复杂任务的自主学习和解决。智能机器人的人机交互和协同能力也将得到加强，实现更加自然、友好的交互方式和更高效的协同作业。此外，智能机器人还将朝着群体智能、开放平台等方向发展，实现多样化、个性化的应用需求。

综上所述，智能机器人与工业机器人的区别主要体现在功能、应用、技术和发展趋势等方面。智能机器人具有更广泛的应用范围，更强的自主学习、决策和适应能力，以及更高的人机交互和协同水平。随着人工智能、机器人技术的不断发展，智能机器人将在未来的生产、服务、科研等领域发挥越来越重要的作用，带来深刻的社会变革和经济增长。

1.5.3 智能机器人的环境多模态感知

智能机器人作为一种高级的机器智能实体，其在执行任务和适应环境中的能力很大程度上取决于对环境的多模态感知。多模态感知是指利用不同类型的传感器收集多种模态信息，对这些信息进行集成和融合，以获得对环境更为全面和准确的认知。多模态感知有助于智能机器人更好地理解环境、进行决策和规划，从而提高其性能和适应性。在本节中，我们将讨论智能机器人的多模态感知方法、技术和应用。

（1）多模态信息采集

智能机器人的多模态信息采集主要依靠各种传感器。这些传感器可以分为视觉、听觉、触觉、嗅觉、味觉等多种类型，分别对应环境中的光学、声学、力学、化学和生物信息。例如，摄像头、激光雷达和红外传感器用于采集视觉信息；麦克风和声呐传感器用于采集听觉信息；压力传感器、力矩传感器和振动传感器用于采集触觉信息；气体传感器和生物传感器用于采集嗅觉和味觉信息。

（2）多模态信息处理

智能机器人需要对收集到的多模态信息进行预处理、特征提取和描述。预处理主要包括滤波、增强、校准和配准等操作，用于去除噪声、补偿失真和对齐信息。特征提取和描述主要包括边缘、角点、纹理、颜色、形状、频谱、时域等多种特征，用于表征和区分环境中的物体、事件和现象。多模态信息处理涉及计算机视觉、信号处理、模式识别等多个领域的技术和方法。

（3）多模态信息融合

多模态信息融合是指将来自不同传感器和模态的信息进行整合和融合，以提高环境感知的准确性、鲁棒性和完整性。多模态信息融合可以分为数据层融合、特征层融合和决策层融合。数据层融合直接对原始数据进行融合，例如点云融合和图像拼接；特征层融合对提取的特征进行融合，例如特征融合和联合描述符；决策层融合对分类或识别的结果进行融合，例如投票、权重和置信度等方法。多模态信息融合需要考虑不同信息的相容性、权重和时效性等因素，以实现最优的融合效果。

（4）多模态感知的应用

智能机器人的多模态感知广泛应用于导航、定位、识别、跟踪、探测、交互等多个方面。

自动驾驶汽车需要通过视觉、雷达、声呐、GPS等多种传感器来感知道路、车辆、行人和信号等信息，以实现安全、高效的驾驶，如图1.5.1所示。

图1.5.1　自动驾驶的多模态感知

工业机器人需要通过视觉、触觉和力矩等传感器来感知工件、夹具和负载等信息，以实现精确、灵活的操作，如图1.5.2所示。

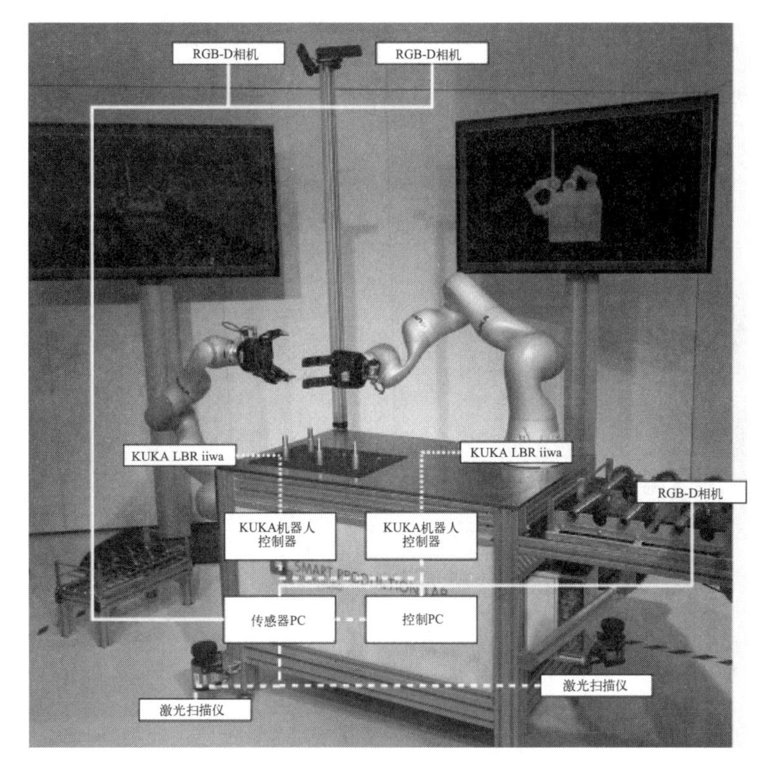

图 1.5.2 工业机器人的多模态感知

服务机器人需要通过视觉、听觉、触觉和语音等传感器来感知用户、环境和需求等信息，以实现友好、人性化的服务，如图 1.5.3 所示。

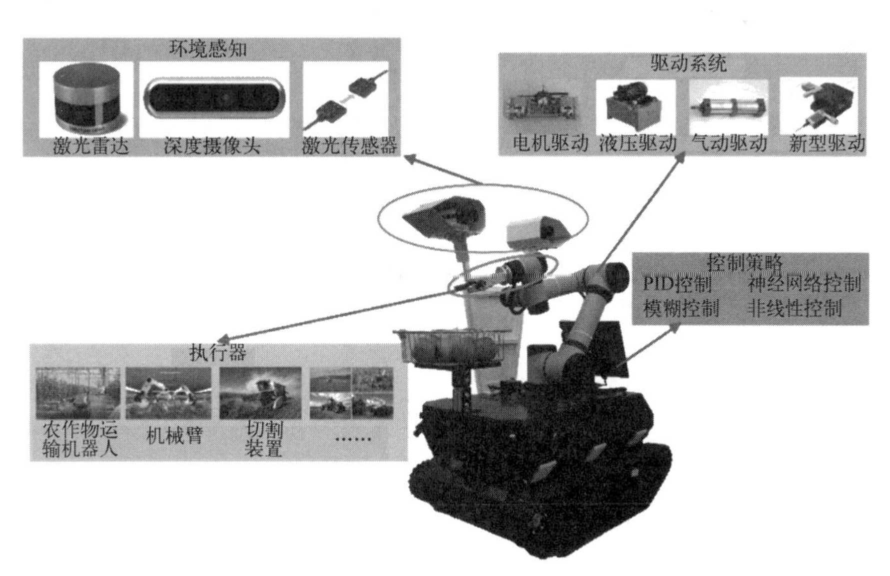

图 1.5.3 服务机器人的多模态感知

无人机需要通过视觉、雷达、GPS 等传感器来感知地形、障碍物和风速等信息，以实现稳定、准确的飞行，如图 1.5.4 所示。

医疗机器人需要通过视觉、触觉和生物等传感器来感知患者的生理、解剖和病理等信

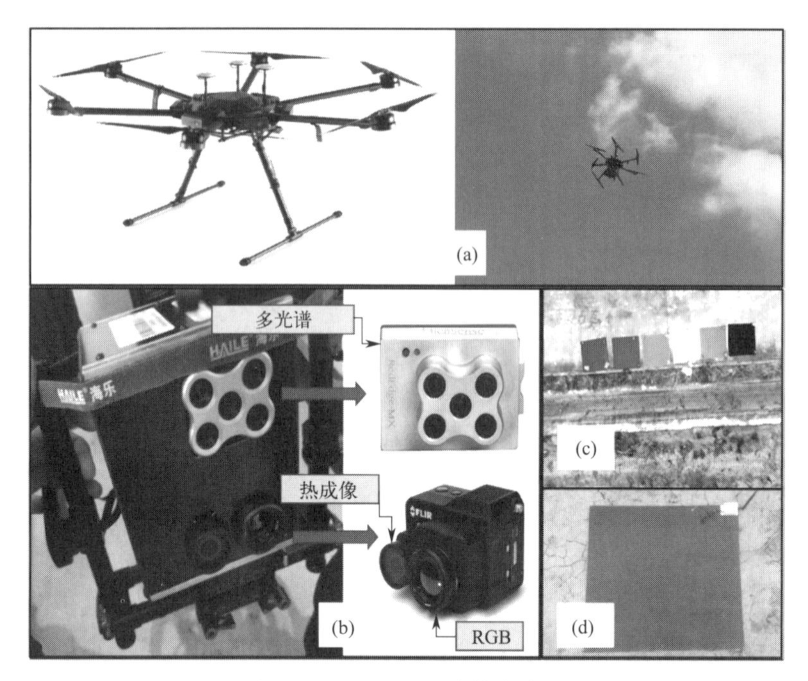

图 1.5.4　无人机的多模态感知

息，以实现精确、微创的手术，如图 1.5.5 所示。

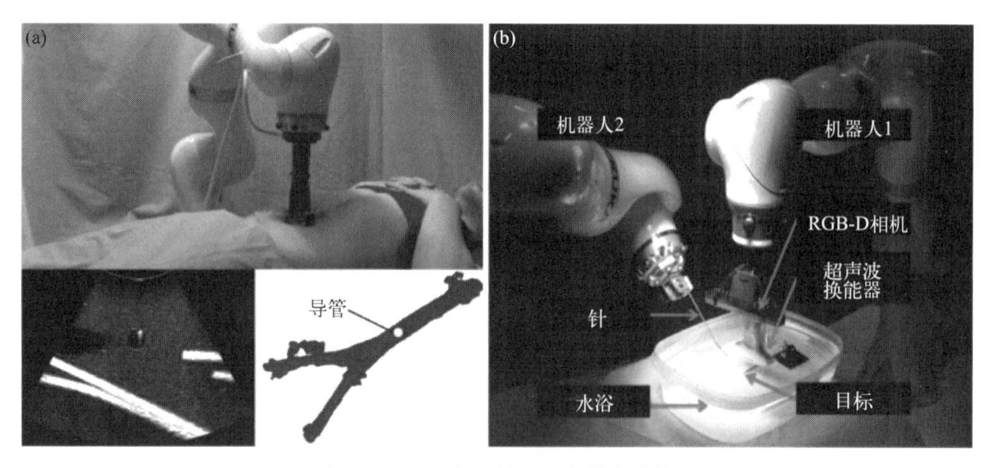

图 1.5.5　医疗机器人的多模态感知

多模态感知使智能机器人能够在复杂、多变的环境中更好地适应和执行任务，提高其性能和可靠性。

（5）多模态感知的挑战和未来发展

智能机器人的多模态感知面临诸多挑战，如传感器成本、能耗、复杂性和可靠性；信息处理和融合的实时性、准确性和稳定性；环境变化、干扰和不确定性等因素。为了应对这些挑战，未来的多模态感知需要发展更先进的传感器、算法和系统，提高感知的智能程度和自主性。此外，多模态感知还需要与其他技术领域相结合，如深度学习、强化学习、认知计算、物联网等，以实现更广泛、更深入的应用。

综上所述，智能机器人的环境多模态感知是实现高性能和适应性的关键技术。通过多种类型的传感器采集丰富的环境信息，进行有效的信息处理和融合，智能机器人能够更好地理解和适应其所处的环境，从而实现更为复杂和高效的任务执行。多模态感知在自动驾驶汽车、工业机器人、服务机器人等领域具有广泛的应用价值和前景。然而，多模态感知仍面临诸多挑战，需要不断地研发新技术、新方法和新系统，以提高感知的性能和智能水平。未来，多模态感知将与其他前沿技术领域相结合，共同推动智能机器人的发展和创新。

1.6 本章小结

本章主要介绍了机器智能的概念和发展，以及智能机器人与工业机器人的区别。在绪论中，我们概述了本书的结构和内容，为读者提供了一个全面的框架，以便更好地理解后续章节的内容。

第一，我们讨论了自然智能和机器智能。自然智能是指生物体所具有的认知能力和行为模式，包括思维、感知、记忆、学习等方面。机器智能则是指计算机和其他智能设备模拟自然智能的能力，通过人工智能技术实现。机器智能的目标是为人类提供更高效、智能的服务，并解决现实生活中的问题。

第二，我们介绍了机器学习是机器获取知识的途径。机器学习是一种让计算机通过训练和学习数据来提高性能的方法，它包括监督学习、无监督学习和强化学习等多种模式。通过机器学习，计算机可以在不断接触新数据的过程中提高自己的表现。

第三，我们探讨了神经网络是实现机器认知智能的途径。神经网络是一种模拟生物神经网络的计算模型，由神经元和连接组成。人工神经网络通过调整连接权重实现学习和适应。神经网络可以处理复杂的非线性问题，适用于各种领域，如图像识别、语音识别和自然语言处理等。

第四，我们讨论了深度学习与智能机器人的关系。深度学习是机器学习的一个分支，主要使用多层神经网络模型来处理复杂任务。智能机器人是一种集成了深度学习技术的机器人，具有更强的自主性、适应性和人机交互能力。智能机器人与工业机器人的区别表现在功能、技术原理、应用领域、发展趋势等方面。

第五，我们简要介绍了智能机器人的环境多模态感知，包括视觉、听觉、触觉等多种感知方式。通过多模态感知，智能机器人可以更好地理解和适应环境，提高任务执行的效率和准确性。

通过本章的阐述，读者应该对机器智能、机器学习、神经网络、深度学习以及智能机器人的概念有了基本的了解。这为我们在后续章节中深入探讨智能机器人的设计原理、关键技术和应用案例等内容奠定了基础。

在后续章节中，我们将详细介绍智能机器人的各种技术原理，如卷积神经网络、循环神经网络以及深度学习的优化算法等，并探讨如何将这些技术应用于智能机器人的设计和开发。同时，我们还将分析智能机器人在不同领域的应用案例，以展示智能机器人技术的广泛应用和巨大潜力。

第二章

机器学习的数学基础

在现代机器学习中，数学是不可或缺的基石。通过数学的工具和概念，我们能够建立起理论框架和算法，并理解和解释模型的行为和性能。

通过掌握这些数学基础知识，我们可以更深入地理解机器学习算法的原理和内在运行机制。这些数学概念和工具不仅仅是理论上的基础，也为我们提供了解决实际问题的实用工具。深入了解数学基础将使我们更好地理解、设计和优化机器学习模型，提高模型的效果和性能。

本章将逐步介绍标量、向量、矩阵和张量的概念，解释矩阵和向量相乘的运算规则，探讨导数的一般运算法则和链式求导法则，介绍误差、距离和相似度等度量标准，以及二项分布和正态分布的基本概念。通过对这些数学基础的学习和理解，我们将能够更好地应用和理解机器学习算法。

2.1 标量、向量、矩阵和张量

标量、向量、矩阵和张量是线性代数中的基本概念，它们的发展历程可以追溯到 17 世纪。其中，标量是最基本的数学对象，表示一个单独的数值；向量是一列有序的数值；矩阵则是由多行多列的数值排列而成的，可以看作是一个二维数组；而张量则是更高维度的数组，可以理解为一个多维矩阵。

在深度学习中，标量常用来表示损失函数的值、模型的输出结果、损失函数的权重等，在神经网络的训练过程中起到了衡量和优化的作用。向量和矩阵是最基本的数据结构，因为它们能够有效地表示输入和输出数据、模型参数以及计算梯度等重要信息。例如，在神经网络中，输入数据通常表示为一个向量或矩阵，而神经网络的参数也是一个矩阵或向量。张量用于表示多个样本的输入数据、模型的参数、梯度等信息。张量的维度决定了数据的结构和形状，它可以是一维的、二维的甚至更高维的。我们经常处理高维的张量，如三维的图像数据或四维的批量数据。

总之，标量、向量、矩阵和张量是深度学习中最基本的数学概念，也是深度学习算法和模型的基础。深入理解这些概念，能够帮助我们更好地理解深度学习算法的内部原理和实现过程。本节将详细介绍这些数学概念的定义、性质以及在深度学习中的应用，帮助读者深入了解深度学习中的数学基础。

（1）标量（scalar）

标量是只有大小没有方向的量，例如温度、体积、密度等，一个标量就是一个单独的数，它不同于线性代数中研究的其他大部分对象（通常是多个数的数组）。比如一个实数 3 就可以被看作一个标量，所以标量的运算相对简单，与我们平常的算术运算类似。

在深度学习中，标量通常表示单个数值，例如输入数据的维度、损失函数的值和模型的输出结果等，标量通常用斜体的小写字母来表示，例如：$x=1$。

（2）向量（vector）

向量是有大小和方向的量，一个向量表示一组有序排列的元素，我们通常使用括号将这一列元素括起来，其中的每个元素都由一个索引值来唯一地确定其在向量中的位置。假设这个向量中的第 1 个元素是 x_1，它的索引值就是 1，第 2 个元素是 x_2，它的索引值就是 2，以此类推。向量通常用小写加粗字母表示，例如 $\boldsymbol{x}$。如下所示的就是一个由三个元素组成的向量 $\boldsymbol{x}$，这个向量的索引值从 1 到 3，分别对应了从 x_1 到 x_3 的这三个元素。

$$\boldsymbol{x}=\begin{bmatrix} x_1 \\ x_2 \\ x_3 \end{bmatrix}$$

在深度学习中，向量经常用于表示输入样本的各个特征值、一个神经元的权重系数以及梯度。向量可以进行加减乘除等数学运算，假设有两个向量 $\boldsymbol{x}$ 和 $\boldsymbol{y}$，它们的维度相同，则它们可以进行加法运算、数乘运算和内积运算，并满足交换律、结合律、分配律等。这些性质为深度学习中的向量运算提供了基础，使得我们能够在模型的训练和应用过程中更加灵活地运用向量来表示和处理数据。

加法运算，即将它们对应的元素相加得到一个新的向量，如式(2.1)：

$$\boldsymbol{z}=\boldsymbol{x}+\boldsymbol{y}=\begin{bmatrix} x_1 \\ x_2 \\ \vdots \\ x_n \end{bmatrix}+\begin{bmatrix} y_1 \\ y_2 \\ \vdots \\ y_n \end{bmatrix}=\begin{bmatrix} x_1+y_1 \\ x_2+y_2 \\ \vdots \\ x_n+y_n \end{bmatrix} \tag{2.1}$$

数乘运算，即将向量的每个元素乘以一个标量，如式(2.2)：

$$\boldsymbol{z}=k\boldsymbol{x}=k\begin{bmatrix} x_1 \\ x_2 \\ \vdots \\ x_n \end{bmatrix}=\begin{bmatrix} kx_1 \\ kx_2 \\ \vdots \\ kx_n \end{bmatrix} \tag{2.2}$$

内积运算，即两个向量对应元素的乘积之和可以得到一个标量，如式(2.3)：

$$\boldsymbol{x}\cdot\boldsymbol{y}=x_1y_1+x_2y_2+\cdots+x_ny_n \tag{2.3}$$

其中，$\boldsymbol{x}\cdot\boldsymbol{y}$ 表示向量 $\boldsymbol{x}$ 和向量 $\boldsymbol{y}$ 的内积运算。

（3）矩阵（matrix）

矩阵是由多行多列的数值排列而成的二维数组，其中的元素可以是标量或向量，每一个元素由两个索引来决定（$A_{i,j}$），所以在确定矩阵中每个元素的位置时需要两个数字。举例来说，假设在一个矩阵的左上角存在一个元素 x_{11}，那么确定这个元素的索引值就是由两个 1 构成的二维索引值，即“11”，这个二维索引值代表矩阵中第 1 行和第 1 列交会处的数字，所以前面的一个数字 1 可以被定义为当前矩阵的行号，后面的一个数字 1 可以被定义为当前矩阵的列号。矩阵通常用大写加粗字母表示，例如 $\boldsymbol{X}$，如下就是一个三行两列的矩阵 $\boldsymbol{X}$。

$$\boldsymbol{X}=\begin{bmatrix} x_{11} & x_{12} \\ x_{21} & x_{22} \\ x_{31} & x_{32} \end{bmatrix}$$

在深度学习中，矩阵通常表示输入样本的特征矩阵、模型的参数矩阵等。矩阵可以进行加减乘除等数学运算，其中矩阵乘法是深度学习中常用的运算，它能够描述不同层之间的输入和输出关系，实现神经网络的前向传播和反向传播过程。假设有两个矩阵 $\boldsymbol{X}$ 和 $\boldsymbol{Y}$，它们的维度分别为 $m\times n$ 和 $n\times p$，则它们可以进行矩阵乘法运算，如式(2.4)：

$$\boldsymbol{Z}=\boldsymbol{X}\boldsymbol{Y}=\begin{bmatrix} x_{11} & x_{12} & \cdots & x_{1n} \\ x_{21} & x_{22} & & x_{2n} \\ \vdots & & \ddots & \vdots \\ x_{m1} & x_{m2} & \cdots & x_{mn} \end{bmatrix}\begin{bmatrix} y_{11} & y_{12} & \cdots & y_{1p} \\ y_{21} & y_{22} & & y_{2p} \\ \vdots & & \ddots & \vdots \\ y_{n1} & y_{n2} & \cdots & y_{np} \end{bmatrix}$$
$$=\begin{bmatrix} z_{11} & z_{12} & \cdots & z_{1p} \\ z_{21} & z_{22} & & z_{2p} \\ \vdots & & \ddots & \vdots \\ z_{m1} & z_{m2} & \cdots & z_{mp} \end{bmatrix} \tag{2.4}$$

其中，$\boldsymbol{Z}$ 的维度为 $m\times p$，且 $z_{ij}=\sum_{k=1}^{n}x_{ik}y_{kj}$ 。

（4）张量（tensor）

张量是基于向量和矩阵的推广，是一个多维数组（超过二维的数组）。它可以看作是一个高维的数据容器，其中的元素可以是标量、向量或矩阵。一般来说，一个数组中的元素分布在若干维坐标的规则网格中，被称为张量。通俗一点理解的话，我们可以将标量视为零阶张量，向量视为一阶张量，矩阵视为二阶张量。在图像处理的任务中，由于彩色图像通常具有三个不同的维度，即图像高度、图像宽度和颜色通道数，可以表示成一个三阶张量。而 128 张彩色图像组成的批量则可以保存在一个形状为（128，256，256，3）的四阶张量中。张量通常用大写黑体字母表示，例如 $\boldsymbol{T}$。

在深度学习中，通常使用“阶”或“维度”来描述张量的特性和数量。“阶”表示张量的维度数量，它描述了张量所包含轴的数量。例如，一阶张量（向量）具有一个维度，二阶张量（矩阵）具有两个维度，三阶张量具有三个维度，以此类推。“维度”表示张量在每个轴上的大小或长度。例如，一个形状为（3，4，2）的三阶张量表示在第一个维度有 3 个元素，第二个维度有 4 个元素，第三个维度有 2 个元素。总的来说，“阶”描述了张量的维度数量，而“维度”描述了张量在每个轴上的大小。虽然三“维”张量这种写法比较常见，但准确的说法应该是三阶张量。

另外，张量在深度学习中通常表示输入数据、模型的参数、梯度等信息。最常用的张量是四阶张量，它通常表示一个批次的输入样本，假设有一个批次的输入数据 $\boldsymbol{X}$，其维度为 $b \times c \times h \times w$，其中 b 表示批次大小，c 表示通道数，h 表示高度，w 表示宽度，则其可以用式(2.5）表示：

$$\boldsymbol{X}=\begin{bmatrix} x_{1,1,1,1} & x_{1,1,1,2} & \cdots & x_{1,1,h,w} \\ x_{1,2,1,1} & x_{1,2,1,2} & & x_{1,2,h,w} \\ & \vdots & \ddots & \vdots \\ x_{b,c,1,1} & x_{b,c,1,2} & \cdots & x_{b,c,h,w} \end{bmatrix} \tag{2.5}$$

其中，$x_{i,j,k,l}$ 表示第 i 个样本的第 j 个通道的第 k 行、第 l 列的特征值，它可以是一个标量、向量或矩阵。

在神经网络的计算过程中，张量的作用非常重要。例如，在卷积神经网络中，输入数据 $\boldsymbol{X}$ 和卷积核 $\boldsymbol{K}$ 都是四维张量，卷积操作可以表示为公式(2.6)：

$$\boldsymbol{Y}=\boldsymbol{X} * \boldsymbol{K}=\sum_{i=1}^{c} \boldsymbol{X}_i * \boldsymbol{K}_i \tag{2.6}$$

其中，$\boldsymbol{X}_i$ 表示输入数据的第 i 个通道；$\boldsymbol{K}_i$ 表示卷积核的第 i 个通道；$*$ 表示二维卷积操作；$\boldsymbol{Y}$ 表示输出数据。在这个过程中，张量的维度需要满足一定的规则，例如输入数据的通道数等于卷积核的输入通道数，输出数据的通道数等于卷积核的输出通道数。

在深度学习中，张量的阶数和维度通常很高，例如在图像分类任务中，一个输入数据的维度可能是 $b \times 3 \times 224 \times 224$，其中 b 表示批次大小，3 表示通道数（RGB 三个通道），224×224 表示图像的高度和宽度。因此，对于深度学习从业者来说，理解张量的概念和运算是非常重要的。

从几何学角度来看，可以将标量、向量、矩阵和张量与不同维度的几何空间相对应，有助于理解记忆。其中，标量是零维空间中的一个点，向量是一维空间中的一条线，矩阵是二维空间中的一个面，三维张量是三维空间中的一个体。也就是说，向量是由标量组成的，矩阵是由向量组成的，张量是由矩阵组成的。矩阵可看作是高度为 1 的三阶张量，而由三个一阶张量叠加就成了三阶张量，如图 2.1.1 所示。

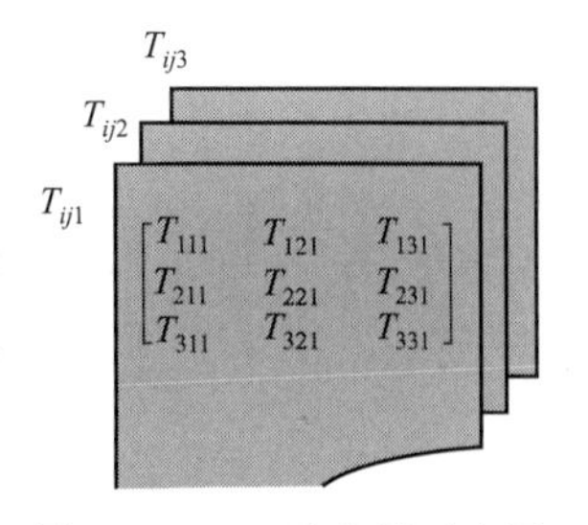

图 2.1.1　三阶张量示意图

综上所述，标量、向量、矩阵和张量是深度学习中常用的数学概念和数据结构，为学习深度学习提供了直观而又灵活的工具，可以帮助我们更好地理解深度学习的原理和实现，使得我们能够有效地处理和操作复杂的深度学习任务。

2.2 矩阵和向量相乘

矩阵和向量相乘是线性代数中的基础概念之一，其起源可以追溯到矩阵的发展史。矩阵的概念最早出现在线性方程组的求解中，早在公元220年左右，中国数学家刘徽就提出了用矩阵来解决线性方程组问题的方法。18世纪，欧洲的数学家才开始研究矩阵的性质和运算规律，逐渐形成了现代线性代数的基础。

在深度学习领域，矩阵和向量相乘被广泛应用于神经网络的计算过程中。神经网络通常是由多个层级组成的，每一层级都包含多个神经元，每个神经元都和前一层级中的所有神经元相连。这种连接方式可以用矩阵和向量相乘的方式来表示，从而方便进行神经网络的计算。

总的来说，矩阵和向量相乘作为线性代数中的基础概念，在深度学习中发挥着重要的作用，它为神经网络的计算提供了便利，同时也为深度学习模型的优化提供了基础。

2.2.1 矩阵和向量相乘的规则

在深度学习中，矩阵和向量相乘通常用于神经网络中的计算过程，用于输入向量映射到输出向量。矩阵和向量相乘时，要求矩阵的列数等于向量的行数，其结果为一个向量。具体规则如式(2.7)：

$$\begin{bmatrix} a_{11} & a_{12} & a_{13} \\ a_{21} & a_{22} & a_{23} \\ a_{31} & a_{32} & a_{33} \end{bmatrix} \begin{bmatrix} x_1 \\ x_2 \\ x_3 \end{bmatrix} = \begin{bmatrix} a_{11}x_1 + a_{12}x_2 + a_{13}x_3 \\ a_{21}x_1 + a_{22}x_2 + a_{23}x_3 \\ a_{31}x_1 + a_{32}x_2 + a_{33}x_3 \end{bmatrix} \tag{2.7}$$

2.2.2 矩阵和向量相乘的性质

矩阵和向量的乘积在深度学习中经常被使用，因为它可以非常有效地描述线性变换。下面我们来详细介绍矩阵和向量相乘的性质。

分配律：矩阵和向量的分配律是指，如果有矩阵 $\boldsymbol{A}$ 和向量 $\boldsymbol{u}$、$\boldsymbol{v}$，那么有式(2.8)：

$$\boldsymbol{A}(\boldsymbol{u}+\boldsymbol{v})=\boldsymbol{A}\boldsymbol{u}+\boldsymbol{A}\boldsymbol{v} \tag{2.8}$$

这个性质可以理解为，将矩阵 $\boldsymbol{A}$ 乘以 $\boldsymbol{u}$ 和 $\boldsymbol{v}$ 的和，等价于将矩阵 $\boldsymbol{A}$ 分别乘以 $\boldsymbol{u}$ 和 $\boldsymbol{v}$，然后将它们的结果相加。在深度学习中，这个性质可以用于计算神经网络中不同层之间的输入和输出。

结合律：矩阵和向量的结合律是指，如果有矩阵 $\boldsymbol{A}$ 和 $\boldsymbol{B}$，以及向量 $\boldsymbol{u}$，那么有式(2.9)：

$$\boldsymbol{A}(\boldsymbol{B}\boldsymbol{u})=(\boldsymbol{A}\boldsymbol{B})\boldsymbol{u} \tag{2.9}$$

这个性质可以理解为，先将矩阵 $\boldsymbol{B}$ 乘以向量 $\boldsymbol{u}$ 得到一个新的向量，然后再将矩阵 $\boldsymbol{A}$ 乘以这个新的向量，等价于矩阵 $\boldsymbol{A}$ 和 $\boldsymbol{B}$ 相乘，然后再乘以 $\boldsymbol{u}$ 这个向量。在深度学习中，这个性质可以用于描述神经网络中的多层权重矩阵的相乘。

乘法结合数的分配律：矩阵和向量的乘法结合数的分配律是指，如果有实数 a 和 b，以及向量 $\boldsymbol{u}$，那么有式(2.10)：

$$(a+b)\boldsymbol{u}=a\boldsymbol{u}+b\boldsymbol{u} \tag{2.10}$$

这个性质可以理解为，将一个向量乘以实数 a 和 b 之和，等价于将这个向量分别乘以 a 和 b，然后将它们的结果相加。在深度学习中，这个性质可以用于计算神经网络中的偏置项。

总而言之，矩阵和向量相乘具有非常重要的性质，这些性质可以帮助我们更好地理解和应用深度学习中的线性变换。

2.2.3 矩阵乘法的计算方法

矩阵乘法的计算方法是，将矩阵中每一行的元素与向量对应位置的元素相乘，然后将结果相加得到新向量中的每个元素。例如，对于一个 2×3 的矩阵 $\boldsymbol{A}$ 和一个 3×1 的列向量 $\boldsymbol{x}$，其矩阵乘法结果为一个 2×1 的列向量 $\boldsymbol{y}$，其中：

$$\boldsymbol{A}=\begin{bmatrix} a_{11} & a_{12} & a_{13} \\ a_{21} & a_{22} & a_{23} \end{bmatrix},\boldsymbol{x}=\begin{bmatrix} x_1 \\ x_2 \\ x_3 \end{bmatrix},\boldsymbol{y}=\begin{bmatrix} y_1 \\ y_2 \end{bmatrix}$$

则矩阵乘法结果为式(2.11)：

$$\boldsymbol{y}=\boldsymbol{A}\boldsymbol{x}=\begin{bmatrix} a_{11}x_1+a_{12}x_2+a_{13}x_3 \\ a_{21}x_1+a_{22}x_2+a_{23}x_3 \end{bmatrix} \tag{2.11}$$

可以看出，新向量中的每个元素都是矩阵中某一行和向量对应位置元素的乘积之和。

在计算矩阵乘积时，可以采用多种优化方法来提高计算效率，例如矩阵转置、并行计算等。此外，在神经网络中，还可以通过 GPU 加速等方式来加速矩阵乘法的计算。

总之，矩阵乘法是深度学习中常用的操作之一，其计算方法简单清晰，但在实际应用中需要注意矩阵维度的匹配和计算效率等问题。

2.2.4 矩阵乘法在神经网络中的应用

矩阵和向量相乘在神经网络中非常常用，特别是在前向传播过程中，用于将输入向量映射到输出向量。在神经网络中，每一层的计算都可以表示为矩阵乘法和激活函数的组合，其中矩阵乘法用于线性变换，激活函数用于非线性变换。例如，在一个包含一个输入层、一个隐藏层和一个输出层的神经网络中，输入向量 $\boldsymbol{x}$ 经过输入层后，通过矩阵乘法和激活函数进行变换得到隐藏层的输出向量 $\boldsymbol{h}$，然后通过矩阵乘法和激活函数进行变换得到输出层的输出向量 $\boldsymbol{y}$。其中，隐藏层和输出层的矩阵是神经网络的参数，需要通过反向传播算法进行优化。

具体地，神经网络的前向传播过程可以表示为式(2.12)：

$$\boldsymbol{h}=\sigma(\boldsymbol{W}^{(1)}\boldsymbol{x}+\boldsymbol{b}^{(1)})$$

$$y=\sigma(W^{(2)}h+b^{(2)}) \tag{2.12}$$

其中，$W^{(1)}$ 和 $W^{(2)}$ 分别是隐藏层和输出层的权重矩阵；$b^{(1)}$ 和 $b^{(2)}$ 分别是隐藏层和输出层的偏置向量；σ 是激活函数，通常使用 ReLU、sigmoid 或者 tanh 等非线性函数。

可以看出，前向传播过程中使用了两次矩阵乘法，分别是 $W^{(1)}x$ 和 $W^{(2)}h$。其中，$W^{(1)}$ 的维度是 (n_h, n_x)，其中 n_h 是隐藏层的节点数，n_x 是输入层的节点数；$W^{(2)}$ 的维度是 (n_y, n_h)，其中 n_y 是输出层的节点数。在神经网络中，通常使用批量训练，因此输入向量 x 和输出向量 y 可以表示为矩阵和向量的形式，如式(2.13)：

$$X=[x^{(1)}x^{(2)}\cdots x^{(m)}], Y=[y^{(1)}y^{(2)}\cdots y^{(m)}] \tag{2.13}$$

其中，$x^{(i)}$ 和 $y^{(i)}$ 分别是第 i 个样本的输入向量和输出向量。则神经网络的前向传播过程可以表示为式(2.14)：

$$H=\sigma(W^{(1)}X+b^{(1)})$$
$$Y=\sigma(W^{(2)}H+b^{(2)}) \tag{2.14}$$

其中，H 是隐藏层的输出矩阵，维度为 (n_h, m)。可以看出，神经网络前向传播过程中，矩阵和向量的乘法非常频繁，是神经网络的核心运算之一。

矩阵和向量相乘是深度学习中的基本数学运算之一，广泛应用于神经网络的前向传播和反向传播计算中。矩阵和向量相乘的结果是一个向量，可以表示为输入向量在权重矩阵中的投影。在实际应用中，可以通过并行计算等方法提高矩阵乘法的计算速度，从而加速神经网络的训练和推理过程。

2.3 导数

导数是微积分中的基本概念之一，最早由牛顿和莱布尼茨在 17 世纪分别独立发明。导数用于描述函数在某一点处的变化率，它是函数图像上某一点切线的斜率。如果一个函数在某个点处导数存在，则称该函数在该点处可导。导数的符号和大小可以告诉我们函数的变化趋势和变化速率，因此在数学和物理等领域都有广泛的应用。

随着计算机科学的发展，导数的应用也日益重要。在深度学习中，导数被广泛应用于优化算法和反向传播算法中。优化算法的目标是找到一个函数的最小值或最大值，导数可以告诉我们函数在某一点的变化率，因此可以用来指导优化算法的下一步搜索方向。反向传播算法是深度学习中用来计算梯度的算法，梯度是一个向量，包含了函数在每个自变量上的偏导数。在反向传播算法中，导数被用来计算每个神经元的误差和梯度，进而更新神经网络的参数。

除了在优化算法和反向传播算法中的应用，导数还被用于其他一些深度学习任务中，例如图像处理和自然语言处理。在图像处理中，导数可以用来检测图像中的边缘和角点等特征。在自然语言处理中，导数可以用来计算语言模型中词语之间的相关性，进而提高文本分类和机器翻译的准确率。

总的来说，导数作为微积分中的基本概念，在深度学习中发挥了重要作用，它是优化算法、反向传播算法等关键算法的基础。

2.3.1 一般运算法则

导数是描述函数变化率的量，它可以用极限来定义。对于函数 $f(x)$ 在 x_0 处的导数，可以定义为式(2.15)：

$$f'(x_0)=\lim_{h\to 0}\frac{f(x_0+h)-f(x_0)}{h} \tag{2.15}$$

如果这个极限存在，那么就称 $f(x)$ 在 x_0 处可导，$f'(x_0)$ 就是 $f(x)$ 在 x_0 处的导数。导数可以用来表示函数在某一点的变化率，具体来说，如果 $f'(x_0)>0$，则说明函数在 x_0 处单调递增；如果 $f'(x_0)<0$，则说明函数在 x_0 处单调递减；如果 $f'(x_0)=0$，则说明函数在 x_0 处取极值。

在实际的深度学习应用中，我们通常使用一般运算法则来求导。一般运算法则包括加法、减法、乘法和除法法则，它们可以帮助我们快速地求出一些常见函数的导数。

加法法则：若 $f(x)$ 和 $g(x)$ 在 x_0 处可导，则 $f(x)+g(x)$ 在 x_0 处可导，且有式(2.16)。

$$\frac{\mathrm{d}}{\mathrm{d}x}[f(x)+g(x)]=\frac{\mathrm{d}}{\mathrm{d}x}f(x)+\frac{\mathrm{d}}{\mathrm{d}x}g(x) \tag{2.16}$$

例如，如果我们要求函数 $f(x)=x^2+3x+2$ 在 $x=1$ 处的导数，可以将 $f(x)$ 拆分成 x^2、$3x$ 和 2 三个部分，然后分别求导，最后将它们相加即可：

$$f'(1)=(x^2)'|_{x=1}+(3x)'|_{x=1}+(2)'=2\times1+3+0=5$$

减法法则：若 $f(x)$ 和 $g(x)$ 在 x_0 处可导，则 $f(x)-g(x)$ 在 x_0 处可导，且有式(2.17)。

$$\frac{\mathrm{d}}{\mathrm{d}x}[f(x)-g(x)]=\frac{\mathrm{d}}{\mathrm{d}x}f(x)-\frac{\mathrm{d}}{\mathrm{d}x}g(x) \tag{2.17}$$

例如，如果我们要求函数 $f(x)=x^2-3x+2$ 在 $x=1$ 处的导数，可以将 $f(x)$ 拆分成 x^2、$-3x$ 和 2 三个部分，然后分别求导，最后将前两部分相减即可：

$$f'(1)=(x^2)'|_{x=1}-(3x)'|_{x=1}+(2)'=2\times1-3+0=-1$$

乘法法则：若 $f(x)$ 和 $g(x)$ 是两个可导的函数，则它们的积的导数可以表示为式(2.18)。

$$\frac{\mathrm{d}}{\mathrm{d}x}[f(x)g(x)]=f(x)\frac{\mathrm{d}}{\mathrm{d}x}g(x)+g(x)\frac{\mathrm{d}}{\mathrm{d}x}f(x) \tag{2.18}$$

除法法则：若 $f(x)$ 和 $g(x)$ 是两个可导的函数，则它们的商的导数可以表示为式(2.19)。

$$\frac{\mathrm{d}}{\mathrm{d}x}\times\frac{f(x)}{g(x)}=\frac{g(x)\frac{\mathrm{d}}{\mathrm{d}x}f(x)-f(x)\frac{\mathrm{d}}{\mathrm{d}x}g(x)}{|g(x)|^2} \tag{2.19}$$

当函数有多个自变量时，可以使用偏导数的概念来描述函数在某一自变量变化时的变化率。偏导数是指在求导时只将一个自变量看作变化，将其余自变量视为常数的导数。

设 $f(x,y)$ 为一个含有两个自变量的函数，它的偏导数为式(2.20)。

$$\frac{\partial f}{\partial x}=\lim_{\Delta x\to 0}\frac{f(x+\Delta x,y)-f(x,y)}{\Delta x}$$
$$\frac{\partial f}{\partial y}=\lim_{\Delta y\to 0}\frac{f(x,y+\Delta y)-f(x,y)}{\Delta y} \tag{2.20}$$

在深度学习中，偏导数在求解神经网络中的参数梯度时非常重要。假设 $\boldsymbol{w}$ 为神经网络中的一个参数，$\boldsymbol{L}$ 为损失函数，则参数 $\boldsymbol{w}$ 的偏导数可以表示为$\frac{\partial \boldsymbol{L}}{\partial \boldsymbol{w}}$。

而当神经网络中的参数非常多时，可以使用矩阵和向量的形式表示梯度，从而方便进行数值计算和优化算法的实现。

综上所述，这些数学运算法则对于神经网络损失函数的求导非常有用，因为神经网络中的损失函数通常是由各种可导函数组成的复合函数，而运用这些法则可以使我们更加高效地求得损失函数的导数。

2.3.2 链式求导法则

在深度学习中，链式求导法则是一种非常重要的数学工具。神经网络通常是由许多层组成的，每一层都包含多个参数。当一个变量发生改变时，它可能会导致其他变量发生改变，而这些变量之间的关系往往是非常复杂的。链式求导法则通过逐层地将复杂的导数计算问题分解为简单的局部导数计算，提供了一种有效的方法来处理这些变量之间的复杂关系。

链式求导法则，又称复合函数求导法则，指的是对复合函数的导数的求解方法。如果一个函数是由多个函数嵌套组合而成的，则可以通过链式求导法则来求导。

假设 y 是一个关于 x 的函数，y 依次由 y_1 和 y_2 两个函数嵌套组成，即 $y=y_2(y_1(x))$，则 y 对 x 的导数可以通过式(2.21) 来计算：

$$\frac{\mathrm{d}y}{\mathrm{d}x}=\frac{\mathrm{d}y}{\mathrm{d}y_1}\times\frac{\mathrm{d}y_1}{\mathrm{d}x}+\frac{\mathrm{d}y}{\mathrm{d}y_2}\times\frac{\mathrm{d}y_2}{\mathrm{d}x} \tag{2.21}$$

其中，$\frac{\mathrm{d}y}{\mathrm{d}y_1}$表示 y 对 y_1 的导数；$\frac{\mathrm{d}y_1}{\mathrm{d}x}$表示 y_1 对 x 的导数；$\frac{\mathrm{d}y}{\mathrm{d}y_2}$表示 y 对 y_2 的导数；$\frac{\mathrm{d}y_2}{\mathrm{d}x}$表示 y_2 对 x 的导数。

以一个简单的例子来说明链式求导法则。假设有一个函数 $f(x)=\cos x^2$，我们希望求 $f(x)$ 对 x 的导数。首先，我们需要找到 $f(x)$ 的嵌套函数，即 $f(x)=g(h(x))$，其中 $g(x)=\cos x$，$h(x)=x^2$。根据链式求导法则，$f(x)$ 对 x 的导数为式(2.22)。

$$\frac{\mathrm{d}f(x)}{\mathrm{d}x}=\frac{\mathrm{d}f(x)}{\mathrm{d}g(h(x))}\times\frac{\mathrm{d}g(h(x))}{\mathrm{d}h(x)}\times\frac{\mathrm{d}h(x)}{\mathrm{d}x}=\frac{\mathrm{d}f(x)}{\mathrm{d}g(u)}\times\frac{\mathrm{d}g(u)}{\mathrm{d}u}\times\frac{\mathrm{d}u}{\mathrm{d}x} \tag{2.22}$$

其中，$u=h(x)=x^2$；$\frac{\mathrm{d}f(x)}{\mathrm{d}g(u)}$表示 $f(x)$ 对 $g(u)$ 的导数；$\frac{\mathrm{d}g(u)}{\mathrm{d}u}$表示 $g(u)$ 对 u 的导数；$\frac{\mathrm{d}u}{\mathrm{d}x}$表示 u 对 x 的导数。将 $g(u)$ 和 u 代入公式中，我们可以得到：

$$\frac{\mathrm{d}f(x)}{\mathrm{d}x}=\frac{\mathrm{d}f(x)}{\mathrm{d}g(u)}\times\frac{\mathrm{d}g(u)}{\mathrm{d}u}\times\frac{\mathrm{d}u}{\mathrm{d}x}=-\sin u\times 2x=-2x\sin x^2$$

神经网络由多个神经元组成，每个神经元都有自己的权重值和偏置值，并都使用一个非线性函数作为激活函数，例如 sigmoid 函数、ReLU 函数等。因此，神经网络可以看作是由多个非线性函数和线性函数组成的复合函数，输入数据经过网络的各个层，最终得到输出，也称为预测值。

训练神经网络时，我们需要计算每个参数的梯度，以便进行优化。反向传播算法是一种自动计算梯度的方法，其基本思想是利用链式求导法则，从输出层到输入层逐层计算每个参数的梯度。具体来说，反向传播算法分为以下四个步骤，分别为前向传播、计算损失函数、反向传播、更新权重和偏置。

假设我们的神经网络有一个输入层、一个隐藏层和一个输出层，对应的权重分别为 $\boldsymbol{W}^{(1)}$ 和 $\boldsymbol{W}^{(2)}$，偏置分别为 $b^{(1)}$ 和 $b^{(2)}$。

（1）前向传播

神经网络的前向传播是指输入数据通过网络的各层，产生最终的输出的过程。对于单个样本 x，输入层到隐藏层的计算：

$$\boldsymbol{z}^{(1)}=\boldsymbol{W}^{(1)}\boldsymbol{x}+b^{(1)} \tag{2.23}$$

隐藏层到输出层的计算：

$$\boldsymbol{a}^{(1)}=f(\boldsymbol{z}^{(1)}) \tag{2.24}$$

其中，$\boldsymbol{a}^{(1)}$ 为隐藏层的激活值；$\boldsymbol{z}^{(1)}$ 为隐藏层的加权输入；$f(\cdot)$ 是激活函数。

（2）计算损失函数

损失函数 L 衡量模型输出 $\boldsymbol{a}^{(2)}$（输出层的激活值，即神经网络的预测输出）与实际标签 $\boldsymbol{y}$ 之间的差异。

$$L=\mathrm{Loss}(\boldsymbol{a}^{(2)},\boldsymbol{y}) \tag{2.25}$$

（3）反向传播

反向传播通过计算梯度，将损失信号从输出层传播回网络的各层，以便更新参数。输出层的损失函数对输出值的梯度为：

$$\frac{\partial L}{\partial \boldsymbol{a}^{(2)}}=\frac{\partial L}{\partial \hat{\boldsymbol{y}}} \tag{2.26}$$

其中，$\hat{\boldsymbol{y}}$ 表示实际输出值。

输出层的输出值对加权输入的梯度为激活函数的导数：

$$\frac{\partial \boldsymbol{a}^{(2)}}{\partial \boldsymbol{z}^{(2)}}=f'(\boldsymbol{z}^{(2)}) \tag{2.27}$$

其中，$\boldsymbol{z}^{(2)}$ 为输出层的加权输入，即激活函数的输入。

因此，输出层加权输入的梯度为：

$$\frac{\partial L}{\partial \boldsymbol{z}^{(2)}}=\frac{\partial L}{\partial \boldsymbol{a}^{(2)}}\times\frac{\partial \boldsymbol{a}^{(2)}}{\partial \boldsymbol{z}^{(2)}} \tag{2.28}$$

然后，可以计算输出层权重和偏置的梯度：

$$\frac{\partial L}{\partial \boldsymbol{W}^{(2)}}=\frac{\partial L}{\partial \boldsymbol{z}^{(2)}}(\boldsymbol{a}^{(1)})^{\mathrm{T}} \tag{2.29}$$

$$\frac{\partial L}{\partial b^{(2)}}=\frac{\partial L}{\partial \boldsymbol{z}^{(2)}} \tag{2.30}$$

输出层加权输入对隐藏层激活值的梯度为：

$$\frac{\partial \boldsymbol{z}^{(2)}}{\partial \boldsymbol{a}^{(1)}}=(\boldsymbol{W}^{(2)})^{\mathrm{T}} \tag{2.31}$$

隐藏层的输出值对加权输入的梯度为激活函数的导数：

$$\frac{\partial \boldsymbol{a}^{(1)}}{\partial \boldsymbol{z}^{(1)}}=f'(\boldsymbol{z}^{(1)}) \tag{2.32}$$

因此，隐藏层加权输入的梯度为：

$$\frac{\partial L}{\partial \boldsymbol{z}^{(1)}}=\left(\frac{\partial L}{\partial \boldsymbol{z}^{(2)}}\times\frac{\partial \boldsymbol{z}^{(2)}}{\partial \boldsymbol{a}^{(1)}}\right)\odot\frac{\partial \boldsymbol{a}^{(1)}}{\partial \boldsymbol{z}^{(1)}} \tag{2.33}$$

其中，$\odot$表示逐元素相乘。

然后，可以计算隐藏层权重和偏置的梯度：

$$\frac{\partial L}{\partial \boldsymbol{W}^{(1)}}=\frac{\partial L}{\partial \boldsymbol{z}^{(1)}}\boldsymbol{x}^{\mathrm{T}}$$

$$\frac{\partial L}{\partial b^{(1)}}=\frac{\partial L}{\partial \boldsymbol{z}^{(1)}} \tag{2.34}$$

（4）更新权重和偏置

根据梯度下降或其他优化算法，更新权重和偏置：

$$\boldsymbol{W}^{(2)}-\alpha\frac{\partial L}{\partial \boldsymbol{W}^{(2)}}\rightarrow\boldsymbol{W}^{(2)} \tag{2.35}$$

$$b^{(2)}-\alpha\frac{\partial L}{\partial b^{(2)}}\rightarrow b^{(2)} \tag{2.36}$$

$$\boldsymbol{W}^{(1)}-\alpha\frac{\partial L}{\partial \boldsymbol{W}^{(1)}}\rightarrow\boldsymbol{W}^{(1)} \tag{2.37}$$

$$b^{(1)}-\alpha\frac{\partial L}{\partial b^{(1)}}\rightarrow b^{(1)} \tag{2.38}$$

其中，α 表示学习率，控制每次更新的步长。

这四个步骤的循环迭代，使得神经网络逐渐调整其权重和偏置，以最小化损失函数。这就是训练神经网络的基本过程，其中反向传播算法通过高效地计算梯度，为神经网络的学习提供了重要支持。

综上所述，我们可以利用链式求导法则来计算神经网络中的反向传播。通过将每一层看作是一个函数，我们可以根据链式求导法则将整个神经网络的导数分解为每一层的导数乘积。在具体计算时，我们需要首先求出损失函数对输出的导数，然后通过将这个导数依次乘以每一层的导数，最终得到损失函数对每一层的权重矩阵、偏置向量和输入的导数。这个我们会在第五章的反向传播算法过程中详细说明。

2.4 度量标准

度量学是数学中的一个分支，主要研究度量空间和度量的概念。度量空间是指具有距离（度量）的空间，即能够定义任意两个点之间的距离。距离的概念早在古希腊时期就已经被提出，并在数学、物理学、工程学等领域得到广泛应用。然而，直到 20 世纪初，数学家们才开始系统地研究度量空间的性质和结构。在 20 世纪中叶，度量学逐渐成为一门独立的数学学科，并在统计学、机器学习、数据挖掘等领域得到广泛应用。

在深度学习中，我们需要通过一些度量标准来评估模型的性能以及数据之间的相似度。常见的度量标准包括误差、距离和相似度。在本节中，我们将详细讨论这些度量标准的概念和用途。

2.4.1 误差

误差是指模型预测值和实际值之间的差异。在深度学习中，我们经常使用误差来评估模型的性能。常见的误差指标包括平均绝对误差（MAE）、均方误差（MSE）和交叉熵损失（cross-entropy loss）等。

平均绝对误差（MAE）是指预测值与真实值之间的差的绝对值的平均值，即式(2.39)：

$$\mathrm{MAE}=\frac{1}{n}\sum_{i=1}^{n}|y_i-\hat{y}_i| \tag{2.39}$$

其中，y_i 是第 i 个样本的真实值；$\hat{y_i}$ 是第 i 个样本的预测值；n 是样本数量。均方误差（MSE）是指预测值与真实值之间的差的平方的平均值，即式(2.40)：

$$\mathrm{MSE}=\frac{1}{n}\sum_{i=1}^{n}(y_i-\hat{y}_i)^2 \tag{2.40}$$

交叉熵损失（cross-entropy loss）是用于多分类任务的常见损失函数。假设我们有 k 个类别，第 i 个样本属于第 j 个类别的概率为 p_{ij}，则交叉熵损失可以表示为式(2.41)：

$$L=-\frac{1}{n}\sum_{i=1}^{n}\sum_{j=1}^{k}y_{ij}\lg p_{ij} \tag{2.41}$$

其中，y_{ij} 是一个指示函数，当第 i 个样本属于第 j 个类别时为 1，否则为 0。

2.4.2 距离

距离是度量空间中两个点之间“距离”的概念，常用于衡量样本之间的相似性。距离的概念最早可以追溯到古希腊数学家欧几里得在其著作《几何原本》中，引入了欧氏距离的概念。随着数学理论的发展，距离的概念也逐渐被引入了其他领域，如物理、工程等。在机器学习领域中，距离度量被广泛应用于聚类、分类、排序等任务中。

在深度学习中，距离常用于度量样本之间的相似性，聚类、分类等任务中的相似性。在数学上，距离通常满足以下几个性质：

非负性：对于任意的 $\boldsymbol{x},\boldsymbol{y}\in X$，有 $d(\boldsymbol{x},\boldsymbol{y})\geqslant 0$，且当且仅当 $\boldsymbol{x}=\boldsymbol{y}$ 时等号成立。

对称性：对于任意的 $\boldsymbol{x},\boldsymbol{y}\in X$，有 $d(\boldsymbol{x},\boldsymbol{y})=d(\boldsymbol{y},\boldsymbol{x})$。

三角不等式：对于任意的 $\boldsymbol{x},\boldsymbol{y},\boldsymbol{z}\in X$，有 $d(\boldsymbol{x},\boldsymbol{z})\leqslant d(\boldsymbol{x},\boldsymbol{y})+d(\boldsymbol{y},\boldsymbol{z})$。

常见的距离包括欧氏距离、曼哈顿距离、切比雪夫距离等。

(1) 欧氏距离

它是最常见的距离度量，用于衡量欧几里得空间中两点之间的直线距离。在二维欧几里得空间中，欧氏距离计算公式为式(2.42)：

$$d(x,y)=\sqrt{(x_1-x_2)^2+(y_1-y_2)^2} \tag{2.42}$$

在高维空间中，欧氏距离的计算公式可以表示为式(2.43)：

$$d(\boldsymbol{x},\boldsymbol{y})=\sqrt{\sum_{i=1}^{n}(x_i-y_i)^2} \tag{2.43}$$

其中，$\boldsymbol{x}$ 和 $\boldsymbol{y}$ 是 n 维的点集，$\boldsymbol{x}=(x_1,x_2,\cdots,x_n)$；$\boldsymbol{y}=(y_1,y_2,\cdots,y_n)$。

(2) 曼哈顿距离

又称为城市街区距离或者 L_1 距离，表示在网格状的街区里，从一个十字路口到另一个十字路口所经过的最短路径的长度。在二维平面坐标系中，曼哈顿距离计算公式为式(2.44)：

$$d(x,y)=|x_1-x_2|+|y_1-y_2| \tag{2.44}$$

在高维空间中，曼哈顿距离的计算公式可以表示为式(2.45)：

$$d(\boldsymbol{x},\boldsymbol{y})=\sum_{i=1}^{n}|x_i-y_i|d(\boldsymbol{x},\boldsymbol{y}) \tag{2.45}$$

曼哈顿距离的计算方法与欧氏距离不同，它不是直线距离，而是在网格状的坐标系中沿着坐标轴的距离之和。

(3) 切比雪夫距离

又称为 L_∞ 距离，表示在 n 维空间中，两个点在各个维度坐标差的绝对值的最大值。在二维平面坐标系中，切比雪夫距离计算公式为式(2.46)：

$$d(x,y)=\max(|x_1-x_2|,|y_1-y_2|) \tag{2.46}$$

在高维空间中，切比雪夫距离的计算公式可以表示为式(2.47)：

$$d(\boldsymbol{x},\boldsymbol{y})=\max_{i=1}^{n}|x_i-y_i|d(\boldsymbol{x},\boldsymbol{y}) \tag{2.47}$$

切比雪夫距离的计算方法是在 n 维空间中寻找两个点坐标差的最大值，这个最大值就是切比雪夫距离。

除了上述常见的距离，还有其他的距离度量方法，例如马氏距离、余弦相似度等。在实际应用中，不同的距离度量方法选择取决于具体的问题和数据类型。

2.4.3 相似度

相似度的概念最早来源于心理学和认知科学领域，用于描述人类对于事物相似程度的感知。在计算机科学领域，相似度被广泛应用于机器学习、信息检索、图像识别、自然语言处理等领域。相似度的度量方法可以追溯到 20 世纪初。1913 年，英国心理学家 C. S. Spearman 提出了因子分析法，通过因子分析法可以测量出不同测试结果之间的相似度。1936 年，荷兰数学家 Andries van der Waerden 发表了一篇题为“Mathematical Methods for Objective Measurement of the Degree of Association of Two Variables”的论文，提出了使用皮尔逊相关系数来度量两个变量之间的相似度。此后，相似度的度量方法不断发展，涌现出了一系列经典的相似度度量方法。

在深度学习中，相似度通常用于度量两个样本之间的相似程度。相似度是距离度量的一种补充，距离越小，相似度越大；距离越大，相似度越小。相似度度量是许多机器学习任务中的关键问题，如聚类、分类、排序等。

相似度是指两个对象之间的相似程度，是度量对象之间相似度的一种方法。相似度的度量方法通常包括余弦相似度、皮尔逊相关系数、欧氏距离相似度、曼哈顿距离相似度、杰卡德相似系数等。

余弦相似度（cosine similarity）是指两个向量在向量空间中的夹角余弦值，它衡量两个向量方向的差异程度，而与向量的大小无关。在深度学习中，余弦相似度通常用于文本分类、自然语言处理、图像检索等领域。

假设有两个 n 维向量 $\boldsymbol{x}=(x_1,x_2,\cdots,x_n)$ 和 $\boldsymbol{y}=(y_1,y_2,\cdots,y_n)$，它们的余弦相似度可以表示为式(2.48)：

$$\text{similarity}(\boldsymbol{x},\boldsymbol{y})=\frac{\boldsymbol{x}\cdot\boldsymbol{y}}{|\boldsymbol{x}||\boldsymbol{y}|}=\frac{\sum_{i=1}^{n}x_iy_i}{\sqrt{\sum_{i=1}^{n}x_i^2}\sqrt{\sum_{i=1}^{n}y_i^2}} \tag{2.48}$$

其中，$\boldsymbol{x}\cdot\boldsymbol{y}$ 表示两个向量的点积；$|\boldsymbol{x}|$ 和 $|\boldsymbol{y}|$ 分别表示两个向量的模长。

余弦相似度的取值范围在 $[-1,1]$ 之间，当两个向量的夹角为 0 时，余弦相似度取得最大值 1，表示两个向量方向完全一致；当两个向量的夹角为 90°时，余弦相似度为 0，表示两个向量之间没有任何关联；当两个向量的夹角为 180°时，余弦相似度取得最小值 -1，表示两个向量方向完全相反。

皮尔逊相关系数（Pearson correlation coefficient）是指两个变量之间的线性关系强度，它用于衡量两个变量之间的相关性，取值范围在 -1 到 1 之间。当相关系数等于 1 时，表示两个变量之间存在完全的正相关关系；当相关系数等于 -1 时，表示两个变量之间存在完全的负相关关系；当相关系数等于 0 时，表示两个变量之间不存在线性关系。在深度学习中，我们可以使用皮尔逊相关系数来计算两个向量之间的相似度。设 $\boldsymbol{x}$ 和 $\boldsymbol{y}$ 是两个 n 维向量，它们之间的皮尔逊相关系数可以通过以下公式(2.49) 计算：

$$\rho_{\boldsymbol{x},\boldsymbol{y}}=\frac{\sum_{i=1}^{n}(x_i-\bar{x})(y_i-\bar{y})}{\sqrt{\sum_{i=1}^{n}(x_i-\bar{x})^2}\sqrt{\sum_{i=1}^{n}(y_i-\bar{y})^2}} \tag{2.49}$$

其中，$\bar{x}$ 和 $\bar{y}$ 分别表示向量 $\boldsymbol{x}$ 和 $\boldsymbol{y}$ 的均值；n 表示向量的维度。

如果两个向量之间的皮尔逊相关系数接近于 1，那么它们之间的线性关系比较强，可以认为它们相似度较高；如果皮尔逊相关系数接近于 0，则表示两个向量之间没有线性关系，相似度较低；如果皮尔逊相关系数接近于－1，则表示两个向量之间存在负相关关系，相似度也较低。

需要注意的是，皮尔逊相关系数只能衡量两个向量之间的线性关系强度，不能反映出两个向量之间的非线性关系。在某些情况下，非线性关系可能更能反映出向量之间的相似度，因此需要选择适当的相似度度量方法。

欧氏距离（Euclidean distance）是用于衡量欧几里得空间中两点之间的直线距离的。在深度学习中，欧氏距离常被用作相似度度量的一种方式。相似度的计算通常是通过对输入数据进行特征提取得到的特征向量进行计算的。在计算欧氏距离相似度时，我们通常将两个特征向量看作是欧几里得空间中的两个点，然后计算它们之间的欧氏距离。欧氏距离越小，表示两个特征向量在欧几里得空间中越接近，其相似度也就越高。

具体来说，对于两个 n 维特征向量 $\boldsymbol{x}=(x_1,x_2,\cdots,x_n)$ 和 $\boldsymbol{y}=(y_1,y_2,\cdots,y_n)$，它们之间的欧氏距离可以通过以下公式(2.50)进行计算：

$$d(\boldsymbol{x},\boldsymbol{y})=\sqrt{\sum_{i=1}^{n}(x_i-y_i)^2} \tag{2.50}$$

其中，$\sqrt{\sum_{i=1}^{n}(x_i-y_i)^2}$ 表示两个特征向量之间的欧氏距离。在深度学习中，我们通常将欧氏距离转换为相似度，一种常见的方式是使用指数函数对欧氏距离进行变换，得到相似度如下式(2.51)：

$$\mathrm{sim}(\boldsymbol{x},\boldsymbol{y})=\exp\left(-\frac{d(\boldsymbol{x},\boldsymbol{y})^2}{\sigma^2}\right) \tag{2.51}$$

其中，σ 是一个超参数，通常需要手动调节以获得更好的相似度度量效果。可以看出，当欧氏距离越小时，相似度越大，即两个特征向量越相似。

曼哈顿距离（Manhattan distance）又称为城市街区距离，它是两点之间在各个方向上的距离总和，通常用于计算多维度数据之间的距离。曼哈顿距离相似度的计算公式为：

$$1-\frac{\sum_{i=1}^{n}|x_i-y_i|}{\sum_{i=1}^{n}\max(|x_i|,|y_i|)}\text{。}$$

杰卡德相似系数（Jaccard similarity coefficient）是在集合论上的一种相似度度量方法，主要用于度量两个集合之间的相似度。杰卡德相似系数的计算公式为 $J(A,B)=\frac{|A\cap B|}{|A\cup B|}$，其中 A 和 B 分别表示两个集合。

在深度学习中，欧氏距离相似度经常被用于计算特征向量之间的相似度，以便进行数据聚类、检索等任务。例如，在图像检索任务中，我们可以将图像表示为特征向量，然后使用欧氏距离相似度计算查询图像和数据库中所有图像的相似度，从而找到最相似的图像。同样地，欧氏距离相似度也可以用于计算语音、文本等数据的相似度，以便进行分类、聚类、检索等任务。

综上所述，不同的度量标准适用于不同的场景和任务，在深度学习中，选择合适的度量标准是非常重要的。通过合理地选择和使用，我们可以更好地评估模型的性能和优化模型，从而提高深度学习的应用效果。

2.5　概率分布

概率分布（probability distribution）是概率论和数理统计学中的重要概念，早在17世纪，Pascal和Fermat就研究过随机变量在一定条件下的概率分布。随着概率论、数理统计学以及计算机科学的发展，概率分布被广泛应用于各个领域中，包括深度学习。

概率分布用来描述随机变量或一簇随机变量在每一个可能取到的状态的可能性大小，我们描述概率分布的方式取决于随机变量是离散的还是连续的。随机变量（random variable）是可以随机地取不同值的变量。随机变量可以是离散的或者连续的。简单起见，本章用大写字母 X 表示随机变量，小写字母 x 表示随机变量能够取到的值。例如，x_1 和 x_2 都是随机变量 X 可能的取值。

在深度学习中，很多问题都可以被视为概率建模问题，即将数据和模型之间的关系用概率分布来描述和建模。概率分布在深度学习中的以下几个方面发挥着重要作用。

（1）描述不确定性

在深度学习中，数据常常受到各种噪声和干扰，因此对数据建模时需要考虑不确定性。概率分布提供了一种描述不确定性的方式，即通过概率分布来描述随机变量的分布规律，这使得我们可以更好地了解数据的分布情况，从而更好地处理数据。例如正态分布可以用来描述连续变量的分布，二项分布可以用来描述离散变量的分布等。

（2）定义损失函数和评价指标

在深度学习中，通常需要通过最小化损失函数来训练模型，而损失函数通常基于概率分布来定义。例如，交叉熵损失函数在分类问题中广泛应用，其中将真实标签看作一个分布，将模型预测的结果看作另一个分布，通过计算这两个分布之间的交叉熵来衡量模型的预测效果。此外，评价指标如准确率、精度和召回率等也经常使用概率分布来定义。

（3）优化算法

深度学习中的优化算法通常是基于梯度下降的，而梯度下降算法的核心就是求导。概率分布可以通过求导来计算梯度，从而优化模型。例如，对数似然损失函数对模型参数求导可以得到梯度，这使得我们可以使用梯度下降算法来训练神经网络。

（4）生成模型

深度学习中的生成模型是一种可以生成新样本的模型。概率分布可以用于定义生成模型，从而生成新的数据样本。例如，基于正态分布的生成模型可以生成服从正态分布的新样本。

（5）模型评估

概率分布可以用来评估模型的性能，例如分类任务中的精度和召回率等。此外，概率分布还可以用来计算不确定性，例如在模型不确定的情况下进行预测。

（6）数据增强

在深度学习中，数据增强是一种常用的技术，可以通过对数据进行旋转、翻转、缩放等变换来扩充数据集。而这些变换通常需要基于某种概率分布来定义。

通过基于某种概率分布来定义这些变换，可以使得变换应用的结果更具随机性和多样性。例如，可以使用均匀分布、高斯分布或离散概率分布等来生成变换的参数，从而实现对数据进行随机性的扰动。

通过引入随机性，数据增强可以在训练过程中生成更多多样化的训练样本，增加数据集的丰富性。这样，模型可以在不同角度和变换情况下学习到更多的特征和模式，提高其泛化能力和鲁棒性。

（7）贝叶斯深度学习

贝叶斯深度学习是一种基于贝叶斯定理的深度学习方法，其中概率分布扮演着重要的角色。在贝叶斯深度学习中，模型的参数不再是固定的数值，而是一个概率分布，可以通过观测数据来更新这个分布，从而得到更为准确的预测结果。

二项分布是最早的概率分布之一，它最初是由瑞士数学家Jacob Bernoulli提出的，用于研究一些简单事件的概率。正态分布则是由德国数学家高斯在19世纪初提出的，它是一种连续概率分布，也被称为高斯分布。其中，二项分布可以用于描述二分类问题中的概率分布，正态分布则常用于描述连续数值型数据的概率分布，以及用于一些常见的优化算法中，如Adam优化器。

总之，概率分布是深度学习中不可或缺的数学工具，对于深入理解和应用深度学习算法具有重要意义。本节将介绍两个常见的概率分布——二项分布和正态分布，并探讨它们在神经网络中的应用。

2.5.1 二项分布

二项分布是一种离散概率分布，它描述了一组 n 个独立的是/否试验中成功的次数。其中每个试验有两个可能的结果：成功或失败。如果每个试验成功的概率为 p，失败的概率为 $1-p$，那么 k 次成功的概率可以由下面的二项分布概率质量函数计算得到。

$$P(k;n,p)=\binom{n}{k}p^k(1-p)^{n-k} \tag{2.52}$$

其中，$\binom{n}{k}$ 是组合数，表示从 n 个元素中选取 k 个元素的方案数。二项分布的期望和方差分别为式(2.53)和式(2.54)：

$$E[k]=np \tag{2.53}$$

$$\mathrm{Var}[k]=np(1-p) \tag{2.54}$$

二项分布在深度学习中的应用非常广泛，比如用于评估分类模型的准确率和召回率、计

算每个样本被分类为某个类别的概率等。在神经网络中，二项分布常用于计算二分类问题中输出为正例的概率。例如，在逻辑回归中，假设我们需要对一个样本进行二分类预测，输出值为 $y \in 0，1$，那么根据逻辑回归模型的定义，可以将输出值表示为 $y=P(y=1|x)$，其中 x 是输入数据。因此，可以将 y 表示为一个服从二项分布的随机变量，其概率分布为式(2.55)：

$$P(y|x)=\mathrm{Bin}(y|p(x),n)=\binom{n}{y}p(x)^{y}[1-p(x)]^{n-y} \tag{2.55}$$

其中 $n=1$，$p(x)=P(y=1|x)$ 表示样本 x 属于正例的概率。

2.5.2 正态分布

正态分布，又称高斯分布，是一种连续型概率分布。正态分布的概率密度函数具有单峰、对称、钟形曲线的特点，因此在深度学习中被广泛应用于对数据分布的建模。如果随机变量 X，服从位置参数为 μ、尺度参数为 σ 的概率分布，且其概率密度函数为：

$$f(x)=\frac{1}{\sigma\sqrt{2\pi}}\mathrm{e}^{-\frac{(x-\mu)^2}{2\sigma^2}} \tag{2.56}$$

则这个随机变量就称为正态随机变量，正态随机变量服从的概率分布就称为正态分布，记作：

$$X \sim N(\mu,\sigma^2) \tag{2.57}$$

如果位置参数 $\mu=0$，尺度参数 $\sigma=1$，则称为标准正态分布，记作：

$$X \sim N(0,1) \tag{2.58}$$

此时，概率密度函数公式简化为：

$$f(x)=\frac{1}{\sqrt{2\pi}}\mathrm{e}^{-\frac{x^2}{2}} \tag{2.59}$$

正态分布的数学期望值 μ 等于位置参数，决定了分布的位置；其方差 σ^2 的开平方或标准差等于尺度参数，决定了分布的幅度。正态分布的概率密度函数曲线呈钟形，常称之为钟形曲线，如图 2.5.1 所示。

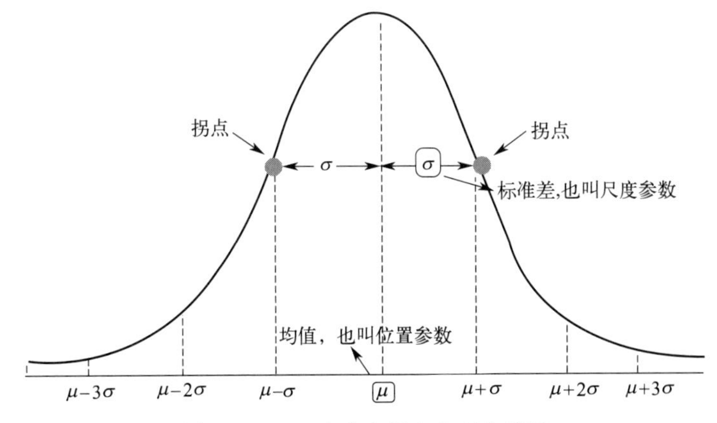

图 2.5.1　正态分布概率密度曲线图

正态分布具有很多重要的性质，比如中心极限定理和最大似然估计等。在深度学习中，正态分布经常被用于定义概率模型和损失函数。例如，我们可以将正态分布用于描述某个参数的先验分布或后验分布，或者将正态分布用于定义生成模型中的噪声分布。

正态分布在神经网络中主要是用于权重和偏置的初始化。我们知道，神经网络的训练过程是通过反向传播算法来更新模型的参数，而模型的参数包括各层的权重和偏置。在初始化这些参数时，如果我们将它们随机地初始化为相同的值，那么可能会导致神经元的输出也相同，这会影响模型的学习效果。因此，我们需要一种合理的方法来初始化权重和偏置。

一种常用的方法是使用正态分布来初始化权重和偏置。具体来说，我们可以通过从一个均值为0、方差为 σ^2 的正态分布中随机抽取值来初始化权重和偏置，其中 σ^2 通常被称为权重的方差，它是一个需要手动调整的超参数。如果 σ^2 过大，权重的值会过于分散，导致模型的性能下降；如果 σ^2 过小，权重的值会过于集中，导致模型的表现受限。

除了用于初始化权重和偏置之外，正态分布在神经网络中还有一些其他的应用。例如，我们可以使用正态分布来模拟噪声，以增强模型的鲁棒性和泛化能力。另外，正态分布还可以用于构建高斯核函数，用于一些机器学习算法，例如支持向量机。在神经网络中也经常用于建模误差项。例如，在回归任务中，我们通常假设模型的输出与真实值之间存在一个误差项 $\varepsilon \sim N(0,\sigma^2)$，其中 σ^2 是标准差。这个误差项可以用来描述模型的不确定性和随机性，使得模型能够更好地适应真实数据。

在深度学习中，最常见的正态分布模型就是高斯混合模型（Gaussian mixture model，GMM）。GMM 是一种基于多个高斯分布加权求和的概率模型，它能够对数据进行更复杂的建模。在图像识别和自然语言处理等领域，GMM 已经被广泛应用于特征提取和分类任务中。

综上所述，正态分布在神经网络中具有广泛的应用，特别是在权重和偏置的初始化中，它可以帮助我们更好地训练模型，提高模型的性能。

2.6 本章小结

本章主要介绍了深度学习中最基本的数学概念和工具，包括标量、向量、矩阵、张量、矩阵和向量相乘、导数、度量标准和概率分布。这些数学工具是深度学习中不可或缺的基础，对于理解深度学习算法的原理和实现具有重要的作用。

首先，我们介绍了标量、向量、矩阵和张量的概念及其区别。标量是一个单一的数值，向量是有序的一组数值，矩阵是有序的二维数组，张量是一种多维数组。在深度学习中，我们最常用的是向量和矩阵，它们是构成神经网络的基本数据结构。向量和矩阵之间的乘法是深度学习中常用的运算，它可以将多个输入向量通过一系列的变换映射到输出向量，实现神经网络的计算。接着，我们介绍了导数的概念和两种求导法则：一般运算法则和链式求导法则。导数在深度学习中非常重要，它可以用来计算函数的变化率和梯度，是优化器和反向传播算法的基础。一般运算法则是计算基本函数的导数，而链式求导法则则是计算复合函数的导数。在深度学习中，我们经常需要计算神经网络的复杂函数导数，因此链式求导法则是必不可少的。随后，我们介绍了度量标准的概念，包括误差、距离和相似度。误差是指预测值与真实值之间的差异，距离是指向量之间的距离，相似度是指向量之间的相似程度。在深度学习中，我们需要衡量模型的预测误差、数据之间的相似性以及样本之间的距离等，因此度量标准也是深度学习中常用的工具。最后，我们重点介绍了概率分布及其在深度学习中的应用。概率分布可以用于描述随机变量的分布规律，包括输入和输出变量的分布。在深度学习中，我们常用二项分布和正态分布来定义损失函数、优化器和生成模型等。

总的来说，本章介绍的数学概念和工具是深度学习中最基础的内容，它们为理解深度学习模型的运行原理和优化过程提供了必要的数学基础。同时，这些数学概念和工具也为深度学习模型的设计和应用提供了灵活的数学工具和思路，为深度学习的不断发展和进步提供了坚实的数学支撑。在深度学习的实践中，我们需要灵活地运用这些工具和概念，结合实际问题进行建模和求解，以实现更加准确和高效的深度学习算法。

第三章

机器学习的构成及理论基础

人类获取知识的基本手段是学习，人的认知能力和智慧才能是在毕生的学习中逐步形成的。面对信息社会的海量信息，我们迫切需要具有学习能力的智能机器来模拟和延伸自己的学习能力，帮助我们从大数据中提取有用的知识，实现知识获取的自动化。这样的需求催生了人工智能领域的一个极为重要的分支：机器学习（learning machine，LM）。机器学习是当下人工智能领域的重要分支，其本质是利用计算机模拟和实现人类学习的过程，使计算机具有学习能力和自我适应的能力。通过从大量数据中自动提取有用的模式和规律，机器学习能够有效地解决如何利用数据进行决策、分类、预测和回归等实际问题。

3.1 机器学习基础概念

3.1.1 人类学习与机器学习

人类学习是指人类不断地通过观察、实践、试错和反馈来积累经验并掌握某项技能或能力。类似地，机器学习使用了一个特殊的词汇“学习”来刻画模型拟合过程。机器学习可以定义为“improving some performance measure with experience computed from data”，也就是机器从数据中总结经验。机器模拟人类学习的过程，是通过观察大量的数据和训练，通过使用算法和数学模型，让机器能够从数据中发现事物规律，获得某种分析问题、解决问题的能力。

人类通过学习得到的技能和能力是基于经验和直觉的，而机器学习则是基于算法和数学模型，通过对数据的建模和分析来不断精进模型的准确性和效率。人类学习和机器学习的区别是，人类学习是依靠观察，而机器学习是依靠数据（计算机的一种观察），如图 3.1.1 所示。

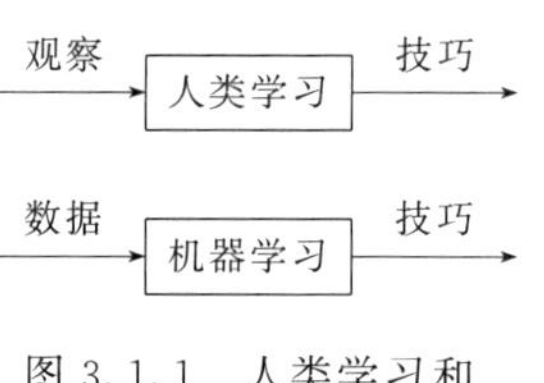

图 3.1.1 人类学习和机器学习过程的示意

通常使用性能指标的改进程度来定量地衡量技巧的实际效

果，而对于具体的问题，性能指标是不同的。例如，图像识别问题的性能指标通常采用图像识别的正确率来衡量，语音识别问题的性能指标通常用识别的错误率来衡量。

为了更加清楚地了解机器学习的含义，通过一种更加严谨的方式来描述机器学习。给出如下定义：

(a) 输入样本 $x \in X$，X 是输入样本空间；

(b) 输出样本 $y \in Y$，Y 是输出样本空间；

(c) 输入样本空间到输出样本空间的未知目标函数 f：$X \rightarrow Y$，即需要学习的模式或规律；

(d) 数据 D：训练样本 $D=\{(x_1,y_1),(x_2,y_2),\cdots,(x_n,y_n)\}$；

(e) 假设空间 H，假设空间指的是一组基于输入数据解决问题的可能模型集合，也就是说，假设空间 H 是模型参数所在空间的子集；一个机器学习模型对应了很多不同的假设 $h \in H$，通过某种算法 A，选择一个最佳的假设参数 g：$X \rightarrow Y$，g 在当前条件下能最好地表示事物的内在规律。

因此，对于理想的未知目标函数 f：$X \rightarrow Y$，假设拥有训练样本 $D=\{(x_1,y_1),(x_2,y_2),\cdots,(x_n,y_n)\}$，机器学习的过程就是根据先验知识选择模型，该模型对应的假设空间 H 包含了许多不同的假设 h。机器学习的本质是，通过学习算法 A 在训练样本 D 上进行训练，选择出一个最好的假设 g：$X \rightarrow Y$。一般情况下，g 能最接近目标函数 f，这就是机器学习的流程，如图 3.1.2 所示。图中虚线连接代表未知的过程。

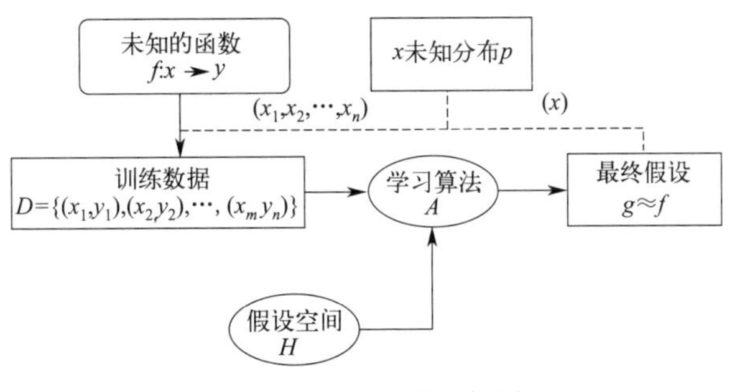

图 3.1.2 机器学习框图

目前，机器学习已经广泛应用于许多场景中，其中可总结出以下三个条件：

(a) 对于一些事物，存在着某种内在规律，机器学习的主要目的是基于数据来获取和表示这些规律；

(b) 存在一些难以使用传统编程方式解决的问题，需要使用机器学习进行解决；

(c) 有大量的数据样本可供使用，机器学习的途径是通过数据来训练模型，使其能够从中学习关键的特征并做出新的预测或决策，所以需要使用大量的数据样本来进行模型的学习。

3.1.2 机器学习的研究内容

机器学习是研究如何让计算机具有学习能力以解决实际问题的交叉学科。其涉及神经科学、认知心理学、逻辑学、概率统计学、教育学等学科，并旨在让计算机像人类一样能够通过学习获取知识、积累经验、发现规律、改善系统性能来实现自我完善。

早期的机器学习主要基于统计学模型。加州大学伯克利分校的迈克尔·欧文·乔丹（Michael L. Jordan）教授系统深入研究并完善了统计机器学习理论框架。自多伦多大学的杰弗里·希尔顿（Geoffrey Hinton）教授提出深度学习方法以来，基于深度学习框架的机器学习技术在机器视觉、语音识别、自然语言处理等领域取得了令人瞩目的应用成果，成为当前最热门的机器学习发展方向。

机器学习主要研究以下三方面问题：

（a）学习机理。研究人类获取知识、技能和抽象概念的能力，从中获取有关机器学习中存在的各种问题的解决方法。

（b）学习方法。探索各种可能的学习方法，建立独立于具体应用领域的学习算法，以基于生物学习机制的简化和计算方法的再现为基础。

（c）学习系统。建立适应于特定任务的学习系统。

机器学习的优点在于能够解决分类、回归、聚类等基本问题。很多实际问题都可以归结为这些问题的其中之一，因此机器学习的成果已经在数据分析、机器视听觉、自然语言处理、自动推理、智能决策等领域得到了广泛的应用，取得了巨大成功。

3.1.3 机器学习系统的基本构成

1997 年，米歇尔（Mitchell）教授曾对机器学习做过这样的阐述：“如果一个程序在使用既有的经验（E）执行某类任务（T）的过程中被认为是‘具备学习能力的’，那么它一定需要展现出利用现有的经验（E），不断改善其完成既定任务（T）的性能（P）的特性。”

这段描述抽象出一个机器学习问题的三个基本特征，即任务 T、经验 E 的来源和度量任务完成情况的性能指标 P。下面我们通过两个例子来理解机器学习问题。

第一个例子是设计一个学习如何下跳棋的机器学习程序，要求这个程序通过不断与自己下棋，获取经验，并不断从经验中学习，提高自身的下棋水平，最终达到程序设计者事先无法预料的水平。在这个机器学习问题中，任务 T 是下跳棋，经验 E 的来源是和自己对弈，性能指标 P 可以自行定义，例如，定义为机器学习程序在对弈中击败对手的百分比。

第二个例子是设计一个过滤垃圾邮件的机器学习程序，要求这个程序通过学习用户标记好的垃圾邮件和常规非垃圾邮件示例（系统用于学习的示例称为训练集），学会自动标记垃圾邮件。在这个机器学习问题中，任务 T 是标记新邮件是否为垃圾邮件，经验 E 的来源是训练集的示例数据，性能指标 P 可定义为正确分类的电子邮件的比例。

根据米歇尔对机器学习的阐述和对上述实例的分析，可以得出一个学习系统须满足的四个基本要求。

第一，学习系统进行学习时要有良好的信息来源，称为学习环境。学习环境对学习的重要性如同学校、教室、书本、实验室对学生的重要性一样。

第二，学习系统自身要具有一定的学习能力和有效的学习方法。学习环境为学习系统提供了必要的信息和条件，但处于同一学习环境的同班学生，由于具有不同的学习能力以及采用了不同的学习方法，其学习效果也会大不相同。

第三，学习系统必须做到学以致用，将学习获得的信息、知识等用于系统所要解决的实际问题，例如估计、预测、分析、分类、决策、控制等。

第四，学习系统应能够通过学习提高自身性能。学习的目的正是通过增长知识、提高技能从而改进系统的性能，使其在解决问题时做得越来越好。

为了实现以上基本要求，一个机器学习系统的基本构成至少应包括 4 个重要环节：环境、学习环节、知识库和执行环节。基本构成见图 3.1.3。

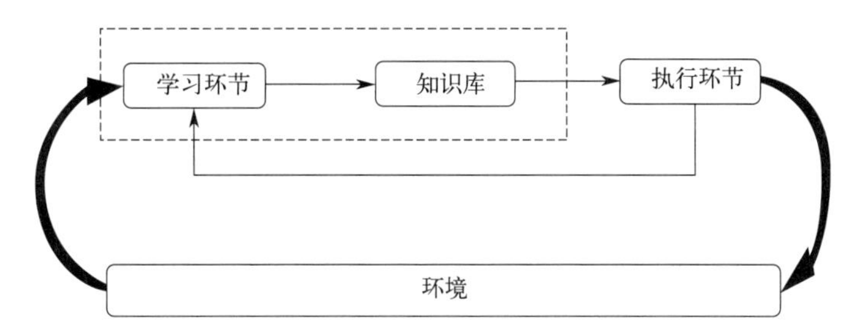

图 3.1.3 机器学习的基本构成

其中，环境向系统的学习环节提供获取知识所需的工作对象的信息，学习环节利用这些信息修改知识库，以增进系统执行环节完成任务的效能，执行环节根据知识库完成任务，同时把获得的信息反馈给学习环节。在具体的应用中，环境、知识库和执行环节决定了具体的工作内容，学习环节所需要解决的问题完全由上述三部分确定。每个环节的具体功能如下所述。

（1）环境

环境为学习系统提供了用某种形式表达的外界信息。构造高水平和高质量的信息对学习系统获取知识的能力至关重要。

信息的水平是指信息的抽象化程度。高水平信息比较抽象，能适用于更广泛的问题；低水平信息比较具体，只适用于个别问题。环境提供的信息水平往往与执行环节所需的信息水平有差距，这时就需要学习环节来缩小这个差距。如果环境提供的是较抽象的高水平信息，则针对比较具体的对象，学习环节就需要补充一些与其相关的细节，以便执行环节能将其用于该对象。如果环境提供的是较具体的低水平信息，学习环节就要在获得足够的数据后，删去不必要的细节，然后再进行总结推广，归纳出适用于一般情况的规则，以便执行环节能用这些规则完成更多的任务。可见如果环境提供的信息水平很低，会大大增加学习环节的负担和设计难度。

信息的质量是指对事物表述的正确性、选择的适当性和组织的合理性。信息质量的好坏会严重影响机器学习的难度。向学习系统提供的示例既能准确表述对象，示例的提供次序又利于学习，系统归纳起来就比较容易。如果这些示例中不仅有严重的噪声干扰，而且次序也很不合理，学习环节就很难对其进行归纳。

（2）学习环节

学习环节负责提供各种学习算法，用于处理环境提供的外部信息，并将这些信息与执行环节反馈回来的信息进行比较。一般情况下，环境提供的信息水平与执行环节所需要的信息水平存在差距，学习环节需要经过一番分析、综合、归纳、类比等思维过程，从这些差距中获取相关对象的知识，并将这些知识存入知识库。

（3）知识库

知识库是机器学习得来的知识存储的地方。它包含了训练数据的模型和参数，以及从这些数据中学习得到的特征和规律，使机器学习成为具有智能的计算机应用。一个学习系统不可能在完全没有知识的情况下凭空学习，因此知识库中会有一定的初始知识作为基础，然后在此基础上通过学习过程对已有知识进行扩充和完善。

（4）执行环节

执行环节是将学习到的知识应用到实际问题中的过程。利用知识库和新的输入数据来产生输出结果，这些输出结果可以通过反馈来进一步更新知识库，从而使机器不断进化和提升其预测和分析的能力。

学习环节的目的就是改善执行环节的行为，而执行环节的复杂度、反馈信息和执行过程的透明度都会对学习环节产生一定的影响。所谓复杂度是指完成一个任务所需要的知识量，例如，一个玩扑克牌的任务大约需要 20 条规则，而一个医学诊断专家系统可能需要几百条规则。由学习系统或人根据执行环节的执行情况，对学习环节所获取的知识进行评价，这种评价就称为反馈信息。学习环节主要根据反馈信息来决定是否需要从环境中进一步获取信息，以修改和完善知识库中的知识。透明度高的执行环节更容易根据执行效果对知识库的规则进行评价，所以执行环节的透明度越高越好。

3.2 机器学习的分类

人类在实践中总结了各种行之有效的学习方法和学习策略，好的学习方法会使学习事半功倍。机器学习同样要讲究学习方法和学习策略，并以学习算法的形式予以实现。经过几十年的发展，机器学习领域积累的学习算法日益丰富，如图 3.2.1 所示，按照学习方式可以将机器学习算法分为监督学习（supervised learning）、半监督学习（semi-supervised learning）、无监督学习（unsupervised learning）和强化学习（reinforcement learning）。目前，应用最广的机器学习方式是监督学习和无监督学习。这两类学习方式在长期的发展中积累了很多著名的算法，这些算法在解决分类、聚类、回归和降维等问题时表现出强大的优势。

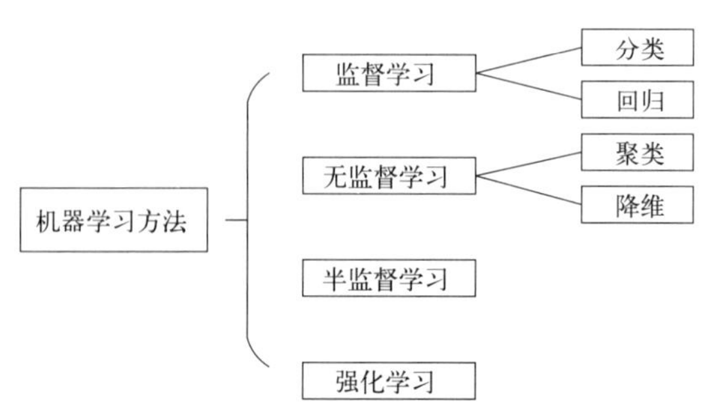

图 3.2.1　机器学习的四类学习方式

3.2.1 监督学习

监督学习的基本思想是，对于数据集中的每一个样本，通过计算从中学习特征参数，并为相应的分类器提供正确的标签作为参考答案。先由已经正确表述的数据集对模型进行训练，训练完成后的模型可以对未知输入的结果进行预测。这里的标签其实就是某个事物的分类。在某种程度上，你可以把它理解为作业的“标准答案”，而对于每次监督学习的输出，可理解为自己作答的答案。如果我们给出的答案和标准答案不一致，老师或家长就会监督我们来纠错，这样一来二去，我们对题目的理解就会更加深刻，在做新题时，正确率也会越来越高。

例如，在对液晶面板电极进行缺陷检测时，需要对液晶面板电极的图片进行标注，确定缺陷的类别以及缺陷位置，比如划伤、脏污和磕伤以及缺陷的具体位置，而这些信息都是需要事先进行人工标注的，这些标注为模型训练提供了“期望输出”。在监督学习过程中，系统会将每个输入的训练样本的实际输出结果与相应的标注信息进行比较，并根据两者之间的误差来调整模型的权重参数，以减小误差，直到系统的输出准确率达到预期。

再如，对过滤垃圾邮件系统中每一个参加训练的邮件样本，需根据实际情况事先将其标注为“垃圾邮件”或“非垃圾邮件”，机器学习算法对标注邮件样本进行训练后，提炼出其中蕴含的分类规则，利用这些分类规则即可将未知邮件分类为垃圾邮件或非垃圾邮件。

显然，在监督学习方式中起监督作用的是每个训练样本对应的标注信息，有了标注信息就能计算出系统对每个输入样本的实际输出与标注信息之间的误差，并在误差的引导下改进系统性能，从而通过减小乃至消除误差改善系统性能。

根据监督学习的输出类型，可以分为回归（regression）和分类（classification）两种。所谓分类就是先将样本的特征与各个类别的标准特征进行匹配，然后将输入数据标识为特定类的成员。但类别的标准特征往往是未知的，需要采用合适的机器学习算法从大量类别已知的样本数据（称为标注数据）中自动学习类别标准，这个过程就是监督学习。回归问题要求算法基于连续数据建立输入-输出之间的函数模型，输入可以是一个或多个自变量，输出是函数值。回归算法有线性和非线性之分。

回归和分类都是对输入做出预测，并且都是监督学习，但回归问题输出的是物体的值，分类问题输出的是物体所属的类别。例如，春季的天气每天变化较大，为了能够对日常穿衣服的厚度以及是否需要携带雨具做出判断，我们就要根据已有天气情况做出预测。

每一天的温度是一个固定的数字，我们知道今天以及前几天的温度，我们要通过之前的温度来预测往后的温度，每一个时刻都能预测出一个温度值，得到这个值用的方法就是回归。

对于监督学习的机器学习，给定训练样本（x_i，y_i），其中 i 大于 1 且小于某个常数，x_i 表示输入参数，y_i 表示期望的输出参数，机器学习是通过训练样本（x_i，y_i），寻找出一个模型函数 $f(x)$，使得 x_i 通过模型函数 $f(x)$ 能尽可能输出得到对应的 y_i。$f(x)$ 则有效建立了 x_i 与 y_i 的内在关系，一个简单的监督机器学习系统如图 3.2.2 所示。

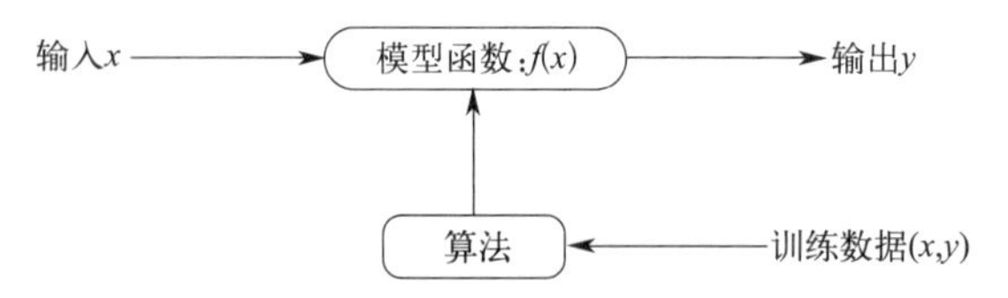

图 3.2.2　简单的监督机器学习系统

3.2.2　半监督学习

半监督学习是一种介于监督学习和无监督学习之间的学习方式，既用到了标签数据，又用到了非标签数据。即将大量没有类别标签的样本加入有限的有类别标签的样本中一起进行训练。

但是在很多现实问题当中，一方面是由于人工标记样本的成本很高，导致有标签的数据十分稀少（如果是让算法工程师亲自去标记数据，会消耗相当大的时间和精力；也有很多公司采取雇佣一定数量的数据标记师的方法，这种做法也无疑是耗费了大量金钱在数据标记上）；而另一方面，无标签的数据很容易被收集到，其数量往往是有标签样本的上百倍。因此，半监督学习（这里仅针对半监督分类），就是要利用大量的无标签样本和少量带有标签的样本来训练分类器，解决有标签样本不足的难题（图 3.2.3）。

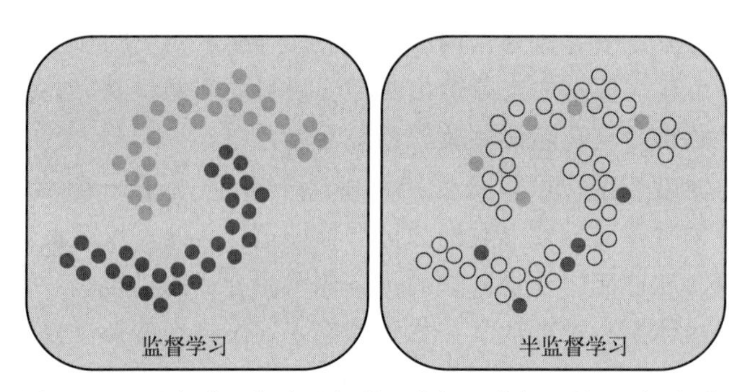

图 3.2.3　监督学习与半监督学习在标记数据上的差别可视化

半监督学习的理论前提是模型假设，实验研究表明：当模型假设正确时，无类别标签的样本能对学习性能起到改进作用，其效果往往明显优于单纯的监督学习或无监督学习；当模型假设不正确时，反而会恶化学习性能，导致半监督学习的性能下降。因此，半监督学习的效果取决于假设是否与实际情况相符。

最常见的模型假设为聚类假设（cluster assumption），即假设样本数据中存在簇结构，同一个簇的样本应属于同一个类别，所以当两个样本位于同一聚类簇时，它们大概率具有相同的类别标签。

3.2.3　无监督学习

与监督学习相比，无监督学习是模型本身不进行先验知识学习，不会对模型进行参数训练，而是使用被预测的样本数据直接进行预测，此类预测过程只是对不同类型的数据进行了预测，预测后的结果具有不确定性。学习系统需根据样本间的相似性自行推断出数据的内在结构，这样的任务称为聚类（clustering）。

聚类就是按照数据的特点，将数据划分成多个通常是不相交的子集，每个子集称为一个“簇”（cluster）。通过这样的划分，簇可能对应一些潜在的概念，但这些概念就需要人为地去总结和定义了。通过这样的划分，每个簇可能对应于一些潜在的概念（类别），如“浅色瓜”“深色瓜”，“有籽瓜”“无籽瓜”，甚至“本地瓜”“外地瓜”等。需说明的是，这些概念对聚类算法而言事先是未知的，聚类过程仅能自动形成簇结构，簇所对应的概念语义需由使用者来把握和命名。

聚类可以用来寻找数据的潜在特点，还可以用来其他学习任务的前驱。例如在一些商业引用中需要对新用户的类型进行判别，但是“用户类型”不好去定义，因此可以通过对用户进行聚类，根据聚类结果将每个簇定义为一个类，然后基于这些类训练模型，用于判别新用户的类型。

异常检测（anomaly detection）也是一种常用的无监督学习。所谓异常，是相对于其他观测数据而言有明显偏离的数据。所谓异常检测，是一类用于识别不符合预期行为的异常模式的技术，这些技术可以识别出数据中的“另类”，找出那些“不合群”的异常点，如异常交易、异常行为、异常用户、异常事故等。

以检测飞机发动机质量为例，飞机发动机制造商在生产线上生产飞机发动机时，需要进行质量控制测试，而作为这个测试的一部分，测试了飞机发动机的一些特征变量，比如特征 x_1 代表发动机运转时产生的热量，特征 x_2 代表发动机工作时产生的振动强度。在实际工作中，对每一个飞机发动机进行特征变量的采集，于是就有了一个数据集，从 $x^{(1)}$ 到 $x^{(m)}$，将这些数据整理并画成图，如图 3.2.4 所示。

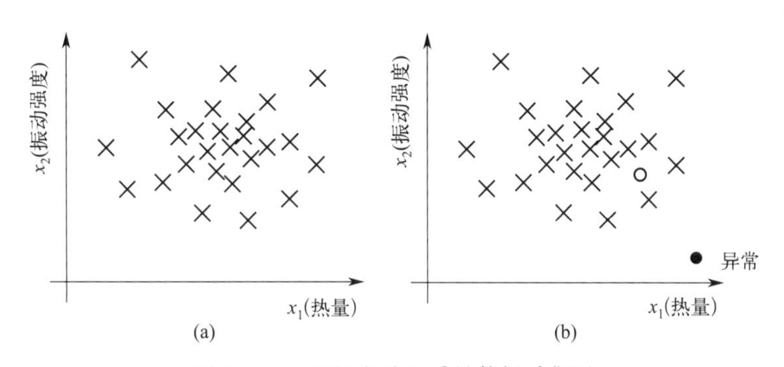

图 3.2.4　飞机发动机质量数据采集图

其中每个叉都是无标签数据，这样，异常检测问题可以定义如下：假设后来有一天，有一个新的飞机发动机从生产线上生产出来，而你的新飞机发动机有一个特征变量集 x_{test}，异常检测问题就是我们希望知道这个新的飞机发动机是否有某种异常，或者说，我们希望判断这个发动机是否需要进一步测试，因为如果它看起来像一个正常的发动机，那么可以直接投入使用，而不需要进一步的测试。比如说，如果新的发动机对应的点落在这里（图 3.2.4(b) 中“○”），那么可以认为它看起来像是之前见过的发动机，因此可以直接判断它表现正常；然而，如果新飞机发动机对应点在外面（图 3.2.4(b) 中“●”），那么可以认为这是表现异常，也许需要在发货之前做进一步检测。

3.2.4 强化学习

强化学习是一种机器学习的方法，旨在使智能体通过与环境的交互学习来做出最优决策。强化学习的特点是通过试错和反馈机制进行学习，而不需要明确的标签或先验知识。

在强化学习中，有三个核心元素：智能体（agent）、环境（environment）和奖励信号（reward signal）。智能体是决策者，它根据环境状态作出行动，并接收环境的反馈。环境是智能体所处的外部世界，它对智能体的行动作出响应，并改变自身的状态。奖励信号则是环境给予智能体的反馈，用于评估智能体的行为好坏。

强化学习的目标是使智能体通过与环境的交互学习到一个最优的行为策略，以最大化长期累积奖励。为了达到这一目标，智能体需要在不同的状态下做出合适的动作，从而获得最大的奖励。智能体通过观察环境的状态，选择执行一个行动，然后接收环境的反馈（包括奖励和下一个状态），并根据这个反馈来更新自己的策略。

强化学习的关键问题之一是如何进行决策和学习。在决策过程中，智能体需要在探索与利用之间做出权衡。探索是指尝试未知的动作，以便获得更多的信息和经验。利用是指根据已有的知识和经验选择当前被认为是最佳的动作。通过平衡探索和利用，智能体可以逐步改进策略。

在学习过程中，强化学习算法会根据奖励信号的反馈来更新智能体的价值函数或策略。价值函数用于评估状态或状态-动作对的好坏，而策略则是智能体在给定状态下选择行动的规则。通过不断试错和学习，智能体可以逐渐优化策略，使得其在长期累积奖励上表现更好。

强化学习可以应用于许多实际问题，例如机器人控制、游戏智能和自动驾驶等领域。它具有适应性强、能够处理连续状态和动作空间的优势。然而，强化学习也存在挑战，例如样本低效、探索与利用的平衡和处理延迟奖励等问题。

3.3 机器学习的重要参数

机器学习算法的效果受到很多因素的影响，其中参数是很重要的一个因素。参数的不同赋值可能会显著影响算法的性能，甚至决定了它的成功与否。

3.3.1 学习率

在机器学习过程中，有部分参数被称作超参数，超参数是在学习训练之前设置的参数值，不同于其他参数是通过训练得到的。一般而言，机器学习的调优过程会涉及对超参数进行调整优化，通过不断优化给出一组有效的超参数，使得模型在性能和效果上达到一个较好的结果。超参数可以简单理解为参数的参数。

常见的超参数包括梯度下降方法的步长、常规系数、神经网络的动量、RBF 内核的方差、神经网络的隐藏层层数、K-均值聚类的数量 K 等。超参数和准确率通常是非凸的关系，因此超参数的优化是机器学习的重要课题，常用的方法是网格搜索或高斯过程。值得说明的是，超参数是神经网络训练过程中非常重要的值，神经网络中比较经典的五个超参数分别是：学习率、权值初始化、网络层数、单层神经元数量、正则惩罚项。

学习率（learning rate）是最常见的超参数之一，是一种在机器学习中用于调整算法模型参数的超参数。学习率的具体含义是在每次迭代中，模型参数需要更新，更新规则就是按照学习率大小调整模型参数。学习率的大小直接决定了模型参数在每次更新中的调整程度。

通常，选择适当的学习率需要进行试错。常见的方法是使用一个比较大的学习率，观察训练结果，随后通过逐渐减小学习率的方式来优化模型的参数。有些算法会根据损失函数的下降趋势自动调整学习率，如自适应学习率算法 Adam 和 Adagrad 等。

学习率对机器学习算法的结果有着重要的影响，它的大小直接决定了训练过程中的收敛情况及结果的准确性。一些学习率设置不当可能会导致优化器过早停止、过度拟合或无法收敛等问题。如果学习率过大，会导致模型很难收敛，甚至出现发散现象；如果学习率过小，在训练过程中模型的更新速度会非常缓慢，模型很难解出局部最优或者全局最小点（global minimum）。

学习率或分步率是函数逐步搜索空间的速率。学习率的典型值在 0.001 到 0.1 之间。较小的步长意味着更长的训练时间，但可以得到更精确的结果。选择合适的学习率是机器学习模型优化过程中的关键环节之一，需要通过实验不断进行调整和优化。

3.3.2　动量系数

动量系数（momentum）是优化算法中常用的一种参数，它是 Adam、SGD 等优化算法的参数之一。动量系数是确定优化算法收敛于最优点速度的另外一个因素，学习率和动量系数对模型优化的效果都有重要影响。

在机器学习中，动量系数是用于调节每次迭代更新的步长和方向的一个参数。动量系数的作用是在反向传播过程中主导参数更新方向，加快收敛速度，在遇到平原或局部最小值时可以跳出其中找到更优解。

动量系数的主要优点是加速了训练的收敛性，避免了训练过程中出现振荡的状况。在某些情况下它能够跳出局部最小值，达到更优解。而它的缺点是需要关注和调节的超参数太多，可能造成一些不可预知的问题。

动量系数仅是优化算法中的一个因素，再加上学习率等参数，会对模型优化的效果具有非常重要的影响。根据具体问题的要求不同，合适的动量系数也会因此不同，不过一般权重 β 会在 0.8～0.99 之间。

可以通过更改动量系数加速模型训练过程，但是更快的速度会降低模型的准确性。动量是在 0 和 1 之间的一个变量，是影响矩阵变化率导数的一个因素，它影响权值随时间的变化率。动量系数用于防止系统收敛到局部最优解中。高动量系数也有助于提高系统的收敛速度。然而，将动量系数设置得太高可能会导致超过最小值的风险，这可能导致系统变得不稳定。过低的动量系数不能可靠地避免局部最小值，还可能减缓系统的训练速度。

在训练过程中更新权值的一个动量项，即在权值不断更改的情况下，动量可以保证权值的更改向指定的方向移动，取值在0～1之间。

3.3.3 偏置项

偏置项可以帮助函数进行较好的左右平移，当$b>0$时，函数向左移动；当$b<0$时，函数向右移动。例如，对于图3.3.1，$y=kx$可以对数据点进行很好的分割。

但是如果如图3.3.2所示，则$y=kx$不具备划分能力。

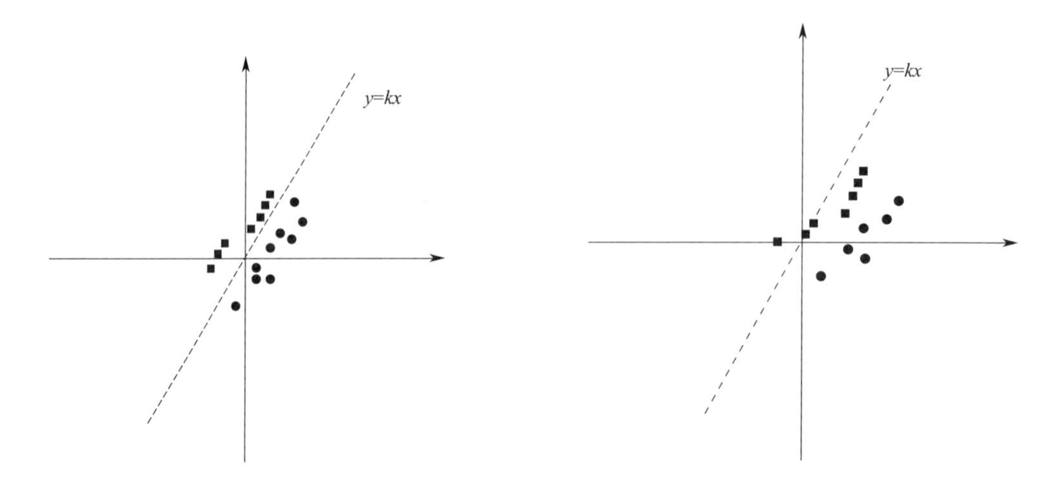

图3.3.1　$y=kx$对数据点的划分示例　　图3.3.2　$y=kx$不能对数据点划分的示例

此时需要将$y=kx$向右移动才能做到有效划分，因此偏置项b的作用凸显，添加之后得到$y=kx+b$，函数可以很好地在水平移动中划分数据，灵活性加强，如图3.3.3所示。

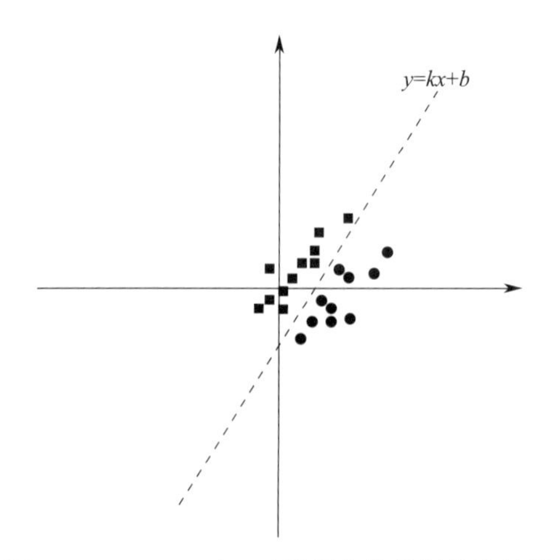

图3.3.3　$y=kx+b$对数据点进行划分的示例

3.4　拟合问题

通常我们称分类错误的样本数占样本总数的比例为“错误率”（error rate），即在 m 个样本中，a 个样本被分类错误，此时错误率 $E=a/m$；相应地，$1-a/m$ 被称为“精度”（accuracy），即“精度=1－错误率”。更一般地，我们将学习器的实际预测输出与样本的真实输出之间的差异称为“误差”（error），学习器在训练集上的误差称为“训练误差”（training error）或“经验误差”（empirical error），而在新样本上的误差则称为“泛化误差”（generalization error）。我们的目标是得到泛化误差小的学习器，因为这样才能在新样本上表现很好。然而，由于我们事先不知道新样本的性质，我们只能努力使经验误差最小化。在许多情况下，可以学得一个经验误差很小、在训练集上表现很好的学习器，甚至对所有训练样本都分类正确，即分类错误率为零且分类精度为100%。虽然该学习器的分类精度达到了100%，但这并不意味着它能在实际应用中表现得很好。这是因为该学习器可能只适配了训练数据，而忽略了通用规律，这导致了其没有良好的泛化能力。因此，这种学习器对于新的输入数据可能会产生错误的输出，因为它过于“拟合”了训练数据的特性，无法适应新的数据。

我们实际希望的是在新样本上能表现得很好的学习器，为了达到这个目的，应该从训练样本中尽可能学出适用于所有潜在样本的“普遍规律”，这样才能在遇到新样本时做出正确的判别。然而，当学习器把训练样本学得“太好”了的时候，很可能已经把训练样本自身的一些特点当作了所有潜在样本都会具有的一般性质，这样就会导致泛化性能下降，这种现象在机器学习中称为“过拟合”（overfitting）。与“过拟合”相对的是“欠拟合”（underfitting），这是指对训练样本的一般性质尚未学好。

过拟合与欠拟合是统计学中的一组现象。过拟合是在统计模型中，由于使用的参数过多而导致模型对观测数据（训练数据）过度拟合，以至用该模型来预测其他测试样本输出的时候与实际输出或者期望值相差很大的现象。欠拟合则刚好相反，是由于统计模型使用的参数过少，以至得到的模型难以拟合观测数据（训练数据）的现象。

我们总是希望在机器学习训练时，机器学习模型能在新样本上很好地表现。过拟合时，通常是因为模型过于复杂，学习器把训练样本学得“太好了”，很可能把一些训练样本自身的特性当成了所有潜在样本的共性了，这样一来模型的泛化性能就下降了。欠拟合时，模型又过于简单，学习器没有很好地学到训练样本的一般性质，所以不论在训练数据还是测试数据中表现都很差。我们形象地打个比方吧，你考试复习，复习题都搞懂了，但是一到考试就不会了，那是过拟合；如果你连复习题都还没搞懂，更不用说考试了，那就是欠拟合。所以，在机器学习中，这两种现象都是需要极力避免的。

3.4.1　过拟合问题

过拟合是指当变量过多的时候，我们的假设函数可能会很好地拟合我们的数据集，代价函数非常接近0，但该假设函数却无法泛化到新的例子（也就是说对于新的输入，不能很好地预测其输出)。由于过度地学习模型中的细节和噪声，很容易导致在新的数据上表现较差，这也意味着训练集中的数据噪声被当作某种特征被模型给学习了，从而导致模型的泛化能力变弱。

有多种因素可能导致过拟合，其中最常见的情况是由于学习能力过于强大，以至把训练样本所包含的不太一般的特性都学到了，而欠拟合则通常是由于学习能力低下而造成的，欠拟合比较容易克服，例如在决策树学习中扩展分支、在神经网络学习中增加训练轮数等，而过拟合则很麻烦。在后面的学习中我们将看到，过拟合是机器学习面临的关键障碍，各类学习算法都必然带有一些针对过拟合的措施；然而必须认识到，过拟合是无法彻底避免的，我们所能做的只是“缓解”，或者说减小其风险。

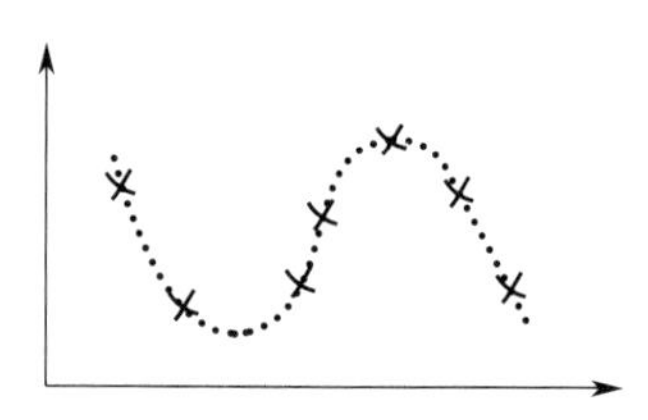

图 3.4.1 非线性模型中过拟合现象示例

过拟合现象在无参数非线性的模型中发生的可能性较高，例如在决策树进行训练的过程中，很容易过拟合训练，因此为解决过拟合问题，决策树往往采用剪枝的方式，目的也是移除一些细节对特征的影响。一个非线性模型中过拟合现象大致如图 3.4.1 所示。

图 3.4.1 中虚线很好地覆盖到各个点。对于深度神经网络而言，由于它的特征表达能力比较强，因此比较容易产生过拟合的问题，此外大量的参数训练也会导致训练周期加长。

解决过拟合的方法有：减少特征的数量（自己手动或者通过算法自动选取需要保留和去掉的特征）；正则化（保留所有的特征，但减少量级或者参数 θ 的值）。

3.4.2 欠拟合问题

欠拟合表示的是模型在训练集和测试集中的表现效果均不佳，本质是获取的数据特征太少，不能有效地拟合数据。欠拟合是模型训练过程中常见的问题，欠拟合相对于过拟合问题，很容易被发现和改进，改进的方法包括：

(a) 更换机器学习模型，有可能模式适用的场景与当前场景不匹配。

(b) 新增数据的其他特征。新增特征项可以有效避免欠拟合问题。

(c) 减少正则化参数。正则化本身是用于解决过拟合问题，但是当模型出现了欠拟合时，可以通过减少正则化参数避免欠拟合问题。

图 3.4.2 是一个非线性模型的欠拟合现象示例。

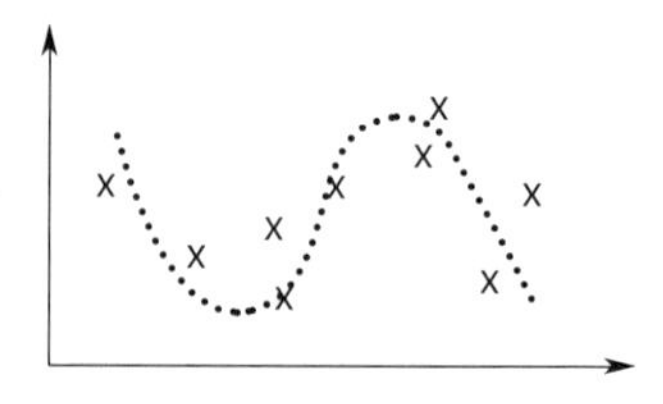

图 3.4.2 非线性模型的欠拟合现象示例

3.5 交叉验证

在机器学习中，我们希望做到模型中的参数能在已有的数据中得到充分的学习，更希望训练好的模型对未来具有良好的泛化能力。泛化指的是模型在独立于训练集的同分布的数据集上具有良好的表现。模型的训练等同于模型中的参数学习。交叉验证为模型的训练提供了一个指导原则：将已有的数据集随机地分割成两个独立的子集，即训练集（training set）和测试集（test set）；而后又将训练集分割成两个不相交的子集，即估计集和验证集。真正用来训练模型的数据集是估计集，验证集不参加模型的训练，只用于模型的验证。一个合理的建议是将训练集的80%作为估计集，剩余的20%作为验证集。在估计集上表现非常好的模型有可能在验证集上的性能不是很好，可以定义某种形式的损失度量模型的预测结果和真实结果之间的差异。

在训练深度神经网络模型时，将模型训练过程中估计集上所有数据都遍历一次称为训练的一个回合（epoch），在估计集和验证集上，代价和回合数的关系有可能出现如图 3.5.1 所示的情况。在训练的早期，随着训练回合数的增加，在估计集和验证集上，模型预测的准确性都在提高，代价都在下降。随着训练回合数的继续增加，估计集上模型的代价继续下降，但是在验证集上代价降到某个低点后，不仅不会继续下降，反而还会上升。我们选择这个在验证集上代价的转折点作为训练停止点。图 3.5.1 中，验证集上的代价只有一个极小值点，实际情况是，验证集上的代价函数曲线通常不会如此光滑，可能存在多个极小值点，等待更多极小值点的出现需要更长的训练时间。

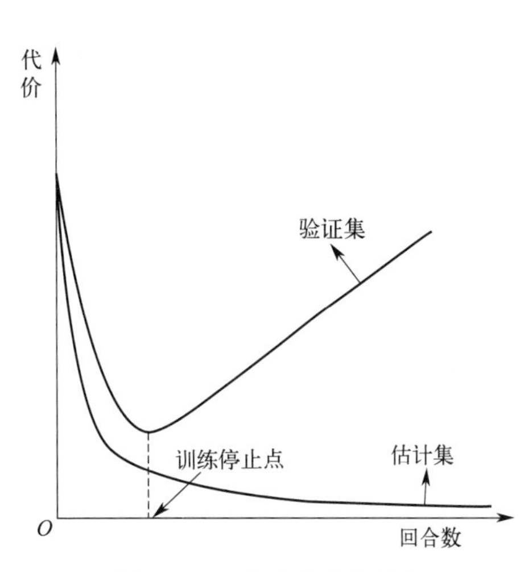

图 3.5.1 基于交叉验证的模型训练的停止

上述交叉验证方法称为坚持到底（hold out cross-validation）方法。在标记样本缺乏的情况下，常采用多重交叉验证（K-fold cross-validation）方法。该方法将训练集分成 K 个子集（K-fold），每个子集轮流做一次验证集，对应的 $K-1$ 个子集合在一起作为估计集，这样会训练出 K 个模型。分别用各自的验证集对这 K 个模型做评估，然后用 K 个模型平方误差的平均值评估模型的性能。多重交叉验证的一个极端情形是留一法（leave-one-out method），将可获得的 N 个标记样本每次留出一个样本验证模型，其余 $N-1$ 个样本用于训练模型。

3.5.1 数据类型与选择方法

在机器学习过程中，数据类型大致分为三种：训练数据（training data）、验证数据（validation data）、测试数据（test data）。训练数据主要用于训练模型，而验证数据主要用于模型构建过程中的模型检验和辅助模型的构建，可以适当根据模型在验证集上的效果，对模型进行适当调整。测试数据则是利用数据验证模型的准确性，该部分数据只能在模型测试时使用，用于评估模型的实际有效性，不能用在模型的构建过程中。当训练数据与测试数据存在交集时，则过拟合问题发生的概率较大。数据类型的构成结构如图 3.5.2 所示。

对于上述三者，一般采用 6∶2∶2 的比例分配数据，训练集帮助模型进行参数训练，在

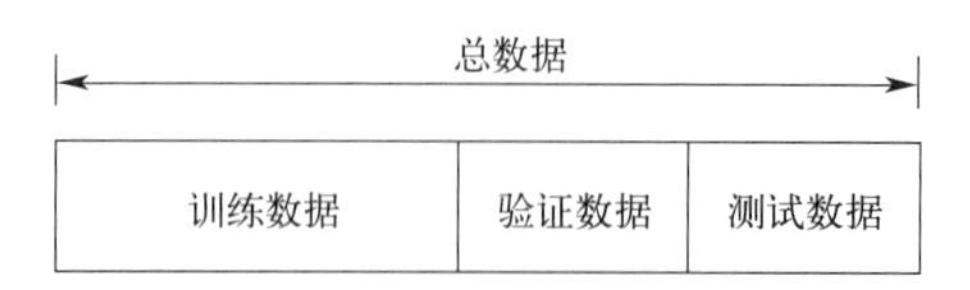

图 3.5.2 机器学习的数据大概构成

验证集上计算验证的误差，对模型进行优化；在测试集上进行误差计算，估计泛化误差，共同保证模型的有效性。验证数据集并不是所有的模型均需要，属于可选的数据集。

如果用高考的例子对三者的关系进行比喻，训练数据就是平时做题时用的各种试卷，通过大量的试卷进行训练以迎接最后的高考，而最后的高考就是测试数据，最终确定成绩，而高考之前可能会有模拟考试，模拟考试则为验证数据，通过模拟考试发现自身的不足，适当地修正。模拟考试是可选的，但是平时的练习与最终的高考是必选的。

3.5.2 留一交叉验证

留一交叉验证（leave-one-out cross-validation，LOOCV）的主要思想是：倘若整个数据集的大小为 N，则依次选择一个数据作为测试集，其余的 $N-1$ 个数据作为训练集，整个过程重复 N 次，保证每一个数据均被作为训练集和测试集，如图 3.5.3 所示。

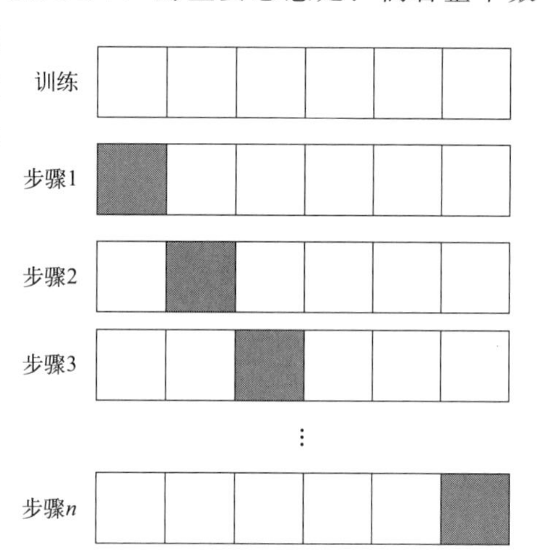

图 3.5.3 留一交叉验证的示例

对于每一次的训练均会产生一个模型，最终形成 N 个模型。每一次模型对训练数据的测试都会得到一个结果 MSE。对于 N 次模型，则可以采用均值的方式，均值公式如下：

$$\mathrm{CV}_{(n)}=\frac{1}{n}\sum_{i=1}^{n}\mathrm{MSE}_i$$

留一交叉验证相对于传统的方式，不再受数据集划分的影响，保证了每一个数据都被用作训练集和测试集，充分利用了每一个数据的价值。但是带来的问题也比较明显，对于较大数据量的训练，它的训练需要较长的计算周期。

3.5.3 K 折交叉验证

K 折交叉验证的定义是：将训练集分成 K 份，每次选取其中一份作为测试集，其余的 $K-1$ 份作为训练集，循环 K 次，取每次训练结果的平均值作为评分。K 折交叉验证是一种训练次数和结果尽可能公正的折中方案，相对于 LOOCV，它的不同点在于测试集不再是单一的一个数据，而是一个集合，具体取决于 K 的值。例如，当 K 等于 5 时，表示将所有数据平均划分为 5 份，依次取其中的一份作为测试集，其余 4 份作为训练集，每一次训练之后均会产生一个 MSE，将 5 次的 MSE 进行平均得到最终的 MSE，公式如下：

$$\mathrm{CV}_{(K)}=\frac{1}{K}\sum_{i=1}^{K}\mathrm{MSE}_i$$

实际上，LOOCV 是 K 折交叉验证的一种特殊情况，即 $K=N$，与 LOOCV 相比，K 折交叉验证是一种较好的折中方案。K 的选值需要基于模型的偏差和方差进行考虑。如果将模型的准确度拆解为“准”与“确”，则偏差描述的是“准”，方差描述的是“确”。“准”是模型预测结果的期望与真实结果的差距，理论上是越小越好；“确”是测试数据在模型上的综合表现，是不同的训练集训练出的模型的实际输出值之间的差异。一般情况下会对两者进行权衡，K 的经验值一般选择 5 或 10。

3.6 回归分析

3.6.1 线性回归

现实生活中，我们经常会分析多个变量之间的关系，例如碳排放量与气候变暖的关系、某件商品广告投入量与该商品销售量之间的关系，等等。这种刻画了不同变量之间关系的模型叫作回归模型，如果这个模型是线性的，则为线性回归模型。

线性回归是一种虽然简单但应用广泛的算法模型。线性回归主要是应用回归分析来确定两种或两种以上变量间相互依赖的定量关系的一种统计分析方法，其表达形式为 $y=\boldsymbol{\omega}^{\mathrm{T}}\boldsymbol{x}+e$，$e$ 为误差，服从均值为 0 的正态分布。

线性回归最早是由英国生物学家兼统计学家高尔顿在研究父母身高与子女身高关系时提出来的，他发现父母平均身高每增加一个单位，其成年子女的平均身高只增加 0.516 个单位，体现出一种衰退（regression）效应，从此“regression”就作为一个单独名词保留下来了。

如果回归分析包括一个自变量和一个因变量，且二者的关系可用一条直线近似表示，这种回归分析就称为一元线性回归分析。如果回归分析中包括两个或两个以上的自变量，且因变量和自变量之间是线性关系，则称为多元线性回归分析。

机器学习过程中使用某个算法的任务和目标是，根据对已有数据的初步观察，认为数据样本中的特征变量和目标变量之间可能存在某种规律，希望通过算法找到某个“最佳”的具体算法模型，从而进行预测。例如，上面高尔顿例子中发现父母平均身高与子女平均身高之间存在 $y=3.78+0.516x$ 的关系，其中 x 表示父母平均身高，y 表示子女平均身高。这个线性回归模型中有两个参数值，一个是系数 0.516，一个是常数项 3.78。机器学习过程中使用线性回归算法，就是希望找到上述参数，从而确定具体的线性回归算法模型，也就是参数已经确定下来的算法模型。

下面以房价预测为例详细讲解线性回归算法的实现过程。假设某个房地产开发商要在某个地铁口附近新建房屋，需要给这些房屋定价，定价太高房屋可能卖不出去，定价太低开发商又要有损失。所以，开发商收集了某个城市的历史房屋信息，包括房屋面积、房间数、朝向、地址、价格等，希望根据这些历史数据来给每一个新建房屋进行定价。

然后，知道了房屋面积、房间数、朝向、地址、价格等信息，我们希望找到这些样本数据的某种规律帮助我们预测房价。我们的任务和目标就是，寻找某些“最佳”参数，得到某

个具体的“最佳”算法模型，实现预测功能。

整个预测任务和目标的实现过程可以分为3步：第一步，根据经验和观察，人为选定某个算法进行尝试；第二步，寻找某些“最佳”参数，从而得到某个具体的“最佳”算法模型；第三步，使用某个具体的“最佳”算法模型进行预测。线性回归算法实现过程如图3.6.1所示。

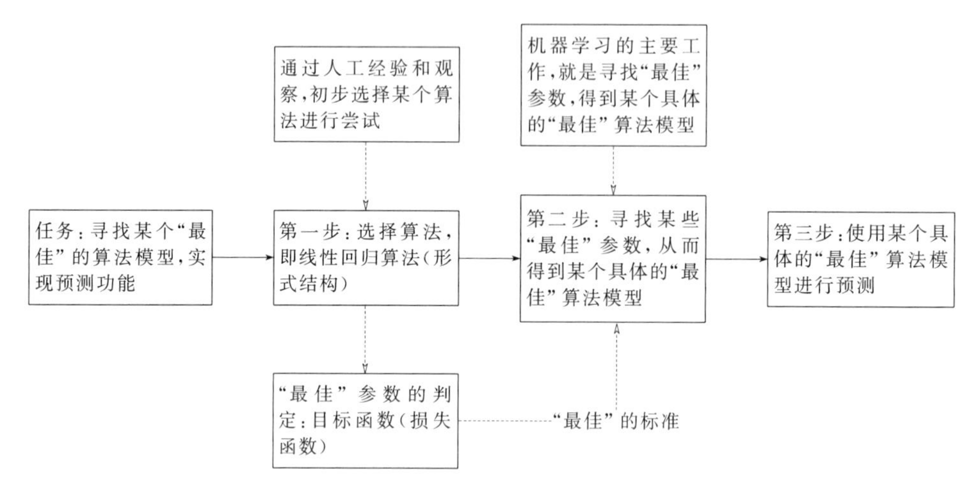

图3.6.1　线性回归算法实现过程

（1）选择算法

根据经验和观察，我们认为房屋面积、房间数、朝向、地址等特征变量与目标变量“房价”之间似乎存在着某种线性关系。于是，我们就希望通过机器学习的方式来找到线性回归算法的某些“最佳”参数，从而得到某个具体的“最佳”线性回归模型，实现对房价的预测。

线性回归模型的基本形式是 $f(x)=\omega_1 x_1+\omega_2 x_2+\cdots+\omega_d x_d+b$，写成向量形式就是 $f(x)=\boldsymbol{\omega}^{\mathrm{T}}\boldsymbol{x}+b$，其中 $\boldsymbol{\omega}=(\omega_1,\omega_2,\cdots,\omega_d)$。所以，我们的任务和目标就是，寻找具体的“最佳”的 $\boldsymbol{\omega}$ 和 b，从而得到一个具体的线性回归模型来预测房价。

（2）损失函数

线性回归模型表达式 $f(x)=\boldsymbol{\omega}^{\mathrm{T}}\boldsymbol{x}+b$ 中，我们给予参数 $\boldsymbol{\omega}$ 和 b 不同的值，可以得到不同的具体算法模型，对应得出不同的房价预测值。显然，这里面不同参数对应的模型预测能力是不同的，有些模型更贴近实际情况，体现出了历史数据所蕴含的规律，有些模型则不是。那么，如何判断哪个具体的模型是“好模型”呢？评判的标准就在于损失函数。

这里，每给定一组参数 $\boldsymbol{\omega}$ 和 b，我们就会得到一个具体的线性回归模型 $f(x)=\boldsymbol{\omega}^{\mathrm{T}}\boldsymbol{x}+b$。对应每一个 x_i 值，都可以得到一个线性回归模型计算值 $f(x_i)$，而通过这个线性回归模型计算出来的房价值 $f(x_i)$ 和真实值 y_i 是存在差别的。显然，这种差别越小，说明模型拟合历史数据的情况越好，越能够体现历史数据中蕴含的规律，也就越能够很好地预测房价。这种“差别”如何度量呢？

根据线性回归模型的特点，我们采用最小二乘法，也就是历史房价真实值与预测值之间的均方误差作为“差别”的度量标准，也就是我们需要找到一组参数 $\boldsymbol{\omega}$ 和 b，使得均方误差最小化，即 $(\boldsymbol{\omega}^*, b^*)=\text{argmin}$，其中 $\boldsymbol{\omega}^*$ 和 b^* 表示使得均方误差最小的 $\boldsymbol{\omega}$ 和 b 的解。

（3）参数估计

我们再来回顾一下整个过程：我们的任务是根据历史样本给出的房价及其相关因素（如房屋面积、房间数、朝向、地址等因素），建立模型来对新建房屋价格进行预测。根据经验和观察，结合预测任务的类型和历史样本数据特点，考虑使用线性回归模型来进行预测。不同的参数（$\boldsymbol{\omega}$ 和 b）会得到不同的具体线性回归模型，而不同的具体线性回归模型会得出不同的预测值。

为了找到“最佳”的线性回归模型，我们需要找到使损失函数最小的参数值，也就是是使均方误差最小化的参数 $\boldsymbol{\omega}$ 和 b 的值。而求解“最佳”参数 $\boldsymbol{\omega}$ 和 b 的过程，就叫作参数估计。

对凸函数而言，一个通用的参数估计方法就是梯度下降。具体到线性回归算法本身，求解“最佳”参数过程中，除了针对凸函数的梯度下降法外，也可以通过损失函数求微分的方式，找到使损失函数最小的参数值。不过，计算机系统里面，其实我们更喜欢梯度下降这样的通过迭代方式来求解的方法，因为这种方法的通用性更广。

（4）正则化

上面参数估计的步骤中，我们通过对损失函数（凸函数）采取梯度下降法，最终找到了一组“最佳”参数，从而得到了一个具体的“最佳”线性回归算法模型。这里的“最佳”是指，对于历史样本中的每个特征变量，根据这个具体算法模型计算出的房价数据和真实的历史房价数据之间的差距最小。也就是说，我们寻找的这个“最佳”线性回归模型充分学习到了历史数据的规律。

但是这里马上有个问题出现了，我们这个“最佳”算法模型很可能“学习过度”了，也就是与历史数据拟合得太好，把很多历史数据中的噪声也学习进去了，反而降低了模型的泛化能力。

如图 3.6.2 所示，当模型足够复杂的时候，模型可以精确地“穿过”每个历史数据点（曲线 1），对历史数据做出近乎完美的拟合。但是，正是由于这种过拟合情况的出现，模型学习了历史数据中的很多噪声，从而导致模型预测新数据的能力下降。

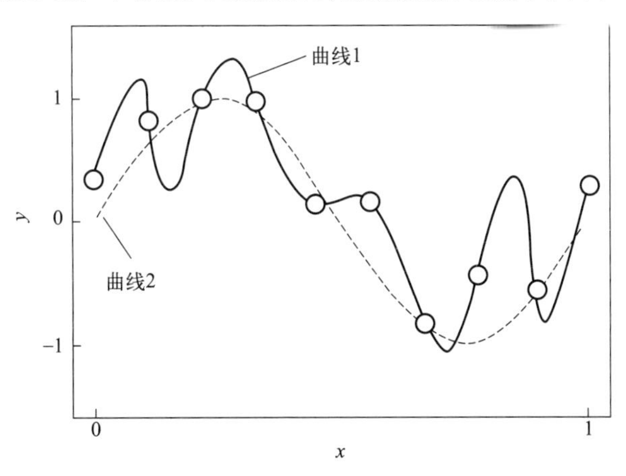

图 3.6.2　过拟合现象

为了解决这种过拟合的问题，算法科学家们发明了正则化的方法。概括来说，就是通过将系数估计（coefficient estimate）朝0的方向进行约束、调整或缩小，降低模型在学习过程中的复杂度和不稳定程度，从而避免过拟合情况。常见的正则化方法有L1正则化和L2正则化，通过给原来的损失函数（此处为原始的均方误差函数）增加惩罚项，建立一个带有惩罚项的损失函数。算法工程师在实践中，往往选择正则化的方式并调节正则化公式中的惩罚系数（调参优化）来实现正则化。

3.6.2 逻辑回归

我们很熟悉前面线性回归的例子，即历史样本数据给出了房屋面积、房间数、朝向、地址等特征变量的数据和房价这个目标变量的数据。我们也很容易理解特征变量和目标变量之间存在的相关性，例如房屋面积越大、房间数越多、地址离交通站越近等，房价就越高。这种特征变量和目标变量之间的内在规律，我们用线性回归算法来表达。

如果现在情况发生了变化，历史样本数据中的“房价”数据不再给出具体的数值，而是按照某个划分标准给出“高档房屋”“普通房屋”这种分类，我们如何利用历史样本数据对新建房屋的“房价”分类做出预测呢？房价从“数值”变成了“分类”后，特征变量与房价之间的“内在规律”发生了改变吗？这种新情况就可以使用本节将要讲述的逻辑回归算法来解决。

对比线性回归算法中的房价预测案例，不难想到“房价”数据虽然从具体数值变化为分类数据，但是“房价”这个目标变量和其他特征变量（如房屋面积、房间数等）之间的内在规律并没有改变。

虽然历史数据中的内在规律仍然可以用线性回归算法来表达，但是我们并不能够直接使用线性回归算法模型，因为根据线性回归算法模型如 $f(x)=\omega_1 x_1+\omega_2 x_2+\cdots+\omega_d x_d+b$ 算出来的“房价” $f(x)$ 是一个实数域上的数值，取值范围为 $(-\infty,+\infty)$。而现在给出的“房价”已经不再是一个取值范围为 $(-\infty,+\infty)$ 的具体数值了，而是分类数据“普通房屋”和“高档房屋”。这个分类数据标准化处理后可以表达为0和1，其中0表示“普通房屋”，1表示“高档房屋”。

如何做到既能够继续使用线性回归算法模型 $f(x)=\omega_1 x_1+\omega_2 x_2+\cdots+\omega_d x_d+b$ 来表达内在规律，又能够使得 $f(x)$ 的取值范围从 $(-\infty,+\infty)$ 变为（0，1）呢？这需要对线性回归算法进行改造，准确地说需要将其函数值压缩为0～1，而sigmoid函数恰好提供了这样的功能。

sigmoid函数 $f(x)=\dfrac{1}{1+\mathrm{e}^{-x}}$，其定义域是 $(-\infty,+\infty)$，值域是（0，1）。当 $x\to+\infty$ 时，$\mathrm{e}^{-x}\to 0$，$f(x)\to 1$；当 $x\to-\infty$ 时，$\mathrm{e}^{-x}\to+\infty$，$f(x)\to 0$。这样，通过把原来线性回归算法的函数值作为sigmoid函数的自变量，这个复合函数的函数值 $f(x)$ 的范围就被限制为 $(0,1)$，如图3.6.3所示。

因此，将线性回归算法的函数值 $f(x)$ 作为sigmoid函数的自变量，就可以实现将最终“房价”的计算值压缩为 $(0,1)$。

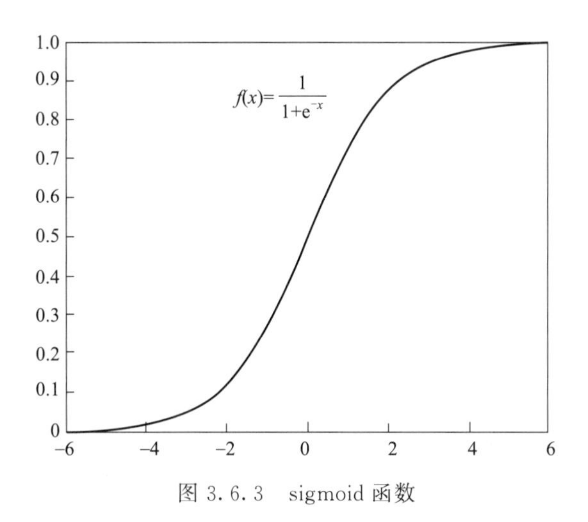

图 3.6.3 sigmoid 函数

现在可以这样理解：对于给定参数 $\boldsymbol{\omega}$ 和 b 的具体线性回归算法模型 $f(x)=\omega_1 x_1+\omega_2 x_2+\cdots+\omega_d x_d+b$，当输入的特征变量值越大，例如房屋面积越大、房间数越多等，对应计算得到的“房价”数值也越大，这个“越大”的“房价”数值经过 sigmoid 函数压缩为（0，1）后，对应的数值也就越接近 1（例如 0.9），也就是说房屋具有越大的概率（0.9）是“高档房屋”。

总的来说，逻辑回归是一种典型的分类问题处理算法，其中二分类（LR）是多分类（softmax）的基础或者说多分类可以由多个二分类模拟得到。工程实践中，LR 输出结果是概率的形式，而不仅是简单的 0 和 1 分类判定，同时 LR 具有很高的可解释性，非常受工程界青睐，是分类问题的首选算法。

整个预测任务和目标的实现过程可以分为 3 步，如下所示。

（1）选择算法

根据经验和观察，我们认为房屋面积、房间数、朝向、地址等特征变量与目标变量“房价”之间似乎存在着某种线性关系，应该用线性回归算法来表达。但是，现在情况有了变化，历史样本数据中的“房价”数据只给出“高档房屋”“普通房屋”这种分类，因此需要将线性回归算法的函数值压缩为 0～1。

sigmoid 函数恰好提供了这样的功能。将线性回归算法的函数值 $f(x)$ 作为 sigmoid 函数的自变量，就可以得到 $f(x)=\frac{1}{1+e^{-(\boldsymbol{\omega}^{T}\boldsymbol{x}+b)}}$，从而将最终“房价”计算值压缩为（0,1）。

（2）损失函数

逻辑回归模型表达式可以这样得到：首先，在线性回归模型表达式 $f(x)=\boldsymbol{\omega}^{T}\boldsymbol{x}+b$ 中，我们给予参数 $\boldsymbol{\omega}$ 和 b 不同的值，可以得到不同的具体算法模型，对应得出不同的房价预测值；然后，通过将 $f(x)=\boldsymbol{\omega}^{T}\boldsymbol{x}+b$ 的函数值作为 sigmoid 函数的自变量输入，得到复合函数 $f(x)=\frac{1}{1+e^{-(\boldsymbol{\omega}^{T}\boldsymbol{x}+b)}}$，这就是逻辑回归模型表达式。

对于不同的参数 $\boldsymbol{\omega}$ 和 b，对应的 LR 函数表达式具体形式会不同，对应的具体算法模型也不同。显然，这里面模型的预测能力是不同的，有些模型更贴近实际情况，体现出了历史数据所蕴含的规律，有些模型则不行。那么，如何判断哪个具体的模型是“好模型”呢？评判的标准就在于损失函数。

这里，给定一组参数 $\boldsymbol{\omega}$ 和 b，我们得到一个具体的逻辑回归模型 $f(x)=\dfrac{1}{1+\mathrm{e}^{-(\boldsymbol{\omega}^{\mathrm{T}}\boldsymbol{x}+b)}}$。对应每一个 x_i 值，都可以得到一个逻辑回归模型计算值 $f(x_i)$，而通过这个逻辑回归模型计算出来的房价档次值 $f(x_i)$ 和真实值 y_i 是存在差别的。显然，这种差别越小，说明模型拟合历史数据的情况越好，越能够体现历史数据中蕴含的规律，也就越能够很好地预测房价档次。这种“差别”如何度量呢？

在线性回归模型中，我们采用最小二乘法，也就是均方误差 $\dfrac{1}{m}\sum[f(x_i)-y_i]^2$ 作为“差别”的度量标准，所以我们需要找到一组参数 $\boldsymbol{\omega}$ 和 b，使得均方误差最小化。那么，这里我们是否可以继续采用均方误差作为损失函数呢？答案是否定的！不能采用均方误差作为损失函数。

因为逻辑回归模型表达式是非线性的，这会造成均方误差表达式不是凸函数，无法采用计算机系统中常用的梯度下降法来求解使得损失函数最小化的参数值。如果采用梯度下降法来求解一个非凸函数，求解过程很可能会在一个局部损失最小值处停止，而达不到全局损失最小值，如图 3.6.4 所示。

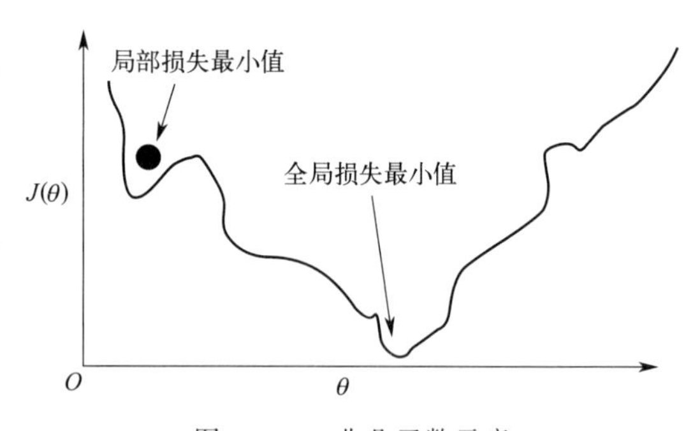

图 3.6.4　非凸函数示意

因此，我们需要重新找一个函数来表达“根据算法模型计算出来的房价档次值和历史样本数据中房价档次真实值”之间的差距。研究者们最后提出了如下的损失函数来表达这种差距。

$$\mathrm{Cost}(f(x),y)=\begin{cases}-\lg(f(x)),y=1\\-\lg(1-f(x)),y=0\end{cases}$$

我们不妨这样理解上面的损失函数。第一，我们之所以寻找、设计或创造损失函数，是想通过损失函数来表达真实值和计算值之间的差距，并且通过损失函数最小化来确定一组参数，从而确定具体的逻辑回归模型（含参数）。从另一个角度来看，就是我们寻找的损失函数一定符合这样的特点：如果真实值和计算值差距很大，那么损失函数的值一定很大；如果真实值和计算值差距很小，那么损失函数的值一定很小。

第二，这里的 y 表示房价档次的真实值，可能是 0 或者 1；这里的 $f(x)$ 表示的是把一组特征变量的历史数据（房屋面积、房间数等）作为自变量输入具体逻辑回归模型（带有参数）后计算出来的数值，这个结果是 (0,1) 的某个实数。

第三，当真实值是“高档房屋”，也就是 $y=1$ 所表达的含义。如果某组参数确定的逻辑回归模型 $f(x)=\dfrac{1}{1+\mathrm{e}^{-(\boldsymbol{\omega}^{\mathrm{T}}\boldsymbol{x}+b)}}$ 计算出的房价档次数值越接近 1（计算值越接近“高档房屋”)，就说明这是一组不错的参数，那么损失函数值就应该越小。那我们观察一下，现在这个损失函数是否满足呢？当 $f(x)$ 趋近 1 时，损失函数表达式 $-\lg(f(x))$ 的数值趋近 0，非常符合要求。再考虑另一种情况，如果某组参数确定的逻辑回归模型 $f(x)=\frac{1}{1+e^{-(\boldsymbol{\omega}^{T}\boldsymbol{x}+b)}}$ 计算出的房价档次数值越接近 0（计算值越接近“普通房屋”)，这个时候真实值和计算值偏差很大，说明这是一组糟糕的参数，那么损失函数值就应该越大。这个时候，损失函数是否符合要求呢？当 $f(x)$ 趋近 0 时，损失函数表达式 $-\lg(f(x))$ 的数值趋近 $+\infty$，也非常符合要求。

第四，当真实值是“普通房屋”，也就是 $y=0$ 所表达的含义。如果某组参数确定的逻辑回归模型 $f(x)=\frac{1}{1+e^{-(\boldsymbol{\omega}^{T}\boldsymbol{x}+b)}}$ 计算出的房价档次数值越接近 0（计算值越接近“普通房屋”)，就说明这是一组不错的参数，那么损失函数值就应该越小。那我们观察一下，现在这个损失函数是否满足呢？当 $f(x)$ 趋近 0 时，损失函数表达式 $-\lg(1-f(x))$ 的数值趋近 0，非常符合要求。再考虑另一种情况，如果某组参数确定的逻辑回归模型 $f(x)=\frac{1}{1+e^{-(\boldsymbol{\omega}^{T}\boldsymbol{x}+b)}}$ 计算出的房价档次数值越接近 1（计算值越接近“高档房屋”)，这个时候真实值和计算值偏差很大，说明这是一组糟糕的参数，那么损失函数值就应该越大。这个时候，损失函数是否符合要求呢？当 $f(x)$ 趋近 1 时，损失函数表达式 $-\lg(1-f(x))$ 的数值趋近 $+\infty$，也非常符合要求。

（3）参数估计

上述损失函数本质上也是一个凸函数。而对凸函数就可以采用梯度下降法来求解损失函数值达到最小时所对应的参数值。具体做法与线性回归算法类似。

3.7　评价指标

一切算法都有其评价的标准，时间复杂度和空间复杂度是算法关于性能的评价标准，时间复杂度就是算法经编程实现后在计算机中运行所耗费的时间，空间复杂度就是算法经编程实现后在计算机中运行所占用的存储量。这是对算法性能的评价标准，还需要对算法功能效果进行评估，例如计算结果或预测结果是否符合预期、能否满足需求等。在机器学习算法领域最为广泛且为大众所熟知的评价指标是正确率（accuracy)、精确率（precision）及召回率(recall)，基于正确率、精确率和召回率的模型更容易被大众理解和接受，也是最容易执行验证的指标。

以分类任务为例，假设某个分类器的目标只有两类，分别是正例（positive）和负例(negative)，则数据样本中可能存在 TP（true positives)、FP（false positives)、FN（false negatives)、TN（true negatives）四种状态。TP 表示被正确分类为正例的个数；FP 表示被错误分类为正例的个数。FN 表示被错误分类为负例的个数；TN 表示被正确分类为负例的个数。

根据上述四种描述，则所有的正例样本数 P＝TP＋FN，负例样本数 N＝FP＋TN，因此各个评价指标如下所示。

(a) 正确率。accuracy＝(TP＋TN)/(P＋N)，即被准确识别为正例和负例的个数比总的样本数量，可以理解为达到期望的结果数量与总数的比。

(b) 精确率（查准率）。precision＝TP/(TP＋FP)，即所有识别为正例的个数中真正属于正例的数量比，可以理解为正例的识别正确率。

(c) 召回率（查全率）。召回率是对算法覆盖面的度量，recall＝TP/(TP＋FN)，即所有正例样本中，被识别为正例的比率。

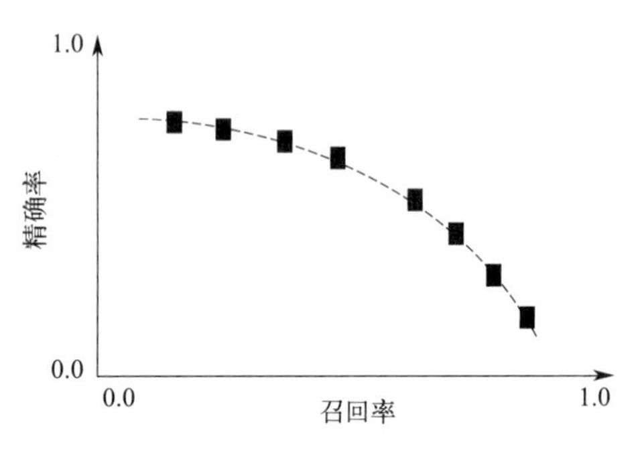

图 3.7.1 精确率与召回率的关系示例

仅就上述过程而言，召回率与精确率并无直接关系，但是从实际工程角度，尤其是在大规模数据量中，两者却是相互制约的。以分类器为例，当分类器希望区分出更多正例实例时，也会有很多负例实例被搜索出来，从而精确率受到影响；同理，试图减少负例的实例时，也会使得部分正例的实例被排除在外，从而影响到召回率。召回率越高，则精确率越低；相反，精确率越高则召回率越低，两者的关系如图 3.7.1 所示。

因此在实际的评价过程中，区分算法效果的优劣不在于精确率或者召回率单一因素。试图将两者的值都提升到高位几乎不可能，因此需要在二者之间寻找平衡的综合因素，*F* 度量（*F*-measure）是将召回率和精确率结合的一种方式。*F* 度量的公式如下：

$$F=\frac{1}{\lambda\times\frac{1}{\text{精确率}}+(1-\lambda)\times\frac{1}{\text{召回率}}}$$

F 值可认为是精确率和召回率的调和平均值。调和平均值与通常的几何平均、算术平均不同，调和平均值强调较小数值的重要性，对小数值比较敏感，因此用于机器学习算法的精确率和召回率比较合适，因为系统试图尽可能让精确率和召回率都比较高。

F 值的计算，可以在精确率和召回率之间得到一定平衡。在所有的机器学习算法中，不仅需要计算一个样本的 *F* 值，还需要计算更多样本的 *F* 值，需要对 *N* 组进行测试并求取平均值，用公式表达如下所示：

$$\bar{F}=\frac{1}{n}\sum_{i=1}^{n}F_i$$

正确率是一个非常直观的评价指标，但是正确率并不一定能够代表一个算法的优劣，尤其在低概率事件中。例如，有一个预测算法，预测某地区是否发生海啸，一般而言发生海啸的概率是极低的，预测的结果只有两个：发生海啸和不发生海啸。如果一个预测算法把所有样本数据不假思索地划分为不发生海啸，则预测算法的正确率可以达到 90%以上，但是当这个地区真正发生海啸的时候，这个预测算法一点效果也没有，形同虚设。在数据不均匀分布的情况下，一味地追求正确率则会忽视算法本身的价值。

在机器学习算法中，除上述评价指标外，还有错误率、鲁棒性、计算复杂度等评价指标。

（a）错误率。错误率与上述的正确率相对，描述在信息处理过程中错误的比率。

（b）鲁棒性。鲁棒性是针对在数据处理过程中，对缺失数据和异常数据的处理能力的评价指标。一般情况下，鲁棒性越高则说明该算法越智能。

（c）计算复杂度。计算复杂度依赖于具体的实现细节和硬件环境。在做数据分析时，由于操作对象是大量的数据集，因此空间和时间的复杂度问题将是非常重要的一个环节。

（d）模型描述的简洁度。一般而言，模型描述越简洁越受欢迎。例如，采用规则表示的分类器构造法就更加有用。

之所以会有这么多的指标对机器学习算法进行评价，是因为机器学习算法在社会发展的方方面面都会被使用到，从而导致在不同场景下期望不尽相同，需要采用不同的评价指标，引导结果向最初期望的方向发展。例如，错误率和正确率本身表达的含义虽然不相同，但是实质表现的含义却一致，当对一些高精度进行分析时（例如航天工业），则追求错误率极低，在粗粒度的分析（例如天气预报）中追求的则是正确率。

在对测试样本进行正确率测试时，有可能因为过分拟合从而导致测试的结果相对较好，所以更好的测试方法是，在训练集进行构造时，将训练数据分为两部分，一部分用于训练构造器，另一部分用于机器学习模型的效果评估。

3.8 本章小结

本章对机器学习的基础进行了阐述，有助于深入理解神经网络与深度学习。本章对机器学习的基础概念、分类以及一些重要的参数和问题进行了介绍。其中，机器学习的研究内容包括学习机理、学习方法和学习系统等内容。而机器学习的分类被分为监督学习、半监督学习、无监督学习和强化学习四种不同类型，每种类型都有其特定的应用场景和算法。此外，我们还介绍了拟合问题和交叉验证等概念。

在回归分析方面，我们着重介绍了线性回归和逻辑回归这两种常见的回归分析方法，并对评价指标进行了讨论。通过深入理解这些知识，我们可以更好地掌握机器学习的基本原理和技术。

接下来，我们会进入神经网络章节，更深入地研究机器学习领域的核心技术。神经网络作为机器学习中的重要模型，它由多个神经元和层级组成，可以自动从数据中学习特征表示。神经网络的训练过程涉及正向传播和反向传播，通过调整权重和偏置来最小化损失函数。通过深入了解神经网络的原理和应用，我们可以更好地理解机器学习的实现过程，从而更好地应用于实际工作中。

第四章

神经网络构成及理论基础

本章将介绍神经网络的构成和理论基础，涵盖了常见的神经网络类型、神经网络的概述、神经网络设计的核心问题、神经网络最优化过程、其他神经网络与深度学习以及PaddlePaddle和PyTorch的简介。

通过本章的学习，读者将全面了解神经网络的构成和理论基础，了解深度学习与神经网络之间的关系，熟悉常见的神经网络类型及其应用场景，了解神经网络设计中的核心问题和最优化过程。此外，读者还将对其他重要的神经网络技术和深度学习框架有初步的认识，为深入学习和实践打下坚实的基础。相信本章的学习将为读者深入理解和应用神经网络打开一扇大门。

4.1 神经网络概述

神经网络是人工智能技术的代表之一，是20世纪80年代人工智能发展中的热点研究领域。以往只存在于科幻电影或小说中的人工智能，今天已经真正开始实现了。以往的人工智能需要人们事先将各种各样的知识教给机器，这在工业机器人等方面取得了很大成功。但神经网络的出现，使人工智能技术得到了质的飞跃，人们只需要简单地向神经网络中提供数据即可；神经网络在接收数据后，会通过网络结构自主对数据进行学习并理解。这是用神经网络实现的人工智能与早期研究的人工智能最大的不同。

虽然“人教导机器”类型的人工智能，现在仍然活跃在各种领域，但也有一些领域是它不能胜任的，其中模式识别就是一个典型的例子。

假如有一个用8×8像素表示的手写数字图像，如何让计算机判断图像中的数字是否为“0”呢？需要读取的手写数字图像如图4.1.1所示。

这些图像虽然大小和形状各异，但都可以认为是数字“0”。那么如何将这些图像中的数字是“0”这个事实教给计算机呢？要知道使用计算机对图像进行处理，必须将问题使用数学方式进行。然而，使用20世纪的常规手段来将“数字‘0’具有这样的形状”教给计算

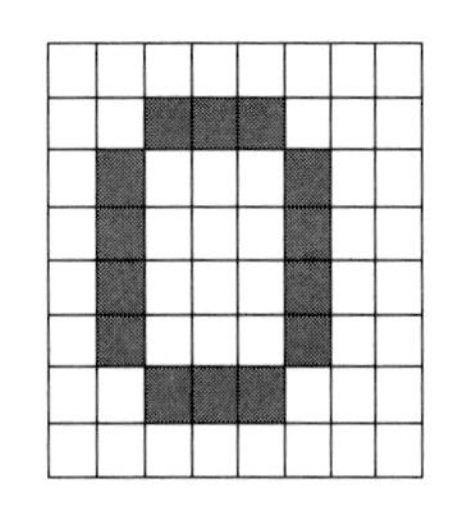
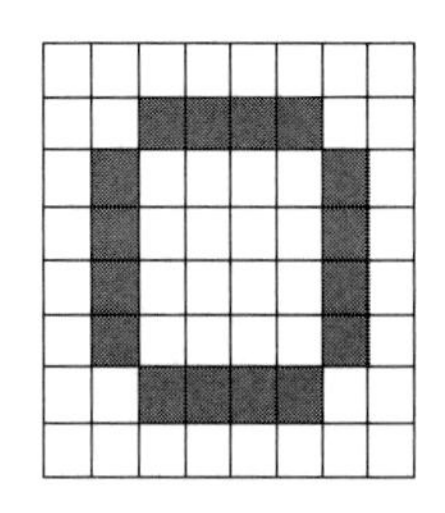
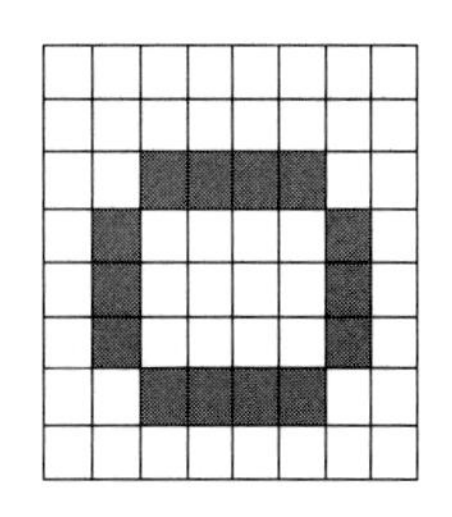
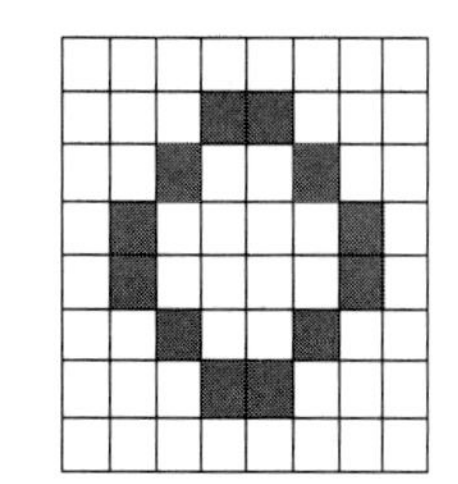

图 4.1.1　需要读取的手写数字图像

机，处理起来会十分困难。

同时，对于写得很难看的字、读取时受到噪声影响的字，如图 4.1.2 所示，虽然人能够辨认出来是数字“0”，但要将这种辨认的条件使用数学式表达，并教给计算机，应该是无法做到的。

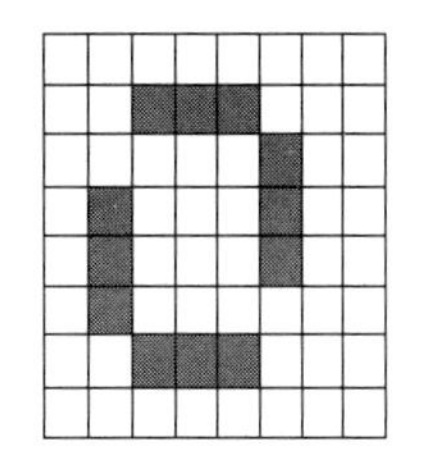
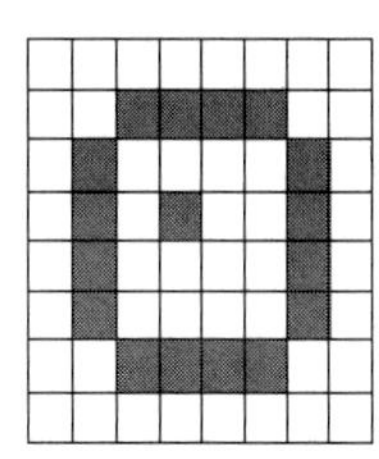
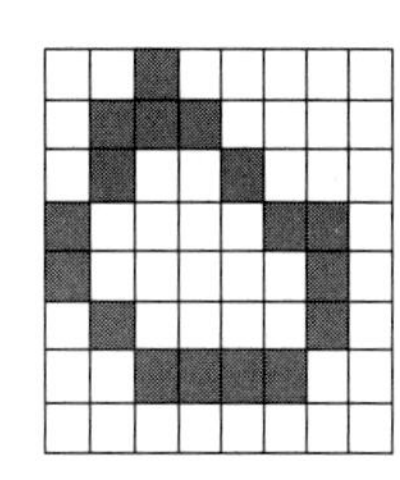
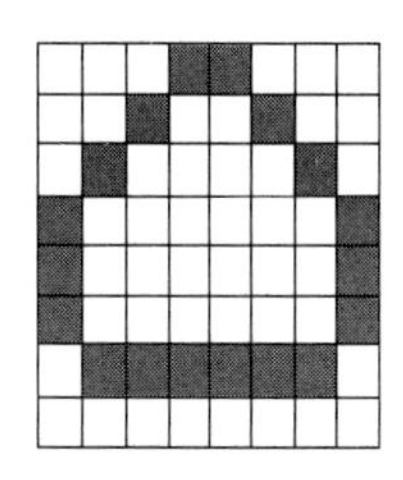

图 4.1.2　受到噪声影响的字

因此，可以看出，“人教导机器”类型的人工智能无法胜任图像、语音的模式识别，因为要把所有东西都教给计算机是不现实的。不过，在 20 世纪后期，人们找到了简单的解决方法，那就是使用神经网络。具体来说，就是由人提供数据，然后由神经网络自己进行学习。

神经网络是一种计算模型，它由人工神经元（节点）和它们之间的连接组成，用于模拟人脑的信息处理和学习能力。神经网络可以有效地求解各种问题，包括分类、回归、聚类、图像处理等。使用神经网络可以从大量的输入数据中学习到复杂的非线性关系，并进行预测、识别或者生成新的数据。

具体来说，神经网络通过模拟人脑的神经元网络结构，通过多层神经元之间的连接，以及每个连接上的权重来实现信息的传递和处理；同时利用非线性激活函数，如 ReLU 或 sigmoid，来增加模型的表达能力。每个神经元接收来自前一层神经元的加权输入，并将其输入传递给激活函数。而激活函数通过引入非线性特性，使神经网络能够学习和表示更复杂的关系。通过反向传播算法，神经网络根据预期输出与实际输出之间的差异，调整连接权重，以逐渐提高网络的准确性和性能。这种迭代的训练过程使神经网络能够逐渐学习到输入数据中的模式和规律，并用于预测、分类、生成等各种任务。总的来说，神经网络的设计和训练过程使得它具备了处理各种复杂任务的能力，并成为现代人工智能领域中的重要技术之一。

然而，神经网络也有一些限制。当数据量较小或者数据质量较差时，神经网络可能会出现过拟合或者欠拟合的问题。此外，神经网络的训练过程通常需要大量的计算资源和时间。总的来说，神经网络是一种强大的求解工具，可以有效地解决各种问题，但在实际应用中需要合理选择网络结构、损失函数、激活函数，并根据任务目标的不同优化网络参数，同时注意数据质量和训练过程中的细节。

4.1.1 深度学习和神经网络间的关系

深度学习是机器学习的一个分支，其核心是通过构建深层神经网络来学习和理解数据。深度学习利用多层神经网络的结构和层层抽象的特性，可以通过大规模数据的训练来实现高度自动化的模式识别和特征提取。

神经网络是深度学习的核心算法之一。它模仿人脑的神经元网络，通过大量的计算单元（神经元）和它们之间相互连接的权重，实现对数据进行学习、分类、回归等任务。神经网络的结构包含输入层、隐藏层和输出层，其中隐藏层可以有多层，而每个神经元将通过激活函数对输入信号进行非线性变换，从而产生输出。

深度学习是建立在神经网络基础之上的一种算法模式。深度学习通过多层的神经网络来模拟层级化的特征提取过程，从低级别的特征逐渐提取到高级别的抽象特征，使网络可以对复杂而抽象的数据进行建模和理解。通过多层神经网络的组合和参数优化，深度学习模型可以自动学习到复杂的非线性关系，从而在计算机视觉、自然语言处理、语音识别等领域取得显著的成果。

可以说，神经网络是深度学习的基础，而深度学习则是一种使用神经网络进行高效学习和模式识别的方法。深度学习通过构建深层神经网络，提供了一种强大的工具，可以自动学习数据中的有价值的特征，并为各种复杂的问题提供有效的求解能力。

4.1.2 神经网络的深度和宽度

神经网络的深度和宽度是两个重要的概念。其中深度指的是神经网络中隐藏层的数量。隐藏层是神经网络在输入层和输出层之间的层次结构，其作用是将输入数据进行多次非线性转换和提取特征。一个拥有更多隐藏层的网络被称为深层神经网络，而只有一层或很少隐藏层的网络则被称为浅层神经网络。深层神经网络能够学习到更复杂和抽象的特征，从而提高模型的表达能力和性能。

（1）神经网络的深度

神经网络的深度主要体现在网络层级的深度和特征级的深度方面。其中，对于一般神经网络而言，深度主要表现在隐藏层的数量，理论上而言，网络层次的深度越深，神经网络能够拟合的能力越强，越能够解决更复杂的问题。而深层次特征表达是能够解决复杂问题的重要基础之一，越是复杂的问题，对于特征深度的挖掘越深，才能发现越细粒度的特征，可以有效地对样本数据加以区分。

可以理解为，特征本身可以构成一个复杂的网络结构，较低层次的特征比较容易确定，而高层次的特征则由底层特征组合形成，这些特征并不是很容易抽象出来。例如，如果以“聪明”作为孩子的特征，那么“聪明”这个特征则是由更多的子特征组成的。

另外，神经网络的深度决定了网络的表达能力，早期的 backbone（骨干网络）设计都是直接堆叠卷积层，它的深度指的是神经网络的层数；后来的 backbone 设计采用了更高效的 module（或 block）块堆叠的方式，每个 module 是由多个卷积层组成的，这时深度指的是 module 的个数。深度学习模型之所以在各种任务中取得了成功，足够的网络深度起到了很关键的作用。在一定的程度上，网络越深，性能越好。

（2）神经网络的宽度

神经网络的宽度指的是神经网络中每个隐藏层的节点数量。节点数量决定了神经网络的表示能力和计算复杂度。一个拥有更多节点的隐藏层被称为宽层隐藏层，而节点数量较少的隐藏层则被称为窄层隐藏层。增加宽度可以增加网络的拟合能力，但也会增加计算成本。

另外，神经网络的宽度决定了网络在某一层学习到的信息量，指的是卷积神经网络中最大的通道数，由卷积核数量最多的层决定。通常的结构设计中卷积核的数量随着层数越来越多，直到最后一层 feature map（特征图层）达到最大，这是因为越到深层，feature map 的分辨率越小，所包含的信息越高级，所以需要更多的卷积核来进行学习。通道越多效果越好，但带来的计算量也会大大增加，所以具体设定也是一个调参的过程，并且各层通道数会按照 8 的倍数来确定，这样有利于 GPU 的并行计算。宽度越大，越可以让每一层神经网络学习到更加丰富的特征，比如不同方向、不同频率的纹理特征。

4.2　常见的神经网络类型

在神经网络中，有全连接神经网络、卷积神经网络、循环神经网络、对抗神经网络、深度信念网络等神经网络类型。本节将详细介绍全连接神经网络、卷积神经网络和循环神经网络这三种模型的结构、特点和应用。

4.2.1　全连接神经网络

全连接神经网络（fully connected neural networks，FCNN）也称为多层感知器（multilayer perceptrons，MLP），是最简单和最基本的神经网络之一。如图 4.2.1 所示为一个简单的全连接神经网络结构图，该全连接神经网络结构包含 4 个输入神经元（用来接收 x_1、x_2、x_j、x_n 这四个输入参数），5 个隐藏神经元（每个隐藏神经元都接收上一层的输出作为输入，并使用激活函数计算它们的输出）、2 个输出神经元（每个输出神经元都接收上一层的输出作为输入，并使用激活函数计算它们的输出，最终生成两个输出参数，分别为 o_1、o_n）。在这个神经网络中，每个神经元都与上一层中的所有神经元连接，形成全连接。每个连接都有一个权重，用于计算输入和输出之间

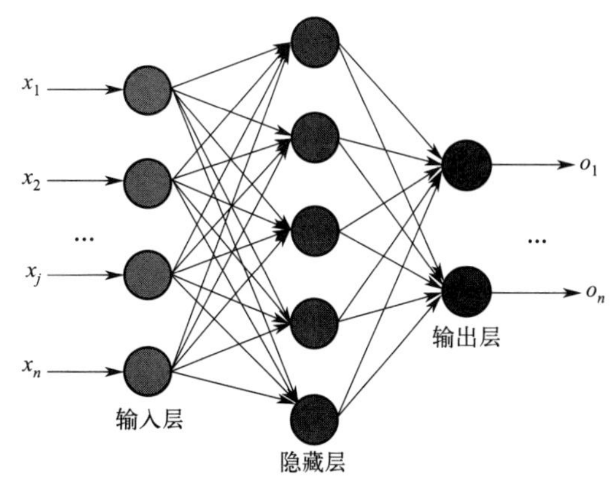

图 4.2.1　全连接神经网络结构图

的关系。网络通过训练来确定每个权重的值，以使得网络能够正确地处理输入并产生期望的输出。

全连接神经网络的训练过程通常使用反向传播算法（backpropagation），该算法通过计算损失函数相对于网络权重和偏置的梯度来更新网络参数。由于全连接层中的每个神经元都与前一层的所有神经元连接，因此它们需要大量的参数和计算资源。因此，全连接神经网络在处理高维数据时容易出现过拟合，并且训练速度较慢。

全连接网络在一些场景下比较弱。

第一，图像处理任务。如图像分类、目标检测和图像分割，全连接网络在处理高维图像数据时可能表现较差。全连接层的参数数量非常庞大，对于高分辨率的图像输入，全连接层需要大量的参数和计算资源，导致网络过于庞大和计算复杂。因此，图像处理任务大多使用卷积神经网络。

第二，序列数据任务。如自然语言处理和语音识别，全连接网络在建模序列之间的依赖关系方面相对较弱。全连接网络无法直接捕捉到序列数据中的时间依赖性和长期依赖关系，因此通常使用循环神经网络（RNN）或者 Transformer 等来处理序列数据的结构。

第三，大规模数据集任务。当处理大规模数据集时，全连接网络的计算和内存需求往往变得非常高。全连接层具有较高的参数数量，需要大量的计算资源和存储空间来进行训练和推理，这对于大规模数据集来说可能会变得非常困难。

第四，特征提取任务。如图像的边缘检测或文本的关键词提取，全连接网络可能较少发挥作用。这些任务通常需要通过局部的滤波器或卷积操作来提取局部特征，而全连接层无法有效地捕捉到这些局部模式。

尽管全连接网络在一些任务上的表现可能不如其他类型的神经网络，但它仍然广泛应用于多个领域。

第一，小规模数据集。当面对小规模数据集时，全连接网络可以表现得相对较强。这是因为全连接层具有较高的参数数量，可以在较少的数据上更好地进行拟合和学习。

第二，基线模型。全连接网络常常作为一种基线模型，在许多任务中可以提供较好的性能。尽管其他更复杂的神经网络结构可能在某些方面具有优势，但全连接网络作为一种简单而有效的模型，仍然能够在许多任务中提供可接受的性能。

第三，传统机器学习任务。在特征工程和模式识别等传统的机器学习任务中，全连接网络可以提供较强的特征学习和表示能力。通过逐层学习复杂的特征组合，全连接网络可以从原始数据中提取出更高级的特征表示。

第四，简单模式识别任务。如手写数字识别或二分类任务，全连接网络可以表现出较强的性能。通过逐层连接和训练，全连接网络能够学习到输入数据中的模式和相关特征。

4.2.2 卷积神经网络

卷积神经网络（convolutional neural networks，CNN）是一种专门设计用于处理图像和视频等数据的神经网络。它的设计灵感来自于生物学中视觉皮层的工作原理。与全连接神经网络不同，卷积神经网络的层级结构由卷积层、池化层和全连接层等组成。图 4.2.2 为一种简单的卷积神经网络架构，CNN将来自输入层的输入数据，通过特征提取层、全连接层，转换为由输出层给出的一组类别分数。

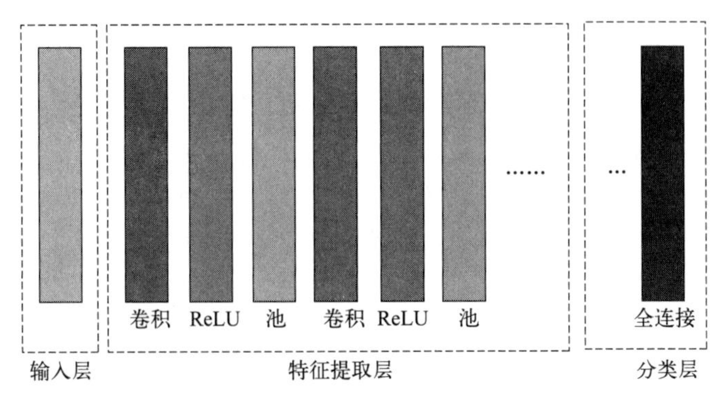

图 4.2.2 一种简单的卷积神经网络架构

卷积层是卷积神经网络的核心组成部分，它通过在输入数据上应用一组卷积核来提取特征。卷积操作可以捕捉输入数据的空间局部性，因此可以有效地处理图像等高维数据。池化层通常用于减小特征映射的大小，从而减少模型参数和计算资源的需求。全连接层通常用于将最终的特征向量映射到输出类别或回归值。

卷积神经网络的训练过程与全连接神经网络类似，也是通过反向传播算法来更新网络参数。由于卷积操作和池化操作可以共享参数，因此卷积神经网络可以有效地减少网络参数和计算资源的需求。

此外，卷积神经网络还具有良好的空间不变性和平移不变性，这使得它在处理图像等数据时非常有效。具体来说，CNN模型通常包含多个卷积层、池化层和全连接层。在卷积层中，模型会利用多个不同的卷积核对输入图像进行卷积操作，从而提取出不同的特征图。每个卷积核实际上是一个小型的矩阵，它会在输入图像上滑动并计算出每个位置的加权和，然后将这些加权和作为输出特征图的值。由于卷积核的大小通常远小于输入图像的大小，因此它只会关注输入图像的局部区域，而忽略其他区域。这就使得CNN能够捕捉到图像中的局部特征，例如边缘、纹理和颜色等。在池化层中，模型通常会对输入特征图进行降采样操作，从而减小特征图的大小并增强模型的鲁棒性。最常见的池化操作是最大池化和平均池化，它们分别选取每个区域中的最大值和平均值作为输出值。最后，在全连接层中，模型会将所有的特征图展平成一个向量，并通过多个全连接层进行分类或回归等任务。由于卷积和池化操作都是局部操作，并且在整个图像中都是重复的，因此CNN具有良好的空间不变性和平移不变性。这意味着，即使输入图像发生平移、旋转或缩放等变换，模型仍然能够正确地提取出特征并进行分类或回归等任务。这使得CNN在处理图像等数据时非常有效，也成为计算机视觉领域中的重要工具。在图像分类、目标检测、语义分割和人脸识别等领域取得了巨大的成功。具体内容见本书第五章卷积神经网络。

4.2.3 循环神经网络

循环神经网络（recurrent neural network，RNN）是一种专门用于处理序列数据的神经网络。与卷积神经网络和全连接神经网络不同，循环神经网络在不同时间步之间共享相同的参数，因此可以捕捉到序列数据中的时间依赖性。

循环神经网络由一个或多个循环层组成，每个循环层包含一个循环单元和一个非线性激活函数。循环单元通常使用LSTM（长短时记忆网络）或GRU（门控循环单元）等结构，可以在序列数据中存储和检索信息。在每个时间步，循环层接收一个输入和一个前一个时间步的隐藏状态，并生成一个新的隐藏状态和一个输出。隐藏状态可以看作是循环神经网络对过去输入的“记忆”，并用于后续时间步的计算，如图4.2.3所示。

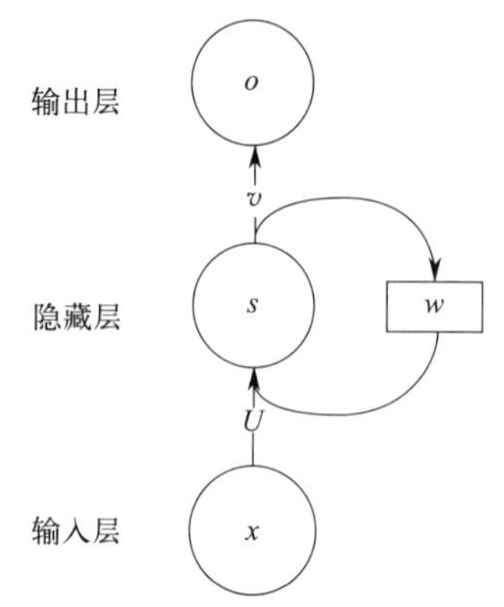

图4.2.3　RNN神经元结构

循环神经网络的训练过程与卷积神经网络和全连接神经网络类似，也是通过反向传播算法来更新网络参数。但由于循环神经网络在不同时间步之间共享参数，因此它们具有很好的内存效率和计算效率。此外，循环神经网络还可以处理变长序列数据，因此在自然语言处理、语音识别、机器翻译和音乐生成等领域具有广泛的应用。具体来说，在自然语言处理领域，RNN主要用于机器翻译、文本生成和情感分析等任务。RNN通过将前一时刻的隐藏状态作为当前时刻的输入，来捕捉序列数据之间的时序关系。例如，在机器翻译任务中，RNN可以将输入语句编码成一个固定长度的向量表示，然后通过解码器将其翻译成目标语言的语句。在文本生成任务中，RNN可以生成连续的文本序列，例如自然语言对话和文本摘要等。在情感分析任务中，RNN可以根据前面的文本内容，预测当前文本的情感倾向。在语音识别领域，RNN也被广泛应用于声学建模等任务。与传统的基于隐马尔可夫模型（hidden Markov model，HMM）的语音识别方法不同，RNN可以通过长短时记忆网络或门控循环单元等结构来处理长时依赖关系，从而提高模型的准确率。在音乐生成领域，RNN可以根据前面的音符序列，预测下一个音符的概率分布，并将其作为生成下一个音符的基础。这种方式可以用于生成不同风格和流派的音乐作品。

除了以上介绍的三种神经网络类型，还有一些其他的神经网络类型，例如自编码器、深度信念网络和深度卷积生成对抗网络等。这些神经网络类型各具特点，可以应用于不同的任务和数据类型。

总的来说，神经网络是一种非常强大的机器学习方法，可以处理各种不同类型的数据和任务。在未来，随着计算机性能的不断提升和算法的不断改进，神经网络将会继续在各个领域发挥重要作用，并推动人工智能技术的不断进步。

4.3　神经网络设计的核心问题

神经网络设计的核心问题包括定义神经网络结构、选择损失函数和选择激活函数。在实际应用中，需要根据具体的问题和数据类型进行选择，并结合模型的性质和优化算法的选择来优化模型的性能。同时，需要不断进行实验和调整，以获得更好的模型性能。

4.3.1　定义神经网络结构

定义神经网络结构是设计神经网络时最重要的步骤之一。在神经网络中，每一层都由多个神经元组成，神经元之间通过权重相连，形成一个复杂的网络结构。设计合适的神经网络结构可以提高神经网络的准确性和性能。

首先，需要确定神经网络的深度和宽度。深度指的是神经网络的层数，宽度指的是每一层的神经元个数。当神经网络的深度增加时，可以增加网络的学习能力，提高神经网络的准确性。但是，当网络太深时，容易导致梯度消失或梯度爆炸的问题（见4.4.1节），这会导致训练困难或者训练不稳定。

然后，在设计神经网络时还需要考虑神经元之间的连接方式。常见的连接方式包括全连接、卷积连接和循环连接等。全连接是一种简单的连接方式，每个神经元都与上一层的所有神经元相连。卷积连接是一种常用的连接方式，常用于图像和语音等数据处理。循环连接常用于处理序列数据，例如自然语言处理中的语句和文本数据等。

最后，在设计神经网络结构时，还需要考虑使用哪些神经元类型、每一层的激活函数和参数初始化方式等。常见的神经元类型包括全连接层、卷积层和循环层等。不同的激活函数具有不同的性质，例如ReLU函数具有非线性、可导性和计算效率高等优点，因此在神经网络中应用较广泛。在初始化参数时，通常采用正态分布或者均匀分布来初始化参数，以避免梯度消失或梯度爆炸等问题。

4.3.2　选择损失函数

损失函数用于衡量模型预测值与实际值之间的差异，是训练神经网络时用于优化模型的重要指标。在选择损失函数时，需要考虑具体的问题和数据类型。

对于分类问题，常用的损失函数包括交叉熵损失函数和对数损失函数等。交叉熵损失函数常用于多分类问题，通过计算预测类别与实际类别之间的差异来衡量模型的准确性。对数损失函数常用于二分类问题，也是通过计算预测类别与实际类别之间的差异来衡量模型的准确性。

对于回归问题，常用的损失函数包括均方误差损失函数和平均绝对误差损失函数等。均方误差损失函数用于衡量模型预测值与实际值之间的平方差异，平均绝对误差损失函数用于衡量模型预测值与实际值之间的绝对差异。

另外，在选择损失函数时，还需要考虑损失函数的性质和优化算法的选择。例如，某些损失函数具有平滑性质，可以提高优化算法的稳定性和收敛速度。同时，还需要考虑损失函数对模型参数的导数是否易于计算，因为在优化模型时需要计算损失函数关于模型参数的导数。

4.3.3　选择激活函数

激活函数是神经元的非线性变换函数，可以将神经元的输入转换为输出。在神经网络中，每一层的神经元通常都采用相同的激活函数。选择合适的激活函数可以提高神经网络的非线性拟合能力和分类准确性。常见的激活函数包括 ReLU 函数、tanh 函数、sigmoid 函数和 softmax 函数等。

ReLU 函数是一种常用的非线性激活函数，它的数学表达式为 $f(x)=\max(0,x)$，如图 4.3.1 所示。

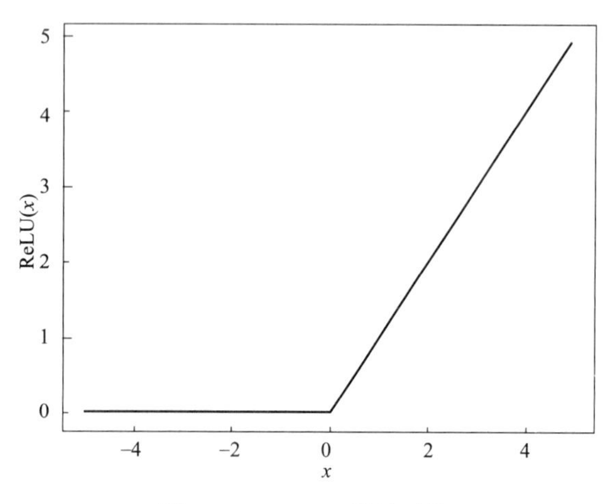

图 4.3.1　ReLU 激活函数

ReLU 函数的优点在于它具有非线性、可导性和计算效率高等特点，因此在神经网络中被广泛应用，下面将详细讲解。首先，ReLU 函数是非线性的，它可以通过将输入映射到一个非线性空间，增加神经网络的表达能力。与传统的线性激活函数不同，ReLU 函数在输入大于零时输出输入值本身，否则输出零。这种非线性特性可以帮助神经网络捕捉复杂的模式和特征，从而提高模型的性能。其次，ReLU 函数是可导的，这使得它可以使用基于梯度的优化算法来训练神经网络。ReLU 函数在 $x>0$ 时的导数为 1，否则为 0。这种导数的形式简单，可以帮助神经网络的学习更加快速和稳定。最后，ReLU 函数的计算效率非常高，因为它的计算只需要进行一次比较运算和一次取最大值运算，而不需要使用指数函数或其他复杂的计算。这种计算效率可以使神经网络在大规模数据集上更快地训练和推理。总的来说，ReLU 函数在神经网络中的应用广泛，可以提高神经网络的学习速度和稳定性。同时，ReLU 函数还有一些变种，如带泄露的 ReLU（leaky ReLU）和随机失活的 ReLU（randomized ReLU），可以进一步增强模型的表达能力和鲁棒性。

tanh 函数也是一种常用的激活函数，具有非线性、对称性、可导性等特点。它的数学表达式为 $f(x)=\dfrac{e^{x}-e^{-x}}{e^{x}+e^{-x}}$，如图 4.3.2 所示。与其他常用的激活函数相比，tanh 函数的优点在于其非线性程度高，对称性，可导性。相比于 sigmoid 函数，tanh 函数具有更强的非线性能力。因为在输入较大或较小时，tanh 函数的导数会趋向于 1 或 −1，这样可以更好地处理输入的非线性变化。同时 tanh 激活函数还具有对称性，从表达式可以看出 tanh 函数是一种偶函数，这意味着当输入值为负数时，输出值为正数且大小与输入值的绝对值相等，这样就保证了 tanh 函数在输入值为正负数时的对称性。同时 tanh 函数还具有可导性，tanh 函数在定义域内是连续可导的，它的导数可以用其本身来表示，即 $f'(x)=1-f(x)^2$。这种形式的导数计算起来相对简单，因此在梯度下降等优化算法中使用 tanh 函数作为激活函数可以提高计算效率。

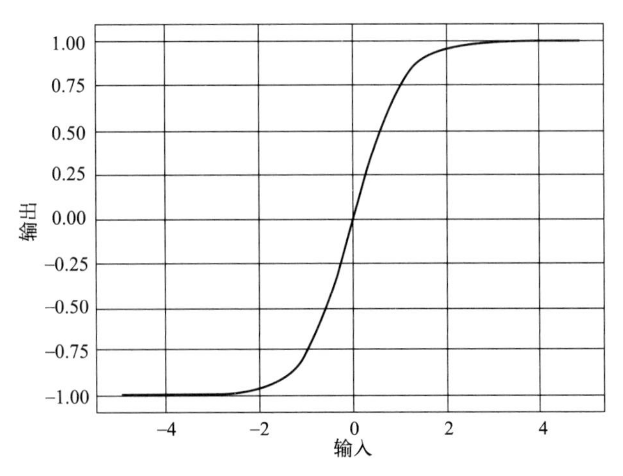

图 4.3.2 tanh 激活函数

sigmoid 函数（也称为 logistic 函数）是一种常用的激活函数，它将输入值映射到（0,1）的区间，主要用于二分类问题或者在隐层神经元的输出中。如果 sigmoid 函数的输出值大于 0.5，则被分类为正例，否则被分类为负例。数学表达式为 $f(x)=\frac{1}{1+e^{-x}}$，如图 4.3.3 所示。

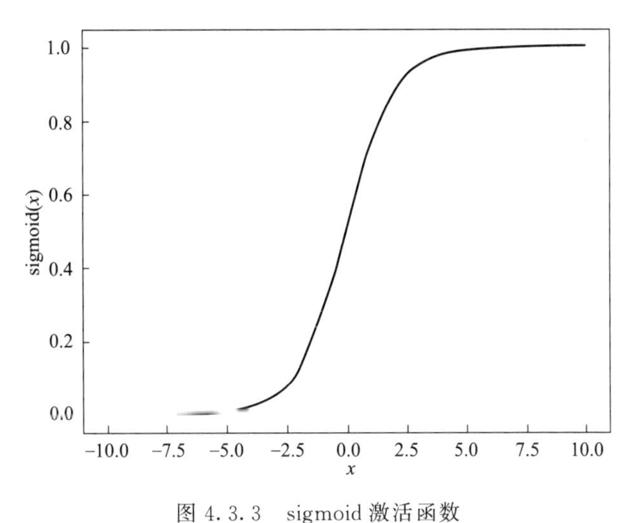

图 4.3.3 sigmoid 激活函数

相比之下，softmax 函数用于多分类问题中，因为它可以将多个神经元的输出映射到（0,1）之间的概率值，且所有概率之和为 1。

softmax 函数的数学表达式为 $f_i(z)=\frac{e^{z_i}}{\sum_{j=1}^{K} e^{z_j}}$，其中 z_i 表示第 i 个神经元的输入，K 表示神经元的数量。在多分类问题中，softmax 函数通常作为神经网络输出层的激活函数。例如，在图像分类问题中，如果要将一张图片分类到 k 个类别中的一个，输出层会有 k 个神经元，每个神经元表示一个类别的概率。softmax 函数可以将每个神经元的输出值转换为对应的概率值，最终确定图片所属的类别。需要注意的是，如果某个神经元的输出值比其他神经元的输出值大很多，那么它对应的概率值将趋近于 1，而其他神经元对应的概率值将趋近于 0。这意味着 softmax 函数的输出具有较强的决策性，因此在训练神经网络时需要注意权衡模型的泛化能力和决策能力。

在选择激活函数时，还需要考虑激活函数的导数是否容易计算和梯度消失的问题。某些激活函数具有导数不易计算或梯度消失的问题，这会影响神经网络的训练效果。例如，sigmoid 函数的导数可以表示为函数值的函数，这会增加计算量，同时，当函数值接近 0 或 1 时，导数值会非常接近 0，导致梯度消失问题。因此，在深度神经网络中，通常不建议使用 sigmoid 函数作为激活函数。相比之下，ReLU 函数的导数为常数 1，易于计算，且不容易出现梯度消失的问题。因此，ReLU 函数在深度神经网络中得到了广泛应用。不过，ReLU 函数也存在一些问题，例如，当输入值小于 0 时，ReLU 函数的导数为 0，导致神经元无法学习。因此，在实际应用中，通常需要采用一些改进的 ReLU 函数，如 leaky ReLU 函数、ELU 函数和 maxout 函数等。

另外，还需要注意的是，选择激活函数时，需要结合具体的问题和数据类型进行选择。例如，当输入值的范围比较大时，通常建议使用 tanh 函数作为激活函数，因为 tanh 函数可以将输入值映射到（−1,1）之间。当需要进行多分类任务时，通常使用 softmax 函数作为输出层的激活函数，因为 softmax 函数可以将神经元的输出映射到（0,1）之间的概率值，并且所有输出的概率值之和为 1，方便进行多分类的决策。

4.4 神经网络最优化过程

4.4.1 梯度下降算法

神经网络梯度下降算法是一种用于训练神经网络的优化算法，目的是最小化代价函数（或损失函数）的值。代价函数可以理解为模型预测结果与实际结果之间的差异，梯度下降算法通过不断调整神经网络中的参数来降低代价函数的值。具体来说，梯度下降算法通过计算代价函数对于每个参数的偏导数（即梯度），然后按照负梯度的方向对参数进行调整，从而使代价函数减小。由于神经网络中通常存在大量的参数，因此梯度下降算法是一种计算密集型的优化算法。

在实际应用中，梯度下降算法通常会结合一些技巧进行改进，例如动量（momentum）算法、自适应学习率算法（例如 Adagrad、Adadelta、Adam 等）等。

（1）梯度下降算法的发展历史

梯度下降算法最早可以追溯到 19 世纪初叶，是法国数学家 Augustin-Louis Cauchy 提出的。然而，梯度下降算法在机器学习领域的应用起始于 20 世纪 60 年代。

1960 年，美国数学家 Herbert Robbins 和 Sutton Monro 发表了一篇论文，提出了随机梯度下降（stochastic gradient descent，SGD）算法，并证明了该算法的收敛性。SGD 算法通过每次只随机选择一部分训练样本进行计算，从而加快了计算速度。但由于每次只更新一小部分参数，因此需要更多的迭代次数才能达到收敛。

1986年，美国科学家Rumelhart和McClelland提出了误差反向传播（backpropagation，BP）算法，利用链式法则将神经网络中每个参数的偏导数计算与传递。BP算法成为神经网络训练的标准算法，并被广泛应用。

1997年，美国计算机科学家Leon Bottou和Yann LeCun提出了一种称为L-BFGS的优化算法，通过利用牛顿法的思想，可以更快地收敛于代价函数的最小值。L-BFGS算法结合了牛顿法和梯度下降算法的优点，并在神经网络训练中得到了广泛应用。

2001年，美国计算机科学家John Platt提出了一种称为SMO（sequential minimal optimization）的算法，用于训练支持向量机。SMO算法通过每次只优化两个变量来加速训练过程，并且可以处理非线性可分的数据。

2006年，加拿大计算机科学家Hinton和Salakhutdinov提出了一种称为深度信念网络（deep belief network，DBN）的模型。DBN模型可以通过无监督预训练和有监督微调的方式来训练，可以有效地克服梯度消失问题，并被广泛应用于图像和语音等领域。

2014年，一种新的自适应学习率算法Adam被提出，相较于之前的自适应学习率算法具有更好的性能表现，因此在神经网络训练中得到了广泛的应用。

（2）梯度下降算法的分类

根据梯度下降算法中每次迭代时使用的数据量不同，可以将梯度下降算法分为以下几类：

批量梯度下降（batch gradient descent，BGD）：在每次迭代时，使用所有训练样本计算梯度，更新模型参数。BGD算法可以保证每次迭代都朝着最优方向前进，但由于需要处理所有数据，因此速度较慢，内存占用较高。

随机梯度下降（stochastic gradient descent，SGD）：在每次迭代时，随机选择一个训练样本进行计算，更新模型参数。SGD算法速度较快，内存占用较低，但由于每次只更新一部分参数，因此存在振荡和收敛不稳定的问题。

小批量梯度下降（mini-batch gradient descent，MBGD）：在每次迭代时，选择一个固定大小的小批量样本进行计算，更新模型参数。MBGD算法综合了BGD和SGD的优点，速度较快，收敛较稳定。

（3）梯度下降算法具体使用步骤

梯度下降算法是机器学习中最常用的优化算法之一，可以应用于各种不同类型的模型训练中。下面以线性回归模型为例，介绍梯度下降算法的具体使用步骤。

假设有一个数据集，包含 m 个样本，每个样本有 n 个特征。线性回归模型的形式为：

$$y=\theta_0+\theta_1 x_1+\theta_2 x_2+\cdots+\theta_n x_n \tag{4.1}$$

其中，y 是模型的输出；θ_0，θ_1，…，θ_n 是模型参数；x_1，x_2，…，x_n 是输入特征。给定训练集 $(x^{(1)},y^{(1)}),(x^{(2)},y^{(2)}),\cdots,(x^{(m)},y^{(m)})$，我们需要通过梯度下降算法来求解模型参数。

（a）初始化模型参数。我们可以随机初始化 θ_0，θ_1，…，θ_n。

（b）计算代价函数的梯度。代价函数使用均方误差（mean squared error，MSE）：

$$J(\theta)=\frac{1}{2m}\sum_{i=1}^{m}[h_\theta(x^{(i)})-y^{(i)}]^2 \tag{4.2}$$

其中，$h_\theta(x)$ 表示模型的预测值，即 $h_\theta(x)=\theta_0+\theta_1x_1+\theta_2x_2+\cdots+\theta_nx_n$。代价函数的梯度为：

$$\frac{\partial J(\theta)}{\partial\theta_j}=\frac{1}{m}\sum_{i=1}^{m}[h_\theta(x^{(i)})-y^{(i)}]x_j^{(i)} \tag{4.3}$$

其中，$j=0, 1, \cdots, n$。

(c) 更新模型参数。按照梯度的负方向调整每个参数的值，从而使代价函数减小：

$$\theta_j=\theta_j-\alpha\frac{\partial J(\theta)}{\partial\theta_j} \tag{4.4}$$

其中，α 是学习率，控制每次迭代的步长大小。通常需要手动调整学习率的值，以确保算法收敛。

(d) 重复步骤 (b) 和 (c)，直到达到预设的停止条件，例如达到最大迭代次数或代价函数的值收敛。

(e) 选择合适的学习率。学习率 α 决定了每次迭代中参数更新的步长大小。如果学习率过大，可能导致参数在代价函数中振荡，无法收敛。如果学习率过小，收敛速度会非常慢，需要迭代的次数也会增加。因此，需要选择合适的学习率。通常，可以尝试不同的学习率，观察算法的收敛情况。如果代价函数在每次迭代后都减小，说明学习率的值合适。如果代价函数不断振荡或者不收敛，可以尝试降低学习率的值。

(f) 防止过拟合。在模型训练中，可能会出现过拟合的问题。过拟合指的是模型在训练集上表现非常好，但在测试集或新数据上表现较差的情况。为了防止过拟合，可以采用以下方法。正则化：在代价函数中添加正则化项，强制模型参数的值不要过大，从而防止过拟合。早停法：在模型训练过程中，通过观察代价函数在验证集上的表现，决定何时停止迭代，从而防止过拟合。

梯度下降算法是机器学习中最常用的优化算法之一，可以用于各种类型的模型训练。另外，在使用梯度下降算法时，需要注意选择合适的学习率和停止条件，以及防止过拟合的问题。此外，为了提高算法的性能和效率，可以使用各种技巧，例如动量法、自适应学习率、二次优化等。

(4) 梯度消失和梯度爆炸

梯度消失问题 (gradient vanishing problem) 是指在深度神经网络的训练过程中，随着反向传播算法的进行，较浅层的神经网络层的梯度逐渐变小，最终接近于零。这导致了这些层的参数更新非常缓慢，使得模型无法有效学习和收敛。一般出现在神经网络层数相对较多的情况，且随着神经网络层数的不断增加，发生的概率增大。对于梯度消失问题，可以通过图 4.4.1 进行说明。

如图 4.4.1 所示，针对包含 n 层隐藏层的神经网络，一般情况下第 n 个隐藏层的权值还可以正常更新，但是第 1 层和第 2 层的隐藏层，可能存在层的权值更新几乎不变的情况，基本和初始的权值相差较小，这个时候就是发生了梯度消失问题。尤其在 n 较大时，发生梯度消失的概率更高，此刻第 1 层和第 2 层隐藏层只是被当作了一个映射层，并没有发挥其

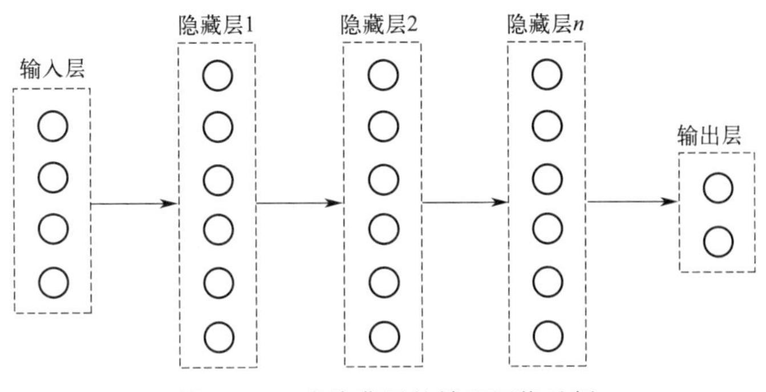

图 4.4.1　多隐藏层的神经网络示例

层次结构的价值。

梯度消失的主要原因是激活函数与层次结构的选择，假设存在如图 4.4.2 所示的单一神经网络结构，每一层均只有一个神经元。

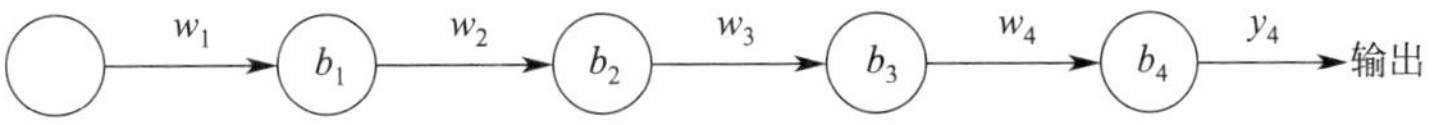

$$\bigcirc \xrightarrow{w_1} (b_1) \xrightarrow{w_2} (b_2) \xrightarrow{w_3} (b_3) \xrightarrow{w_4} (b_4) \xrightarrow{y_4} \text{输出}$$

图 4.4.2　单一的神经网络结构示例

假设图 4.4.2 表示的神经网络的定义为 $y_i=\mathrm{sigmoid}(z_i)$，且 $z_i=w_ix_i+b_i$，则可以推导梯度的表达式：

$$\begin{aligned}\frac{\partial \mathrm{output}}{\partial b_1}&=\frac{\partial \mathrm{output}}{\partial y_4}\times\frac{\partial y_4}{\partial z_4}\times\frac{\partial z_4}{\partial x_4}\times\frac{\partial x_4}{\partial z_3}\times\frac{\partial z_3}{\partial x_3}\times\frac{\partial x_3}{\partial z_2}\times\frac{\partial z_2}{\partial x_2}\times\frac{\partial x_2}{\partial z_1}\times\frac{\partial z_1}{\partial b_1}\\&=\frac{\partial \mathrm{output}}{\partial y_4}\times\mathrm{sigmoid}'(z_4)w_4\times\mathrm{sigmoid}'(z_3)w_3\times\mathrm{sigmoid}'(z_2)w_2\times\mathrm{sigmoid}'(z_1)\end{aligned} \tag{4.5}$$

而激活函数 $\mathrm{sigmoid}=\frac{1}{1+\mathrm{e}^{-x}}$，因此其导数形式为 $\mathrm{sigmoid}'=x\ (1-x)$，根据 $\mathrm{sigmoid}'(x)$ 的表达式，可以知道 $\mathrm{sigmoid}'(z_i)$ 的最大值为 0.25，而 w_i 本身的值在（0,1）之间，因此 $\frac{\partial \mathrm{output}}{\partial b_1}$ 的值随着神经网络层次的加深，经历一系列的连乘，且连乘的数字在每层都小于 1，因此值越来越小直至消失，因而发生梯度消失的现象。

从梯度消失的角度而言，可以说明并不是网络结构设计的深度越深越好，但是理论上网络结构的深度越深，表达能力和抽象能力就越强，因而对于梯度消失问题，需要从激活函数以及网络层次结构设计（残差结构）上着手解决，例如激活函数可以考虑用 ReLU 函数代替 sigmoid 函数。

与梯度消失问题相反的则是梯度爆炸（exploding gradient），梯度爆炸是指在深度神经网络的训练过程中，梯度值变得非常大，导致权重参数的更新变得不稳定。

一般是由于权重初始化不当和激活函数选择不当导致的。其中，如果网络的初始权重设置过大，或者在初始化时没有考虑到网络结构和激活函数的特点，就容易导致梯度爆炸问题。例如，如果使用过大的初始权重，那么在反向传播过程中，梯度会随着层数的累积而指数级增大。另外，某些激活函数具有幂次和指数形式，如 ReLU 函数，其导数在正区间取恒定值。如果网络的层数较多，并且使用此类激活函数，那么在反向传播过程中，梯度会指数级增大，从而引发梯度爆炸问题。

相较于梯度消失，梯度爆炸问题相对容易解决，可以通过简单地设置阈值来避免梯度爆炸。

4.4.2 正向传播算法

神经网络的最优化过程中，正向传播（forward propagation）算法是指将输入样本在神经网络中进行推导和计算，以得到网络的输出结果。正向传播算法在神经网络中起着至关重要的作用，是构建神经网络的基础。

在神经网络中，正向传播算法是将输入层的数据沿着神经网络的结构逐层传递，经过一系列的加权和非线性变换后，最终计算出神经网络的输出结果。这个过程通常称为“前向计算”。

正向传播算法的主要作用是计算神经网络的输出结果。在神经网络中，每个神经元接收来自上一层神经元的输出，并根据其权重和偏置值进行线性变换。然后，通过一个非线性函数（例如 sigmoid 函数、ReLU 函数等）进行激活，将这个值映射到一个特定的区间内。这个过程可以表示为：

$$a^{(l)}=f(z^{(l)}) \tag{4.6}$$

其中，$a^{(l)}$ 表示第 l 层神经元的输出；$z^{(l)}$ 表示该层神经元的输入；f 表示该层神经元的激活函数。

对于一个具有 L 个隐藏层的神经网络，其正向传播的过程可以表述为：

(a) 将输入样本输入输入层，将输入样本的特征值作为输入层的输出值即：

$$a^{(1)}=x \tag{4.7}$$

其中，x 表示输入样本的特征值。

(b) 对于每一层 $l\in 2,3,\cdots,L$，计算该层神经元的输入 $z^{(l)}$ 和输出 $a^{(l)}$，即：

$$z^{(l)}=\boldsymbol{w}^{(l)}a^{(l-1)}+\boldsymbol{b}^{(l)} \tag{4.8}$$

$$a^{(l)}=f(z^{(l)}) \tag{4.9}$$

其中，$\boldsymbol{w}^{(l)}$ 表示该层神经元的权重矩阵；$\boldsymbol{b}^{(l)}$ 表示该层神经元的偏置矩阵；f 表示该层神经元的激活函数。

(c) 最后一层神经元的输出即为神经网络的输出结果，即：

$$\hat{y}=a^{(L)} \tag{4.10}$$

其中，$\hat{y}$ 表示神经网络的输出结果。

需要注意的是，在正向传播算法的过程中，需要将每一层神经元的输入和输出进行保存，以备反向传播算法计算梯度时使用。

正向传播算法的目标是最小化神经网络的损失函数。在计算出神经网络的输出结果后，需要将输出结果与真实结果进行比较，计算出神经网络的损失函数。常见的损失函数包括均方误差（MSE）、交叉熵等。以均方误差为例，损失函数可以表示为：

$$J(w,b;x,y)=\frac{1}{2}(a^{(L)}-y)^2 \tag{4.11}$$

其中，w 和 b 分别表示神经网络中所有权重和偏置的集合；x 表示输入样本；y 表示该样本的真实输出值；$a^{(L)}$ 表示神经网络的输出结果。

在最小化损失函数的过程中，需要使用反向传播算法来计算损失函数对神经网络中各个参数的梯度。在反向传播算法中，需要使用到正向传播算法中保存的每层神经元的输入和输出。因此，正向传播算法是反向传播算法的基础。

4.4.3 反向传播算法

反向传播（BP）算法是神经网络最优化过程中的一种常用算法，它主要用于计算神经网络中各个参数的梯度，从而能够最小化神经网络的损失函数。反向传播算法是在正向传播算法的基础上，通过链式法则（chain rule）来计算梯度的。

反向传播算法的基本思想是，从输出层开始，通过计算每层神经元的输入和输出，依次计算出每层神经元的梯度，并逐层向前传递，最终计算出损失函数对所有参数的梯度。具体来说，反向传播算法可以分为初始化神经网络的权重和偏置、前向传播、计算损失函数、反向传播和更新参数 5 个步骤。

下面我们将详细介绍反向传播算法的每个步骤。

(a) 初始化神经网络的权重和偏置。在反向传播算法之前，需要对神经网络的权重和偏置进行初始化。常见的初始化方法包括随机初始化、Xavier 初始化、He 初始化等。

(b) 前向传播。在前向传播过程中，输入样本被传递到神经网络中，经过加权和非线性变换计算出每一层的输出。对于第 l 层的神经元，它的输入为：

$$z^{(l)}=\boldsymbol{w}^{(l)}a^{(l-1)}+b^{(l)} \tag{4.12}$$

其中，$\boldsymbol{w}^{(l)}$ 表示第 l 层神经元的权重矩阵；$a^{(l-1)}$ 表示第 $l-1$ 层神经元的输出；$b^{(l)}$ 表示第 l 层神经元的偏置。

将输入通过激活函数进行非线性变换，得到第 l 层神经元的输出：

$$a^{(l)}=g(z^{(l)}) \tag{4.13}$$

其中，g 表示激活函数。

(c) 计算损失函数。在前向传播之后，可以计算出神经网络的输出 $a^{(l)}$，将神经网络的输出与真实值进行比较，从而计算出神经网络的损失函数 J。对于二分类问题，常见的损失函数为交叉熵损失函数：

$$J=-\frac{1}{m}\sum_{i=1}^{m}[y^{(i)}\lg a^{(L)(i)}+(1-y^{(i)})\lg(1-a^{(L)(i)})] \tag{4.14}$$

其中，m 表示样本数量；$y^{(i)}$ 表示第 i 个样本的真实值；$a^{(L)(i)}$ 表示第 i 个样本在输出层的输出。

(d) 反向传播。在计算损失函数之后，需要使用链式法则来计算每个参数的梯度。具体来说，对于第 l 层的神经元，它的梯度可以通过以下公式计算：

$$\frac{\partial J}{\partial z^{(l)}}=\frac{\partial J}{\partial a^{(l)}}\times\frac{\partial a^{(l)}}{\partial z^{(l)}} \tag{4.15}$$

其中，$\frac{\partial J}{\partial a^{(l)}}$表示损失函数对第 l 层输出的偏导数；$\frac{\partial a^{(l)}}{\partial z^{(l)}}$表示第 l 层输出对输入的偏导数。

对于输出层，梯度的计算可以使用以下公式：

$$\frac{\partial J}{\partial z^{(L)}}=a^{(L)}-y \tag{4.16}$$

其中，y 表示真实值。

对于隐藏层，梯度的计算可以使用以下公式：

$$\frac{\partial J}{\partial z^{(l)}}=\frac{\partial J}{\partial z^{(l+1)}}\times\frac{\partial z^{(l+1)}}{\partial a^{(l)}}\times\frac{\partial a^{(l)}}{\partial z^{(l)}} \tag{4.17}$$

其中，$\frac{\partial J}{\partial z^{(l+1)}}$表示损失函数对第 $l+1$ 层输入的偏导数；$\frac{\partial z^{(l+1)}}{\partial a^{(l)}}$表示第 $l+1$ 层输入对第 l 层输出的偏导数。

最终，可以通过以下公式计算出每个参数的梯度：

$$\frac{\partial J}{\partial w_{ij}^{(l)}}=a_j^{(l-1)}\frac{\partial J}{\partial z_i^{(l)}} \tag{4.18}$$

$$\frac{\partial J}{\partial b_i^{(l)}}=\frac{\partial J}{\partial z_i^{(l)}} \tag{4.19}$$

其中，$w_{ij}^{(l)}$ 表示第 l 层第 i 个神经元和第 $l-1$ 层第 j 个神经元之间的权重；$b_i^{(l)}$ 表示第 l 层第 i 个神经元的偏置。

(e) 更新参数。在反向传播之后可以使用梯度下降算法来更新参数，使得损失函数最小化。梯度下降算法的更新规则可以使用以下公式：

$$w_{ij}^{(l)}=w_{ij}^{(l)}-\alpha\frac{\partial J}{\partial w_{ij}^{(l)}} \tag{4.20}$$

$$b_i^{(l)}=b_i^{(l)}-\alpha\frac{\partial J}{\partial b_i^{(l)}} \tag{4.21}$$

其中，α 表示学习率，用来控制每次参数更新的步长。

反向传播算法是神经网络最优化过程中的核心算法，它通过链式法则计算每个参数的梯度，并使用梯度下降算法来更新参数，从而使得神经网络的损失函数最小化。反向传播算法的实现需要一定的数学基础，但是在现代深度学习框架中其已经被高度封装，用户只需要调用相应的 API 即可完成模型训练。

4.4.4 BP 神经网络

BP 神经网络是一种常用的人工神经网络，其包含一个输入层，一个或多个隐藏层，以及一个输出层。在神经网络中，每个节点被称为神经元，每个神经元都与下一层的每个神经元相连。神经元之间的连接具有权重，该权重控制信号的传递和调整。BP 神经网络的主要目的是通过学习一组训练数据来建立输入和输出之间的映射关系。下面，我们将通过构造一个简单的 BP 神经网络结构来说明正向传播算法与反向传播算法是如何使用的。

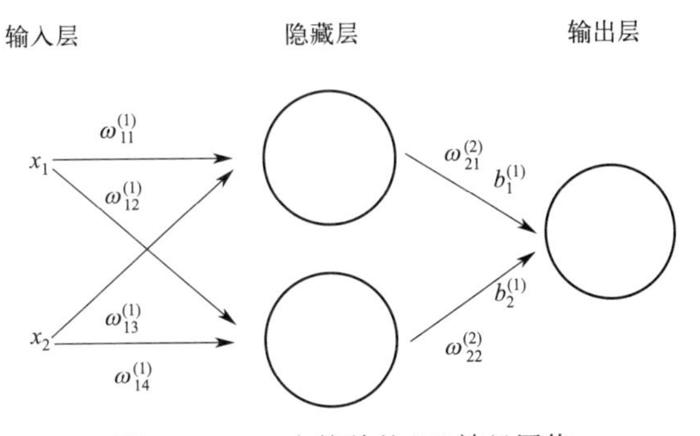

图 4.4.3　一个简单的 BP 神经网络

首先，我们构建一个 BP 神经网络，包含一个输入层、一个隐藏层和一个输出层，如图 4.4.3 所示。输入层有两个神经元，隐藏层有两个神经元，输出层有一个神经元。它们之间的连接权重和偏置分别如下。

输入层到隐藏层的权重：

$$\boldsymbol{W}^{(1)}=[w_{11}^{(1)}\quad w_{12}^{(1)}\quad w_{13}^{(1)}\quad w_{14}^{(1)}] \tag{4.22}$$

隐藏层到输出层的权重：

$$\boldsymbol{W}^{(2)}=[w_{21}^{(2)}\quad w_{22}^{(2)}] \tag{4.23}$$

隐藏层和输出层的偏置：

$$\boldsymbol{b}^{(1)}=[b_1^{(1)}\quad b_2^{(1)}] \tag{4.24}$$

(1) 正向传播算法

正向传播算法用于将输入信号通过神经网络进行处理，输出结果。

假设我们有一个输入向量 $\boldsymbol{x}=[x_1,x_2]$。我们可以计算隐藏层神经元的输入值：

$$z_1=w_{11}^{(1)}x_1+w_{13}^{(1)}x_2 \tag{4.25}$$

$$z_2=w_{12}^{(1)}x_1+w_{14}^{(1)}x_2 \tag{4.26}$$

然后，我们可以使用激活函数（如 sigmoid 函数）将隐藏层神经元的输入值转换为输出值：

$$a_1=\sigma(z_1)=\frac{1}{1+e^{-z_1}} \tag{4.27}$$

$$a_2=\sigma(z_2)=\frac{1}{1+e^{-z_2}} \tag{4.28}$$

接下来，我们可以计算输出层神经元的输入值：

$$z_3=w_{21}^{(2)}a_1+w_{22}^{(2)}a_2+b_1^{(1)}+b_2^{(1)} \tag{4.29}$$

最后，我们可以使用激活函数将输出层神经元的输入值转换为输出值：

$$\hat{y}=\sigma(z_3)=\frac{1}{1+e^{-z_3}} \tag{4.30}$$

其中，$\hat{y}$ 表示神经网络的预测输出值。

（2）反向传播算法

反向传播算法通过计算误差梯度，更新神经元之间的权重和偏置，使得神经网络的预测结果更加准确。

假设我们有一个输出向量 $\boldsymbol{y}=[y_1]$，其中 y_1 是样本的真实标签。我们可以计算输出误差：

$$E=\frac{1}{2}(y_1-\hat{y})^2 \tag{4.31}$$

我们希望通过调整权重和偏置，使得误差最小化。因此，我们需要计算误差对于每个权重和偏置的偏导数，即误差梯度。这里我们使用链式法则来计算误差梯度。

首先，我们计算输出层神经元的梯度：

$$\frac{\partial E}{\partial z_3}=\frac{\partial E}{\partial \hat{y}}\times\frac{\partial \hat{y}}{\partial z_3}=(\hat{y}-y_1)\sigma'(z_3) \tag{4.32}$$

其中，$\sigma'(z_3)$ 表示 sigmoid 函数对于 z_3 的导数，其计算公式为：

$$\sigma'(z_3)=\sigma(z_3)[1-\sigma(z_3)] \tag{4.33}$$

接下来，我们可以计算隐藏层神经元的梯度：

$$\frac{\partial E}{\partial z_1}=\frac{\partial E}{\partial z_3}\times\frac{\partial z_3}{\partial a_1}\times\frac{\partial a_1}{\partial z_1}=\frac{\partial E}{\partial z_3}\times w_{21}^{(2)}\times\sigma'(z_1) \tag{4.34}$$

$$\frac{\partial E}{\partial z_2}=\frac{\partial E}{\partial z_3}\times\frac{\partial z_3}{\partial a_2}\times\frac{\partial a_2}{\partial z_2}=\frac{\partial E}{\partial z_3}\times w_{22}^{(2)}\times\sigma'(z_2) \tag{4.35}$$

接着，我们可以计算输出层神经元到隐藏层神经元的权重和偏置的梯度：

$$\frac{\partial E}{\partial w_{21}^{(2)}}=\frac{\partial E}{\partial z_3}\times\frac{\partial z_3}{\partial w_{21}^{(2)}}=\frac{\partial E}{\partial z_3}\times a_1 \tag{4.36}$$

$$\frac{\partial E}{\partial w_{22}^{(2)}}=\frac{\partial E}{\partial z_3}\times\frac{\partial z_3}{\partial w_{22}^{(2)}}=\frac{\partial E}{\partial z_3}\times a_2 \tag{4.37}$$

$$\frac{\partial E}{\partial b_3^{(2)}}=\frac{\partial E}{\partial z_3}\times\frac{\partial z_3}{\partial b_3^{(2)}}=\frac{\partial E}{\partial z_3} \tag{4.38}$$

最后，我们可以计算隐藏层神经元到输入层神经元的权重和偏置的梯度：

$$\frac{\partial E}{\partial w_{11}^{(1)}}=\frac{\partial E}{\partial z_1}\times\frac{\partial z_1}{\partial w_{11}^{(1)}}=\frac{\partial E}{\partial z_1}\times\frac{\partial}{\partial w_{11}^{(1)}}(w_{11}^{(1)}x_1+w_{13}^{(1)}x_2+b_1^{(1)})=\frac{\partial E}{\partial z_1}\times x_1 \tag{4.39}$$

同理，我们可以计算出其他权重和偏置的梯度：

$$\frac{\partial E}{\partial w_{12}^{(1)}}=\frac{\partial E}{\partial z_2}\times x_1 \tag{4.40}$$

$$\frac{\partial E}{\partial w_{13}^{(1)}}=\frac{\partial E}{\partial z_1}\times x_2 \tag{4.41}$$

$$\frac{\partial E}{\partial w_{14}^{(1)}}=\frac{\partial E}{\partial z_2}\times x_2 \tag{4.42}$$

$$\frac{\partial E}{\partial b_1^{(1)}}=\frac{\partial E}{\partial z_1} \tag{4.43}$$

$$\frac{\partial E}{\partial b_2^{(1)}}=\frac{\partial E}{\partial z_2} \tag{4.44}$$

现在我们已经计算出了所有权重和偏置的梯度，可以使用梯度下降算法来更新它们，从而使神经网络的损失函数最小化。梯度下降算法的公式如下：

$$w_{ij}^{(k)}=w_{ij}^{(k)}-\alpha\frac{\partial E}{\partial w_{ij}^{(k)}} \tag{4.45}$$

$$b_j^{(k)}=b_j^{(k)}-\alpha\frac{\partial E}{\partial b_j^{(k)}} \tag{4.46}$$

其中，$w_{ij}^{(k)}$ 表示从第 $k-1$ 层的第 i 个神经元到第 k 层的第 j 个神经元的权重；$b_j^{(k)}$ 表示第 k 层第 j 个神经元的偏置；α 为学习率，表示每次更新时的步长。

通过多次迭代，不断使用梯度下降算法来更新神经网络的权重和偏置，使损失函数不断减小，最终达到训练的目的。

总之，BP 神经网络是一种非常强大的机器学习模型，可以应用于各种各样的任务，例如图像识别、语音识别、自然语言处理等。通过正向传播算法和反向传播算法，我们可以高效地训练一个具有多层结构的神经网络，并使其学习到输入和输出之间的复杂非线性关系。

4.5 其他神经网络与深度学习

4.5.1 生成对抗网络

生成对抗网络（GAN）是一种深度学习模型，用于生成与训练数据相似的新数据。它们由两个神经网络组成：生成器和判别器。生成器的任务是生成新数据，而判别器的任务是区分训练数据和生成数据之间的区别。这两个网络在训练过程中相互竞争，以提高其性能。GAN 已经被广泛应用于图像生成、视频生成、语音合成和自然语言处理等领域。

生成对抗网络结构拥有两个部分，一个是生成器（generator），另一个是判别器（discriminator）。首先定义一个生成器，输入一组随机噪声向量（最好符合常见的分布，一般的数据分布都呈现常见分布规律），输出为一个图片。然后定义一个判别器，用它来判断图片是否为训练集中的图片，是为真，否为假。当判别器无法分辨真假，即判别概率为 0.5 时，停止训练。其中，生成器和判别器就是我们要搭建的神经网络模型，可以是 CNN、RNN 或者全连接神经网络等，只要能完成任务即可。如图 4.5.1 所示，为生成对抗网络结构图。

（1）生成对抗网络的基本原理

生成对抗网络的核心思想是让生成器生成与真实数据分布相似的新数据，从而使判别器无法区分哪些数据是真实的，哪些数据是生成的。这样，生成器就可以不断学习，生成越来越接近真实数据的新数据。

生成器和判别器是两个神经网络，它们都可以是任何类型的神经网络，如卷积神经网络

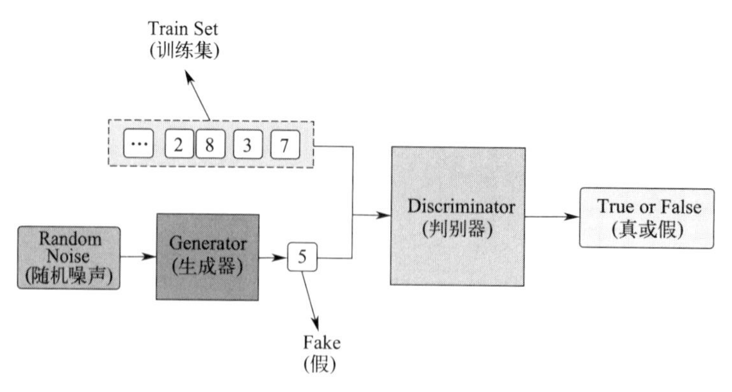

图 4.5.1　生成对抗网络结构图

(CNN) 或循环神经网络 (RNN)。在 GAN 中，生成器接收一个随机噪声向量作为输入，并尝试将其转换为与训练数据相似的新数据。判别器接收一个数据样本作为输入，并尝试区分它是真实的还是生成的。

GAN 的训练过程可以分为以下几个步骤：

(a) 生成器生成一些新数据，并将其提供给判别器。

(b) 判别器接收一批数据，并尝试区分哪些数据是真实的，哪些数据是生成的。

(c) 生成器和判别器的性能都会被评估，并更新它们的权重。

(d) 重复这个过程，直到生成器可以生成与真实数据相似的新数据，而判别器无法区分哪些数据是真实的。

GAN 的训练过程可以用以下公式表示：

$$\min_G \max_D V(D,G)=E_{\boldsymbol{x}\sim p_{\text{data}}(\boldsymbol{x})}[\lg D(\boldsymbol{x})]+E_{\boldsymbol{z}\sim p_{\text{noise}}(\boldsymbol{z})}[\lg(1-D(G(\boldsymbol{z})))] \tag{4.47}$$

其中，G 是生成器；D 是判别器；$\boldsymbol{x}$ 是真实数据；$\boldsymbol{z}$ 是随机噪声向量；$p_{\text{data}}(\boldsymbol{x})$ 是真实数据分布；$p_{\text{noise}}(\boldsymbol{z})$ 是噪声分布。公式的意义是让判别器最大化将真实数据和生成数据区分开的能力，同时让生成器最小化生成的数据被判别器认为是假的概率。这个过程可以被视为一个二人零和博弈，其中生成器和判别器互相竞争并不断优化自己的性能。

(2) 生成对抗网络的应用

生成对抗网络已经被广泛应用于各种领域，如图像生成、视频生成、语音合成、自然语言处理等。以下是一些应用的示例。

(a) 图像生成：GAN 可以生成具有与训练数据相似的新图像。例如，StyleGAN 可以生成逼真的人脸图像，BigGAN 可以生成高分辨率的图像。

(b) 图像修复：GAN 可以通过将缺失的部分填充为类似的图像来修复受损的图像。例如，InpaintingGAN 可以修复缺失的图像区域。

(c) 图像转换：GAN 可以将一种类型的图像转换为另一种类型的图像。例如，CycleGAN 可以将马的图像转换为斑马的图像，Pix2Pix 可以将草图转换为真实的图像。

(d) 视频生成：GAN 可以生成与训练数据相似的新视频。例如，VGAN 可以生成逼真的汽车行驶视频。

(e) 语音合成：GAN 可以生成具有与训练数据相似的新语音。例如，WaveGAN 可以生成逼真的说话人语音。

(f) 自然语言处理：GAN可以生成具有与训练数据相似的新文本。例如，SeqGAN可以生成逼真的自然语言文本。

(3) 生成对抗网络的优缺点

生成对抗网络具有以下优点：

(a) 可以生成具有与训练数据相似的新数据，扩展了数据集的规模，有助于提高深度学习模型的性能。

(b) 可以生成逼真的图像、视频、语音和文本等多种数据类型，具有很强的表现能力。

(c) 可以通过对生成器进行微调来实现对生成数据的精细控制，满足不同应用场景的需求。

但是，训练GAN的确是一项具有挑战性的任务，因为GAN的训练过程涉及生成器和判别器之间的二人零和博弈，需要非常小心地选择和调整超参数才能获得好的结果。以下是GAN训练过程中可能遇到的一些问题：

(a) 模式崩溃 (mode collapse)：这是指生成器会重复生成相似或几乎相同的样本，而忽略了数据分布中的其他模式。这可能是因为判别器过于强大，导致生成器无法生成多样化的样本。解决这个问题的方法包括改变损失函数、增加噪声和正则化等。

(b) 不稳定性：由于生成器和判别器之间的竞争，GAN训练过程可能会变得不稳定，导致训练失败。这可能是因为梯度爆炸或梯度消失等问题。解决这个问题的方法包括使用特定的优化器、调整学习率和添加噪声等。

(c) 训练时间长：由于GAN需要进行大量的训练迭代，训练时间可能会非常长。这可能会限制GAN在实际应用中的可用性。解决这个问题的方法包括使用更快的硬件、更好的优化算法和减小网络规模等。

(d) 数据质量难以评估：由于GAN生成的数据是完全新的，没有原始数据集的标签或类别信息，因此很难评估生成数据的质量。这可能导致无法确定GAN的性能是否达到预期。解决这个问题的方法包括使用特定的评估指标、手动检查生成数据和使用人类主观评估等。

尽管存在这些挑战，GAN仍然是一种非常有前途的深度学习技术，可以在许多领域中生成高质量、多样化的数据，为人类创造新的艺术、音乐、游戏和文化等方面提供了无限的可能性。随着深度学习和硬件技术的不断发展，我们相信GAN将会在未来的科技发展中扮演越来越重要的角色。

4.5.2 深度信念网络

深度信念网络 (deep belief network, DBN) 是一种无监督学习模型，它由多层的受限玻尔兹曼机 (restricted Boltzmann machine, RBM) 组成。DBN在机器学习领域中有着广泛的应用，特别是在图像处理、语音识别和自然语言处理等领域。本节将介绍DBN的基本概念、结构和工作原理，并讨论它的优点和缺点。

（1） DBN的基本概念

（a）受限玻尔兹曼机。受限玻尔兹曼机是一种基于能量模型的概率图模型，它由可见层和隐藏层组成。RBM中的可见层和隐藏层之间存在一种称为权重的连接，每个连接都有一个相应的权值。RBM的主要目标是学习到数据的概率分布，这可以通过最大化训练数据的对数似然函数来实现。

（b）深度信念网络。深度信念网络是一种多层受限玻尔兹曼机的堆叠，其中上一层的隐藏层与下一层的可见层相连。DBN通过逐层无监督学习的方式，学习到数据的分布，并构建一个有向无环图（directed acyclic graph，DAG）。

（2） DBN的结构

经典的DBN是由若干层RBM和一层BP组成的一种深层神经网络，结构如图4.5.2所示。

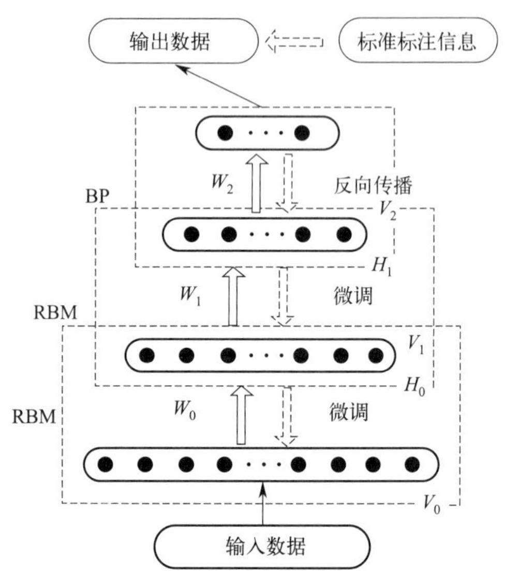

图4.5.2　DBN神经网络模型

（a）可见层。DBN的第一层是可见层，它是一个输入层。可见层中的每个神经元都代表输入数据的一个特征。例如，在图像处理中，可见层中的每个神经元可以表示图像中的一个像素。

（b）隐藏层。DBN的其他层是隐藏层，每个隐藏层都由多个RBM组成。每个RBM包含一个可见层和一个隐藏层。每个隐藏层的神经元通过连接可见层和上一层隐藏层的神经元来计算激活值。

（c）权重。DBN中每个连接都有一个相应的权重。这些权重是通过无监督学习的方式学习到的，其目的是最大化训练数据的对数似然函数。在训练过程中，通过反向传播算法计算梯度，并利用梯度下降法来更新权重。

（3） DBN的工作原理

DBN在训练模型的过程中主要分为两步：

第一步：分别单独无监督地训练每一层RBM网络，确保特征向量映射到不同特征空间时，都尽可能多地保留特征信息。

第二步：在DBN的最后一层设置BP网络，接收RBM的输出特征向量作为它的输入特征向量，有监督地训练实体关系分类器。每一层RBM网络只能确保自身层内的权值对该层特征向量映射达到最优，并不是对整个DBN的特征向量映射达到最优，所以反向传播网络还将错误信息自顶向下传播至每一层RBM，微调整个DBN。RBM网络训练模型的过程可以看作对一个深层BP网络权值参数的初始化，使DBN克服了BP网络因随机初始化权值参数而容易陷入局部最优和训练时间长的缺点。

上述训练模型中第一步在深度学习的术语叫作预训练，第二步叫作微调。最上面有监督学习的那一层，根据具体的应用领域可以换成任何分类器模型，而不必是BP网络。

（4） DBN 的优点和缺点

① 优点

首先，深度信念网络可以学习到输入数据的复杂特征表示，这些特征表示是层层递进的。

其次，DBN 采用无监督学习的方式进行预训练，可以避免训练数据不足和标记数据不准确等问题。

最后，DBN 可以通过微调过程进行监督学习，从而用于分类、回归等任务。

② 缺点

首先，DBN 的训练过程比较复杂，需要大量的计算资源和时间，尤其是在高维数据上。

其次，DBN 的结构较为复杂，难以理解和调整。

最后，DBN 的输出层需要根据具体任务进行设计和调整，这需要专业的领域知识和经验。

总之，深度信念网络是一种强大的无监督学习模型，在机器学习和人工智能领域有着广泛的应用。它可以学习到输入数据的高层次特征表示，并用于分类、回归等任务。但是，它的训练过程比较复杂，需要大量的计算资源和时间。

4.5.3 迁移学习

（1）迁移学习提出的背景

在机器学习、深度学习和数据挖掘的大多数任务中，我们都会假设训练和推理时，采用的数据服从相同的分布、来源于相同的特征空间。但在现实应用中，这个假设很难成立，往往遇到一些问题：

① 带标记的训练样本数量有限。比如，处理目标领域的分类问题时，缺少足够的训练样本。同时，与目标领域相关的数据源领域，拥有大量的训练样本，但数据源领域与目标领域处于不同的特征空间或样本服从不同的分布。

② 数据分布会发生变化。数据分布与时间、地点或其他动态因素相关，随着动态因素的变化，数据分布会发生变化，以前收集的数据已经过时，需要重新收集数据，重建模型。

这时，知识迁移（knowledge transfer）是一个不错的选择，即把数据源领域中的知识迁移到目标领域中来，提高目标领域分类效果，不需要花大量时间去标注 A 领域数据。迁移学习，作为一种新的学习方法，被提出用于解决这个问题。

（2）迁移学习的发展历史

迁移学习（transfer learning）是机器学习领域的一个重要概念，它的发展历史可以追溯到 20 世纪 90 年代末。以下是迁移学习的主要发展历史。1995 年，Caruana 等人首次提出迁移学习的概念，他们通过在不同的任务之间共享特征，实现了神经网络的迁移。2004 年，Ben Taskar 等人提出了一种称为“转移马尔可夫逻辑网”（TMLN）的模型，用于将知识从一个任务转移到另一个任务。2006 年，Blitzer 等人在文本分类任务中应用了迁移学习。他们通过在源领域和目标领域之间共享特征，取得了较好的性能。2011 年，Alex Krizhevsky 等人在 ImageNet 图像分类竞赛中使用深度卷积神经网络（CNN）取得了突破性的成果。这个模型被称为 AlexNet，其采用了预训练的策略，即在大规模数据集上使用训练好的网络权重作为初始参数，然后在目标任务上微调。2012 年，迁移学习在计算机视觉领域引起了广泛关注。Razavian 等人通过将 CNN 模型的中间层作为特征提取器，成功将迁移学习应用于不同的图像分类任务。2014 年，Yosinski 等人发现，通过在预训练的神经网络中进行微调，可以将网络的表示能力迁移到新任务上，从而取得更好的性能。2015 年，Donahue 等人提出了一种称为“深度领域迁移”（deep domain adaptation）的方法，用于解决源领域和目标领域之间存在的分布差异问题。2017 年，OpenAI 发布了 GPT（generative pre-trained transformer）模型，该模型通过在大规模文本语料库上进行预训练，并在各种下游自然语言处理任务上微调，取得了令人瞩目的成果。近年来，迁移学习在各个领域得到了广泛应用，包括计算机视觉、自然语言处理、语音识别等。研究者们提出了许多新的迁移学习方法和技术，如领域自适应、多任务学习、元学习等。

总结起来，迁移学习的发展历史经历了从早期的概念提出到如今的广泛应用的过程。最初，研究者们主要关注在不同任务之间迁移共享特征的方法。随着深度学习的兴起，预训练的神经网络模型成为迁移学习的重要工具。通过在大规模数据集上进行预训练，神经网络可以学习通用的特征表示，然后通过微调这些模型参数，将所学的知识迁移到目标任务上。这种预训练和微调的策略取得了显著的成果，并推动了迁移学习的发展。此外，随着研究的深入，人们开始关注领域自适应和领域间分布差异的问题。领域自适应旨在解决源领域和目标领域之间存在的分布差异，通过对特征空间进行映射或调整，使得模型在目标领域上更具泛化能力。多任务学习是另一个重要的研究方向，它通过共享模型参数和学习多个相关任务来提升模型的性能。元学习则探索了在学习过程中如何快速适应新任务的方法。总的来说，迁移学习经历了从概念提出到基于深度学习的预训练和微调方法的突破，再到领域自适应、多任务学习和元学习等更加复杂和高级的技术。随着机器学习领域的不断发展和实际应用的需求，迁移学习将继续在各个领域中发挥重要作用。

（3）迁移学习的应用领域

迁移学习可以应用于多个领域，包括计算机视觉、自然语言处理、语音识别等。

在计算机视觉领域，在图像分类、目标检测、图像分割等任务中，可以使用迁移学习将在大规模图像数据上预训练的模型应用于新的任务。通过迁移学习，可以利用预训练模型学习到的通用特征来提升新任务的性能。

在自然语言处理领域，在文本分类、情感分析、命名实体识别等任务中，迁移学习可以帮助将在大规模文本数据上预训练的语言模型应用于新的任务。例如，使用预训练的语言模型如 GPT 来生成文本、完成翻译任务或对话生成。

在语音识别领域，在语音识别任务中，迁移学习可以通过在大规模语音数据上预训练的声学模型来提升新任务的性能。通过迁移学习，可以将从大量语音数据中学到的语音特征迁移到新任务中，提高识别准确率。

在健康医疗领域，在医学图像分析、疾病预测、医学诊断等领域，迁移学习可以帮助将在大规模医学数据上预训练的模型应用于新的任务。例如，使用预训练的模型来辅助医生进行影像诊断或预测患者的疾病风险。

在物体机器人学领域，在机器人学中，迁移学习可以帮助将模拟环境或其他实验数据上训练的模型应用于真实世界的机器人任务。通过迁移学习，机器人可以从先前学到的知识中受益，更快地适应新的任务和环境。

（4）迁移学习的挑战和发展方向

虽然迁移学习具有广泛的应用前景和重要的研究价值，但是在实践中也存在一些挑战和问题。

首先，如何选择和设计合适的迁移学习方法和算法是一个重要的问题。不同的迁移学习方法适用于不同的任务和场景，如何选择和设计合适的方法和算法，是一个需要深入研究和探索的问题。

其次，如何处理数据集的异构性和不完整性也是一个重要的问题。在实际应用中，数据集的异构性和不完整性可能导致迁移学习的效果下降，如何处理这些问题，是一个需要解决的难题。

最后，如何理解和解释迁移学习中的知识表示和迁移过程也是一个重要的问题。在深度学习模型中，知识表示通常是由神经网络自动学习得到的，如何理解和解释这些知识表示，以及知识迁移的过程，是一个需要深入探索和研究的问题。

未来，迁移学习的发展方向可以从以下几个方面进行探索：

(a) 通过结合不同迁移学习方法和算法，构建更加全面、灵活、高效的迁移学习框架，提高迁移学习的效果和泛化能力。

(b) 研究如何处理数据集的异构性和不完整性，提出更加鲁棒的迁移学习方法和算法，以适应实际应用中的多样性和复杂性。

(c) 研究如何理解和解释迁移学习中的知识表示和迁移过程，提出更加可解释、可视化的方法和技术，以帮助人们更好地理解和使用迁移学习。

(d) 探索跨领域和跨模态的迁移学习方法和算法，如何将已有的知识和经验迁移到不同领域和不同模态的任务中，是一个值得研究的方向。

总之，迁移学习作为一种重要的机器学习方法，在多个领域和应用中具有广泛的应用前景和重要的研究价值。未来，随着深度学习和人工智能技术的不断发展，迁移学习也将面临更多的挑战和机遇，需要不断进行深入探索和研究，以推动其在实际应用中的发展和应用。

4.6 PyTorch 和 PaddlePaddle 简介

近年来，深度学习在人工智能领域的应用越来越广泛，而神经网络的训练和应用需要借助于深度学习框架。深度学习框架是用于快速构建、训练和部署神经网络的软件工具集。目前市场上存在许多深度学习框架，其中 PyTorch 和 PaddlePaddle 是较为流行的两个框架。本节将对这两个框架进行简要介绍。

4.6.1 PyTorch

(1) PyTorch 简介

PyTorch 是一个开源的深度学习框架，源于 2016 年 Facebook AI 研究院推出的 Torch 库。Torch 是基于 Lua 语言的科学计算框架，因为其易用且强大的特性而受到广泛欢迎，解决了科学计算领域中的很多问题。但基于 Lua 语言也为部分用户带来一些不便，同时缺乏完整、详细的文档和教程，这些问题限制了 Torch 的发展，给广大科学工作者带来不便。

基于以上问题，Facebook AI 研究院开始研发一种新型框架，并在 2016 年发布了 PyTorch 的前身 PyTorch0.1 版本，并以 Python 为编程语言。它是基于 Torch 框架的 Python 扩展库，将 Lua 语言转译成了 Python 语言。因此在 PyTorch 中仍然可以使用 Torch 的代码和类。与此同时，该框架容易上手，还具有完整、详细的文档资料以及强大的社区支持，方便更多的用户进行研究和实践。

图 4.6.1　PyTorch 的 Logo（标志）

在此基础上，Facebook AI 研究院在 2018 年发布了 PyTorch 1.0 版本，这个版本采取与 TensorFlow 相似的静态图机制，同时还具有动态图的方法，能够满足各种开发要求，并且性能更好，使用起来也更加方便。如图 4.6.1 所示是 PyTorch 的 Logo（标志）。

PyTorch 的主要优点有以下四点：

(a) 动态计算图机制：PyTorch 的核心优势在于其动态计算图机制。该机制是指在 PyTorch 中，每个计算步骤都被定义为一个计算图节点，这些节点会组成一个单独的计算图，表示张量（tensor）的计算和运算。这个计算图中节点的顺序和运算方式可以随时改变，并且可以由用户编写的代码动态控制。这使得动态计算图更加灵活，可以轻松处理控制流、递归等问题。相反，TensorFlow 和其他机器学习框架采用静态计算图，这样会在运行前需要对 tensor 进行建模，而这样的方法缺乏灵活性，也无法解决很多难题，因此灵活的动态计算图是 PyTorch 将其与其他框架区分的重要方面之一。

注意：计算图是用来描述运算的有向无环图，如图 4.6.2 所示。它有节点（node）和边（edge）两个主要元素，其中节点表示数据，如向量、矩阵、张量；边表示运算，如加减乘除、卷积等。

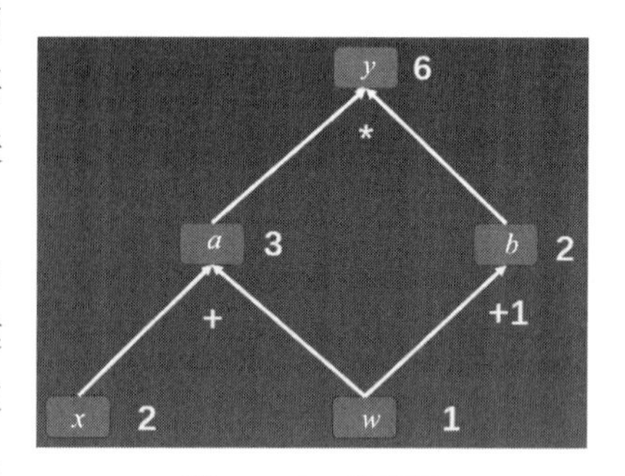

图 4.6.2　计算图

(b) 灵活性：在 PyTorch 的计算图中，节点可以由 Python 控制和修改，这意味着可以轻松地在代码中创建条件语句、循环等逻辑结构，构建动态的计算流程。这种灵活性在 PyTorch 的应用中得到了极为广泛的认可，因为它能够更好地模拟真实世界中的问题和情况。

(c) 易用性：PyTorch 非常注重用户易用性。PyTorch 对代码进行了大量的优化和封装，使得它非常易于上手，并且有详细的文档和社区支持。此外，PyTorch 还提供了丰富的 API，包括各种优化器、学习率调度器、预训练模型等等，这些功能都极大地简化了编程过程，并减少了用户的工作量。

(d) 高性能：由于动态计算图的机制，它可以更好地利用现代计算机硬件（如 GPU、TPU 等）的计算能力，从而更快地计算大规模问题。此外，PyTorch 还针对多线程训练做了优化，可以在单个 CPU 或 GPU、多个 GPU 和分布式系统中运行，进一步提高了训练效率。

（2） PyTorch 安装

PyTorch 的安装分为以下几个步骤。

(a) 安装 CUDA

CUDA（compute unified device architecture），是显卡厂商 NVIDIA 推出的一种通用并行计算架构，该架构使 GPU 能够解决复杂的计算问题。它包含了 CUDA 指令集架构（ISA）以及 GPU 内部的并行计算引擎。开发人员可以使用 C 语言来为 CUDA 架构编写程序，所编写出的程序可以在支持 CUDA 的处理器上以超高性能运行。（注意：必须是 NVIDIA 显卡才可以安装）。

具体步骤如下：

第一，查看电脑的显卡驱动版本（版本过低，可到 CUDA 官网下载最新驱动）。打开 NVIDIA Control Panel，点击系统信息，如图 4.6.3 所示。

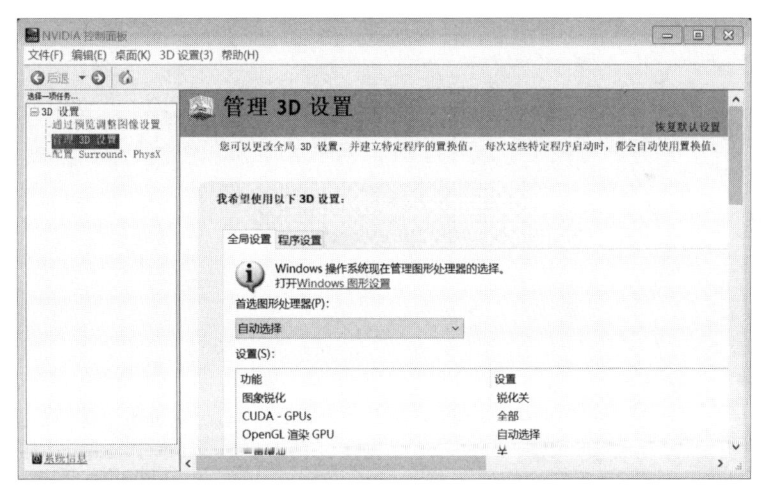

图 4.6.3 NVIDIA 控制面板

点击组件，可以看到显卡支持的 CUDA 最高驱动版本（这里最高版本为 CUDA 11.7.101，可以安装较低版本），如图 4.6.4 所示。

第二，对照 CUDA 版本对照表（https://docs.nvidia.com/cuda/cuda-toolkit-release-notes/index.html#title-resolved-issues）选择相应的版本进行安装。

第三，下载安装好 CUDA 之后，安装相对应的 cuDNN 库（CUDA deep neural network library）。cuDNN 是一个 GPU 加速的深度神经网络基元库，能够以高度优化的方式实现标准例程（如前向和反向卷积、池化层、归一化和激活层）。cuDNN 下载后解压 bin、include、lib 三个文件夹至 CUDA 的同名安装目录下进行覆盖，即可完成安装。

第四，安装完成后，检查是否安装成功。在系统变量中查看 CUDA 环境配置是否成功，

系统信息
NVIDIA 硬件及运行该硬件的系统的详细信息。
显示
组件
文件名
文件版本
产品名称
3D 设置
nvGameS.dll 31.0.15.1694 NVIDIA 3D Settings Server
nvGameSR.dll 31.0.15.1694 NVIDIA 3D Settings Server
NVCUDA64.DLL 31.0.15.1694 NVIDIA CUDA 11.7.101 driver
PhysX 09.21.0713 NVIDIA PhysX
工作站
nvWSS.dll 31.0.15.1694 NVIDIA Workstation Server
nvWSSR.dll 31.0.15.1694 NVIDIA Workstation Server

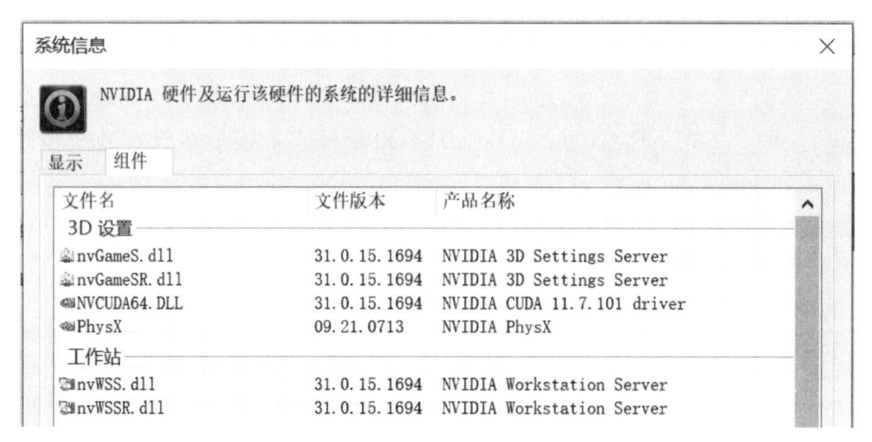

图 4.6.4　NVIDIA 支持的 CUDA 版本

若未配置可以手动配置，如图 4.6.5 所示。

系统变量(S)
变量
值
CATALINA_HOME D:\Program Files (x86)\java\apache-tomcat-9.0.63
ComSpec C:\WINDOWS\system32\cmd.exe
CUDA_PATH C:\Program Files\NVIDIA GPU Computing Toolkit\CUDA\v11.2
CUDA_PATH_V11_2 C:\Program Files\NVIDIA GPU Computing Toolkit\CUDA\v11.2
DriverData C:\Windows\System32\Drivers\DriverData
JAVA_HOME D:\Program Files (x86)\java
NUMBER_OF_PROCESSORS 8
新建(W)...
编辑(I)...
删除(L)

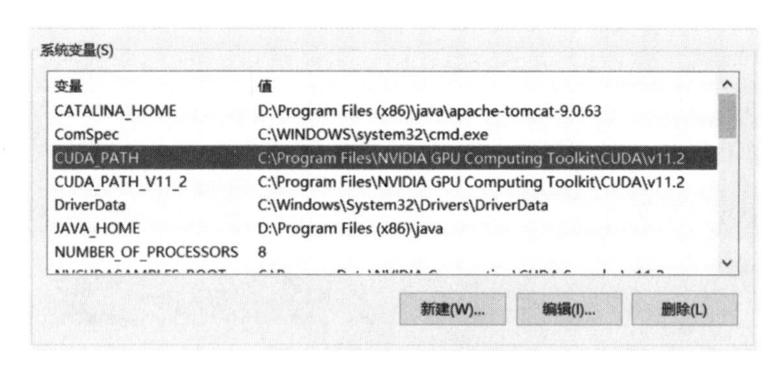

图 4.6.5　CUDA 环境变量

使用 Win+R 快捷键输入 cmd 打开终端，输入 nvcc -V，如图 4.6.6 所示，表示安装 CUDA 成功。

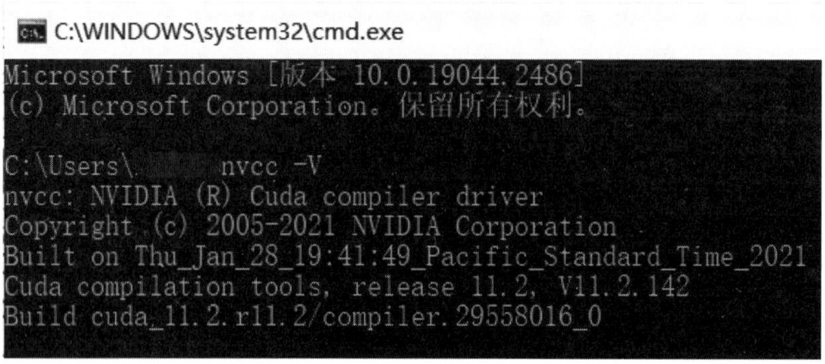

C:\WINDOWS\system32\cmd.exe
Microsoft Windows [版本 10.0.19044.2486]
(c) Microsoft Corporation。保留所有权利。
C:\Users\ nvcc -V
nvcc: NVIDIA (R) Cuda compiler driver
Copyright (c) 2005-2021 NVIDIA Corporation
Built on Thu_Jan_28_19:41:49_Pacific_Standard_Time_2021
Cuda compilation tools, release 11.2, V11.2.142
Build cuda_11.2.r11.2/compiler.29558016_0

图 4.6.6　CUDA 安装成功图

打开 CUDA 安装目录下的 extras 文件，然后打开 demo _ suit 文件，再在文件位置处输入 cmd，打开对应位置的命令行，在命令行中输入 bandwidthTest.exe 和 deviceQuery.exe，分别出现“Result=PASS”说明 cuDNN 安装成功。

（b）安装 Anaconda

Anaconda 是一个开源的包、环境管理器，其包含了 conda、Python 等 180 多个科学包及其依赖项，可以用于在同一个机器上安装不同版本的软件包及其依赖，并能够在不同的环境之间切换。

具体步骤如下：

第一，打开 Anaconda 官网，按照需要选择相应的版本下载。

第二，配置环境变量。进入系统环境变量点击 Path 添加 Anaconda 的安装路径。

第三，测试是否安装成功。使用 Win+R 快捷键输入 cmd，进入终端，输入 conda--version，如显示 conda 版本号即表示安装成功。

（c）安装 PyTorch

PyTorch 分为 CPU 版本和 GPU 版本，不同版本的安装方法不同。接下来将分开进行描述。

首先是 CPU 版本的安装，具体步骤如下所示：

第一，打开 Anaconda Powershell Prompt，输入 conda info--envs，查看安装的虚拟环境后，打开待安装虚拟环境。

第二，进入 PyTorch 官网，找到合适自己电脑的版本，如图 4.6.7 所示。

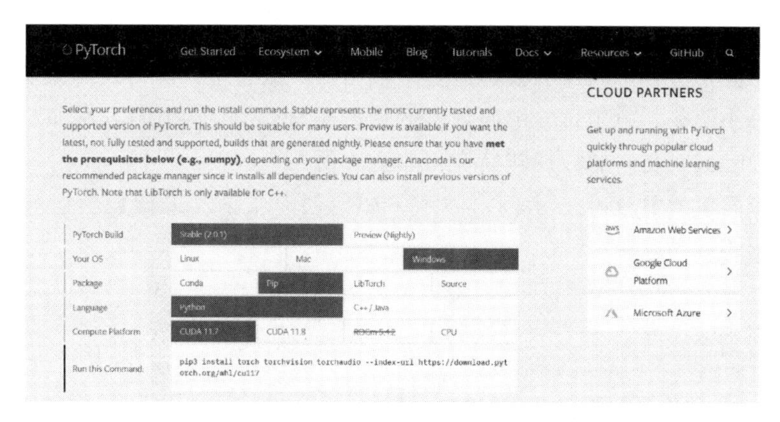

图 4.6.7　选择 PyTorch 版本

第三，复制 Run this Command 中的代码“conda install pytorch torchvision torchaudio pytorch-cuda=11.6-c pytorch-c nvidia”（不同的版本有差别，这里仅是示例）到 Anaconda Powershell Prompt 中进行下载。

第四，测试是否安装成功。在 Anaconda Powershell Prompt 界面中依次输入“python、import torch、torch.__version__、torch.cuda.is_available（）”4 句代码，最终显示“True”，表示安装成功。

注意：若第 4 句代码换成" gpu"，torch.cuda.is_available（），输出结果为 False，表示此时安装的是 CPU 版本，而不是 GPU 版本的。

GPU 版本的安装，具体步骤如下：

第一，查看环境中安装的 Python 版本，确定与之相对应的 Torch 和 Torchvision 安装包版本。对应关系如图 4.6.8 所示，详细的可见官方文档。

第二，下载相对应的 Torch 和 Torchvision 安装包。

Torch版本	Torchvision版本	Python版本
1.4.0	0.5.0	2.7/3.5
1.5.0	0.6.0	3.5+
1.6.0	0.7.0	3.6+
1.7.0	0.8.0	3.6+
1.8.0	0.9.0	3.6+

图 4.6.8　Python 与 Torch 和 Torchvision 的版本对应图

第三，使用 Win＋R 快捷键输入 cmd，进入终端，输入 pip install “文件名”，完成安装。

（3） PyTorch 实现

在安装好 PyTorch 之后，就可以开始使用 PyTorch 实现深度学习模型了。这里介绍一些基本数据类型和操作。在 PyTorch 中，最基本的数据类型是张量（tensor），它可以看作是多维数组。PyTorch 中的张量支持 CPU 和 GPU 两种计算设备，可以使用 .to（）方法来切换计算设备。

PyTorch 中的张量支持大量的数学运算，包括加、减、乘、除、矩阵乘法、求和、求平均、最大值、最小值等。PyTorch 中的数学运算方法与 NumPy 中的方法非常相似，这也使得 PyTorch 与 NumPy 之间的数据转换变得非常方便。

下面是一个简单的 PyTorch 示例，演示了如何创建张量、进行数学运算以及将张量从 CPU 移动到 GPU。

```
import torch
# 创建一个 2×3 的张量
x = torch.tensor([[1, 2, 3], [4, 5, 6]])
# 创建一个 3×2 的随机张量
y = torch.rand(3, 2)
# 矩阵乘法
z = torch.matmul(x, y)
# 求和
sum_z = torch.sum(z)
# 将张量从 CPU 移动到 GPU
z = z.to('cuda')
print(x)
print(y)
print(z)
print(sum_z)
```

以上代码使用“torch”模块创建了两个二维张量“x”和“y”，并使用加法运算将它们加在一起，使用矩阵乘法运算计算它们的乘积。最后，将结果输出到控制台。这个示例展示了 PyTorch 的基本张量操作和初步的数学运算。一些更进阶的操作也可以在文档中找到。

作为一个具有广泛应用领域的机器学习框架，PyTorch 以其动态计算图、灵活性、易用性和高性能等特点迅速在业内站稳了脚跟。在计算机视觉、自然语言处理、生成模型和深度强化学习等领域都有广泛应用。

4.6.2 PaddlePaddle

（1） PaddlePaddle 简介

PaddlePaddle 是由百度公司推出的深度学习框架，它的设计理念是让深度学习变得简单、快速和可扩展。同时，它提供了易于使用的 API 和高效的计算库，使得用户可以快速构建和训练神经网络模型。此外，它还提供了图像处理、自然语言处理、推荐系统等领域的预训练模型，可以用于快速构建各种应用。

PaddlePaddle 具有以下特点：

易用性：PaddlePaddle 提供了丰富的 API 和工具集，使得用户可以快速构建和训练神经网络模型。

高效性：PaddlePaddle 具有高效的计算库，可以在单个 CPU 或 GPU、多个 GPU 和分布式系统中运行，同时支持高性能的模型训练和推理。

灵活性：PaddlePaddle 支持多种编程语言，包括 Python、C＋＋、Java 和 Go 等，同时支持各种不同类型的数据和模型。

可扩展性：PaddlePaddle 支持分布式训练和部署，可以在多个节点上进行训练和推理。

总的来说，PaddlePaddle 是一个强大而易用的深度学习框架，适用于各种不同类型的数据和模型。它已经在许多领域得到了广泛的应用，例如计算机视觉、自然语言处理、推荐系统和语音识别等。

（2） PaddlePaddle 安装

PaddlePaddle 的安装十分简单，只需要在终端中通过 pip 安装即可。以下是安装步骤：

（a）首先，安装 Python。建议使用 Python 3. x 版本，因为 PaddlePaddle 对 Python 3. x 的支持更好。如果您的系统中没有安装 Python，可以从官网（https：//www. python. org/downloads/）下载安装包并安装。

（b）点击 Win＋R 快捷键，在运行框中输入 cmd，打开终端或命令提示符。运行以下命令安装 PaddlePaddle：

pip install paddlepaddle

如果您使用的是 GPU 版本的 PaddlePaddle，可以运行以下命令安装：

pip install paddlepaddle-gpu

（c）等待安装完成。安装过程可能需要下载和编译一些依赖项，需要一定时间。如果是使用离线包下载，运行如下命令：

pip install-r requirements. txt

（d）安装完成后，可以在 Python 中引入 PaddlePaddle 模块。运行以下命令引入 PaddlePaddle 模块，并开始使用。

```
import paddle
```

如果没有报错，则说明 PaddlePaddle 安装成功。如果出现了错误，则需要查看错误信息并进行相应的处理。

注意：如果不想进行本地安装，可以使用百度推出的 Ai Studio 在线平台。

（3） PaddlePaddle 实现

PaddlePaddle 提供了丰富的深度学习算法库和工具，可以用于各种深度学习任务的实现。以下是使用 PaddlePaddle 实现一个简单的图像分类任务的示例。

首先，需要准备数据。这里使用 CIFAR-10 数据集，它包含了 10 种不同类别的图片，每个类别有 6000 张 32×32 的彩色图片，共计 60000 张图片。可以使用 PaddlePaddle 自带的数据集读取工具加载数据集。

以下为获取数据集的代码：

```
import paddle. vision. transforms as T
from paddle. vision. datasets import CIFAR10
train_dataset = CIFAR10(mode='train', transform=T. ToTensor())
test_dataset = CIFAR10(mode='test', transform=T. ToTensor())
```

然后，需要定义模型。这里使用一个简单的卷积神经网络（CNN）模型，包含两个卷积层、两个池化层和两个全连接层。

以下为定义模型的代码：

```
import paddle
import paddle. nn. functional as F
class Net(paddle. nn. Layer):
    def __init__(self):
        super(Net, self). __init__()
        self. conv1=paddle. nn. Conv2D(in_channels=3,out_channels=32, kernel_size=3, padding=1)
        self. conv2=paddle. nn. Conv2D(in_channels=32,out_channels=64, kernel_size=3, padding=1)
        self. pool1 = paddle. nn. MaxPool2D(kernel_size=2, stride=2)
        self. pool2 = paddle. nn. MaxPool2D(kernel_size=2, stride=2)
        self. fc1=paddle. nn. Linear(in_features=64 * 8 * 8, out_features=512)
        self. fc2 = paddle. nn. Linear(in_features=512, out_features=10)
    def forward(self, x):
        x = F. relu(self. conv1(x))
        x = self. pool1(x)
        x = F. relu(self. conv2(x))
        x = self. pool2(x)
        x = paddle. flatten(x, start_axis=1)
        x = F. relu(self. fc1(x))
        x = self. fc2(x)
        return x
```

接下来，需要定义损失函数和优化器。这里使用交叉熵损失函数和随机梯度下降（SGD）优化器。

以下为定义损失函数与优化器的代码：

```
model = Net()
loss_fn = paddle.nn.CrossEntropyLoss()
optimizer=paddle.optimizer.SGD(learning_rate=0.001,parameters=model.
parameters())
```

然后，可以使用 PaddlePaddle 提供的 Trainer 工具进行模型训练。

以下为训练模型的代码：

```
# 定义训练器
trainer=paddle.Trainer(model=model,optimizer=optimizer,loss_fn=loss_fn)
# 开始训练
num_epochs =10
for epoch in range(num_epochs):
for batch_id, data in enumerate(train_loader()):
x_data = data[0]
y_data = paddle.to_tensor(data[1])
y_pred = trainer.train_batch(inputs=x_data, labels=y_data)
if batch_id % 100 == 0:
    print("epoch{ }-batch{ }: loss = { }".format(epoch, batch_id, y_pred.numpy()))
# 每个 epoch 结束后在测试集上进行测试
test_accs = []
for batch_id, data in enumerate(test_loader()):
    x_data = data[0]
    y_data = paddle.to_tensor(data[1])
    y_pred = trainer.predict_batch(inputs=x_data)
    acc = paddle.metric.accuracy(input=y_pred, label=y_data)
    test_accs.append(acc.numpy())
print("epoch { }-test acc: { }".format(epoch, sum(test_accs) / len(test_accs)))
```

在训练完成后，可以在测试集上进行测试，并输出模型在测试集上的准确率。

这是一个简单地使用 PaddlePaddle 实现图像分类任务的示例，PaddlePaddle 还提供了许多其他深度学习任务的示例代码，可以在官网上查看。

综上所述，PaddlePaddle 和 PyTorch 是两个流行的深度学习框架，它们各自具有不同的优点和适用场景。PaddlePaddle 更注重于易用性和高效性，适合于快速构建和训练各种类型的神经网络模型。PyTorch 更注重于灵活性，适合于深度学习研究人员和高级开发人员。无论选择哪种框架，都需要根据自己的需求和实际情况进行选择。

4.7 本章小结

本章主要介绍了神经网络的概念、常见类型、设计核心问题、最优化过程以及其他神经网络与深度学习相关的内容，并对 PyTorch 和 PaddlePaddle 进行了简单的介绍。

首先，阐述了深度学习和神经网络是密不可分的，神经网络是深度学习的核心组成部

分。神经网络的深度和宽度对于其性能有着很大的影响。

接着，介绍了三种常见的神经网络类型：全连接神经网络、卷积神经网络和循环神经网络。这些网络类型在不同的领域中有不同的应用，比如全连接神经网络在图像分类等任务中表现出色，卷积神经网络在图像识别等任务中表现出色，循环神经网络在语音识别等任务中表现出色。

然后，讨论了神经网络设计的核心问题，包括定义神经网络结构、选择损失函数和选择激活函数。神经网络结构的设计需要考虑网络层数、节点数、连接方式等，损失函数的选择需要根据具体任务进行，而激活函数则对神经网络的性能有着重要的影响。

接下来，介绍了神经网络最优化过程，包括梯度下降算法、正向传播算法、反向传播算法和 BP 神经网络。这些算法是神经网络训练的基础，也是深度学习中的重要组成部分。

在此基础上，介绍了其他神经网络与深度学习相关的内容，包括生成对抗网络、深度信念网络和迁移学习。这些内容扩展了神经网络的应用领域，有助于深入理解深度学习的原理。

最后，对 PyTorch 和 PaddlePaddle 进行了简介，这两个开源深度学习框架在业界得到了广泛应用，具有较高的性能和易用性。

综上所述，本章介绍了神经网络的基础知识和应用，帮助读者全面了解神经网络和深度学习的相关内容，并为进一步学习深度学习提供了良好的基础。

第五章

卷积神经网络

卷积神经网络（convolutional neural network，CNN）是一种基于深度学习的神经网络模型。卷积神经网络可以自动提取输入数据的特征表示，无须手动设计特征提取器，减轻了人工特征工程的负担。其次，通过参数共享和局部感受野的设计，能够有效地减少模型的参数数量，节省了存储空间和计算成本。此外，还对平移、缩放和旋转等图像变换具有一定的鲁棒性，从而在图像分类、目标检测、人脸识别等任务中取得了重大突破，吸引了众多学者和研究者的关注和探索。此外，在自然语言处理领域，被应用于文本分类、情感分析等任务。

然而，在卷积神经网络的研究中，也存在许多问题和挑战。例如，如何更加高效地构建卷积神经网络模型、如何提高卷积神经网络的训练速度和稳定性、如何解释卷积神经网络模型的预测结果等。这些问题都需要研究者们不断探索和创新，才能够推动卷积神经网络模型的发展和应用。因此，卷积神经网络研究的重要性不断凸显，也为研究者们提供了一个广阔的研究领域。

5.1 卷积神经网络概述

5.1.1 发展历程和实际应用

卷积神经网络是深度学习技术中重要的组成部分之一，在图像的分析和处理领域取得了突破性进展。相对于传统的图像处理算法，卷积神经网络的优点在于避免了对原始图像进行烦琐的预处理，从而不需要人工设计特征提取器，可以直接从原始图像中提取出有用的特征。自从卷积神经网络提出后，经历了理论萌芽、实验发展和大规模应用研究等阶段，现在已广泛应用于各种图像相关的应用中。

（1）发展历程

第一，理论萌芽阶段。卷积神经网络的萌芽阶段可以追溯到 20 世纪 60 年代，当时

Hubel 和 Wiesel 通过对猫的视觉系统研究发现，视网膜中的神经元对于光线的刺激有着特定的响应模式，这些模式可以组合成更复杂的视觉信息，随后大脑对这些信息进行处理。这一发现揭示了多层次感受野的概念，为后来卷积神经网络的发展提供了理论基础。

而在此基础上，1980 年，日本学者 Fukushima 提出了神经认知机。这是一个自组织的多层神经网络模型，其核心思想是通过不同层次的感受野来提取图像的特征，并实现对不同位置、形状和尺度大小的模式识别。神经认知机的提出进一步奠定了卷积神经网络的理论基础，为后来卷积神经网络的发展做出了很大的贡献。

第二，实验发展阶段。卷积神经网络的实验发展阶段为 20 世纪 80 年代末和 90 年代。1998 年，Yann LeCun 等人提出了 LeNet，这是一种用于手写数字识别的卷积神经网络。LeNet 利用卷积神经网络的特点，将原始的手写数字图像进行卷积和池化处理，提取出图像的特征，最后通过全连接层实现手写数字的识别。这一阶段的实验发展为卷积神经网络的广泛应用和深入研究奠定了坚实的基础。

第三，大规模应用研究阶段。随着计算机硬件和数据集规模的增加，卷积神经网络的性能也逐渐提升。此后，卷积神经网络在图像分类、物体检测、可解释性等领域取得了越来越多的突破性进展，成为深度学习领域中最重要的技术之一。

在图像分类领域中最著名的例子就是 ImageNet 图像分类比赛。这是一个挑战性的计算机视觉竞赛，其目的是从 1000 个不同的类别中对图像进行分类。2012 年，Krizhevsky 等人提出的 AlexNet 模型在该比赛中一举夺魁，使卷积神经网络在图像分类领域受到了广泛关注。

同时，在物体检测领域中最著名的例子是 YOLO（you only look once）物体检测算法。YOLO 算法通过将物体检测任务转化为一个回归问题，将图像分成不同的网格，然后预测每个网格内是否存在物体以及物体的位置和大小。该算法不仅速度快，而且检测精度也很高，在实际应用中得到了广泛的应用。

与此同时，卷积神经网络的可解释性问题也受到了越来越多的关注。其中一种方法是通过可视化神经元的响应来理解卷积神经网络的决策过程。例如，对于一张猫的图片，可以可视化出哪些神经元被激活，从而了解卷积神经网络是如何识别猫的。另外，一些研究也探索了如何利用可解释性方法来提高卷积神经网络的鲁棒性和可靠性。

从目前的发展趋势看，卷积神经网络依然会持续蓬勃发展，并且会产生适合各类应用场景的卷积神经网络，例如，面向视频理解的 3D 卷积神经网络等。值得说明的是，卷积神经网络不仅仅应用于图像相关的网络，还包括与图像相似的网络，例如，在围棋中分析棋盘等。

（2）实际应用：图像分类

对于图像分类问题来说，可简单分为三步，首先是将一张图片输入分类模型中，然后经过一个 softmax 函数输出预测的分类向量，最后将最大概率对应的类别作为模型预测的类别，如图 5.1.1 所示。分类模型的损失则通过交叉熵（cross entropy）损失函数来计算。

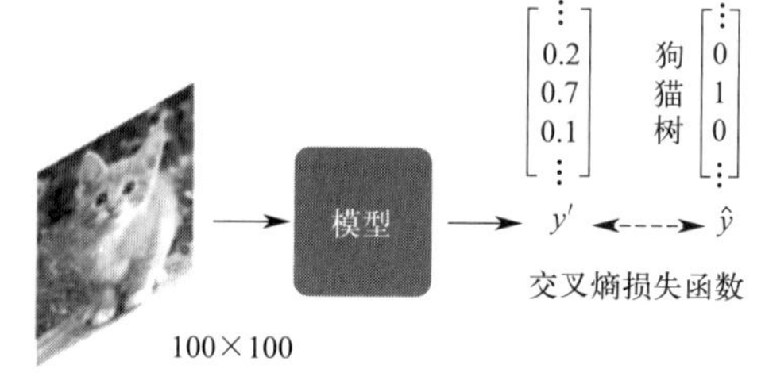

图 5.1.1　分类过程

图 5.1.1 中，分类向量的“猫”类的概率为 0.7，是最大的概率。此时会将图像中的动物预测成“猫”类。而在实际的应用场景中，图片的长度和宽度不是统一的，通常需要通过

切割、缩小、放大等操作将图片大小归一化（resize）。因此，解决图像分类问题的关键在于如何将图像输入模型中，从而得到分类向量。

对于计算机来说，彩色图片本质上是一个三阶张量（tensor），即三维的数组，且每个数均在 0～255 之间，代表相应颜色的强度，第一个维度是宽度，第二个维度是高度，第三个维度是通道数（channels）。图片中的每个像素点（pixel）都由红（R）、绿（G）、蓝（B）三个通道构成，图片的通道数是 3。如图 5.1.2 所示。

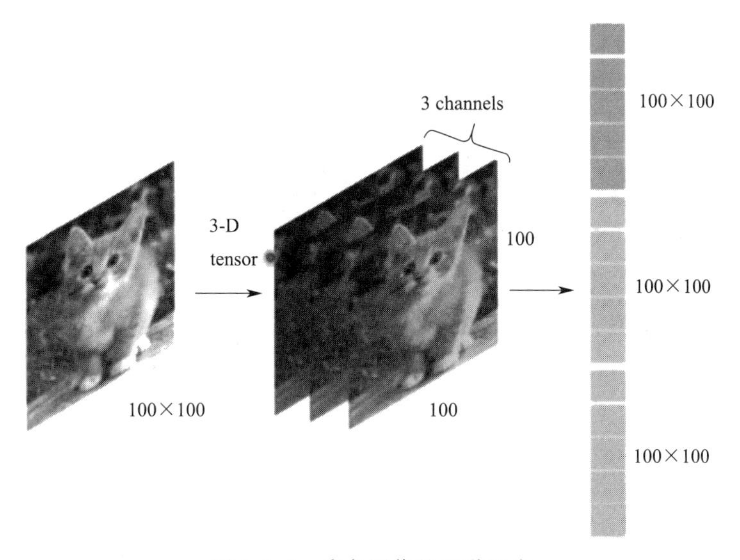

图 5.1.2 彩色图像的通道组成

因此，对于图像分类任务，一个简单直接的做法是把这个三维数组“拉直”变成向量，直接输入神经网络中。从图 5.1.3 中可知，这个向量非常大，有 30000 行。现假设将这个向量输入一个一层有 1000 个神经元的单层全连接神经网络模型中，易知这个仅有一层的神经网络模型的权重参数就有 3×10^7 个。这样的做法是非常不明智的，它增加了模型的复杂程度，同时也增加了模型过拟合的风险。

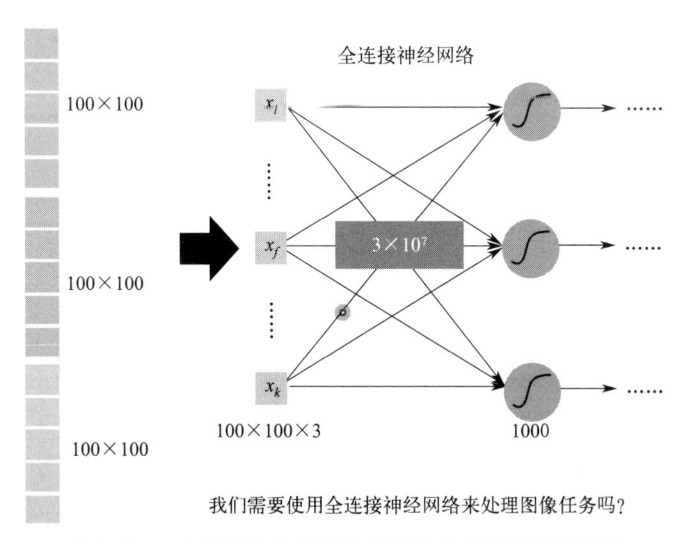

图 5.1.3 全连接神经网络进行图像处理任务的示意图

事实上根据图片的特性，没有必要对每个像素都做建模处理。研究学者们通过分析找到了特征处理的方式，对上面的建模方案进行改进和固化，提出了新的模型，达到了降低参数数量的目的，卷积神经网络应运而生。

通过模拟人类识别图像中物体或动物的过程，会发现人往往是对整张图片的局部特征图案进行归纳和推理，才识别出图片中的物体或动物的。如果期望机器也能做到类似的事情，如图 5.1.4 所示，只需要教会机器识别嘴、眼睛和爪子等局部特征，就可以让机器学会判断图片中动物的类别是否是一只鸟。因此，并不需要对每一个像素点进行处理，只需要将一张图片切分成几块，让机器识别局部特征即可。

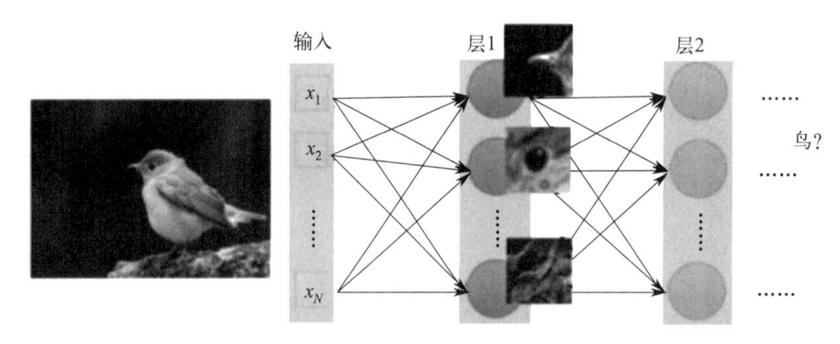

图 5.1.4　局部特征

于是，如何设计神经网络使得每个神经元只考虑图片局部的特征，是分类模型演化的关键。如图 5.1.5 所示，可以设计一个感受野（receptive field），使得某一个神经元只关注这个感受野范围内的像素点，这就转化为一个神经元处理数据的数量为 3×3×3。同理，不同感受野区块也可以连接神经元。这样做的好处是既可以让模型做到处理局部特征的要求，又满足减少参数数量降低过拟合风险的需求。感受野尺寸大小的设计，其实是一个超参数，取决于对实际问题的认知。

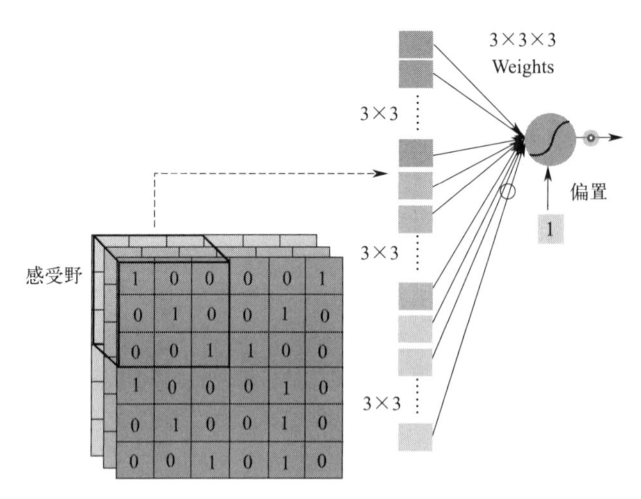

图 5.1.5　感受野的划分

在实际应用时，关于感受野的设计十分灵活，既可以让同一个感受野连接多个神经元（the same receptive field），也可以让不同的感受野之间存在重叠的部分（can be overlapped）。同时，也可以进行其他的设计，例如一张图片中的不同感受野尺寸不同；某个感受野只考虑一个通道，而不是三个通道；也可以出现矩形的感受野。

尽管感受野的设计十分灵活，但在深度学习业界也提出了通用的设计方案。即在设计感受野时，通常会考虑所有的通道，因此一般通过宽度和高度描述感受野的尺寸大小（kernel size）。下面，我们将详细地介绍卷积神经网络。

5.1.2 基本组成

卷积神经网络作为深度神经网络的一种，由输入层、卷积层、下采样层（池化层）、扁平化层、全连接层和输出层组成，如图 5.1.6 所示。其中卷积层和下采样层可以有多层结构，并且卷积层和下采样层并不是一对一的关系，可以在多个卷积层的后面，连接一个下采样层，即多个卷积层相互之间叠加，然后再叠加一个下采样层，重复上述的结构多次。

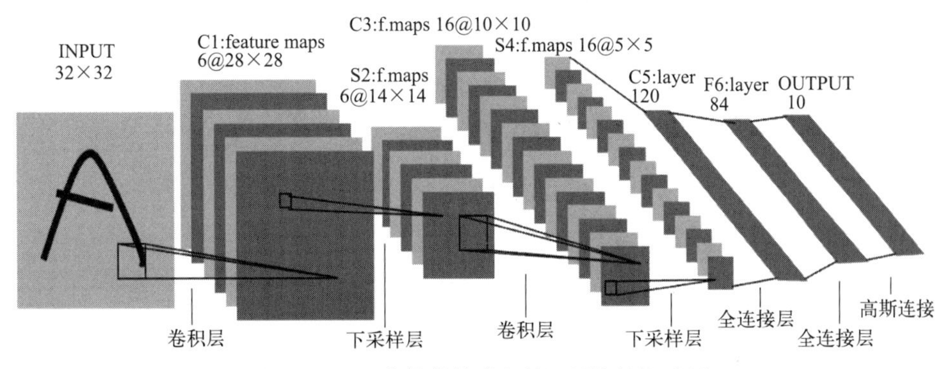

图 5.1.6 一个简单的卷积神经网络结构示例

（1）输入层

卷积神经网络的输入层可以处理多维数据。常见的，一维卷积神经网络的输入层接收一维或二维数组，其中一维数组通常为时间或频谱采样，二维数组可能包含多个通道；二维卷积神经网络的输入层接收二维或三维数组；三维卷积神经网络的输入层接收四维数组。由于卷积神经网络在计算机视觉领域应用较广，因此许多研究在介绍其结构时预先假设了三维输入数据，即平面上的二维像素点和 RGB 通道。与其他神经网络算法类似，由于使用梯度下降算法进行学习，卷积神经网络的输入特征需要进行归一化处理。具体地，在将学习数据输入卷积神经网络前，需要对输入数据进行归一化，若输入数据为像素值，也可将分布于［0,255］的原始像素值归一化至［0,1］区间。输入特征的归一化有利于提升卷积神经网络的学习效率和表现。

（2）卷积层

① 卷积核

卷积层的功能是对输入数据进行特征提取，其内部包含多个卷积核，组成卷积核的每个元素都对应一个权重系数，并加上一个偏差量，类似于一个前馈神经网络的神经元。

卷积层内每个神经元都与前一层中位置接近的区域的多个神经元相连，区域的大小取决于卷积核的大小，称为感受野，其含义可类比视觉皮层细胞的感受野。卷积核在工作时，会有规律地扫过输入特征，在感受野内对输入特征做矩阵元素乘法求和并叠加偏差量。可用式(5.1)表示：

$$
\begin{aligned}
Z^{l+1}(i,j) &= [Z \otimes w^{l+1}](i,j)+b \\
&= \sum_{k=1}^{K_1}\sum_{x=1}^{f}\sum_{y=1}^{f}[Z_k^l(si+x,sj+y)w_k^{l+1}(x,y)]+b
\end{aligned}
$$

$$
(i,j)\in\{0,1,\cdots,L_{l+1}\},L_{l+1}=\frac{L_l+2p-f}{s}+1 \tag{5.1}
$$

式中，求和部分等价于求解一个交叉相关；b 为偏差量；w_k^{l+1} 为权重系数；Z^l 和 Z^{l+1} 表示第 $l+1$ 层的卷积输入与输出，也被称为特征图；L_{l+1} 为 Z^{l+1} 的尺寸，这里假设特征图的长和宽相同；$Z(i,j)$ 对应特征图的像素；k 为特征图的通道数；f、s 和 p 是卷积层参数，对应卷积核大小、卷积步长和填充点数。

如图 5.1.7 所示，为一维卷积和二维卷积的运算示例。理论上卷积核也可以先翻转 180°，再求解交叉相关，其结果等价于满足交换律的线性卷积。但是，这样做会增加求解步骤，并不能为求解参数取得便利，因此线性卷积核使用交叉相关代替了卷积。

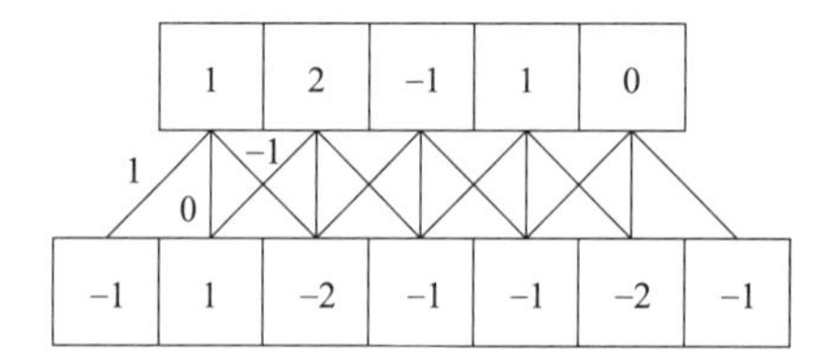

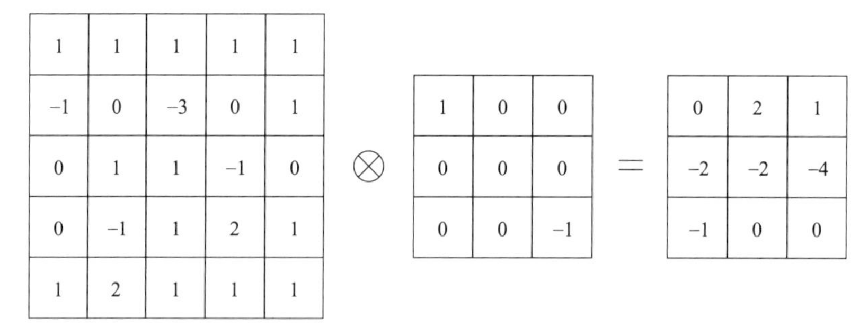

图 5.1.7　一维和二维卷积运算示例

特殊地，当卷积核尺寸为 $f=1$，$s_0=1$ 且不包含填充的单位卷积核时，卷积层内的交叉相关计算等价于矩阵乘法，并由此在卷积层间构建了全连接网络，如式(5.2)所示：

$$
Z^{l+1}=\sum_{k=1}^{K}\sum_{x=1}^{L}\sum_{y=1}^{L}(Z_{i,j,k}^l w_k^{l+1}+b)=\boldsymbol{w}_{l+1}^{\mathrm{T}}\boldsymbol{Z}^l+b,L^{k+1}=L \tag{5.2}
$$

式中，Z^{l+1} 表示 $l+1$ 层的卷积输出，也被称为特征图；L^{k+1} 为 Z^{l+1} 的尺寸，这里假设特征图的长和宽相同；$Z_{i,j,k}$ 对应特征图的像素和通道；K 为特征图的通道数。

由单位卷积核组成的卷积层也被称为网中网（network in network，NIN）或多层感知器卷积层（multilayer perceptron convolution layer）。单位卷积核可以在保持特征图尺寸的同时减少图的通道数，从而降低卷积层的计算量。完全由单位卷积核构建的卷积神经网络是一个包含参数共享的多层感知器（multi-layer perceptron，MLP）。

在线性卷积的基础上，一些卷积神经网络使用了更为复杂的卷积，包括平铺卷积、反卷积和扩张卷积。平铺卷积的卷积核只扫过特征图的一部分，剩余部分由同层的其他卷积核处理，因此卷积层间的参数仅被部分共享，有利于神经网络捕捉输入图像的旋转不变特征。反卷积或转置卷积将单个的输入激励与多个输出激励相连接，对输入图像进行放大。由反卷积和向上池化层构成的卷积神经网络在图像语义分割领域有应用，也用于构建卷积自编码器（convolutional autoencoder，CAE）。扩张卷积在线性卷积的基础上引入扩张率以提高卷积核的感受野，从而获得特征图的更多信息，在面向序列数据使用时有利于捕捉学习目标的长距离依赖。

② 卷积层参数

卷积层参数包括卷积核大小、步长和填充，三者共同决定了卷积层输出特征图的尺寸，是卷积神经网络的超参数。其中卷积核大小可以指定为小于输入图像尺寸的任意值，卷积核越大，可提取的输入特征越复杂。

卷积步长定义了卷积核相邻两次扫过特征图时位置的距离，卷积步长为 1 时，卷积核会逐个扫过特征图的元素，步长为 n 时，会在下一次扫描跳过 $n-1$ 个像素。

由卷积核的交叉相关计算可知，随着卷积层的堆叠，特征图的尺寸会逐步减小，例如 16×16 大小的输入图像在经过单位步长、无填充、5×5 大小的卷积核后，会输出 12×12 大小的特征图。为此，填充是一种通过在特征图周围添加额外像素来增加其尺寸的技术，以抵消卷积核可能导致特征图尺寸收缩的影响，从而保持特征图大小不变的计算方法。常见的填充方法为按 0 填充，方法如图 5.1.8 所示。

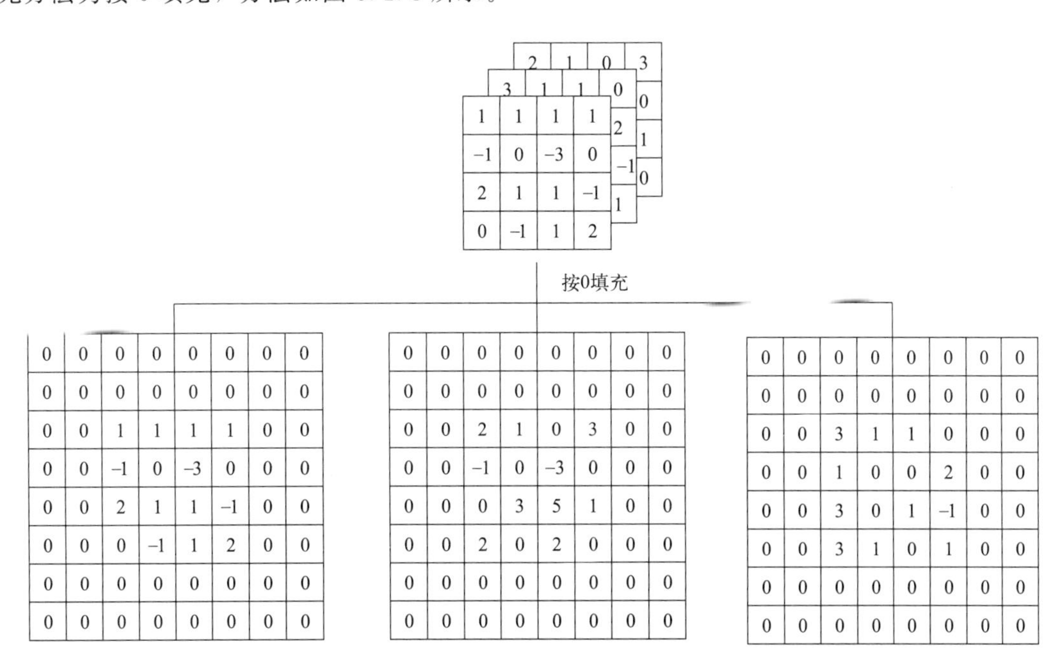

图 5.1.8　对 RGB 图像进行按 0 填充

填充依据其层数和目的可分为四类：

有效填充：完全不使用填充，卷积核只允许访问特征图中包含完整感受野的位置。输出的所有像素都是输入中相同数量像素的函数。使用有效填充的卷积称为窄卷积，窄卷积输出的特征图尺寸为 $(L-f)/s+1$（L 为特征图尺寸，f 为卷积核大小，s 为卷积步长）。

相同填充或半填充：只进行足够的填充来保持输出和输入的特征图尺寸相同。相同填充下特征图的尺寸不会缩减，但输入像素中靠近边界的部分相比于中间部分对特征图的影响更小，即存在边界像素的欠表达。使用相同填充的卷积称为等长卷积。

全填充：进行足够多的填充使得每个像素在每个方向上被访问的次数相同。步长为 1 时，全填充输出的特征图尺寸为 $L+f-1$，大于输入值。使用全填充的卷积称为宽卷积。

任意填充：介于有效填充和全填充之间，人为设定的填充，较少使用。

再看先前的例子，若 16×16 大小的输入图像在经过单位步长、5×5 大小的卷积核之前，先进行相同填充，则会在水平和垂直方向填充两层，即两侧各增加 2 个像素（$p=2$），变为 20×20 大小的图像，通过卷积核后，输出的特征图尺寸为 16×16，保持原本的尺寸。

（3）下采样层（池化层）

在卷积层进行特征提取之后，输出的特征图会被传递至下采样层，即池化层（在卷积神经网络中下采样层一般为池化层，两者是包含关系。池化层属于下采样层，而下采样层不局限于池化层），进行特征选择和信息过滤。池化是卷积神经网络中的一个重要操作，它实际上是一种下采样的形式。目前，有多种不同形式的池化操作，其中“最大池化”和“平均池化”最为常见，如图 5.1.9 所示。最大池化是将输入的图像划分为若干个矩形区域，对每个子区域输出最大值；而平均池化是对每个子区域输出平均值。最大池化是经常采用的方法，在直觉上是有效的，原因在于：在发现一个特征之后，它的精确位置远不及它与其他位置的相对位置重要。池化层会不断地减小数据的空间大小，因此参数的数量和计算量会下降，这在一定程度上也控制了过拟合。

池化层通常会分别作用于每个输入的特征并减小其大小。当前最常用的池化层形式是每隔 2 个元素从图像划分出 2×2 的区块。然后对每个区块中的 4 个数取平均值或者最大值，这将会减少 75%的数据量。

池化层的引入是仿照人的视觉系统对视觉输入对象进行降维和抽象。在卷积神经网络过去的工作中，研究者普遍认为池化层有如下三个功效：

(a) 特征不变性：池化操作使得模型更加关注是否存在某些特征而不是特征的位置；

(b) 特征降维：池化相当于在空间范围内做了维度约减，以便模型可以抽取更广范围的特征，同时减小了下一层的输入大小，进而减少计算量和参数个数；

(c) 防止过拟合：可以在一定程度上防止过拟合，更方便优化卷积神经网络。

（4）扁平化层

卷积层之后是无法直接连接全连接层的，需要把卷积层的数据做扁平化处理，然后直接加上全连接层。也就是把三维（height，width，channel）的数据压缩成长度为 height×width×channel 的一维数组，然后再与全连接层连接。其中 height 和 width 分别代表图像平面尺寸的高度和宽度，而 channel 表示卷积通道数，也就是上一层采用的卷积核个数。

从图 5.1.10 中可以看到，随着卷积神经网络模型的深入，图像的尺寸越来越小，但是

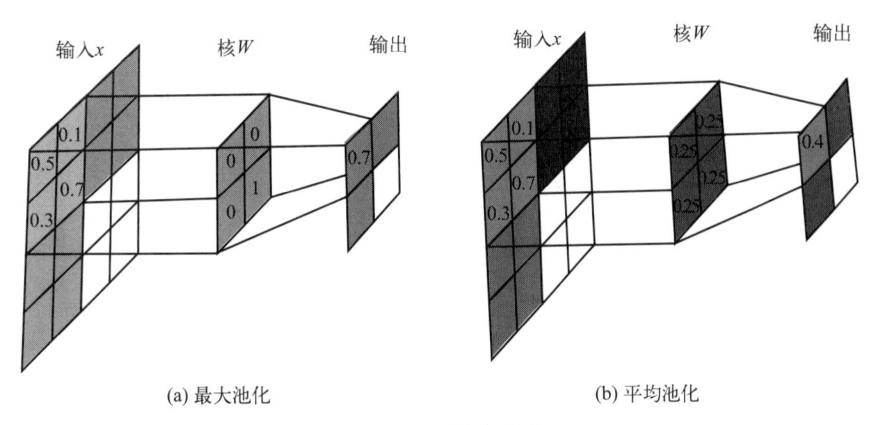

图 5.1.9 池化示意

通道数往往会增大。图中表示长方体的尺寸越来越小，这主要是卷积和池化的结果，而通道数由每次卷积的卷积核个数来决定。

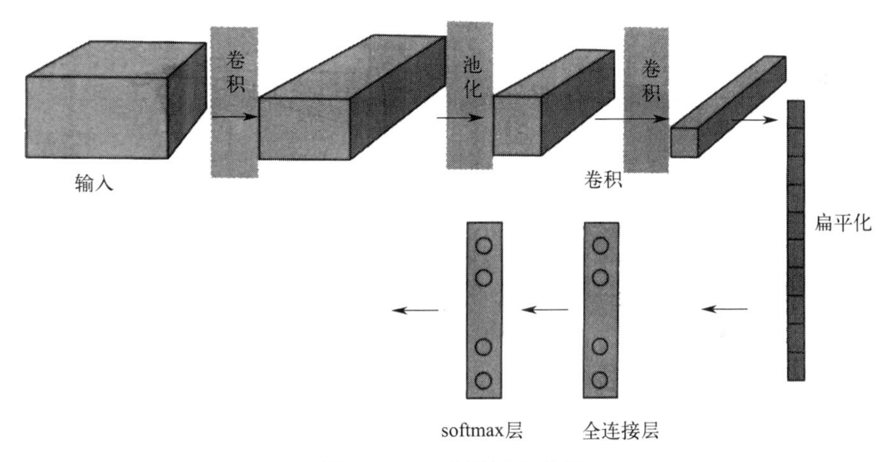

图 5.1.10 扁平层示意图

（5）全连接层

卷积神经网络中的全连接层等价于传统前馈神经网络中的隐藏层。全连接层位于卷积神经网络隐藏层的最后部分，并只向其他全连接层和输出层传递信号。特征图在全连接层中会失去空间拓扑结构，被展开成向量并通过激活函数。

按表征学习观点，卷积神经网络中的卷积层和池化层能够对输入数据进行特征提取，全连接层的作用是对提取的特征进行非线性组合以得到输出，即全连接层本身不被期望具有特征提取能力，而是试图利用现有的高阶特征完成学习目标。

在一些卷积神经网络中，全连接层的功能也由全局均值池化（global average pooling，GAP）取代，全局均值池化会将特征图每个通道的所有值取平均。例如，若有 7×7×256 维的特征图，全局均值池化将返回一个 256 维的向量，其中每个元素都是 7×7、步长为 7、无填充的均值池化。

（6）输出层

卷积神经网络中输出层的上游通常是全连接层，因此其结构和工作原理与传统前馈神经网络中的输出层相同。对于图像分类问题，输出层使用逻辑函数或 softmax 函数输出分类标签。在物体识别问题中，输出层可设计为输出物体的中心坐标、大小和分类。在图像语义分割中，输出层直接输出每个像素的分类结果。

（7）激活函数

卷积神经网络除了以上交代的网络结构以外，卷积层中还包含激活函数以协助表达复杂特征，其表达式如式(5.3）所示：

$$A_{i,j,k}^{l}=g(Z_{i,j,k}^{l}) \tag{5.3}$$

类似于其他深度学习算法，卷积神经网络通常使用 ReLU 作为激活函数，其他类似于 ReLU 的变体包括 leaky ReLU、参数化 ReLU、随机化 ReLU、指数线性单元。在 ReLU 出现之前，sigmoid 函数和 tanh 函数也有使用。

激活函数操作通常在卷积核操作之后，只有一些使用预激活技术的算法将激活函数置于卷积层之前。在一些早期的卷积神经网络研究，例如 LeNet-5 中，激活函数在池化层之后。

5.2 卷积神经网络的特征

5.2.1 连接稀疏性

如图 5.2.1 所示，一个图像尺寸为 8×8，即 64 像素，假设有 36 个单元的全连接层，即 36 个神经元。这一层需要 64×36+36=2340 个参数，其中 64×36 是全连接的权重，每一个连接都需要一个权重 w；而另外 36 个参数对应偏置项 b，每个输出节点对应一个偏置项。

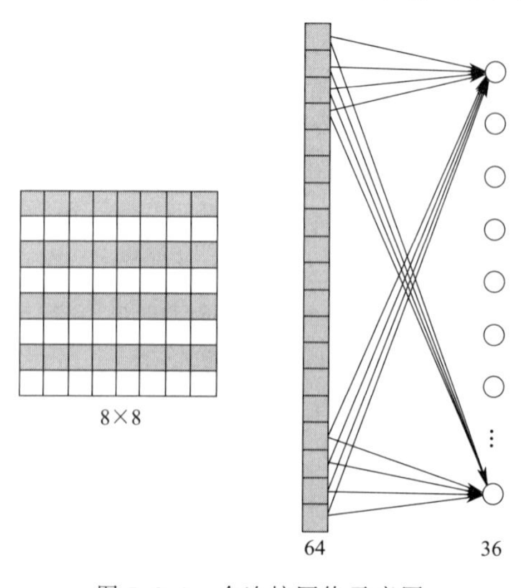

图 5.2.1　全连接网络示意图

卷积神经网络的第一个特性是连接稀疏性，即局部感受野，以图 5.2.2 所示的含有 9 个单元的滤波器为例来说明。由卷积的操作可知，输出图像中的任何一个单元只与输入图像的一部分有关系。如图 5.2.2 所示，左侧图像的阴影区域通过滤波器与右侧对应输出单元相连接。而该输出单元与左侧区域的其他单元没有连接，因此连接是稀疏的。从前面的描述可知，滤波器是用来检测特征的，每个滤波器都侧重某一方面特征的描述和发现，因此不同的滤波器能够描述图像的不同模式或特征。因此，期望每一个区域都有自己的专属特征，不希望其受到其他区域的影响。

这种连接稀疏性或者说局部感受野使得每个输出单元只有 9 个连接，因此对应的连接就是 9×36，那么参数是不是 9×36＋36 呢？答案当然不是，此时的参数的个数为 9＋1 个，其中 9 个为卷积核参数，1 个为卷积核所对应的偏置量。为什么会出现这种结果，下面进一步剖析其产生的原因，即参数共享机制。

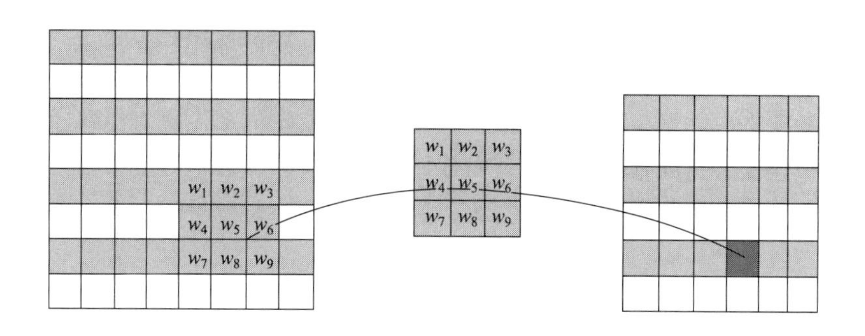

图 5.2.2 连接的稀疏性示意图

5.2.2 参数共享机制

以图 5.2.2 所示的含有 9 个单元的滤波器为例来说明。此时暂时不考虑偏置项，滤波器有几个单元就有几个参数，所以图中总共只有 9 个参数。那么为什么是 9 个参数，而不是 36×9 个参数呢，这是因为对于不同的区域都共享同一个滤波器，因此共享这同一组参数，如图 5.2.3 所示。如前所述，每个滤波器都侧重某一方面特征的描述和发现，因此不同的滤波器能够描述图像的不同模式或特征。通常情况下，某一个特征很可能在不止一个地方出现，比如“竖直边界”就可能在一幅图中多处出现，鸟的羽毛就可能出现在图像的不同位置，因此可以通过共享滤波器来提取同样的特征。由于采用这种参数共享机制，卷积神经网络的参数数量大大减少。这样，就可以用较少的参数训练出更好的模型，而且可以有效地避免过拟合。同样，由于滤波器的参数共享，即使图片进行了一定的平移操作，也可以识别出特征，这种特性被称为平移不变性。

综上所述，连接稀疏性使得卷积神经网络的参数减少，而参数共享机制使得网络参数进一步减少，模型更加稳健。正是由于上面这两大优势，卷积神经网络超越了传统神经网络，开启了神经网络的新时代。

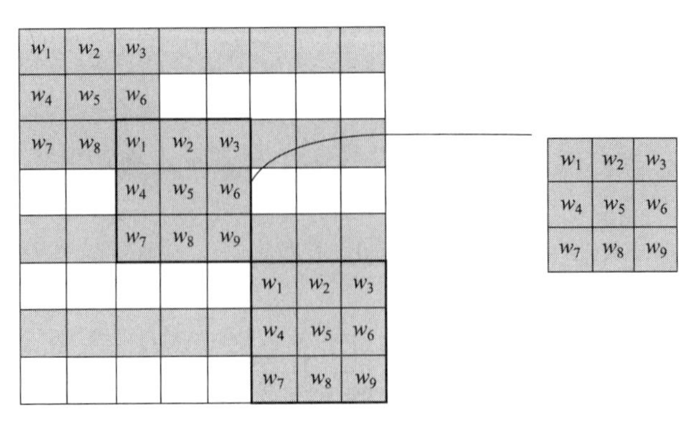

图 5.2.3　参数共享机制示意图

5.3　卷积神经网络中的反向传播算法

在卷积神经网络中，需要更新的参数为卷积核中的权重值和偏置值。它和全连接神经网络类似，卷积神经网络也可以通过误差反向传播算法来进行参数学习。

在全连接神经网络中，梯度主要通过每一层的误差项 δ 进行反向传播，并进一步计算每层参数的梯度。假设第 l 层为卷积层，第 $l-1$ 层的输入特征映射为 $x^{(l-1)} \in \mathbf{R}^{M \times N \times D}$，通过卷积计算得到第 l 层的特征映射净输入为 $\mathbf{Z}^{(l)} \in \mathbf{R}^{M' \times N' \times P}$。第 l 层的第 p（$1 \leqslant p \leqslant P$）个特征映射净输入可通过式(5.4) 计算：

$$\mathbf{Z}^{(l,p)} = \sum_{d=1}^{D} \mathbf{W}^{(l,p,d)} \otimes \mathbf{X}^{(l-1,d)} + b^{(l,p)} \tag{5.4}$$

其中，$\mathbf{W}^{(l,p,d)}$ 和 $b^{(l,p)}$ 为卷积核以及偏置。第 l 层中共有 $P \times D$ 个卷积核和 P 个偏置，可以分别使用链式求导法则来计算其梯度。

如式(5.5) 所示，为损失函数中 L 关于第 l 层的卷积核 $\mathbf{W}^{(l,p,d)}$ 的偏导数。

$$\frac{\partial L}{\partial \mathbf{W}^{(l,p,d)}} = \frac{\partial L}{\partial \mathbf{Z}^{(l,p)}} \otimes \mathbf{X}^{(l-1,d)} = \delta^{(l,p)} \otimes \mathbf{X}^{(l-1,d)} \tag{5.5}$$

其中，$\delta^{(l,p)} = \dfrac{\partial L}{\partial \mathbf{Z}^{(l,p)}}$ 为损失函数关于第 l 层第 p 个特征映射净输入 $\mathbf{Z}^{(l,p)}$ 的偏导数。

如式(5.6) 所示，损失函数关于第 l 层的第 p 个偏置 $b^{(l,p)}$ 的偏导数为：

$$\frac{\partial L}{\partial b^{(l,p)}} = \sum_{i,j} [\delta^{(l,p)}]_{i,j} \tag{5.6}$$

在卷积神经网络中，每层参数的梯度依赖其所在层的误差项 $\delta^{(l,p)}$。

在反向传播算法中，卷积层和池化层中误差项的计算有所不同，需要分别计算其误差项。

（1）池化层

当第 $l+1$ 层为池化层时，因为池化层是下采样操作，$l+1$ 层的每个神经元的误差项 δ 对应于第 l 层的相应特征映射的一个区域。l 层的第 p 个特征映射中的每个神经元都有一条

边和 $l+1$ 层的第 p 个特征映射中的一个神经元相连。根据链式求导法则，第 l 层的一个特征映射二项误差项 $\delta^{(l,p)}$，只需要将 $l+1$ 层对应特征映射的误差项 $\delta^{(l+1,p)}$ 进行上采样操作（和第 l 层大小一样），再和 l 层特征映射的激活值偏导数逐元素相乘，就得到了 $\delta^{(l,p)}$。

第 l 层的第 p 个特征映射的误差项 $\delta^{(l,p)}$ 的具体推导过程如式(5.7) 所示：

$$
\begin{aligned}
\delta^{(l,p)} &\triangleq \frac{\partial L}{\partial \boldsymbol{Z}^{(l,p)}} \\
&= \frac{\partial \boldsymbol{X}^{(l,p)}}{\partial \boldsymbol{Z}^{(l,p)}} \times \frac{\partial \boldsymbol{Z}^{(l+1,p)}}{\partial \boldsymbol{X}^{(l,p)}} \times \frac{\partial L}{\partial \boldsymbol{Z}^{(l+1,p)}} \\
&= f_l'(\boldsymbol{Z}^{(l,p)}) \odot \mathrm{up}(\delta^{(l+1,p)})
\end{aligned}
\tag{5.7}
$$

其中，f_l'为第 l 层使用的激活函数导数，up 为上采样函数（up sampling），与池化层中使用的下采样操作刚好相反。如果下采样是最大池化，误差项 $\delta^{(l+1,p)}$ 中每个值会直接传递到上一层对应区域中的最大值所对应的神经元，该区域中其他神经元的误差项都设为 0。如果下采样是平均池化，误差项 $\delta^{(l+1,p)}$ 中每个值会被平均分配到上一层对应区域中的所有神经元上。

（2）卷积层

当 $l+1$ 层为卷积层时，假设特征映射净输入 $\boldsymbol{Z}^{(l+1)} \in \mathbf{R}^{M' \times N' \times P}$，其中第 $p(1 \leqslant p \leqslant P)$ 个特征映射净输入可通过式(5.8) 计算：

$$
\boldsymbol{Z}^{(l+1,p)} = \sum_{d=1}^{D} \boldsymbol{W}^{(l+1,p,d)} \otimes \boldsymbol{X}^{(l,d)} + b^{(l+1,p)}
\tag{5.8}
$$

其中，$\boldsymbol{W}^{(l+1,p,d)}$ 和 $b^{(l+1,p)}$ 为第 $l+1$ 层的卷积核以及偏置。第 $l+1$ 层中共有 $P \times D$ 个卷积核和 P 个偏置。

第 l 层的第 d 个特征映射的误差项 $\delta^{(l+1,p)}$ 的推导过程如式(5.9) 所示：

$$
\begin{aligned}
\delta^{(l,d)} &\triangleq \frac{\partial L}{\partial \boldsymbol{Z}^{(l,d)}} \\
&= \frac{\partial \boldsymbol{X}^{(l,d)}}{\partial \boldsymbol{Z}^{(l,d)}} \times \frac{\partial L}{\partial \boldsymbol{X}^{(l,d)}} \\
&= f'_l(\boldsymbol{Z}^{(l,d)}) \odot \sum_{p=1}^{P} \left(\mathrm{rot180}(\boldsymbol{W}^{(l+1,p,d)}) \tilde{\otimes} \frac{\partial L}{\partial \boldsymbol{Z}^{(l+1,p)}} \right) \\
&= f'_l(\boldsymbol{Z}^{(l,d)}) \odot \sum_{p=1}^{P} \left(\mathrm{rot180}(\boldsymbol{W}^{(l+1,p,d)}) \tilde{\otimes}\, \delta^{(l+1,p)} \right)
\end{aligned}
\tag{5.9}
$$

其中，$\tilde{\otimes}$为宽卷积。

5.4 其他卷积方式

5.4.1 转置卷积

我们可以通过卷积操作来实现高维特征到低维特征的转换。比如在一维卷积中，一个五维的输入特征，经过一个大小为 3 的卷积核，其输出为三维特征。如果设置步长大于 1，可以进一步降低输出特征的维数。但在一些任务中，需要将低维特征映射到高维特征，此时可以通过转置卷积操作来实现。

假设有一个高维向量为 $\boldsymbol{x} \in \boldsymbol{R}^d$ 和一个低维向量 $\boldsymbol{z} \in \boldsymbol{R}^p$，$p<d$。如果用仿射变换（affine transformation）来实现高维到低维的映射：

$$\boldsymbol{z}=\boldsymbol{W}\boldsymbol{x} \tag{5.10}$$

其中，$\boldsymbol{W} \in \mathbb{R}^{p \times d}$ 为转换矩阵。可以很容易地通过转置 $\boldsymbol{W}$ 来实现低维到高维的反向映射，即：

$$\boldsymbol{x}=\boldsymbol{W}^{\mathrm{T}}\boldsymbol{z} \tag{5.11}$$

需要说明的是，式(5.10) 和式(5.11) 并不是逆运算，两个映射只是形式上的转置关系。

在全连接神经网络中，忽略激活函数，前向计算和反向传播就是一种转置关系。比如前向计算时，第 $l+1$ 层的净输入为 $\boldsymbol{z}^{(l+1)}=\boldsymbol{W}^{(l+1)}\boldsymbol{z}^{(l)}$，反向传播时，第 l 层的误差项为 $\boldsymbol{\delta}^{(l)}=(\boldsymbol{W}^{(l+1)})^{\mathrm{T}}\boldsymbol{\delta}^{(l+1)}$。

卷积操作也可以写为仿射变换的形式。假设一个五维向量 $\boldsymbol{x}$，经过大小为 3 的卷积核 $\boldsymbol{w}=[w_1, w_2, w_3]^{\mathrm{T}}$ 进行卷积，得到三维向量 $\boldsymbol{z}$。卷积操作可以写为：

$$\begin{aligned}\boldsymbol{z}&=\boldsymbol{w}\otimes\boldsymbol{x}\\&=\begin{bmatrix}w_1 & w_2 & w_3 & 0 & 0\\0 & w_1 & w_2 & w_3 & 0\\0 & 0 & w_1 & w_2 & w_3\end{bmatrix}\boldsymbol{x}\\&=\boldsymbol{C}\boldsymbol{x}\end{aligned} \tag{5.12}$$

其中，$\boldsymbol{C}$ 是一个系数矩阵，其非零元素来自于卷积核 $\boldsymbol{w}$ 中的元素。

如果要实现三维向量 $\boldsymbol{z}$ 到五维向量 $\boldsymbol{x}$ 的映射，可以通过仿射矩阵的转置来实现，即：

$$\begin{aligned}\boldsymbol{x}&=\boldsymbol{C}^{\mathrm{T}}\boldsymbol{z}\\&=\begin{bmatrix}w_1 & 0 & 0\\w_2 & w_1 & 0\\w_3 & w_2 & w_1\\0 & w_3 & w_2\\0 & 0 & w_3\end{bmatrix}\boldsymbol{z}\\&=\mathrm{rot}180(\boldsymbol{w})\tilde{\otimes}\boldsymbol{z}\end{aligned} \tag{5.13}$$

其中，rot180(·) 表示旋转 180°。

从式(5.12) 和式(5.13) 可以看出，从仿射变换的角度来看两个卷积操作 $\boldsymbol{z}=\boldsymbol{w}\otimes\boldsymbol{x}$ 和 $\boldsymbol{x}=\mathrm{rot}180(\boldsymbol{w})\tilde{\otimes}\boldsymbol{z}$ 也是形式上的转置关系。因此，将低维特征映射到高维特征的卷积操作称为转置卷积（transposed convolution），也称为反卷积（deconvolution）。

在卷积网络中，卷积层的前向计算和反向传播也是一种转置关系。对一个 M 维的向量 $\boldsymbol{z}$，和大小为 K 的卷积核来说。如果希望通过卷积操作来映射到更高维的向量，只需要对向量 $\boldsymbol{z}$ 进行两端补零 $P=K-1$，然后进行卷积，就可以得到 $M+K-1$ 维的向量。

转置卷积同样适用于二维卷积，图 5.4.1 给出了一个步长为 $S=1$，无零填充 $P=0$ 的二维卷积和其对应的转置卷积。

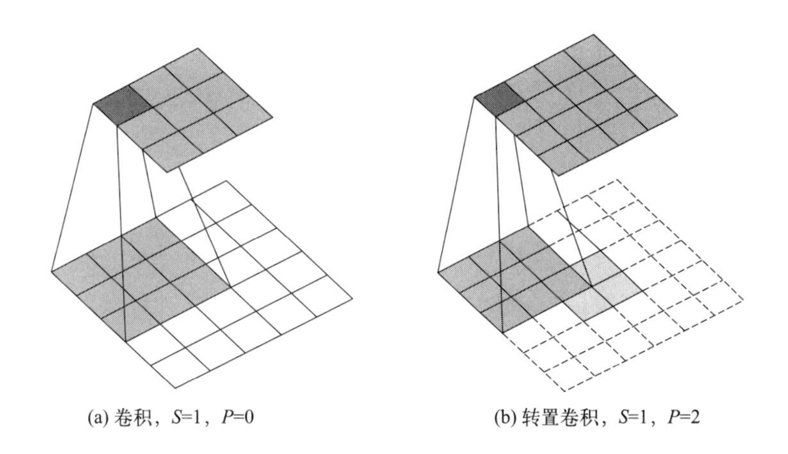

(a) 卷积，S=1，P=0　　(b) 转置卷积，S=1，P=2

图 5.4.1　步长 $S=1$，无零填充 $P=0$ 的二维卷积和其对应的转置卷积

可以通过增加卷积操作的步长 $S>1$ 来实现对输入特征的下采样操作，大幅降低特征维数。同样也可以通过减少转置卷积的步长 $S<1$ 来实现上采样操作，大幅提高特征维数。步长 $S<1$ 的转置卷积也称为微步卷积（fractionally strided convolution）。为了实现微步卷积，可以在输入特征之间插入 0 来间接地使步长变小。

如果卷积操作的步长为 $S>1$，并希望其对应的转置卷积的步长为 $\frac{1}{S}$，需要在输入特征之间插入 $S-1$ 个 0 来使得其移动的速度变慢。

以一维转置卷积为例，对一个 M 维的向量 $\boldsymbol{z}$，和大小为 K 的卷积核，通过对向量 $\boldsymbol{z}$ 进行两端补零 $P=K-1$，并且在每两个向量元素之间插入 D 个 0，然后进行步长为 1 的卷积，可以得到 $(D+1)\times(M-1)+K$ 维的向量。

图 5.4.2 给出了一个步长 $S=2$，无零填充 $P=0$ 的二维卷积和其对应的转置卷积。

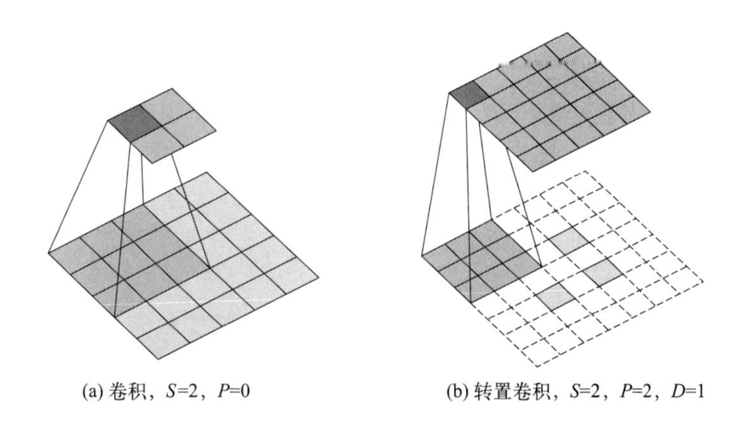

(a) 卷积，S=2，P=0　　(b) 转置卷积，S=2，P=2，D=1

图 5.4.2　步长 $S=2$，无零填充 $P=0$ 的二维卷积和其对应的转置卷积

5.4.2 空洞卷积

对于一个卷积层，如果希望增加输出单元的感受野，一般可以通过三种方式实现：第一是增加卷积核的大小；第二是增加层数，比如两层 3×3 的卷积近似一层 5×5 卷积的效果；第三是在卷积之前进行池化操作。前两种方式会增加参数数量，而第三种方式会丢失一些信息。空洞卷积（atrous convolution）是一种不增加参数数量，同时增加输出单元感受野的一种方法，也称为膨胀卷积（dilated convolution）。

空洞卷积通过给卷积核插入“空洞”来变相地增加其大小。如果在卷积核的每两个元素之间插入 $D-1$ 个空洞，卷积核的有效大小为：

$$K'=K+(K-1)\times(D-1) \tag{5.14}$$

其中，D 称为膨胀率（dilation rate）。当 $D=1$ 时卷积核为普通的卷积核。

图 5.4.3 给出了空洞卷积的示例。

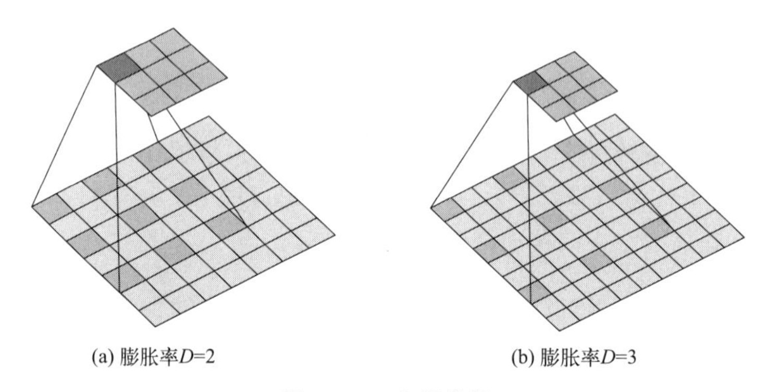

图 5.4.3 空洞卷积

5.4.3 分组卷积和深度分离卷积

（1）分组卷积

① 分组卷积与普通卷积的区别

如图 5.4.4 所示，为普通卷积和分组卷积的过程。普通卷积是在所有的输入特征图上做卷积，可以说是全通道卷积，这是一种通道密集连接方式（channel dense connection）。分组卷积（group convolution）是将输入层的不同特征图进行分组，然后采用不同的卷积核分别对各个组进行卷积，这样可以降低卷积的计算量，被看作是一种通道稀疏连接（channel sparse connection）。

(a) 普通卷积。如果输入特征图尺寸为 $C\times H\times W$，卷积核有 N 个，输出特征图与卷积核的数量相同也是 N，每个卷积核的尺寸为 $C\times K\times K$，N 个卷积核的总参数数量为 $N\times C\times K\times K$，输入特征图与输出特征图的连接方式如图 5.4.4(a) 所示。

(b) 分组卷积。分组卷积是对输入特征图进行分组，然后每组分别卷积。假设输入特征图的尺寸仍为 $C\times H\times W$，输出特征图的数量为 N 个，如果设定要分成 G 个组，则每组的输入特征图数量为 C/G，每组的输出特征图数量为 N/G，每个卷积核的尺寸为 $C/G\times$

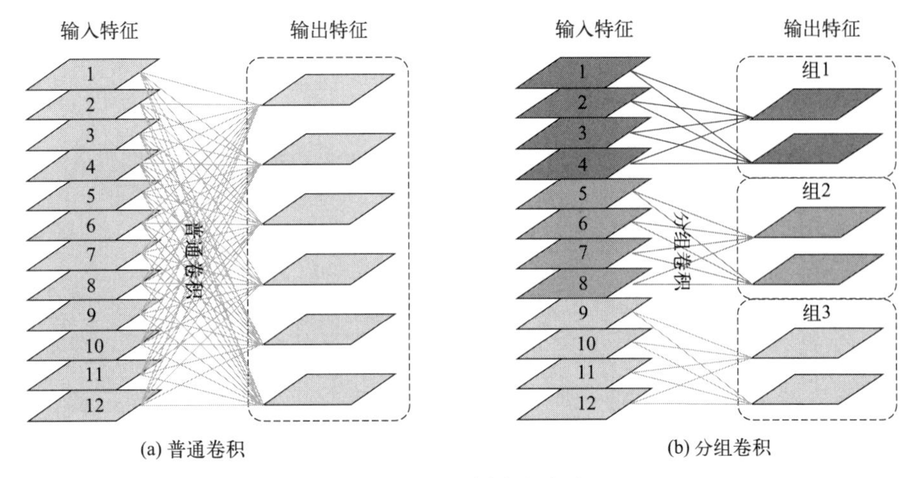

(a) 普通卷积　　(b) 分组卷积

图 5.4.4　不同卷积方式

$K \times K$，卷积核的总数仍为 N 个，每组的卷积核数量为 N/G，卷积核只与其同组的输入特征图进行卷积，卷积核的总参数量为 $N \times (C/G) \times K \times K$，可见，总参数量减少为原来的 $1/G$，其连接方式如图 5.4.4(b) 所示，组 1 输出特征图数为 2，有 2 个卷积核，每个卷积核的通道数为 4，与组 1 的输入特征图的通道数相同，卷积核只与同组的输入特征图卷积，而不与其他组的输入特征图卷积。

② 分组卷积的用途

(a) 减少参数量，分成 G 组，则该层的参数量减少为原来的 $1/G$。

(b) 分组卷积可以看成是结构化稀疏，每个卷积核的尺寸由 $C \times K \times K$ 变为 $(C/G) \times K \times K$，可以将其余 $(C-C/G) \times K \times K$ 的参数视为 0，有时甚至可以在减少参数量的同时获得更好的效果（相当于正则）。

③ 分组卷积的注意点

分组卷积使用后，最好将各组卷积的结果做一个 shuffle 操作（图 5.4.5），打乱其顺序，让不同组卷积的特征能够通信。

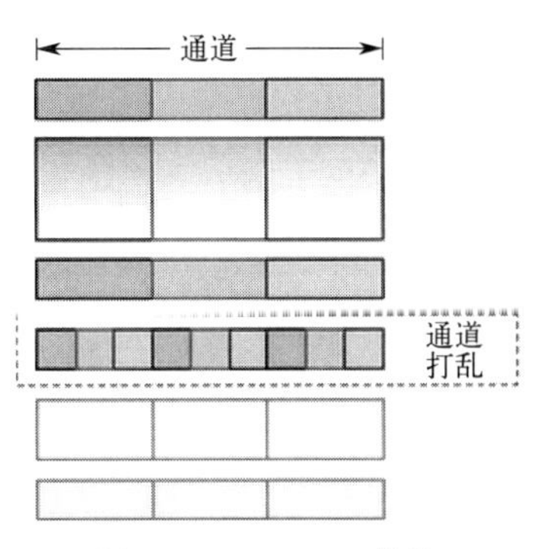

图 5.4.5　shuffle 操作

（2）深度分离卷积

当分组数量等于输入特征图数量，输出特征图数量也等于输入特征图数量，即 $G=N=C$，N 个卷积核每个尺寸为 $1 \times K \times K$ 时，分组卷积就成了深度分离卷积，参见 MobileNet 和 Xception 等，参数量进一步缩减，如图 5.4.6 所示。

深度分离卷积在 MobileNet 中联合 Pointwise Conv 一起使用（图 5.4.7）。

（3）全局深度卷积

如果分组数 $G=N=C$，同时卷积核的尺寸与输入特征图的尺寸相同，即 $K=H=W$，则输出特征图为 $C \times 1 \times 1$ 即长度为 C 的向量，此时称之为全局深度卷积（global depthwise

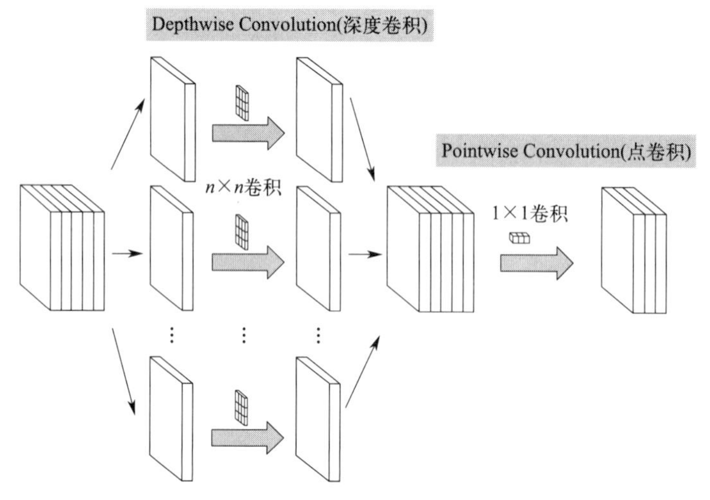

图 5.4.6 深度分离卷积

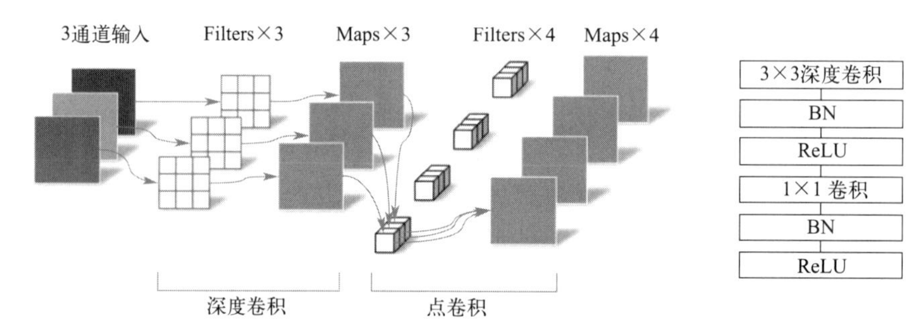

图 5.4.7 MobileNet 结构示意图

convolution，GDC)，见 MobileFaceNet，可以看成是全局加权池化，与全局均值池化(GAP) 的不同之处在于，GDC 给每个位置赋予了可学习的权重（对于已对齐的图像这很有效，比如人脸，中心位置和边界位置的权重自然应该不同)，而 GAP 每个位置的权重相同，全局取平均，如图 5.4.8 所示。

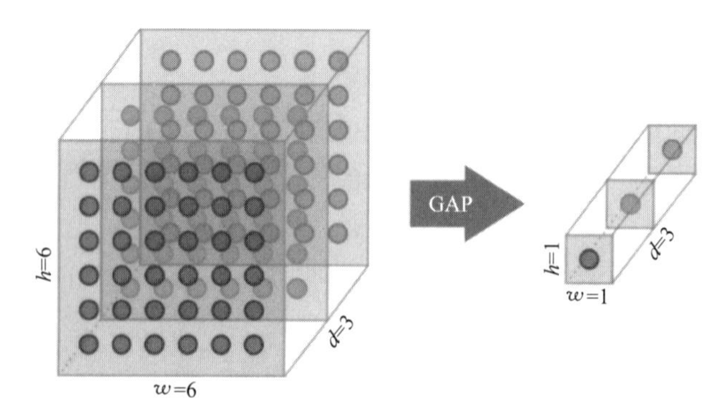

图 5.4.8 全局深度卷积示意图

5.5 卷积神经网络的典型模型

5.5.1 LeNet-5

LeNet-5 虽然提出的时间比较早，但它是一个非常成功的神经网络模型。基于 LeNet-5 的手写数字识别系统在 20 世纪 90 年代被美国很多银行使用，用来识别支票上面的手写数字。LeNet-5 的网络结构如图 5.1.6 所示。

LeNet-5 共有 7 层（不包括输入层），接收输入图像大小为 32×32＝1024，输出对应 10 个类别的得分。LeNet-5 中的每一层结构如下：

（a）C1 层是卷积层。使用 6 个 5×5 的卷积核，得到 6 组大小为 28×28 的特征图，每组有 784 个特征映射。因此，C1 层的神经元数量为 6×784＝4704，可训练参数数量为 6×(25×1＋1)＝156，连接数为 156×784＝122304（包括偏置在内，下文同）。

（b）S2 层为池化层，生成 6 个 14×14 的输出特征图。其每个采样窗口不重叠，大小为 2×2，使用平均池化，因此 S2 层中每个特征图的大小是 C1 中特征图大小的 1/4（行和列各 1/2）。由于每个特征图只需要一个权值和一个偏置项，可训练参数数量为 6×(1＋1)＝12，连接数为 6×14×14×(2×2＋1)＝5880。

（c）C3 层为卷积层，通过 5×5 的卷积核去处理 S2 层的输出特征图，得到的特征图尺寸为 10×10(即每个方向移动步长为 1,(14－5)/1＋1＝10)。C3 层输出 16 个特征图，但需要注意的是，C3 的特征图不是由单独的 16 个卷积核构成，而是每个特征图由 S2 中 6 个或者其中的 3 个、4 个特征图组合而成。不把 S2 中的每个特征图连接到每个 C3 特征图的原因是：第一，不完全的连接机制将连接的数量保持在合理的范围内；第二，可以通过不同特征图的不同输入来抽取上一层的不同特征。相应地，16 个特征图的组合方式如图 5.5.1 所示。这是一种稀疏连接的方式，可以减少连接的数量，同时打破了网络的对称性。

	0	1	2	3	4	5	6	7	8	9	10	11	12	13	14	15
0	X				X	X	X			X	X	X	X		X	X
1	X	X				X	X	X			X	X	X	X		X
2	X	X	X				X	X	X			X		X	X	X
3		X	X	X			X	X	X	X			X		X	X
4			X	X	X			X	X	X	X		X	X		X
5				X	X	X			X	X	X	X		X	X	X

图 5.5.1 S2 层到 C3 层的连接方式

虽然原始特征图只有 6 种，但是由于不同的选择方式，构造了 16 个新特征图。由于每种组合里原始特征图需要选择不同的系数，因此也可以将生成的 16 个特征图看作由 60 个滤波器构成（6 组 3 个特征图进行组合，9 组 4 个特征图进行组合，还有一组是 6 个特征图进行组合，即 3×6＋4×9＋6＝60)，而每一个滤波器的参数都是 5×5＝25 个，而最后生成 16 个特征图，每个特征图需要一个偏置项，所以参数为 60×5×5＋16＝1516，总连接数为 10×10×1516＝151600 个。

（d）S4 层是一个池化层，采样窗口为 2×2，得到 16 个 5×5 大小的特征映射，可训练参数数量为 16×2＝32(每个特征图需要一个可训练参数和一个偏置)，连接数为 16×25×

(4+1)=2000。

(e) C5 层是一个卷积层，输出 120 个特征图，每个单元与 S4 层的全部 16 个特征图的 5×5 的领域相连。由于 S4 层特征图大小也为 5×5（同滤波器一样），故 C5 特征图的大小为 1×1(5−5+1=1)，这构成了 S4 和 C5 之间的全连接。之所以将 C5 标记为卷积层而不是全连接层，是因为本例中输入图像尺寸为 32×32，导致此时输出尺寸为 1；若输入尺寸变大，其他保持不变，此时特征图的维数就会比 1 大，所以卷积层更加适合。C5 层的神经元数量为 120，可训练参数数量为 1920×25+120=48120，连接数为 120×(16×25+1)=48120。

(f) F6 层是一个全连接层，有 84 个神经元，可训练参数数量为 84×(120+1)=10164。连接数和可训练参数个数相同，为 10164。

(g) 输出层，输出层由 10 个径向基函数（radial basis function，RBF）组成。这里不再详述。

5.5.2 AlexNet

AlexNet 是第一个现代深度卷积网络模型，其首次使用了很多现代深度卷积网络的技术方法，比如使用 GPU 进行并行训练，采用了 ReLU 作为非线性激活函数，使用 Dropout 防止过拟合，使用数据增强来提高模型准确率等。此外，AlexNet 还赢得了 2012 年 ImageNet 图像分类竞赛的冠军。

AlexNet 的结构如图 5.5.2 所示，包括 5 个卷积层、3 个池化层和 3 个全连接层（其中最后一层是使用 softmax 函数的输出层）。因为网络规模超出了当时的单个 GPU 的内存限制，AlexNet 将网络结构拆分为两半，分别放在两个 GPU 上，GPU 间只在某些层（比如第三层）进行通信。

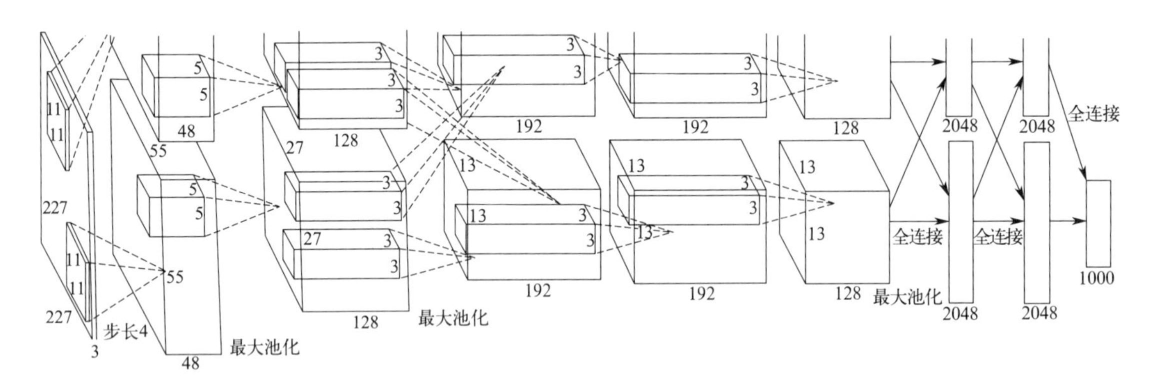

图 5.5.2 AlexNet 网络结构

AlexNet 的输入为 227×227×3(RGB) 的图像，输出为 1000 个类别的条件概率，具体结构如下。

(a) 第一个卷积层，使用两个大小为 11×11×3×48(这里使用的是四维张量，分别表示高度、宽度、维度和个数) 的卷积核，步长 $S=4$，零填充 $P=3$，得到两个大小为 55×55×48 的特征映射组。

(b) 第一个池化层，使用大小为 3×3 的最大池化操作，步长 $S=2$，得到两个 27×

27×48 的特征映射组。

(c) 第二个卷积层，使用两个大小为 5×5×48×128 的卷积核，步长 $S=1$，零填充 $P=2$，得到两个大小为 27×27×128 的特征映射组。

(d) 第二个池化层，使用大小为 3×3 的最大池化操作，步长 $S=2$，得到两个大小为 13×13×128 的特征映射组。

(e) 第三个卷积层为两个路径的融合，使用一个大小为 3×3×256×384 的卷积核，步长 $S=1$，零填充 $P=1$，得到两个大小为 13×13×192 的特征映射组。

(f) 第四个卷积层，使用两个大小为 3×3×192×192 的卷积核，步长 $S=1$，零填充 $P=1$，得到两个大小为 13×13×192 的特征映射组。

(g) 第五个卷积层，使用两个大小为 3×3×192×128 的卷积核，步长 $S=1$，零填充 $P=1$，得到两个大小为 13×13×128 的特征映射组。

(h) 第三个池化层，使用大小为 3×3 的最大汇聚操作，步长 $S=2$，得到两个大小为 6×6×128 的特征映射组。

(i) 三个全连接层，神经元数量分别为 4096、4096 和 1000。

此外，AlexNet 还在前两个池化层之后进行了局部响应归一化（local response normalization，LRN）以增强模型的泛化能力。

5.5.3 VGGNet

（1） VGGNet 网络介绍

VGGNet 模型是牛津大学计算机视觉组和谷歌 DeepMind 公司的研究员一起研发的深度卷积神经网络，随后该网络以牛津大学视觉几何组的缩写来命名。该模型参加 2014 年的 ImageNet 图像分类与定位挑战赛（ILSVRC2014），获得了分类任务排名第二、定位任务排名第一的优异成绩。

该模型的突出贡献在于证明使用尺寸较小的卷积核（如 3×3），同时增加网络深度有助于提升模型的效果。VGGNet 模型对其他数据集具有很好的泛化能力，到目前为止，VGGNet 依然经常用来提取图像特征。图 5.5.3 给出了 6 种 VGGNet 模型参数配置。这 6 种参数配置中，比较著名的有 VGG16 和 VGG19，分别指的是 D 和 E 两种配置。表中的黑体部分代表当前配置相对于前面一种配置增加的部分。例如，A-LRN 相对于 A 网络增加了 LRN；而 B 相对于 A 而言增加了 2 个卷积层，表示为 conv3-64、conv3-128，conv3-64 是指采用了含有 64 个 3×3 卷积核的卷积层。为了便于表示，VGGNet 模型中构造了卷积层堆叠块，例如由若干个卷积层堆叠后进行最大池化后构成的结构，可以采用 2 个卷积层、3 个卷积层甚至是 4 个卷积层堆叠后池化。

（2） VGG16 典型结构分析

VGGNet 成功探讨了卷积神经网络的深度与其性能之间的关系，通过反复堆叠 3×3 的小型卷积核和 2×2 的最大池化层，VGGNet 成功地构筑了 16～19 层深的卷积神经网络。VGGNet 相比之前主流网络结构，错误率大幅下降。下面以经典的 VGG16 网络结构进行分

ConvNet Configuration					
A	A-LRN	B	C	D	E
11 weight layers	11 weight layers	13 weight layers	16 weight layers	16 weight layers	19 weight layers
input (224 × 224 RGB image)					
conv3-64	conv3-64 **LRN**	conv3-64 **conv3-64**	conv3-64 conv3-64	conv3-64 conv3-64	conv3-64 conv3-64
maxpool					
conv3-128	conv3-128	conv3-128 **conv3-128**	conv3-128 conv3-128	conv3-128 conv3-128	conv3-128 conv3-128
maxpool					
conv3-256 conv3-256	conv3-256 conv3-256	conv3-256 conv3-256	conv3-256 conv3-256 **conv1-256**	conv3-256 conv3-256 **conv3-256**	conv3-256 conv3-256 conv3-256 **conv3-256**
maxpool					
conv3-512 conv3-512	conv3-512 conv3-512	conv3-512 conv3-512	conv3-512 conv3-512 **conv1-512**	conv3-512 conv3-512 **conv3-512**	conv3-512 conv3-512 conv3-512 **conv3-512**
maxpool					
conv3-512 conv3-512	conv3-512 conv3-512	conv3-512 conv3-512	conv3-512 conv3-512 **conv1-512**	conv3-512 conv3-512 **conv3-512**	conv3-512 conv3-512 conv3-512 **conv3-512**
maxpool					
FC-4096					
FC-4096					
FC-1000					
soft max					

图 5.5.3 VGGNet 模型参数配置

析。图 5.5.4 给出了配置 D 情况下 VGG16 的网络结构简图，共包括 13 个卷积层和 3 个全连接层，每个卷积堆叠块最后都是池化层。从图 5.5.3 中可以看出，采用了 5 段卷积层堆叠，第一和第二卷积层段各包括了 2 个卷积层，而第三至第五卷积层段各包括了 3 个卷积层。所有的卷积层都采用了 3×3 尺寸的卷积核，卷积核步长为 1；每个卷积层段后跟一个最大池化层。池化尺寸为 2×2，步长为 2，所以池化后图像平面尺寸减半，而通道数保持不变。

另外，可以从图 5.5.4 中可以看出，特征图的尺寸在经过卷积层处理之后并没有发生变化（这是因为采用了补零策略，由于卷积核的尺寸为 3×3，卷积后尺寸不发生变化，因而补零个数为 1)，每个卷积层输出特征图的通道数就是每层卷积核的个数。

此外，VGGNet 的另外一种经典配置是 E 情况下的 VGG19。VGG19 包括 16 个卷积层和 3 个连接层。由于结构非常类似，不再做相应分析，可参考 VGG16。

（3） VGGNet 特点分析

从前面的卷积神经网络分析很容易看清 VGG16 的网络结构，下面针对 VGG16 特点进行详细分析。

① 卷积层堆叠式结构

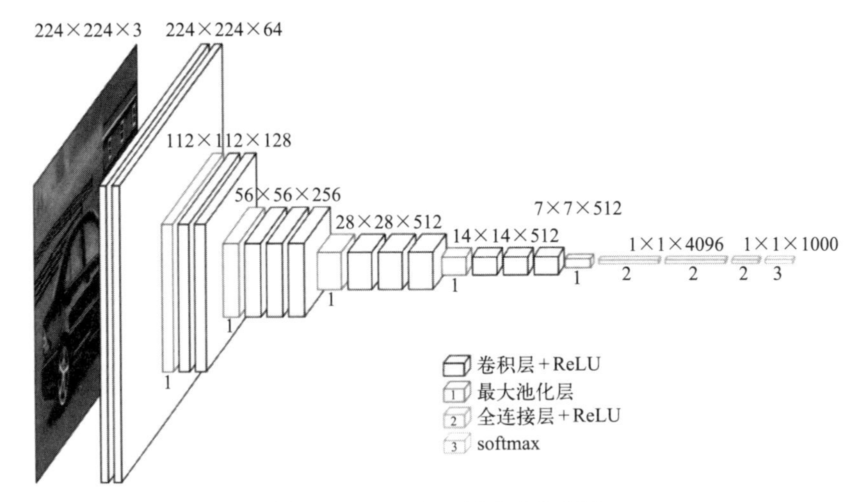

图 5.5.4 VGG16 网络结构简图

为了了解卷积层堆叠式结构的产生原因，下面通过一个简单例子进行分析。假设输入图像平面尺寸为 $m\times n$，卷积核的步长为 1，那么采用 5×5 的卷积核做一轮卷积运算，则输出特征图的平面尺寸为 $(m-5+1)\times(n-5+1)$，即 $(m-4)\times(n-4)$。同理，利用 3×3 的卷积核对上述相同的图像进行卷积，可以得到输出特征图尺寸为 $(m-3+1)\times(n-3+1)$，即 $(m-2)\times(n-2)$。如果采用两层堆叠式结构，则对平面尺寸为 $(m-2)\times(n-2)$ 的图像再采用 3×3 的卷积核进行卷积，则此时输出特征图尺寸为 $(m-4)\times(n-4)$。由上述例子可知，利用步长为 1、尺寸为 3×3 的卷积核构成的卷积堆叠层，可以实现与 5×5 的卷积核的单卷积层同样的效果，即实现了 5×5 的感受野。同理，三层 3×3 的卷积层堆叠可以实现 7×7 的感受野。

因此，VGGNet 网络相比于 ImageNet 的冠军网络 AlexNet 和 ZFNet 而言，有两个优势：

(a) 包含三个 ReLU 卷积层而不是一个，使得决策函数更有判别性；

(b) 卷积层堆叠式结构相比单层卷积层而言，同样的感受野的条件下堆叠式模型参数更少，比如输入与输出都是 L 个通道，使用平面尺寸为 3×3 的 3 个卷积层需要 $3\times(3\times3\times L)\times L=27\times L^2$ 个参数，使用 7×7 的一个卷积核需要 $(7\times7\times L)\times L=49\times L^2$ 个参数，这可以看作是为 7×7 的卷积施加一种正则化，使它分解为 3 个 3×3 的卷积。

② 1×1 卷积核的运用

从图 5.5.3 可以看出，在配置 C 的网络中，出现了 1×1 的卷积核。使用 1×1 的卷积层，有两个作用：一是改变通道数；二是若输入通道与输出通道数相同，为了实现线性变换后也可增加决策函数的非线性，而不影响卷积层的感受野。虽然 1×1 的卷积操作是线性的，但是 ReLU 增加了非线性。

(4) 基于卷积神经网络的变宽度浓度梯度芯片性能预测

① 微流控芯片设计方案、随机生成微流控芯片方案的方法

本书中所述的微流控芯片设计方案如图 5.5.5(a) 所示。

图 5.5.5 中是一种直线型网格微流控芯片，其网格大小为 $n\times n$，微流道宽度 a、b、c、

d，微流道出现的概率 P，不同宽度微流道出现的概率 P_1，入口个数为 I，出口数量为 O。微流控芯片设计方案具体是指由以上结构参数构建的随机变宽度微流控芯片的几何模型。

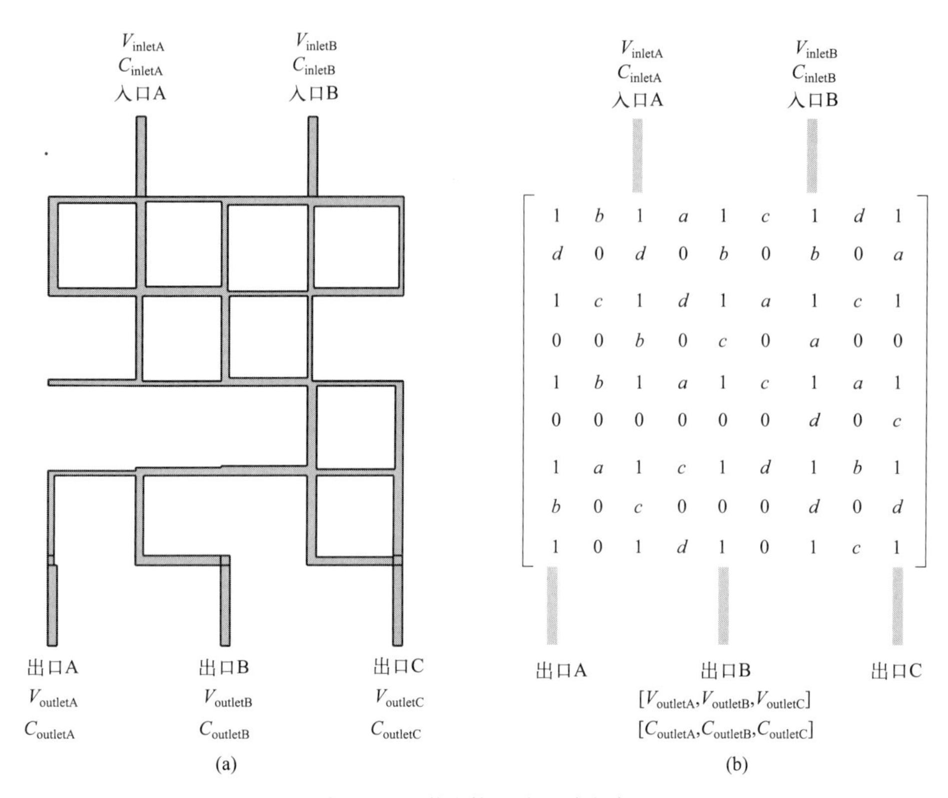

图 5.5.5 微流控芯片设计方案

本文中所述的随机生成变宽度微流控芯片的流程如图 5.5.6 所示，具体步骤如下：

步骤 1：首先通过 COMSOL Multiphysics 生成一个微流控芯片的几何模型，其结构参数如上述的微流控芯片设计方案中所述。在 COMSOL Multiphysics 中设置迭代步数、入口浓度、入口流速和网格大小等参数后，完成模拟并将文件另存为 MATLAB 文件。

图 5.5.6 随机生成变宽度微流控芯片的流程

步骤 2：改写步骤 1 中得到的 MATLAB 文件，得到用于生成随机变宽度微流控芯片的 MATLAB 程序。通过程序随机改变微流道的宽度，得到一定数量的随机变宽度微流控芯片的几何模型，并存储在数据库中。

步骤 3：利用步骤 2 中得到的 MATLAB 程序，通过 COMSOL Multiphysics with MATLAB 将所述步骤 2 中得到的几何模型逐一导入 COMSOL 中并完成模拟，得到随机变宽度微流控芯片的出口速度以及出口流速，同样存储在数据库中。

② 微流控芯片预模拟

本书中的微流控芯片预模拟是指采用 COMSOL Multiphysics 对生成的随机变宽度微流

控芯片的几何模型进行模拟，得到所述随机变宽度微流控芯片的出口浓度以及出口流速。由于随机变宽度微流控芯片的模拟完成在神经网络模型的训练之前，主要作用是建立神经网络模型训练所需要的数据集，所以将其称为微流控芯片预模拟。

③ 有限元分析方法

本书中的有限元分析是指利用数学近似的方法对真实物理系统进行模拟，利用简单而又相互作用的元素，就可以用有限数量的未知量去逼近无限未知量的真实系统，它将求解域看成由许多称为有限元的小互连子域组成的结构，对每一单元假定一个合适的近似解，然后推导求解这个域的总满足条件，从而得到问题的解。在本书中具体指利用 COMSOL Multiphysics 求解随机变宽度微流控芯片的出口浓度以及出口流速。

④ 使用 MiniVGGNet 模型

MiniVGGNet 模型采用的是类似传统 VGGNet 的卷积层叠加结构，共由四层卷积层和两层全连接层组成，模型参数量为 35 万，模型计算复杂度为 670 万，在卷积层中只使用 3×3 卷积核，采用 ReLU 作为激活函数。

⑤ 基于卷积神经网络的随机变宽度微流控芯片的自动设计方法

步骤 1：随机生成 10232 种不同的变宽度微流控芯片设计方案，并将其存储在数据库中。

本书的随机变宽度微流控芯片为一种直线型网格微流控芯片，其网格大小为 $n \times n$，网格节点数量 $n=5$，微流道宽度 $a=0.3\text{mm}$、$b=0.4\text{mm}$、$c=0.5\text{mm}$、$d=0.6\text{mm}$，微流道出现的概率 $P=80\%$，不同宽度微流道出现的概率 $P_1=25\%$，入口个数为 2，出口个数为 3。

步骤 2：通过有限元分析方法对步骤 1 中生成的随机变宽度微流控芯片进行预模拟，得到所述随机变宽度微流控芯片的出口浓度以及出口流速，同样存储在数据库中。

步骤 3：采用矩阵分别代表随机变宽度微流控芯片的几何结构、出口浓度和出口流速，构建随机变宽度微流控芯片数据集，并将数据集按一定比例分割成训练集与测试集。

步骤 4：构建 KD-MiniVGGNet 卷积神经网络模型。

本书中的 KD-MiniVGGNet 模型，主要结构如表 5.5.1 所示。

表 5.5.1　MiniVGGNet 模型和 KD-MiniVGGNet 模型的主要结构

阶段	MiniVGGNet			KD-MiniVGGNet		
	类型	卷积核尺寸	输出通道数	类型	卷积核尺寸	输出通道数
阶段一	Conv1	3×3	64	Conv1	3×3	32
	Conv2	3×3	64	Conv2～Conv9	2×2	32
阶段二	Conv3	3×3	128	Conv10	3×3	64
	Conv4	3×3	128	Conv11、Conv12	2×2	64
阶段三	FC1	—	128	FC1	—	64
	FC2	—	3 或 2	FC2	—	3 或 2

注：当输出为出口流速时模型有三个输出通道，当输出为出口浓度时模型有三个输出通道。Conv 表示卷积层，FC 表示全连接层。

如表 5.5.1 所示，本书中设计的 KD-MiniVGGNet 模型分解了 MiniVGGNet 模型中大部分的 3×3 卷积核。KD-MiniVGGNet 模型的主要特征如下：首先，为了有效地限制模型的参数和计算复杂度，将模型中的通道数限制在 32 或者 64；其次，将一个通道数恒定的卷积层分解为两个具有 2×2 卷积核的叠加卷积层，实现对模型的深化，增加模型的非线性变化和特征表达能力；最后，由于在模型构建时减少了通道的数量，为了保证模型的性能，在阶段一中连续使用了 8 个叠加的卷积层 Conv2～Conv9，阶段二连续使用 Conv11 和 Conv12，以上卷积层均采用 2×2 卷积核，在 Conv1 和 Conv10 中维持使用 3×3 的卷积核来确保卷积核分解操作的有效性。

本书中所述的 KD-MiniVGGNet 模型结构如图 5.5.7 所示。该模型中的 Conv1 采用 3×3 卷积核，Conv10 采用 3×3 卷积核，Conv2 与 Conv3 为一组采用 2×2 卷积核的叠加卷积层。同样地，Conv4 与 Conv5、Conv6 与 Conv7、Conv8 与 Conv9、Conv11 与 Conv12 均为叠加卷积层。模型由 12 个卷积层以及两个全连接层组成，均采用 ReLU 激活函数，共有 14 个权重层。

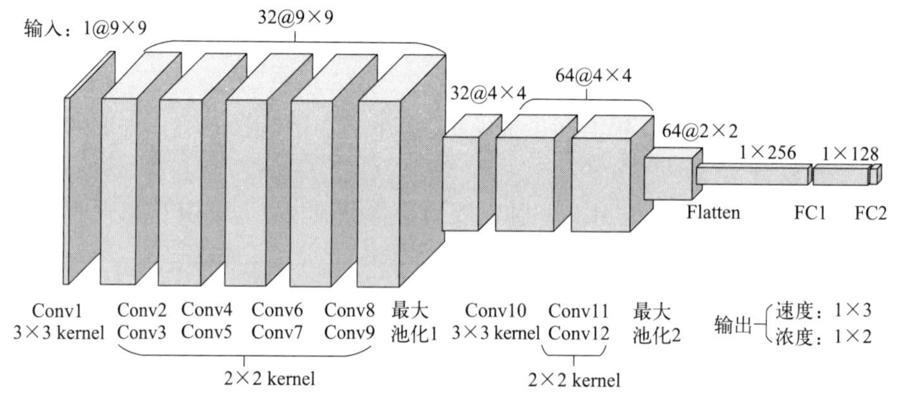

图 5.5.7　KD-MiniVGGNet 模型

本书中所述的 KD-MiniVGGNet 的模型复杂度如表 5.5.2 所示，该模型参数量与模型计算复杂度均明显小于 MiniVGGNet。同时在本文所述的随机变宽度微流控芯片数据集中，该模型相较于 MiniVGGNet 模型在出口浓度预测上准确率提高 3.96%，在出口流速预测上准确率提高 4.43%。说明通过增加模型的深度，提高了模型的非线性表达能力与特征表达能力。

表 5.5.2　KD-MiniVGGNet 模型复杂度

参数类型	参数值
模型参数量	1.08×10^5
模型计算复杂度	2.84×10^6
模型神经元数量	2.45×10^4

步骤 5：采用步骤 3 中得到的训练集训练步骤 4 中得到的 KD-MiniVGGNet 模型，直至 KD-MiniVGGNet 模型收敛，训练过程包括以下步骤。

步骤 5(a)：为了简化模型的训练过程，在训练之前用 9×9 矩阵代表随机变宽度微流控芯片的几何结构。同样地，得到的出口浓度模拟结果与出口流速结果也分别采用 1×3 矩阵表示。最后将随机变宽度微流控芯片的几何结构、出口浓度和出口流速构建成训练数据集。

步骤 5(b)：基于 KD-MiniVGGNet 模型建立用于预测出口浓度的 ConcentrationNET 模

型与用于预测出口流速的 VelocityNET 模型，以上两个模型的输入均为 9×9 的几何结构矩阵，而输出略有不同。ConcentrationNET 模型的输出为 $[C_{outletA}, C_{outletB}]$，VelocityNET 的输出为 $[V_{outletA}, V_{outletB}, V_{outletC}]$；考虑到出口 C 的出口浓度远小于出口 A 和出口 B 的出口浓度，模型难以适应同时预测三个出口的出口浓度，所以在本书中，出口 C 的出口浓度为：

$$C_{outletC}=\frac{V_{inletA}C_{inletA}+V_{inletB}C_{inletB}-V_{outletA}C_{outletA}-V_{outletB}C_{outletB}}{V_{outletC}} \tag{5.15}$$

其中，$C_{outletA}$、$C_{outletB}$ 和 $C_{outletC}$ 分别为出口 A、出口 B 和出口 C 的出口浓度；$V_{outletA}$、$V_{outletB}$、$V_{outletC}$ 为出口 A、出口 B 和出口 C 的出口流速。

步骤 5(c)：使用 train_test_split 函数将随机变宽度微流控芯片数据集按 3∶1 的比例随机分割为训练集和测试集。为了确保每次训练集和测试集数据相同，取随机种子 random_state=C，其中 C 是常数。训练集中有 7674 个芯片，测试集中有 2558 个芯片。在 Velocity-NET 模型和 ConcentrationNET 模型中都使用该方法划分训练集和测试集。

步骤 5(d)：定义训练过程中的性能表征，在本书中所述的 ConcentrationNET 模型与 VelocityNET 模型中采用均方误差（MSE）代表损失：

$$MSE_{ConcentrationNET}=\frac{1}{2}\times\frac{1}{n}\times\sum_{k=1}^{n}\left(|\Delta C_{outletA,k}|^2+|\Delta C_{outletB,k}|^2\right) \tag{5.16}$$

$$MSE_{VelocityNET}=\frac{1}{3}\times\frac{1}{n}\times\sum_{k=1}^{n}\left(|\Delta V_{outletA,k}|^2+|\Delta V_{outletB,k}|^2+|\Delta V_{outletC,k}|^2\right) \tag{5.17}$$

其中，n 代表测试集或训练集中芯片的总数；k 代表测试集或训练集中某个芯片的序号；$\Delta C_{outletA,k}$ 和 $\Delta C_{outletB,k}$ 分别代表出口 A 和出口 B 中出口浓度预测值和出口浓度目标值之间的差值；$\Delta V_{outletA,k}$、$\Delta V_{outletB,k}$ 和 $\Delta V_{outletC,k}$ 分别代表出口 A、出口 B 和出口 C 中出口流速预测值和出口流速目标值之间的差值。

本书中所述的 ConcentrationNET 模型与 VelocityNET 模型的准确率分别为：

$$Acc_{ConcentrationNET}=1-\frac{1}{2}\times\frac{1}{n}\times\sum_{k=1}^{n}\left(\frac{|\Delta C_{outletA,k}|}{C_{outletA,k}}+\frac{|\Delta C_{outletB,k}|}{C_{outletB,k}}\right) \tag{5.18}$$

$$Acc_{VelocityNET}=1-\frac{1}{3}\times\frac{1}{n}\times\sum_{k=1}^{n}\left(\frac{|\Delta V_{outletA,k}|}{V_{outletA,k}}+\frac{|\Delta V_{outletB,k}|}{V_{outletB,k}}+\frac{|\Delta V_{outletC,k}|}{V_{outletC,k}}\right) \tag{5.19}$$

其中，$C_{outletA,k}$、$C_{outletB,k}$ 和 $C_{outletC,k}$ 分别代表出口 A、出口 B 和出口 C 中的出口浓度目标值；$V_{outletA,k}$、$V_{outletB,k}$ 和 $V_{outletC,k}$ 分别代表出口 A、出口 B 和出口 C 中的出口流速目标值。

步骤 5(e)：利用所述步骤 5(c) 中获得的训练集，包括出口浓度数据与出口流速数据，分别训练步骤 5(d) 中所定义的 ConcentrationNET 模型与 VelocityNET 模型，直至模型收敛，然后在测试集上测试模型性能。在训练过程中采用步骤 5(d) 中定义的损失函数以及准确率函数评价模型的性能，并采用 ReLU 函数作为激活函数。

步骤 6：随机生成 40800 种不同的变宽度微流控芯片的设计方案，并采用步骤 5 中训练完成的卷积神经网络模型预测其出口浓度与出口流速，同样将设计方案、出口浓度以及出口流速存储在数据库中，最终得到一个包含 51032 种不同随机变宽度微流控芯片设计方案的数据库。

步骤 7：根据所需的出口浓度或出口流速要求在数据库中查询即可得到对应的变宽度微流控芯片候选设计。

对基于卷积神经网络的随机变宽度微流控芯片的自动设计方法进行实验，实验的过程和结果如下。

第一，为了便于说明随机变宽度微流控芯片与随机等宽度微流控芯片方案之间的差异，提供了两种方案的对比实验，其中随机变宽度微流控芯片中，网格节点数量 $n=5$，微流道宽度 $a=0.3$mm、$b=0.4$mm、$c=0.5$mm、$d=0.6$mm，微流道出现的概率 $P=80\%$，不同宽度微流道出现的概率 $P_1=25\%$，入口个数为 2，出口个数为 3；随机等宽度微流控芯片拥有宽度相等的微流道，其芯片几何结构属性为：网格节点数量 $n=5$，微流道宽度 $d=0.6$mm，微流道出现的概率 $P=80\%$，相同宽度微流道出现的概率 $P_1=25\%$，入口个数为 2，出口个数为 3。

图 5.5.8 为随机等宽度微流控芯片与随机变宽度微流控芯片的出口浓度与出口流速分布图，样本数量为 2000。

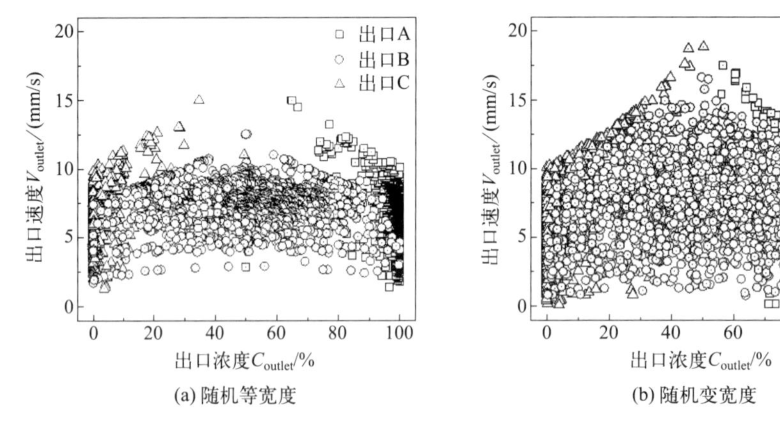

图 5.5.8 随机等宽度微流控芯片与随机变宽度微流控芯片的出口浓度与出口流速分布图

随机等宽度微流控芯片数据库中出口 A、出口 B、出口 C 的出口流速范围分别为 1.3～14.9mm/s、1.7～12.5mm/s 以及 1.2～14.9mm/s；随机变宽度微流控芯片数据库可以将三个出口的出口流速范围扩展到 0.1～18.7mm/s、0.2～16.8mm/s、0.1～18.8mm/s。

当将出口流速范围限定在 5～10mm/s 时，随机等宽度微流控芯片数据库中出口 A、出口 B、出口 C 分别有 20%、8%、20%的出口流速不在限定范围内，当在随机变宽度微流控芯片数据库中查询时，在三个出口中分别有 46%、37%、40%的出口流速不在限定范围内。

随机等宽度微流控芯片数据库中出口 A、出口 B 和出口 C 溶质浓度范围分别为 50%～100%、0%～100%和 0%～50%；随机变宽度微流控芯片库出口溶质浓度变化不明显，出口 A、B、C 浓度范围分别为 47%～100%、0%～100%和 0%～51%，这与出口分布有关。

如图 5.5.5 所示，出口 A 靠近一个高浓度的入口 A，所以总可以获得高浓度的输出。出口 C 的情况正好相反，因为靠近低浓度入口 B，所以总能得到低浓度的输出。出口 B 位于入口 A 和入口 B 之间，总能够提供最广泛的浓度输出。

但是，在随机等宽度微流控芯片数据库中，出口浓度分布十分不平衡，98%的出口 A 溶质浓度大于 90%，90%的出口 B 溶质浓度在 20%～80%之间，98%的出口 C 溶质浓度小于 10%。在随机变宽度微流控芯片数据库中，上述比例分别降低到 89%、74%和 87%。

随机变宽度微流控芯片通过在设计中增加宽度变化的微流道，达到了改善出口浓度与出口流速分布的目的，从而可以提供更广泛、更优秀的候选设计。

第二，验证 VelocityNET 模型的预测准确率。

如图 5.5.9 所示，输出定为 3 个通道，输出特征为芯片的三个出口流速，batch_size 大小取 32，learning_rate 设为 0.0005，采用 Adam 优化器方法训练模型。在经过 200 个训练轮次后，如图 5.5.9(a) 与图 5.5.9(b) 所示，VelocityNET 在训练集上的预测准确率为 97.50%，损失为 3.07×10^{-8}；测试集上预测准确率为 92.23%，损失为 3.60×10^{-7}。

图 5.5.9(c) 显示了测试集中所有芯片的出口流速预测结果与出口流速目标值的绝对误差，其中出口 A、出口 B、出口 C 中分别有 91.24%、94.64%、90.70%的出口流速的绝对误差小于 1mm/s；当出口流速的绝对误差来到 2mm/s 时，分别有 98.83%、99.61%、98.79%的出口流速满足误差要求；当绝对误差为 3mm/s 时，这个比例分别达到了 99.73%、99.89%、99.72%。

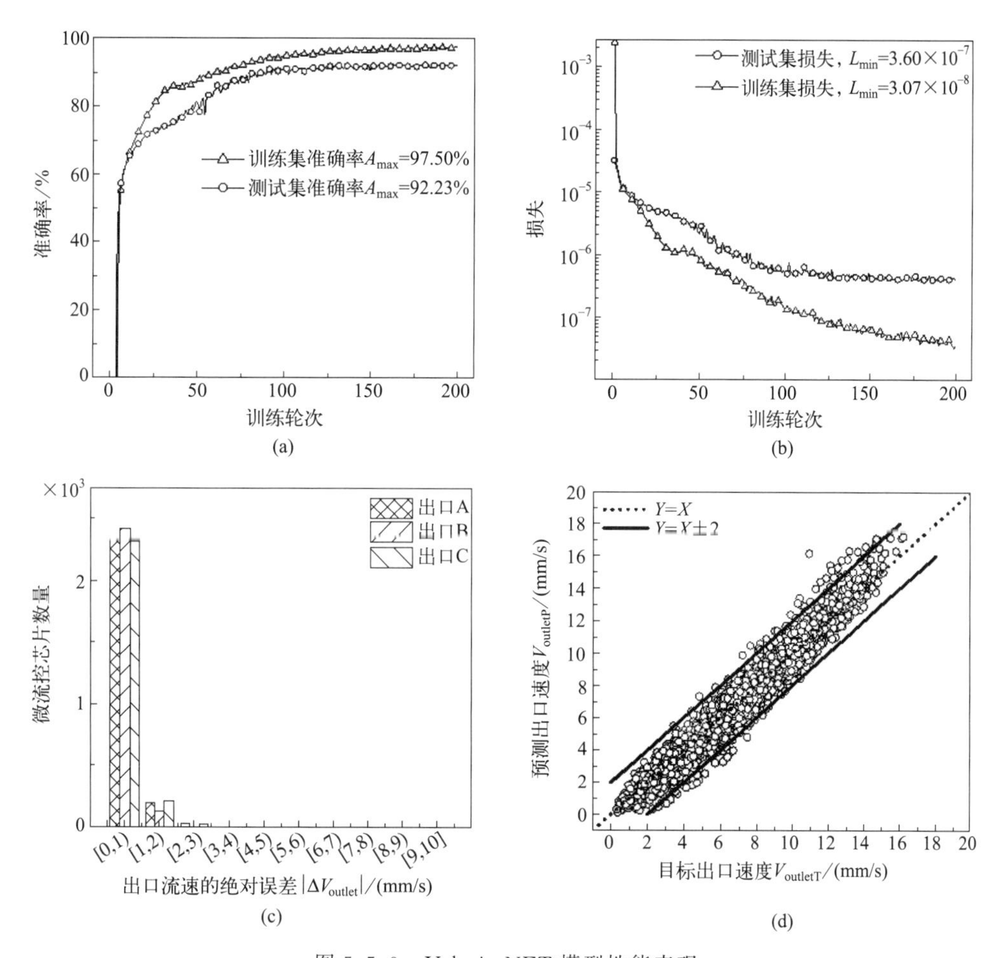

图 5.5.9 VelocityNET 模型性能表现

图 5.5.9(d) 为流速测试集中预测出口流速与目标出口流速对比，从图中可以看出在测试集中只有极少数的出口误差大于 2mm/s。说明本书采用的 VelocityNET 模型预测的出口流速结果与目标结果具有高度的一致性。

第三，验证 ConcentrationNET 模型的预测准确率。

如图 5.5.10 所示，输出定为 2 个通道，输出为出口 A 与出口 B 的出口浓度，出口 C 的出口浓度采用质量守恒定理计算。batch _ size 大小取 32，learning _ rate 设为 0.001，采用 Adam 优化器方法训练模型。在经过 200 个训练轮次后，如图 5.5.10(a) 与图 5.5.10(b) 所示，ConcentrationNET 模型在训练集预测准确率为 95.92%，损失为 4.66×10^{-4}；测试集上预测准确率为 93.64%，损失为 1.99×10^{-3}。

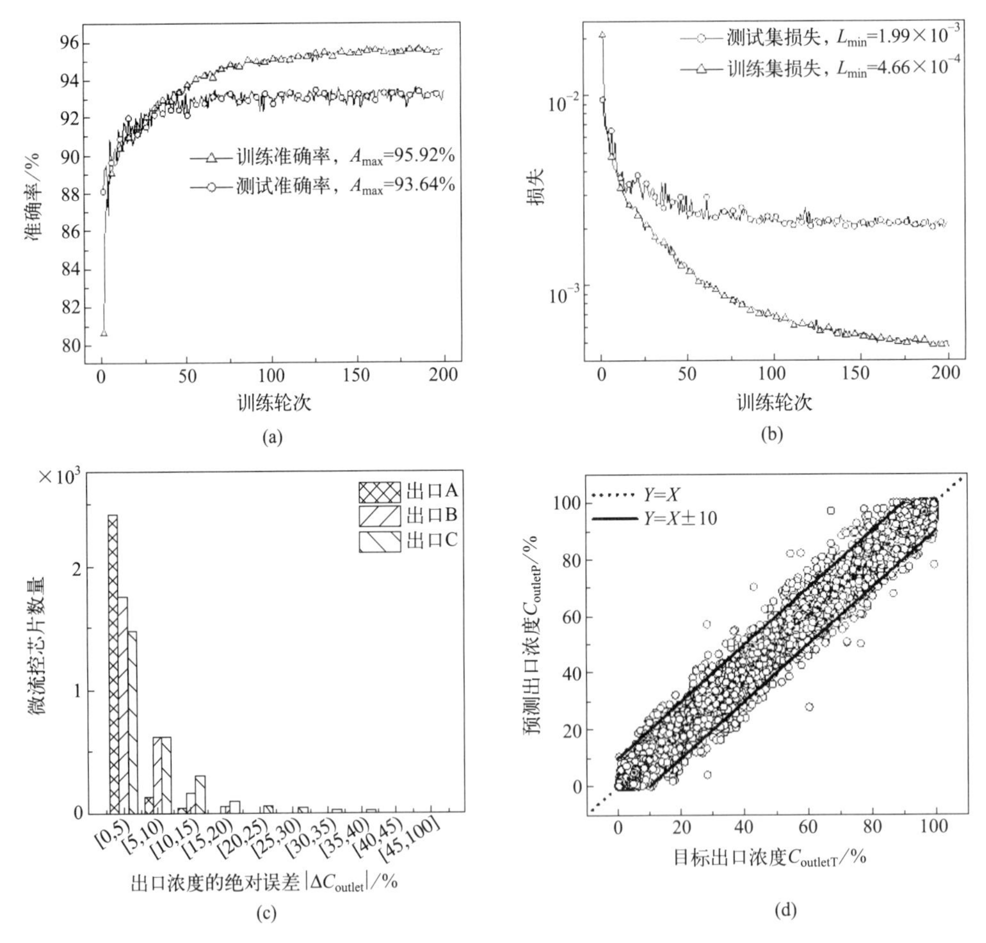

图 5.5.10 ConcentrationNET 模型性能表现

图 5.5.10(c) 显示了测试集中所有变宽度微流控芯片出口浓度预测结果与目标出口浓度的绝对误差，其中出口 A、出口 B、出口 C 中分别有 98.82%、68.10%、57.15%的出口浓度绝对误差小于 5%；当出口浓度的绝对误差来到 10%时，分别有 98.48%、91.75%、80.77%的出口浓度满足误差要求；当绝对误差为 15%时，出口浓度分别达到了 99.61%、97.53%、90.09%。

图 5.5.10(d) 为出口浓度测试集中模型预测的出口浓度与目标出口浓度对比。ConcentrationNET 模型的预测表现要略低于 VelocityNET 模型的预测表现，但是仍然处于较高的水平。

综上所述，本书的随机变宽度微流控芯片的设计方案，通过在微流控芯片的设计中增加宽度变化的微流道，达到了改善微流控芯片出口浓度与出口流速分布的目的，相较于随机等宽度微流控芯片，随机变宽度微流控芯片能够满足更多样化的出口浓度和出口流速要求。

5.5.4 GoogLeNet

（1） GoogLeNet 网络介绍

GoogLeNet 是 2014 年谷歌公司的克里斯蒂安·塞格迪提出的一种全新的深度学习网络结构，该网络在 2014 年 ImageNet 的大规模视觉识别挑战赛（ILSVRC14）的分类和检测任务上取得了最好结果，将错误率降到 6.7%。GoogLeNet 和 VGGNet 被誉为 2014 年 ILSVRC14 的“双雄”，在分类任务和检测任务上，GoogLeNet 获得了第一名，VGGNet 获得了第二名；而在定位任务上，VGGNet 获得了第一名。

注意，该网络名称为 GoogLeNet 而不是 GoogleNet，是因为该名称命名由两部分组成，一是该网络的提出者克里斯蒂安·塞格迪在谷歌工作，二是研究者为了表达对 1989 年杨立昆所提出的 LeNet 网络的致敬，将两部分组合起来命名为 GoogLeNet，既体现了谷歌公司的贡献，也表达了对已有重要学者和重要贡献的崇敬。从技术角度而言，该网络模型的核心内容是发明了深度感知模块（inception module，IM），因此 GoogLeNet 还有另外一个名字叫 InceptionNet，“Inception”一词蕴含着“深度感知”的意思。

GoogLeNet 和 VGGNet 模型结构的共同特点是层次更深。VGGNet 继承了 LeNet 和 AlexNet 的一些框架结构，AlexNet、VGGNet 等结构都是通过增加网络的深度（层数）来获得更好的任务精度；但层数的增加会出现过拟合、梯度消失、梯度爆炸等问题。而 GoogLeNet 则做了更加大胆的网络结构尝试，虽然深度只有 22 层，但模型的参数规模比 AlexNet 和 VGGNet 小很多，GoogLeNet 参数为 500 万个，AlexNet 参数个数是 GoogLeNet 的 12 倍，VGGNet 参数是 AlexNet 的 3 倍。因此，在内存或计算资源有限时，GoogLeNet 是比较好的选择。从模型的结果来看，GoogLeNet 在较少的参数规模下能获得更加优越的性能，其根本原因在于深度感知模块（IM）的提出。深度感知模块也成为深度感知结构（inception archiecture，IA）或者 Inception 模块。

（2） Inception 模块提出的缘由

通常而言，提高深度神经网络性能最直接的方法是增加网络的尺寸，包括增加网络深度（网络层数）和网络宽度（每一层的单元数目）两种方式。特别是在可获得大量训练数据的情况下，这种方式是训练高质量模型的一种简单而安全的方式。但是，这个解决方案有三个主要的缺点：一是更大的尺寸意味着更多的参数，参数规模的增加使得网络容易陷入过拟合，特别是在训练集标注样本有限的情况下，因为标注数据通常难以迅速获得；二是当层数增加时，网络优化更为困难，更容易出现梯度消失和梯度爆炸问题；三是增加网络尺寸需要更多的计算资源。例如，在一个深度卷积神经网络中，若两个卷积层相连，此时增加它们的

滤波器数量会导致计算量呈平方式增加。如果增加容量，则使用率低下（如果大多数权重结束时接近于0），会浪费大量的计算能力。而实际中的计算预算总是有限的，因此计算资源的有效分布更偏向于尺寸的无差别增加。

解决上述不足的方法是引入稀疏特性和将全连接层转换成稀疏连接。这个思路来源于两方面：一是生物的神经系统连接是稀疏的；二是有文献指出，如果数据集的概率分布能够被大型且非常稀疏的DNN所描述，那么通过分析前面层的激活值的相关统计特性，并对与输出层高度相关的神经元进行聚类，便可逐层构建出最优的网络拓扑结构。而深度学习框架对非均匀稀疏数据的计算非常低效，主要是因为查找和缓存的开销。因此，GoogLeNet作者提出了一个思想，既能保持滤波器级别的系数特性，又能充分利用密集矩阵的高性能计算。有大量文献指出，将稀疏矩阵聚类成相对密集的子矩阵，能提高计算性能。上述观点便是Inception模块的想法来源。

（3） Inception模块结构分析

单纯地依靠扩大网络规模或者增大训练数据集是迫不得已的解决方法，为了从本质上提高网络性能，需要引入新型稀疏连接结构，即采用“小”且“分散”的可重复性堆叠模块，构成深度感知网络来完成复杂任务学习。Inception模块是GoogLeNet的核心组成单元，其结构如图5.5.11所示。

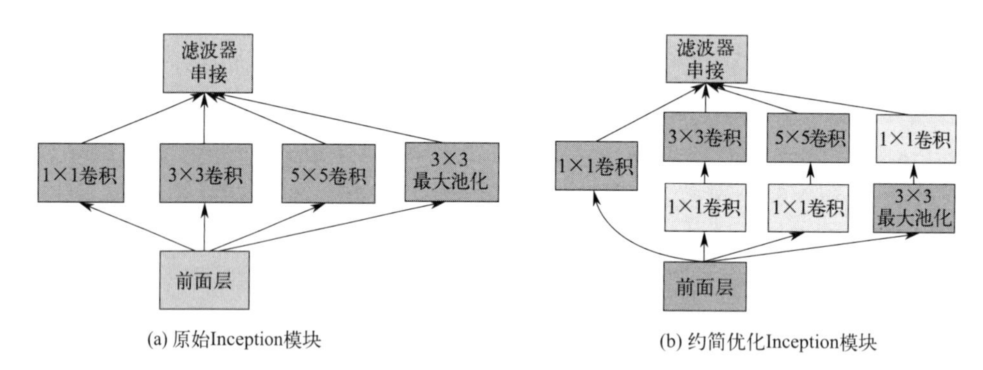

图5.5.11 Inception模块

如图5.5.11(a)所示，原始Inception模块基本组成结构有1×1卷积、3×3卷积、5×5卷积和3×3最大池化4个部分，最后对4个成分运算结果进行通道上组合。Inception模块的核心思想是通过多个卷积核提取图像不同尺度的信息，最后进行融合，这样可以得到图像更好的特征。Inception模块的特点如下：

（a）多感受野感知：采用不同大小的卷积核意味着不同大小的感受野。

（b）池化模块：池化作用比较明显，在Inception模块专门潜入了最大池化。

（c）特征拼接融合：不同大小的感受野需要进行融合，才能得到相同维度的特征进行拼接。设定步长stride=1后，只需要分别设定补零值0、1、2，就能得到相同维度的输出特征图平面尺寸。例如，假设输入特征图平面尺寸为$m\times n$，利用1×1滤波器卷积后，其平面尺寸分别为$(m-1+0+1)\times(n-1+0+1)$，即$m\times n$；利用3×3滤波器卷积后，其平面尺寸分别为$(m-3+2+1)\times(n-3+2+1)$，即$m\times n$；利用5×5滤波器卷积后，其平面尺寸分别为$(m-5+4+1)\times(n-5+4+1)$，即$m\times n$；因此，得到的输出特征图平面尺寸都

是 $m \times n$，只是通道数不同，可以方便拼装。Inception 模块的特征融合如图 5.5.12 所示，经过设置，前面层的输出特征图经过多尺度卷积后，得出融合后的输出特征图。

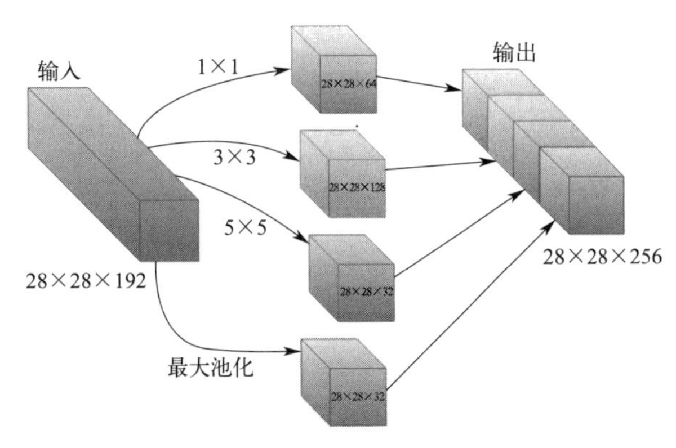

图 5.5.12　Inception 模块特征融合

可以看出，Inception 模块的提出，使得深层卷积神经网络设定时，不需要人工确定卷积层中的过滤器类型或是否需要创建卷积层和池化层，而是网络自行决定这些参数，可以给网络添加所有可能值，将输出连接起来，网络自己决定需要学习什么样的参数。

由原始 Inception 模块堆叠起来的网络也存在缺点。由于 Inception 模块是逐层堆叠的，故输出的关联性统计会产生变化，即更高层抽象的特征会由更高层次捕捉，而它们的空间聚集度会随之降低（因为层次的升高，3×3 和 5×5 的卷积的比例也会随之升高）。由于所有的卷积核都紧接着上一层的输出，而前面特征图是合并得到的，又有 5×5 卷积核的通道数与前一层特征图通道数相同，因此计算量很大。

(d) 1×1 卷积的特殊运用，图 5.5.11(b) 展示了针对上述缺点改进的通道约简后的优化 Inception 模块，它在实际中被广泛应用。对比图 5.5.11(a) 和 (b) 可以看出，相对于原始模块，约简优化 Inception 模块在每个操作后都增加了一个 1×1 的卷积操作。主要有两点作用：一是对数据进行降维，减少整体参数量；二是由于 1×1 卷积线性变换后要经过 ReLU 函数，因此引入更多的非线性，提高了模型的泛化能力。下面通过一个简单的例子来分析 1×1 卷积操作数据维度约简和减少参数的作用。例如，上一层的输出为 100×100×128，经过具有 256 个输出的 5×5 卷积层之后（stride=1，padding=2），输出数据的大小为 100×100×256。其中，卷积层的参数量为 5×5×128×256。假如上一层输出先经过具有 32 个输出的 1×1 卷积层，再经过一个 256 个 5×5 卷积核的卷积层，那么最终的输出数据的大小仍为 100×100×256，但采用 1×1 的卷积的参数量为 1×128×32+5×5×32×256。相对而言，使用 1×1 卷积后参数大致为原来的 1/4。

(4) GoogLeNet 网络结构分析

图 5.5.13 给出了 GoogLeNet 网络结构。GoogLeNet 网络有 22 层，包括 9 个 Inception 模块的堆叠，最后一层使用了 2014 年新加坡国立大学林敏等人提出的网中网模型（NIN）中的全局平均池化层，加上全连接层后再输出到 softmax 函数中。其中，卷积和池化模块下面的数字[如 3×3+1(S)]分别代表卷积核尺寸或池化尺寸、步长，“S”代表特征图大小不变，而“V”代表有效卷积或有效池化。

表 5.5.3 给出了 GoogLeNet 网络的具体参数配置。从表中可以看出，对于每个 Inception 模块构成的变换层，其输出通道个数是 1×1、3×3 和 5×5 滤波器个数总和加上池化投影个数，即：

$$输出通道个数=C_{1\times1}+C_{3\times3}+C_{5\times5}+池化投影个数$$

如表 5.5.3 中所示，其中 $C_{1\times1}$，$C_{3\times3}$ 和 $C_{5\times5}$ 分别为不同尺寸的滤波器个数。实验证明，引入平均池化层提高了准确率，而加入全连接层更便于后期的微调。此外，GoogLeNet 依然使用 dropout 技术来防止过拟合。

GoogLeNet 增加了两个辅助的 softmax 分支，如图 5.5.13 中最右侧输出部分。这两个 softmax 分支有两个作用：一是由于 GoogLeNet 层数很多，为了避免梯度消失导致模型难以训练，在中间位置增加分支，用于向前传导梯度（反向传播时如果有一层求导为 0，链式求导结果则为 0）；二是将中间某一层输出用作分类，起到模型融合作用，最后的总损失函数是三个损失函数的加权和，但这只用在模型训练过程中。在实际测试时，这两个辅助 softmax 分支会被去掉。

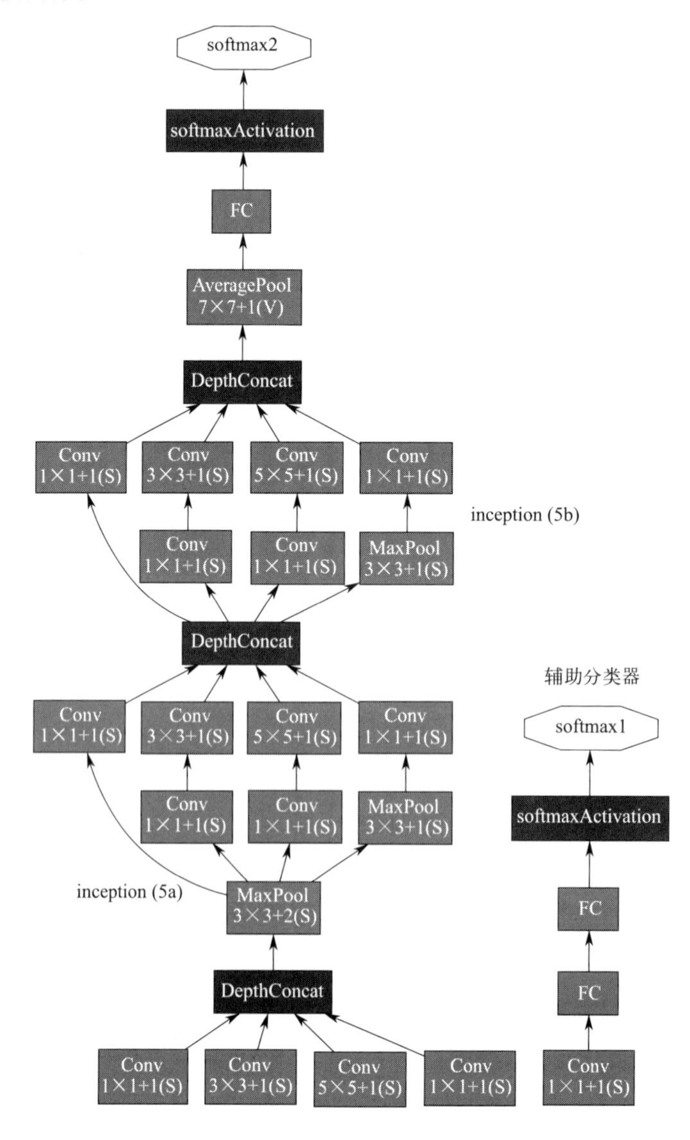

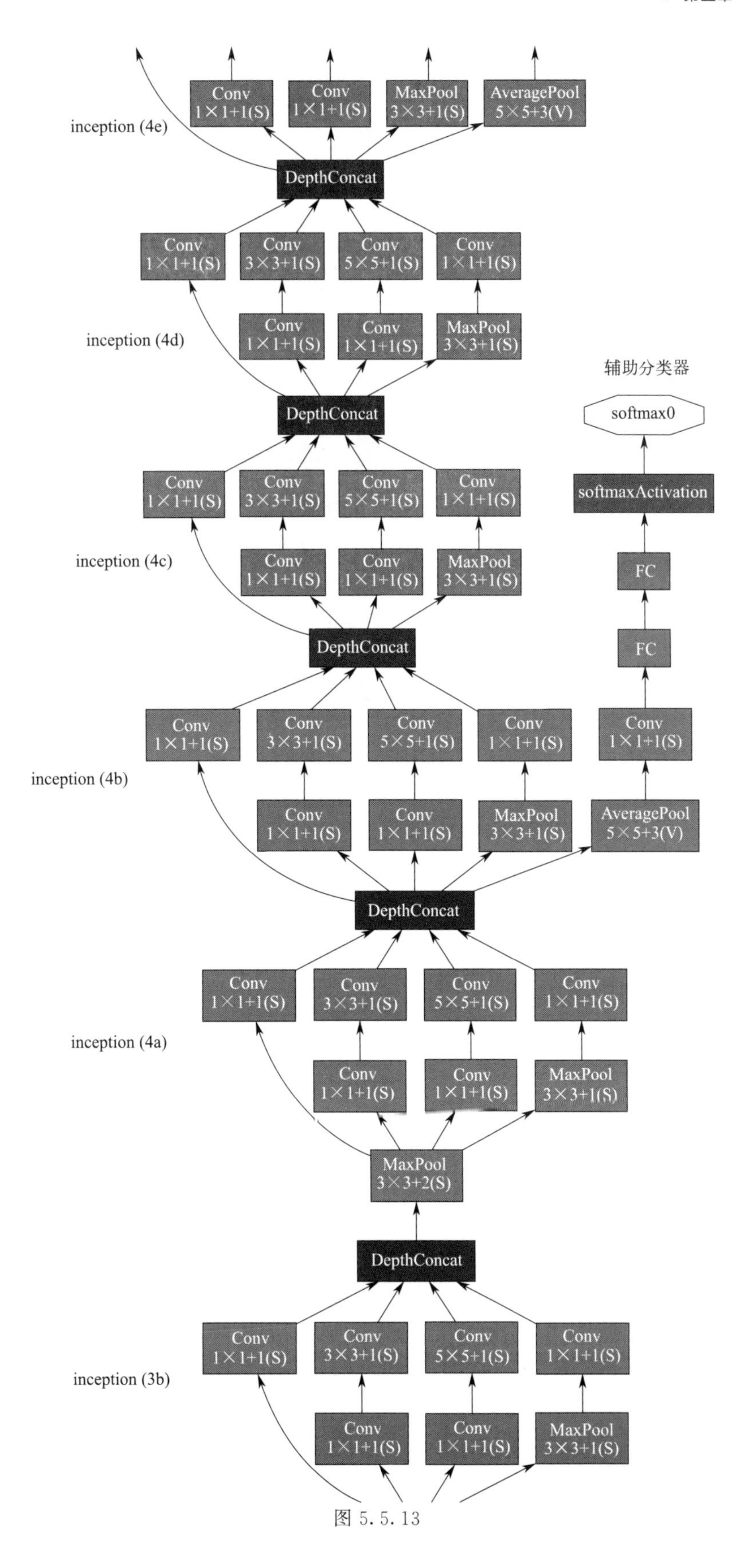
Conv
1×1+1(S)
Conv
1×1+1(S)
MaxPool
3×3+1(S)
AveragePool
5×5+3(V)
inception (4e)
DepthConcat
Conv
1×1+1(S)
Conv
3×3+1(S)
Conv
5×5+1(S)
Conv
1×1+1(S)
inception (4d)
Conv
1×1+1(S)
Conv
1×1+1(S)
MaxPool
3×3+1(S)
辅助分类器
softmax0
DepthConcat
softmaxActivation
Conv
1×1+1(S)
Conv
3×3+1(S)
Conv
5×5+1(S)
Conv
1×1+1(S)
inception (4c)
Conv
1×1+1(S)
Conv
1×1+1(S)
MaxPool
3×3+1(S)
FC
FC
DepthConcat
Conv
1×1+1(S)
Conv
3×3+1(S)
Conv
5×5+1(S)
Conv
1×1+1(S)
Conv
1×1+1(S)
inception (4b)
Conv
1×1+1(S)
Conv
1×1+1(S)
MaxPool
3×3+1(S)
AveragePool
5×5+3(V)
DepthConcat
Conv
1×1+1(S)
Conv
3×3+1(S)
Conv
5×5+1(S)
Conv
1×1+1(S)
inception (4a)
Conv
1×1+1(S)
Conv
1×1+1(S)
MaxPool
3×3+1(S)
MaxPool
3×3+2(S)
DepthConcat
Conv
1×1+1(S)
Conv
3×3+1(S)
Conv
5×5+1(S)
Conv
1×1+1(S)
inception (3b)
Conv
1×1+1(S)
Conv
1×1+1(S)
MaxPool
3×3+1(S)

图 5.5.13

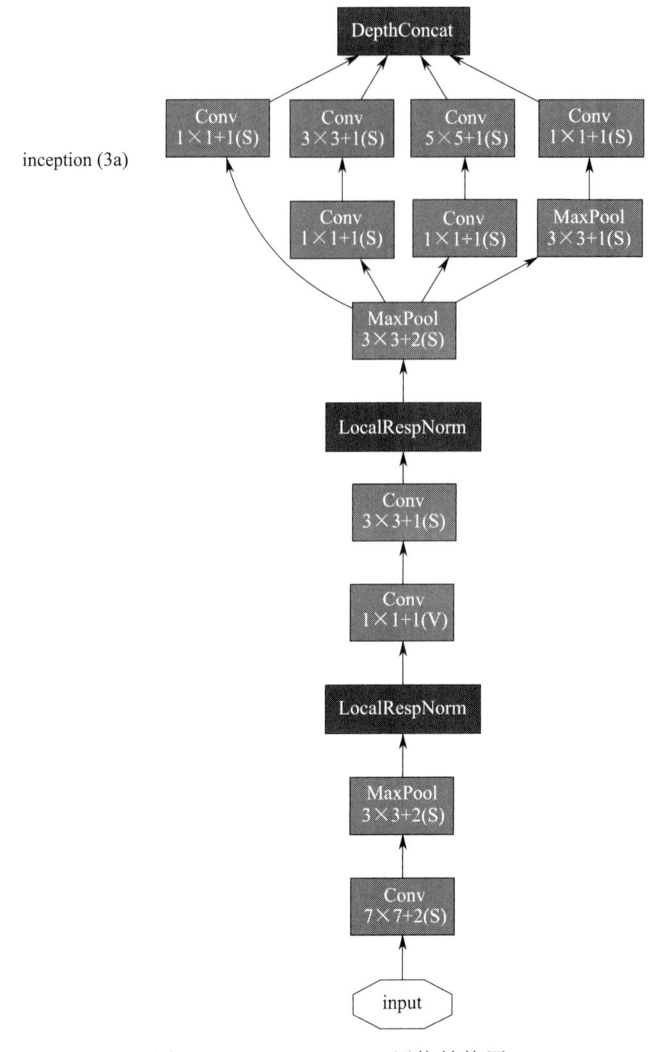

图 5.5.13　GoogLeNet 网络结构图

表 5.5.3　GoogLeNet 网络参数配置

类型	窗口大小/步长	输出特征图大小	层数量	1×1卷积	降维	3×3卷积	降维	5×5卷积	池化	参数量/10^3	乘-加法计算量/10^6
convolution	7×7/2	112×112×64	1	—	—	—	—	—	—	27	34
max pool	3×3/2	56×56×64	0	—	—	—	—	—	—	—	—
convolution	3×3/1	56×56×192	2	—	64	192	—	—	—	112	360
max pool	3×3/2	28×28×192	0	—	—	—	—	—	—	—	—
inception(3a)	—	28×28×256	2	64	96	128	16	32	32	159	128
inception(3b)	—	28×28×480	2	128	128	192	32	96	64	380	304
max pool	3×3/2	14×14×480	0	—	—	—	—	—	—	—	—
inception(4a)	—	14×14×512	2	192	96	208	16	48	64	364	73
inception(4b)	—	14×14×512	2	160	112	224	24	64	64	437	88
inception(4c)	—	14×14×512	2	128	128	256	24	64	64	463	100

续表

类型	窗口大小/步长	输出特征图大小	层数量	1×1卷积	降维	3×3卷积	降维	5×5卷积	池化	参数量/10^3	乘-加法计算量/10^6
inception(4d)	—	14×14×528	2	112	144	288	32	64	64	580	119
inception(4e)	—	14×14×832	2	256	160	320	32	128	128	840	170
max pool	3×3/2	7×7×832	0	—	—	—	—	—	—	—	—
inception(5a)	—	7×7×832	2	256	160	320	32	128	128	1072	54
inception(5b)	—	7×7×1024	2	384	192	384	48	128	128	1388	71
avg pool	7×7/1	1×1×1024	0	—	—	—	—	—	—	—	—
dropout(40%)	—	1×1×1024	0	—	—	—	—	—	—	—	—
linear	—	1×1×1000	1	—	—	—	—	—	—	1000	1
softmax	—	1×1×1000	0	—	—	—	—	—	—	—	—

（5） Inception 模块的改进版本 Inception-v2 和 Inception-v3

GoogLeNet 网络中提出的 Inception 模块后来被称为 Inception version1，简称 Inception-v1，后期很多学者也不断提出 Inception 模块的改进版本，包括 Inception-v2、Inception-v3 和 Inception-v4。

① 设计原则

在了解 Inception-v2 的结构之前，首先需要了解 Inception-v2 设计的思想和初衷，总结起来是 4 个原则。

(a) 原则一：慎用信息压缩，避免信息表征性瓶颈。直观上来说，当卷积不会大幅度改变输入维度时，神经网络可能会执行得更好。过多地减少维度可能会造成信息的损失，这也称为“表征性瓶颈”。为了提高模型分类精度，从输入层到输出层特征维度应缓慢下降，尽量避免使用信息压缩的瓶颈模块，尤其是不要在模型的浅层使用。从图结构角度来看，CNN 模型本质上是一个有向无环图（DAG），其信息自底向上流动，而每一个瓶颈模块的使用都会损失一部分信息，因此当出于计算与存储节省而使用瓶颈模块时，一定要慎重。前期的信息到后面不可恢复，因此尽量不要过度使用信息压缩模块，如不要用 1×1 的卷积核骤降输出特征图的通道数目，尽量在模型靠后的几层使用。

(b) 原则二：网络局部处理中的高维度特征表达。高维度特征表达在网络的局部中处理起来更加容易。暂不考虑计算与内存开销增加的负面因素，增加每层卷积核数量可以增强其表达能力。简单理解，可以认为每个卷积核都具有发现不同模式的能力，因此增加卷积核个数，能够从不同角度去描述输入信号，增强其表达能力。另外，增加卷积神经网络每个神经元的激活值会更多地解耦合特征，使得网络训练更快。网络训练快是指整体所需要的迭代次数少，而不是整体训练所需的时间少。

(c) 原则三：低维嵌入（将高维数据映射到低维空间的过程）上的空间聚合。可以在较低维的嵌入上进行空间聚合，而不会损失很多表示能力。例如，在进行更分散（如 3×3）的卷积之前，可以减小输入表示的尺寸，而不会出现严重的不利影响。之所以这样做，原因在于低维空间降维期间相邻单元之间相关性很强，降维丢失的信息较少。鉴于这些信号应易于压缩，因此降维可以促进更快的学习。

(d) 原则四：平衡网络的深度与宽度。谷歌公司的研究人员将深度学习网络的设计问题视为一个在计算、内存资源限定情况下的结构优化问题，即通过有效组合、堆加各种层/模块，最终使得模型分类精度更高。后期大量实验表明，CNN 设计一定要将深度与宽度相匹配，换句话说“瘦高”或“矮胖”的 CNN 不如深宽匹配度高的网络。

② Inception-v2 和 Inception-v3 核心技术

(a) 批归一化技术。批归一化（batch normalization，BN）技术在用于神经网络某层时，会对每一个 minibatch 数据的内部进行标准化处理，使输出规范化到 $N(0, 1)$ 的正态分布，减少了内部神经元分布的改变。BN 技术提出后得到广泛应用。相关文献指出，传统的深度神经网络在训练时，每一层输入的分布都在变化，导致训练变得困难，因此在使用 BN 之前，只能使用一个很小的学习率解决这个问题。而对每一层使用 BN 后，就可以有效地解决这个问题，学习率可以增大很多倍，达到之前的准确率所需要的迭代次数减少为原来的 1/10 甚至更少，训练时间大大缩短。因为 BN 某种意义上还起到了正则化的作用，所以可以减少或者取消 dropout，简化网络结构。

(b) 基于大滤波器尺寸分解卷积。可以将大尺寸的卷积分解成多个小尺度的卷积来减少计算量。比如，将一个 5×5 卷积分解成两个 3×3 的卷积串联，如图 5.5.14 所示。假设 5×5 和两级 3×3 卷积输出的特征数相同，那两级 3×3 卷积的计算量就是前者的(3×3+3×3)/(5×5)=18/25。为了便于表示，将图 5.5.14(b) 所示的 Inception 模块表示为 InceptionA。

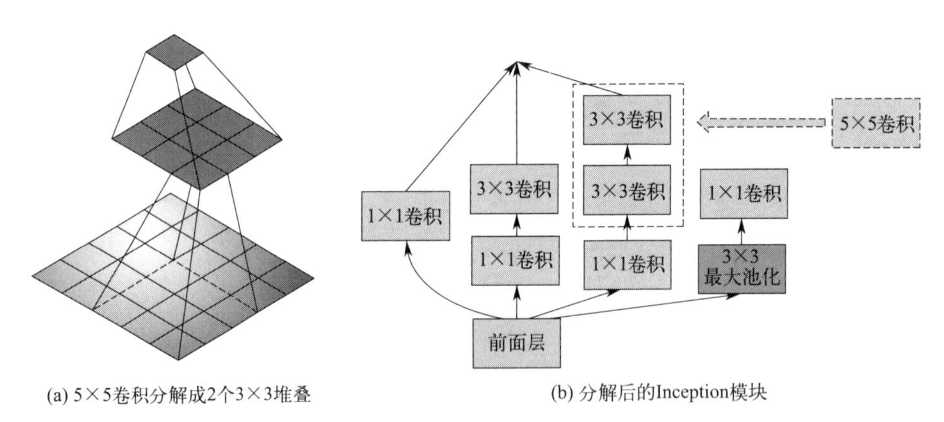

图 5.5.14　5×5 的卷积分解

(c) 不对称卷积分级。上面的卷积分解方案减小了参数数量，同时也减小了计算量。但随后也出现了两个困惑。第一，这种分解方案是否影响特征表达，是否会降低模型的表达能力？第二，如果这种方案的目的是因式分解计算中的线性部分，那么是否在第一个 3×3 层使用线性激活？为此，研究人员进行了对照实验，一组采用了两层 ReLU，另一组采用线性和 ReLU。结果发现，线性和 ReLU 的效果总是低于两层 ReLU。产生这种差距的原因是多一层的非线性激活可以使网络学习特征映射到更复杂的空间，尤其是当对激活函数使用了批归一化技术。

既然大于 3×3 的卷积可以分解成 3×3 的卷积，是否继续考虑将其分解成更小的卷积核？当然很容易想到将 3×3 分解成两个 2×2 的卷积核，实际中没有采用这种对称分解，而是将 3×3 的卷积核分解成 1×3 和 3×1 卷积的串联，这种分解被称为非对称分解。原因在于，采用非对称分解后，能节省 33%的计算量，而将 3×3 卷积分解为两个 2×2 卷积仅节省了 11%的计算量。3×3 卷积分解如图 5.5.15 所示。为了便于表示，将图 5.5.15(b) 所示的 Inception 模块表示为 InceptionB。

当然在理论上可以更进一步，任意的 $n\times n$ 卷积都可以被 $1\times n$ 加上 $n\times 1$ 卷积核来代替，而且随着 n 的增大，节省的参数和计算量将激增。研究表明，这种因式分解在网络浅层似乎效果不佳，但是对于中等大小的特征图有着非常好的效果（12～20 的特征图）。

(d) 宽度扩展卷积分解。为了便于表示，将图 5.5.16 所示的 Inception 模块表示为 InceptionC。根据前面所述，按照前面三个原则来构建三种不同类型的 Inception 模块，分别如图 5.5.14(b)、图 5.5.15(b)、图 5.5.16 所示，按引入顺序称为 InceptionA、InceptionB 和 InceptionC，使用“A、B、C”作为名称只是为了叙述方便。

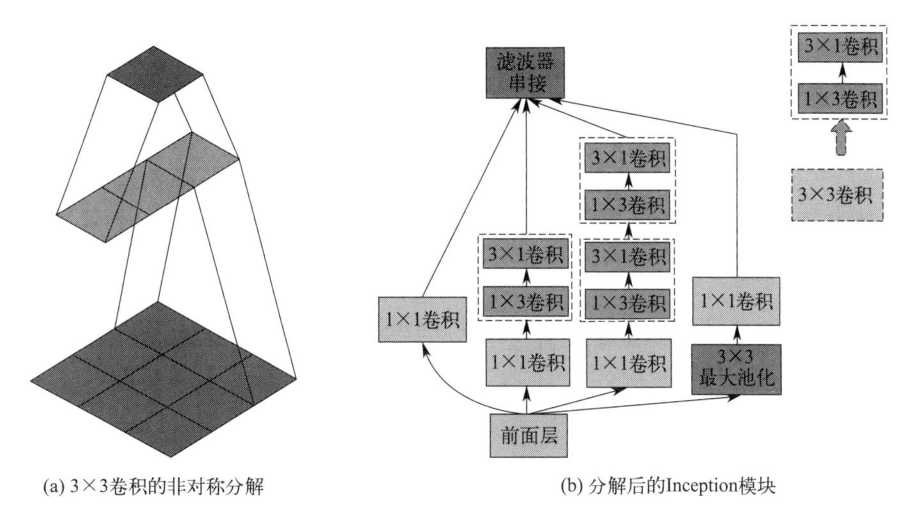

(a) 3×3卷积的非对称分解　　(b) 分解后的Inception模块

图 5.5.15　3×3 的卷积分解

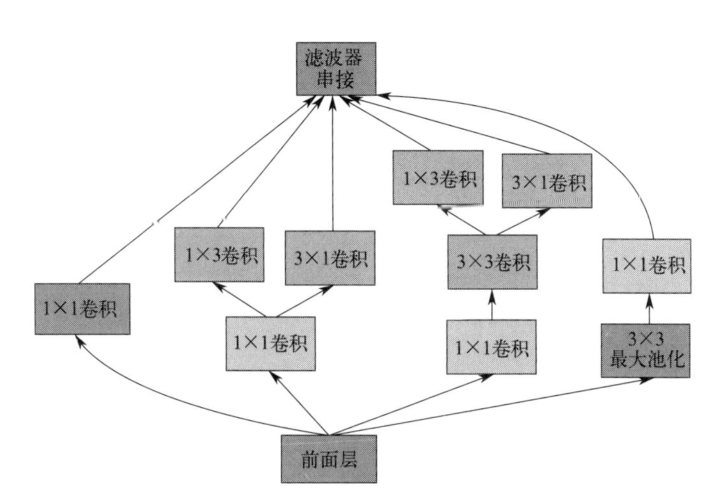

图 5.5.16　宽度拓展卷积分解

(e) 辅助分类技术。在 Inception-v1 构建的 CoogLeNet 网络中引入辅助分类器的概念，以改善非常深层网络的收敛性。最初的目标是将有用的梯度推到较低的层，以使它们立即可用，并通过在非常深的网络中解决消失的梯度问题来提高训练期间的收敛性。也有其他学者

进一步证实辅助分类器可以促进更稳定的学习和更好的收敛。然而，后期 Szegedy 等发现辅助分类器并未在训练初期改善收敛性：在两个模型都达到高精度之前，有无辅助分类器的网络训练进程似乎相同。在训练快要结束时，带有辅助分支的网络开始超越没有任何辅助分支的网络的精度，并达到略高的平稳期。

研究表明，在网络训练的不同阶段使用两个辅助分类项，但删除下部辅助分支不会对网络的最终质量产生任何不利的影响。因此，Szegedy 改变了他们先前的看法，认为可以把辅助分类器充当正则化器。为此，他们在辅助分类损失项对应的全连接层中添加了批归一化和 dropout，结果获得了一定的提升，这也为批处理归一化能充当正则化作用的想法提供了少量的证据支持。

(f) 网络约简技术。传统的卷积网络会使用池化操作来减小特征图的大小。为了避免特征表达瓶颈，在进行池化之前都会扩大网络特征图的数量。例如，有 K 个 $d\times d$ 的特征图，如果变成 $2K$ 个 $(d/2)\times(d/2)$ 的特征图，那么可以采用两种方式：一是先卷积再池化。先构建一个步长为 1、$2K$ 个卷积核的卷积层，再进行池化。这意味着总计算开销将由大特征图上进行的卷积运算所主导，约 $2d^2K^2$ 次操作。二是先池化后卷积。计算量就变为 $2(d/2)^2K^2$，计算量变为第一种方法的 1/4。但第二种方法会引入表达瓶颈问题，因为特征的整体维度由 d^2K^2 变成了 $(d/2)^2\times 2K$，这导致网络的表达能力减弱。图 5.5.17 给出了两种网络的简约技术，其中 $d=35$，$K=320$。

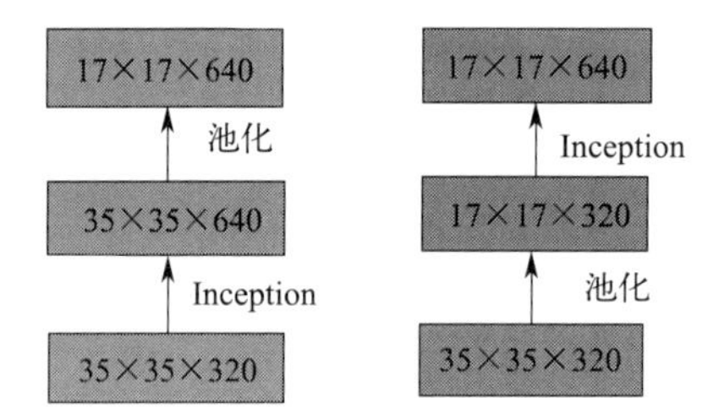

图 5.5.17　两种经典网络约简技术

为了克服表达瓶颈问题，Inception-v2 采用了一种更高效的数据压缩方式，即网格约简技术。为了将特征图的大小压缩为 1/2 大小，同时通道数量变为 2 倍，采用了一种类似 Inception 的约简结构，同时做池化和卷积，步长为 2，再将两者结果堆叠起来，实现了特征图的压缩和通道的扩增。这种方法既能够减少计算开销，也能避免表达瓶颈。新型网络约简技术如图 5.5.18 所示。

(g) 标签平滑正则。标签平滑正则（label-smoothing regularization，LSR）是一种通过估计标签丢弃 ε 的组合。

将类别标签 k 的分布计算看作两点：一是将类别标签设为真实类别标签，$k=y$；二是采用平滑参数 ε，从分布 $u(k)$ 中的采样值来取代 k。

Inception-v3 采用：

$$q'(k|x)=(1-\varepsilon)\delta_{k,y}+\varepsilon\frac{1}{K} \tag{5.20}$$

故称为类别标签平滑正则化（LSR）。LSR 交叉熵变为：

$$H(q',p)=-\sum_{k=1}^{K}q'(k)\lg(p(k))=(1-\varepsilon)H(q,p) \tag{5.21}$$

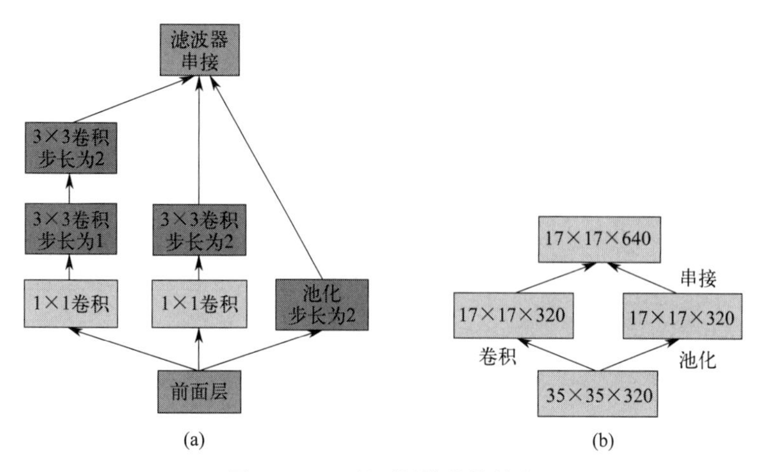

图 5.5.18 新型网络约简技术

等价于将单个交叉熵损失函数 $H(q, p)$ 替换为损失函数 $H(q, p)$ 和 $H(u, p)$ 的加权和。损失函数 $H(u, p)$ 惩罚了预测的类别标签分布 p 相对于先验分布 u 的偏差，根据相对权重$\frac{\varepsilon}{1-\varepsilon}$。该偏差也可以从 KL 分歧的角度计算，因为 $H(u,p)=D_{KL}(u||p)+H(u)$，当 u 均匀分布时，$H(u, p)$ 评价预测的概率分布 p 与均匀分布 u 间的偏离程度。

(h) Inception-v2 网络组成。表 5.5.4 给出了 Inception-v2 网络结构。由前面知识可知，普通卷积后，输出特征图平面尺寸变为（原平面尺寸－卷积核尺寸）/步长＋1；而补零卷积不改变平面尺寸，只是将输入通道数变成卷积核个数，因此卷积核个数也就是新通道数。前面的 7 行是经典卷积层、池化层。前 3 行将传统的 7×7 卷积核分解为三个 3×3 卷积串接，并且在第一个卷积处就通过步长为 2 来降低分辨率。而后面的 5~7 行卷积也一样，但分辨率降低时通过本组的第二个卷积来实现。对于网络的 Inception 部分，在 35×35 处有 3 个传统的 Inception 模块[图 5.5.14(b)]，每个模块有 288 个过滤器。采用网格约简技术，将其缩减为具有 768 个滤波器的 17×17 网格。之后是如图 5.5.15(b) 所示的 5 个因式分解 Inception 模块的实例，利用图 5.5.18 所示的网络约简技术将其缩减为 8×8×1280 图像。在最粗糙的 8×8 级别，有两个图 5.5.16 所示 Inception 模块，每个图块的串联输出滤波器组大小为 2048。

表 5.5.4 Inception-v2 网络结构

行号	类型	输入图像	尺度/步长、滤波器数	输出图像
1	卷积	299×299×3	3×3/2、32 个	149×149×32
2	卷积	149×149×32	3×3/1、32 个	147×147×32
3	补零卷积	147×147×32	3×3/1、64 个	147×147×64
4	池化	147×147×64	3×3/2	73×73×64
5	卷积	73×73×64	3×3/1、80 个	71×71×80
6	卷积	71×71×80	3×3/2、192 个	35×35×192
7	补零卷积	35×35×192	3×3/1、288 个	35×35×288
8	3×Inception	35×35×288	如图 5.5.14(b)所示	17×17×768

续表

行号	类型	输入图像	尺度/步长、滤波器数	输出图像
9	5×Inception	17×17×768	如图 5.5.15(b)所示	8×8×1280
10	2×Inception	8×8×1280	如图 5.5.16 所示	8×8×2048
11	池化	8×8×2048	8×8	1×1×2048
12	线性	1×1×2048	—	1×1×1000
13	softmax	1×1×1000	分类器	1×1×1000

模型结果与旧的 GoogLeNet 相比有较大提升，如表 5.5.5 所示。

表 5.5.5　Inception-v2 识别结果

网络	Top-1 误差/%	Top-5 误差/%
GoogLeNet	29	9.2
BN-GoogLeNet	26.8	—
BN-Inception	25.2	7.8
Inception-v2	23.4	—
Inception-v2(RMSProp)	23.1	6.3
Inception-v2(label-smoothing)	22.8	6.1
Inception-v2(factorized-7×7)	21.6	5.8
Inception-v2(BN-auxiliary)	21.2	5.6

(i) Inception-v3 网络组成。Inception-v3 的结构是 Inception-v2 版本的升级，除了上面的优化操作，还使用了四种技术：一是采用了 RMSProp 优化器，这是常用的一种神经网络优化算法；二是采用了非对称因式分解的 7×7 卷积，对于将 $n \times n$ 的卷积分解成 $n \times 1$ 和 $1 \times n$ 卷积时，发现在网络的前层这样进行卷积分解起不到多大作用，不过在网络网格为 $m \times m$(m 在 [12，20] 之间) 时结果较好，因此这里将 7×7 卷积直接分解成 1×7 和 7×1 的串联；三是辅助分类器使用了批归一化技术；四是将标签平滑技术用于辅助函数的正则化项，如前面技术细节所示，防止网络对某一类别过分自信，出现过拟合现象。

5.5.5　ResNet

(1) 残差网络的提出缘由

残差网络（residual network，ResNet）于 2015 年提出，在 ImageNet 比赛分类任务上获得第一名。因为它“简单与实用”并存，之后很多方法都是建立在 ResNet50 或者 ResNet101 的基础上完成的，例如检测、分割和识别等领域都纷纷使用 ResNet。而且由于其优越的性能，在 AlphaGo-Zero 的版本中也采用残差网络替代经典卷积神经网络。

实际研究过程中发现，随着网络深度的增加，会出现一种模型退化现象。模型退化就是当网络越来越深时，模型的训练准确度会趋于平缓，但是测试误差会变大，或者训练误差和测试误差都变大（这种情况不是过拟合）。换句话说，模型层数的增加并没有导致性能的提升，而是导致模型性能的下降，这种现象称为模型退化。例如，假设一个最优化的网络结构有 10 层，当设计网络结构时，由于预先不知道最优网络结构的层数，假设设计了一个 20 层网络，那么就会有 10 个冗余层，这对建模显然没有好处。很容易想到，能否让中间多余的层数变成恒等映射，也就是经过恒等映射层时输入与输出完全一样。但是，往往模型很难将这 10 层恒等映射的参数学习正确，因此出现退化现象，其核心原因在于冗余的网络层学习了非恒等映射的参数。

为此，提出了残差网络。与传统深度学习利用多个堆叠层直接拟合期望特征映射的过程不同，残差网络显式地用多个堆叠层拟合一个残差映射。

（2）残差网络基本原理

残差网络的基本结构如图 5.5.19 所示，是带有跳跃的结构。可见图中有一个捷径链接或直连，这个直连实现恒等映射。假设期望的特征映射为 $H(x)$，而堆叠的非线性层拟合的是另一个量 $F(x)=H(x)-x$，那么一般情况下最优化残差映射比最优化期望的映射更容易，也就是 $F(x)=H(x)-x$ 比 $F(x)=H(x)$ 更容易优化。比如，极端情况下期望的映射要拟合的是恒等映射，此时残差网络的任务是拟合 $F(x)=0$，普通网络拟合 $F(x)=x$，很明显前者更容易优化。通过这种残差网络结构，结构的网络层数可以很深，且最终的分类效果也非常好。

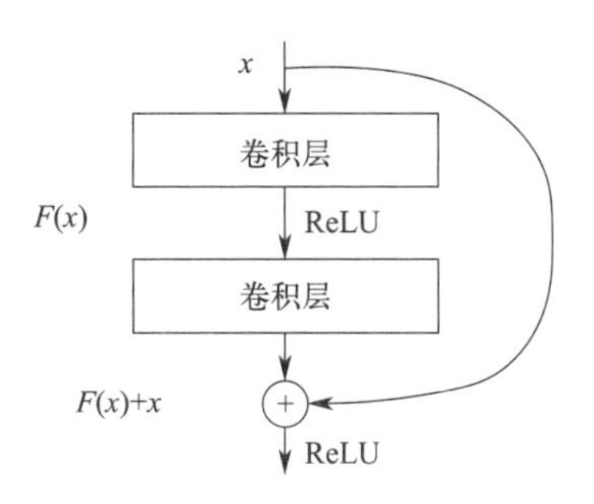

图 5.5.19　残差网络结构

图 5.5.20 给出了一个 34 层的残差网络结构图。经过直连后，$H(x)=F(x)+x$，但图中出现了实线连接和虚线连接的情况。

(a) 实线连接表示通道相同，如图 5.5.20 的第一个方格底纹矩形和第二个方格底纹矩形，都是 3×3×64 的特征图，由于通道相同，所以采用计算方式为 $H(x)=F(x)+x$。

(b) 虚线连接表示通道不同，如图 5.5.20 的第一个斜线底纹矩形和第三个斜线底纹矩形，分别是 3×3×64 和 3×3×128 的特征图，通道数不同，采用的计算方式为 $H(x)=F(x)+Wx$，其中 W 为卷积操作，用来调整 x 维度。

除了上面提到的两层残差学习单元，还有三层的残差学习单元，如图 5.5.21 所示。图中所示两种结构分别针对 ResNet34[图 5.5.21(a)]和 ResNet50/101/152[图 5-21(b)]，一般把图 5.5.21(a) 和 (b) 所示的结构称为一个残差模块，其中图 5.5.21(a) 是普通模块，图 5.5.21(b) 是“瓶颈设计模块”，采用这种结构的目的就是降低参数数量。从图中可以看出，第一个 1×1 的卷积把 256 维的通道数降到 64 维，然后在 64 维通道数上进行卷积，最后再通过 1×1 的卷积将通道数进行恢复，图 5.5.21(b) 中用到的参数为 1×1×256×64+3×3×64×64+1×1×64×256=69632 个，而不使用“瓶颈设计模块”的参数数量则是 3×3×256×256×2=1179648 个。

34层残差网络
图片
7×7卷积层,64/2
池化, /2
3×3卷积层,64
3×3卷积层,64
3×3卷积层,64
3×3卷积层,64
3×3卷积层,64
3×3卷积层,64
3×3卷积层,128/2
3×3卷积层,128
3×3卷积层,128
3×3卷积层,128
3×3卷积层,128
3×3卷积层,128
3×3卷积层,128
3×3卷积层,128
3×3卷积层,256/2
3×3卷积层,256
3×3卷积层,256
3×3卷积层,256
3×3卷积层,256
3×3卷积层,256
3×3卷积层,256
3×3卷积层,256
3×3卷积层,256
3×3卷积层,256
3×3卷积层,256
3×3卷积层,256
3×3卷积层,512/2
3×3卷积层,512
3×3卷积层,512
3×3卷积层,512
3×3卷积层,512
3×3卷积层,512
平均池化
FC 1000

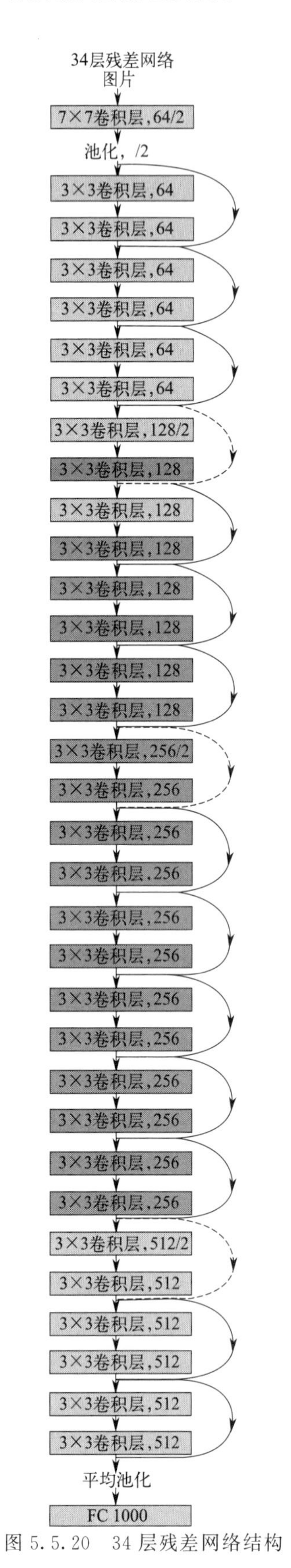

图 5.5.20　34 层残差网络结构

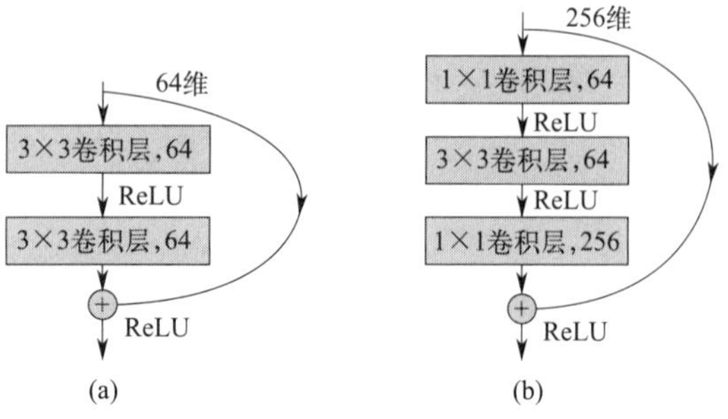

64维
3×3卷积层,64
ReLU
3×3卷积层,64
ReLU
(a)
256维
1×1卷积层,64
ReLU
3×3卷积层,64
ReLU
1×1卷积层,256
ReLU
(b)

图 5.5.21　两种 ResNet 层设计

同样，在由 1000 个类组成的 ImageNet 2012 分类数据集上评估，模型在 128 万训练图像上进行训练，并对 50000 张验证图像进行评估，其中分别采用了 18 层和 34 层普通网。图 5.5.22 给出了性能对比，图 5.5.22(a) 是普通网络性能图，图 5.5.22(b) 是残差网络性能图。从图中可以看出：采用普通网络，网络出现退化现象；采用残差网络，深层网络性能得到优化提升。

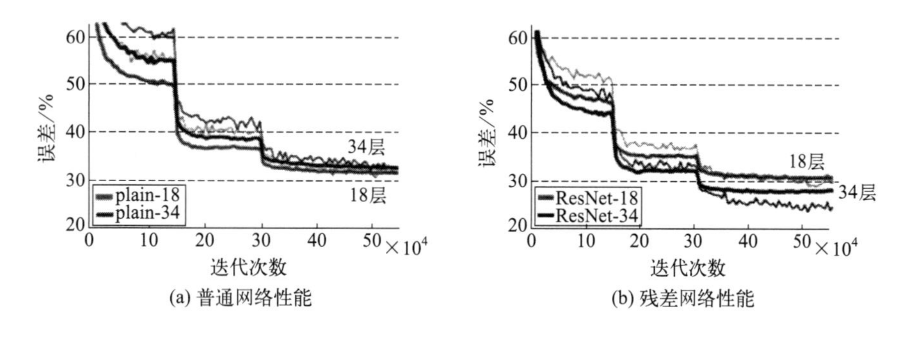

图 5.5.22　性能对比

表 5.5.6 列出了不同层数时模型参数配置，给出了不同 5 种残差网络的结构，深度分别是 18、34、50、101 和 152。首先都通过一个 7×7 的卷积层，接着是一个最大池化，之后就是堆叠残差块，其中 50、101、152 层的残差网络使用的残差块是“瓶颈”结构，各网络中残差块个数从左到右依次是 8、16、16、33、50。此外，在网络最后层通常连接一个全局平均池化，好处是使参数不需要最优化防止过拟合，对输入与输出的空间变换更具有鲁棒性，加强了特征映射与类别的一致性。

表 5.5.6　不同层数时模型参数配置

层名	输出尺寸	18-layer	34-layer	50-layer	101-layer	152-layer
conv1	112×112	7×7,64,stride2				
conv2_x	56×56	3×3max pool,stride 2				
		$\begin{bmatrix}3\times3,64\\3\times3,64\end{bmatrix}\times2$	$\begin{bmatrix}3\times3,64\\3\times3,64\end{bmatrix}\times3$	$\begin{bmatrix}1\times1,64\\3\times3,64\\1\times1,256\end{bmatrix}\times3$	$\begin{bmatrix}1\times1,64\\3\times3,64\\1\times1,256\end{bmatrix}\times3$	$\begin{bmatrix}1\times1,64\\3\times3,64\\1\times1,256\end{bmatrix}\times3$
conv3_x	28×28	$\begin{bmatrix}3\times3,128\\3\times3,128\end{bmatrix}\times2$	$\begin{bmatrix}3\times3,128\\3\times3,128\end{bmatrix}\times4$	$\begin{bmatrix}1\times1,128\\3\times3,128\\1\times1,512\end{bmatrix}\times4$	$\begin{bmatrix}1\times1,128\\3\times3,128\\1\times1,512\end{bmatrix}\times4$	$\begin{bmatrix}1\times1,128\\3\times3,128\\1\times1,512\end{bmatrix}\times8$
conv4_x	14×14	$\begin{bmatrix}3\times3,256\\3\times3,256\end{bmatrix}\times2$	$\begin{bmatrix}3\times3,256\\3\times3,256\end{bmatrix}\times6$	$\begin{bmatrix}1\times1,256\\3\times3,256\\1\times1,1024\end{bmatrix}\times6$	$\begin{bmatrix}1\times1,256\\3\times3,256\\1\times1,1024\end{bmatrix}\times23$	$\begin{bmatrix}1\times1,256\\3\times3,256\\1\times1,1024\end{bmatrix}\times36$

续表

层名	输出尺寸	18-layer	34-layer	50-layer	101-layer	152-layer
conv5_x	7×7	$\begin{bmatrix}3\times3,512\\3\times3,512\end{bmatrix}\times2$	$\begin{bmatrix}3\times3,512\\3\times3,512\end{bmatrix}\times3$	$\begin{bmatrix}1\times1,512\\3\times3,512\\1\times1,2048\end{bmatrix}\times3$	$\begin{bmatrix}1\times1,512\\3\times3,512\\1\times1,2048\end{bmatrix}\times3$	$\begin{bmatrix}1\times1,512\\3\times3,512\\1\times1,2048\end{bmatrix}\times3$
—	1×1	average pool,1000-d fc,softmax				
FLOPs		1.8×10^9	3.6×10^9	3.8×10^9	7.6×10^9	11.3×10^9

注:FLOPs 指计算机每秒浮点运算次数。

（3） Inception-v4

Inception-v4 网络中，对 Inception 块的每个网格大小进行了统一，结构如图 5.5.23 所示。图（a）为总结构图，图（b）为 stem 模块的结构。其中，所有图中没有标记“V”的卷积使用相同尺寸填充原则，即其输出网格与输入的尺寸正好匹配；使用“V”标记的卷积使用有效卷积填充原则，即每个单元输入块全部包含在前几层中，同时输出激活图的网格尺寸也相应会减少。

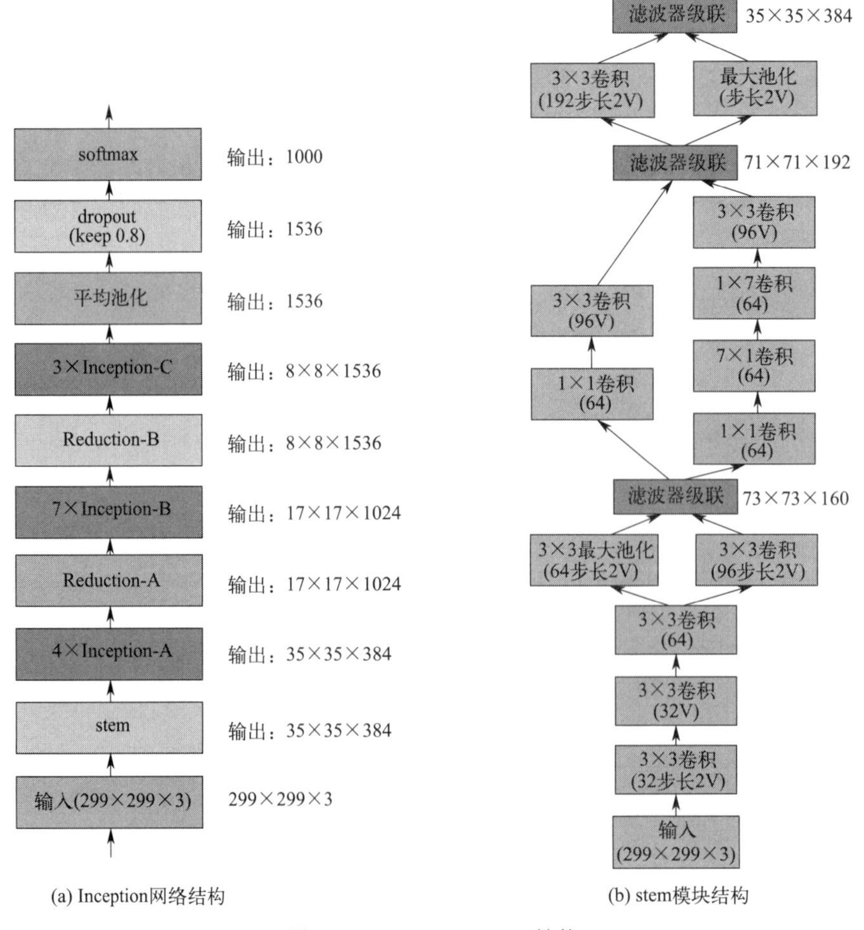

图 5.5.23 Inception-v4 结构

从图 5.5.23(b) 分析可知，输入经过 32 个步长为 2 的有效卷积，则输出特征图尺寸变成 149×149×32，其中(299－3)/2＋1＝149；因此依次进行卷积运算，可以得到级联后的特征图为 73×73×160，其中通道数是 64＋96＝160，在第一个滤波器级联和第二个滤波器级联之间可以看到，左侧先后经过 1×1 和 3×3 有效卷积，尺寸变为 71×71×96，其中平面尺寸 71×71 由 73－3＋1＝71 得来，右侧经过 1×1、7×1、1×7 和 3×3 有效卷积，前三个卷积不改变平面尺寸，而 3×3 有效卷积同样使得平面尺寸变为 71×71，而通道数为 96，因此滤波器级联后的特征图为 71×71×192，经过卷积和池化后尺寸变为 35×35×384。

图 5.5.24 给出了 Inception-v4 网络中的模块结构，其中图（a）是 35×35 网络块框架［对应图 5.5.23(a) 中的 Inception-A 模块］，图（b）是 17×17 网络块框架［对应图 5.5.23(a) 中的 Inception-B 模块］；图（c）是 8×8 网络块框架［对应图 5.5.23(a) 中的 Inception-C 模块］。

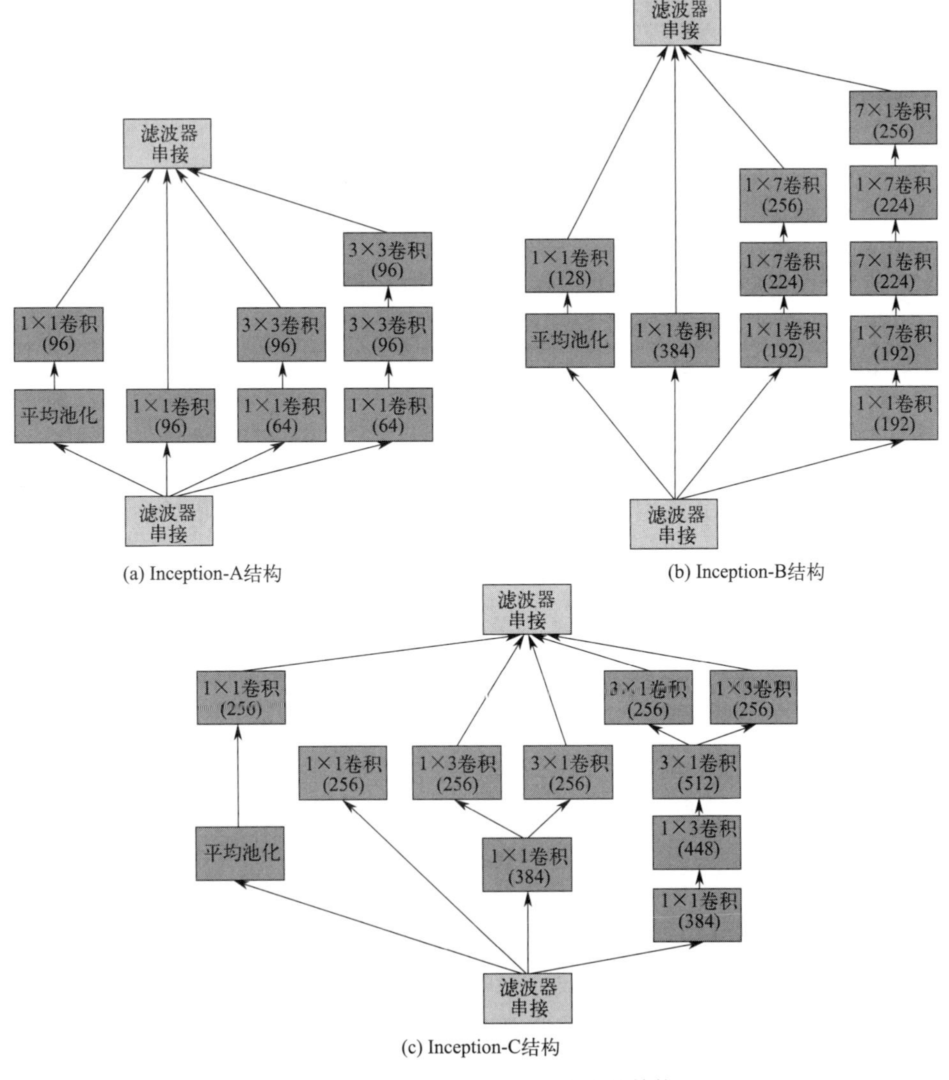

图 5.5.24　Inception-v4 网络中的结构

图 5.5.25 给出了 Inception-v4 网络中的约简（Reduction）模块结构，其中图（a）将 35×35 网络约简到 17×17 的网络，图（b）将 17×17 网络约简到 8×8 的网络。需要注意的是，Reduction-A 模块是一种通用结构。由图中可以看出，k、l、m、n 分别为 1×1 卷积、7×1 卷积、3×3 卷积、3×3 卷积的卷积核个数。不同的网络结构中，其参数不同。Inception-v4 网络、后续残差网络 Inception-ResNet 的两种版本都采用这个 Reduction-A 模块，只是 k、l、m、n 的个数不同。Inception-v4 中 k、l、m、n 分别为 192、224、256 和 384。

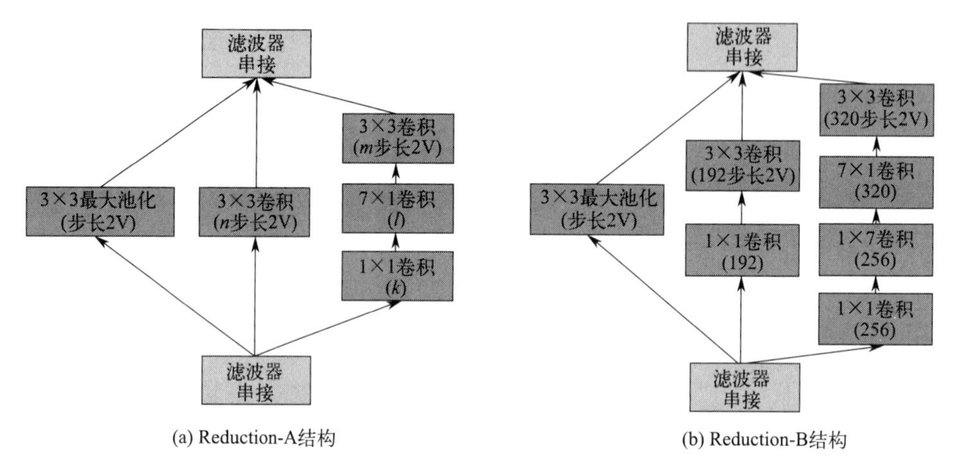

图 5.5.25　Inception-v4 中的 Reduction 模块结构

（4） Inception-ResNet

相较最初的 Inception 模块，其残差版本采用了更精简的 Inception 模块。每个 Inception 模块后紧连接着滤波层（没有激活函数的 1×1 卷积）进行维度变换，以实现输入的匹配，这样补偿了在 Inception 块中的维度降低。残差网络在提出后，为了更好验证性能，在残差网络中尝试了不同的 Inception 版本，一个是"Inception-ResNet-v1"，计算代价跟 Inception-v3 大致相同，另一个"Inception-ResNet-v2"，计算代价跟 Inception-v4 网络基本相同。Inception-ResNet 的两个版本结构基本相同，只是细节不同。图 5.5.26 给出了 Inception-ResNet 的结构图。图 5.5.26(a) 为 Inception-ResNet 结构，其中包括了 Inception-ResNet-A、Inception-ResNet-B 和 Inception-ResNet-C 三种类型的模块，但两个版本的上述类型的 Inception 模块细节有差异；图 5.5.26(b) 为 Inception-ResNet-v1 的 stem 模块，而 Inception-ResNet-v2 的 stem 模块与 Inception-4 的 stem 模块相同。这里仍补充说明，图 5.5.26(b) 中的 stem 模块中给出了步长和卷积的类型，"V"仍然代表有效卷积，因此尺寸会缩小。

Inception-ResNet-v1 和 Inception-ResNet-v2 两个版本的网络中对应的 Inception-ResNet-A 模块如图 5.5.27 所示。其平面尺寸分别为 35×35，经过不同尺寸的卷积后，获得了感知度的特征图，进行级联后再通过 1×1 的无激活的线性卷积变换通道数，分别将通道数变换为 256 和 384。

Inception-ResNet-vl 和 Inception-ResNet-v2 两个版本的网络中对应的 Inception-Res-

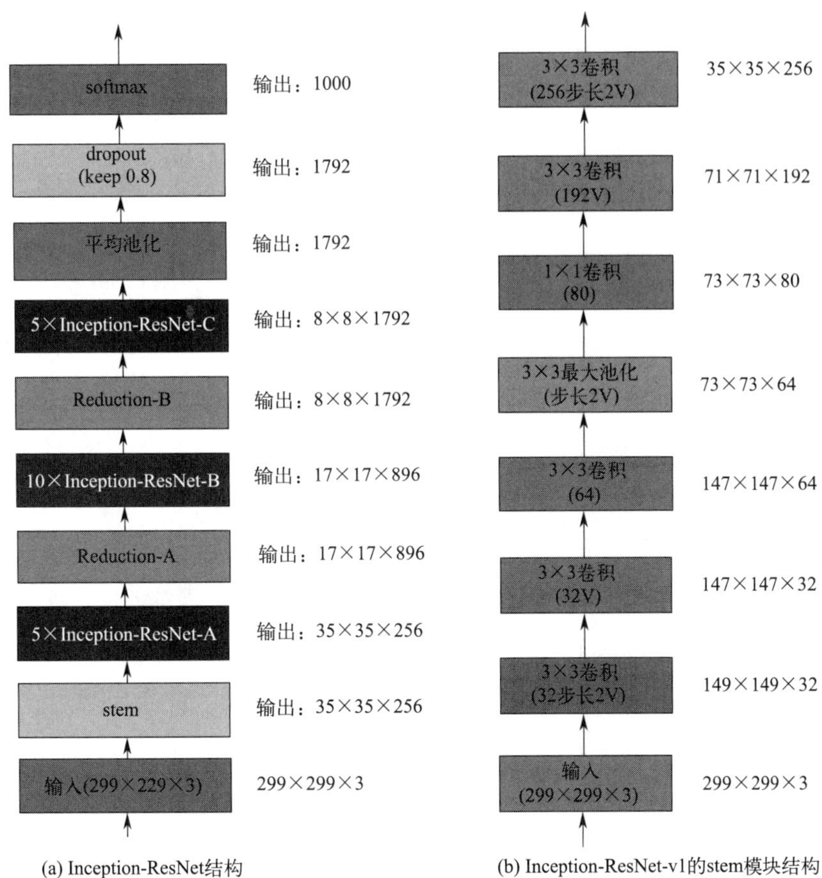

图 5.5.26　Inception-ResNet 网络结构

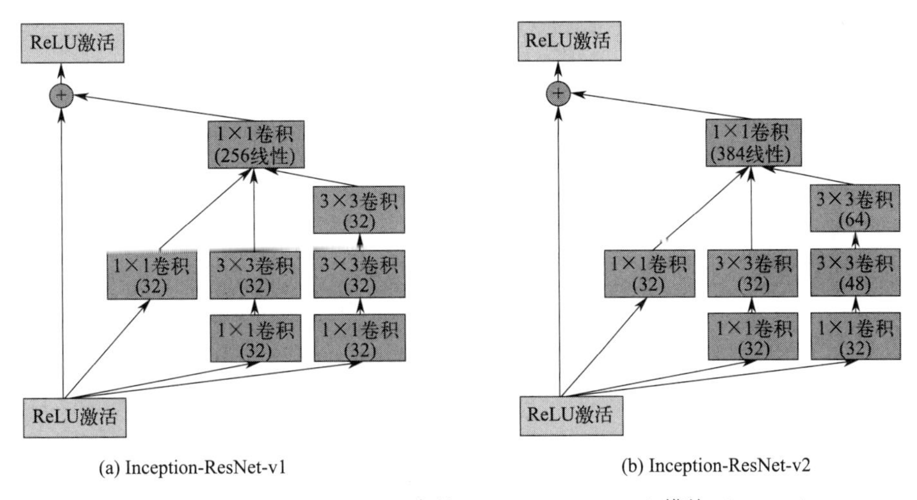

图 5.5.27　Inception-ResNet 中的 Inception-ResNet-A 模块（35×35）

Net-B 模块如图 5.5.28 所示。其平面尺寸分别为 17×17。经过不同尺寸的卷积后，获得了感知度的特征图，进行级联后再通过 1×1 的无激活的线性卷积变换通道数，分别将通道数变换为 896 和 1154。

Inception-ResNet-v1 和 Inception-ResNet-v2 两个版本的网络中对应的 Inception-Res-

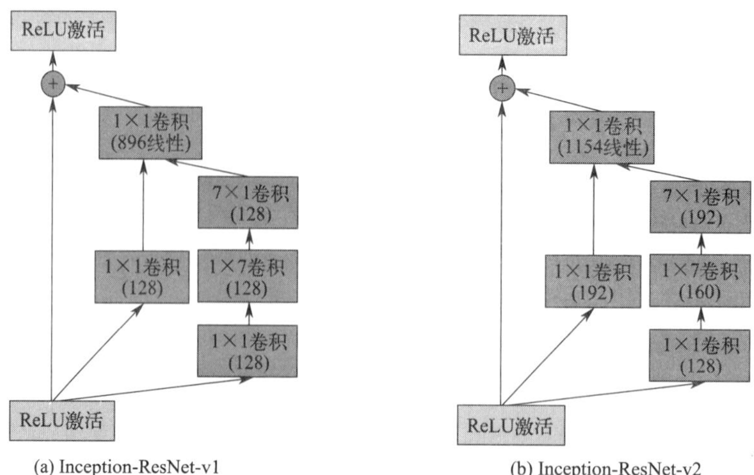

图 5.5.28　Inception-ResNet 中的 Inception-ResNet-B 模块

Net-C 模块如图 5.5.29 所示。其平面尺寸分别为 8×8，经过不同尺寸的卷积后，获得了感知度的特征图，进行级联后再通过 1×1 的无激活的线性卷积变换通道数，分别将通道数变换为 1792 和 2048。

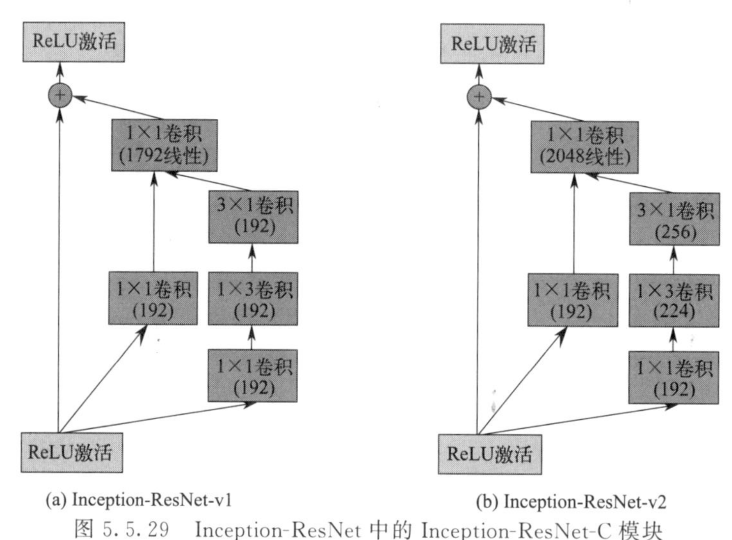

图 5.5.29　Inception-ResNet 中的 Inception-ResNet-C 模块

Inception-ResNet-v1 和 Inception-ResNet-v2 对应的 35×35 到 17×17 的 Reduction-A 模块与 Inception-v4 中的一样，如图 5.5.25(a) 所示；Inception-ResNet-v1 和 Inception-ResNet-v2 对应的 17×17 变为 8×8 模块，即 Reduction-B 模块，如图 5.5.30 所示。

(5) 基于 ResNet18 网络完成图像分类

① 数据预处理

(a) 数据集介绍。CIFAR-10 数据集包含了 10 种不同类别的 60000 张图像，其中每个类别的图像都是 6000 张，图像大小均为 32×32 像素（图 5.5.31）。

(b) 数据读取。在本实验中，将原始训练集拆分成了 train_set、dev_set 两个部分，分别包括 40000 条和 10000 条样本。将 data_batch_1 到 data_batch_4 作为训练集，data_batch_5 作为

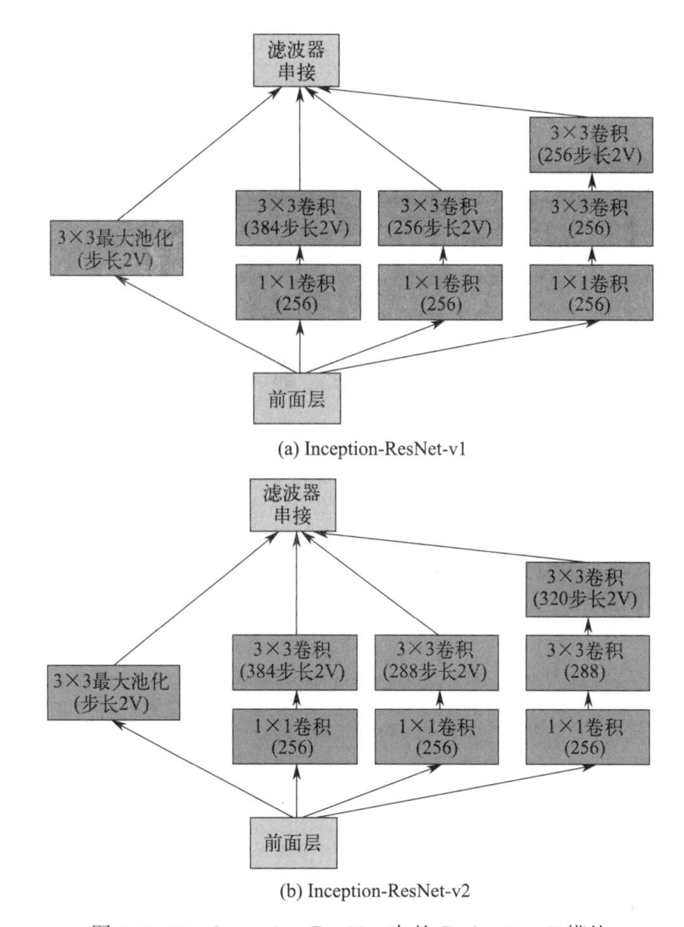

(a) Inception-ResNet-v1

(b) Inception-ResNet-v2

图 5.5.30　Inception-ResNet 中的 Reduction-B 模块

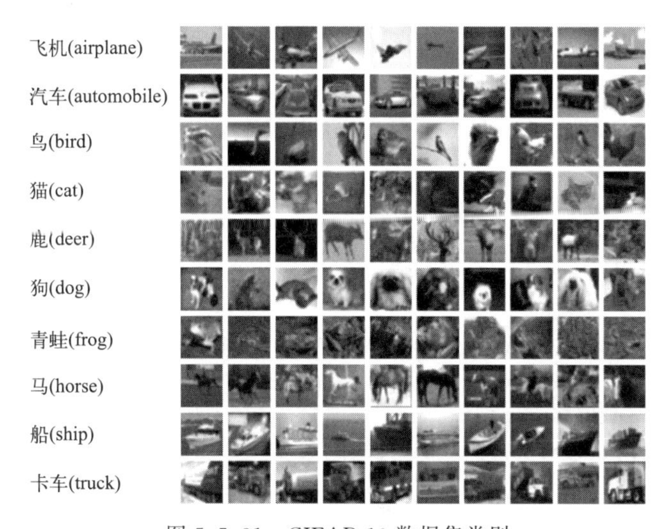

图 5.5.31　CIFAR-10 数据集类别

验证集，test_batch 作为测试集。最终的数据集构成为：

训练集：40000 条样本。

验证集：10000 条样本。

测试集：10000 条样本。

读取一个 batch 数据的代码如图 5.5.32 所示。

```
import os
import pickle
import numpy as np

def load_cifar10_batch(folder_path, batch_id=1, mode='train'):
    if mode == 'test':
        file_path = os.path.join(folder_path, 'test_batch')
    else:
        file_path = os.path.join(folder_path, 'data_batch_' + str(batch_id))

    # 加载数据集文件
    with open(file_path, 'rb') as batch_file:
        batch = pickle.load(batch_file, encoding='latin1')
    imgs = batch['data'].reshape((len(batch['data']), 3, 32, 32)) / 255.
    labels = batch['labels']

    return np.array(imgs, dtype='float32'), np.array(labels)

imgs_batch, labels_batch = load_cifar10_batch(folder_path='datasets/cifar-10-batches-py',
                                              batch_id=1, mode='train')

```

图 5.5.32　batch 数据代码

查看数据的维度如图 5.5.33 所示。

```
#打印一下每个batch中X和y的维度
print ("batch of imgs shape: ",imgs_batch.shape, "batch of labels shape: ", labels_batch.shape)
```

图 5.5.33　数据维度

打印结果：

batch of imgs shape：(10000，3，32，32) batch of labels shape：(10000,)
可视化观察其中的一张样本图像和对应的标签，代码如图 5.5.34 所示。

```
#matplotlib inline
import matplotlib.pyplot as plt

image, label = imgs_batch[1], labels_batch[1]
print("The label in the picture is {}".format(label))
plt.figure(figsize=(2, 2))
plt.imshow(image.transpose(1, 2, 0))
plt.savefig('cnn-car.pdf')

```

图 5.5.34　可视化代码

可视化结果如图 5.5.35 所示。

(c) 构建 dataset 类。构造一个 CIFAR10Dataset 类，其将继承自 paddle. io. DataSet 类，

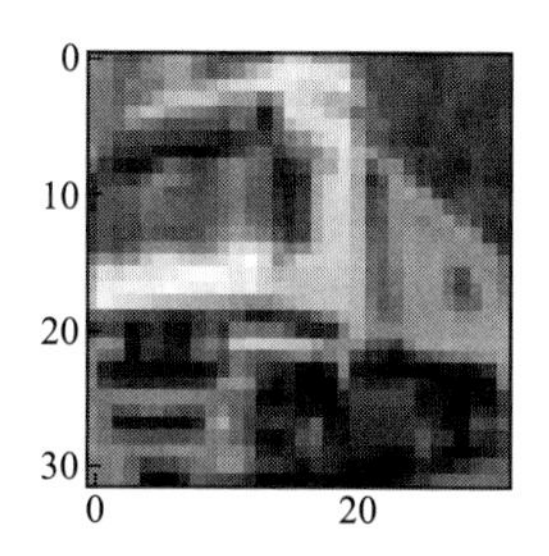

图 5.5.35 可视化结果

可以逐个数据进行处理。代码实现如图 5.5.36 所示。

```
1  import paddle
2  import paddle.io as io
3  from paddle.vision.transforms import Normalize
4
5  class CIFAR10Dataset(io.Dataset):
6      def __init__(self, folder_path='/home/aistudio/cifar-10-batches-py', mode='train'):
7          if mode == 'train':
8              # 加载batch1-batch4作为训练集
9              self.imgs, self.labels = load_cifar10_batch(folder_path=folder_path, batch_id=1, mode='train')
10             for i in range(2, 5):
11                 imgs_batch, labels_batch = load_cifar10_batch(folder_path=folder_path, batch_id=i, mode='train')
12                 self.imgs, self.labels = np.concatenate([self.imgs, imgs_batch]), np.concatenate(
13                     [self.labels, labels_batch])
14         elif mode == 'dev':
15             # 加载batch5作为验证集
16             self.imgs, self.labels = load_cifar10_batch(folder_path=folder_path, batch_id=5, mode='dev')
17         elif mode == 'test':
18             # 加载测试集
19             self.imgs, self.labels = load_cifar10_batch(folder_path=folder_path, mode='test')
20         self.transform = Normalize(mean=[0.4914, 0.4822, 0.4465], std=[0.2023, 0.1994, 0.2010], data_format='CHW')
21
22     def __getitem__(self, idx):...
26
27     def __len__(self):
28         return len(self.imgs)
29
30 paddle.seed(100)
31 train_dataset = CIFAR10Dataset(folder_path='datasets/cifar-10-batches-py', mode='train')
32 dev_dataset = CIFAR10Dataset(folder_path='datasets/cifar-10-batches-py', mode='dev')
33 test_dataset = CIFAR10Dataset(folder_path='datasets/cifar-10-batches-py', mode='test')
```

图 5.5.36 构建类代码

② 模型构建

导入 ResNet18 模型进行图像分类实验，如图 5.5.37 所示。

```
1  from paddle.vision.models import resnet18
2
3  resnet18_model = resnet18()
```

图 5.5.37 导入模型代码

③ 模型训练

复用 RunnerV3 类，实例化 RunnerV3 类，并传入训练配置。使用训练集和验证集进行模型训练，共训练 30 个 epoch。在实验中，保存准确率最高的模型作为最佳模型。代码实现如图 5.5.38 所示。

```
import paddle.nn.functional as F
import paddle.optimizer as opt
from nndl import RunnerV3, Accuracy

# 指定运行设备
use_gpu = True if paddle.get_device().startswith("gpu") else False
if use_gpu:
    paddle.set_device('gpu:0')
# 学习率大小
lr = 0.001
# 批次大小
batch_size = 64
# 加载数据
train_loader = io.DataLoader(train_dataset, batch_size=batch_size, shuffle=True)
dev_loader = io.DataLoader(dev_dataset, batch_size=batch_size)
test_loader = io.DataLoader(test_dataset, batch_size=batch_size)
# 定义网络
model = resnet18_model
# 定义优化器，这里使用Adam优化器以及l2正则化策略，相关内容在7.3.3.2和7.6.2中会进行详细介绍
optimizer = opt.Adam(learning_rate=lr, parameters=model.parameters(), weight_decay=0.005)
# 定义损失函数
loss_fn = F.cross_entropy
# 定义评价指标
metric = Accuracy(is_logist=True)
# 实例化RunnerV3
runner = RunnerV3(model, optimizer, loss_fn, metric)
# 启动训练
log_steps = 3000
eval_steps = 3000
runner.train(train_loader, dev_loader, num_epochs=30, log_steps=log_steps,
             eval_steps=eval_steps, save_path="best_model.pdparams")
```

图 5.5.38　模型训练代码

可视化观察训练集与验证集的准确率及损失变化情况。代码见图 5.5.39，训练结果见图 5.5.40。

```
from nndl import plot

plot(runner, fig_name='cnn-loss4.pdf')
```

图 5.5.39　代码

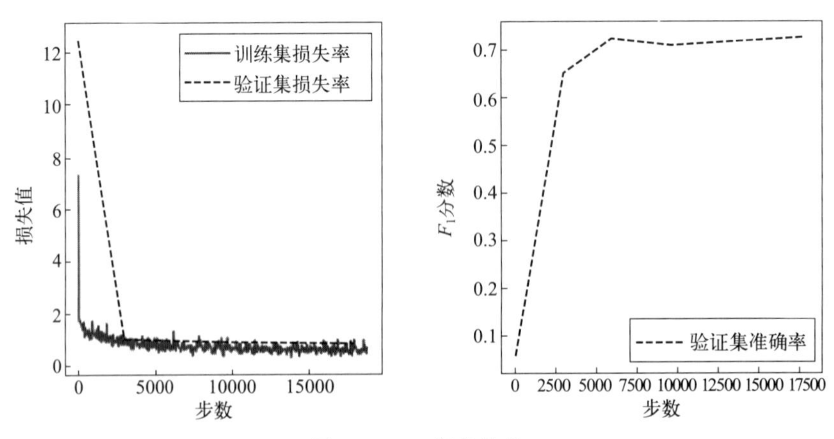

图 5.5.40　训练结果

④ 模型性能评价

使用测试数据对训练过程中保存的最佳模型进行评价，观察模型在测试集上的准确率以及损失情况。代码实现如图 5.5.41 所示。

```
# 加载最优模型
runner.load_model('best_model.pdparams')
# 模型评价
score, loss = runner.evaluate(test_loader)
print("[Test] accuracy/loss: {:.4f}/{:.4f}".format(score, loss))

```

图 5.5.41 模型性能评价代码

性能结果：[Test]accuracy/loss：0.7234/0.8324。

⑤ 模型预测

同样地，也可以使用保存好的模型，对测试集中的数据进行模型预测，观察模型效果，具体代码实现如图 5.5.42 所示，输入图片见图 5.5.43。

```
#获取测试集中的一个batch的数据
X, label = next(test_loader())
logits = runner.predict(X)
#多分类，使用softmax计算预测概率
pred = F.softmax(logits)
#获取概率最大的类别
pred_class = paddle.argmax(pred[2]).numpy()
label = label[2][0].numpy()
#输出真实类别与预测类别
print("The true category is {} and the predicted category is {}".format(label[0], pred_class[0]))
#可视化图片
plt.figure(figsize=(2, 2))
imgs, labels = load_cifar10_batch(folder_path='/home/aistudio/datasets/cifar-10-batches-py', mode='test')
plt.imshow(imgs[2].transpose(1,2,0))
plt.savefig('cnn-test-vis.pdf')
```

图 5.5.42 代码

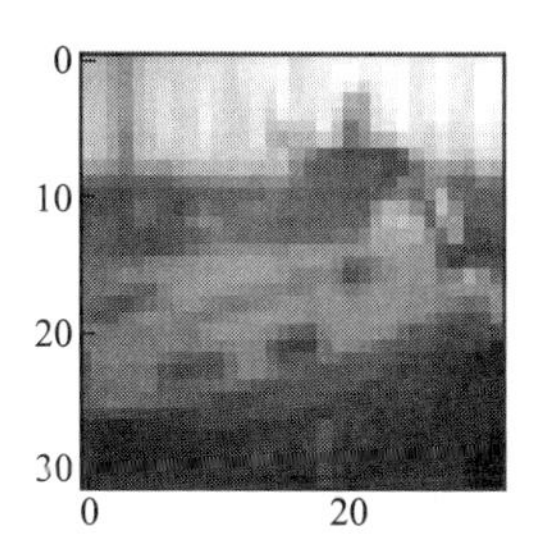

图 5.5.43 输入图片

预测结果：The true category is 8 and the predicted category is 8。真实的标签是 8，预测的标签是 8，8 是 ship。

5.5.6 MobileNet 和 ShuffleNet

近年来 CNN 模型深度越来越深，模型复杂度也越来越高，如深度残差网络（ResNet）其层数已经多达 152 层。然而，在某些真实的应用场景，例如嵌入式设备中，如此大而复杂的模型难以被应用。首先是模型过于庞大，设备会出现内存不足的问题，其次这些场景要求

低延迟，即响应速度要快，想象一下自动驾驶汽车的行人检测系统如果速度很慢会发生什么可怕的事情。所以，研究小而高效的CNN模型在这些场景至关重要。目前的研究可分为两个方向：第一是对训练好的复杂模型进行压缩得到小模型；第二是直接设计小模型并进行训练。

不管如何，其目标在于保持模型性能的前提下降低模型大小，同时提升模型速度。本节的主角MobileNet属于后者，其是Google最近提出的一种小巧而高效的CNN模型，其在准确性能和训练速度之间做了折中。

（1） MobileNet

MobileNet在初始版本V1中主要创新点是将普通卷积换成了深度可分离卷积，并引入了两个超参数使得可以根据资源来更加灵活地控制模型的大小。在2012年的论文“Simplifying ConvNets for Fast Learning”中，研究人员提出了可分离卷积的概念，如图5.5.44所示。

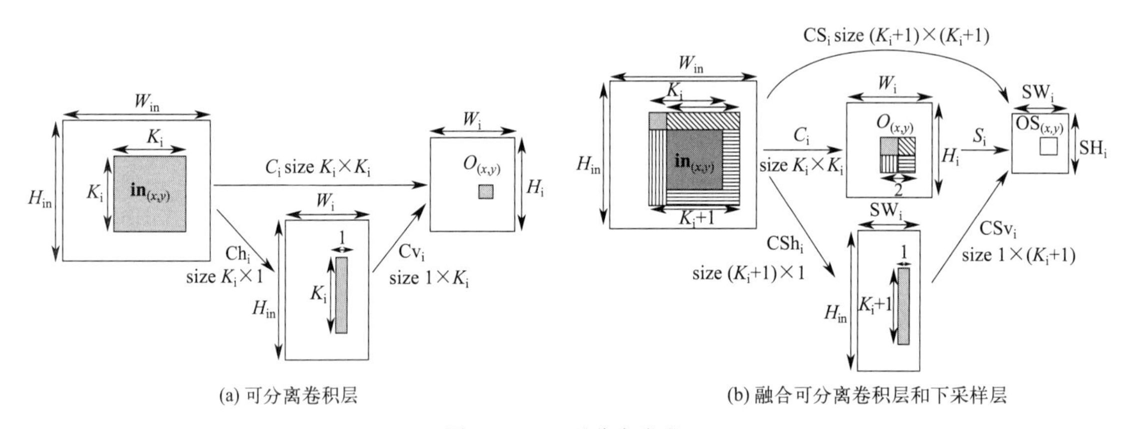

图5.5.44　可分离卷积

Laurent Sifre博士2013年在谷歌实习期间，将可分离卷积拓展到了深度（depth），并且在他的博士论文“Rigid-motion scattering for image classification”中有详细的描写。其中可分离卷积主要有两种类型：空间可分离卷积和深度可分离卷积。

① 空间可分离卷积

顾名思义，空间可分离就是将一个大的卷积核变成两个小的卷积核，比如将一个3×3的核分成一个3×1和一个1×3的核，如式(5.22)所示：

$$\begin{bmatrix} 1 & 2 & 3 \\ 0 & 0 & 0 \\ 2 & 4 & 6 \end{bmatrix} = \begin{bmatrix} 1 \\ 0 \\ 2 \end{bmatrix} \times \begin{bmatrix} 1 & 2 & 3 \end{bmatrix} \tag{5.22}$$

② 深度可分离卷积

深度可分离卷积其实是一种可分解卷积操作（factorized convolutions）。其可以分解为两个更小的操作：深度卷积（depthwise convolution）和点卷积（ pointwise convolution）。对于一个标准卷积，输入一个12×12×3的输入特征图，经过5×5×3的卷积核得到一个8×8×1的输出特征图。如果此时有256个特征图，将会得到一个8×8×256的输出特征图，如图5.5.45所示。

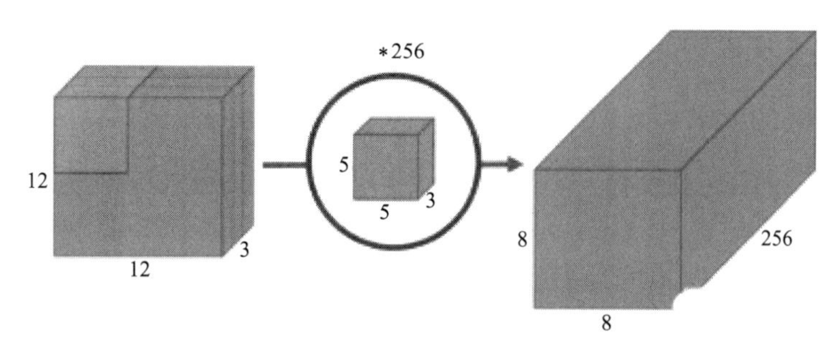

图 5.5.45　标准卷积

对于逐深度卷积（其实就是组为 1 的分组卷积）来说，将特征图通道全部进行分解，每个特征图都是单通道模式，并对每一个单独的通道特征图进行卷积操作。这样就会得到和原特征图一样通道数的生成特征图。假设输入 12×12×3 的特征图，经过 5×5×1×3 的深度卷积之后，得到了 8×8×3 的输出特征图（图 5.5.46）。输入和输出的维度是不变的 3，这样就会有一个问题，通道数太少，特征图的维度太少，不能够有效地获得信息。

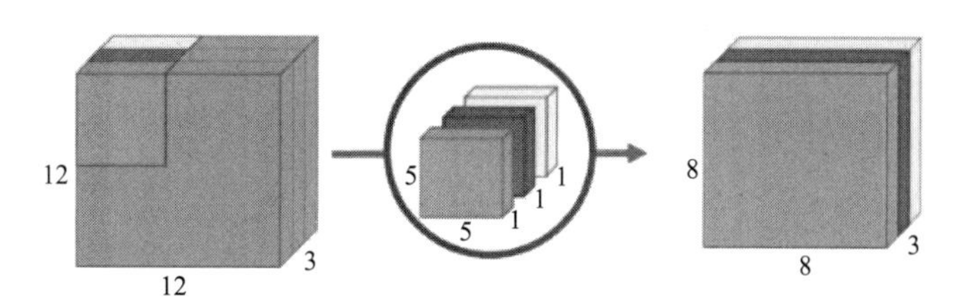

图 5.5.46　深度卷积

逐点卷积就是 1×1 卷积，主要作用就是对特征图进行升维和降维。在深度卷积的过程中，8×8×3 的输出特征图用 256 个 1×1×3 的卷积核对输入特征图进行卷积操作，输出的特征图和标准的卷积操作一样都是 8×8×256 了。如图 5.5.47 所示。

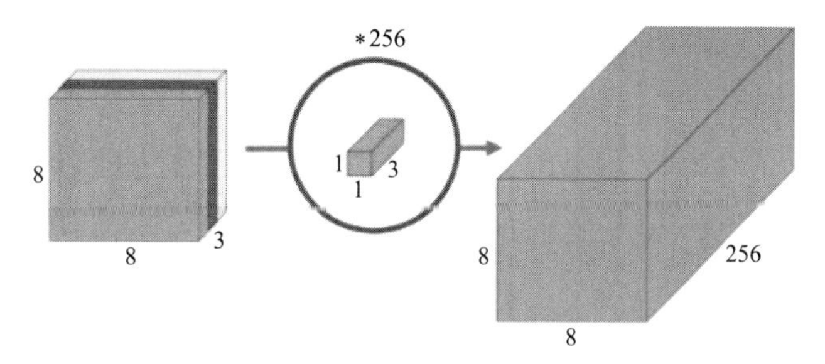

图 5.5.47　逐点卷积

标准卷积与深度可分离卷积的过程对比如图 5.5.48 所示。

③ 深度可分离卷积的优势

对于标准卷积来说，卷积核的尺寸是 $D_K \times D_K \times M$，一共有 N 个，所以标准卷积的参数量是：

$$D_K \times D_K \times M \times N \tag{5.23}$$

深度可分离卷积的参数量由深度卷积和逐点卷积两部分组成。深度卷积的卷积核尺寸为 $D_K \times D_K \times M$；逐点卷积的卷积核尺寸为 $1 \times 1 \times M$，一共有 N 个，所以深度可分离卷积的

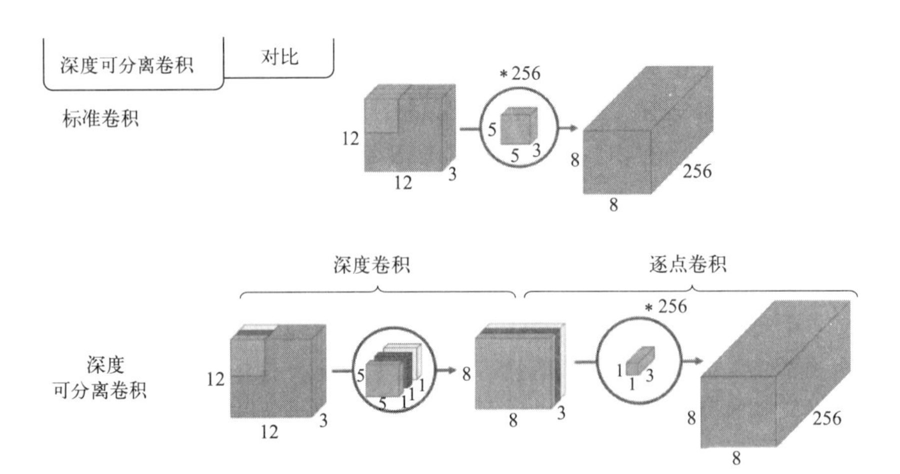

图 5.5.48　标准卷积与深度可分离卷积的对比

参数量是：

$$D_K \times D_K \times M + M \times N \tag{5.24}$$

卷积核的尺寸是 $D_K \times D_K \times M$，一共有 N 个，每一个都要进行 $D_W \times D_H$ 次运算，所以标准卷积的计算量是：

$$D_K \times D_K \times M \times N \times D_W \times D_H \tag{5.25}$$

深度可分离卷积的计算量也是由深度卷积和逐点卷积两部分组成的。深度卷积的卷积核尺寸 $D_K \times D_K \times M$，一共要做 $D_W \times D_H$ 次乘加运算；逐点卷积的卷积核尺寸为 $1 \times 1 \times M$，有 N 个，一共要做 $D_W \times D_H$ 次乘加运算，所以深度可分离卷积的计算量是：

$$D_K \times D_K \times M \times D_W \times D_H + M \times N \times D_W \times D_H \tag{5.26}$$

可以看到深度可分离卷积在计算量和参数量方面都远小于标准卷积，这样可以大大减小网络的推理延迟，加快速度。

如图 5.5.49 所示，左图是传统卷积，右图是深度可分离卷积。更多的 ReLU，增加了模型的非线性变化，增强了模型的泛化能力。

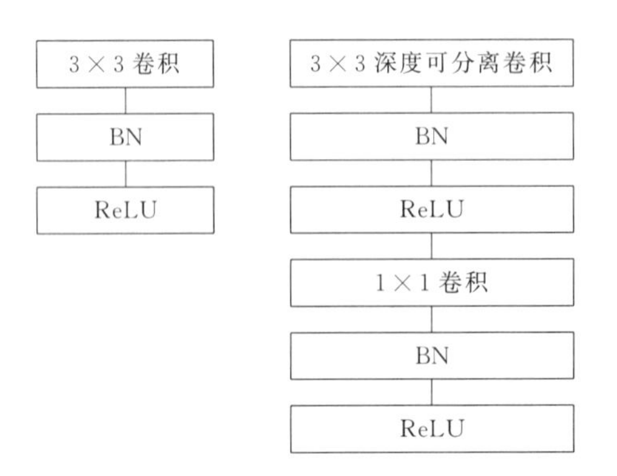

图 5.5.49　标准卷积和深度可分离卷积的对比

④ MobileNet 模型结构

在 MobileNet V1 中，深度卷积网络的每个输入信道都应用了单个滤波器。然后，逐点卷积应用 1×1 卷积网络来合并深度卷积的输出。这种标准卷积方法既能滤波，又能一步将输入合并成一组新的输出。在这之中，深度可分离卷积将其分为两层，一层用于滤波，另一层则用于合并。MobileNet 的网络结构如表 5.5.7，一共由 28 层构成（不包括 AvgPool 和 FC 层，且把深度卷积和逐点卷积分开算），其除了第一层采用的是标准卷积核之外，剩下的卷积层都是用深度可分离卷积（DWConv）。

表 5.5.7　MobileNet 模型结构

类型/步长	滤波器	输入尺寸
Conv/s2	3×3×3×32	224×224×3
DWConv/s1	3×3×32dw	112×112×32
Conv/s1	1×1×32×64	112×112×32
DWConv/s2	3×3×64dw	112×112×64
Conv/s1	1×1×64×128	56×56×64
DWConv/s1	3×3×128dw	56×56×128
Conv/s1	1×1×128×128	56×56×128
DWConv/s2	3×3×128dw	56×56×128
Conv/s1	1×1×128×256	28×28×128
DWConv/s1	3×3×256dw	28×28×256
Conv/s1	1×1×256×256	28×28×256
DWConv/s2	3×3×256dw	28×28×256
Conv/s1	1×1×256×512	14×14×256
5× DWConv/s1	3×3×512dw	14×14×512
5× Conv/s1	1×1×512×512	14×14×512
DWConv/s2	3×3×512dw	14×14×512
Conv/s1	1×1×512×1024	7×7×512
DWConv/s2	3×3×1024dw	7×7×1024
Conv/s1	1×1×1024×1024	7×7×1024
Avg Pool/s1	Pool 7×7	7×7×1024
FC/s1	1024×1000	1×1×1024
softmax/s1	分类器	1×1×1000

（2） ShuffleNet

ShuffleNet1 中最主要的思想有两点，一是逐点分组卷积（pointwise group convolution），二是通道重排（channel shuffle）。

① 逐点分组卷积

逐点分组卷积由逐点卷积和分组卷积组成，其中分组卷积由 5.4.3 节可知，即将原始的特征图分成几组后再分别对每一组进行卷积；逐点卷积指的是卷积核为 1×1 的卷积，如图 5.5.50 所示。因此，逐点分组卷积就是分组卷积和逐点卷积的结合体，即表示卷积核大小为 1×1 的分组卷积。

② 通道重排

如图 5.5.51 所示，为逐点分组卷积后的效果。

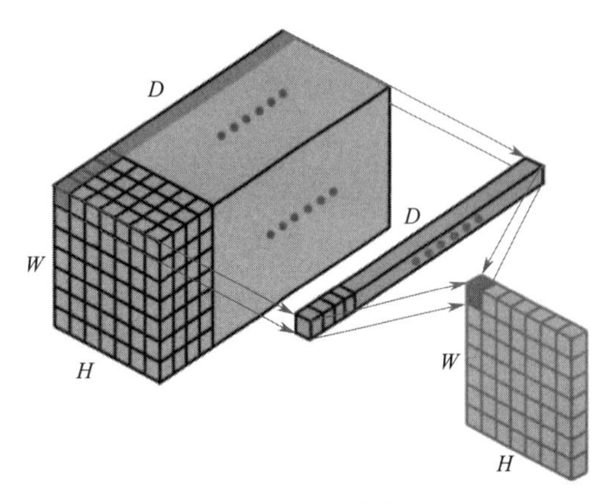

图 5.5.50　逐点卷积

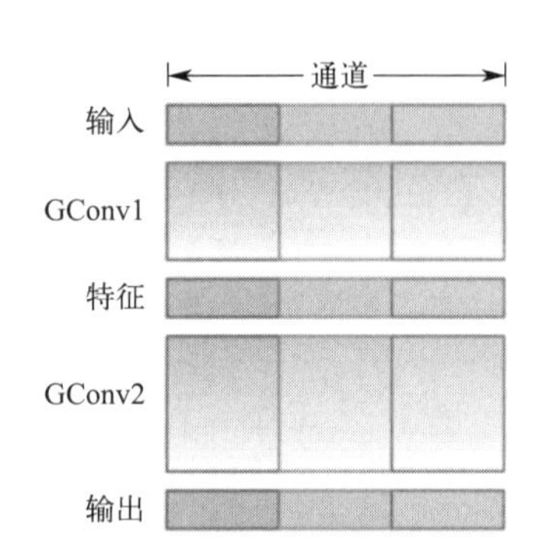

图 5.5.51　逐点分组卷积效果

可以看到，不同组之间是没有任何联系的，即得到的特征图只和对应组别的输入有关系。论文中也有这样的描述，这种分组因不同组之间没有任何联系，学习到的特征会非常有限，也很容易导致信息丢失，因此论文提出了通道重排。

channel shuffle 具体是怎么实现的呢？图 5.5.52(b) 中标框部分即为通道重排的操作，即从得到的特征图中提取出不同组别下的通道，并将它们组合在一起，最终通道重排完成后的结果如图 5.5.52(c) 中虚线框所示。

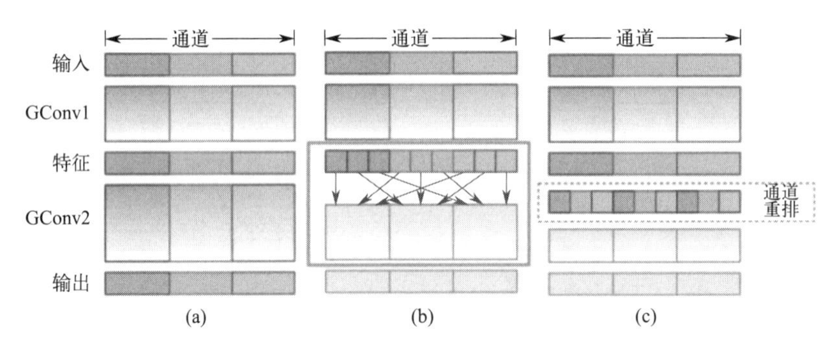

图 5.5.52　通道重排操作

图 5.5.52 中从实线框变成虚线框的过程即为通道重排过程，现将其分解出来，看看通道重排的具体过程，如图 5.5.53。

③ ShuffleNet Unit

图 5.5.54(a) 是最原始的残差结构，图 5.5.54(b)和(c)都是 ShuffleNet 的单元结构。先来看看图 5.5.54(a) 是如何变成图 5.5.54(b) 的，首先是用逐点分组卷积（GConv）代替了逐点卷积（Conv），同时在其后跟了一个 channel shuffle 操作，然后中间的 3×3 DW-Conv 没有变化，最后的逐点卷积依旧换成了逐点分组卷积。图 5.5.54(c) 是用来降采样的，和图 5.5.54(b) 主要区别在 shortcut 分支中采用了 3×3 的步长为 2 的 AVG Pool、主分支中 DWConv 中的步长变成了 2 以及最后使用的是 Concat 而不是 add，这样的结构会使输入图像尺寸减半，通道数翻倍。

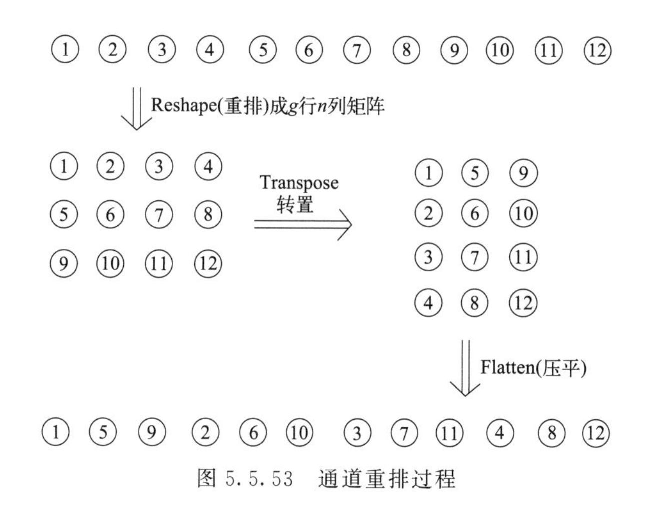

图 5.5.53 通道重排过程

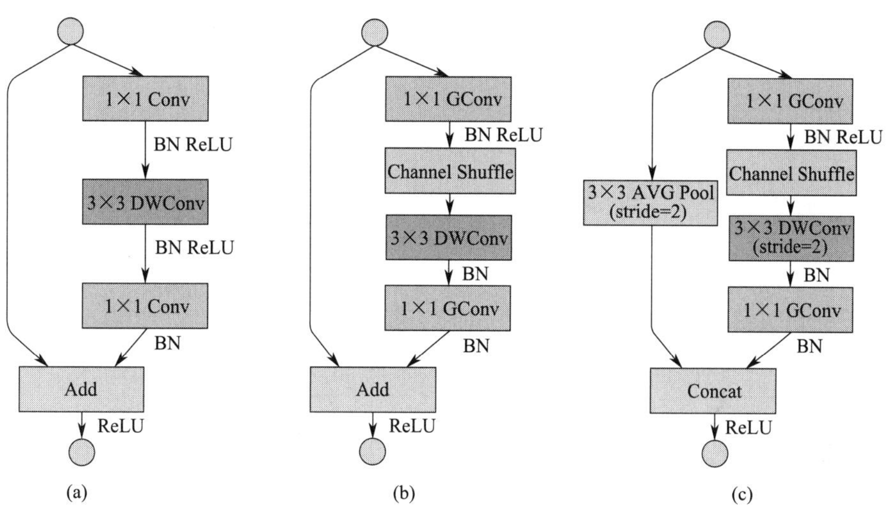

图 5.5.54 ShuffleNet Unit

④ ShuffleNet1 的网络结果和效果

需要注意的是框中的 g 表示不同的分组数，如 $g=3$ 表示将特征图分成 3 组进行分组卷积（表 5.5.8）。

表 5.5.8 ShuffleNet1 的网络结构

层名	输出尺寸	卷积核尺寸	步长	重复次数	输出通道(g groups)				
					$g=1$	$g=2$	$g=3$	$g=4$	$g=8$
输入图像	224×224	—	—	—	3	3	3	3	3
Conv1	112×112	3×3	2	1	24	24	24	24	24
MaxPool	56×56	3×3	2						
阶段 2	28×28	—	2	1	144	200	240	272	384
	28×28		1	3	144	200	240	272	384
阶段 3	14×14	—	2	1	288	400	480	544	768
	14×14		1	7	288	400	480	544	768

续表

层名	输出尺寸	卷积核尺寸	步长	重复次数	输出通道(g groups)				
					$g=1$	$g=2$	$g=3$	$g=4$	$g=8$
阶段 4	7×7	—	2	1	576	800	960	1088	1536
	7×7		1	3	576	800	960	1088	1536
GlobalPool	1×1	7×7	—	—	—	—	—	—	—
FC	—	—	—	—	1000	1000	1000	1000	1000
计算量/10^6 次	—	—	—	—	143	140	137	133	137

表 5.5.9～表 5.5.11 为 ShuffleNet 和其他一些经典网络的性能比较，可以看出 ShuffleNet 在 FLOPs 一定时优势还是很明显的。

表 5.5.9　ShuffleNet 和主流模块堆叠而成的网络性能比较

计算量/10^6 次	VGG-like	ResNet	Xception-like	ResNeXt	ShuffleNet(ours)
140	50.7	37.3	33.6	33.3	**32.4**(1×,$g=8$)
38	—	48.8	45.1	46.0	**41.6**(0.5×,$g=4$)
13	—	63.7	57.1	65.2	**52.7**(0.25×,$g=8$)

表 5.5.10　ShuffleNet 和主流网络性能比较

模型	分类错误率/%	计算量/10^6 次
VGG-16[30]	28.5	15300
ShuffleNet 2×($g=3$)	26.3	**524**
GoogleNet[33]*	31.3	1500
ShuffleNet 1×($g=8$)	32.4	**140**
AlexNet[21]*	42.8	720
SqueezeNet[14]	42.5	833
ShuffleNet 0.5×($g=4$)	41.6	**38**

表 5.5.11　ShuffleNet 和 MobileNet 图像分类性能比较

模型	计算量/10^6 次	分类错误率/%	错误率减少量/%
1.0 MobileNet-224	569	29.4	—
ShuffleNet 2×($g=3$)	524	**26.3**	3.1
ShuffleNet 2×(with *SE*[13],$g=3$)	527	**24.7**	4.7
0.75 MobileNet-224	325	31.6	—
ShuffleNet 1.5×($g=3$)	292	**28.5**	3.1
0.5 MobileNet-224	149	36.3	—
ShuffleNet 1×($g=8$)	140	**32.4**	3.9
0.25 MobileNet-224	41	49.4	—
ShuffleNet 0.5×($g=4$)	38	**41.6**	7.8
ShuffleNet 0.5×(shallow,$g=3$)	40	42.8	6.6

5.5.7 MMDetection 框架搭建并实现训练与测试

(1) 安装流程

① 准备环境

a. 使用 conda 新建虚拟环境，并进入虚拟环境。

conda create-n open-mmlab python=3.6-y

conda activate open-mmlab

注：第一，python 版本可选，但一定要记住所选 python 版本，因为后续需要使用。这里选择的是 python=3.6，可按照此版本安装，后续其他的依赖安装皆基于 python 版本选择；第二，open-mmlab 是所建虚拟环境的名称，后续安装文件会下载在所建的虚拟环境中。假如忘记了虚拟环境的名称，可到 D:\ProgramData\Anaconda3\envs 中查找。如图 5.5.55。

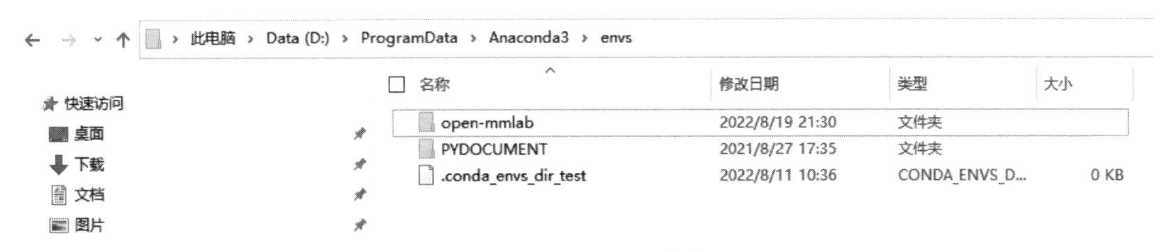

图 5.5.55 虚拟环境路径

b. 基于 PyTorch 官网安装 PyTorch 和 torchvision。

需要保证 CUDA 的编译版本与运行版本匹配。

conda install pytorch=1.6.0 cudatoolkit=10.1 torchvision=0.7.0-c pytorch

上述 pytorch 版本、cuda 版本、torchvision 版本为查询匹配后选择，更改应慎重。

② 安装 MMDetection

建议使用 MIM 来安装 MMDetection。

pip install openmim

mim install mmdet

MIM 能够自动安装 OpenMMlab 的项目及对应的依赖包。

有时在运行时报错 mmcv-full 版本不对，需要进入网站，其中 cuda 的版本和 troch 的版本需要同之前安装的匹配，然后进入网站后选择可使用的 mmcv-full 版本（图 5.5.56）。其中，cp××表示之前安装的版本，例如之前安装 python 3.6，则在此处选择后缀为 cp36m-win_amd64 的版本（代表 windows 系统）。若使用 ubuntu，则选择 cp36m-manylinux1_x86_64 版本。

安装完成之后测试。

③ 下载 MMDetection 文件包

从官网下载文件包，并解压到文件夹中，如图 5.5.57 所示。

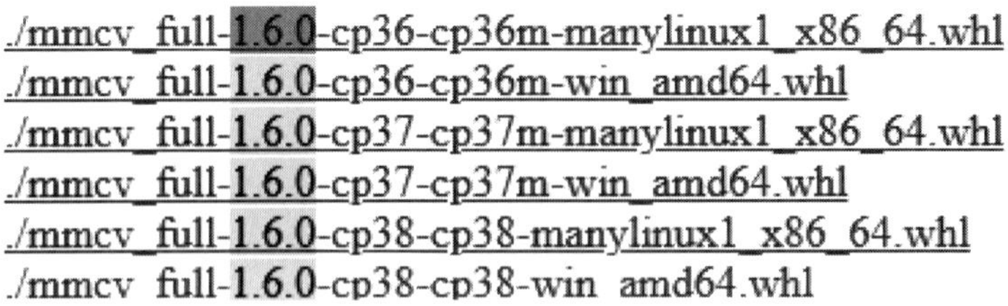

./mmcv_full-1.6.0-cp36-cp36m-manylinux1_x86_64.whl
./mmcv_full-1.6.0-cp36-cp36m-win_amd64.whl
./mmcv_full-1.6.0-cp37-cp37m-manylinux1_x86_64.whl
./mmcv_full-1.6.0-cp37-cp37m-win_amd64.whl
./mmcv_full-1.6.0-cp38-cp38-manylinux1_x86_64.whl
./mmcv_full-1.6.0-cp38-cp38-win_amd64.whl

图 5.5.56　mmcv-full 版本

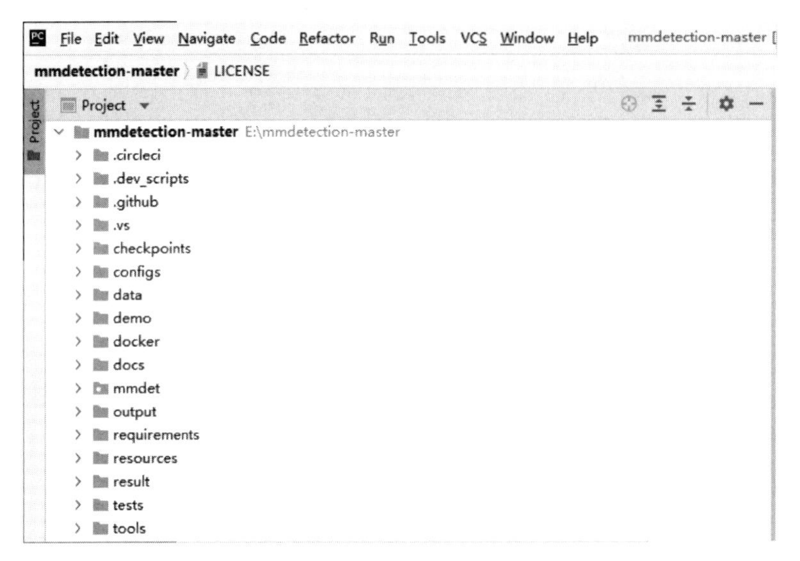

图 5.5.57　MMDetection 文件夹

（2） MMDetection 功能测试

① 选择运行环境

打开 pycharm（编译器），在设置中选择创建的虚拟环境中的 python.exe 文件，如图 5.5.58 所示。然后在依赖中查看 mmcv-full 是否安装成功，如图 5.5.59 所示。

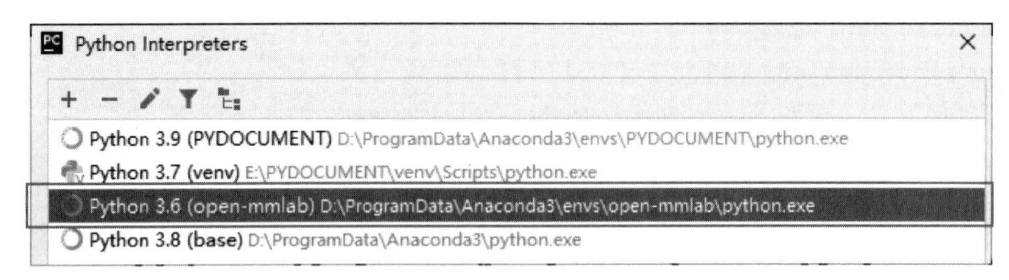

图 5.5.58　虚拟环境选择

或者通过命令行进入虚拟环境查看。首先通过 conda activate open-mmlab 进入虚拟环境，如图 5.5.60 所示。

然后通过 conda list 查看安装的依赖，此步骤中会显示选择的虚拟环境名称，以确定是否选择正确的虚拟环境，如图 5.5.61 所示。

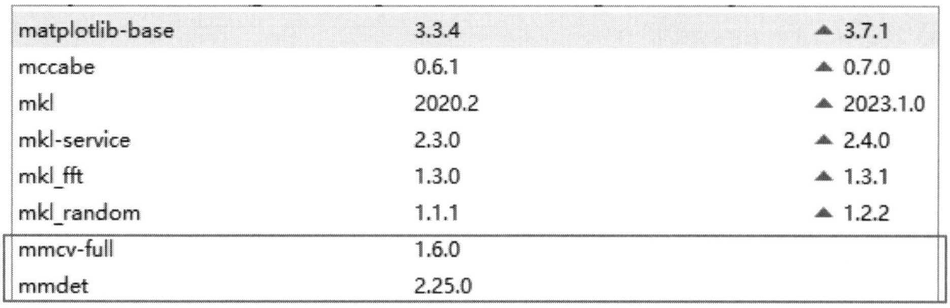

matplotlib-base	3.3.4	▲ 3.7.1
mccabe	0.6.1	▲ 0.7.0
mkl	2020.2	▲ 2023.1.0
mkl-service	2.3.0	▲ 2.4.0
mkl_fft	1.3.0	▲ 1.3.1
mkl_random	1.1.1	▲ 1.2.2
mmcv-full	1.6.0	
mmdet	2.25.0	

图 5.5.59　mmcv-full 成功安装

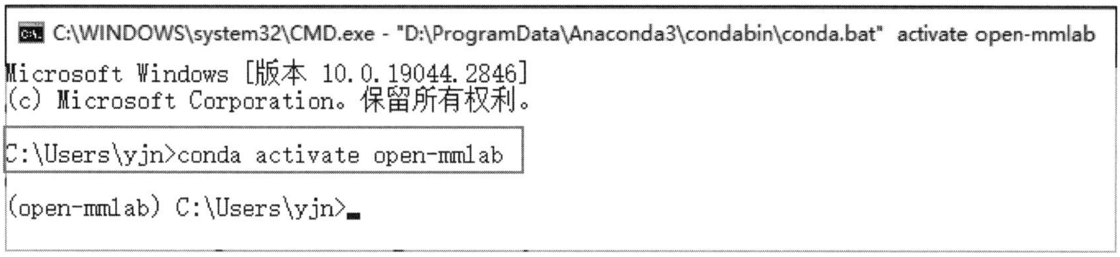

```
C:\WINDOWS\system32\CMD.exe - "D:\ProgramData\Anaconda3\condabin\conda.bat"  activate open-mmlab
Microsoft Windows [版本 10.0.19044.2846]
(c) Microsoft Corporation。保留所有权利。

C:\Users\yjn>conda activate open-mmlab

(open-mmlab) C:\Users\yjn>
```

图 5.5.60　打开虚拟环境

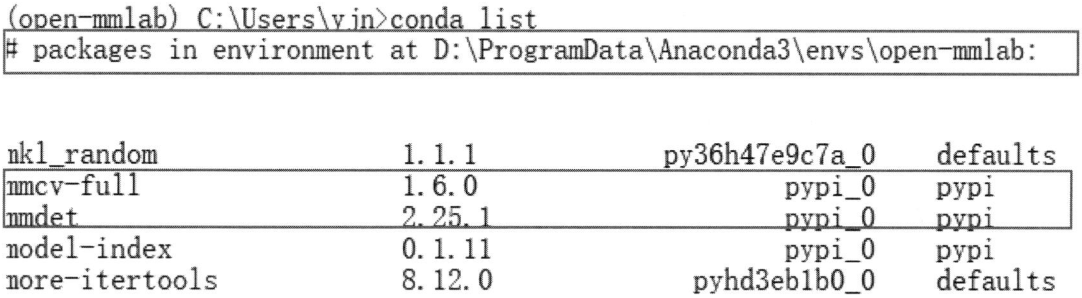

```
(open-mmlab) C:\Users\yjn>conda list
# packages in environment at D:\ProgramData\Anaconda3\envs\open-mmlab:

mkl_random                1.1.1            py36h47e9c7a_0    defaults
mmcv-full                 1.6.0                    pypi_0    pypi
mmdet                     2.25.1                   pypi_0    pypi
model-index               0.1.11                   pypi_0    pypi
more-itertools            8.12.0             pyhd3eb1b0_0    defaults
```

图 5.5.61　查看虚拟环境依赖

② 测试功能

(a) 首先在 mmdetection-master 根目录下新创建一个 test.py 文件，其中需要的代码如下所示。

```
frommmdet.apis import init_detector, inference_detector
from PIL import Image
config_file='configs/faster_rcnn/faster_rcnn_r50_fpn_1x_coco.py'
# 从 model zoo 下载 checkpoint 并放在“checkpoints/”文件下
# 网址为 http://download.openmmlab.com/mmdetection/v2.0/faster_rcnn/faster_rcnn_r50_fpn_1x_coco/faster_rcnn_r50_fpn_1x_coco_20200130-047c8118.pth
checkpoint_file='checkpoints/faster_rcnn_r50_fpn_1x_coco_20200130-047c8118.pth'
device='cuda:0'
# 初始化检测器
model=init_detector(config_file, checkpoint_file, device=device)
# 推理演示图像
```

```
image_path='demo/demo.jpg'
result=inference_detector(model, image_path)
model.show_result(image_path, result, out_file='result.jpg')
im=Image.open('result.jpg')
im.show()
```

(b) 然后在 mmdetection-master 根目录下新创建一个 checkpoints 文件夹用于训练好的权重文件。其下载地址为 http://download.openmmlab.com/mmdetection/v2.0/faster_rcnn/faster_rcnn_r50_fpn_1x_coco/faster_rcnn_r50_fpn_1x_coco_20200130-047c8118.pth，此权重文件需要对应你所选择的 configs 文件，也就是神经网络模型。

或者在以下网站 https://github.com/open-mmlab/mmdetection/tree/master/configs/faster_rcnn 选择所需要的权重文件（此处仅以 Faster _ RCNN 为例），切记和所选的 configs 文件匹配（图 5.5.62）。

Results and Models

Backbone	Style	Lr schd	Mem (GB)	Inf time (fps)	box AP	Config	Download
R-50-C4	caffe	1x	-	-	35.6	config	model | log
R-50-DC5	caffe	1x	-	-	37.2	config	model | log
R-50-FPN	caffe	1x	3.8		37.8	config	model | log
R-50-FPN	pytorch	1x	4.0	21.4	37.4	config	model | log
R-50-FPN (FP16)	pytorch	1x	3.4	28.8	37.5	config	model | log
R-50-FPN	pytorch	2x	-	-	38.4	config	model | log
R-101-FPN	caffe	1x	5.7		39.8	config	model | log
R-101-FPN	pytorch	1x	6.0	15.6	39.4	config	model | log
R-101-FPN	pytorch	2x	-	-	39.8	config	model | log
X-101-32x4d-FPN	pytorch	1x	7.2	13.8	41.2	config	model | log
X-101-32x4d-FPN	pytorch	2x	-	-	41.2	config	model | log
X-101-64x4d-FPN	pytorch	1x	10.3	9.4	42.1	config	model | log
X-101-64x4d-FPN	pytorch	2x	-	-	41.6	config	model | log

图 5.5.62　权重文件下载路径

运行 test.py 文件，得到以下结果（图 5.5.63）。

③ image_demo.py 测试

image_demo.py 路径为 G:\zhuangji\mmdetection-master\mmdetection-master\demo（选择自己的解压路径）。

image_demo.py 需要借助 cmd 命令行或者 pycharm terminal（命令行模式）运行，不可直接选择运行，两者所需要输入的代码相同。

其中需要输入几个关键的参数（图 5.5.64）。

(a) 选择需要运行的文件，mmdetection-master\demo\image_demo.py；

图 5.5.63 测试结果

```
10  def parse_args():
11      parser = ArgumentParser()
12      parser.add_argument('img', help='Image file')
13      parser.add_argument('config', help='Config file')
14      parser.add_argument('checkpoint', help='Checkpoint file')
15      parser.add_argument('--out-file', default=None, help='Path to output file')
16      parser.add_argument(
17          '--device', default='cuda:0', help='Device used for inference')
18      parser.add_argument(
19          '--palette',
20          default='coco',
21          choices=['coco', 'voc', 'citys', 'random'],
22          help='Color palette used for visualization')
23      parser.add_argument(
24          '--score-thr', type=float, default=0.3, help='bbox score threshold')
25      parser.add_argument(
26          '--async-test',
27          action='store_true',
28          help='whether to set async options for async inference.')
29      args = parser.parse_args()
30      return args
```

图 5.5.64 需要输入的关键参数

(b) img\image file 选择图片路径，mmdetection-master\demo\wang. jpg；

(c) config\config file 选择需要运行的神经网络模型，mmdetection-master\configs\yolox\yolox_x_8x8_300e_coco. py；

(d) checkpoints\checkpoints file 选择需要的神经网络权重文件，mmdetection-master\checkpoints\yolox_x_8x8_300e_coco_20211126_140254-1ef88d67. pth；

(e) out-file 选择结果的输出路径，out-file mmdetection-master \ result3. jpg。

整体代码：

G:\zhuangji\mmdetection-master> python mmdetection-master\demo\image_demo. py mmdetection-master\demo\wang. jpg mmdetection-master\configs\yolox\yolox_x_8x8_300e_coco. py mmdetection-master\checkpoints\yolox_x_8x8_300e_coco_20211126_140254-1ef88d67. pth--out-file mmdetection-master\result3. jpg

④ 下载数据集

作为示例，选择下载较小的 VOC2007 数据集文件（COCO 数据集大小为 26GB）。

VOC2007 数据集文件可以使用以下链接下载：

http://host.robots.ox.ac.uk/pascal/VOC/voc2007/VOCtrainval_06-Nov-2007.tar

http://host.robots.ox.ac.uk/pascal/VOC/voc2007/VOCtest_06-Nov-2007.tar

http://host.robots.ox.ac.uk/pascal/VOC/voc2007/VOCdevkit_08-Jun-2007.tar

下载并解压后得到 VOCdevkit 文件（图 5.5.65）。

名称	修改日期	类型	大小
VOCdevkit	2022/8/20 22:15	文件夹	
VOCdevkit_08-Jun-2007.tar	2022/8/16 11:14	WinRAR 压缩文件	250 KB
VOCtest_06-Nov-2007.tar	2022/8/16 11:25	WinRAR 压缩文件	440,450 KB
VOCtrainval_06-Nov-2007.tar	2022/8/16 11:17	WinRAR 压缩文件	449,250 KB

图 5.5.65　解压后得到的 VOCdevkit 文件

VOCdevkit 文件夹中包含以下文件夹：Annotations、ImageSets 和 JPEGImages。Annotations 中为标注文件，ImageSets 中为数据集划分文件，JPEGImages 中为图片文件（图 5.5.66）。

名称	修改日期	类型	大小
.idea	2022/8/20 22:15	文件夹	
Annotations	2022/8/16 11:29	文件夹	
ImageSets	2022/8/16 11:28	文件夹	
JPEGImages	2022/8/16 11:30	文件夹	
SegmentationClass	2022/8/16 11:30	文件夹	
SegmentationObject	2022/8/16 11:30	文件夹	

图 5.5.66　文件组成

⑤ 数据集转换

由于 MMDetection 中的神经网络基本都使用 COCO 数据集进行训练，所以需要将 VOC 数据集转换为 COCO 数据集。

VOC 数据集的目录结构如图 5.5.67 所示。

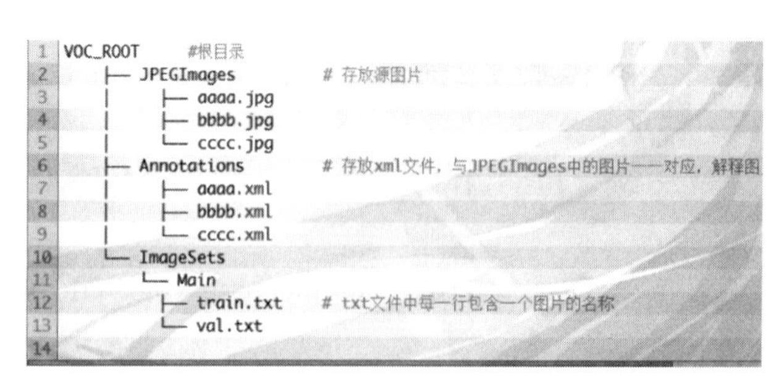

图 5.5.67　VOC 数据集目录结构

COCO 数据集的目录结构如图 5.5.68 所示。

MMDetection 中自带两种数据集格式转换工具（图 5.5.69）。

```
1  COCO_ROOT       #根目录
2      ├── annotations           # 存放json格式的标注
3      │      ├── instances_train2017.json
4      │      └── instances_val2017.json
5      └── train2017            # 存放图片文件
6      │      ├── 000000000001.jpg
7      │      ├── 000000000002.jpg
8      │      └── 000000000003.jpg
9      └── val2017
10            ├── 000000000004.jpg
11            └── 000000000005.jpg
12
```

图 5.5.68 COCO 数据集目录结构

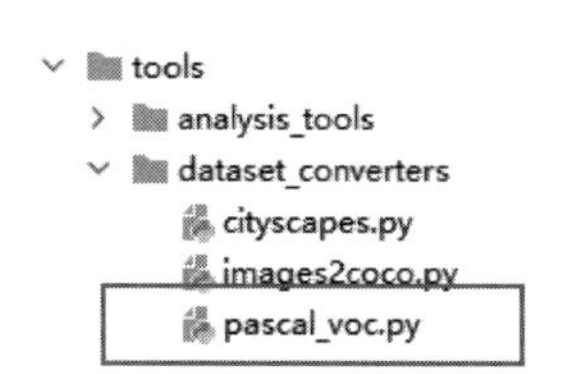

图 5.5.69 数据集格式转换工具

此次使用第三种数据集转换工具，也就是 pascal_voc. py，将 VOC 格式数据集转化为 COCO 格式数据集（图 5.5.70）。

```
def parse_args():
    parser = argparse.ArgumentParser(
        description='Convert PASCAL VOC annotations to mmdetection format')
    parser.add_argument('devkit_path', help='pascal voc devkit path')
    parser.add_argument('-o', '--out-dir', help='output path')
    parser.add_argument(
        '--out-format',
        default='pkl',
        choices=('pkl', 'coco'),
        help='output format, "coco" indicates coco annotation format')
    args = parser.parse_args()
    return args
```

图 5.5.70 数据集格式转换工具中的关键参数

其中需要输入几个关键的参数：

（a）选择需要运行的文件，mmdetection-master\tools\dataset_converters\pascal_voc. py；

（b）选择 VOC 数据集的存放路径，E:\迅雷下载\VOC2017\VOCdevkit；

（c）选择 COCO 数据集的存放路径，-o mmdetection-master\data\VOC2007\annotations；

（d）选择输出数据集的格式，--out-format coco。

整体代码如下：PS G:\zhuangji\mmdetection-master>python mmdetection-master\tools\dataset_converters\pascal_voc. py E:\迅雷下载\VOC2017\VOCdevkit-o mmdetection-master\data\VOC2007\annotations--out-format coco。

然后在指定的路径下会得到以下四个标注文件（图 5.5.71）。

然后把 VOC 数据集中的图片也复制到该路径下（图 5.5.72）。

⑥ 训练（以自建的数据集为例）

图 5.5.71　格式转换后的标注文件

图 5.5.72　目标路径

(a) 首先通过 labeling 完成数据集的标注。然后划分数据集，再将 VOC 格式转化为 COCO 格式（这里使用的是自己创建的工具），第一个文件是转换标注文件，第二个文件是图片复制到对应的文件夹中（图 5.5.73）。

val.json	2022/8/20 22:08	JSON File	2 KB
voctococo.py	2022/8/25 14:54	JetBrains PyChar...	7 KB
voctococo2.py	2022/8/25 15:01	JetBrains PyChar...	3 KB

图 5.5.73　目标文件夹

(b) 修改 G：\zhuangji\mmdetection-master\mmdetection-master\configs_base_\datasets 路径下的四个文件中的文件路径（图 5.5.74）。

coco_detection.py	2022/8/25 16:34	JetBrains PyChar...	3 KB
coco_instance.py	2022/8/25 15:22	JetBrains PyChar...	3 KB
coco_instance_semantic.py	2022/8/25 15:22	JetBrains PyChar...	3 KB
coco_panoptic.py	2022/8/25 15:22	JetBrains PyChar...	3 KB

图 5.5.74　需要修改的四个文件

coco_detection.py 文件路径如图 5.5.75 所示。

```
# dataset_type = 'CocoDataset'
# data_root = r'E:/360MoveData/Users/yjn/Desktop/make_VOC2007-master/make_VOC2007-master/checkcheck/'
```

图 5.5.75　文件路径

读取数据集的路径如图 5.5.76 所示

在其他三个文件中修改相同的路径。

```
samples_per_gpu=8,
workers_per_gpu=4,
train=dict(
    type=dataset_type,
    ann_file=data_root + r'annotations/trainval.json',
    img_prefix=data_root + 'trainval/',
    pipeline=train_pipeline),
val=dict(
    type=dataset_type,
    ann_file=data_root + r'annotations/test.json',
    img_prefix=data_root + 'test/',
    pipeline=test_pipeline),
test=dict(
    type=dataset_type,
    ann_file=data_root + r'annotations/test.json',
    img_prefix=data_root + 'test/',
    pipeline=test_pipeline)
```

图 5.5.76 读取数据集的路径

(c) 修改类。修改 class_names 中的类名(图 5.5.77 和图 5.5.78)。

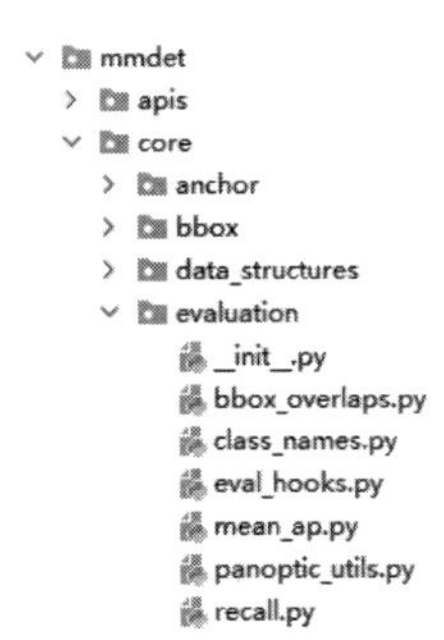

图 5.5.77 class_names

```
def coco_classes():
    return [
        # 'person', 'bicycle', 'car', 'motorcycle', 'airplane', 'bus', 'train',
        # 'truck', 'boat', 'traffic_light', 'fire_hydrant', 'stop_sign',
        # 'parking_meter', 'bench', 'bird', 'cat', 'dog', 'horse', 'sheep',
        # 'cow', 'elephant', 'bear', 'zebra', 'giraffe', 'backpack', 'umbrella',
        # 'handbag', 'tie', 'suitcase', 'frisbee', 'skis', 'snowboard',
        # 'sports_ball', 'kite', 'baseball_bat', 'baseball_glove', 'skateboard',
        # 'surfboard', 'tennis_racket', 'bottle', 'wine_glass', 'cup', 'fork',
        # 'knife', 'spoon', 'bowl', 'banana', 'apple', 'sandwich', 'orange',
        # 'broccoli', 'carrot', 'hot_dog', 'pizza', 'donut', 'cake', 'chair',
        # 'couch', 'potted_plant', 'bed', 'dining_table', 'toilet', 'tv',
        # 'laptop', 'mouse', 'remote', 'keyboard', 'cell_phone', 'microwave',
        # 'oven', 'toaster', 'sink', 'refrigerator', 'book', 'clock', 'vase',
        # 'scissors', 'teddy_bear', 'hair_drier', 'toothbrush'
        # # 'aeroplane', 'bicycle', 'bird', 'boat', 'bottle', 'bus', 'car', 'cat',
        # # 'chair', 'cow', 'diningtable', 'dog', 'horse', 'motorbike', 'person',
        # # 'pottedplant', 'sheep', 'sofa', 'train', 'tvmonitor','panda'
        'jujube','fig','nut','chocolate'
    ]
```

图 5.5.78 修改 class_names 中的类名

修改 coco.py 中的类名(图 5.5.79 和图 5.5.80)。

最后修改虚拟环境中 python 文件,路径如下,修改方式同上。

D:\ProgramData\Anaconda3\envs\open-mmlab\Lib\site-packages\mmdet\datasets\coco.py

D:\ProgramData\Anaconda3\envs\open-mmlab\Lib\site-packages\mmdet\core\evaluation\class_name.py

```
∨ mmdet
  > apis
  > core
  ∨ datasets
    > api_wrappers
    > pipelines
    > samplers
      __init__.py
      builder.py
      cityscapes.py
      coco.py
      coco_panoptic.py
      custom.py
      dataset_wrappers.py
      deepfashion.py
      lvis.py
      openimages.py
      utils.py
      voc.py
      wider_face.py
      xml_style.py
```

图 5.5.79 coco. py

```
@DATASETS.register_module()
class CocoDataset(CustomDataset):
    # CLASSES = ('aeroplane', 'bicycle', 'bird', 'boat', 'bottle', 'bus', 'car', 'cat',
    #     'chair', 'cow', 'diningtable', 'dog', 'horse', 'motorbike', 'person',
    #     'pottedplant', 'sheep', 'sofa', 'train', 'tvmonitor','panda')
    # CLASSES = ('person', 'bicycle', 'car', 'motorcycle', 'airplane', 'bus',
    #            'train', 'truck', 'boat', 'traffic light', 'fire hydrant',
    #            'stop sign', 'parking meter', 'bench', 'bird', 'cat', 'dog',
    #            'horse', 'sheep', 'cow', 'elephant', 'bear', 'zebra', 'giraffe',
    #            'backpack', 'umbrella', 'handbag', 'tie', 'suitcase', 'frisbee',
    #            'skis', 'snowboard', 'sports ball', 'kite', 'baseball bat',
    #            'baseball glove', 'skateboard', 'surfboard', 'tennis racket',
    #            'bottle', 'wine glass', 'cup', 'fork', 'knife', 'spoon', 'bowl',
    #            'banana', 'apple', 'sandwich', 'orange', 'broccoli', 'carrot',
    #            'hot dog', 'pizza', 'donut', 'cake', 'chair', 'couch',
    #            'potted plant', 'bed', 'dining table', 'toilet', 'tv', 'laptop',
    #            'mouse', 'remote', 'keyboard', 'cell phone', 'microwave',
    #            'oven', 'toaster', 'sink', 'refrigerator', 'book', 'clock',
    #            'vase', 'scissors', 'teddy bear', 'hair drier', 'toothbrush')
    CLASSES = ('jujube','fig','nut','chocolate')
```

图 5.5.80 修改 coco. py 中的类名

在上述的所有配置文件完成修改之后，在 Terminal 中重新运行下述命令：
python setup. py（具体路径需要依情况而定）install
在此例中采用以下命令（图 5.5.81）。

```
PS G: \zhuangji\mmdetection-master> python G:\zhuangji\mmdetection-master\[mmdetection-master\setup.py install
```

图 5.5.81 setup. py 命令

（d）修改完成之后，选择想要训练的神经网络模型，在此例中选择 yolov3。

在 pycharm 中打开 mmdetection-master 文件夹，然后在 configs \ yolo 中选择 yolov3_d53_mstrain-416-273e_coco. py 为模型，然后修改 yolov3_d53_mstrain-416-273e_coco. py 中的路径和类别数量（图 5.5.82）。

（e）修改 batch_size，依照硬件水平设定（图 5.5.83）。

（f）修改训练轮次（图 5.5.84）。

```
type='YOLOV3Head',
num_classes=80,
#num_classes=4,
data = dict(

    samples_per_gpu=8,
    workers_per_gpu=4,
    train=dict(
        type=dataset_type,
        ann_file=data_root + 'VOC2007/annotations/voc07_trainval.json
        img_prefix=data_root,
        pipeline=train_pipeline),
    val=dict(
        type=dataset_type,
        ann_file=data_root + r'VOC2007/annotations/voc07_test.json',
        img_prefix=data_root,
        pipeline=test_pipeline),
    test=dict(
        type=dataset_type,
        ann_file=data_root + r'VOC2007/annotations/voc07_test.json',
        img_prefix=data_root,
        pipeline=test_pipeline)
)
```

图 5.5.82　修改类别和路径

```
auto_scale_lr = dict(base_batch_size=8)
```

图 5.5.83　修改 batch _ size

```
runner = dict(type='EpochBasedRunner', max_epochs=1)
```

图 5.5.84　修改训练轮次

修改完成之后运行训练代码，具体代码如下：

python G:\zhuangji\mmdetection-master\mmdetection-master\tools\train. py G:\zhuangji\mmdetection-master\mmdetection-master\configs\yolo\yolov3_d53_mstrain-416_273e_coco. py- -gpus-1- -work-dir G:\zhuangji\mmdetection-master\mmdetection-master\work_dir

⑦ 测试（以训练好的 yolov3_d53_mstrain-416_273e_coco. py 模型为例）

python G:\zhuangji\mmdetection-master\mmdetection-master\tools\test. py G:\zhuangji\mmdetection-master\mmdetection-master\configs\yolo\yolov3_d53_mstrain-416_273e_coco. py G:\zhuangji\mmdetection-master\ mmdetection-master \ checkpoints \ yolov3 _ d53 _ mstrain-416 _ 273e _ coco-2b60fcd9. pth- -out G:\zhuangji\mmdetection-master\mmdetection-master\result\result. pkl- -eval proposal- -show

5. 6　本章小结

卷积神经网络是受生物学上感受野机制的启发而提出的。自 20 世纪 60 年代起直至 21 世纪 10 年代，Alex Krizhevsky 和他的团队提出了现代第一个深度卷积神经网络模型

(AlexNet)，并在ImageNet Large Scale Visual Recognition Challenge比赛中获得了第一名。在AlexNet之后，研究人员提出了许多优秀的卷积神经网络模型。比如，VGGNet(2014，Karen Simonyan)、GoogLeNet(2014，Google Brain团队)、ResNet(2015，Microsoft Research团队)、MobileNet(2017，Google Brain团队)、ShuffleNet(2017，中国科学院)、Vision Transformer(2020，Google Brain团队)、LambdaNetwork(2021、Facebook AI Research)以及ParaNet(2022，清华大学)等。

现如今，卷积神经网络已是深度学习领域中最重要的模型之一，在计算机视觉、自然语言处理、语音识别等领域取得了很好的成果。当前的研究主要集中在模型结构的优化和自适应学习方面，不断提高其泛化能力和效率。未来，随着数据和计算能力的不断增长，卷积神经网络将会继续发挥重要作用。同时，研究者们还将探索如何将卷积神经网络应用于更多领域，如医疗诊断、智能家居等，进一步拓展其应用范围。

第六章

循环神经网络

人脑可以记住以前发生过的事情，并作为后续预测行为的基础。然而看似全能的传统的神经网络却很难做到这一点，这是传统神经网络潜在的弊端。例如，当我们想要对影片中连续发生的事件类型进行识别和分类时，传统的神经网络就很难求解这类带有时间序列的问题。为了解决这种时间序列问题，人们提出了循环神经网络（recurrent neural networks，RNN)，它是一种包含时间循环结构的网络，它允许神经网络处理包含时序的数据。

6.1 循环神经网络概述

6.1.1 背景

在前馈神经网络中，信息的传递是单向的，这种限制虽然使得网络变得更容易学习，但在一定程度上也减弱了神经网络模型的拟合能力。前馈神经网络可以看作一个复杂的函数，每次输入都是独立的，即网络的输出只依赖于当前的输入。但是在很多现实任务中，网络的输出不仅和当前时刻的输入相关，也和其过去一段时间的输出相关。比如一个有限状态自动机，其下一个时刻的状态不仅仅和当前输入相关，也和上一个时刻的输出相关。

此外，前馈网络难以处理时序数据，比如视频、语音、文本等长度一般是不固定的时序数据，而前馈神经网络要求输入和输出的维数都是固定的，不能任意改变。因此，当处理这一类和时序数据相关的问题时，就需要一种能力更强的模型。

传统神经网络能够实现对物体的分类和标注，但当处理有前后依赖信息的预测问题时，就显得力不从心。该问题的本质是由传统神经网络的结构决定的，因此要处理联想预测的问题时，就需要设计新的网络结构来实现。这种网络的输出不仅依赖当前的输入，还需要结合前一时刻或后一时刻的输入作为参考，因此该网络属于反馈型神经网络类型。循环神经网络是反馈型神经网络中处理时序相关反馈的典型代表，循环神经网络目前在应用中代表了大多数反馈型神经网络。

6.1.2 概念

循环代表着神经网络中的反馈，传统的反馈型神经网络由 Jordan 于 1986 年提出，1990 年 Elman 针对语音问题提出了另外一种形式略有不同的反馈型神经网络，引入利用神经网络隐藏层传递信息的可能性，即具有局部记忆单元和局部反馈连接的网络结构。但是循环的引入同样带来了长期依赖的难题，即经过多层次的网络传播之后，出现梯度消失或梯度爆炸问题。直到 1997 年 Hochreiter 和 Schmidhuber 引入被称为 LSTM（长短时记忆）的神经元之后，问题才得以解决。如今市面上基于循环神经网络的应用，大都是基于这样的神经元或者变种组成的网络。

循环神经网络是一类具有短期记忆能力的神经网络。在循环神经网络中，神经元不但可以接收其他神经元的信息，也可以接收自身的信息，形成具有环路的网络结构。和前馈神经网络相比，循环神经网络更加符合生物神经网络的结构。循环神经网络已经被广泛应用在语音识别、语言模型以及自然语言生成等任务上。循环神经网络的参数可以通过随时间反向传播算法来学习。随时间反向传播算法即按照时间的逆序将错误信息一步步往前传递。当输入序列比较长时，会存在梯度爆炸和消失问题，也称为长程依赖问题。为了解决这个问题，人们对循环神经网络进行了很多的改进，其中最有效的改进方式是引入门控机制（gating mechanism，GM）。

此外，循环神经网络可以很容易地扩展到两种更广义的记忆网络模型：递归神经网络和图网络。

6.1.3 基本结构

相较于经典的前馈神经网络，循环神经网络的隐藏层中不同时序的节点相互连接，当前节点的输出被传递给下一个时间步骤的节点。

经典的前馈神经网络结构简化后如图 6.1.1 所示。

整个结构分为三层：输入层、隐藏层、输出层。其中，$\boldsymbol{x}$ 表示输入层，是一系列特征，用向量的形式进行表示；$\boldsymbol{s}$ 为隐藏层的输出，采用向量的形式，隐藏层可以有多个神经元，神经元的个数即 $\boldsymbol{s}$ 的维度；$\boldsymbol{o}$ 表示为输出层的值，依然采用向量的形式，具体可以为物体的分类等。一般分类的个数就是 $\boldsymbol{o}$ 的维度。$\boldsymbol{U}$ 是输入 $\boldsymbol{x}$ 特征与隐藏层神经元全连接的权值矩阵；$\boldsymbol{V}$ 则是隐藏层与输出层全连接的权值矩阵。$\boldsymbol{s}$ 的输出由权值矩阵 $\boldsymbol{U}$ 以及输入 $\boldsymbol{x}$ 来决定，$\boldsymbol{o}$ 的输出由权值矩阵 $\boldsymbol{V}$ 和隐藏层输出 $\boldsymbol{s}$ 决定。

循环神经网络结构如图 6.1.2 所示。

同样，它的结构也由输入层、隐藏层和输出层组成。此处将详细介绍经典循环神经网络的结构及其每一层的功能。

首先，输入层是 RNN 的第一个层，它对输入样本进行预处理和特征提取。对于序列数据，输入层通常是用 one-hot 编码来表示每个时间步上的输入。如果是文本数据，通常会将文本转化为向量表示，如使用词嵌入（word embedding）。在一些更高级的应用中，比如语音识别等，可以使用复杂的特征提取技术来提高模型的性能。

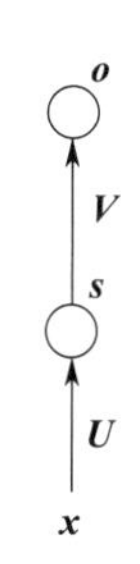

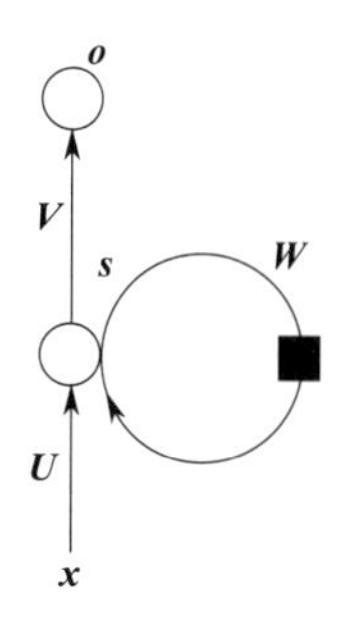

图 6.1.1 前馈神经网络结构示意图　　图 6.1.2 循环神经网络结构示意图

然后是隐藏层。隐藏层是 RNN 最重要的一层，也是其与传统神经网络最大的不同之处。隐藏层在处理序列数据时会保存上一时刻的状态信息，并将这个状态信息作为下一时刻的输入来计算当前时刻的输出。这种前后连接的方式使得 RNN 具有了时序性的处理能力。在经典的 RNN 中，隐藏层通常使用 tanh 作为激活函数。$h_t=\tanh(\boldsymbol{W}_{\mathrm{hh}}h_{t-1}+\boldsymbol{W}_{\mathrm{xh}}x_t)$，其中，$h_t$ 表示第 t 时刻的隐藏层状态，x_t 表示当前时刻的输入，$\boldsymbol{W}_{\mathrm{hh}}$ 和 $\boldsymbol{W}_{\mathrm{xh}}$ 表示隐藏层连接上一时刻状态和当前输入的权重矩阵。由于函数的链式计算导致反向传播的梯度要经过一系列的乘法，这样就会出现梯度爆炸或梯度消失的问题。为了解决这个问题，RNN 引入了 LSTM 和 GRU（门控循环单元）等更加复杂的结构。这些结构针对梯度消失和梯度爆炸问题提出了不同的解决方案，并在文本处理、机器翻译等任务中取得了很好的效果。

最后连接到输出层。输出层是 RNN 的最后一层，它将处理好的序列数据转化为模型的预测结果。在分类问题中，输出层通常是一个 softmax 层，用于将连续的输入转化为离散的输出，并给每个类别分配一个概率值。在序列建模问题如语音识别中，输出层通常是联合层(joint layer)，该层将步骤特征映射到字级别上，即输出每个时间步的概率密度函数，再使用贪心搜索或束搜索等算法选择最高概率的预测结果。

通过对比图 6.1.1 与图 6.1.2 可以发现，两者在整体上非常相似，都是由输入层、隐藏层和输出层构成，最大的区别点在于循环神经网络隐藏层多了一个自身到自身的环形连接，即 $\boldsymbol{s}$ 的值不再仅依赖 $\boldsymbol{U}$ 和 $\boldsymbol{x}$，还依赖新的权值矩阵 $\boldsymbol{W}$ 以及上一次 $\boldsymbol{s}$ 的输出。其中，$\boldsymbol{W}$ 表示上一次隐藏层的输出到这一次隐藏层输入的权值矩阵。由于隐藏层多了一个自身到自身的循环输入，因此该层被称作循环层。该网络结构即循环神经网络，图 6.1.2 也是最简单的反馈型神经网络形式。

循环神经网络常用于处理时间序列数据，如自然语言处理、音频信号处理、视频分析等。循环神经网络通过隐藏层中的状态来处理序列信息，同时还可以考虑上下文信息，能够有效地捕获潜在的长期依赖关系。

而且在针对前馈神经网络和循环神经网络这两种神经网络的训练中，前馈神经网络通常使用反向传播算法进行训练。利用该算法计算预测值和实际值之间的误差，并将误差反向传播到每个节点的权重上以更新网络参数。循环神经网络的训练更加复杂。由于循环结构的存在，循环神经网络的反向传播算法需要考虑时间步的顺序，以便正确更新网络参数。在训练过程中，由于网络中存在相同的权重，也更容易发生梯度消失或梯度爆炸问题。

6.2 循环神经网络分类

循环神经网络有多种类型，按照循环的方向分类，可以分为单向循环神经网络和双向循环神经网络两种；根据循环的深度分类，则可以分为循环神经网络和深度循环神经网络两种。

6.2.1 单向循环神经网络

单向循环神经网络是一种能够处理序列数据和动态数据的神经网络模型。它具有对过去信息记忆的能力，并且可以通过时间步进行前向传递。本书将围绕单向循环神经网络对其结构、原理及应用进行详细介绍。

首先，单向循环神经网络的基本结构包括三个层次：输入层、隐藏层和输出层。其中，输入层用于接收输入信息，隐藏层用于处理序列信息，输出层用于生成网络的输出结果。每一个时间步的输入会经过输入层，传递到隐藏层进行计算，计算后的结果再传递到输出层生成预测结果，同时也会作为下一个时间步隐藏层计算的输入。

图 6.1.2 表示的循环神经网络结构即为单向循环神经网络，现对其展开之后的效果如图 6.2.1 所示。

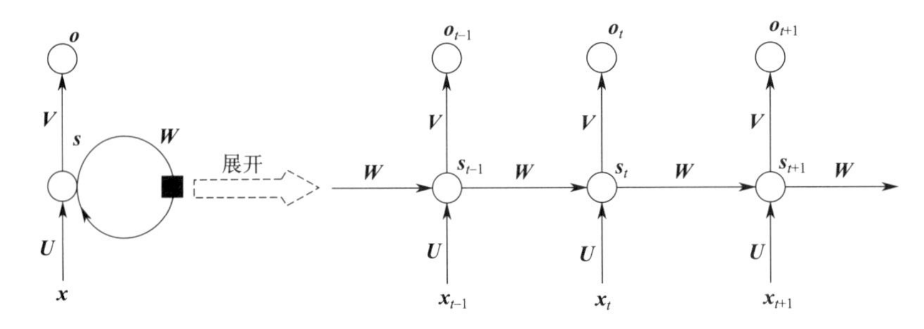

图 6.2.1　单向循环神经网络结构示意图

根据图 6.2.1 所示，单向循环神经网络的最大特点在于，隐藏层的信息不仅仅来自当前时刻的输入，还来自上一时刻的隐藏层输出。这样，网络就可以通过时间传递信息，实现对序列信息的学习和预测，进而适用于各种序列相关的任务，如文本分类、机器翻译、音频处理等。

具体实现方式可以理解为网络的输入通过时间进行向后传递。当前隐藏层的向量 $\boldsymbol{s}_t$ 输出除了取决于当前输入层的输入向量外，还受到上一时刻隐藏层的输出向量 $\boldsymbol{s}_{t-1}$ 的影响，因此，当前时刻隐藏层的输出信息包含了之前时刻的信息，表现出对之前信息记忆的能力。可以采用如下公式对单向循环神经网络进行表示：

$$\begin{aligned} \boldsymbol{o}_t &= g(\boldsymbol{V}\boldsymbol{s}_t) \\ \boldsymbol{s}_t &= f(\boldsymbol{U}\boldsymbol{x}_t + \boldsymbol{W}\boldsymbol{s}_{t-1}) \end{aligned} \tag{6.1}$$

其中，$\boldsymbol{o}_t$ 表示输出层的计算公式，输出层与隐藏层通过全连接进行连接，g 为输出层的激活函数；$\boldsymbol{V}$ 为输出层的权值矩阵。先表示隐藏层的计算公式，它接收两类输入，即当前时刻的输入层输入及上一时刻的隐藏层输出 $\boldsymbol{s}_{t-1}$，$\boldsymbol{U}$ 为输入层到隐藏层的权值矩阵。值得说明的是，$\boldsymbol{U}$、$\boldsymbol{V}$、$\boldsymbol{W}$ 权值矩阵的值每次循环都增加一组新的数值，因此循环神经网络的每次循环步骤中，这些参数都是共享的，这也是循环神经网络的结构特征之一。依据上述的递归定义，现对公式进行展开：

$$\begin{aligned}\boldsymbol{o}_t &= g(\boldsymbol{V}\boldsymbol{s}_t)=\boldsymbol{V}f(\boldsymbol{U}\boldsymbol{x}_t+\boldsymbol{W}\boldsymbol{s}_{t-1})=\boldsymbol{V}f(\boldsymbol{U}x_t+\boldsymbol{W}f(\boldsymbol{U}\boldsymbol{x}_{t-1}+\boldsymbol{W}\boldsymbol{s}_{t-2}))\\ &=\boldsymbol{V}f(\boldsymbol{U}\boldsymbol{x}_t+\boldsymbol{W}f(\boldsymbol{U}\boldsymbol{x}_{t-1}+\boldsymbol{W}f(\boldsymbol{U}\boldsymbol{x}_{t-2}+\cdots)))=\cdots\end{aligned} \tag{6.2}$$

从上述公式中可以看出，$\boldsymbol{o}_t$ 为 $[\boldsymbol{x}_t、\boldsymbol{x}_{t-1}、\boldsymbol{x}_{t-2}、\cdots]$ 的函数，因此当前时刻的输出会受到历史输入的综合影响。

单向循环神经网络的训练通常采用基于反向传播算法的优化方法，如随机梯度下降（SGD）、Adam 等。在训练过程中，网络通过最小化损失函数来学习参数，以便更好地适应给定数据集。

然而，单向循环神经网络也存在一些问题。例如，在处理长序列时容易出现梯度消失和梯度爆炸问题，导致网络无法学习到有效的信息，进而影响模型的性能表现。为了解决这些问题，人们提出了许多改进单向循环神经网络的方法，如 LSTM、GRU 等。

LSTM 是一种通过引入门控机制来改进单向循环神经网络的模型。LSTM 的结构包括三个控制单元——输入门、遗忘门和输出门，以及一个记忆单元。通过这些控制单元，LSTM 能够有效地处理长序列数据，并具有更好的记忆和追踪能力。与单向循环神经网络相比，LSTM 能够避免梯度消失和梯度爆炸问题，从而提高模型的性能表现。

GRU 是另一种用于改进单向循环神经网络的模型。GRU 同样通过引入门控机制来解决长序列学习的问题，但相较于 LSTM 更加轻量级，在计算效率上更胜一筹。GRU 包括两个门控单元：重置门和更新门。通过这些门控单元，GRU 实现了对长序列的有效建模和预测，具有很好的表现效果。

因此，单向循环神经网络是一种能够有效处理序列数据和动态数据的神经网络模型。通过不断改进和优化，人们已经提出了许多改进单向循环神经网络的方法，以适应不同领域和任务的需求。在实际应用中，我们可以根据具体情况选择合适的模型和算法，以取得更好的性能和效果。

6.2.2　双向循环神经网络

在日常的信息推断中，当前信息不单单依赖之前的内容，也有可能会依赖后续的内容。比如针对英语的完形填空，为了获得要填写的单词，往往需要获取待填写位置之前和之后的单词，统一理解后再去推断应该填写的单词。完形填空的场景是典型的信息双向依赖问题，该类问题不是单向循环神经网络能够处理的。单向循环神经网络仅仅能够从之前输入的信息进行推断，而不能够将后续的信息纳入参考，因而会影响最终结果的准确性。

双向循环神经网络（bi-directional recurrent neural network，BRNN）依据前后文的信息进行记忆推断，得出正确的填写单词。双向循环神经网络是由 Schuster 和 Paliwal 于 1997 年提出的，其主要思想是训练一个分别向前和向后的两个循环神经网络，表示完整的上下文

信息，两个循环神经网络都对应同一个输出层，因此可以简单理解为是两个循环神经网络的叠加，输出结果是基于两个循环神经网络的隐藏层的输出状态计算获得的。将双向循环神经网络按照时间序列进行结构展开，如图 6.2.2 所示。

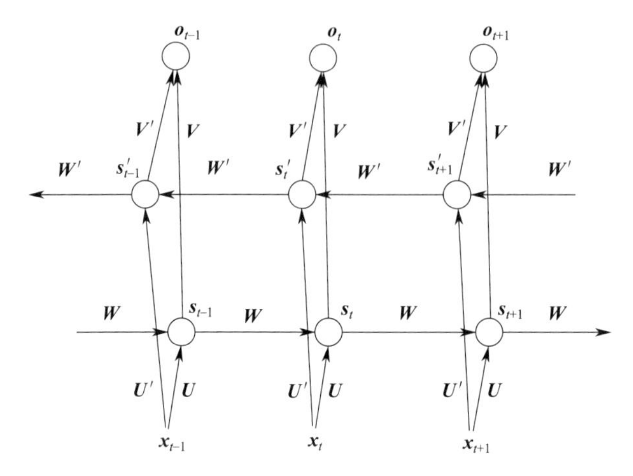

图 6.2.2　双向循环神经网络结构展开示意图

从图 6.2.2 可以看出，网络的隐藏层要保留两部分信息：一部分为从前到后的正向信息传递 $\boldsymbol{s}_t$，另一部分为从后到前的反向信息传递 $\boldsymbol{s}'_t$。最终的输出 $\boldsymbol{o}$ 则综合了这两部分信息。按单向循环神经网络的推算方式，不难得出双向循环神经网络的每一层计算公式：

$$
\begin{aligned}
\boldsymbol{o}_t &= g(\boldsymbol{V}\boldsymbol{s}_t + \boldsymbol{V}'\boldsymbol{s}'_t) \\
\boldsymbol{s}_t &= f(\boldsymbol{W}\boldsymbol{s}_{t-1} + \boldsymbol{U}\boldsymbol{x}_t) \\
\boldsymbol{s}'_t &= f(\boldsymbol{W}'\boldsymbol{s}'_{t-1} + \boldsymbol{U}'\boldsymbol{x}_t)
\end{aligned}
\tag{6.3}
$$

从 $\boldsymbol{o}_t = g(\boldsymbol{V}\boldsymbol{s}_t + \boldsymbol{V}'\boldsymbol{s}'_t)$ 可以看出，某一时刻的输出 $\boldsymbol{o}_t$ 受到 $\boldsymbol{s}_t$ 和 $\boldsymbol{s}'_t$ 的影响。从 $\boldsymbol{s}_t = f(\boldsymbol{W}\boldsymbol{s}_{t-1} + \boldsymbol{U}\boldsymbol{x}_t)$，$\boldsymbol{s}'_t = f(\boldsymbol{W}'\boldsymbol{s}'_{t-1} + \boldsymbol{U}'\boldsymbol{x}_t)$ 的递归定义来看，分别包含了正向和反向两部分的信息。值得说明的是，从上述三个公式来看，正向计算和反向计算是不共享权值的，也就是说，输入层对于隐藏层的权值矩阵 $\boldsymbol{U}$、$\boldsymbol{U}'$，隐藏层对于输出层的权值矩阵 $\boldsymbol{V}$、$\boldsymbol{V}'$，隐藏层对于隐藏层内部的双向权值矩阵 $\boldsymbol{W}$、$\boldsymbol{W}'$，这 6 个独特的权值在每一时刻都被复用，而正反向两两之间的值是不相同的。同时，从图 6.2.2 中也可以看到，向前和向后的隐藏层之间是没有连接的，这样的展开图是非循环的。

双向循环神经网络的结构展开图并不是循环的，因为理论上每个时刻的输出是由前后两个时刻的信息共同计算得到的。从展开图中可以看出，向前和向后的隐藏层之间是没有连接的，但是它们的输出都会被送至同一个输出层进行综合计算。由于双向循环神经网络能够处理信息的双向依赖关系，因此在自然语言处理、声音识别、人脸识别等领域都有广泛的应用。

6.2.3　深度循环神经网络

上述介绍的单向循环神经网络和双向循环神经网络仅仅包含一个隐藏层，而在实际应用中，为了增加表达能力，往往引入多个隐藏层，即深度循环神经网络。一个简单的多层循环神经网络结构如图 6.2.3 所示。

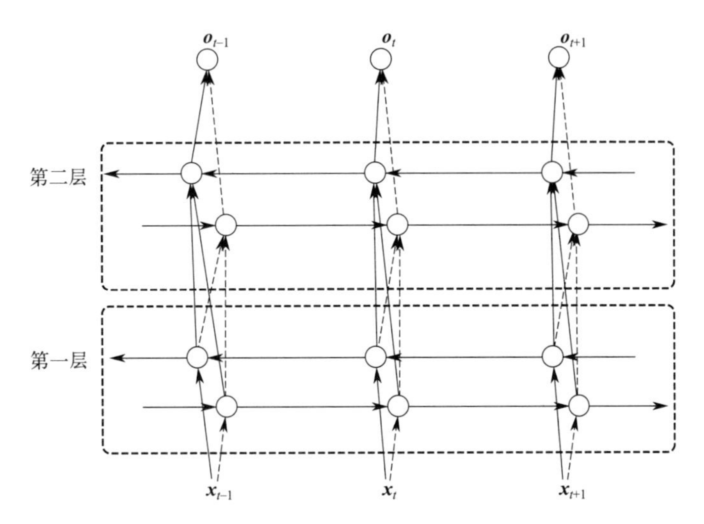

图 6.2.3 多层循环神经网络结构展开示意图

由图 6.2.3 同样可以得到深度循环神经网络的计算公式：

$$
\begin{aligned}
& \boldsymbol{o}_t = g(\boldsymbol{V}^{(i)} \boldsymbol{s}_t^{(i)} + \boldsymbol{V}'^{(i)} \boldsymbol{s}_t^{(i)}) \\
& \boldsymbol{s}_t^{(i)} = f(\boldsymbol{W}^{(i)} \boldsymbol{s}_{t-1} + \boldsymbol{U}^{(i)} \boldsymbol{s}_t^{(i-1)}) \\
& \boldsymbol{s}'^{(i)}_t = f(\boldsymbol{W}'^{(i)} \boldsymbol{s}'_{t+1} + \boldsymbol{U}'^{(i)} \boldsymbol{s}'^{(i-1)}_t) \\
& \cdots \\
& \boldsymbol{s}_t^{(1)} = f(\boldsymbol{W}^{(1)} \boldsymbol{s}_{t-1} + \boldsymbol{U}^{(1)} \boldsymbol{x}_t) \\
& \boldsymbol{s}'^{(1)}_t = f(\boldsymbol{W}'^{(1)} \boldsymbol{s}'_{t+1} + \boldsymbol{U}'^{(1)} \boldsymbol{x}_t)
\end{aligned}
\tag{6.4}
$$

上述公式中，上标 i 表示当前的层数。通过以上各公式可以看出，最终的输出依赖两个维度的计算，横向上内部前后信息的叠加，即按照时间的计算；纵向上是每一时刻的输入信息在逐层之间的传递，即按照空间结构的计算。

6.3 模型训练与优化

循环神经网络的参数可以通过梯度下降方法来进行学习。以随机梯度下降为例，给定一个训练样本（x，y），其中 $x_{1:T}=(x_1, \cdots, x_T)$ 为长度是 T 的输入序列，$y_{1:T}=(y_1, \cdots, y_T)$ 是长度为 T 的标签序列。即在每个时刻 t，都有一个监督信息 y，我们定义时刻 t 的损失函数为：

$$L_t = L(y_t, g(h_t)) \tag{6.5}$$

其中，$g(h_t)$ 为第 t 时刻的输出；L 为可微分的损失函数，比如交叉熵。那么整个序列的损失函数为 $L\sum_{t=1}^{T} L_t$，整个序列的损失函数 L 为每个时刻损失函数 L_t 对参数 U 的偏导数之和。

循环神经网络中存在一个递归调用的函数 $f(\cdot)$，因此其计算参数梯度的方式和前馈神经网络不太相同。在循环神经网络中主要有两种计算梯度的方式：随时间反向传播（BPTT）算法和实时循环学习（RTRL）算法。

6.3.1 随时间反向传播算法

在循环神经网络中，由于时间序列数据的存在，我们需要使用反向传播算法来进行参数学习，这种算法被称为随时间反向传播（backpropagation through time，BPTT）。

BPTT算法基于标准反向传播算法，但是在它的基础上增加了时间维度。当我们在循环神经网络中反向传播时，我们需要将网络展开成一个有限状态自动机（finite state machine，FSM）。这样，我们就可以将其视为一个标准的前馈神经网络，其中每个时间步骤都有一个相应的隐藏层。接下来，我们可以应用标准反向传播算法，通过链式法则计算误差梯度。

具体来说，BPTT算法将循环神经网络看作一个展开的多层前馈网络，其中“每一层”对应循环网络中的“每个时刻”。这样，循环神经网络就可以按照前馈网络中的反向传播算法计算参数梯度。在前馈网络中，所有层的参数是共享的，因此参数的真实梯度是所有展开层的参数梯度之和。

具体来说，假设在第t个时间步骤处，神经网络的输出为$\boldsymbol{y}_t$，损失函数为$L(\boldsymbol{y}_t, \boldsymbol{y}_t^*)$，其中$\boldsymbol{y}_t^*$为对应的真实值。对于参数$\boldsymbol{U}$和$\boldsymbol{W}$，我们可以通过链式法则计算出损失函数$L$对它们的梯度，即$\frac{\mathrm{d}L}{\mathrm{d}\boldsymbol{U}}$和$\frac{\mathrm{d}L}{\mathrm{d}\boldsymbol{W}}$。其中，$\frac{\mathrm{d}L}{\mathrm{d}\boldsymbol{U}}$是一个矩阵，它的第$i$行第$j$列表示$L$对$\boldsymbol{U}$的第$i$行第$j$列元素的偏导数。

为了计算$\frac{\mathrm{d}L}{\mathrm{d}\boldsymbol{U}}$，我们需要计算出$\frac{\mathrm{d}L}{\mathrm{d}\boldsymbol{y}_t}$和$\frac{\mathrm{d}\boldsymbol{y}_t}{\mathrm{d}\boldsymbol{h}_t}$的乘积。其中，$\frac{\mathrm{d}L}{\mathrm{d}\boldsymbol{y}_t}$可以根据损失函数的具体形式直接计算出来。$\frac{\mathrm{d}\boldsymbol{y}_t}{\mathrm{d}\boldsymbol{h}_t}$是输出$\boldsymbol{y}_t$对隐藏状态$\boldsymbol{h}_t$的偏导数，可以根据循环神经网络的具体结构进行计算。然后，我们可以通过在时间上反向传播误差，计算$\frac{\mathrm{d}L}{\mathrm{d}\boldsymbol{h}_t}$和$\frac{\mathrm{d}\boldsymbol{h}_t}{\mathrm{d}\boldsymbol{h}_{\{t-1\}}}$，最终得到$\frac{\mathrm{d}L}{\mathrm{d}\boldsymbol{U}}$。

BPTT算法提供了一种计算循环神经网络参数梯度的有效方式，可以使网络更好地适应时间序列数据的特征。

6.3.2 实时循环学习算法

与反向传播的BPTT算法不同，实时循环学习（real-time recurrent learning，RTRL）是通过前向传播的方式来计算梯度的。假设循环神经网络中第$t+1$时刻的状态$\boldsymbol{h}_{t+1}$为：

$$\boldsymbol{h}_{t+1}=f(\boldsymbol{z}_{t+1})=f(\boldsymbol{U}\boldsymbol{h}_t+\boldsymbol{W}\boldsymbol{x}_{t+1}+b)$$

其中，$f(\cdot)$是激活函数；$\boldsymbol{U}$是循环层到循环层的权重矩阵；$\boldsymbol{W}$是输入层到循环层的权重矩阵；b是偏置向量；$\boldsymbol{h}_t$是第t时刻的隐藏状态向量；$\boldsymbol{z}_{t+1}$是第$t+1$时刻神经网络未经激活的输出值；$\boldsymbol{x}_{t+1}$是第$t+1$时刻的输入向量；u_{ij}是循环层权重矩阵中相应位置神经元的权重。

则其关于参数 u_{ij} 的偏导数为：

$$\frac{\partial \boldsymbol{h}_{t+1}}{\partial u_{ij}}=\left[I_i([\boldsymbol{h}_t])+\frac{\partial \boldsymbol{h}_t}{\partial u_{ij}}\boldsymbol{U}^{\mathrm{T}}\right]\mathrm{e}[f'(\boldsymbol{z}_{t+1})]^{\mathrm{T}} \tag{6.6}$$

其中，$I_i(x)$ 指除了第 i 行值为 x 之外，其余值为 0 的行向量。

RTRL 算法从第 1 个时刻开始，除了计算循环网络的隐状态之外，还利用参数 u_{ij} 的偏导数依次前向计算偏导数。

这样，假设第 t 个时刻存在一个监督信息，其损失函数为 C_t，就可以同时计算损失函数对 u_{ij} 的偏导数：

$$\frac{\partial C_t}{\partial u_{ij}}=\frac{\partial C_t \partial \boldsymbol{h}_t}{\partial \boldsymbol{h}_t \partial u_{ij}} \tag{6.7}$$

这样在第 t 时刻，可以实时地计算损失 C_t 关于参数 $\boldsymbol{U}$ 的梯度，并更新参数。参数 $\boldsymbol{W}$ 和 b 的梯度也可以同样按上述方法实时计算。

RTRL 算法和 BPTT 算法都是基于梯度下降的算法，分别通过前向模式和反向模式应用链式法则来计算梯度。在循环神经网络中，一般网络输出维度远低于输入维度，因此 BPTT 算法的计算量会更小，但是 BPTT 算法需要保存所有时刻的中间梯度，空间复杂度较高。RTRL 算法不需要梯度回传，因此非常适合用于需要在线学习或无限序列的任务中。

循环神经网络（RNN）是一类特殊的神经网络，其结构能够对序列数据进行建模，如语音信号、自然语言、时间序列等。不同于前馈神经网络，RNN 可以将前一时刻的输出作为当前时刻的输入，这使得其可以在处理序列数据时具有记忆性。在循环神经网络中，数据流的计算依赖于当前时刻的输入和前一时刻的输出，因此该类网络中存在着参数共享和时间共享两种特殊性质。

实时循环学习算法是一种基于前向传播计算梯度的循环神经网络训练算法。与反向传播的 BPTT 算法不同，RTRL 算法直接计算每个时刻的偏导数，从而实现了实时更新网络参数的目的。

在 RTRL 算法中，通过计算每个时刻的偏导数来更新网络的参数。具体来说，假设当前时刻为 t，状态向量 $\boldsymbol{h}_t$ 表示循环神经网络在时刻 t 的隐状态，输出向量 $\boldsymbol{y}_t$ 表示网络在时刻 t 的输出。网络的参数集合为 $\theta=(\boldsymbol{W},\boldsymbol{U},b)$，其中 $\boldsymbol{W}$ 和 $\boldsymbol{U}$ 分别表示输入和隐状态的权重，b 为偏置项。

在循环神经网络中，当前时刻的隐状态 $\boldsymbol{h}_t$ 的计算依赖于当前时刻的输入 $\boldsymbol{x}_t$ 和前一时刻的隐状态 $\boldsymbol{h}_{t-1}$，可以表示为：

$$\boldsymbol{h}_t=f(\boldsymbol{W}\boldsymbol{x}_t+\boldsymbol{U}\boldsymbol{h}_{t-1}+b) \tag{6.8}$$

其中，$f(\cdot)$ 为激活函数，通常为 sigmoid 或 tanh 函数。

RTRL 算法从第 1 个时刻开始，通过前向计算偏导数来计算梯度。具体来说，对于隐状态 $\boldsymbol{h}_t$ 的每个分量 h_{ti}，它们的偏导数可以表示为：

$$\partial h_{ti}/\partial\theta=\frac{\partial f(\theta\boldsymbol{h}_{t-1}+\theta_i\boldsymbol{x}_t+\theta_b)}{\partial\theta} \tag{6.9}$$

其中，θ 表示参数集合；θ_i 表示 θ 中的某个元素。根据链式法则，可以得到网络输出 $\boldsymbol{y}_t$ 对参数的偏导数为：

$$\partial \boldsymbol{y}_t/\partial\theta=\frac{\partial y_t}{\partial h_t}\times\frac{\partial h_t}{\partial\theta} \tag{6.10}$$

其中，y_t 为输出权重；h_t 为 t 时刻的隐状态。

在实时循环学习算法中，假设当前时刻存在监督信息，即存在一个损失函数 C_t，则可以计算损失函数对参数的梯度。

6.4 长短时记忆网络

6.4.1 原理讲解

长短时记忆网络（LSTM）是循环神经网络的一个变体，可以有效地解决简单循环神经网络的梯度爆炸或消失问题。

LSTM 网络主要改进在以下两个方面。

新的内部状态，LSTM 网络引入一个新的内部状态（internal state）$\boldsymbol{c} \in \boldsymbol{R}^D$ 专门进行线性的循环信息传递，同时（非线性地）输出信息给隐藏层的外部状态 $\boldsymbol{h} \in \boldsymbol{R}^D$。内部状态 $\boldsymbol{c}$ 通过下面公式计算：

$$\begin{gathered}\boldsymbol{c}_t=\boldsymbol{f}_t \odot \boldsymbol{c}_{t-1}+\boldsymbol{i}_t \odot \tilde{\boldsymbol{c}}_t \\ \boldsymbol{h}_t=\boldsymbol{o}_t \odot \tanh (\boldsymbol{c}_t)\end{gathered} \tag{6.11}$$

其中，$\boldsymbol{f}_t \in [0,1]$、$\boldsymbol{i}_t \in [0,1]$ 和 $\boldsymbol{o}_t \in [0,1]$ 为三个门（gate）来控制信息传递的路径；$\odot$ 为向量元素乘积；$\boldsymbol{c}_{t-1}$ 为上一时刻的记忆单元；$\tilde{\boldsymbol{c}}_t$ 是通过非线性函数得到的候选状态。

$$\tilde{\boldsymbol{c}}_t=\tanh (\boldsymbol{W}_c \boldsymbol{x}_t+\boldsymbol{U}_c \boldsymbol{h}_{t-1}+b_c) \tag{6.12}$$

在每个时刻 t，LSTM 网络的内部状态 $\boldsymbol{c}_t$ 记录了到当前时刻为止的历史信息。

门控机制在数字电路中，门（gate）为一个二值变量 {0，1}，0 代表关闭状态，不许任何信息通过；1 代表开放状态，允许所有信息通过。

LSTM 网络引入门控机制来控制信息传递的路径。

公式中三个“门”分别为输入门 $\boldsymbol{i}_t$、遗忘门 $\boldsymbol{f}_t$ 和输出门 $\boldsymbol{o}_t$，这三个门的作用为：

(a) 遗忘门 $\boldsymbol{f}_t$ 控制上一个时刻的内部状态 $\boldsymbol{c}_{t-1}$ 需要遗忘多少信息。

(b) 输入门 $\boldsymbol{i}_t$ 控制当前时刻的候选状态 $\tilde{\boldsymbol{c}}_t$，有多少信息需要保存。

(c) 输出门 $\boldsymbol{o}_t$ 控制当前时刻的内部状态 $\tilde{\boldsymbol{c}}_t$ 有多少信息需要输出给外部状态。

当 $\boldsymbol{f}_t=0$，$\boldsymbol{i}_t=1$ 时，记忆单元将历史信息清空，并将候选状态向量 $\tilde{\boldsymbol{c}}_t$ 写入。

但此时记忆单元 $\boldsymbol{c}_t$ 依然和上一时刻的历史信息相关。当 $\boldsymbol{f}_t=1$，$\boldsymbol{i}_t=0$ 时，记忆单元将复制上一时刻的内容，不写入新的信息。

LSTM 网络中的“门”是一种“软”门，取值在（0，1）之间，表示以一定的比例允许信息通过。三个门的计算方式为：

$$\begin{gathered}\boldsymbol{i}_t=\sigma (\boldsymbol{W}_i \boldsymbol{x}_t+\boldsymbol{U}_i \boldsymbol{h}_{t-1}+b_i) \\ \boldsymbol{f}_t=\sigma (\boldsymbol{W}_f \boldsymbol{x}_t+\boldsymbol{U}_f \boldsymbol{h}_{t-1}+b_f) \\ \boldsymbol{o}_t=\sigma (\boldsymbol{W}_o \boldsymbol{x}_t+\boldsymbol{U}_o \boldsymbol{h}_{t-1}+b_o)\end{gathered} \tag{6.13}$$

其中，$\sigma(\cdot)$ 为 logistic 函数，其输出区间为（0，1）；$\boldsymbol{x}_t$ 为当前时刻的输入；$\boldsymbol{h}_{t-1}$ 为上一时刻的外部状态。

图 6.4.1 给出了 LSTM 网络的循环单元结构，其计算过程为：首先利用上一时刻的外

部状态 $\boldsymbol{h}_{t-1}$ 和当前时刻的输入 $\boldsymbol{x}_t$，计算出三个门，以及候选状态 $\tilde{\boldsymbol{c}}_t$；结合遗忘门 $\boldsymbol{f}_t$ 和输入门 $\boldsymbol{i}_t$ 来更新记忆单元 $\boldsymbol{c}_t$；结合输出门 $\boldsymbol{o}_t$，将内部状态的信息传递给外部状态 $\boldsymbol{h}_t$。

LSTM 网络的循环单元结构通过 LSTM 循环单元，整个网络可以建立较长距离的时序依赖关系。

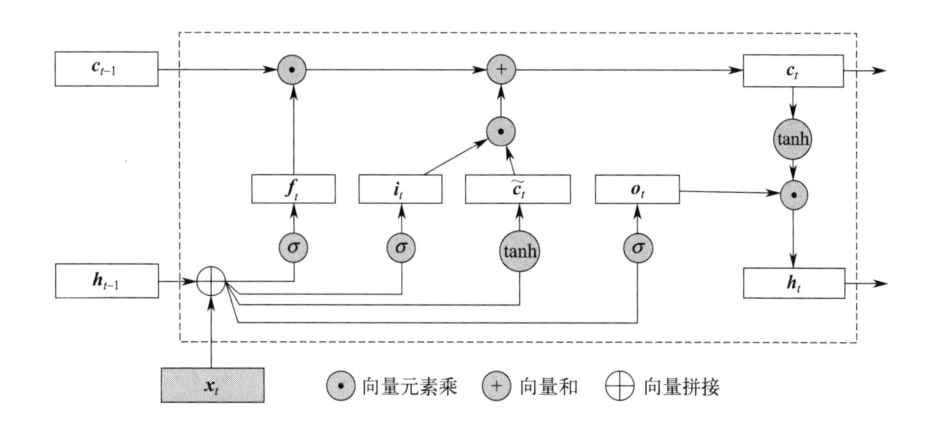

图 6.4.1 LSTM 网络循环单元结构示意图

循环神经网络中的隐状态 $\boldsymbol{h}_t$ 存储了历史信息，可以看作一种记忆（memory）。在简单循环网络中，隐状态每个时刻都会被重写，因此可以看作一种短期记忆（short-term-memory）。在神经网络中，长期记忆（long-term-memory）可以看作网络参数，隐含了从训练数据中学到的经验，其更新周期要远远慢于短期记忆。而在 LSTM 网络中，记忆单元 $\boldsymbol{c}_t$ 可以在某个时刻捕捉到某个关键信息，并有能力将此关键信息保存一定的时间间隔。记忆单元 $\boldsymbol{c}_t$ 中保存信息的生命周期要长于短期记忆 $\boldsymbol{h}_t$，但又远远短于长期记忆，因此称为长短期记忆。

6.4.2 代码讲解

首先，假设我们的数据集已经处理好，并分成了多个 batch，每个 batch 包含指定数量的时序数据和其对应的标签。我们定义一个 batch 的大小为 N，输入数据的时间步数为 T，每个时间步的输入特征维数为 D，标签的分类数为 K。此外，我们还需要定义 LSTM 中各个门控单元的权重矩阵和偏置项。

我们使用交叉熵损失作为目标函数来度量预测值和实际值之间的差距。即：

$$L=-\frac{1}{N}\sum_{n=1}^{N}\sum_{t=1}^{T}y_{n,t}\lg(\hat{y}_{n,t}) \tag{6.14}$$

其中，$y_{n,t}$ 表示第 n 个样本在第 t 个时间步的真实标签；$\hat{y}_{n,t}$ 表示对应的预测结果。

接下来，我们考虑如何计算损失函数的梯度。由于 LSTM 的复杂性，我们需要定义多个变量和函数来描述其内部计算过程。

首先，我们定义包含当前时刻前向运算结果的状态变量 $\boldsymbol{h}_t$ 及其梯度 $\partial L/\partial \boldsymbol{h}_t$。注意到 LSTM 的输出不仅取决于当前时刻的状态，还与之前时刻的状态有关。因此，我们需要定

义另一个状态变量 $\boldsymbol{c}_t$ 及其梯度 $\partial L/\partial \boldsymbol{c}_t$，用于表示当前时刻的细胞状态以及其反向传播的梯度。

其次，我们定义各个门控单元的权重矩阵 $\boldsymbol{W}$，并将其分为 4 个部分：遗忘门 $\boldsymbol{f}_t$、输入门 $\boldsymbol{i}_t$、输出门 $\boldsymbol{o}_t$ 和候选细胞状态 $\boldsymbol{c}_t$。其中，$\boldsymbol{f}_t$、$\boldsymbol{i}_t$、$\boldsymbol{o}_t \in [0, 1]$，$\boldsymbol{c}_t$ 是一个向量。

在前向计算过程中，我们需要根据输入数据 $\boldsymbol{x}_t$、前一时刻的状态 $\boldsymbol{h}_{t-1}$ 以及前一时刻的细胞状态 $\boldsymbol{c}_{t-1}$ 来计算当前时刻的状态 $\boldsymbol{h}_t$ 和细胞状态 $\boldsymbol{c}_t$。具体而言：

$$\boldsymbol{f}_t = \sigma(\boldsymbol{W}_f [X_t, h_{t-1}] + b_f) \tag{6.15}$$

$$\boldsymbol{i}_t = \sigma(\boldsymbol{W}_i [X_t, h_{t-1}] + b_i) \tag{6.16}$$

$$\boldsymbol{c}_t = \tanh(\boldsymbol{W}_c [X_t, h_{t-1}] + b_c) \tag{6.17}$$

$$\boldsymbol{c}_t = \boldsymbol{f}_t \odot \boldsymbol{c}_{t-1} + \boldsymbol{i}_t \odot \tilde{\boldsymbol{c}}_t \tag{6.18}$$

$$\sigma_t = \sigma(W_o [X_t, h_{t-1}] + b_o) \tag{6.19}$$

$$\boldsymbol{h}_t = \boldsymbol{o}_t \odot \tanh(\boldsymbol{c}_t) \tag{6.20}$$

其中，σ 表示 sigmoid 函数；$\odot$表示元素乘积；X_t 表示输入数据；h_{t-1} 表示前一时刻的状态。

在后向计算过程中，我们需要根据损失函数的梯度来计算每个变量的梯度。

首先，我们计算输出层的梯度 $\partial L/\partial \boldsymbol{o}_t$：

$$\frac{\partial L}{\partial \boldsymbol{o}_t} = \frac{\partial L}{\partial \boldsymbol{h}_t} \odot \tanh(\boldsymbol{c}_t) \odot \boldsymbol{o}_t (1 - \boldsymbol{o}_t) \tag{6.21}$$

然后，我们计算细胞状态的梯度 $\partial L/\partial \boldsymbol{c}_t$：

$$\frac{\partial L}{\partial \boldsymbol{c}_t} = \frac{\partial L}{\partial \boldsymbol{h}_t} \odot \boldsymbol{o}^{(t)} \odot [1 - \tanh^2(\boldsymbol{c}_t)] + \frac{\partial L}{\partial \boldsymbol{c}_{t+1}} \boldsymbol{f}_{t+1} \tag{6.22}$$

这里需要注意的是，由于 LSTM 的反向传播是从当前时刻到之前的时间步逐一进行的，所以在计算细胞状态的梯度时，需要加上后一时刻的误差项。此外，需要将前一时刻的细胞状态 $\boldsymbol{c}_{t-1}$ 和输出门 $\boldsymbol{o}_t$ 的值一起考虑。

接下来，我们计算输入门 $\boldsymbol{i}_t$ 和遗忘门 $\boldsymbol{f}_t$ 的梯度 $\partial L/\partial \boldsymbol{i}_t$ 和 $\partial L/\partial \boldsymbol{f}_t$：

$$\frac{\partial L}{\partial \boldsymbol{i}_t} = \frac{\partial L}{\partial \boldsymbol{c}_t} \tilde{\boldsymbol{c}}_t \odot \boldsymbol{i}_t \odot (1 - \boldsymbol{i}_t) \tag{6.23}$$

$$\frac{\partial L}{\partial \boldsymbol{f}_t} = \frac{\partial L_t}{\partial \boldsymbol{c}_t} \boldsymbol{c}_{t-1} \odot \boldsymbol{f}_t \odot (1 - \boldsymbol{f}_t) \tag{6.24}$$

最后，我们计算候选细胞状态 $\boldsymbol{c}_t$ 的梯度 $\partial L/\partial \boldsymbol{c}_t$：

$$\frac{\partial L}{\partial \tilde{\boldsymbol{c}}_t} = \frac{\partial L}{\partial \boldsymbol{c}_t} \boldsymbol{i}_t \odot (1 - \tilde{\boldsymbol{c}}_t^2) \tag{6.25}$$

计算完所有变量的梯度之后，我们可以使用随机梯度下降等优化算法来更新模型参数以最小化损失函数。

下面是使用 PyTorch 实现 LSTM 时序模型的示例代码，包括前向传播和反向传播过程。其中，x 代表输入数据，y 代表标签，h_0 代表初始状态，$\boldsymbol{W}_f$、$\boldsymbol{W}_i$、$\boldsymbol{W}_c$、$\boldsymbol{W}_o$ 代表 4 个门控单元的权重矩阵，b_f、b_i、b_c、b_o 代表相关的偏置项，N、T、D、H、K 分别表示 batch 大小、时间步数、输入特征维数、隐状态维数和分类数。

在下面的实现中，LSTMLayer 的参数包括输入维度、输出维度、隐藏层维度，单元状态维度等于隐藏层维度。gate 的激活函数为 sigmoid 函数，输出的激活函数为 tanh。

我们先实现两个激活函数：sigmoid 和 tanh。

```
class SigmoidActivator(object):
    def forward(self, weighted_input):
        return 1.0/(1.0+np.exp(-weighted_input))
    def backward(self, output):
        return output * (1-output)


class TanhActivator(object):
    def forward(self, weighted_input):
        return 2.0/(1.0+np.exp(-2 * weighted_input))-1.0
    def backward(self, output):
        return 1-output * output
```

然后我们把 LSTM 的实现放在 LstmLayer 类中。

根据 LSTM 前向计算和方向传播算法，我们需要初始化一系列矩阵和向量。这些矩阵和向量有两类用途，一类是用于保存模型参数，另一类是保存各种中间计算结果，以便于反向传播算法使用，以及各个权重对应的梯度。

在构造函数的初始化中，只初始化了与 forward 计算相关的变量，与 backward 相关的变量没有初始化。这是因为构造 LSTM 对象的时候，我们还不知道它未来是用于训练（既有 forward 又有 backward）还是推理（只有 forward）。

```
class LstmLayer(object):
    def__init__(self, input_width, state_width,
                 learning_rate):
        self.input_width=input_width
        self.state_width=state_width
        self.learning_rate=learning_rate
        # 门的激活函数
        self.gate_activator=SigmoidActivator()
        # 输出的激活函数
        self.output_activator=TanhActivator()
        # 当前时刻初始化为 0
        self.times=0
        # 各个时刻的单元状态向量 c
        self.c_list=self.init_state_vec()
        # 各个时刻的输出向量 h
        self.h_list=self.init_state_vec()
        # 各个时刻的遗忘门 f
        self.f_list=self.init_state_vec()
        # 各个时刻的输入门 i
        self.i_list=self.init_state_vec()
        # 各个时刻的输出门 o
        self.o_list=self.init_state_vec()
```

```
        # 各个时刻的即时状态 c̃
        self.ct_list=self.init_state_vec()
        # 遗忘门权重矩阵 W_fh ,W_fx , 偏置项 b_f
        self.Wfh, self.Wfx, self.bf=(
            self.init_weight_mat())
        # 输入门权重矩阵 W_ih ,W_ix , 偏置项 b_i
        self.Wih, self.Wix, self.bi=(
            self.init_weight_mat())
        # 输出门权重矩阵 W_oh ,W_ox , 偏置项 b_o
        self.Woh, self.Wox, self.bo=(
            self.init_weight_mat())
        # 单元状态权重矩阵 W_ch ,W_cx , 偏置项 b_c
        self.Wch, self.Wcx, self.bc=(
            self.init_weight_mat())

    def init_state_vec(self):
        '''初始化保存状态的向量'''
        state_vec_list=[]
        state_vec_list.append(np.zeros(
            (self.state_width, 1)))
        return state_vec_list

    def init_weight_mat(self):
        '''初始化权重矩阵'''
        Wh=np.random.uniform(-1e-4, 1e-4,
            (self.state_width, self.state_width))
        Wx=np.random.uniform(-1e-4, 1e-4,
            (self.state_width, self.input_width))
        b=np.zeros((self.state_width, 1))
        return Wh, Wx, b
```

前向计算的实现：forward 方法实现了 LSTM 的前向计算。

```
    def forward(self, x):
        self.times +=1
        # 遗忘门
        fg=self.calc_gate(x, self.Wfx, self.Wfh,
            self.bf, self.gate_activator)
        self.f_list.append(fg)
        # 输入门
        ig=self.calc_gate(x, self.Wix, self.Wih,
            self.bi, self.gate_activator)
        self.i_list.append(ig)
        # 输出门
        og=self.calc_gate(x, self.Wox, self.Woh,
```

```
            self.bo, self.gate_activator)
        self.o_list.append(og)
        # 即时状态
        ct=self.calc_gate(x, self.Wcx, self.Wch,
            self.bc, self.output_activator)
        self.ct_list.append(ct)
        # 单元状态
        c=fg * self.c_list[self.times-1]+ig * ct
        self.c_list.append(c)
        # 输出
        h=og * self.output_activator.forward(c)
        self.h_list.append(h)

    def calc_gate(self, x, Wx, Wh, b, activator):
        '''计算门'''
        h=self.h_list[self.times-1] # 上次的 LSTM 输出
        net=np.dot(Wh, h)+np.dot(Wx, x)+b
        gate=activator.forward(net)
        return gate
```

从上面的代码我们可以看到，门的计算都是相同的算法，而门和 $\tilde{c}_t$ 的计算仅仅是激活函数不同。因此我们提出了 calc_gate 方法，这样减少了很多重复代码。

反向传播算法的实现：backward 方法实现了 LSTM 的反向传播算法。需要注意的是，与 backword 相关的内部状态变量是在调用 backward 方法之后才初始化的。这种延迟初始化的一个好处是，如果 LSTM 只是用来推理，那么就不需要初始化这些变量，节省了很多内存。

```
    def backward(self, x, delta_h, activator):
        '''实现 LSTM 训练算法'''
        self.calc_delta(delta_h, activator)
        self.calc_gradient(x)
```

算法主要分成两个部分，一部分是计算误差项。

```
    def calc_delta(self, delta_h, activator):
        # 初始化各个时刻的误差项
        self.delta_h_list=self.init_delta()  # 输出误差项
        self.delta_o_list=self.init_delta()  # 输出门误差项
        self.delta_i_list=self.init_delta()  # 输入门误差项
        self.delta_f_list=self.init_delta()  # 遗忘门误差项
        self.delta_ct_list=self.init_delta() # 即时输出误差项

        # 保存从上一层传递下来的当前时刻的误差项
        self.delta_h_list[-1]=delta_h

        # 迭代计算每个时刻的误差项
```

```
        for k in range(self.times, 0,-1):
            self.calc_delta_k(k)

    def init_delta(self):
        '''初始化误差项'''
        delta_list=[]
        for i in range(self.times+1):
            delta_list.append(np.zeros(
                (self.state_width, 1)))
        return delta_list

    def calc_delta_k(self, k):
        '''根据k时刻的delta_h,计算k时刻的delta_f、
        delta_i、delta_o、delta_ct,以及k-1时刻的delta_h
        '''
        # 获得k时刻前向计算的值
        ig=self.i_list[k]
        og=self.o_list[k]
        fg=self.f_list[k]
        ct=self.ct_list[k]
        c=self.c_list[k]
        c_prev=self.c_list[k-1]
        tanh_c=self.output_activator.forward(c)
        delta_k=self.delta_h_list[k]

        #计算delta_o
        delta_o=(delta_k * tanh_c *
            self.gate_activator.backward(og))
        delta_f=(delta_k * og *
            (1-tanh_c * tanh_c) * c_prev *
            self.gate_activator.backward(fg))
        delta_i=(delta_k * og *
            (1-tanh_c * tanh_c) * ct *
            self.gate_activator.backward(ig))
        delta_ct=(delta_k * og *
            (1-tanh_c * tanh_c) * ig *
            self.output_activator.backward(ct))
        delta_h_prev=(
                np.dot(delta_o.transpose(), self.Woh) +
                np.dot(delta_i.transpose(), self.Wih) +
                np.dot(delta_f.transpose(), self.Wfh) +
                np.dot(delta_ct.transpose(), self.Wch)
            ).transpose()
```

```
        # 保存全部 delta 值
        self.delta_h_list[k-1]=delta_h_prev
        self.delta_f_list[k]=delta_f
        self.delta_i_list[k]=delta_i
        self.delta_o_list[k]=delta_o
        self.delta_ct_list[k]=delta_ct
```

另一部分是计算梯度。

```
    def calc_gradient(self, x):
        # 初始化遗忘门权重梯度矩阵和偏置项
        self.Wfh_grad, self.Wfx_grad, self.bf_grad=(
            self.init_weight_gradient_mat())
        # 初始化输入门权重梯度矩阵和偏置项
        self.Wih_grad, self.Wix_grad, self.bi_grad=(
            self.init_weight_gradient_mat())
        # 初始化输出门权重梯度矩阵和偏置项
        self.Woh_grad, self.Wox_grad, self.bo_grad=(
            self.init_weight_gradient_mat())
        # 初始化单元状态权重梯度矩阵和偏置项
        self.Wch_grad, self.Wcx_grad, self.bc_grad=(
            self.init_weight_gradient_mat())

        # 计算对上一次输出 h 的权重梯度
        for t in range(self.times, 0,-1):
            # 计算各个时刻的梯度
            (Wfh_grad, bf_grad,
            Wih_grad, bi_grad,
            Woh_grad, bo_grad,
            Wch_grad, bc_grad)=(
                self.calc_gradient_t(t))
            # 实际梯度是各时刻梯度之和
            self.Wfh_grad +=Wfh_grad
            self.bf_grad +=bf_grad
            self.Wih_grad +=Wih_grad
            self.bi_grad +=bi_grad
            self.Woh_grad +=Woh_grad
            self.bo_grad +=bo_grad
            self.Wch_grad +=Wch_grad
            self.bc_grad +=bc_grad
            print '-----%d-----' % t
            print Wfh_grad
            print self.Wfh_grad
```

```
        # 计算对本次输入 x 的权重梯度
        xt=x. transpose()
        self. Wfx_grad=np. dot(self. delta_f_list[-1], xt)
        self. Wix_grad=np. dot(self. delta_i_list[-1], xt)
        self. Wox_grad=np. dot(self. delta_o_list[-1], xt)
        self. Wcx_grad=np. dot(self. delta_ct_list[-1], xt)

    def init_weight_gradient_mat(self):
        '''初始化权重矩阵'''
        Wh_grad=np. zeros((self. state_width,
            self. state_width))
        Wx_grad=np. zeros((self. state_width,
            self. input_width))
        b_grad=np. zeros((self. state_width, 1))
        return Wh_grad, Wx_grad, b_grad

    def calc_gradient_t(self, t):
        '''计算每个时刻 t 权重的梯度'''
        h_prev=self. h_list[t-1]. transpose()
        Wfh_grad=np. dot(self. delta_f_list[t], h_prev)
        bf_grad=self. delta_f_list[t]
        Wih_grad=np. dot(self. delta_i_list[t], h_prev)
        bi_grad=self. delta_f_list[t]
        Woh_grad=np. dot(self. delta_o_list[t], h_prev)
        bo_grad=self. delta_f_list[t]
        Wch_grad=np. dot(self. delta_ct_list[t], h_prev)
        bc_grad=self. delta_ct_list[t]
        return Wfh_grad, bf_grad, Wih_grad, bi_grad, \
               Woh_grad, bo_grad, Wch_grad, bc_grad
```

梯度下降算法的实现：下面使用梯度下降算法来更新权重。

```
    def update(self):
        '''按照梯度下降,更新权重'''
        self. Wfh-=self. learning_rate * self. Whf_grad
        self. Wfx-=self. learning_rate * self. Whx_grad
        self. bf-=self. learning_rate * self. bf_grad
        self. Wih-=self. learning_rate * self. Wih_grad
        self. Wix-=self. learning_rate * self. Wix_grad
        self. bi-=self. learning_rate * self. bi_grad
        self. Woh-=self. learning_rate * self. Woh_grad
        self. Wox-=self. learning_rate * self. Wox_grad
        self. bo-=self. learning_rate * self. bo_grad
        self. Wch-=self. learning_rate * self. Wch_grad
        self. Wcx-=self. learning_rate * self. Wcx_grad
```

```
        self. bc-=self. learning_rate * self. bc_grad
```

梯度检查的实现。和 RecurrentLayer 一样，为了支持梯度检查，我们需要支持重置内部状态。

```
    def reset_state(self):
        # 当前时刻初始化为 0
        self. times=0
        # 各个时刻的单元状态向量 c
        self. c_list=self. init_state_vec()
        # 各个时刻的输出向量 h
        self. h_list=self. init_state_vec()
        # 各个时刻的遗忘门 f
        self. f_list=self. init_state_vec()
        # 各个时刻的输入门 i
        self. i_list=self. init_state_vec()
        # 各个时刻的输出门 o
        self. o_list=self. init_state_vec()
        # 各个时刻的即时状态 c̃
        self. ct_list=self. init_state_vec()
```

最后，是梯度检查的代码。

```
def data_set():
    x=[np. array([[1], [2], [3]]),
         np. array([[2], [3], [4]])]
    d=np. array([[1], [2]])
    return x, d


def gradient_check():
    '''梯度检查'''
    # 设计一个误差函数,取所有节点输出项之和
    error_function=lambda o: o. sum()
    lstm=LstmLayer(3, 2, 1e-3)

    # 计算 forward 值
    x, d=data_set()
    lstm. forward(x[0])
    lstm. forward(x[1])

    # 求取 sensitivity map
    sensitivity_array=np. ones(lstm. h_list[-1]. shape,
                                    dtype=np. float64)
    # 计算梯度
    lstm. backward(x[1], sensitivity_array, IdentityActivator())
```

```
# 检查梯度
epsilon=10e-4
for i in range(lstm.Wfh.shape[0]):
    for j in range(lstm.Wfh.shape[1]):
        lstm.Wfh[i,j] +=epsilon
        lstm.reset_state()
        lstm.forward(x[0])
        lstm.forward(x[1])
        err1=error_function(lstm.h_list[-1])
        lstm.Wfh[i,j]-=2 * epsilon
        lstm.reset_state()
        lstm.forward(x[0])
        lstm.forward(x[1])
        err2=error_function(lstm.h_list[-1])
        expect_grad=(err1-err2)/(2 * epsilon)
        lstm.Wfh[i,j] +=epsilon
        print 'weights(%d,%d): expected-actural %.4e-%.4e' % (
            i, j, expect_grad, lstm.Wfh_grad[i,j])
return lstm
```

6.5 递归神经网络

6.5.1 原理讲解

递归神经网络（recursive neural network，RNN）是循环神经网络（recurrent neural network）的一种变体，它在提取数据的结构信息中具有重要的应用。在前面的章节中，我们介绍了循环神经网络，它可以用来处理包含序列结构的信息。然而，除此之外，信息往往还存在着诸如树结构、图结构等更复杂的结构。对于这种复杂的结构，循环神经网络就无能为力了。与传统的循环神经网络不同，递归神经网络则可以用于处理树状结构的信息。

因为神经网络的输入层单元个数是固定的，所以必须用循环或者递归的方式来处理长度可变的输入。循环神经网络实现了前者，通过将长度不定的输入分割为等长度的小块，然后再依次地输入网络中，从而实现了神经网络对变长输入的处理。一个典型的例子是，当我们处理一句话的时候，可以把一句话看作是词组成的序列，然后，每次向循环神经网络输入一个词，如此循环直至整句话输入完毕，循环神经网络将产生对应的输出。然而，有时候把句子看作是词的序列是不够的，比如图 6.5.1 中“两个外语学院的学生”这句话。

图 6.5.1 显示了这句话的两个不同的语法解析树。可以看出来这句话有歧义，不同的语法解析树则对应了不同的意思。一个是“两个外语学院的/学生”，也就是学生可能有许多，但他们来自两所外语学校；另一个是“两个/外语学院的学生”，也就是只有两个学生，他们是外语学院的。为了能够让模型区分出两个不同的意思，我们的模型必须能够按照树结构去处理信息，而不是序列，这就是递归神经网络的作用。当面对按照树/图结构处理信息更有

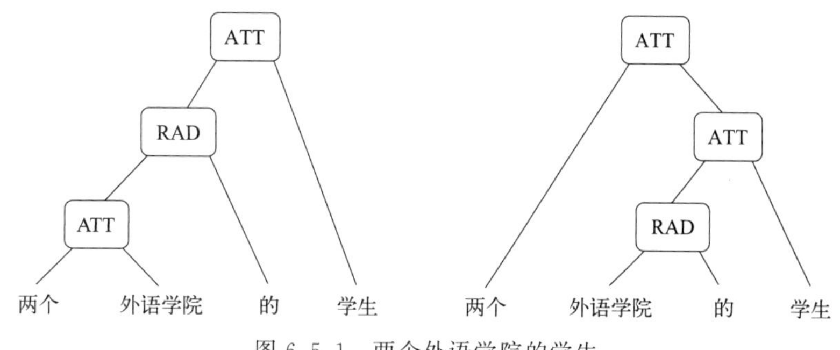

图 6.5.1　两个外语学院的学生

效的任务时，递归神经网络通常都会获得不错的结果。

递归神经网络的一般结构为树状的层次结构，如图 6.5.2(a) 所示，当递归神经网络的结构退化为线性序列结构 6.5.2(b) 时，递归神经网络就等价于简单循环网络。

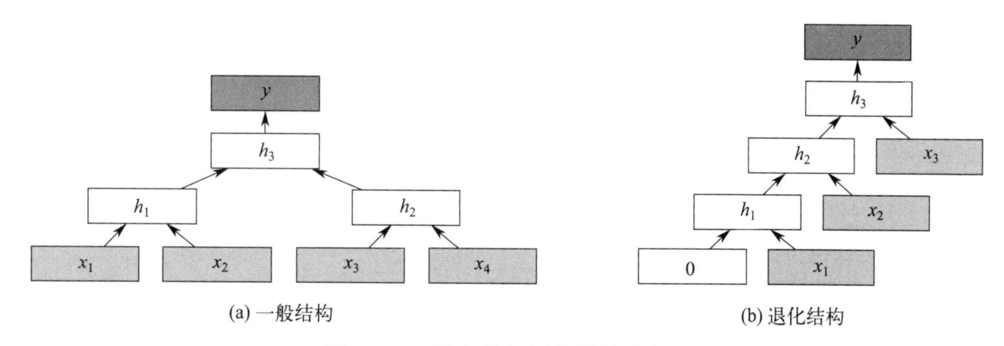

图 6.5.2　递归神经网络结构示意图

递归神经网络可以被视为是一种有向图结构，每个节点代表一个时间步长，每个节点之间存在一条有向边。在递归神经网络中，节点的输入不仅来自上一时间步长的输出，还可以来自任意时间步长的输出。这种结构的好处是可以对时间序列进行灵活的建模，不同时间步长之间的信息可以进行传递和交互，从而达到更好的效果。

递归神经网络的主要结构包括输入层、隐藏层和输出层。输入层接收外部输入数据，隐藏层是递归神经网络的核心，负责处理时间序列数据，并通过递归单元将信息传递到下一个时间步长。输出层将隐藏层的输出映射到目标变量上，完成整个网络的计算过程。

递归神经网络中最重要的组件是递归单元（recurrence unit），也称为记忆单元（memory unit）。递归单元通过接收前一时间步长的输出和当前时间步长的输入，计算出当前时间步长的输出，并将其传递到下一个时间步长。递归单元可以是简单的线性函数，也可以是非线性函数，常见的递归单元有 Elman 网络和 Jordan 网络。

Elman 网络中的递归单元包括输入门、输出门和遗忘门。输入门决定当前时间步长的输入对当前状态的贡献，输出门决定当前状态对下一时间步长的输出的贡献，遗忘门控制当前状态的遗忘程度。Jordan 网络中的递归单元仅包含输入和输出两个门。

Elman 网络是一种最简单的递归神经网络结构，如图 6.5.3 所示。由输入层、隐藏层和输出层组成，其中隐藏层同时扮演了当前时刻的记忆和下一时刻的输入。

可以看到，Elman 网络的输入 x_t 和上一时刻的隐状态 h_{t-1} 通过两个矩阵 $\boldsymbol{W}_i$ 和 $\boldsymbol{W}_h$ 分

别进行加权和，然后通过激活函数得到当前时刻的隐状态 h_t。接下来，通过矩阵 $\boldsymbol{W}_o$ 将 h_t 和 b 进行加权和，得到输出 y_t。

具体来说，设当前时间步的输入为 x_t，隐状态为 h_t，则有：

$$y_t = \sigma(\boldsymbol{W}_o h_t + b)$$

其中，σ 是激活函数，常用的有 tanh 和 ReLU 等。

Jordan 网络与 Elman 网络类似，也是一种基于隐状态的递归神经网络，如图 6.5.4 所示。不同之处在于，Jordan 网络的输入是当前时刻的隐状态 h_{t-1}，输出是当前时刻的预测值 y_t。

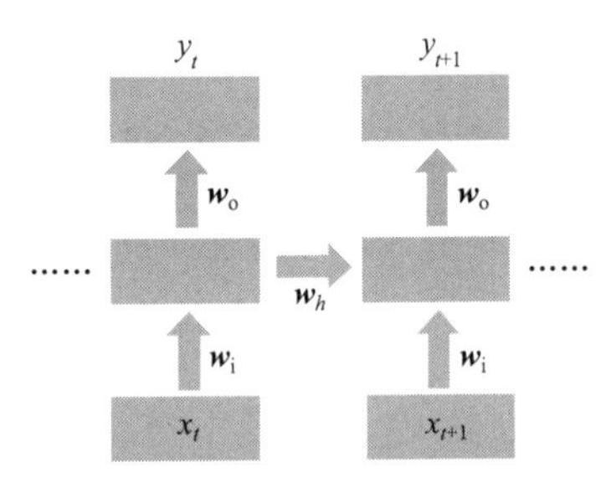

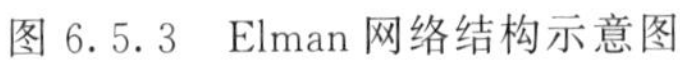
图 6.5.3　Elman 网络结构示意图

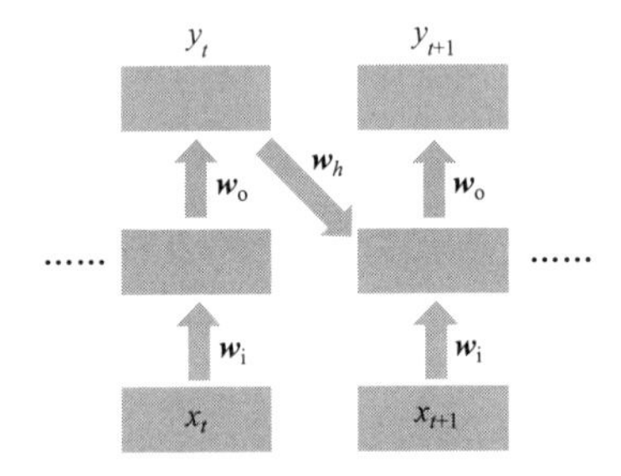

图 6.5.4　Jordan 网络结构示意图

可以看到，Jordan 网络的输入 x_{t+1} 和上一时刻的输出 y_t 通过两个矩阵 $\boldsymbol{W}_i$ 和 $\boldsymbol{W}_h$ 分别进行加权和，然后通过激活函数得到当前时刻的隐状态 h_t。接下来，通过矩阵 $\boldsymbol{W}_o$ 将 h_t 和 b 进行加权和，得到输出 y_{t+1}，常用于预测任务。

递归神经网络的训练方法与循环神经网络类似，可以使用反向传播算法进行参数更新。但是，由于递归神经网络中存在大量的递归关系，计算梯度时会产生梯度消失或梯度爆炸的问题。针对这个问题，可以使用梯度裁剪或引入门控机制来缓解。

6.5.2　代码讲解

与 LSTM 的讲解一样，此处也将结合代码和案例讲解递归神经网络的定义与训练过程。

根据递归神经网络的定义，在每个时间步中 RNN 会接收当前时刻的输入和前一时刻的隐藏状态作为输入，并输出当前时刻的隐藏状态值和预测结果。在这个过程中，RNN 模型的参数包括权重矩阵、偏置项和隐藏状态。我们使用交叉熵损失来度量预测值和实际值之间的差距，并使用随机梯度下降等算法来更新模型参数以最小化损失函数。

具体而言，在训练 RNN 模型时，我们通常使用反向传播算法来计算模型中每个参数的梯度。与 LSTM 模型类似，RNN 模型也需要定义多个变量和函数来描述其内部计算过程。

下面是一个简单的基于 PyTorch 框架实现的 RNN 模型训练和反向传播的示例代码。根据当前时刻的隐藏状态，通过公式计算当前时刻的输出值：

$$y_t = f(\boldsymbol{V} h_t) \tag{6.26}$$

其中，f 表示激活函数（如 softmax 函数）；$\boldsymbol{V}$ 为隐藏层到输出层的权重矩阵。然后计算当前时刻损失函数对输出值的梯度大小。对于损失函数 L，其对当前时刻的输出值 y_t 的梯度可以表示为 $\partial L/\partial y_t$ 根据损失函数的不同，上式的具体表达式也有所不同。以交叉熵损失函数为例，其对当前时刻的输出值的梯度为：

$$\frac{\partial L}{\partial y_t}=y_t-\hat{y}_t \tag{6.27}$$

其中，y_t 表示第 t 个时间步的预测标签；$\hat{y}_t$ 表示第 t 个时间步的真实标签。

根据输出值的梯度，反向传播计算当前时刻和前一时刻的隐藏状态的梯度信息，并使用它们更新模型参数。根据链式法则，我们可以通过当前时刻的输出值的梯度 $\partial L/\partial y_t$ 来计算当前时刻的隐藏状态的梯度 $\partial L/\partial h_t$，公式如下：

$$\frac{\partial L}{\partial h_t}=\frac{\partial L}{\partial y_t}\boldsymbol{V}^{\mathrm{T}}\odot f'(\boldsymbol{V}h_t) \tag{6.28}$$

其中，⊙表示元素乘法；f'表示激活函数的导数。

从当前时刻的隐藏状态的梯度，我们可以进一步计算出上一个时间步的隐藏状态的梯度 $\partial L/\partial h_{t-1}$，公式如下：

$$\frac{\partial L}{\partial h_{t-1}}=\frac{\partial L}{\partial h_t}\boldsymbol{W}^{\mathrm{T}}\odot f(h_{t-1}) \tag{6.29}$$

其中，$\boldsymbol{W}$ 表示上一个时间步的隐藏层到当前时间步的隐藏层之间的权重矩阵。

通过当前时间步的隐藏状态的梯度 $\partial h_t/\partial L$ 和上一个时间步的隐藏状态的梯度 $\partial L/\partial h_{t-1}$，我们可以计算当前时间步各个权重矩阵（即 $\boldsymbol{U}$、$\boldsymbol{V}$、$\boldsymbol{W}$）的梯度大小。以 $\boldsymbol{U}$ 为例，其梯度大小可以表示为：

$$\frac{\partial L}{\partial \boldsymbol{U}}=\sum_{i=0}^{t}\frac{\partial L}{\partial h_i}\times\frac{\partial h_i}{\partial \boldsymbol{U}} \tag{6.30}$$

其中，$\partial h_i/\partial \boldsymbol{U}$ 表示在第 i 个时间步时，隐藏状态 h_i 对输入向量 $\boldsymbol{x}_i$ 的梯度。最后，我们可以根据梯度信息使用梯度下降、Adam 等优化算法来更新模型参数，实现模型的训练过程。重复上述步骤，直至所有时间步的梯度信息都计算完毕。

在具体代码中，我们首先需要定义 RNN 模型的结构。在下面的示例代码中，我们使用单层 RNN 来处理输入序列，并使用全连接层将 RNN 输出转换为分类结果。

现在，我们实现一个处理树形结构的递归神经网络。

在文件的开头，加入如下代码：

```
#! /usr/bin/env python
#-*-coding: UTF-8-*-
import numpy as np
from cnn import IdentityActivator
```

上述四行代码非常简单，没有什么需要解释的。IdentityActivator 激活函数是在我们介绍卷积神经网络时写的，现在引用一下它。

我们首先定义一个树节点结构，这样，就可以用它保存卷积神经网络生成的整棵树。

```
class TreeNode(object):
    def_init_(self, data, children=[], children_data=[]):
        self.parent=None
        self.children=children
        self.children_data=children_data
        self.data=data
```

```
        for child in children:
            child.parent=self
```

接下来，我们把递归神经网络的实现代码都放在 RecursiveLayer 类中，下面是这个类的构造函数。

```
# 递归神经网络实现
class RecursiveLayer(object):
    def __init__(self, node_width, child_count,
                 activator, learning_rate):
        '''
        递归神经网络构造函数
        node_width: 表示每个节点的向量的维度
        child_count: 每个父节点有几个子节点
        activator: 激活函数对象
        learning_rate: 梯度下降算法学习率
        '''
        self.node_width=node_width
        self.child_count=child_count
        self.activator=activator
        self.learning_rate=learning_rate
        # 权重数组 W
        self.W=np.random.uniform(-1e-4, 1e-4,
            (node_width, node_width * child_count))
        # 偏置项 b
        self.b=np.zeros((node_width, 1))
        # 递归神经网络生成的树的根节点
        self.root=None
```

下面是前向计算的实现。

```
    def forward(self, * children):
        '''前向计算'''
        children_data=self.concatenate(children)
        parent_data=self.activator.forward(
            np.dot(self.W, children_data)+self.b)
        self.root=TreeNode(parent_data, children , children_data)
```

forward 函数接收一系列的树节点对象作为输入，然后，递归神经网络将这些树节点作为子节点，并计算它们的父节点。最后，将计算的父节点保存在 self.root 变量中。

上面用到的 concatenate 函数，是将各个子节点中的数据拼接成一个长向量，其代码如下：

```
    def concatenate(self, tree_nodes):
        '''将各个树节点中的数据拼接成一个长向量'''
        concat=np.zeros((0,1))
        for node in tree_nodes:
            concat=np.concatenate((concat, node.data))
```

```
        return concat
```

下面是反向传播算法 BPTS 的实现：

```
    def backward(self, parent_delta):
        '''BPTS 反向传播算法'''
        self.calc_delta(parent_delta, self.root)
        self.W_grad, self.b_grad=self.calc_gradient(self.root)

    def calc_delta(self, parent_delta, parent):
        '''计算每个节点的 delta '''
        parent.delta=parent_delta
        if parent.children:
            # 根据式 2 计算每个子节点的 delta
            children_delta=np.dot(self.W.T, parent_delta) * (
                self.activator.backward(parent.children_data)
            )
            # slices=[(子节点编号,子节点 delta 起始位置,子节点 delta 结束位置)]
            slices=[(i, i * self.node_width,
                        (i+1) * self.node_width)
                        for i in range(self.child_count)]
            # 针对每个子节点,递归调用 calc_delta 函数
            for s in slices:
                self.calc_delta(children_delta[s[1]:s[2]],
                                parent.children[s[0]])

    def calc_gradient(self, parent):
        '''计算每个节点权重的梯度,并将它们求和,得到最终的梯度'''
        W_grad=np.zeros((self.node_width,
                            self.node_width * self.child_count))
        b_grad=np.zeros((self.node_width, 1))
        if not parent.children:
            return W_grad, b_grad
        parent.W_grad=np.dot(parent.delta, parent.children_data.T)
        parent.b_grad=parent.delta
        W_grad +=parent.W_grad
        b_grad +=parent.b_grad
        for child in parent.children:
            W, b=self.calc_gradient(child)
            W_grad +=W
            b_grad +=b
        return W_grad, b_grad
```

在上述算法中，calc_delta 函数和 calc_gradient 函数分别计算各个节点的误差项以及最终的梯度。它们都采用递归算法，先序遍历整个树，并逐一完成每个节点的计算。

下面是梯度下降算法的实现（没有 weight decay），这个非常简单。

```
def update(self):
    '''使用 SGD 算法更新权重'''
    self.W-=self.learning_rate * self.W_grad
    self.b-=self.learning_rate * self.b_grad
```

以上就是递归神经网络的实现，总共 100 行左右。

最后，我们用梯度检查来验证程序的正确性。

```
def gradient_check():
    '''梯度检查'''
    # 设计一个误差函数,取所有节点输出项之和
    error_function=lambda o: o.sum()
    rnn=RecursiveLayer(2, 2, IdentityActivator(), 1e-3)
    # 计算 forward 值
    x, d=data_set()
    rnn.forward(x[0], x[1])
    rnn.forward(rnn.root, x[2])
    # 求取 sensitivity map
    sensitivity_array=np.ones((rnn.node_width, 1),dtype=np.float64)
    # 计算梯度
    rnn.backward(sensitivity_array)

    # 检查梯度
    epsilon=10e-4
    for i in range(rnn.W.shape[0]):
        for j in range(rnn.W.shape[1]):
            rnn.W[i,j] +=epsilon
            rnn.reset_state()
            rnn.forward(x[0], x[1])
            rnn.forward(rnn.root, x[2])
            err1=error_function(rnn.root.data)
            rnn.W[i,j]-=2 * epsilon
            rnn.reset_state()
            rnn.forward(x[0], x[1])
            rnn.forward(rnn.root, x[2])
            err2=error_function(rnn.root.data)
            expect_grad=(err1-err2)/(2 * epsilon)
            rnn.W[i,j] +=epsilon
            print 'weights(%d,%d): expected-actural %.4e-%.4e' % (
                i, j, expect_grad, rnn.W_grad[i,j])
    return rnn
```

6.6 门控循环单元网络

6.6.1 原理讲解

门控循环单元（gated recurrent unit，GRU）是长短期记忆网络的一种变体，它是一种轻量级的循环神经网络结构，在短序列数据的处理中表现较好。它对 LSTM 做了很多简化，同时却保持着和 LSTM 相同的效果。因此，GRU 最近变得越来越流行。与传统的递归神经网络不同，GRU 引入了门控机制，可以有效地缓解梯度消失和梯度爆炸等问题，同时具有更少的参数量和更快的计算速度。在实际应用中，GRU 已被广泛应用于自然语言处理、语音识别、图像描述等领域。

GRU 的基本结构与 RNN 相似，都是通过不断地传递状态信息来处理序列数据。但是，GRU 引入了门控机制（gate mechanism），通过控制信息的流动，决定哪些信息需要保留，哪些需要遗忘，从而更好地处理时间序列数据的长程依赖关系。

GRU 的状态更新公式如下所示：

$$h_t=(1-z_t)*h_{t-1}+z_t*\widetilde{h}_t \tag{6.31}$$

其中，h_t 表示当前时刻的隐藏状态；h_{t-1} 表示上一时刻的隐藏状态；z_t 是更新门（update gate）；$\widetilde{h}_t$ 是当前时刻的候选状态。在每个时刻，GRU 会计算一个更新门和一个重置门用于控制信息的流动，从而在处理序列数据时更好地捕获长程依赖关系。下面对 GRU 中的三个关键部分——重置门、更新门和候选状态进行详细介绍。

（1）重置门（reset gate）

重置门可以帮助网络决定是否将当前输入信息与过去的记忆相结合。当序列数据中出现一些新的变化时，重置门可以使网络快速适应新的状态，避免模型陷入过去的记忆中。重置门的计算公式如下所示：

$$r_t=\sigma(\boldsymbol{W}_r x_t+\boldsymbol{U}_r h_{t-1}+\boldsymbol{b}_r) \tag{6.32}$$

其中，x_t 表示当前时刻的输入；h_{t-1} 表示上一时刻的隐藏状态；σ 为 sigmoid 函数；$\boldsymbol{W}_r$、$\boldsymbol{U}_r$ 和 $\boldsymbol{b}_r$ 为可学习的参数矩阵和偏置向量。通过上式，GRU 可以动态地调整过去的记忆信息，从而在处理长序列数据时表现得更好。

（2）更新门（update gate）

更新门用于控制当前时刻输入与过去记忆的权重分配，决定哪些记忆应该被遗忘，哪些应该被保留。更新门的计算公式如下所示：

$$z_t=\sigma(\boldsymbol{W}_z x_t+\boldsymbol{U}_z h_{t-1}+\boldsymbol{b}_z) \tag{6.33}$$

其中，$\boldsymbol{W}_z$、$\boldsymbol{U}_z$ 和 $\boldsymbol{b}_z$ 同样是可学习的参数矩阵和偏置向量。通过上式，GRU 可以自适应地融合当前时刻的输入和过去的记忆，从而在长序列数据中更好地捕捉时间依赖关系。

（3）候选状态（candidate state）

候选状态是由当前时刻的输入和重置门共同决定的，表示当前时刻的部分信息。计算公式如下所示：

$$h_t = \tanh(\boldsymbol{W}x_t + r_t\boldsymbol{U}h_{t-1} + \boldsymbol{b}) \tag{6.34}$$

其中，tanh为双曲正切函数；$\boldsymbol{W}$、$\boldsymbol{U}$ 和 $\boldsymbol{b}$ 是可学习的参数矩阵和偏置向量。通过上式，GRU可以动态地选择合适的信息进行更新，同时避免过多地依赖过去的记忆。

通过引入更新门和重置门，GRU可以自适应地调整过去的记忆和当前的输入，从而更好地处理时间序列数据。在计算中，由于有门控机制的存在，GRU能够缓解梯度消失和梯度爆炸等问题，提高模型的训练效率和泛化性能。

6.6.2 代码

```
import torch
import torch.nn as nn

class GRUModel(nn.Module):
    def __init__(self, input_size, hidden_size, output_size, num_layers, dropout=0.1):
        super(GRUModel, self).__init__()
        self.input_size=input_size
        self.hidden_size=hidden_size
        self.output_size=output_size
        self.num_layers=num_layers
        self.dropout=dropout

        self.gru=nn.GRU(input_size=input_size, hidden_size=hidden_size, num_layers=num_lay-
ers, dropout=dropout,batch_first=True, bidirectional=True)
        self.fc=nn.Linear(hidden_size * 2, output_size)

    def forward(self, x):
        h0=torch.zeros(self.num_layers * 2, x.size(0), self.hidden_size).to(x.device)
        out, _=self.gru(x, h0)
        out=self.fc(out[:,-1, :])
        return out
```

6.7 本章小结

循环神经网络是一类广泛应用于序列数据建模和处理的神经网络，具有强大的时间处理能力和非线性建模能力。本章对循环神经网络的背景、概念和基本结构进行了介绍，并详细讲述了其中具有代表性的网络结构与参数训练的相关内容。

在典型的循环神经网络中，单向循环神经网络、双向循环神经网络和深度循环神经网络是最常用的三种类型。单向循环神经网络处理正向的序列数据，双向循环神经网络则同时处理正向和反向的序列数据，而深度循环神经网络则具有多层网络结构，能够处理更复杂的序列数据。

在参数学习与优化方面，随时间反向传播算法和实时循环学习算法是两种常用的方法。随时间反向传播算法是一种有效的方法，可以通过梯度下降法进行网络参数的学习和优化；实时循环学习算法则能够通过在线学习实现神经网络的参数优化。

长短时记忆网络是一种特殊的循环神经网络，具有记忆单元和门控机制，能够有效地解决循环神经网络的梯度消失和梯度爆炸问题，同时也具有更强的长期记忆能力，可以应用于更加复杂的序列数据处理任务中。

最后我们还讲解了递归神经网络，它是一种对序列数据建模的有效方法，可以对任意形状的图形数据进行处理，典型结构是 Jordan 网络和 Elman 网络，通过递归循环计算实现对序列数据的建模。

总之，循环神经网络作为一种重要的神经网络模型，被广泛应用于序列数据建模和处理中，可以应用于自然语言处理、语音识别、图像处理等多个领域。随着深度学习的不断发展和进步，循环神经网络的应用前景也将变得更加广阔。

第七章

注意力机制与外部记忆

目前计算机的计算能力依然是限制神经网络发展的瓶颈。为了减少计算复杂度，可以借鉴生物神经网络中的局部连接、权重共享以及汇聚操作。但我们希望可以在不“过度”增加模型参数的情况下来提高模型的表达能力。神经网络中可以存储的信息量称为网络容量，其网络容量和神经元的数量以及网络的复杂度成正比。随着所需存储的信息量的增加，神经元数量或网络复杂度也随之增加，会导致神经网络的参数呈指数级增长。

同样地，人类的大脑也存在网络容量问题，由于人脑每个时刻接收的外界输入信息非常多，人脑在有限的资源下，并不能同时处理这些过载的输入信息，主要依靠注意力机制和记忆机制这两个重要机制来解决信息过载问题。因此，我们可以借鉴这两种机制，从而提高神经网络处理信息的能力：一是注意力，通过自上而下的信息选择机制来过滤掉大量的无关信息；二是引入额外的外部记忆，优化神经网络的记忆结构来提高神经网络存储信息的容量。

7.1 认知神经学中的注意力

注意力是一种人类不可或缺的复杂认知功能，指人可以在关注一些信息的同时忽略另一些信息的选择能力。在日常生活中，我们通过视觉、听觉、触觉等方式接收大量的感觉输入。但是人脑还能在这些外界的信息轰炸中有条不紊地工作，是因为人脑可以有意或无意地从这些大量输入信息中选择小部分的有用信息来重点处理，并忽略其他信息。这种能力称作注意力（attention）。注意力可以作用在外部的刺激（听觉、视觉、味觉等）上，也可以作用在内部的意识（思考、回忆等）上。

注意力一般分为两种：

（a）自上而下的有意识的注意力，称为聚焦式注意力（focus attention）。聚焦式注意力是指有预定目的、依赖任务的，主动有意识地聚焦于某一对象的注意力。

（b）自下而上的无意识的注意力，称为基于显著性的注意力（saliency-based attention）。

基于显著性的注意力是由外界刺激驱动的注意，不需要主动干预，也和任务无关。如果一个对象的刺激信息不同于其周围信息，一种无意识的“赢者通吃”（winner-take-all）或者门控（gating）机制就可以把注意力转向这个对象。不管这些注意力是有意还是无意，大部分的人脑活动都需要依赖注意力，比如记忆信息、阅读或思考等。

一个和注意力有关的例子是宴会效应。当一个人在吵闹的宴会上和朋友聊天时，尽管周围噪声干扰很多，他还是可以听到朋友的谈话内容，而忽略其他人的声音（聚焦式注意力）。同时，如果背景声中有重要的词（比如他的名字），他会马上注意到（显著性注意力）。

聚焦式注意力一般会随着环境、情景或任务的不同而选择不同的信息。比如当要从人群中寻找某个人时，我们会专注于每个人的脸部；而当要统计人群的人数时，我们只需要专注于每个人的轮廓。

7.2　注意力机制

7.2.1　注意力机制原理

在计算能力有限的情况下，注意力机制（attention mechanism）作为一种资源分配方案，将有限的计算资源用来处理更重要的信息，是解决信息超载问题的主要手段。

当用神经网络来处理大量的输入信息时，也可以借鉴人脑的注意力机制，只选择一些关键的信息输入进行处理，来提高神经网络的效率。

在目前的神经网络模型中，我们可以将最大池化（max pooling）、门控（gating）机制近似地看作自下而上的基于显著性的注意力机制。除此之外，自上而下的聚焦式注意力也是一种有效的信息选择方式。以阅读理解任务为例，给定一篇很长的文章，然后就此文章的内容进行提问。提出的问题只和段落中的一两个句子相关，其余部分都是无关的。为了减小神经网络的计算负担，只需要把相关的片段挑选出来让后续的神经网络来处理，而不需要把所有文章内容都输入神经网络。

用 $\boldsymbol{X}=[\boldsymbol{x}_1,\cdots,\boldsymbol{x}_N]\in\mathbb{R}^{D\times N}$ 表示 N 组输入信息，其中 D 维向量 $\boldsymbol{x}_n\in\mathbb{R}^D$，$n\in[1,N]$ 表示一组输入信息。为了节省计算资源，不需要将所有信息都输入神经网络，只需要从 $\boldsymbol{X}$ 中选择一些和任务相关的信息。注意力机制的计算可以分为两步：一是在所有输入信息上计算注意力分布，二是根据注意力分布来计算输入信息的加权平均。

（1）注意力分布

为了从 N 个输入向量 $[\boldsymbol{x}_1,\cdots,\boldsymbol{x}_N]$ 中选择出和某个特定任务相关的信息，我们需要引入一个和任务相关的表示，称为查询向量（query vector），并通过一个打分函数来计算每个输入向量和查询向量之间的相关性。

给定一个和任务相关的查询向量 $\boldsymbol{q}$，查询向量 $\boldsymbol{q}$ 可以是动态生成的，也可以是可学习的参数，我们用注意力变量 $z\in[1,N]$来表示被选择信息的索引位置，即 $z=n$ 表示选择了第 n 个输入向量。为了方便计算，我们采用一种“软性”的信息选择机制。在给定 $\boldsymbol{q}$ 和 $\boldsymbol{X}$ 的情况下，首先计算出选择第 i 个输入向量的概率 α_n：

$$
\begin{aligned}
\alpha_n &= p(z=n \mid \boldsymbol{X}, \boldsymbol{q}) \\
&= \operatorname{softmax}(s(\boldsymbol{x}_n, \boldsymbol{q})) \\
&= \frac{\exp(s(\boldsymbol{x}_n, \boldsymbol{q}))}{\sum_{j=1}^{N} \exp(s(\boldsymbol{x}_j, \boldsymbol{q}))}
\end{aligned} \tag{7.1}
$$

其中，α_n 称为注意力分布（attention distribution）；$s(\boldsymbol{x}, \boldsymbol{q})$ 为注意力打分函数，可以用以下几种方式来计算。

加性模型 $$s(\boldsymbol{x}, \boldsymbol{q}) = \boldsymbol{v}^{\mathrm{T}} \tanh(\boldsymbol{W}\boldsymbol{x} + \boldsymbol{U}\boldsymbol{q}) \tag{7.2}$$

点积模型 $$s(\boldsymbol{x}, \boldsymbol{q}) = \boldsymbol{x}^{\mathrm{T}} \boldsymbol{q} \tag{7.3}$$

缩放点积模型 $$s(\boldsymbol{x}, \boldsymbol{q}) = \frac{\boldsymbol{x}^{\mathrm{T}} \boldsymbol{q}}{\sqrt{D}} \tag{7.4}$$

双线性模型 $$s(\boldsymbol{x}, \boldsymbol{q}) = \boldsymbol{x}^{\mathrm{T}} \boldsymbol{W} \boldsymbol{q} \tag{7.5}$$

其中，$\boldsymbol{W}$、$\boldsymbol{U}$、$\boldsymbol{v}$ 为可学习的参数；D 为输入向量的维度。

理论上，加性模型和点积模型的复杂度差不多，但是点积模型在实践中可以更好地利用矩阵乘积，从而计算效率更高。

当输入向量的维度 D 比较高时，点积模型的值通常有比较大的方差，从而导致 softmax 函数的梯度会比较小。因此，缩放点积模型可以较好地解决这个问题。而双线性模型是一种泛化的点积模型。假设式(7.5) 中 $\boldsymbol{W}=\boldsymbol{U}^{\mathrm{T}}\boldsymbol{V}$，双线性模型可以写为 $s(\boldsymbol{x}, \boldsymbol{q}) = \boldsymbol{x}^{\mathrm{T}} \boldsymbol{U}^{\mathrm{T}} \boldsymbol{V} \boldsymbol{q} = (\boldsymbol{U}\boldsymbol{x})^{\mathrm{T}} (\boldsymbol{V}\boldsymbol{q})$，即分别对 $\boldsymbol{x}$ 和 $\boldsymbol{q}$ 进行线性变换后计算点积。相比点积模型，双线性模型在计算相似度时引入了非对称性。

(2) 加权平均

注意力分布 α_n 可以解释为在给定任务相关的查询 $\boldsymbol{q}$ 时，第 n 个输入向量受关注的程度。我们采用一种"软性"的信息选择机制对输入信息进行汇总：

$$
\begin{aligned}
\operatorname{att}(\boldsymbol{X}, \boldsymbol{q}) &= \sum_{n=1}^{N} \alpha_n \boldsymbol{x}_n \\
&= E_{z \sim p(z \mid \boldsymbol{X}, \boldsymbol{q})} [x_z]
\end{aligned} \tag{7.6}
$$

式(7.6) 称为软性注意力机制（soft attention mechanism)，即全局注意力。图 7.2.1 (a) 给出软性注意力机制的示例。

注意力机制可以单独使用，但更多地用作神经网络中的一个组件。

7.2.2 注意力机制的变体

除了上面介绍的基本模式外，注意力机制还存在一些变化的模型。

(1) 硬性注意力

式(7.6) 提到的注意力是软性注意力，其选择的信息是所有输入向量在注意力分布下的

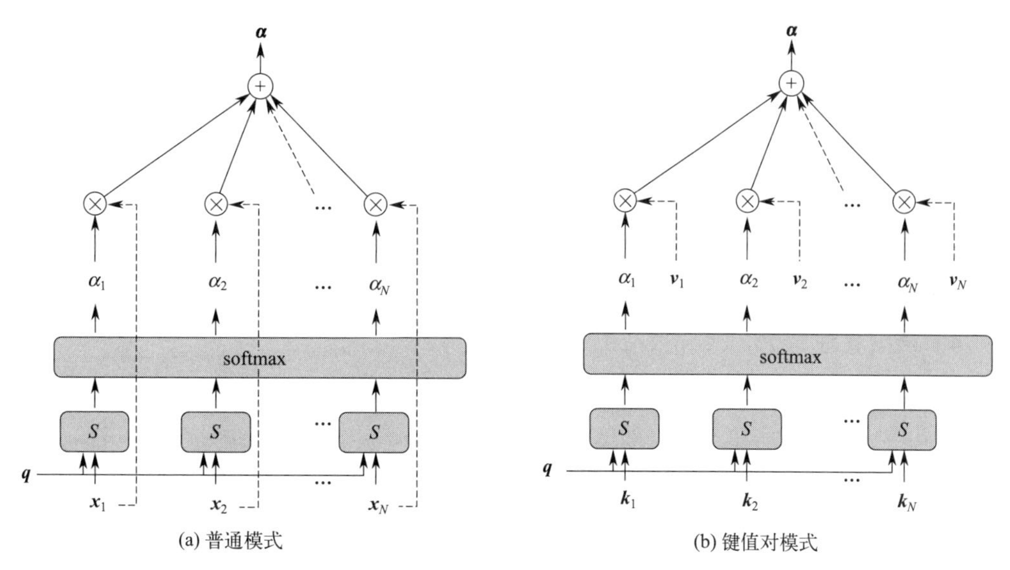

图 7.2.1　注意力机制

期望。此外，还有一种注意力是只关注某一个输入向量，即局部注意力，称作硬性注意力（hard attention）。

硬性注意力有两种实现方式：

（a）一种是选取最高概率的一个输入向量，即：

$$\operatorname{att}(\boldsymbol{X}, \boldsymbol{q}) = \boldsymbol{x}_{\hat{n}} \tag{7.7}$$

其中，$\hat{n}$ 为概率最大的输入向量的下标，即 $\hat{n}=\operatorname{argmax}\alpha_n$。

（b）另一种硬性注意力可以通过在注意力分布式上随机采样的方式实现。

硬性注意力的一个缺点是基于最大采样或随机采样的方式来选择信息，使得最终的损失函数与注意力分布之间的函数关系不可导，无法使用反向传播算法进行训练。因此，硬性注意力通常需要使用强化学习来进行训练。为了使用反向传播算法，一般使用软性注意力来代替硬性注意力。

（2）键值对注意力

更一般地，我们可以用键值对（key-value pair）格式来表示输入信息，其中“键”用来计算注意力分布 α_n，“值”用来计算聚合信息。

用 $(\boldsymbol{K}, \boldsymbol{V}) = [(\boldsymbol{k}_1, \boldsymbol{v}_1), \cdots, (\boldsymbol{k}_N, \boldsymbol{v}_N)]$ 表示 N 组输入信息，给定任务相关的查询向量 $\boldsymbol{q}$ 时，注意力函数如下：

$$\begin{aligned}\operatorname{att}((\boldsymbol{K}, \boldsymbol{V}), \boldsymbol{q}) &= \sum_{n=1}^{N} \alpha_n \boldsymbol{v}_n \\ &= \sum_{n=1}^{N} \frac{\exp(s(\boldsymbol{k}_n, \boldsymbol{q}))}{\sum_{j=1}^{N} \exp(s(\boldsymbol{k}_j, \boldsymbol{q}))} \boldsymbol{v}_n\end{aligned} \tag{7.8}$$

其中，$s(\boldsymbol{k}_n, \boldsymbol{q})$ 为打分函数。

图 7.2.1(b) 给出键值对注意力机制的示例，当 $\boldsymbol{K}=\boldsymbol{V}$ 时，键值对模式就等价于普通的

注意力机制。

(3) 多头注意力

多头注意力(multi-head attention)是利用多个查询 $\boldsymbol{Q}=[\boldsymbol{q}_1,\cdots,\boldsymbol{q}_M]$ 来并行地从输入信息中选取多组信息。每个注意力关注输入信息的不同部分。

$$\text{att}((\boldsymbol{K},\boldsymbol{V}),\boldsymbol{Q})=\text{att}((\boldsymbol{K},\boldsymbol{V}),\boldsymbol{q}_1)\oplus\cdots\oplus\text{att}((\boldsymbol{K},\boldsymbol{V}),\boldsymbol{q}_M) \tag{7.9}$$

其中,$\oplus$表示向量拼接。

(4) 结构化注意力

在之前介绍中,我们假设所有的输入信息是同等重要的,是一种扁平(flat)结构,注意力分布实际上是在所有输入信息上的多项分布。但如果输入信息本身具有层次(hierarchical)结构,比如文本可以分为词、句子、段落、篇章等不同粒度的层次,我们可以使用层次化的注意力来进行更好的信息选择。此外,还可以假设注意力为上下文相关的二项分布,用一种图模型来构建更复杂的结构化注意力分布。

(5) 指针网络

注意力机制主要是用来做信息筛选,从输入信息中选取相关的信息。注意力机制可以分为两步:一是计算注意力分布 α,二是根据 α 来计算输入信息的加权平均。我们可以只利用注意力机制中的第一步,将注意力分布作为一个软性的指针(pointer)来指出相关信息的位置。

指针网络(pointer network)是一种序列到序列模型,输入是长度为 N 的向量序列 $\boldsymbol{X}=[\boldsymbol{x}_1,\cdots,\boldsymbol{x}_N]$,输出是长度为 M 的下标序列 $\boldsymbol{c}_{1:M}=c_1,c_2,\cdots,c_M,c_m\in[1:N],\forall m$。

和一般的序列到序列任务不同,这里的输出序列是输入序列的下标(索引)。比如输入一组乱序的数字,输出为按大小排序的输入数字序列的下标。比如输入为 20、5、10,输出为 1、3、2。

条件概率 $p(c_{1:M}\mid\boldsymbol{x}_{1:N})$ 可以写为:

$$\begin{aligned}p(c_{1:M}\mid\boldsymbol{x}_{1:N})&=\prod_{m=1}^{M}p(c_m\mid c_{1:(m-1)},\boldsymbol{x}_{1:N})\\&\approx\prod_{m=1}^{M}p(c_m\mid\boldsymbol{x}_{c_1},\cdots,\boldsymbol{x}_{c_{m-1}},\boldsymbol{x}_{1:N})\end{aligned} \tag{7.10}$$

其中,条件概率 $p(c_m\mid\boldsymbol{x}_{c_1},\cdots,\boldsymbol{x}_{c_{m-1}},\boldsymbol{x}_{1:N})$ 可以通过注意力分布来计算。假设用一个循环神经网络对 $\boldsymbol{x}_{c_1},\cdots,\boldsymbol{x}_{c_{m-1}},\boldsymbol{x}_{1:N}$ 进行编码得到向量 $\boldsymbol{h}_m$,则:

$$p(c_m\mid c_{1:(m-1)},\boldsymbol{x}_{1:N})=\text{softmax}(s_{m,n}) \tag{7.11}$$

其中,$s_{m,n}$ 为在解码过程的第 m 步时,$\boldsymbol{h}_m$ 对 $\boldsymbol{h}_n$ 的未归一化的注意力分布,即:

$$s_{m,n}=\boldsymbol{v}^{\mathrm{T}}\tanh(\boldsymbol{W}\boldsymbol{x}_n+\boldsymbol{U}\boldsymbol{h}_m),\forall n\in[1:N] \tag{7.12}$$

其中,$\boldsymbol{W}$、$\boldsymbol{U}$、$\boldsymbol{v}$ 为可学习的参数。

图 7.2.2 给出了指针网络的示例,其中 $\boldsymbol{h}_1$、$\boldsymbol{h}_2$、$\boldsymbol{h}_3$ 为输入数字 20、5、10,经过循环神经网络的隐状态,$\boldsymbol{h}_0$ 对应一个特殊字符“<”,当输入“>”时,网络一步一步输出三个输入数字从大到小排列的下标。

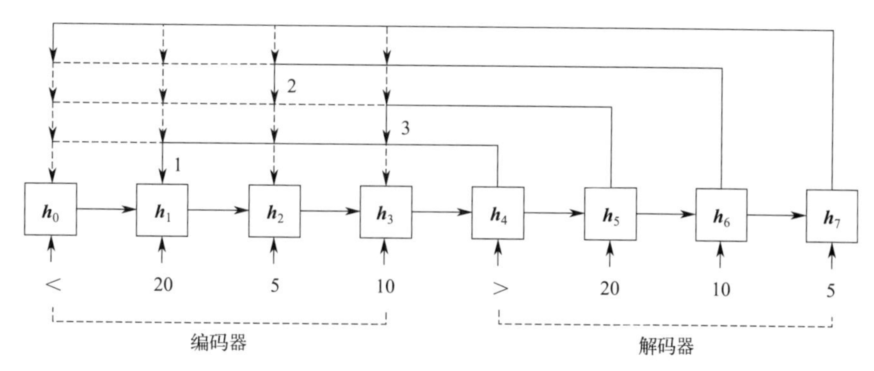

图 7.2.2 指针网络

7.3 自注意力机制

7.3.1 自注意力机制原理

自注意力机制（self-attention mechanism）是一种在自然语言处理中广泛使用的技术，也称内注意力。它能够根据输入序列中不同位置之间的关系进行加权计算，以便在序列中抽取相关信息。自注意力机制最初是在 Transformer 模型中提出的，是一种非常强大的建模技术，可以有效地捕获输入序列中的长期依赖性。

当使用神经网络来处理一个变长的向量序列时，我们通常可以使用卷积网络或循环网络进行编码来得到一个相同长度的输出向量序列，如图 7.3.1 所示。

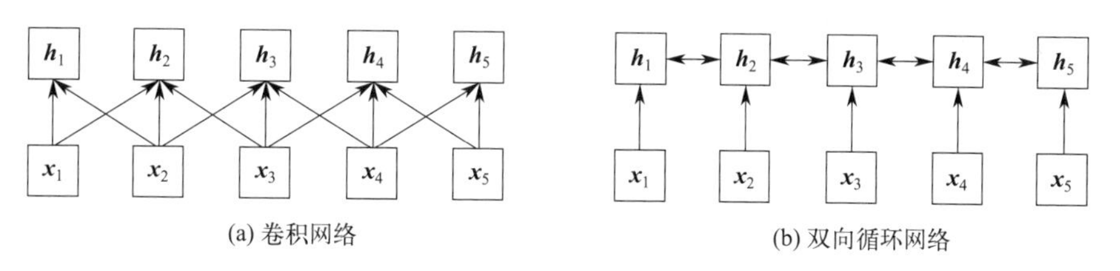

图 7.3.1 基于卷积网络和循环网络的变长序列编码

基于卷积或循环网络的序列编码都是一种局部的编码方式，只建模了输入信息的局部依赖关系。虽然循环网络理论上可以建立长距离依赖关系，但是由于信息传递的容量以及梯度消失问题，实际上也只能建立短距离依赖关系。

如果要建立输入序列之间的长距离依赖关系，可以使用以下两种方法：一种方法是增加网络的层数，通过一个深层网络来获取远距离的信息交互；另一种方法是使用全连接网络。全连接网络是一种非常直接的建模远距离依赖的模型，但是无法处理变长的输入序列。不同的输入长度，其连接权重的大小也是不同的。这时我们就可以利用注意力机制来“动态”地生成不同连接的权重，这就是自注意力模型（self-attention model）。同时，自注意力也称为内部注意力（intra-attention）。

为了提高模型能力，自注意力模型经常采用查询-键-值（queryery-key-value，QKV）模式，其计算过程如图 7.3.2 所示，其中浅色字母表示矩阵的维度。

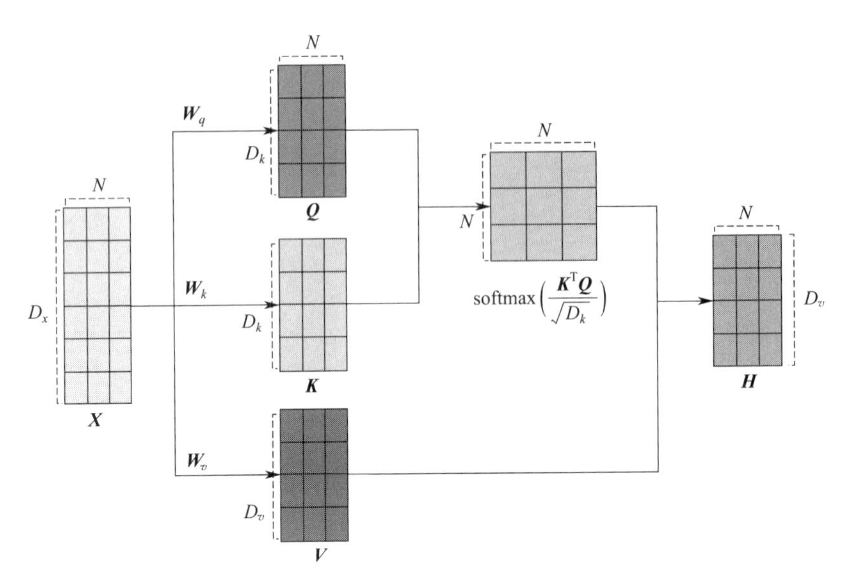

图 7.3.2 自注意力模型的计算过程

假设输入序列为 $\boldsymbol{X}=[\boldsymbol{x}_1,\cdots,\boldsymbol{x}_N]\in\mathbb{R}^{D_x\times N}$，输出序列为 $\boldsymbol{H}=[\boldsymbol{h}_1,\cdots,\boldsymbol{h}_N]\in\mathbb{R}^{D_v\times N}$，自注意力模型的具体计算过程如下。

对于每个输入$\boldsymbol{x}_i$，我们首先将其线性映射到三个不同的空间，得到查询在自注意力模型向量$\boldsymbol{q}_i\in\mathbb{R}^{D_k}$、键向量$\boldsymbol{k}_i\in\mathbb{R}^{D_k}$和值向量$\boldsymbol{v}_i\in\mathbb{R}^{D_v}$中。由于在自注意模型中通常使用点积来计算注意力打分，所以这里查询向量和键向量的维度是相同的。

对于整个输入序列 $\boldsymbol{X}$，线性映射过程可以简写为：

$$\boldsymbol{Q}=\boldsymbol{W}_q\boldsymbol{X}\in\mathbb{R}^{D_k\times N} \tag{7.13}$$

$$\boldsymbol{K}=\boldsymbol{W}_k\boldsymbol{X}\in\mathbb{R}^{D_k\times N} \tag{7.14}$$

$$\boldsymbol{V}=\boldsymbol{W}_v\boldsymbol{X}\in\mathbb{R}^{D_v\times N} \tag{7.15}$$

其中，$\boldsymbol{W}_q\in\mathbb{R}^{D_k\times D_x}$、$\boldsymbol{W}_k\in\mathbb{R}^{D_k\times D_x}$、$\boldsymbol{W}_v\in\mathbb{R}^{D_v\times D_x}$ 分别为线性映射的参数矩阵；$\boldsymbol{Q}=[\boldsymbol{q}_1,\cdots,\boldsymbol{q}_N]$、$\boldsymbol{K}=[\boldsymbol{k}_1,\cdots,\boldsymbol{k}_N]$、$\boldsymbol{V}=[\boldsymbol{v}_1,\cdots,\boldsymbol{v}_N]$分别是由查询向量、键向量和值向量构成的矩阵。

对于每一个查询向量$\boldsymbol{q}_n\in\boldsymbol{Q}$，利用式(7.8)的键值对注意力机制，可以得到输出向量$\boldsymbol{h}_n$：

$$\begin{aligned}\boldsymbol{h}_n&=\operatorname{att}((\boldsymbol{K},\boldsymbol{V}),\boldsymbol{q}_n)\\&=\sum_{j=1}^{N}\alpha_{nj}\boldsymbol{v}_j\\&=\sum_{j=1}^{N}\operatorname{softmax}(s(\boldsymbol{k}_j,\boldsymbol{q}_n))\boldsymbol{v}_j\end{aligned} \tag{7.16}$$

其中，$n,j\in[1,N]$为输出和输入向量序列的位置；α_{nj} 表示第 n 个输出关注到第 j 个输入的权重。

如果使用缩放点积函数作为注意力打分函数，输出向量序列可以简写为：

$$\boldsymbol{H}=\boldsymbol{V}\cdot \mathrm{softmax}\left(\frac{\boldsymbol{K}^{\mathrm{T}}\boldsymbol{Q}}{\sqrt{D_k}}\right) \tag{7.17}$$

其中，softmax(·)为按列进行归一化的函数。

图 7.3.3 给出全连接模型和自注意力模型的对比，其中实线表示可学习的权重，虚线表示动态生成的权重。由于自注意力模型的权重是动态生成的，因此可以处理变长的信息序列。

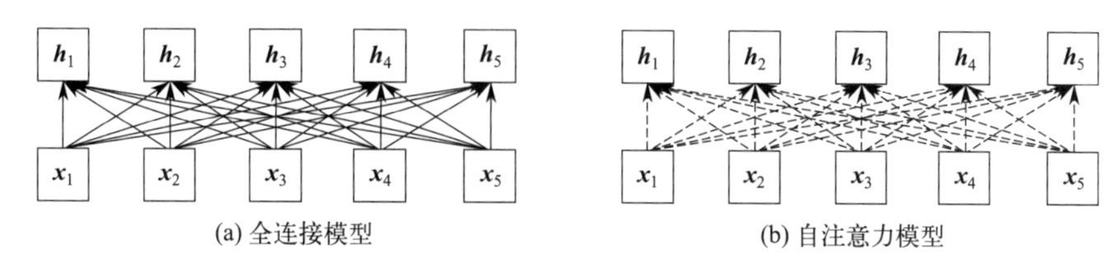

图 7.3.3　全连接模型和自注意力模型

自注意力模型可以作为神经网络中的一层来使用，既可以用来替换卷积层和循环层，也可以和它们一起交替使用（比如 $\boldsymbol{X}$ 可以是卷积层或循环层的输出）。自注意力模型计算的权重 α_{ij} 只依赖于$\boldsymbol{q}_i$ 和$\boldsymbol{k}_j$ 的相关性，而忽略了输入信息的位置信息。因此在单独使用时，自注意力模型一般需要加入位置编码信息来进行修正。自注意力模型可以扩展为多头自注意力（multi-head self-attention）模型，在多个不同的投影空间中捕捉不同的交互信息。

7.3.2 Transformer

2017 年，谷歌公司提出一种用于自然语言处理的模型架构——Transformer，它是一种完全基于自注意力机制的神经网络结构。与传统的循环神经网络（RNN）或卷积神经网络（CNN）不同，Transformer 不需要像 RNN 那样按时间顺序处理输入序列，也不需要像 CNN 那样使用卷积操作。它是第一个完全基于自注意力机制的模型，具有可并行化、高效、易扩展等特点，被认为是自然语言处理领域中的一个重要突破。在本书中，我们将对 Transformer 的原理、结构以及应用进行详细的介绍。Transformer 结构图如图 7.3.4 所示。

Transformer 由编码器（Encoder）和解码器（Decoder）两个部分组成，常用于机器翻译和其他序列到序列的任务。当输入一个文本的时候，该文本数据会先经过编码器模块，对该文本进行编码，然后将编码后的数据再传入解码器模块进行解码，解码后就得到了翻译后的文本。每个编码器模块和解码器模块都包含多个小编码器和解码器，每一个编码器或者解码器都由多层的自注意力层（Multi-Head Attention）和前馈全连接层（Feed Forward）组成，自注意力层能够同时考虑序列中所有位置的信息，从而更好地捕捉长距离依赖关系。在自注意力层中，每个位置的向量表示都会考虑所有位置的向量表示，通过乘上不同位置的权重来达到这个目的。这种方法允许模型对不同位置之间的相互关系进行建模，从而使得 Transformer 在处理自然语言任务时表现得更加优秀。

如图 7.3.4 所示，Transformer 搭建了一个类似序列到序列（sequence to sequence，Seq2Seq）的语言翻译模型，并为编码器与解码器设计了两种不同的 Transformer 结构。解码器相对于编码器多了一个掩码自注意力层（Mask Multi-Head Attention）。接下来我们开

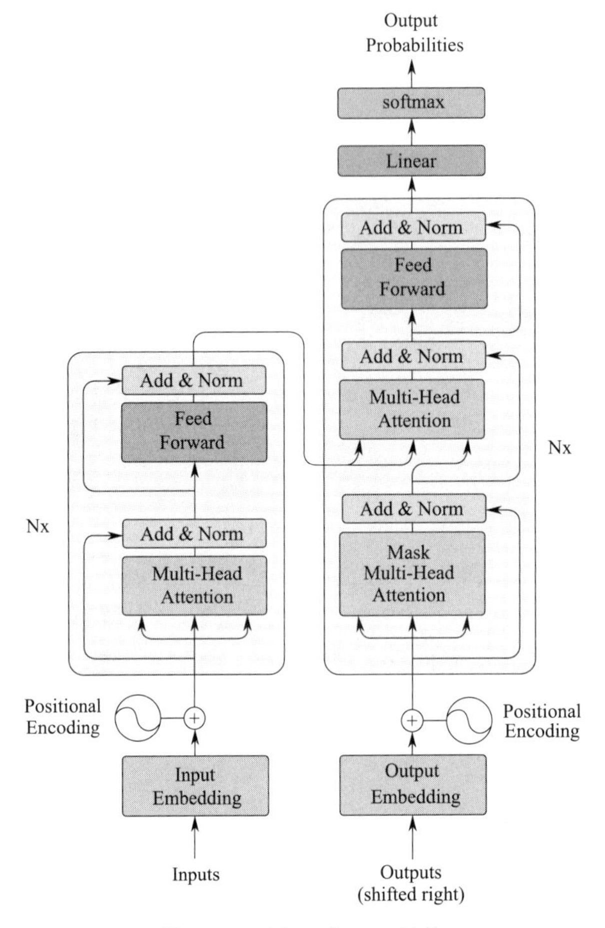

图 7.3.4 Transformer 结构

始对 Transformer 结构进行逐个解读。

（1） Embedding 层

在 Transformer 模型中，“Embedding”是将输入序列中的符号（例如单词、字符、字词）转换为固定大小的向量表示的过程。这些向量表示通常被称为“嵌入（Embedding）”或“表征（Representation）”，且每个符号都被映射到一个特定的向量上。

在 Transformer 模型中，首先会对输入序列的符号进行嵌入操作，得到对应的向量表示。具体操作是将符号通过一个可训练的矩阵乘法映射到向量空间中的一个低维子空间，然后再通过一个激活函数（如 ReLU、tanh）进行非线性映射。该操作的目的是将输入序列中的符号映射到一个连续的向量空间中，从而建立符号之间的关系。

这一操作通常会与位置编码（Positional Encoding）相结合，以应对输入序列中符号位置对模型表现的影响。这是因为 Transformer 模型与序列模型不同，它缺少一种解释输入序列中单词顺序（位置）的方法。为了解决这个问题，Transformer 在 Encoder 层和 Decoder 层的输入都添加了一个额外的向量 Positional Encoding，它的维度和 Embedding 的维度一样。这个位置向量根据输入单词的序列，在偶数位置使用正弦编码，奇数位置使用余弦编码，最终得到一个词的 Embedding，即它的语义信息 Embedding（预训练模型查表）加序列信息 Embedding（Positional Encoding）。

（2）多层的自注意力（Multi-Head Attention）

自注意力机制是 Transformer 的核心组件。它用于计算输入序列中每个位置与其他位置的相关性。可以将自注意力视为对输入向量的函数转换，使用这些向量的组合来计算每个位置的权重。

在 Transformer 中，多层的自注意力层即把自注意力机制堆叠在一起，并通过残差连接和层归一化进行连接。这使得编码器的每个层可以使用整个输入序列，而不会针对某些输入位置进行局部计算。通过这种方式，Transformer 在处理序列数据时可以获得更好的上下文感知能力。

（3） Add & Norm 层

Add & Norm 层由 Add 和 Norm 两部分组成，分别表示残差连接（residual connection）和层归一化（layer normalization），如图 7.3.5 所示。

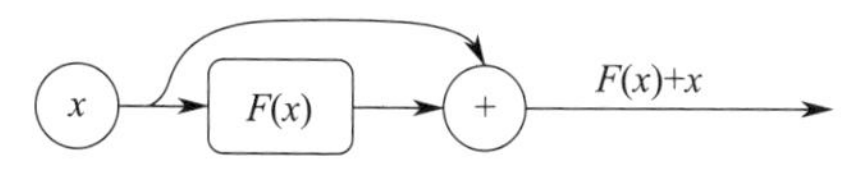

图 7.3.5 Add & Norm 层示意图

图 7.3.5 中 x 表示 Multi-Head Attention 或者 Feed Forward 的输入，$F(x)$ 为 Multi-Head Attention(x) 和 Feed Forward(x)，表示输出。其中输出与输入的维度是一样的，可以相加。

（4） Feed Forward 层

Feed Forward 层比较简单，是一个两层的全连接层，第一层的激活函数为 ReLU，第二层则不使用激活函数。其最终得到输出矩阵的维度与输入保持一致。

（5） Mask Multi-Head Attention

解码器模块与编码器中一样，先经过 Embedding 加 Positional Encoding 之后得到了一个 Embedding，之后再输入 Multi-Head attention 中。和编码器中不同的是，解码器中的自注意力层其实是 Mask Multi-Head Attention。其中 Mask 表示掩码，它用于对某些值进行掩盖。这是为了防止解码器在计算某个词的 attention 权重时“看到”这个词后面的其他词语。

总体来说，Transformer 架构在自然语言处理任务中的效果非常出色，已经成为近年来自然语言处理领域中最流行的模型之一。

7.4 人脑中的记忆

在生物神经网络中，记忆是外界信息在人脑中的存储机制。大脑记忆毫无疑问是通过生物神经网络实现的。虽然其机理目前还无法解释，但直观上记忆机制和神经网络的连接形态以及神经元的活动相关。生理学家发现信息是作为一种整体效应（collective effect）存储在大脑组织中的，当大脑皮层的不同部位损伤时，其导致的不同行为表现似乎取决于损伤的程度而不是损伤的确切位置。大脑组织的每个部分似乎都携带一些导致相似行为的信息。也就是说，记忆在大脑皮层是分布式存储的，而不是存储于某个局部区域。另外，人脑中的记忆具有周期性和联想性。

（1）记忆周期

虽然我们还不清楚人脑记忆的存储机制，但是已经可以确定不同脑区参与记忆形成的几个阶段。人脑记忆一般可分为长期记忆和短期记忆。长期记忆（long-term memory），也称为结构记忆或知识（knowledge），体现为神经元之间的连接形态，其更新速度比较慢。短期记忆（short-term memory）体现为神经元的活动，更新较快，维持时间为几秒至几分钟。短期记忆是神经连接的暂时性强化，通过不断巩固、强化可形成长期记忆。短期记忆、长期记忆的动态更新过程称为演化（evolution）过程。

因此，长期记忆可以类比于人工神经网络中的权重参数，而短期记忆可以类比于人工神经网络中的隐状态。

除了长期记忆和短期记忆，人脑中还会存在一个“缓存”，称为工作记忆（working memory）。在执行某个认知行为（比如记下电话号码，做算术运算）时，工作记忆是一个记忆的临时存储和处理系统，维持时间通常为几秒。从时间上看，工作记忆也是一种短期记忆，但和短期记忆的内涵不同。短期记忆一般指外界的输入信息在人脑中的显示和短期存储，并不关心这些记忆如何被使用；而工作记忆是一个和任务相关的“容器”，可以临时存放和某项任务相关的短期记忆和其他相关的内在记忆，并且工作记忆的容量比较小。

作为不严格的类比，现代计算机的存储也可以按照不同的周期分为不同的存储单元，比如寄存器、内存、外存（比如硬盘等）。

（2）联想记忆

大脑记忆的一个主要特点是通过联想来进行检索的。联想记忆（as-sociative memory）是指一种学习和记住不同对象之间关系的能力，比如看见一个人然后想起他的名字，或记住某种食物的味道等。

联想记忆是指一种可以通过内容匹配的方法进行寻址的信息存储方式，也称为基于内容寻址的存储（content-addressable memory，CAM）。作为对比，现代计算机的存储方式是根据地址来进行存储的，称为随机访问存储（random access memory，RAM）。

与之前介绍的LSTM中的记忆单元相比，外部记忆可以存储更多的信息，并且不直接参与计算，通过读写接口来进行操作。而LSTM模型中的记忆单元包含了信息存储和计算两种功能，不能存储太多的信息。因此，LSTM中的记忆单元可以类比于计算机中的寄存器，而外部记忆可以类比于计算机中的内存单元。

借鉴人脑中工作记忆，可以在神经网络中引入一个外部记忆单元来提高网络容量。外部记忆的实现途径有两种：一种是结构化的记忆，这种记忆和计算机中的信息存储方法比较类似，可以分为多个记忆片段，并按照一定的结构来存储；另一种是基于神经动力学的联想记忆，这种记忆方式具有更好的生物学解释性。

表 7.4.1 给出了不同领域中记忆模型的不严格类比。值得注意的是，由于人脑的记忆机制十分复杂，这里列出的类比关系并不严格。

表 7.4.1　不同领域中记忆模型的不严格类比

记忆周期	计算机	人脑	神经网络
短期	寄存器	短期记忆	状态(神经元活性)
中期	内存	工作记忆	外部记忆
长期	外存	长期记忆	可学习参数
存储方式	随机寻址	内容寻址	内容寻址为主

7.5　记忆增强神经网络

7.5.1　外部记忆

为了增强网络容量，我们可以引入辅助记忆单元，将一些和任务相关的信息保存在辅助记忆中，在需要时再进行读取，这样可以有效地增加网络容量。这个引入的辅助记忆单元一般称为外部记忆（external memory），以区别于循环神经网络的内部记忆（即隐状态）。这种装备外部记忆的神经网络也称为记忆增强神经网络（memory augmented neural network，MANN），或简称为记忆网络（memory network，MN）。

以循环神经网络为例，其内部记忆可以类比于计算机的寄存器，外部记忆可以类比于计算机的内存。

记忆网络的典型结构如图 7.5.1 所示，一般由以下几个模块构成。

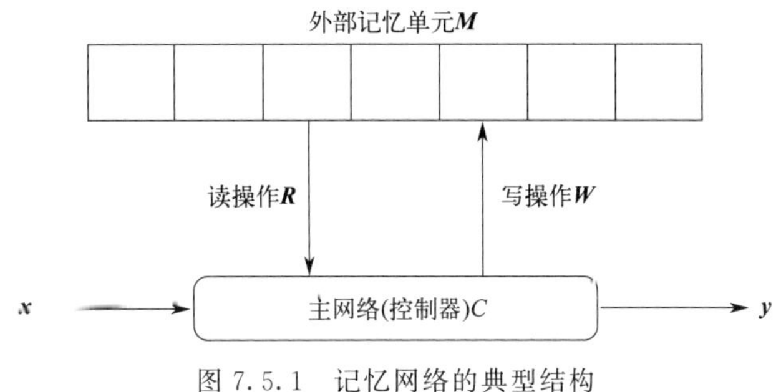

图 7.5.1　记忆网络的典型结构

（a）主网络 C：也称为控制器（controller），主要负责信息处理和外界的交互（接受外界的输入信息并产生输出到外界）。同时，通过读写模块与外部记忆进行交互。

（b）外部记忆单元 $\boldsymbol{M}$：外部记忆单元用来存储信息，一般可以分为很多记忆片段（memory segment），这些记忆片段按照一定的结构来进行组织。记忆片段一般用向量来表示，外部记忆单元可以用一组向量 $\boldsymbol{M}=[\boldsymbol{m}_1,\cdots,\boldsymbol{m}_N]$ 来表示。这些向量的组织方式可以是集合、树、栈或队列等。大部分信息存储于外部记忆中，不需要全部参与主网络的运算。

（c）读取模块 $\boldsymbol{R}$：根据主网络生成的查询向量 $\boldsymbol{q}_r$，从外部记忆单元中读取相应的信息 $\boldsymbol{r}=\boldsymbol{R}(\boldsymbol{M},\ \boldsymbol{q}_r)$。

(d) 写入模块 $\boldsymbol{W}$：根据主网络生成的查询向量 $\boldsymbol{q}_w$ 和要写入的信息 $\boldsymbol{a}$ 来更新外部记忆 $\boldsymbol{M}=\boldsymbol{W}(\boldsymbol{M},\boldsymbol{q}_w,\boldsymbol{a})$。

这种结构化的外部记忆是带有地址的，即每个记忆片段都可以按地址读取和写入。要实现类似于人脑神经网络的联想记忆能力，就需要按内容寻址的方式进行定位，然后进行读取或写入操作。按内容寻址通常使用注意力机制来进行。通过注意力机制可以实现一种“软性”的寻址方式，即计算一个在所有记忆片段上的分布，而不是一个单一的绝对地址。比如读取模型 $\boldsymbol{R}$ 的实现方式如下：

$$\boldsymbol{r}=\sum_{n=1}^{N}\alpha_n\boldsymbol{m}_n \tag{7.18}$$

$$\alpha_n=\mathrm{softmax}(s(\boldsymbol{m}_n,\boldsymbol{q}_r)) \tag{7.19}$$

其中，$\boldsymbol{q}_r$ 是主网络生成的查询向量；$s(\cdot)$ 为打分函数。类比于计算机的存储器读取，计算注意力分布的过程相当于是计算机的“寻址”过程，信息加权平均的过程相当于计算机的“内容读取”过程。因此，结构化的外部记忆也是一种联想记忆，只是其结构以及读写的操作方式更像是受计算机架构的启发。

通过引入外部记忆，可以将神经网络的参数和记忆容量“分离”，即在少量增加网络参数的条件下可以大幅增加网络容量。因此，我们可以将注意力机制看作一个接口，将信息的存储与计算分离。

外部记忆从记忆结构、读写方式等方面可以演变出很多模型。比较典型的结构化外部记忆模型包括端到端记忆网络、神经图灵机等。

7.5.2 端到端记忆网络

端到端记忆网络（end to end memory network）采用一种可微的网络结构，可以多次从外部记忆中读取信息。在端到端记忆网络中，外部记忆单元是只读的。给定一组需要存储的信息 $\boldsymbol{m}_{1:N}=\{m_1,\cdots,m_N\}$，首先将其转换成两组记忆片段 $\boldsymbol{A}=[\boldsymbol{a}_1,\cdots,\boldsymbol{a}_N]$ 和 $\boldsymbol{C}=[\boldsymbol{c}_1,\cdots,\boldsymbol{c}_N]$，分别存放在两个外部记忆单元中，其中 $\boldsymbol{A}$ 用来进行寻址，$\boldsymbol{C}$ 用来进行输出。为简单起见，这两组记忆单元可以合并，即 $\boldsymbol{A}=\boldsymbol{C}$。

主网络根据输入 $\boldsymbol{x}$ 生成 $\boldsymbol{q}$，并使用键值对注意力机制来从外部记忆中读取相关信息 $\boldsymbol{r}$：

$$\boldsymbol{r}=\sum_{n=1}^{N}\mathrm{softmax}(\boldsymbol{a}_n^{\mathrm{T}}\boldsymbol{q})\boldsymbol{c}_n \tag{7.20}$$

并产生输出：

$$\boldsymbol{y}=f(\boldsymbol{q}+\boldsymbol{r}) \tag{7.21}$$

其中，$f(\cdot)$ 为预测函数。当应用到分类任务时，$f(\cdot)$ 可以设为 softmax 函数。

为了实现更复杂的计算，我们可以让主网络和外部记忆进行多轮交互。在第 k 轮交互中，主网络根据上次从外部记忆中读取的信息 $\boldsymbol{r}^{(k-1)}$，产生新的查询向量：

$$\boldsymbol{q}^{(k)}=\boldsymbol{r}^{(k-1)}+\boldsymbol{q}^{(k-1)} \tag{7.22}$$

其中，$\boldsymbol{q}^{(0)}$ 为初始的查询向量，$\boldsymbol{r}^{(0)}=0$。

假设第 k 轮交互的外部记忆为 $\boldsymbol{A}^{(k)}$ 和 $\boldsymbol{C}^{(k)}$，主网络从外部记忆读取的信息为：

$$
\boldsymbol{r}^{(k)}=\sum_{n=1}^{N}\operatorname{softmax}((\boldsymbol{a}_n^{(k)})^{\mathrm{T}}\boldsymbol{q}^{(k)})\boldsymbol{c}_n^{(k)} \tag{7.23}
$$

在 K 轮交互后，用 $\boldsymbol{y}=f(\boldsymbol{q}^{(K)}+\boldsymbol{r}^{(K)})$ 进行预测。这种多轮的交互方式也称为多跳（multi-hop）操作。多跳操作中的参数一般是共享的。为了简化起见，每轮交互的外部记忆也可以共享使用，比如 $\boldsymbol{A}^{(1)}=\cdots=\boldsymbol{A}^{(K)}$ 和 $\boldsymbol{C}^{(1)}=\cdots=\boldsymbol{C}^{(K)}$。

端到端记忆网络结构如图 7.5.2 所示。

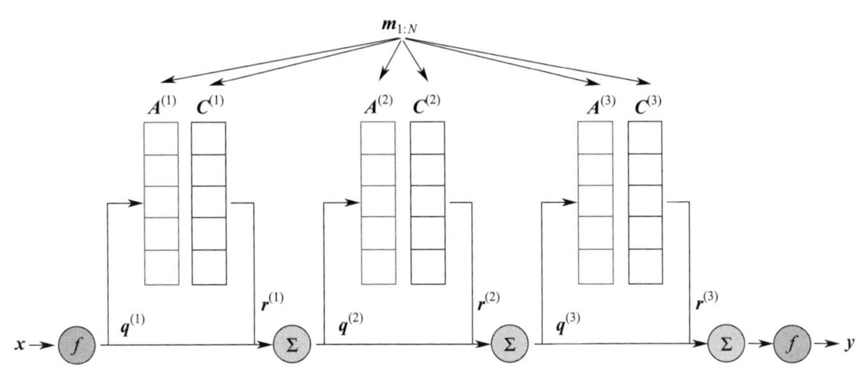

图 7.5.2　端到端记忆网络

7.5.3　神经图灵机

（1）图灵机

图灵机（Turing machine）是图灵在 1936 年提出的一种抽象数学模型，可以用来模拟任何可计算问题。图灵机的结构如图 7.5.3 所示，其中控制器包括状态寄存器、控制规则。

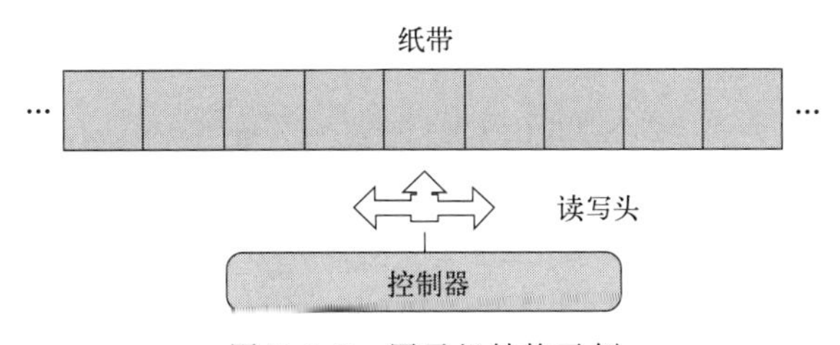

图 7.5.3　图灵机结构示例

图灵机由以下几个组件构成：

一条无限长的纸带：纸带上有一个个方格，每个方格可以存储一个符号。

一个符号表：纸带上可能出现的所有符号的集合，包含一个特殊的空白符。

一个读写头：指向纸带上某个方格的指针，每次可以向左或右移动一个位置，并可以读取、擦除、写入当前方格中的内容。

一个状态寄存器：用来保存图灵机当前所处的状态，其中包含两个特殊的状态，即起始状态和终止状态。

一套控制规则：根据当前机器所处的状态以及当前读写头所指的方格上的符号来确定读写头下一步的动作，令机器进入一个新的状态。

（2）神经图灵机

神经图灵机（neural Turing machine，NTM）主要由两个部件构成：控制器和外部记忆。外部记忆定义为矩阵 $\boldsymbol{M}\in\mathbb{R}^{D\times N}$，这里 N 是记忆片段的数量，D 是每个记忆片段的大小，控制器为一个前馈或循环神经网络。神经图灵机中的外部记忆是可读写的，其结构如图 7.5.4 所示。

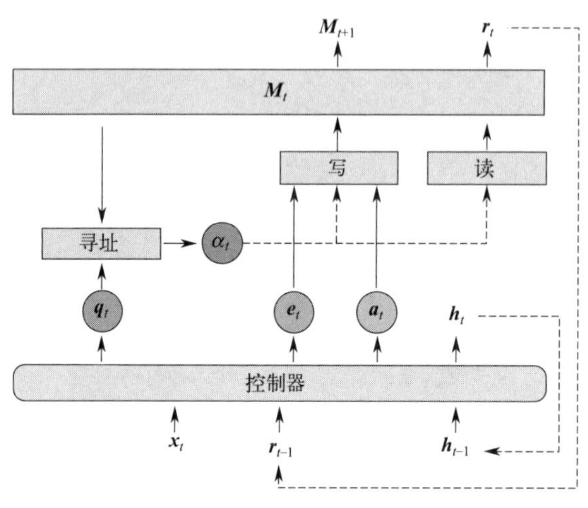

图 7.5.4　神经图灵机示例

神经图灵机中还实现了比较复杂的基于位置的寻址方式，这里我们只介绍比较简单的基于内容的寻址方式，整个框架不变。

在每个时刻 t，控制器接收当前时刻的输入 $\boldsymbol{x}_t$、上一时刻的输出 $\boldsymbol{h}_{t-1}$ 和上一时刻从外部记忆中读取的信息 $\boldsymbol{r}_{t-1}$，并产生输出 $\boldsymbol{h}_t$，同时生成和读写外部记忆相关的三个向量：查询向量 $\boldsymbol{q}_t$、删除向量 $\boldsymbol{e}_t$ 和增加向量 $\boldsymbol{a}_t$。然后对外部记忆 $\boldsymbol{M}_t$ 进行读写操作，生成读向量 $\boldsymbol{r}_t$ 和新的外部记忆 $\boldsymbol{M}_{t+1}$。

(a) 读操作。在时刻 t，外部记忆的内容记为 $\boldsymbol{M}_t=[\boldsymbol{m}_{t,1},\cdots,\boldsymbol{m}_{t,N}]$，读操作为从外部记忆 $\boldsymbol{M}_t$ 中读取信息 $\boldsymbol{r}_t\in\mathbb{R}^D$。首先通过注意力机制来进行基于内容的寻址，即：

$$\alpha_{t,n}=\mathrm{softmax}(s(\boldsymbol{m}_{t,n},\boldsymbol{q}_t)) \tag{7.24}$$

其中，$\boldsymbol{q}_t$ 为控制器产生的查询向量，用来进行基于内容的寻址；$s(\cdot)$ 函数为加性或乘性的打分函数；注意力分布 $\alpha_{t,n}$ 是记忆片段 $\boldsymbol{m}_{t,n}$ 对应的权重，并满足 $\sum_{n=1}^{N}\alpha_{t,n}=1$。

根据注意力分布 α_t，可以计算读向量（read vectorr）$\boldsymbol{r}_t$ 作为下一个时刻控制器的输入。

$$\boldsymbol{r}_t=\sum_{n=1}^{N}\alpha_n\boldsymbol{m}_{t,n} \tag{7.25}$$

(b) 写操作。外部记忆的写操作可以分解为两个子操作：删除和增加。首先，控制器产生删除向量（erase vector）$\boldsymbol{e}_t$ 和增加向量（add vector）$\boldsymbol{a}_t$，分别为要从外部记忆中删除的信息和要增加的信息。删除操作是根据注意力分布来按比例地在每个记忆片段中删除 $\boldsymbol{e}_t$，增加操作是根据注意力分布来按比例地给每个记忆片段加入 $\boldsymbol{a}_t$。具体过程如下：

$$\boldsymbol{m}_{t+1,n}=\boldsymbol{m}_{t,n}(1-\alpha_{t,n}\boldsymbol{e}_t)+\alpha_{t,n}\boldsymbol{a}_t,\forall n\in[1,N] \tag{7.26}$$

通过写操作得到下一时刻的外部记忆$\boldsymbol{M}_{t+1}$。

7.6 计算机视觉中的注意力机制

在计算机视觉（computer vision，CV）领域，存在各式各样的注意力机制。其通过赋予空间中的不同通道或者区域的不同权重，确定关注的重点，而不再像之前如池化操作时，将局部空间中某块位置视为相同的权重。这些注意力机制可以根据数据域进行分类，包括空间注意力、通道注意力、时间注意力和分支注意力四个基本类别，以及两个混合类别——通道和空间注意力以及时空注意力，如图 7.6.1 所示，图中 ϕ 表示这样的组合目前还不存在。

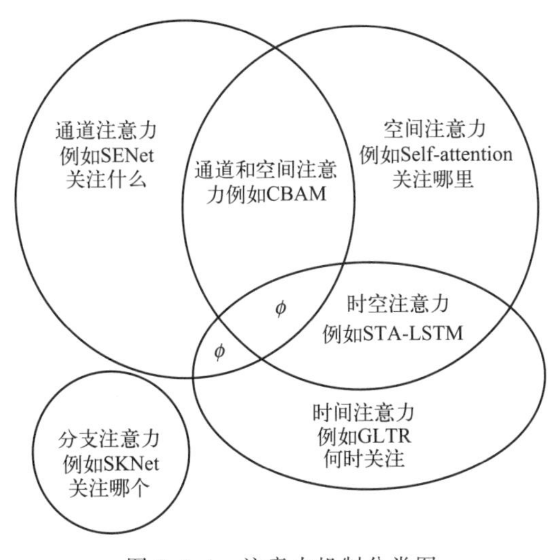

图 7.6.1　注意力机制分类图

7.6.1 计算机视觉中的注意力机制发展历程

在过去十年中，注意力机制在计算机视觉中发挥着越来越重要的作用。图 7.6.2 简要总结了深度学习时代计算机视觉中基于注意力模型的历史。

其发展进程可大致分为四个阶段。第一阶段从视觉注意力的递归模型（RAM）开始，它开创性地将循环神经网络与注意力机制结合起来，使之对重要区域进行循环预测，同时通过策略梯度以端到端的方式更新整个网络。后来，类似的视觉注意力策略开始迅速涌现。第二阶段从空间变换网络（spatial transformer network，STN）的提出开始，它引入一个子网络，用于预测输入中重要区域的仿射变换参数。在第二阶段中，可变型卷积网络（deformable convolutional networks，DCN）是代表作品。第三阶段从压缩和激励网络（squeeze and excitation networks，SENet）开始，它提出了一种新型的通道注意力网络。卷积注意力模块（convolutional block attention module，CBAM）和高效通道注意力网络（efficient channel attention for deep convolutional neural networks，ECANet）是这一阶段的代表作品。第四阶段是自注意力机制快速发展的时期，自 2017 年首次提出自注意力机制，该

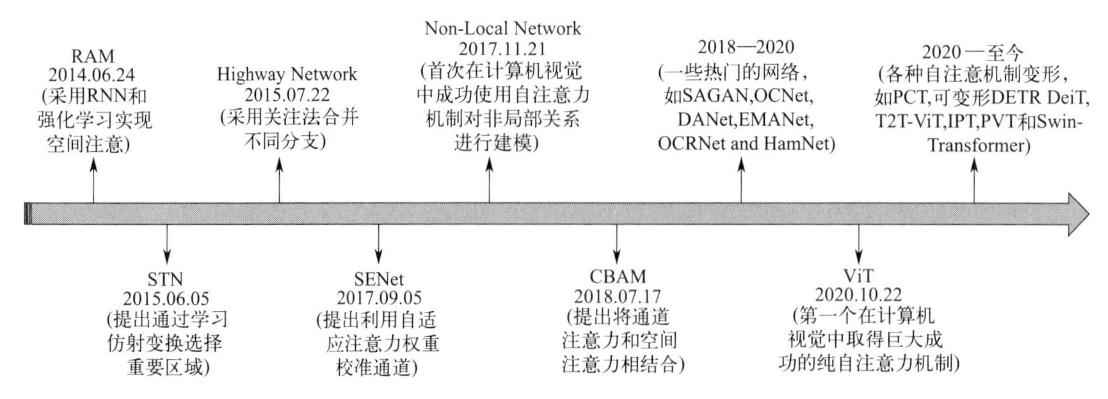

图 7.6.2 计算机视觉中注意力机制的发展阶段

机制迅速在自然语言处理领域取得了巨大进展。之后被引入计算机视觉中，在视频理解和目标检测方面取得巨大成功。

近年来，各种基于注意力机制的模型层出不穷，如图 7.6.3 所示，总结了目前常用的计

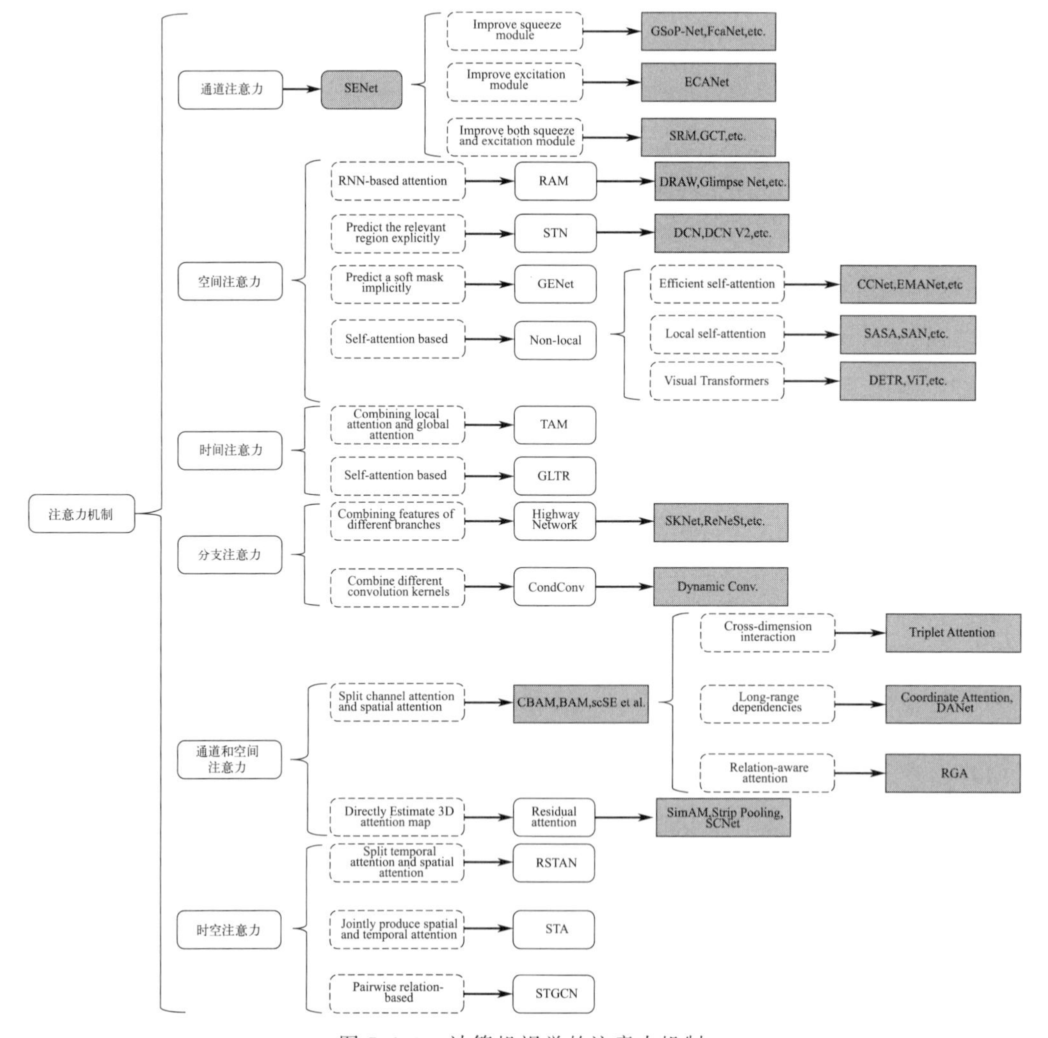

图 7.6.3 计算机视觉的注意力机制

算机视觉中的注意力机制，以及相互关系。在一定程度上可以取代卷积神经网络，未来有潜力成为计算机视觉中更强大和通用的架构。

本节只针对不同数据域的代表性注意力机制进行重点讲解，其他的注意力机制仅做简要介绍。

7.6.2　通道注意力机制

通道注意力机制是一种能够自适应地选择输入特征张量中不同通道的信息来进行加权的机制，能够增强深度神经网络（DNN）对不同特征通道的关注程度，提升深度神经网络的表达能力，从而提高其在多种计算机视觉任务中的性能。具体来说，当计算机视觉任务涉及处理高分辨率图像、多种对象或具有复杂背景的工作时，使用通道注意力模块可以捕捉并集中有用信息，以更好地区分目标和噪声。其主要思想是使用特定的神经网络结构，根据输入的信息特征，对每个通道的重要性进行权重调整，从而获得更加准确、有效的特征表示。

其中，不同的通道代表不同的关注对象，通道注意力机制对每个通道的权重进行调整的过程，可以看作是一个对象选择过程，用来决定模型需要关注什么。当输入数据的通道数较多，但只有部分通道对当前任务有用时，可以使用通道注意力模块来将注意力集中在这些有用的通道上，从而降低网络的复杂度和计算资源开销。下面将详细介绍一些常用的通道注意力机制。

（1）SENet

SENet 是 2017 届 ImageNet 分类比赛的冠军网络。SENet 通过自适应地学习通道之间的相互关系，调整不同通道在不同特征图中的权重，从而能够更好地捕捉图像中的相关信息，极大地提高了网络性能。下面我们会从三个部分分别阐述 SENet 网络的结构和原理：squeeze（压缩）、excitation（激励）和 scale（比例），组成结构如图 7.6.4 所示。

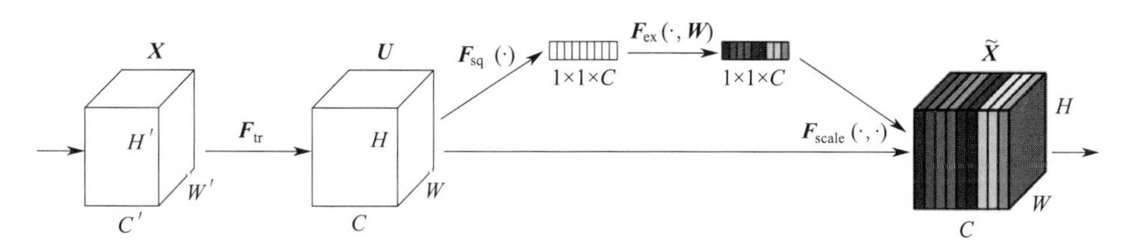

图 7.6.4　SENet 原理图

图 7.6.4 中在正常的卷积操作后分出了一个旁路分支，进行 squeeze 操作[即图中 $F_{sq}(\cdot)$]，其中输入的元素特征图的维度是 $H\times W\times C$。压缩的功能是将维数从 $H\times W\times C$ 压缩至 $1\times1\times C$，即把 $H\times W$ 压缩为 1×1 维，这个过程由全局平均池化实现，特征通道数不变，表示将每个通道上的空间特征编码压缩为一个全局特征，增加了卷积过程中的全局感受野。

在 excitation 部分，需要将压缩部分得到的 $1\times1\times C$ 的维度融入全连接层，预测各个通道的重要程度，然后再激励到之前特征图所对应通道上，输出为 $1\times1\times C$。这里采用简单的门控机制与 sigmoid 激活函数。

在 scale 部分，得到 excitation 部分的输出之后，与原特征图对应通道的二维矩阵相乘，得出最终结果输出。

SENet 在训练时可以感知不同的通道的重要性，并在测试时传递这些权重，以输出更高质量的特征图。因此，SENet 表现出了非常优秀的性能和精度。

总体来说，SENet 网络是一种充分利用通道注意力机制的特殊深度学习结构，能够非常有效地提取图像中的重要特征，获得较高的精度。并且，SENet 网络在许多计算机视觉任务中都有潜在的应用，如场景分类任务、目标检测任务、图像语义分割任务等，可以与大多数现有的卷积神经网络（如 ResNet、VGG、ResNeXt 等）相结合，增强模型对图像特征的提取能力，提高了模型的性能。

(2) GSoP-Net

卷积神经网络是许多计算机视觉任务的基础，它不仅对目标识别的精度至关重要，而且还可以通过预训练模型推进其他计算机视觉任务，如目标检测、语义分割和视频分类。通过输入一种彩色图像，卷积神经网络可以逐步学习低级、中级和高级特征，最终在全连接层生成全局图像表示进行分类。为了更好地表征高维空间中多个类的复杂边界，从而提高分类的精度，可以通过学习高阶表示来增强卷积神经网络的非线性建模能力。

近年来，基于高阶表示的图像分类模型在卷积神经网络中开始发展了起来，其中具有开创性的作品有 DeepO_2P 和 B-CNN。它们率先利用全局二阶池化（global second-order pooling，GSoP）产生协方差矩阵来作为图像表示，全局二阶池化是一种计算所有输入特征的二阶统计信息的池化操作，它可以从输入数据中提取更多的特征信息，已经在物体识别、细粒度视觉分类、目标检测和视频分类等视觉任务中取得了较好的成绩。但是，它们都只是在网络的末端插入 GSoP，还不能实现在浅层网络中引入高阶表示，从而提升卷积神经网络的非线性建模能力。

但在 SENet 网络的启发下，提出了一种新的 GSoP-Net（global second-order pooling convolutional networks）网络，它是一种以 GSoP 块作为核心的网络，可以方便地插入卷积神经网络中的任何位置。它与 SENet 相同，GSoP-Net 也有一个压缩模块（cov matrix）和一个激励模块（weight vector），如图 7.6.5 所示。

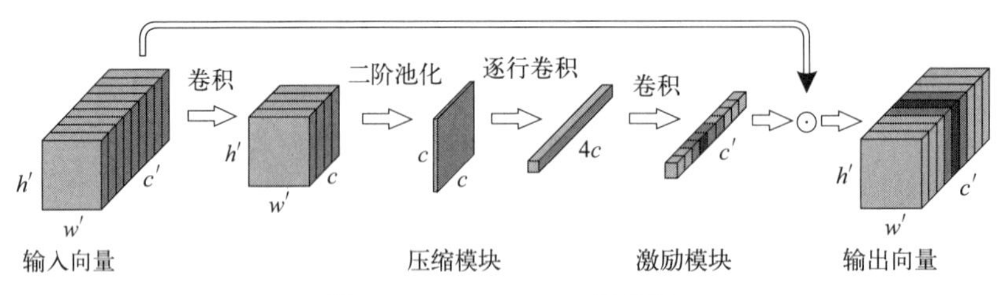

图 7.6.5 GSoP-Net 原理图

在压缩模块中，GSoP-Net 首先以一个 $h' \times w' \times c'$ 的三维向量作为输入特征，其中 h' 和 w' 是特征图的高度和宽度，c' 是通道的数量；然后，利用 1×1 卷积对 $h' \times w' \times c'$ 三维向量进行降维，使通道数量从 c' 减少到 $c(c<c')$，以减少后续操作的计算量；最后，计算 $h' \times w' \times c$ 三维向量两两通道的相关性，得到一个 $c \times c$ 协方差矩阵。该协方差矩阵具有明确的物理意义，即它的第 i 行表示通道 i 与所有通道的统计相关性。

在激励模块中，GSoP-Net 首先执行逐行卷积，然后通过 sigmoid 非线性运算，输出一个权重向量；最后，输出的 $1\times c$ 权重向量和输入向量进行点积得到最终的输出向量。

与其他使用二阶统计量的网络不同，GSoP-Net 是第一个在卷积神经网络的浅层网络引入中间层以利用整体图像信息的网络，通过使用高度模块化的 GSoP 块，可以捕获深层网络对浅层网络的依赖性，从而充分利用图像中的上下文信息，同时可以方便地插入现有的网络结构中，以少量增加计算量的代价提升了网络的性能。

7.6.3 空间注意力机制

空间注意力机制是一种空间区域选择机制，它能够自适应地调整输入特征图上不同位置的权重，从而聚焦于关键区域，提高特征图的质量。具体来说，当输入数据的空间维度比较大，需要关注局部信息时，可以使用空间注意力机制将注意力集中在局部区域，从而提取局部信息。当输入数据的不同区域之间信息关联较强时，可以使用空间注意力机制将注意力集中在这些相关区域上，从而提高网络对这些关联信息的感知和利用能力。

其在卷积神经网络中广泛应用于图像分类、目标检测等任务中。通过对输入的特征图进行注意力加权，强化重要的特征，抑制不重要的特征，不仅提高了模型的识别能力，还可以有效地缩减特征空间的范围，从而减轻计算负担。

如图 7.6.3 所示，RAM、STN、GENet(gather excite networks) 和 Non-Local 代表了四种不同种类的空间注意力机制。RAM 是基于循环神经网络的机制，STN 是直接预测相关区域的机制，GENet 是基于掩码机制来预测相关区域的机制，Non-Local 是基于自注意力的机制。

(1) RAM

由于卷积神经网络需要占用庞大的计算资源，为了将有限的计算资源集中在重要区域，2014 年，Mnih 等人提出了基于循环神经网络的注意力机制——RAM。RAM 主要有三个组成部分，分别是快速检测传感器（glimpse sensor）、快速检测网络（glimpse network）和 RNN 模型，如图 7.6.6 所示。RAM 通过整合每一步的传感器信息，不断地更新部署传感器下一步的行动，从而使传感器逐渐聚焦在重要区域。

图 7.6.6 中，快速检测传感器负责采集输入图像的坐标 l_{t-1} 和图像 x_t，输出多个以 l_{t-1} 为中心坐标的分辨率块 $\rho(x_t, l_{t-1})$，作为模型的感知区域。快速检测网络 $f_g(\theta_g)$ 分别将输出的感知区域和中心坐标映射为 θ_g^0、θ_g^1，形成两个独立的线性层，最后将两者组合为 θ_g^2，输出图像的特征表示 $g_t=f_g(x_t, l_{t-1}; \theta_g)$，$\theta_g=\{\theta_g^0, \theta_g^1, \theta_g^2\}$。RNN 模型中以 g_t 为输入，与前一步观察到的内部状态 h_{t-1} 结合，形成新的内部状态 $h_t=f_h(h_{t-1}, g_t; \theta_h)$，从而输出下一个中心坐标 l_t 和动作 a_t，不断地重复这个过程，直至关注到重要区域。

RAM 的工作过程可以用“瓢虫看图”类比，一只瓢虫在一张图片上看图，它每次只能看到身体下方的一小块图像（即注意力投射区域）。假设在开始的时候瓢虫趴在一个随机位置 l_{t-0}，某一时刻 t，瓢虫所在位置为 l_{t-1}，它收集当前所看见图像的信息 $\rho(x_t, l_{t-1})$，

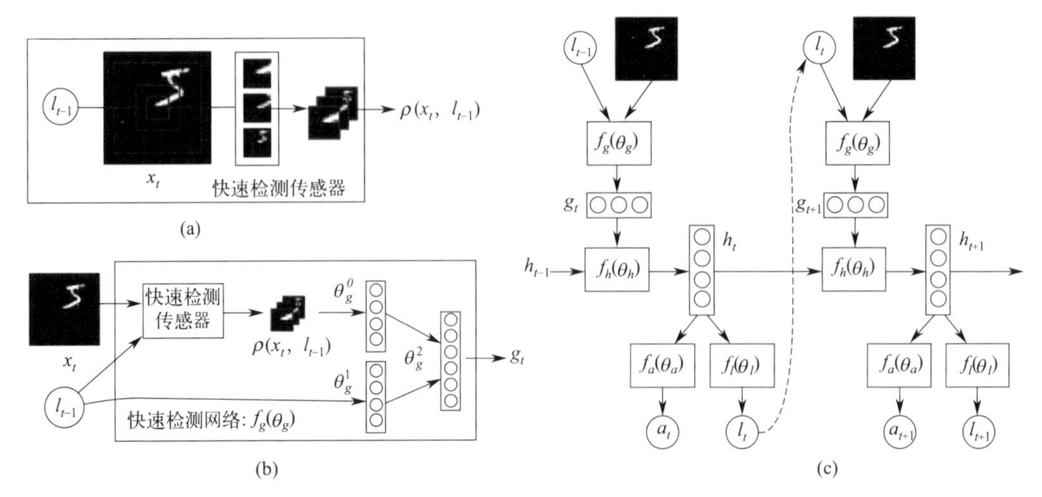

图 7.6.6　RAM 结构

并结合位置信息 l_{t-1} 得到一个信息表示 g_t。然后瓢虫将该信息与大脑中对图像已有的认知信息 h_{t-1} 进行整合（即 RNN 模型的工作），得到新的图像认知信息 h_t。然后，瓢虫按照当前认知信息 h_t 做出对图像状态的判断 a_t，并决定下一个看图位置 l_t，如果瓢虫判断对了，就给它一个奖励。瓢虫以获得最多奖励为目标在图像上不断前行，在奖励的“诱惑”下，不断在图像上选择重点区域，从而快速对图像的重要区域进行聚焦。

（2） STN

空间变换网络（spatial transformer network，STN）是 2015 年提出的第一个直接预测重要区域并具有空间变换能力的注意力机制。STN 可以帮助网络实现对图像目标的平移、旋转，形成新的目标图像，且不会改变图像信息，从而提升网络的检测性能。

STN 网络包括三个部分，分别为定位网络（localization network）、网格生成器（grid generator）和采样器（sampler）。它能够对各种形变数据在空间中进行转换并自动捕获重要区域特征；同时能够保证图像在经过裁剪、平移或者旋转等操作后，依然可以获得和操作前的原始图像相同的结果。STN 网络结构如图 7.6.7 所示。

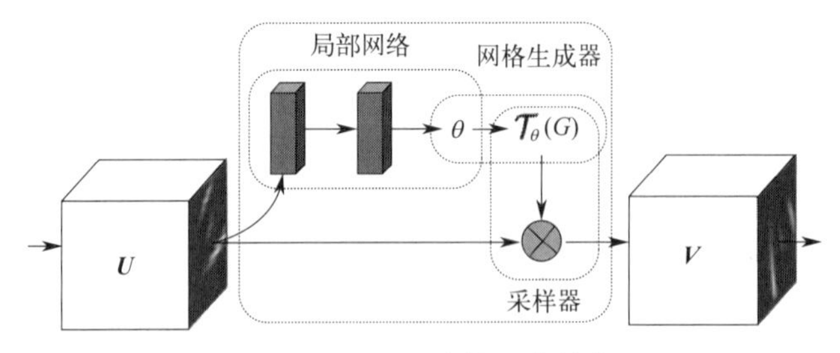

图 7.6.7　空间变换网络结构

其中定位网络用于生成转换参数，输入特征图 $\boldsymbol{U}\in\mathbb{R}^{H\times W\times C}$，其中 H、W 和 C 分别代表高度、宽度和通道数，输出转换参数 θ，$\theta=f_{\mathrm{loc}}(U)$，应用于特征图的变换函数 T_θ 中，θ 的大小根据变换的类型而变化，如果是仿射变换，θ 是 6 维的。

定位网络函数 $f_{\mathrm{loc}}(\cdot)$可以采用任何形式，例如全连接神经网络或卷积神经网络，但要包括最终回归层以生成转换参数 θ。

网格生成器根据定位网络生成的转换参数，创建采样网格，对输入特征图进行变形。每个输出像素都是以输入特征图中特定位置为中心的采样核来计算的。注意，这里的像素指的是通用特征图的元素，不是专门指代图像。将输出像素的坐标集合在一起，形成规则网格 G。

采样器根据网格生成器得到的结果，从中生成一个新的输出图像或者特征图 $\mathbf{V} \in \mathbb{R}^{H' \times W' \times C}$，这样得到的就是原始图像或者特征图经过平移、旋转等变换的结果，用于下一步操作。

以识别数字为例，效果图如图 7.6.8 所示。即定位到目标的位置，然后进行旋转等操作，使得输入样本更加容易学习。这是一种一步到位的调整方法。

定位网络、网格生成器和采样器形成的空间变换网络是一个独立的模块，可以插入卷积神经网络架构的任何位置，从而形成一个空间注意力机制。这个模块计算速度很快，使用它并不影响模型的训练速度，并且在简单使用时所需的时间非常少。

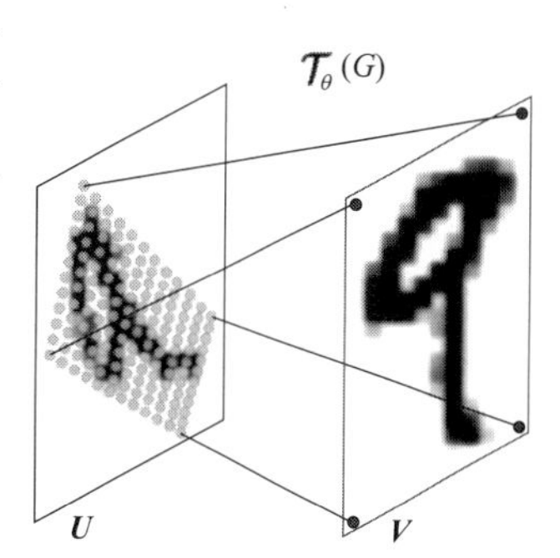

图 7.6.8 数字识别效果图

在卷积神经网络中嵌入空间变换网络，可以使神经网络主动地学习如何变换特征图。在训练期间，空间变换网络可以将每个训练样本的变换知识压缩并存储在定位网络的权重中，从而帮助神经网络最小化其损失函数。对于某些任务，将定位网络的输出转换参数 θ 反馈到神经网络的其他部分也很有用，因为它可以显式地编码区域或对象的变换，并因此编码新的位置。

在卷积神经网络中，我们可以使用多个空间变换网络，将多个空间变换网络放置在神经网络的不同深度。这样可以逐渐对抽象层次的信息进行变换，同时为定位网络提供更多的潜在信息，从而为预测转换参数提供基础。当存在多个感兴趣的对象或部位需要单独关注时，在特征图中并行使用多个空间变换网络将非常有用。

（3） GENet

GENet（gather excite networks）是一种运用于卷积神经网络中的注意力机制，其受到 SENet 的启发，在每层神经网络之间引入 gather-excite 模块来提升模型的特征表达能力，gather-excite 模块由 gather 和 excite 两部分组成。gather 模块负责优化不同特征通道之间的关联，通过聚合不同通道的信息，从而生成通道之间的依赖关系，以此突出不同特征的重要性。excite 模块则负责在特征图的像素值层面进行激励，通过计算通道间的平均值来生成通道激励的程度，从而增强重要信息的表示能力。GENet 基本结构如图 7.6.9 所示。

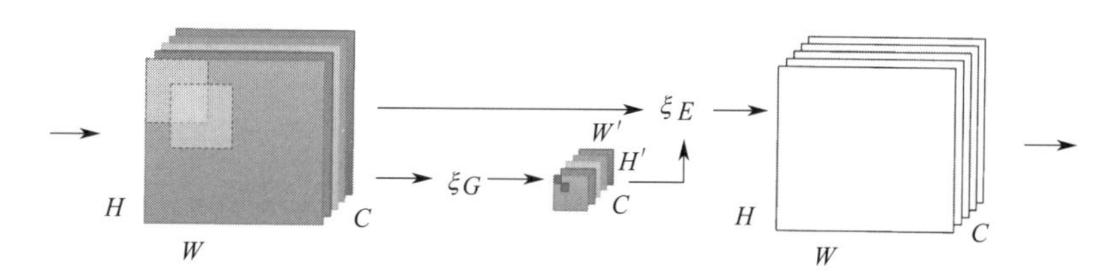

图 7.6.9 GENet 结构图

图 7.6.9 中，H、W 为特征图的高和宽，C 为特征图的通道数；ξG 为聚集运算符，代表 gather 模块；ξE 为激励运算符，代表 excite 模块。

GENet 的工作流程主要分为两步：

第一步，在特征图的每个通道维度上执行全局最大池化操作，从而生成全局信息。

第二步，使用插值法生成与输入特征图大小相同的注意力图。然后通过与注意力图中元素对应相乘的方式，来缩放输入特征图中的每个位置。

这个过程可以用以下公式表述：

$$
\begin{aligned}
g &= f_{\text{gather}}(X) \\
s &= f_{\text{excite}}(g) \\
Y &= sX
\end{aligned}
\tag{7.27}
$$

式中，X 为输入特征图；Y 为输出特征图；g 为全局信息；s 为激励信息。

（4） Non-Local

Non-Local 神经网络是一种基于自注意力的神经网络，它与卷积神经网络和循环神经网络不同，不再是先通过局部计算，再进行整合的方式，而是从全局角度出发，考虑图像中像素之间的空间关系。

具体来说，Non-Local 神经网络中的每一个像素都对整个图像的像素进行注意力计算，以计算像素之间的关联性，然后使用加权平均等方法获得全局图像的注意力表示。这种方法不仅可以改善图像的细节特征，进而提高图像的语义信息，也可以减少神经网络的冗余连接，从而加速网络的计算速度。

Non-Local 神经网络充分利用了全局空间信息，允许神经网络可以了解图像中不同像素之间的长距离关联性，从而可以提高图像的语义识别准确率，并且可以应用于视频和音频等领域。

7.6.4 时间注意力机制

时间注意力机制通常用于处理序列数据，如自然语言处理中的文本序列或语音识别中的音频序列。它有助于识别时间序列中不同时刻的关键点和关键区域，从而提高模型的性能和准确度。具体来说，时间注意力模块可以把注意力集中在输入序列中最重要或最相关的部分，从而提高模型在序列数据处理中的表现。

因此，时间注意力机制在计算机视觉领域主要考虑有时序信息的领域，可以看作是一种动态的时间选择机制，决定开始注意的时间。其主要是在时序列中，关注某一时序即某一帧的信息。增强模型处理时间序列数据能力的机制，能够有效地处理时间相关性信息，提高模型的表现力。

（1） GLTR

目前，基于循环神经网络和权重学习的方法已广泛用于视频学习的工作中，主要用来捕获帧与帧之间的信息，但这些方法在处理时间关系时存在限制，因为它们可能需要大量的时间和计算资源来处理较长的视频序列，并且这可能导致效率降低。为了克服这些问题，人们提出了全局-局部时间表征（global-local temporal representations，GLTR）方法来进行视频人物再识别（video-based person re-Identification，Video ReID）任务。

GLTR首先对视频中相邻帧之间的短期时间线索进行建模，然后捕捉不连续帧之间的长期关系。具体地说，短期时间线索由具有不同时间扩张率的平行扩张卷积来进行建模，以表示行人的运动和外观。长期关系由时间自注意模型捕获，以减轻视频序列中的遮挡和噪声。最终，短期和长期时间线索通过简单的单流CNN聚合为最终的GLTR。GLTR在四个广泛使用的视频ReID数据集（MARS、DukeMTMC-VideoReID、PRID2011和VIPeR）上明显优于利用身体部位线索学习和度量学习。

GLTR由两部分组成，分别是图像特征提取子网络和帧特征聚合子网络。其中帧特征聚合子网络是GLTR的重点，它由扩展时间金字塔（dilated temporal pyramid，DTP）卷积和时间自注意（temporal self-attention，TSA）模型组成，如图7.6.10所示。

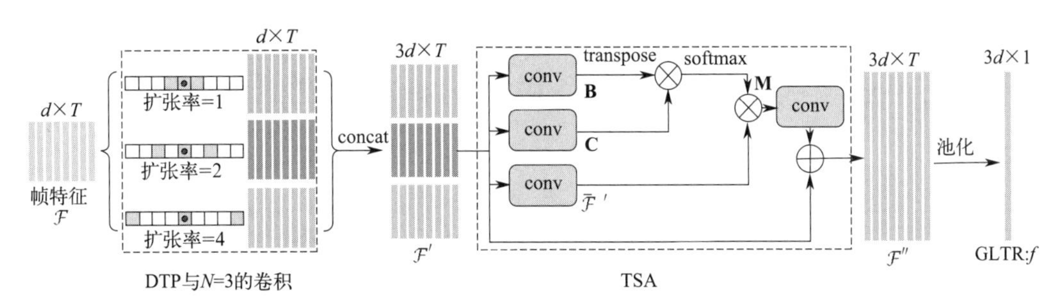

图7.6.10　帧特征聚合子网络

DTP用于捕获相邻帧之间的局部时间线索。图7.6.10中，DTP以F中的帧特征作为输入，聚焦相邻帧之间的特征，输出更新后的帧特征F'。TSA则是利用非连续帧之间的关系来捕捉全局时间线索。它以更新后的帧特征F'作为输入，参考内部特征之间的上下文关系，输出最终的时间特征F''。F''的每一帧中都集合了局部和整体的时间线索，最后使用平均池化生成固定长度的GLTR表示f。

（2）TAM

时间建模对于捕捉视频中的时空结构以进行动作识别至关重要。由于摄像机运动、速度变化和不同动作等各种因素，视频数据在时间维度上具有极其复杂的动态。为了有效地捕捉这种多样的运动模式，提出了时间自适应模块（temporal adaptive module，TAM）。TAM基于视频特征生成动态时间核来捕获全局上下文信息，比GLTR具有更低的时间复杂度。

TAM可以很容易地集成到现有的卷积神经网络（例如ResNet）中，以产生视频网络架构，如图7.6.11所示。该机制针对不同视频片段，可以灵活高效地生成动态时间核，自适应地进行时间信息聚合。

图7.6.11中，ResNet的普通ResNet块被替换为TA块以实例化TANet。在TAM中以$\boldsymbol{X} \in \boldsymbol{R}^{C \times T \times H \times W}$作为输入特征图，$C$表示通道数，$T \times H \times W$表示时空维数。为了提高推理效率，TAM只关注时间建模，而空间特征由卷积进行提取。因此，首先采用全局空间平均池化方法对特征图进行压缩，得到聚集空间信息的函数ϕ。然后再分为两个分支，分别

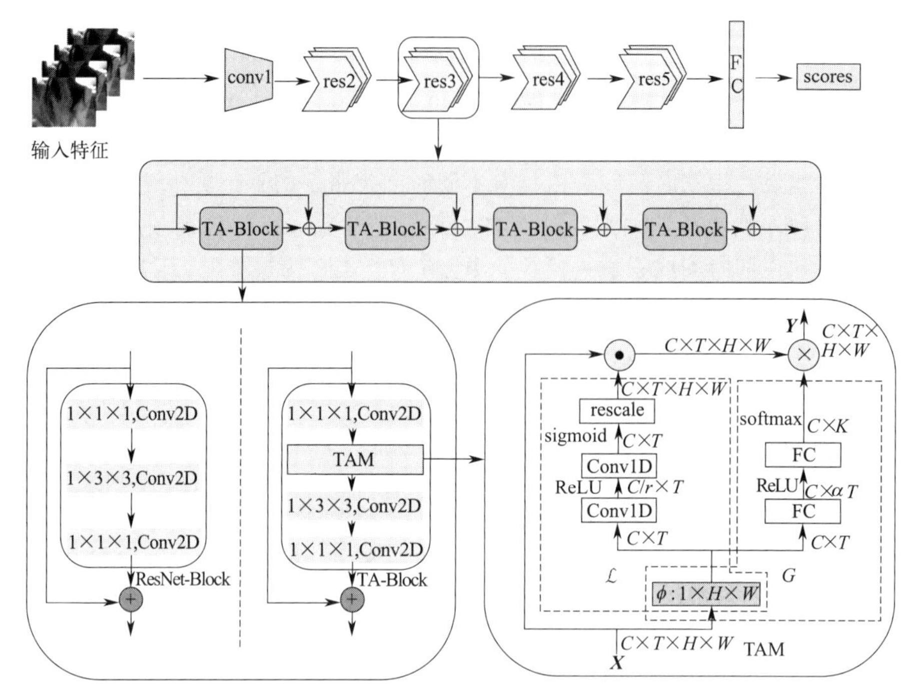

图 7.6.11　TANet 整体结构

为局部分支 L 和全局分支 G。全局分支 G 基于全局时间信息生成视频自适应的动态卷积核以聚合时间信息，这种方式的特点是对时间位置不敏感，忽略了局部间的差异性。而局部分支 L 使用带有局部时间视野的 1D 卷积学习视频的局部结构信息，生成对时间位置敏感的重要性权重，以弥补全局分支存在的不足。经过实验证明，TAM 将时间核的学习过程分解为局部和全局分支是一种有效的方法。

目前，TAM 在语言模型、阅读理解、序列标注等多个任务上具有很好的表现。不仅可以帮助深度学习模型更好地处理时间序列数据，而且能够自适应地根据不同时间点的重要程度进行池化，使模型更加鲁棒性。

值得注意的是，TAM 可以与其他深度学习模型结合使用，例如将 TAM 应用于图像分类任务中，可以将卷积网络的输出作为输入，并使用 TAM 对图像中不同区域之间的时空关系进行建模，从而实现更好的图像分类性能。

7.6.5　分支注意力机制

在深度神经网络中，为了提高模型的表达能力和提高提取复杂特征的能力，通常使用了多个分支，每个分支会学习到不同的特征。而分支注意力机制则是在这些分支之间选择有用的特征，可以将其看作是一种动态的分支选择机制，即关注哪一个分支。

分支注意力机制的核心思想是使用注意力机制来确定每个分支中特征的重要性，然后根据重要性，使用加权和来结合所有分支的输出。这使得网络可以动态地调整不同分支的特征组合，从而更好地利用每个分支的信息。

具体来说，当网络需要同时学习和利用多个级别或尺度的特征时，可以使用分支注意力机制来独立地对不同特征进行处理，并动态地调整各个分支之间的权重和影响力，从而更好地融合不同尺度和层级的特征，提高模型性能和准确性。常见的分支注意力机制如下所述。

（1） Highway Networks

大量的理论和经验证据表明，神经网络的深度对其成功至关重要。然而，随着网络深度的增加，训练会变得更加困难。为了克服这一问题，受到长短期记忆（LSTM）循环网络的启发，提出了 Highway Networks（高速公路网络）。Highway Networks 允许网络信息在不经过多个网络层的过程中畅通无阻地直接传递。通过类似于门控单元的机制来调节信息流，使 Highway Networks 可以选择在不同的网络层中进行绕路，而不是一直通过所有的网络层。即使有数百层，Highway Networks 也可以通过简单的梯度下降直接训练。这个机制使得网络能够更容易地在深度方向上传递信息，并减少了训练的难度。

具体地，Highway Networks 引入了一个可训练的门控函数 G，它控制了每一层的输入和层内计算。Highway Networks 的输出 y 可以通过式(7.28) 计算：

$$y=G(x)*H(x)+[1-G(x)]*x \tag{7.28}$$

其中，x 是输入特征；$H(x)$是传统神经网络的计算；$G(x)$是由一层全连接网络得到的门控系数，可以控制信息的流动，从而选择跳过某些部分。

在实际应用中，Highway Networks 可以构建非常深层的神经网络，同时获得更好的表达能力和更快的收敛速度。Highway Networks 已经被广泛应用于自然语言处理、图像识别、语音识别等领域中，并取得了很好的实验效果。

（2） SKNet

在卷积神经网络（CNN）中，每层人工神经元的感受野通常被设计为相同的大小。而 SKNet（selective kernel networks）是一种可以自动选择卷积核大小的网络。它允许每个神经元可以根据多尺度的输入信息自适应地调整其卷积核，从而获得不同的感受野范围。

SKNet 提出了一种称为“选择核（SK）”卷积的自动选择操作，SK 卷积主要分为三个部分，分别为分裂（split）、融合（fuse）和选择（select），如图 7.6.12 所示。

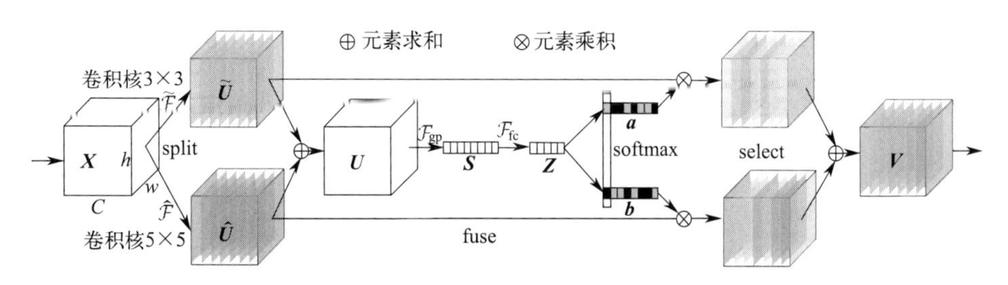

图 7.6.12 SKNet 原理图

图 7.6.12 中，split 部分首先对输入特征 $\boldsymbol{X}$ 进行两次不同卷积核大小的完整卷积操作(依次进行高效的分组/深度方向卷积、批量归一化和 ReLU 函数)，卷积核大小分别为 3 和 5。然后得到两个输出 $\widetilde{\boldsymbol{U}}$ 和 $\hat{\boldsymbol{U}}$。其中，为了提高运算效率，降低计算量，5×5 的卷积运算由两个 3×3 的卷积代替。之所以将 SKNet 分为分支注意力机制，也是因为在 split 部分中使用了分组卷积。

fuse 部分与 SE 模块相似，首先将两个特征图逐元素相加后得到特征 $\boldsymbol{U}$；然后使用全局平均池化，将其压缩成 $1\times1\times C$ 的特征 $\boldsymbol{S}$ 后，再经过全连接层生成紧凑特征 $\boldsymbol{Z}$；最后采用跨信道软注意机制选择不同空间尺度的信息，输出两个权重矩阵 $\boldsymbol{a}$ 和 $\boldsymbol{b}$，$\boldsymbol{a}$ 和 $\boldsymbol{b}$ 各位置逐元素相加和为 1。

select 部分使用 $\boldsymbol{a}$ 和 $\boldsymbol{b}$ 的权重矩阵分别对 split 输出的两个特征进行加权，最后采用逐元素求和得到最后的输出 $\boldsymbol{V}$。

综上所述，SK 卷积使网络能够根据输入自适应地调整神经元的感受野大小，在减少计算量的同时提升网络性能。此外，由于其具有通道注意力机制的特点，SKNet 还能够适应于图像分割、人脸识别等任务。在实际运用中，SKNet 能够有效地提高图像分类和目标检测任务的性能，被广泛地应用于计算机视觉领域，是一个非常有前景的深度学习模型。

7.6.6 通道和空间注意力机制

通道和空间注意力机制结合了通道注意力和空间注意力的优点，它可以自适应地选择重要的对象和区域，从而提高模型对特征的提取能力，常用于进行自然语言处理和计算机视觉任务中。代表性的通道和空间注意力模块如下所述。

（1） CBAM

通道和空间注意力机制的代表模型之一是卷积注意力模块（convolutional block attention module，CBAM），它由通道注意力模块（channel attention module，CAM）和空间注意力模块（spatial attention module，SAM）依次连接而成。

CBAM 的模型结构如图 7.6.13 所示，它对输入的特征图，首先进行通道注意力模块处理；得到的结果，再经过空间注意力模块处理，最后得到调整后的特征。

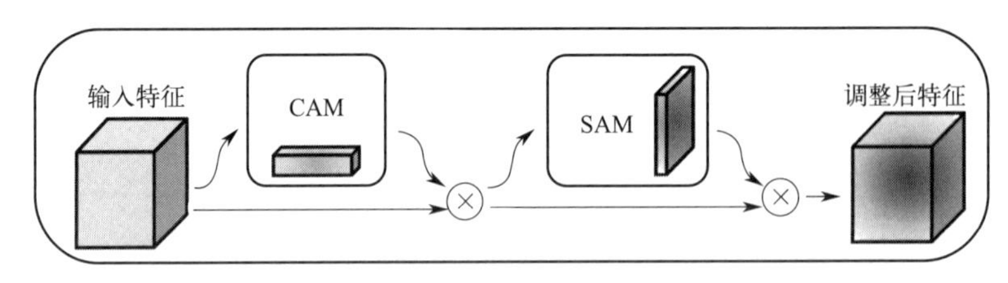

图 7.6.13　CBAM 模型结构

具体地，图 7.6.13 中给定输入特征图映射 $\boldsymbol{F}\in\mathbb{R}^{C\times H\times W}$，其中 H 是指特征图的高度，W 指宽度，C 指通道数。依次通过一维通道注意力模块得到映射 $\boldsymbol{M}_{\mathrm{c}}\in\mathbb{R}^{C\times1\times1}$、二维空间注意力模块得到映射 $\boldsymbol{M}_{\mathrm{s}}\in\mathbb{R}^{1\times H\times W}$，整个注意力机制可以总结为如下公式：

$$\boldsymbol{F}'=\boldsymbol{M}_{\mathrm{c}}(\boldsymbol{F})\otimes\boldsymbol{F} \tag{7.29}$$

$$\boldsymbol{F}''=\boldsymbol{M}_{\mathrm{s}}(\boldsymbol{F}')\otimes\boldsymbol{F}' \tag{7.30}$$

式中，$\otimes$表示逐元素乘法；$\boldsymbol{F}'$表示通过通道注意力机制的特征图映射；$\boldsymbol{F}''$表示通过空间注意力机制的特征图映射。下面介绍各个注意力模块的详细信息。

第一，通道注意力主要集中在输入图像有意义的部分。由于特征图的每个通道都被视为特征检测器，所以可以利用特征图通道间的关系来产生通道注意力图。为了有效计算通道注意力，这里同时使用平均池化和最大池化来压缩输入特征图的空间维数，大大提升了网络的表现能力。下面详细描述具体的操作。

通道注意力模块的输入为 $\boldsymbol{F} \in \mathbb{R}^{C \times H \times W}$，输出为 $\boldsymbol{M}_{\mathrm{c}} \in \mathbb{R}^{C \times 1 \times 1}$。如图 7.6.14 所示。

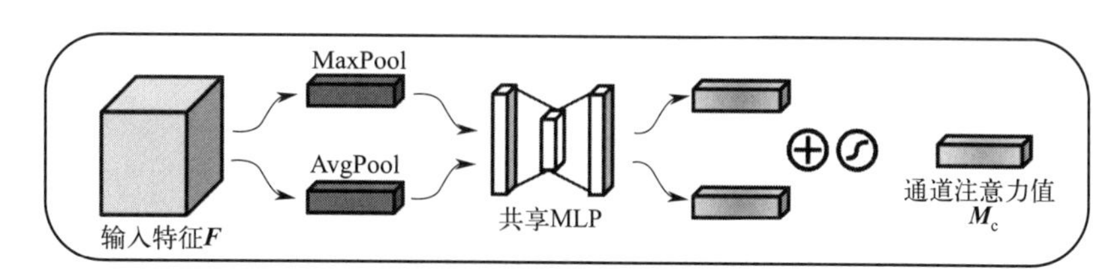

图 7.6.14 通道注意力模块

它的主要工作流程分别为：

首先，对输入的特征图，分别进行最大池化和平均池化（在空间维度进行池化，压缩空间尺寸；便于后面学习通道的特征）；

然后，将最大池化特征 $\boldsymbol{F}_{\max}^{\mathrm{c}}$ 和平均池化特征 $\boldsymbol{F}_{\mathrm{avg}}^{\mathrm{c}}$，输入共享网络中进行学习，该网络是含有一个隐藏层的多层感知机 MLP（为了减少参数计算，将隐藏层中的激活参数设置成 $\mathbb{R}^{C/r \times 1 \times 1}$，其中 r 表示减少比例）；

最后，将共享网络输出的结果，进行逐元素求和合并输出特征向量，再经过 sigmoid 函数的映射处理，得到最终的通道注意力值 $\boldsymbol{M}_{\mathrm{c}} \in \mathbb{R}^{C \times 1 \times 1}$。

整体计算公式如下所示：

$$\begin{aligned} \boldsymbol{M}_{\mathrm{c}}(\boldsymbol{F}) &= \sigma(\mathrm{MLP}(\mathrm{AvgPool}(\boldsymbol{F})) + \mathrm{MLP}(\mathrm{MaxPool}(\boldsymbol{F}))) \\ &= \sigma(\boldsymbol{W}_1(\boldsymbol{W}_0(\boldsymbol{F}_{\mathrm{avg}}^{\mathrm{c}})) + \boldsymbol{W}_1(\boldsymbol{W}_0(\boldsymbol{F}_{\max}^{\mathrm{c}}))) \end{aligned} \tag{7.31}$$

其中，σ 表示 sigmoid 函数；$\boldsymbol{W}_0 \in \mathbb{R}^{C/r \times C}$；$\boldsymbol{W}_1 \in \mathbb{R}^{C \times C/r}$。多层感知机 MLP 中权重 $\boldsymbol{W}_0$ 和 $\boldsymbol{W}_1$ 对于最大池化和平均池化后的输入是共享的，并且 ReLU 激活函数后面跟着权重 $\boldsymbol{W}_0$。

第二，空间注意力与通道注意力不同，它集中在位置信息，这与通道注意力是互补的。为了计算空间注意力，我们首先沿通道轴应用最大池化和平均池化的操作，并将它们连接起来以生成一个有效的特征描述符。

空间注意力模块的输入 $\boldsymbol{F}'$，输出是 $\boldsymbol{M}_{\mathrm{s}} \in \mathbb{R}^{1 \times H \times W}$。如图 7.6.15 所示。

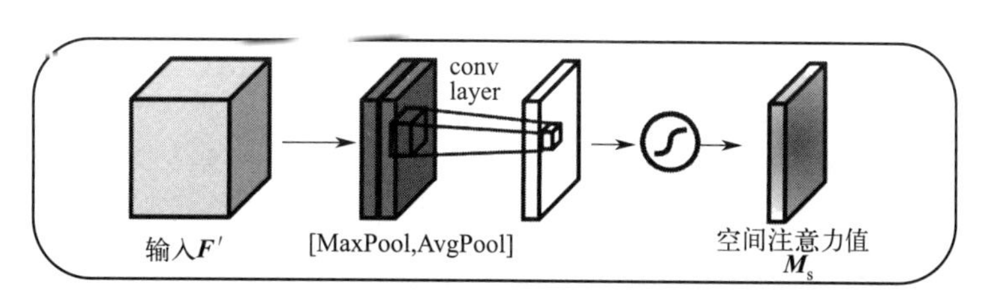

图 7.6.15 空间注意力模块

它的主要工作流程分别为：

首先，对输入的特征图，进行最大池化和平均池化（在通道维度进行池化，压缩通道大小；便于后面学习空间的特征）；

然后，将最大池化和平均池化的结果，按照通道拼接，得到特征图维度是 $H \times W \times 2$；

最后，对拼接后的结果，进行卷积操作，得到的特征图维度是 $H\times W\times 1$；再通过激活函数进行处理。

整体计算公式如式(7.32) 所示：

$$\begin{aligned}\boldsymbol{M}_{\mathrm{s}}(\boldsymbol{F})&=\sigma(f([\mathrm{AvgPool}(\boldsymbol{F});\mathrm{MaxPool}(\boldsymbol{F})]))\\&=\sigma(f([\boldsymbol{F}_{\mathrm{avg}}^{\mathrm{s}};\boldsymbol{F}_{\mathrm{max}}^{\mathrm{s}}]))\end{aligned} \tag{7.32}$$

其中，σ 表示 sigmoid 函数；f 表示卷积运算。

（2） SimAM

在 7.6.2 节和 7.6.3 节中分别描述了通道注意力机制和空间注意力机制，可以得知，通道注意力机制只关注通道间的差异，而空间注意力机制只关注空间上的差异，这限制了它们学习新特征的能力。随后，出现了 CBAM 注意力模块，但 CBAM 也只是将空间注意力模块和通道注意力模块进行并联或者串联组合，没有真正实现两种注意力机制的协同工作。因此，为了更好地实现两种注意力的协同合作，提出了一种统一权重的注意力模块 SimAM (simple and efficient attention mechanism)，如图 7.6.16 所示。

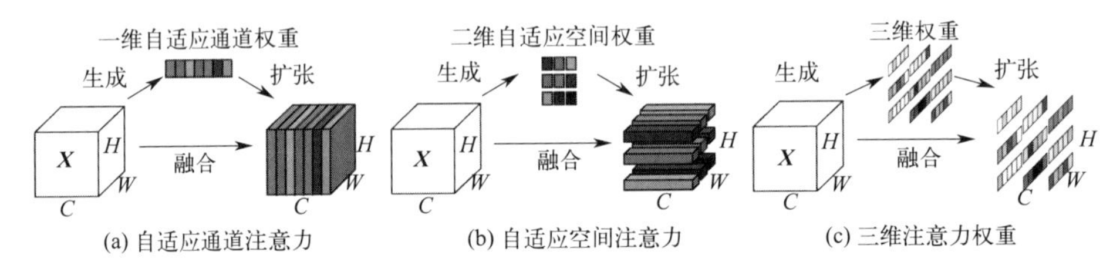

图 7.6.16 三种不同维度生成权重的方式

SimAM 是一种简单的、无参数的注意力模块。它无须额外的参数即可为特征图生成三维的注意力权重（同时包含通道注意力权重和空间注意力权重）。SimAM 的设计理念来自于神经科学理论——空间抑制。空间抑制指的是在感知过程中信息最丰富的神经元如何抑制周围神经元的过程。换句话说，具备空间抑制效应的神经元在视觉处理中应该被给予更高的优先级（即重要性）。找到这些神经元最简单的方法是测量一个目标神经元和其他神经元之间的线性可分性。受到空间抑制理论的启发，SimAM 提出应突出具有抑制效果的神经元，并为每个神经元定义一个能量函数，如式(7.33) 所示。

$$e_t(w_t,b_t,y,x_i)=(y_t-\hat{t})^2+\frac{1}{M-1}\sum_{i=1}^{M-1}\geqslant(y_o-\hat{x}_i) \tag{7.33}$$

式中所有值皆为标量，其中，$\hat{t}=w_t t+b_t$、$\hat{x}_i=w_t x_i+b_t$ 是 t 和 x_i 的线性变换；t 和 x_i 是输入特征 $\boldsymbol{X}$ 的单个通道中的目标神经元和其他神经元，i 表示空间维度；$M=H\times W$ 表示通道上的神经元个数；w_t 和 b_t 表示权重和偏置。得到每个神经元的能量函数之后，再使用 sigmoid 函数控制注意力向量的输出范围，如式(7.34) 所示。

$$\widetilde{\boldsymbol{X}}=\mathrm{sigmoid}\left(\frac{1}{\boldsymbol{E}}\right)\odot\boldsymbol{X} \tag{7.34}$$

式中，$\boldsymbol{E}$ 表示通道和空间上的所有的能量函数；$\boldsymbol{X}$ 表示输入；$\widetilde{\boldsymbol{X}}$ 表示输出。

总而言之，基于神经科学理论提出的 SimAM 简化了注意力设计的过程，并基于数学和神经科学理论成功地提出了一种新的三维权重无参数注意力模型。

7.6.7 时空注意力机制

时空注意力机制结合了空间注意力和时间注意力的优点，可以自适应地选择重要区域和关键帧。在处理空间和时间信息的任务中，如视频分类、动作识别和行人识别，加强了模型对关键信息的关注和利用，从而提高了模型的性能。本节将介绍三种基于时空注意力机制的网络，分别为 RSTAN、STA 和 STGCN。

（1） RSTAN

近年来，循环神经网络（RNN）在视频动作识别中的应用越来越广泛。然而，视频具有高维性，包含丰富的人体动力学和各种运动尺度，这使得传统的 RNN 难以捕捉复杂的动作信息。因此，提出了一种新的循环时空注意力网络 RSTAN（recurrent spatiotemporal attention network）来应对这一挑战。RSTAN 中的时空注意力机制由空间注意力模块和时间注意力模块串联组成，它可以自适应地学习视频序列中不同时间步的空间信息和时间信息，从而识别上下视频序列中的关键特征，以用于循环神经网络对每一个时间步进行预测，最终提高模型的性能。

具体来说，RSTAN 首先从双流卷积神经网络中提取视频帧的外观和运动特征，以进行动作识别。其次，为长短期记忆网络（LSTM）设计一个新的时空注意力模块。在每个时间步，利用卷积特征立方体在当前时间步自动学习时空特征向量。该时空特征向量是紧凑的，并且与当前时间步的预测高度相关。然后，RSTAN 开发了一种注意力驱动的外观-动作融合策略，将外观和动作集成到一个统一的框架中，其中 LSTM 和时空注意力模块可以用端到端的方式进行联合训练。最后，RSTAN 提出使用 actor-attention 正则化，它可以引导注意力机制专注于“动作”周围的重要动作区域，从而实现视频动作的识别。RSTAN 的整体框架如图 7.6.17 所示。

图 7.6.17 中，RSTAN 将 RGB 图像和视频帧的堆叠光流（视频帧的堆叠光流是一种计算机视觉技术，用于分析视频中物体的运动轨迹。该技术将连续视频帧进行堆叠，然后计算每一对相邻帧之间的光流，即像素的运动矢量）输入广泛使用的双流 CNN（双流 CNN 是一种包含两个 CNN 网络的方法，一个网络用于处理视频的光流图像，另一个用于处理视频的 RGB 帧。在训练过程中，这两个网络是独立训练的，但在测试阶段，它们的预测结果会被融合在一起，以提高分类性能）架构中，一个是外观流（appearance），一个为动作流（motion）。对于第 t 个视频帧而言，$CV_t^* \in \mathbb{R}^{K \times K \times d_{cv}}$ 是从双流 CNN 的卷积层中提取卷积特征立方体，其中 * 表示外观流 CNN 中的 a 或者是动作流 CNN 中的 m，CV_t^* 由空间大小为 $K \times K$ 的 d_{cv} 特征图组成，这里将这个立方体表示为不同空间位置的一组特征向量，即 $CV^*(t, k) \in \mathbb{R}^{d_{cv}}$，其中 $k=1, \cdots, K^2$。$FC_t^* \in \mathbb{R}^{d_{fc}}$ 是从双流 CNN 的全连接层中提取的 d_{fc} 维度特征向量。

总而言之，RSTAN 是一种用于视频处理的深度学习网络。其通过在时空上的变化和不同尺度上区分不同视觉特征，实现了对视频数据的建模和分析，极大地提高了视频数据处理的准确性，从而可以轻松地实现跨视频目标的识别和跟踪，例如在人物再识别和行人跟踪任

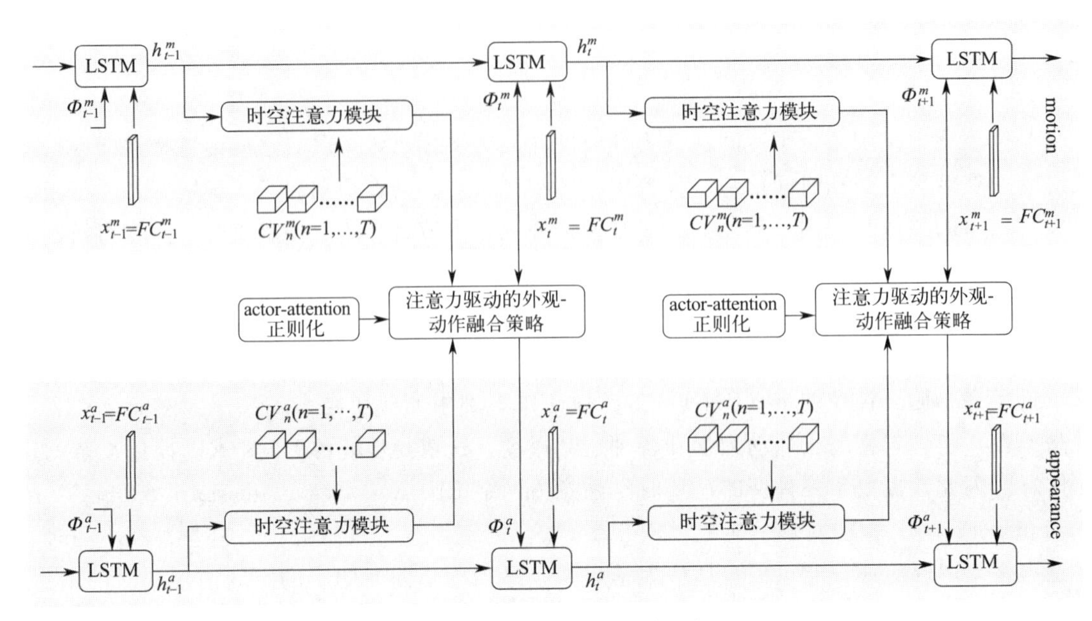

图 7.6.17　RSTAN 的整体框架

务中。

（2） STA

基于视频的人物再识别（video-based person re-identification，ReID）任务的目的是将一个人在一个摄像头里的图像与另一个摄像头里的图像进行匹配识别。目前，大部分的人物再识别任务都是专注于小数据集，在大型数据集上的效果并不好。它们会因为大数据集中的摄像头的视角、人物姿态、光照、遮挡和背景受到干扰。为了进一步地提升行人重识别的精度，消除遮挡的干扰，提出了 STA（spatial-temporal attention）模型。

STA 是一种基于时空注意力机制的模型，它可以自适应地学习不同时间步的空间信息和时间信息，并通过为每个空间区域分配注意力分数，在不使用任何额外参数的情况下实现重点区域的区分，加强关键信息的表示，从而提高模型的性能。具体来说，STA 首先使用一个二维卷积神经网络对视频中的每一帧图像进行特征提取。然后，它将提取的特征序列输入一个时间注意力机制中，以获得不同时间步之间的关系。在注意力机制中，STA 通过引入空间注意力机制和时间注意力机制来捕捉不同时间步之间的空间和时间关系。空间注意力机制可以帮助模型关注关键的空间区域，而时间注意力机制可以帮助模型关注关键的时间步。具体来说，空间注意力机制使用一维卷积神经网络来学习每个时间步中各个空间位置的重要性，从而生成一个空间注意力图。时间注意力机制使用一个循环神经网络（RNN）来学习不同时间步之间的关系，并计算每个时间步的重要性，从而生成一个时间注意力图。最后，STA 将空间注意力图和时间注意力图结合起来，得到一个加权的特征表示，通过一个全连接层进行分类等任务。STA 的整体框图如图 7.6.18 所示。

通过这种方式，STA 可以有效地解决视频人物在识别任务中存在的问题，例如姿势变化和部分遮挡等问题。

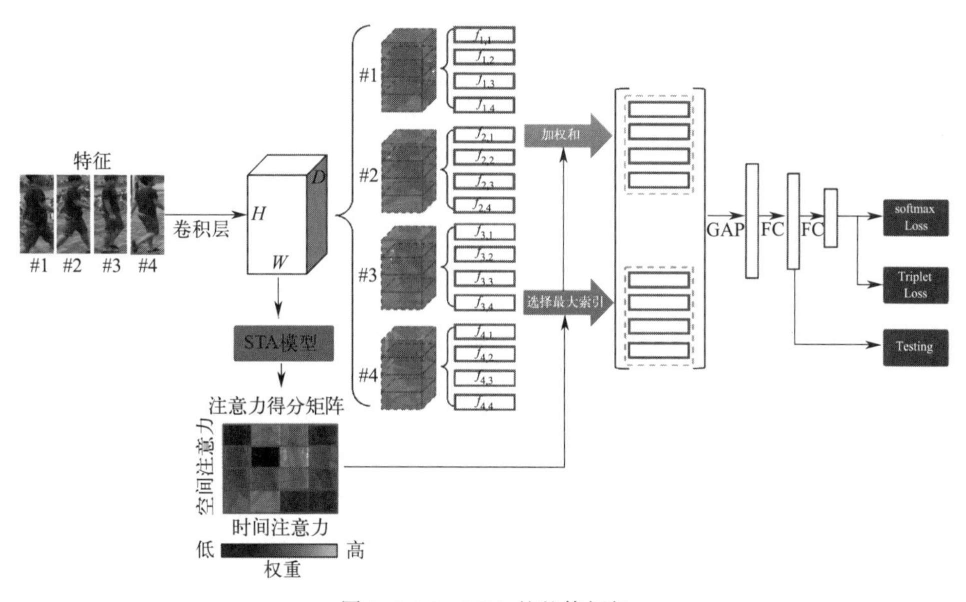

图 7.6.18 STA 的整体框架

（3） STGCN

近年来，基于视频的人物再识别受到越来越多的关注并取得了很大的进展，但如何有效解决视频中物体的遮挡问题和视觉模糊问题仍然是一个非常具有挑战性的问题。我们通过观察视频信息，可以发现视频中不同帧之间可以提供互补信息，并且行人的结构信息（指人体的姿态、关节位置和身体部位的几何形状等）可以为外观特征提供额外的判别线索。因此，通过建模视频中不同帧之间的时间关系和同一帧内的空间关系有可能解决遮挡和视觉模糊问题。

为此，提出了 STGCN（spatial-temporal graph convolutional network）网络，它是一种基于图卷积神经网络（GCN）的模型，用于空间和时间序列数据的建模和预测。它可以自适应地学习空间和时间信息，并利用图卷积神经网络来捕捉序列数据中的空间和时间关系，从而提高模型的性能。STGCN 由两个 GCN 分支构成，分别是空间分支和时间分支，这些分支被设计用于考虑时空关系。其中，空间分支有助于学习空间领域的静态特征，而时间分支则有助于学习不同时间步中的动态特征。在训练过程中，这两个分支是通过多个注意力机制来融合的，以最大限度地提取空间和时间关系的信息。

具体来说，STGCN 首先将空间和时间序列数据转化为一个图形结构。在这个图中，每个节点代表一个空间位置，每个时间步代表一个时间节点。然后，STGCN 使用一个图卷积神经网络（GCN）对图进行卷积操作，从而捕捉空间和时间关系。GCN 将每个节点的邻居节点的特征聚合起来，产生一个新的特征表示。在 STGCN 中，GCN 使用一个时空卷积核来捕捉空间和时间关系。时空卷积核可以帮助模型学习不同时间步和空间位置之间的关系，并生成一个新的特征表示。最后，STGCN 将生成的特征表示通过一个全连接层进行预测等任务。STGCN 的整体框图如图 7.6.19 所示。

STGCN 与传统的卷积神经网络（CNN）和循环神经网络（RNN）不同，STGCN 采用基于图的卷积运算进行时空建模，该运算考虑节点之间的邻接关系和节点特征的相互作用。

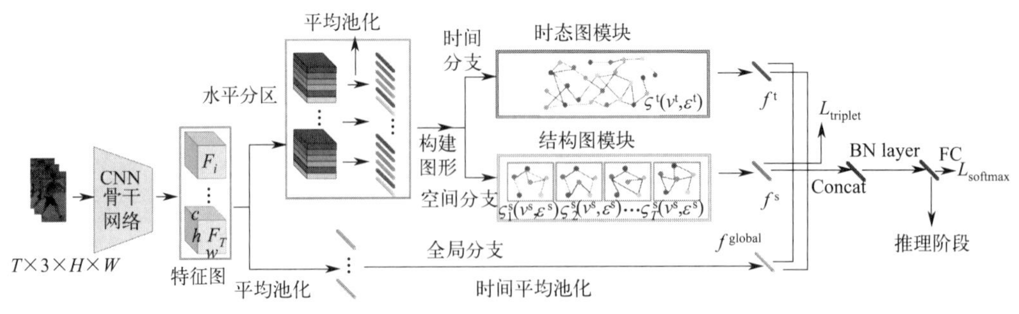

图 7.6.19 STGCN 的整体框架

与标准的空间卷积运算相比，这种方法在处理非规则化的数据（如时空序列数据）时更为有效，可以针对不同的任务和数据集进行调整和改进。因此，STGCN 在时空数据领域内有广泛的应用，并取得了显著的性能改进效果。

7.6.8 注意力模块添加的案例介绍

目前，大多数的图像处理任务都是对物体的表面缺陷进行检测，这些图片通常存在缺陷特征占有像素多、像素间关联性强等特点，难以对目标特征进行提取检测。YOLOv7 作为 YOLO 系列的目标检测算法，其主干架构为深度卷积网络，通过架设多层 3×3 卷积层来捕获特征信息，存在局部性及平移不变性等缺点，在建立模型特征关系时，容易随着模型深度的增加而丢失长距离像素关系。因此需要借助注意力模块来提升网络模型对缺陷的提取能力，进而提升网络模型对表面缺陷的识别准确率。

本节以 YOLOv7 网络模型为例，在 Pycharm 中对 YOLOv7 网络模型进行注意力模块的添加。

（1） YOLOv7 网络模型

YOLOv7 是 Alexey Bochkovskiy 团队 2022 年所提出的一种实时目标检测算法。其在 MS COCO 数据集上训练的效果超越了目前大多数的检测器，能够同时满足高精度和实时检测的要求。它包括三种基本模型，分别是 YOLOv7-tiny、YOLOv7 和 YOLOv7-W6，其中，YOLOv7-tiny 是一个小型版本，速度更快但精度相对较低，YOLOv7-W6 是一个大型版本，比 YOLOv7 性能更高但速度较慢，而 YOLOv7 则处于两者之间，能够很好地平衡两者的关系，具有较高的精度和速度，是目前主流的目标检测算法。本节以 YOLOv7 算法为例，介绍在实际应用中如何添加注意力机制。

首先介绍 YOLOv7 网络模型的基本结构，以便于之后对注意力模块添加位置的讲解，其网络结构如图 7.6.20 所示。图中，YOLOv7 模型主要包含主干网络（Backbone）、检测颈（Neck）和检测头（Head）三个部分：首先，主干网络使用卷积神经网络对输入图片进行特征提取；其次，检测颈通过融合浅层网络和深层网络的特征信息，来对特征图进行进一步的处理，从而得到大、中、小 3 种尺寸的特征；最后，检测头则根据不同尺寸的特征图对目标进行检测和识别，输出最终结果。其中 CBS 是卷积基本单元，由卷积层、批量归一化层和激活函数层共三层构成。

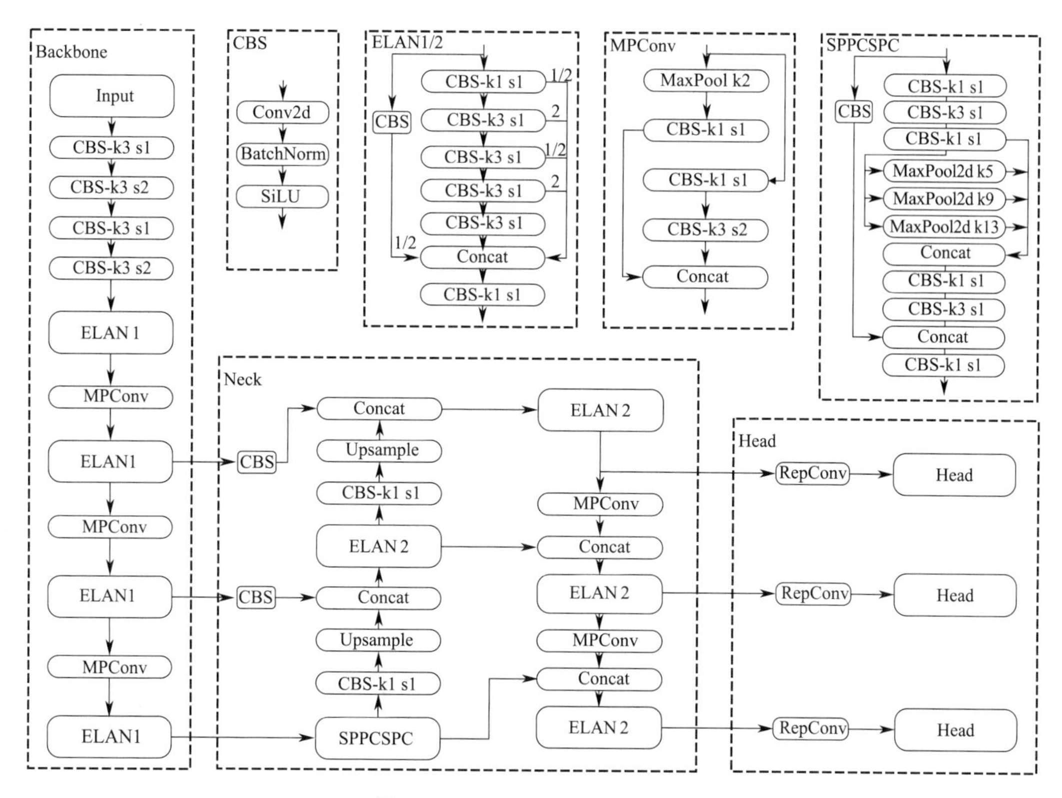

图 7.6.20 YOLOv7 网络结构图

主干网络的核心模块是高效层聚合网络（efficient layer aggregation networks，ELAN）模块和最大池化卷积（maxpooling convolution，MPConv）模块。ELAN1 模块利用扩展通道、混洗和合并参数的技巧，使网络能够接收到不同层级的权重，从而使网络能够学习到多样化的特征。MPConv 模块则是一种结合了最大池化操作和卷积操作的下采样方法，从而使模型可以保留更多特征信息。

检测颈的核心是特征金字塔网络（feature pyramid network，FPN）联合路径聚合网络（path aggregation network，PAN）的特征金字塔结构，可以更好地进行多尺度特征融合。主要包括 SPPCSPC（spatial pyramid pooling based cross stage partial convolution）模块和 ELAN2 模块，SPPCSPC 模块结合了空间金字塔池化层和跨阶段部分卷积两种技术，能够对输入特征图进行多尺度的池化和卷积操作，改善了由于图像处理操作造成的图像失真问题。

检测头的核心模块是重参数卷积（re-parameterized convolution，RepConv）模块，它是一种特殊的卷积模块，可以有效地捕获不同尺度的特征信息。

通过上述介绍，一般将注意力模块添加在主干部分或是检测颈部分，从而提高模型对目标的提取能力。

（2）下载 YOLOv7 代码

YOLOv7 作为开源的代码，可以通过 GitHub 网站进行搜索下载，如图 7.6.21 所示。

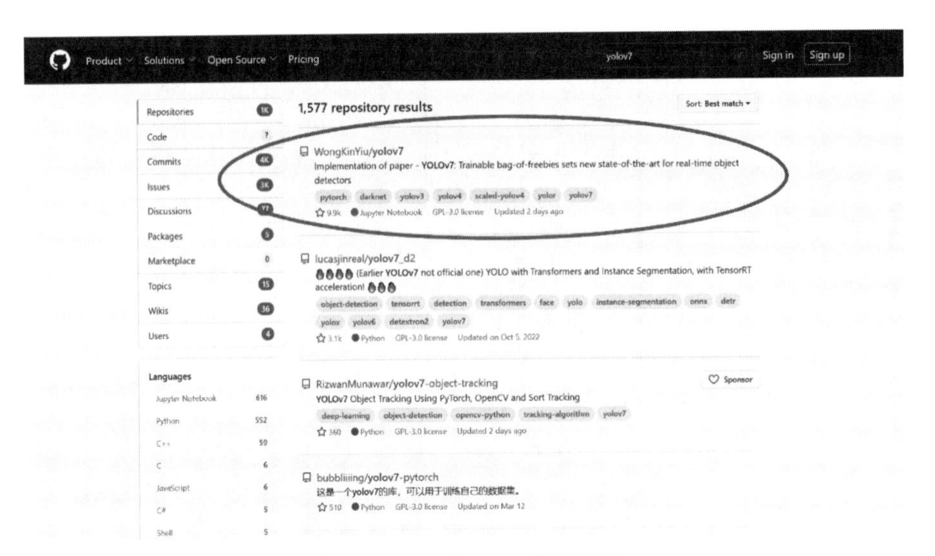

图 7.6.21　YOLOv7 搜索界面

点击图 7.6.21 中第一栏 WongKinYiu/yolov7 进入，选择 Code 下的 zip 文件下载，如图 7.6.22 所示。

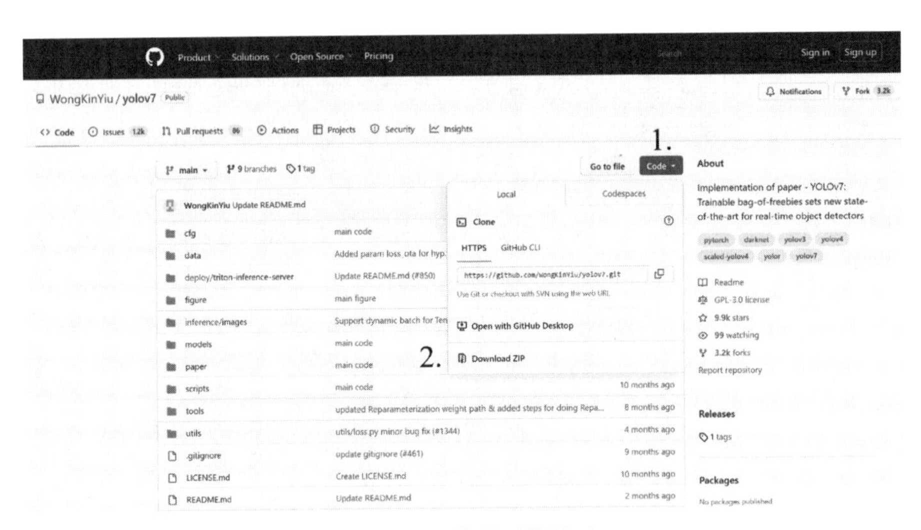

图 7.6.22　代码下载界面

完成代码下载，将代码解压，之后用 Pycharm 软件打开代码，开始进行下一步操作。

（3） YOLOv7 中重要代码存放位置介绍

在 Pycharm 中打开 YOLOv7 文件，会显示出如图 7.6.23 文件。其中最重要的文件夹为 cfg、data、models 和 utils。

cfg 文件夹中主要存放了大量的网络模型的 yaml 文件，分为 baseline、deploy 和 training 三个子文件夹，在本地进行训练时，应当在 training 文件夹中选择相对应的网络模型 yaml 文件。本案例中，在 training 文件夹中选择 yolov7. yaml 文件，进行注意力模块的添加。yolov7. yaml 文件中代码如下所示。

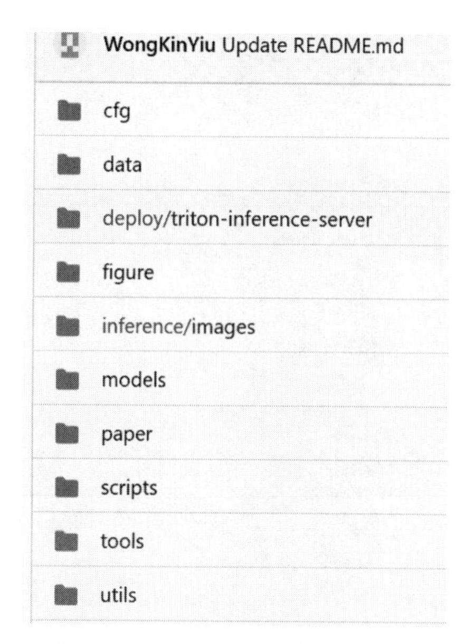

图 7.6.23 YOLOv7 中的文件夹

```
# parameters
nc:6#  number of classes
depth_multiple:1.0  #model depth multiple
width_multiple: 1.0  #layer channel multiple

# anchors
anchors:
  -[12,16, 19,36, 40,28]  #P3/8
  -[36,75, 76,55, 72,146]  #P4/16
  -[142,110, 192,243, 459,401]  #P5/32

# yolov7 backbone
backbone:
  # [from, number, module, args]
  [[-1, 1, Conv, [32, 3, 1]],  #0
  [-1, 1, Conv, [64, 3, 2]],  #1-P1/2
  [-1, 1, Conv, [64, 3, 1]],
  [-1, 1, Conv, [128, 3, 2]],  #3-P2/4

  # ELAN1
  [-1, 1, Conv, [64, 1, 1]],
  [-2, 1, Conv, [64, 1, 1]],
  [-1, 1, Conv, [64, 3, 1]],
  [-1, 1, Conv, [64, 3, 1]],
  [-1, 1, Conv, [64, 3, 1]],
  [-1, 1, Conv, [64, 3, 1]],
```

```
[[-1, -3, -5, -6], 1, Concat, [1]],
[-1, 1, Conv, [256, 1, 1]],   #11

# MPConv
[-1, 1, MP, []],
[-1, 1, Conv, [128, 1, 1]],
[-3, 1, Conv, [128, 1, 1]],
[-1, 1, Conv, [128, 3, 2]],
[[-1, -3], 1, Concat, [1]],   #16-P3/8

# ELAN1
[-1, 1, Conv, [128, 1, 1]],
[-2, 1, Conv, [128, 1, 1]],
[-1, 1, Conv, [128, 3, 1]],
[-1, 1, Conv, [128, 3, 1]],
[-1, 1, Conv, [128, 3, 1]],
[-1, 1, Conv, [128, 3, 1]],
[[-1, -3, -5, -6], 1, Concat, [1]],
[-1, 1, Conv, [512, 1, 1]],   #24

# MPConv
[-1, 1, MP, []],
[-1, 1, Conv, [256, 1, 1]],
[-3, 1, Conv, [256, 1, 1]],
[-1, 1, Conv, [256, 3, 2]],
[[-1, -3], 1, Concat, [1]],   #29-P4/16

# ELAN1
[-1, 1, Conv, [256, 1, 1]],
[-2, 1, Conv, [256, 1, 1]],
[-1, 1, Conv, [256, 3, 1]],
[-1, 1, Conv, [256, 3, 1]],
[-1, 1, Conv, [256, 3, 1]],
[-1, 1, Conv, [256, 3, 1]],
[[-1, -3, -5, -6], 1, Concat, [1]],
[-1, 1, Conv, [1024, 1, 1]],   #37

# MPConv
[-1, 1, MP, []],
[-1, 1, Conv, [512, 1, 1]],
[-3, 1, Conv, [512, 1, 1]],
[-1, 1, Conv, [512, 3, 2]],
[-1, -3],1, Concat,[1]],   #42-P5/32
```

```
  # ELAN1
  [-1, 1, Conv, [256, 1, 1]],
  [-2, 1, Conv, [256, 1, 1]],
  [-1, 1, Conv, [256, 3, 1]],
  [-1, 1, Conv, [256, 3, 1]],
  [-1, 1, Conv, [256, 3, 1]],
  [-1, 1, Conv, [256, 3, 1]],
  [[-1, -3, -5, -6], 1, Concat, [1]],
  [-1, 1, Conv, [1024, 1, 1]],  #50
]

# yolov7 head
head:
  [[-1, 1, SPPCSPC, [512]], # 51

  [-1, 1, Conv, [256, 1, 1]],
  [-1, 1, nn.Upsample, [None, 2, 'nearest']],
  [37, 1, Conv, [256, 1, 1]], # route backbone P4
  [[-1, -2], 1, Concat, [1]],

  # ELAN2
  [-1, 1, Conv, [256, 1, 1]],
  [-2, 1, Conv, [256, 1, 1]],
  [-1, 1, Conv, [128, 3, 1]],
  [-1, 1, Conv, [128, 3, 1]],
  [-1, 1, Conv, [128, 3, 1]],
  [-1, 1, Conv, [128, 3, 1]],
  [[-1, -2, -3, -4, -5, -6], 1, Concat, [1]],
  [-1, 1, Conv, [256, 1, 1]], # 63

  [-1, 1, Conv, [128, 1, 1]],
  [-1, 1, nn.Upsample, [None, 2, 'nearest']],
  [24, 1, Conv, [128, 1, 1]], # route backbone P3
  [[-1,-2], 1, Concat, [1]],

  # ELAN2
  [-1, 1, Conv, [128, 1, 1]],
  [-2, 1, Conv, [128, 1, 1]],
  [-1, 1, Conv, [64, 3, 1]],
  [-1, 1, Conv, [64, 3, 1]],
  [-1, 1, Conv, [64, 3, 1]],
  [-1, 1, Conv, [64, 3, 1]],
```

```
   [[-1, -2, -3, -4, -5, -6], 1, Concat, [1]],
   [-1, 1, Conv, [128, 1, 1]], # 75

   # MPConv Channel x 2
   [-1, 1, MP, []],
   [-1, 1, Conv, [128, 1, 1]],
   [-3, 1, Conv, [128, 1, 1]],
   [-1, 1, Conv, [128, 3, 2]],
   [[-1, -3, 63], 1, Concat, [1]],

   # ELAN2
   [-1, 1, Conv, [256, 1, 1]],
   [-2, 1, Conv, [256, 1, 1]],
   [-1, 1, Conv, [128, 3, 1]],
   [-1, 1, Conv, [128, 3, 1]],
   [-1, 1, Conv, [128, 3, 1]],
   [-1, 1, Conv, [128, 3, 1]],
   [[-1, -2, -3, -4, -5, -6], 1, Concat, [1]],
   [-1, 1, Conv, [256, 1, 1]], # 88

   # MPConv Channel x 2
   [-1, 1, MP, []],
   [-1, 1, Conv, [256, 1, 1]],
   [-3, 1, Conv, [256, 1, 1]],
   [-1, 1, Conv, [256, 3, 2]],
   [[-1, -3, 51], 1, Concat, [1]],

   # ELAN2
   [-1, 1, Conv, [512, 1, 1]],
   [-2, 1, Conv, [512, 1, 1]],
   [-1, 1, Conv, [256, 3, 1]],
   [-1, 1, Conv, [256, 3, 1]],
   [-1, 1, Conv, [256, 3, 1]],
   [-1, 1, Conv, [256, 3, 1]],
   [[-1, -2, -3, -4, -5, -6], 1, Concat, [1]],
   [-1, 1, Conv, [512, 1, 1]], # 101

   [75, 1, RepConv, [256, 3, 1]],
   [88, 1, RepConv, [512, 3, 1]],
   [101, 1, RepConv, [1024, 3, 1]],

   [[102,103,104], 1, IDetect, [nc, anchors]], # Detect(P3, P4, P5)
]
```

这个 yaml 文件展示了 YOLOv7 网络的整体代码。添加注意力模块时需要在这里有所体现。在添加注意力模块时，应当复制该 yaml 文件，重新命名为 yolov7_CBAM. yaml，以便于区分。

data 文件夹主要存放模型训练时数据集所在的路径文件和超参数调节文件，如 coco. yaml 和 hyp. scratch. p5. yaml。model 文件夹主要存放模型的组成模块文件，最主要的是 common. py 和 yolo. py 文件，注意力模块的添加或者是其他模块的添加都需要经过这两个文件。utils 文件夹主要存放模型的激活函数、损失函数、NMS 处理和绘图工具等一系列辅助工具模块。

（4）添加 CBAM 注意力模块

如 7.6.6 节所述，CBAM 属于混合注意力模块，包含通道注意力和空间注意力，其在 Python 中的代码如下所示。

```
class ChannelAttention(nn.Module):
    def __init__(self,channel,reduction=16):
        super().__init__()
        self.maxpool=nn.AdaptiveMaxPool2d(1)
        self.avgpool=nn.AdaptiveAvgPool2d(1)
        self.se=nn.Sequential(
            nn.Conv2d(channel,channel//reduction,1,bias=False),
            nn.ReLU(),
        nn.Conv2d(channel//reduction,channel,1,bias=False)
    )
    self.sigmoid=nn.Sigmoid()
  def forward(self,x):
    max_result=self.maxpool(x)
    avg_result=self.avgpool(x)
    max_out=self.se(max_result)
    avg_out=self.se(avg_result)
    output=self.sigmoid(max_out+avg_out)
    return output
class SpatialAttention(nn.Module):
    def __init__(self,kernel_size=7):
        super().__init__()
        self.conv=nn.Conv2d(2,1,kernel_size=kernel_size,padding=kernel_size//2)
        self.sigmoid=nn.Sigmoid()
    def forward(self,x):
        max_result,_=torch.max(x,dim=1,keepdim=True)
        avg_result=torch.mean(x,dim=1,keepdim=True)
        result=torch.cat([max_result,avg_result],1)
        output=self.conv(result)
        output=self.sigmoid(output)
        return output
```

```
class CBAMBlock(nn. Module):
    def __init__(self,channel=512,reduction=16,kernel_size=49):
        super(). __init__()
        self. ca=ChannelAttention(channel=channel,reduction=reduction)
        self. sa=SpatialAttention(kernel_size=kernel_size)
    def init_weights(self):
        for m in self. modules():
            if isinstance(m,nn. Conv2d):
                init. kaiming_normal_(m. weight,mode='fan_out')
                if m. bias is not None:
                    init. constant_(m. bias,0)
            elif isinstance(m,nn. BatchNorm2d):
                init. constant_(m. weight,1)
                init. constant_(m. bias,0)
            elif isinstance(m,nn. Linear):
                init. normal_(m. weight,std=0. 001)
                if m. bias is not None:
                    init. constant_(m. bias,0)
    def forward(self,x):
        b,c,_,_=x. size()
        residual=x
        out=x * self. ca(x)
        out=out * self. sa(out)
        return out+residual
```

具体的步骤如下。

步骤一：将其添加到 common. py 文件中。如果不愿意添加在 common. py 文件中，可以在 models 文件中新建一个 CBAM. py 文件，将上述代码复制进去，之后只需要在 common. py 顶端代码中添加一句：from models. CBAM import CBAMBlock。

步骤二：在 common. py 文件中添加如下代码。

```
class Conv_CBAM(nn. Module):
    # Standard convolution
    def__init__(self,c1,c2,k=1,s=1,p=None,g=1,act=True):   # ch_in,ch_out,kernel,stride,
padding,groups
        super(Conv_CBAM,self). __init__()
        self. conv=nn. Conv2d(c1,c2,k,s,autopad(k,p),groups=g,bias=False)
        self. bn=nn. BatchNorm2d(c2)
        self. act=nn. SiLU()if act is True else (act if isinstance(act,nn. Module) else nn. Identity())
        self. att=CBAMBlock(c2)
    def forward(self,x):
        return self. att(self. act(self. bn(self. conv(x))))
    def fuseforward(self,x):
        return self. att(self. act(self. conv(x)))
```

步骤三：打开 yolo. py 文件，找到 parse_model 模块。在 if m in[ ]中添加模块名称 CBAMBlock 和 Conv_CBAM，如图 7. 6. 24 所示。

```
n = max(round(n * gd), 1) if n > 1 else n  # depth gain
if m in [nn.Conv2d, Conv, RobustConv, RobustConv2, DWConv, GhostConv, RepConv, RepConv_OREPA, DownC,
         SPP, SPPF, SPPCSPC, GhostSPPCSPC, MixConv2d, Focus, Stem, GhostStem, CrossConv,
         Bottleneck, BottleneckCSPA, BottleneckCSPB, BottleneckCSPC,
         RepBottleneck, RepBottleneckCSPA, RepBottleneckCSPB, RepBottleneckCSPC,
         Res, ResCSPA, ResCSPB, ResCSPC,
         RepRes, RepResCSPA, RepResCSPB, RepResCSPC,
         ResX, ResXCSPA, ResXCSPB, ResXCSPC,
         RepResX, RepResXCSPA, RepResXCSPB, RepResXCSPC,
         Ghost, GhostCSPA, GhostCSPB, GhostCSPC,
         SwinTransformerBlock, STCSPA, STCSPB, STCSPC,
         SwinTransformer2Block, ST2CSPA, ST2CSPB, ST2CSPC,
         Conv_CBAM, Conv_SE, CBAMBlock, CBAM, ChannelAttention, SpatialAttention,
         Bottlenecks, C2f, h_sigmoid, h_swish, CA, SPPFCSPC,
         PConv, FasterNetBlock, FasterNeXt,
         CARAFE, Conv_SimAM, C3]:
```

图 7. 6. 24　在 yolo. py 中添加注意力模块名称

步骤四：返回 yolov7. yaml 文件，在 backbone 或 head 部分添加注意力模块的名称，如图 7. 6. 25 所示。

```
20    # ELAN1
21    [-1, 1, Conv, [64, 1, 1]],
22    [-2, 1, Conv, [64, 1, 1]],
23    [-1, 1, Conv, [64, 3, 1]],
24    [-1, 1, Conv, [64, 3, 1]],
25    [-1, 1, Conv, [64, 3, 1]],
26    [-1, 1, Conv, [64, 3, 1]],
27    [[-1, -3, -5, -6], 1, Concat, [1]],
28    [-1, 1, Conv_CBAM, [256, 1, 1]],  # 11
```

图 7. 6. 25　在 yolov7. yaml 中添加注意力模块

步骤五：打开 train. py 文件，在 “if __ name __ = = '__ main __':” 中输入初始权重文件、运行的 yaml 文件名、输入图像的大小以及批次数等，如图 7. 6. 26 所示。

```
527 ▶ if __name__ == '__main__':
528       parser = argparse.ArgumentParser()
529       parser.add_argument('--weights', type=str, default='weights/yolov7.pt', help='initial weights path')
530       parser.add_argument('--cfg', type=str, default='cfg/training/yolov7_CBAM.yaml', help='model.yaml path')
531       # parser.add_argument('--cfg', type=str, default='cfg/baseline/yolov3.yaml', help='model.yaml path')
532       parser.add_argument('--data', type=str, default='data/mydata.yaml', help='data.yaml path')
533       parser.add_argument('--hyp', type=str, default='data/hyp.scratch.p5.yaml', help='hyperparameters path')
534       parser.add_argument('--epochs', type=int, default=100)
535       parser.add_argument('--batch-size', type=int, default=8, help='total batch size for all GPUs')
536       parser.add_argument('--img-size', nargs='+', type=int, default=[512, 512], help='[train, test] image sizes')
537       parser.add_argument('--rect', action='store_true', help='rectangular training')
538       parser.add_argument('--resume', nargs='?', const=True, default=False, help='resume most recent training')
539       parser.add_argument('--nosave', action='store_true', help='only save final checkpoint')
540       parser.add_argument('--notest', action='store_true', help='only test final epoch')
541       parser.add_argument('--noautoanchor', action='store_true', help='disable autoanchor check')
```

1、初始权重文件　2、新yaml文件　3、批次数　4、输入图片尺寸

图 7. 6. 26　配置 train. py 文件

步骤六：运行 train. py 文件，验证是否添加成功，运行界面如图 7. 6. 27 所示。

具体地，步骤二中，添加的 Conv_CBAM 模块是直接在原 Conv 模块上修改得来的，这样在 yaml 文件中进行注意力模块的添加时，只需要将卷积层 Conv 修改为 Conv_CBAM，如

```
运行: train
wandb: Install Weights & Biases for YOLOR logging with 'pip install wandb' (recommended)

                 from  n    params  module                                  arguments
  0                -1  1       928  models.common.Conv                      [3, 32, 3, 1]
  1                -1  1     18560  models.common.Conv                      [32, 64, 3, 2]
  2                -1  1     36992  models.common.Conv                      [64, 64, 3, 1]
  3                -1  1     73984  models.common.Conv                      [64, 128, 3, 2]
  4                -1  1      8320  models.common.Conv                      [128, 64, 1, 1]
  5                -2  1      8320  models.common.Conv                      [128, 64, 1, 1]
  6                -1  1     36992  models.common.Conv                      [64, 64, 3, 1]
  7                -1  1     36992  models.common.Conv                      [64, 64, 3, 1]
  8                -1  1     36992  models.common.Conv                      [64, 64, 3, 1]
  9                -1  1     36992  models.common.Conv                      [64, 64, 3, 1]
 10  [-1, -3, -5, -6]  1         0  models.common.Concat                    [1]
 11                -1  1     79043  models.common.Conv_CBAM                 [256, 256, 1, 1]
 12                -1  1         0  models.common.MP                        []
 13                -1  1     33024  models.common.Conv                      [256, 128, 1, 1]
 14                -3  1     33024  models.common.Conv                      [256, 128, 1, 1]
 15                -1  1    147712  models.common.Conv                      [128, 128, 3, 2]
 16          [-1, -3]  1         0  models.common.Concat                    [1]
 17                -1  1     33024  models.common.Conv                      [256, 128, 1, 1]
 18                -2  1     33024  models.common.Conv                      [256, 128, 1, 1]
 19                -1  1    147712  models.common.Conv                      [128, 128, 3, 1]
 20                -1  1    147712  models.common.Conv                      [128, 128, 3, 1]
 21                -1  1    147712  models.common.Conv                      [128, 128, 3, 1]
 22                -1  1    147712  models.common.Conv                      [128, 128, 3, 1]
 23  [-1, -3, -5, -6]  1         0  models.common.Concat                    [1]
 24                -1  1    300739  models.common.Conv_CBAM                 [512, 512, 1, 1]
 25                -1  1         0  models.common.MP                        []
 26                -1  1    131584  models.common.Conv                      [512, 256, 1, 1]
 27                -3  1    131584  models.common.Conv                      [512, 256, 1, 1]
```

说明CBAM注意力模块添加成功

图 7.6.27　运行成功界面

图 7.6.24 所示。这种添加注意力模块的方式，便于网络层数的计算。由于原 yolov7. yaml 的代码有一百多层，如果直接添加注意力模块，会增加网络的层数，不利于后续检测头层数的计算。

对于层数较少的网络结构，则可以直接添加注意力层，最后计算层数的变化，在检测头模块进行层数的修改。需要在步骤三中添加新的一步，即在 parse_model 模块中添加如下代码。

```
elif m is CBAM:
    c1,c2=ch[f],args[0]
    if c2! =no:
        c2=make_divisible(c2 * gw,8)
    args=[c1,c2]
```

上述代码中 CBAM 表示模块名，可以自定义名称，同上文中的 CBAMBlock，添加在 yaml 文件中如图 7.6.28 所示。其最终运行成功界面如图 7.6.29 所示。

```
37    # ELAN1
38    [-1, 1, Conv, [128, 1, 1]],
39    [-2, 1, Conv, [128, 1, 1]],
40    [-1, 1, Conv, [128, 3, 1]],
41    [-1, 1, Conv, [128, 3, 1]],
42    [-1, 1, Conv, [128, 3, 1]],
43    [-1, 1, CBAM, [128]],
44    [[-1, -3, -5, -6], 1, Concat, [1]],
45    [-1, 1, Conv, [512, 1, 1]],  # 24
```

图 7.6.28　直接添加 CBAM 注意力模块

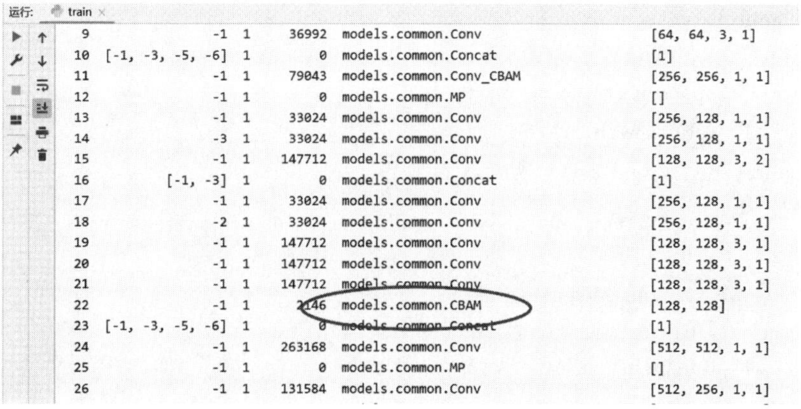

```
运行:  train ×
 9                 -1  1     36992  models.common.Conv          [64, 64, 3, 1]
10  [-1, -3, -5, -6]  1         0  models.common.Concat        [1]
11                 -1  1     79043  models.common.Conv_CBAM     [256, 256, 1, 1]
12                 -1  1         0  models.common.MP            []
13                 -1  1     33024  models.common.Conv          [256, 128, 1, 1]
14                 -3  1     33024  models.common.Conv          [256, 128, 1, 1]
15                 -1  1    147712  models.common.Conv          [128, 128, 3, 2]
16           [-1, -3]  1         0  models.common.Concat        [1]
17                 -1  1     33024  models.common.Conv          [256, 128, 1, 1]
18                 -2  1     33024  models.common.Conv          [256, 128, 1, 1]
19                 -1  1    147712  models.common.Conv          [128, 128, 3, 1]
20                 -1  1    147712  models.common.Conv          [128, 128, 3, 1]
21                 -1  1    147712  models.common.Conv          [128, 128, 3, 1]
22                 -1  1      2146  models.common.CBAM          [128, 128]
23  [-1, -3, -5, -6]  1         0  models.common.Concat        [1]
24                 -1  1    263168  models.common.Conv          [512, 512, 1, 1]
25                 -1  1         0  models.common.MP            []
26                 -1  1    131584  models.common.Conv          [512, 256, 1, 1]
```

图 7.6.29　运行成功界面

至此，CBAM 注意力模块的添加就完成了。在 YOLO 系列中，其他版本的算法的注意力模块添加方法同上。

（5）其他注意力模块代码

① SE 注意力模块

代码如下：

```
class SEAttention(nn.Module):
    def __init__(self,channel=512,reduction=16):
        super().__init__()
        self.avg_pool=nn.AdaptiveAvgPool2d(1)
        self.fc=nn.Sequential(
            nn.Linear(channel,channel//reduction,bias=False),
            nn.ReLU(inplace=True),
            nn.Linear(channel//reduction,channel,bias=False),
            nn.Sigmoid()
        )
    def init_weights(self):
        for m in self.modules():
            if isinstance(m,nn.Conv2d):
                init.kaiming_normal_(m.weight,mode='fan_out')
                if m.bias is not None:
                    init.constant_(m.bias,0)
            elif isinstance(m,nn.BatchNorm2d):
                init.constant_(m.weight,1)
                init.constant_(m.bias,0)
            elif isinstance(m,nn.Linear):
                init.normal_(m.weight,std=0.001)
                if m.bias is not None:
```

```
                init.constant_(m.bias,0)
    def forward(self,x):
        b,c,_,_=x.size()
        y=self.avg_pool(x).view(b,c)
        y=self.fc(y).view(b,c,1,1)
        return x * y.expand_as(x)
```

② SimAM 注意力模块

代码如下：

```
    class SimAM(torch.nn.Module):
    def __init__(self,e_lambda=1e-4):
        super(SimAM,self).__init__()
        self.activaton=nn.Sigmoid()
        self.e_lambda=e_lambda
    def __repr__(self):
        s=self.__class__.__name__+'('
        s+=(
'lambda=%f)
' % self.e_lambda)
        returns
    @staticmethod
    def get_module_name():
        return "simam"
    def forward(self,x):
        b,c,h,w=x.size()
        n=w * h-1
        x_minus_mu_square=(x-x.mean(
dim=[2,3],keepdim=True)
).pow(2)
        y=x_minus_mu_square/(4 * (
x_minus_mu_square.sum(dim=[2,3],keepdim=True)/n+self.e_lambda))+0.5
        return x * self.activaton(y)
```

（6）添加注意力模块后的 YOLOv7 检测效果

为了更加直观地表示添加注意力模块对模型检测效果的影响，以检测液晶面板电极缺陷为目标，使用 YOLOv7 网络模型进行缺陷检测。在实际检测过程中，首先制作液晶面板电极缺陷数据集，并分为训练集、验证集和测试集，然后使用 YOLOv7 网络模型对液晶面板电极缺陷训练集进行训练，最后使用训练好的模型在测试集上进行检测，得到模型对电极缺陷的检测准确率，以此判断注意力模块对 YOLOv7 网络模型的影响。

其中液晶面板电极缺陷图像如图 7.6.30 所示，分为大划伤、划伤、磕伤和脏污四类缺陷。

需要注意的是，不同的检测任务、注意力模块以及注意力模块添加的位置，对网络模型的影响并不相同，因此需要反复地进行实验，以此得到注意力模块最佳的添加位置。

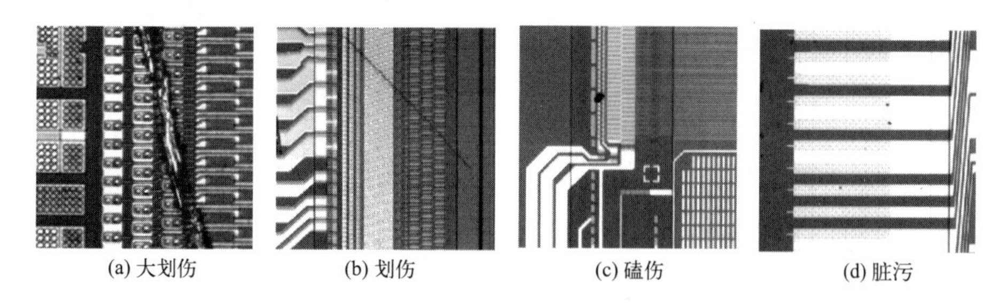

图 7.6.30　液晶面板电极缺陷

进行的实验如下：实验 1，基准模型 YOLOv7；实验 2，在 ELAN1 和上下采样后嵌入 CBAM 注意力模块；实验 3，在 ELAN1 后嵌入 CBAM 注意力模块；实验 4，在上下采样后嵌入 CBAM 注意力模块。其中 ELAN1 模块的位置见图 7.6.20 所示。实验结果如表 7.6.1 所示。

表 7.6.1　CBAM 注意力模块的实验分析一

实验序号	计算量/GFLOPs	P/%	R/%	mAP/%
1	105.2	61.1	66.5	64.6
2	107.9	61.4	66.9	65.0
3	106.0	65.8	62.2	**65.4**
4	107.0	61.6	66.5	64.9

表 7.6.1 中，计算量通常指的是模型的总浮点运算数量，是衡量计算任务复杂度的指标。它表示完成某个任务所需的总计算量，越高的计算量意味着模型需要更多的计算资源和时间来完成。P（precision）和 R（recall）分别代表精确率和召回率，是评估分类模型性能的常用指标。精确率表示模型预测为正类的样本中真正为正类的比例，召回率表示真实为正类的样本中被模型正确预测为正类的比例。mAP 是 mean average precision 的缩写，是一种综合的评估指标，用于衡量目标检测模型的性能。它基于不同 IoU（intersection over union）阈值下的平均精度（average precision）进行计算，反映了模型对不同目标类别的定位准确性和分类准确性。

由表 7.6.1 可知，实验 2 使模型的 mAP 提升了 0.4%；实验 3 使模型的 mAP 提升了 0.8%；实验 4 使模型的 mAP 提升了 0.3%。由此得知，无论是在 ELAN1 后还是上下采样后添加 CBAM 注意力模块，均可提升模型的 mAP。其中实验 3 的 mAP 提升最大，且计算量增加得较少。因此，选择在 ELAN1 后添加 CBAM 注意力模块，可以更好地抑制背景信息干扰，增强模型提取液晶面板电极缺陷的能力。

为进一步确定 CBAM 注意力模块与模型融合的个数和位置，继续进行如下实验：实验 1，仅在第一个和第四个 ELAN1 后添加 CBAM 注意力模块；实验 2，在第一个和第四个 ELAN1 后以及第二个和第三个 ELAN1 后的分支卷积层上添加 CBAM 注意力模块；实验 3，在第一个和第四个 ELAN1 后嵌入 SimAM 注意力模块；实验 4，在第一个和第四个 ELAN1 后嵌入 SE 注意力模块；实验 5，在第一个和第四个 ELAN1 后嵌入 CA（coordinate attention）注意力模块。结果如表 7.6.2 所示。

表 7.6.2 CBAM 注意力模块的实验分析二

实验序号	计算量/GFLOPs	P/%	R/%	mAP/%
1	105.7	65.3	63.8	**66.1**
2	107.0	58.4	59.8	59.6
3	105.2	68.4	63.2	65.8
4	103.4	61.9	58.7	60.9
5	99.2	54.8	67.5	61.5

由表 7.6.2 可知，实验 1 使模型的 mAP 提升了 1.5%；实验 2 使模型的 mAP 降低了 5%，由于分支卷积层和骨干网络提取的注意力特征信息不同，当进行张量拼接时，分支卷积层提取的注意力特征信息会对特征融合产生干扰，增加缺陷分类的难度，从而降低检测精度。由此选择在第一个和第四个 ELAN1 后添加 CBAM 注意力模块，不仅 mAP 高，而且计算量比其他融合方式更少。

为了更进一步探究注意力模块对模型检测精度的影响，使用 SimAM 注意力模块、SE 注意力模块和 CA 注意力模块进行对比实验。由实验 3 可知，模型添加 SimAM 注意力模块后不仅没有增加计算量，反而提升了检测精度，但相较于 CBAM 注意力模块检测精度略有不如。实验 4 和 5 可知，添加 SE 和 CA 注意力模块后，虽然计算量有明显降低，但是模型的检测精度远低于基准模型。

综上所述，在 YOLOv7 网络模型中添加 CBAM 注意力模块和 SimAM 注意力模块，均可以提升模型对液晶面板电极缺陷的检测精度。其中，在第一个和第四个 ELAN1 后添加 CBAM 注意力模块，YOLOv7 模型检测的效果最好，检测精度达到 66.1%，相较于基准模型提升了 1.5%。

7.7 本章小结

注意力机制是一种受人类神经系统启发的信息处理机制。比如人类的视觉神经系统并不会一次性地处理所有接收到的视觉信息，而是有选择性地处理部分信息，从而提高其工作效率。

在人工智能领域，注意力这一概念最早是在计算机视觉中提出的，用来提取图像特征。提出了一种自下而上的注意力模型，该模型通过提取局部的低级视觉特征，得到一些潜在的显著（salient）区域。在神经网络中，循环神经网络模型使用了注意力机制来进行图像分类。使用注意力机制在机器翻译任务上将翻译和对齐同时进行。目前，注意力机制已经在语音识别、图像标题生成、阅读理解、文本分类、机器翻译等多个任务上取得了很好的效果，也变得越来越流行。注意力机制的一个重要应用是自注意力。自注意力可以作为神经网络中的一层来使用，有效地建模长距离依赖问题。

联想记忆是人脑的重要能力，涉及人脑中信息的存储和检索机制，因此对人工神经网络有着重要的指导意义。通过引入外部记忆，神经网络在一定程度上可以增加模型容量。这类引入外部记忆的模型也称为记忆增强神经网络。记忆增强神经网络的代表性模型有神经图灵机、端到端记忆网络、动态记忆网络等。此外，基于神经动力学的联想记忆也可以作为一种外部记忆，并具有更好的生物学解释性。有一些学者将联想记忆模型作为部件引入循环神经网络中来增加网络容量，但受限于联想记忆模型的存储和检索效率，这类方法收效有限。

目前人工神经网络中的外部记忆模型结构还比较简单，需要借鉴神经科学的研究成果，提出更有效的记忆模型，增加网络容量。

第八章

深度学习调优方法

深度学习网络如何进行训练是一个十分重要的问题。在实际过程中，相同网络参数配置条件下，不同学者在不同训练参数条件下得到的训练结果往往差异很大。有些情况下，即使在训练集上表现良好，但在实际应用时仍然得不到想要的效果。究其原因，就是深度学习训练过程中存在很多实际应用的技巧。

在实践中，有多种方法可用于深度学习调优，包括数据修改、结构调整、超参数设置以及迁移学习等。其中，数据修改可以通过对输入数据进行增强、清洗和筛选等操作来增加模型的泛化能力；结构调整可以通过调整网络层数、神经元数目和激活函数等来增强网络的表达能力；超参数设置可以通过优化学习率、正则化系数和批量大小等来提高模型的收敛和泛化能力；迁移学习可以利用已经训练好的模型来提取特征并进行微调，以便适应新的任务。这些技术的综合使用对于成功训练深度学习模型非常重要。

8.1 数据方面

8.1.1 数据清洗

近年来，大数据技术掀起了计算机领域的一个新浪潮，无论是数据挖掘、数据分析、数据可视化，还是机器学习、人工智能，它们都绕不开“数据”这个主题。由于数据的来源是广泛的，数据类型也是繁杂的，因此数据中会夹杂着不完整、重复以及错误的数据，如果直接使用这些原始数据，会严重影响数据决策的准确性和效率。因此，对原始数据进行有效的清洗是大数据分析和应用过程中的关键环节。

（1）数据清洗的定义

数据清洗是指在数据处理过程中，对原始数据进行检查、修正和处理的过程。它是数据预处理的重要环节，旨在提高数据质量、准确性和一致性，以确保后续分析和应用的可靠性。其主要包括以下几个方面：

（a）缺失值处理：检测并处理数据中的缺失值，可以通过填充默认值、删除缺失记录或使用插值等方法来处理。

（b）异常值处理：识别和处理数据中的异常值，如超出合理范围的极端数值或错误数据。可以通过删除、修正或替换异常值，使数据更加准确和可靠。

（c）重复值处理：检测和处理数据中的重复值，避免重复记录对结果产生不必要的影响。可以通过删除重复记录或合并重复记录的方法进行处理。

（d）错误值处理：识别和处理数据中的错误值，如数据类型不符、格式错误等。可以通过数据转换、格式化和校验等方法进行修正。

（e）数据格式统一化：将数据转换为统一的格式，以便后续分析和处理。例如，统一日期格式、数值单位的转换等。

（f）数据一致性处理：对数据进行一致性验证，确保不同数据源或表之间的数据一致性。可以通过数据合并、关联和校验等方法来处理。

通过对数据进行清洗，可以提高数据的质量和准确性，减少对后续分析和应用的影响。数据清洗是数据处理流程中不可或缺的环节，为后续的数据分析、建模和决策提供可靠的基础。

（2）数据质量的评价指标

数据质量的评价指标主要包括数据的准确性（accuracy）、完整性（completeness）、简洁性（concision）及适用性（applicability），其中数据的准确性、完整性和简洁性是为了保证数据的适用性。

① 准确性

数据的准确性就是要求数据中的噪声尽可能少。为提高数据的准确性，需对数据集进行降噪处理。对于数据中偏离常规、分散的小样本数据，一般可视为噪声或异常数据，可通过最常用的异常值检测方法聚类进行处理。

② 完整性

完整性指的是数据信息是否存在缺失的状况。数据缺失的情况可能是整条数据记录缺失，也可能是数据中某个字段信息的记录缺失。不完整的数据所能借鉴的价值会大大降低，也是数据质量更为基础的一项评估标准。

③ 简洁性

简洁性就是要尽量选择重要的本质属性，并消除冗余。进行决策时，决策者往往抓住反映问题的主要因素，而不需要把问题的细节都搞得很清楚。在数据挖掘时，特征的个数越多，产生噪声的机会就越大。一些不必要的属性既会增大数据量，又会影响挖掘数据的质量。因此，选择较小的典型特征集不仅符合决策者的心理，而且还容易挖掘到简洁有价值的信息。

④ 适用性

适用性同样也是评价数据质量的重要标准。由于在现实世界中很难获取到有价值的数据，因此收集数据形成数据仓库的目的是便于重要数据的挖掘和支持决策分析。而数据的质量是否能够满足决策需求，是评判其适用性的关键因素。尽管前面已经强调了数据的准确性、完整性和简洁性，但归根结底是为了数据的实际效用。从数据的实际效用上讲，适用性才是评价数据质量的核心准则。

（3）数据的质量问题

数据的质量问题可以分为两类：一类是基于数据源的“脏”数据分类；另一类是基于清洗方式的“脏”数据分类。下面分别针对基于数据源的“脏”数据分类和基于清洗方式的“脏”数据分类进行详细讲解。

① 基于数据源的“脏”数据分类

通常情况下，将数据源中不完整、重复以及错误等有问题的数据称为“脏”数据。基于数据源的“脏”数据质量问题可以分为两类，即单数据源和多数据源。如图 8.1.1 所示。

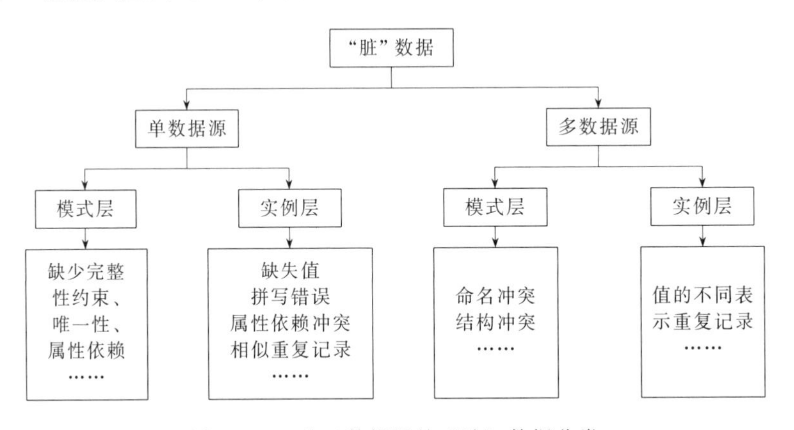

图 8.1.1 基于数据源的“脏”数据分类

其中，单数据源的数据质量主要取决于它的模式层对数据完整性约束的控制程度。在单数据源问题中，所有数据都来自同一个数据源或数据表，限制了数据的范围，缺少完整性约束。这种情况下，还会导致实例层产生问题，如缺失值、重复值、错误值和格式错误。

而多数据源问题涉及多个数据源或数据表之间的数据集成和共享，会存在命名冲突和结构冲突。这种情况下，“脏”数据质量问题通常包括数据不一致、数据重复、数据缺失和数据错误。

注意：在数据管理中存在两个关键概念——模式层和实例层。

模式层是指数据源中的元数据，用于描述数据的结构、约束和关系。它定义了数据源中各个表、字段以及它们之间的关系和规则。在模式层中，我们可以定义数据表的字段名、数据类型、长度、约束条件等信息。例如，在一个关系数据库中，我们可以使用 SQL 的 CREATE TABLE 语句来定义表的模式；在 XML 数据中，我们可以使用 XML Schema 来定义数据的结构。其主要作用是提供数据的结构和约束信息，实现数据的一致性和完整性控制以及支持数据查询和分析操作。

实例层是指数据源中实际存储的数据，即数据的具体实例。它包含了数据记录、数值、文本等具体的数据内容。实例层反映了数据源的当前状态，包括了数据的具体内容和当前值。其主要作用是存储和管理数据的具体记录和数值，支持数据操作和处理以及为用户和应用程序提供实际的数据。

② 基于清洗方式的“脏”数据分类

基于清洗方式的“脏”数据分类方法需要为每种类型的“脏”数据设计单独的清洗方式。从数据清洗方式的设计者角度看，可以将“脏”数据分为独立型“脏”数据和依赖型“脏”数据两类。基于清洗方式的“脏”数据分类如图 8.1.2 所示。

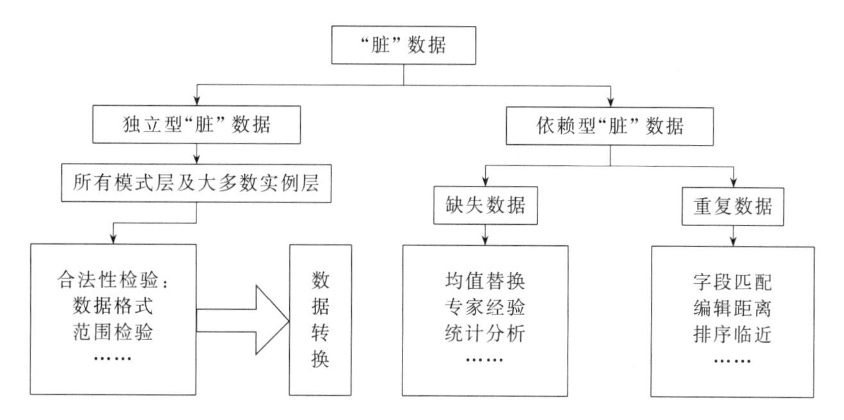

图 8.1.2　基于清洗方式的“脏”数据分类

从图 8.1.2 中可以看出，独立型“脏”数据包括单数据源和多数据源所有模式层及大多数实例层的数据质量问题；依赖型“脏”数据包括缺失数据和重复数据等“脏”数据。

（4）数据清洗的原理和基本流程

数据清洗的原理是通过一系列的处理方法和技术来识别、纠正和删除数据中的错误、缺失、异常、重复等问题，以提高数据的质量和准确性，最终将脏数据转化为满足数据质量要求的数据。数据清洗的原理如图 8.1.3 所示。

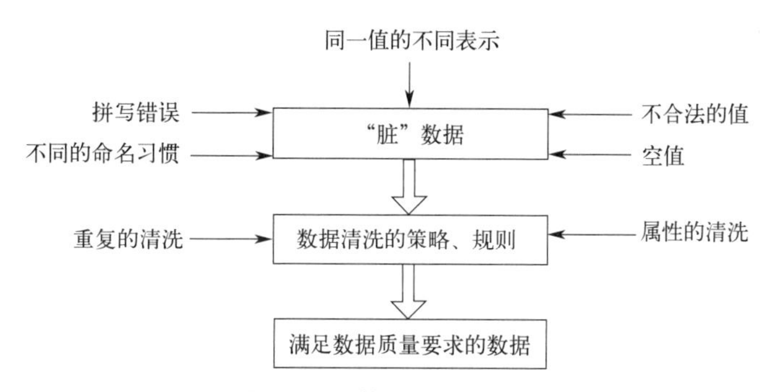

图 8.1.3　数据清洗的原理

数据清洗的基本流程如图 8.1.4 所示。

由图 8.1.4 可知，第一步，数据分析。它是数据清洗的前提和基础，通过人工检测或者计算机分析程序的方式对原始数据源的数据进行检测分析，从而得出原始数据源中存在的数据质量问题。第二步，定义数据清洗的策略和规则。根据数据分析出的数据源个数和数据源中的“脏”数据程度定义数据清洗策略和规则，从而选择合适的数据清洗算法。第三步，搜索并确定错误实例，主要检测属性错误和重复记录。因为，手工检测数据集中的属性错误需要花费大量的时间、精力以及物力，并且该过程本身很容易出错，所以需要使用高效的方法自动检测数据集中的属性错误，主要检测方法有基于统计的方法、聚类方法和关联规则方法。检测重复记录即对两个数据集或者一个合并后的数据集进行检测，从而确定同一个现实实体的重复记录。主要检测方法有基本的字段匹配算法、递归字段匹配算法等。第四步，纠正发现的错误。根据不同的“脏”数据存在形式的不同，执行相应的数据清洗和转换步骤解决原始数据源中存在的质量问题。需要注意的是，对原始数据源进行数据清洗时，应该将原始数据源进行备份，以防需要撤销清洗操作。第五步，干净数据回流。数据被清洗后，干净的数据替代原始数据源中的“脏”数据，从而提高信息系统的数据质量，避免将来再次抽取数据后进行重复的清洗工作。

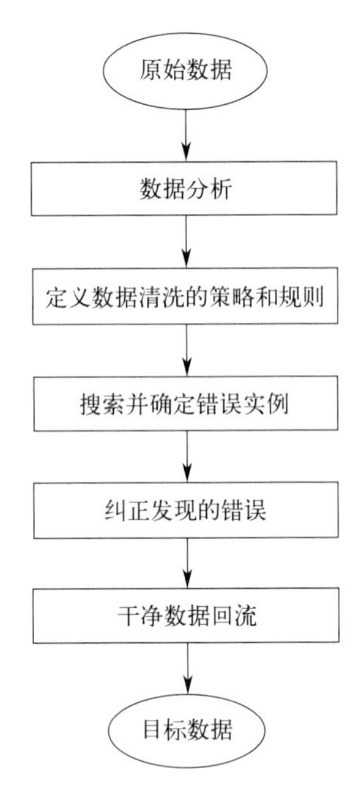

图 8.1.4　数据清洗的基本流程

(5) 数据清洗的策略和方法

目前，数据清洗策略按照数据清洗的实现方式与范围可以划分为 5 种策略，分别为手工清洗、自动清洗、特定应用领域的清洗、与特定应用领域无关的清洗以及混合的数据清洗策略。

其中手工清洗策略指的是通过人工直接修改“脏”数据；自动清洗策略指通过编写专门的应用程序检测并修改“脏”数据；特定应用领域的清洗策略指根据概率统计学原理检测并修改数值异常的记录；与特定应用领域无关的清洗策略指根据相关算法检测并删除重复记录；混合的数据清洗策略以自动清洗为主，人工清洗为辅，先通过编写应用程序实现批量数据的自动清洗，若无法按照已有策略识别某些错误类型，修改数据的工作就需要人工监督和确认，最终实现数据清洗。

在数据清洗中，除了选择合适的清洗策略，还需要了解一些常见数据清洗方法，如缺失值、重复值和错误值的清洗方法。

① 缺失值的清洗

缺失值的清洗方法主要分为两类，即忽略缺失值数据和填充缺失值数据。

第一类：忽略缺失值数据方法是直接通过删除属性或实例忽略缺失值的数据。

第二类：填充缺失值数据方法是使用最接近缺失值的值替代缺失的值，包括人工填写缺失值，使用一个全局常量填充空缺值（即将缺失的值用同一个常量 Unknown 替换）以及使用属性的平均值、中间值、最大（小）值填充缺失值，或使用最可能的值（即通过回归、贝叶斯形式化方法的工具或决策树归纳确定的值）填充缺失值。

② 重复值的清洗

目前清洗重复值的基本思想是“排序和合并”。清洗重复值的方法主要有相似度计算和基于基本近邻排序算法等方法。

相似度计算是通过计算记录的个别属性的相似度，然后考虑每个属性的不同权重值，进行加权平均后得到记录的相似度，若两个记录相似度超过某一个阈值，则认为两条记录匹配，否则认为这两条记录指向不同的实体。

基于基本近邻排序算法的核心思想是为了减少记录的比较次数，在按关键字排序后的数据集上移动一个大小固定的窗口，通过检测窗口内的记录判定它们是否相似，从而确定并处理重复记录。

③ 错误值的清洗

错误值的清洗方法主要包括使用统计分析的方法识别可能的错误值（如偏差分析、识别不遵守分布或回归方程的值）、使用简单规则库（即常识性规则、业务特定规则等）检测出错误值、使用不同属性间的约束以及使用外部的数据等方法检测和处理错误值。

8.1.2 数据增强

数据增强是指在机器学习和深度学习任务中，通过对原始数据进行一系列变换和扩充操作，以产生更多、更丰富和更多样化的训练样本的技术方法。

（1）数据增强的作用

在实际的应用场景中，数据集的采集、清洗和标注在大多数情况下都是一个非常昂贵、费时费力且乏味的事情。通过数据增强技术，不仅可以减轻相关人员的工作量，而且可以帮助公司削减运营开支。此外，有些数据由于涉及隐私而难以获取，又或者一些异常场景的数据几乎是极小概率事件，通过数据增强技术可以人为地制造出数据，从而丰富样本，避免样本不均衡。

在模型训练中，可以避免因数据量少而导致的过拟合以及提升模型鲁棒性。具体地，当原始数据集较小或不平衡时，数据增强可以有效地扩充数据集，提供更多的样本用于模型的学习，从而减少过拟合的风险；通过数据增强可以引入不同的变换和扩充操作，使得模型对于输入数据的变化更加具有鲁棒性。例如，图像数据增强可以通过旋转、缩放、翻转等操作，使得模型对于不同角度、尺寸和方向的图像都能够有良好的识别和分类能力。

注意：在不同的深度学习领域，采用的数据增强方法会有所不一样。以下仅用计算机视觉中常用的数据增强方法进行介绍。

（2）常用的数据增强方法

数据增强可以分为单样本数据增强和多样本数据增强方法。其中，单样本数据增强指增强一个样本的时候，全部围绕着该样本本身进行操作，主要包括几何变换类和颜色变换类；而多样本数据增强指的是利用多个样本来产生新的样本，如混叠（mixup）、马赛克（mosaic）和剪切混合（cutmix）等。

① 几何变换类

几何变换类即对图像进行几何变换，包括翻转、旋转、缩放、裁剪、移位和抖动等各类操作，下面展示其中的若干个操作。

(a) 翻转（flip）。翻转一般指的是对图片进行水平翻转和垂直翻转，如图 8.1.5 所示。注意：对角线翻转也是翻转方式，但不常用。

(b) 旋转（rotation）。旋转指对输入的图像进行一定角度的旋转。但是需要注意的是，当图像随机旋转时，可能会让图像中产生一些白色或黑色的边角区域。因为图像不管如何旋转，里面的内容也是不会改变的。这可以让我们的模型对图形方向更加鲁棒。如图 8.1.6 所

(a) 原图　(b) 水平翻转　(c) 垂直翻转

图 8.1.5　图像翻转

示，旋转方向为顺时针，旋转角度分别为 90°、180°和 270°。

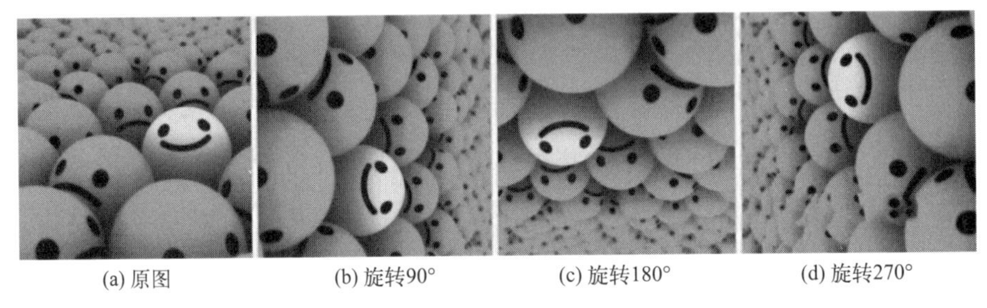
(a) 原图　(b) 旋转90°　(c) 旋转180°　(d) 旋转270°

图 8.1.6　图像旋转

（c）缩放（scale）。缩放指的是图像按比例缩放，可以向外或向内缩放。向外缩放时，最终图像尺寸将大于原始图像尺寸。大多数图像框架从新图像中剪切出一个部分，其大小等于原始图像。如图 8.1.7 所示是缩放的图像。

(a) 原图　(b) 向外缩放10%　(c) 向外缩放20%

图 8.1.7　图像缩放

（d）裁剪（crop）。与缩放不同，裁剪只是从原始图像中随机抽样一个部分。然后，将此部分的大小调整为原始图像大小，这种方法通常称为随机裁剪，如图 8.1.8 所示。

（e）移位（translation）。移位指的是沿 X 或 Y 方向（或两者）移动图像。如图 8.1.9 中，图像在其边界之外具有黑色背景，并且被适当地移位。这种增强方法非常有用，可以使卷积神经网络关注到图像的所有角落。

② 像素变换类

上面的几何变换类操作，没有改变图像本身的内容，它只是选择了图像的一部分或者对像素进行了重分布。如果要改变图像本身的内容，就属于像素变换类的数据增强了，常见的包括添加噪声、模糊处理、颜色变换、擦除和填充等。

(a) 原图　(b) 左上角裁剪　(c) 右下角裁剪

图 8.1.8　图像裁剪

(a) 原图　(b) 向右移位　(c) 向上移位

图 8.1.9　图像移位

(a) 添加噪声。添加噪声指的是对输入图像添加高斯噪声、椒盐噪声等，让模型对噪声更加鲁棒，更加关注于图像深层含义的特征，如图 8.1.10 所示。

(a) 原图　(b) 椒盐噪声　(c) 高斯噪声

图 8.1.10　图像添加噪声

(b) 颜色变换。颜色变换指对图像的亮度、对比度、色度、饱和度等进行合理范围的调整，如图 8.1.1 所示。白天的鸟和夜晚的鸟虽然在外观上可能有所不同，但都属于同一类别。因此，通过对颜色空间进行变换，我们可以增强模型对不同环境下鸟类的识别能力，从而提高模型的鲁棒性。

(a) 原图　(b) 降低亮度　(c) 色域变换　(d) 对比度增强

图 8.1.11　颜色变换

③ 混叠（mixup）

混叠指的是将随机的两张样本按比例混合，如图 8.1.12 所示。

(a) 原图

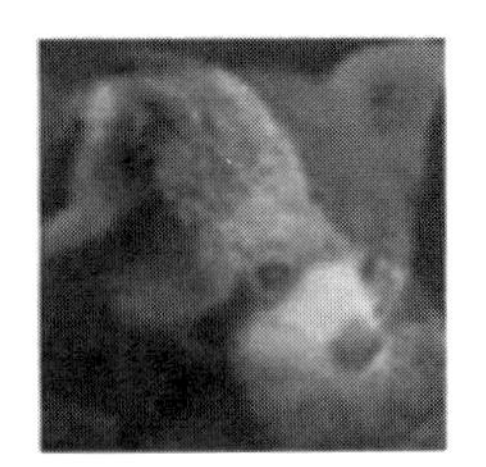

(b) 混叠

图 8.1.12　混叠

④ 马赛克（mosaic）

马赛克指将多张不同的图像拼接在一起形成一张新的图像，如图 8.1.13 所示。

图 8.1.13　马赛克

⑤ 剪切混合（cutmix）

剪切混合指将一部分区域裁剪掉但不填充 0 像素而是随机填充训练集中的其他数据的区域像素值，如图 8.1.14 所示。

图 8.1.14　剪切混合

8.1.3　数据降噪

数据降噪是指通过一系列技术和方法，去除数据中的噪声或异常值，以提高数据的质量和可靠性。以下是几种常见的数据降噪方法。

（1）均值滤波

均值滤波是典型的线性滤波方法，是指用当前像素点周围 $n\times n$ 个像素值的均值来代替当前像素值。使用该方法遍历处理图像内的每一个像素点，可完成整幅图像的均值滤波。

如图 8.1.15 所示，我们对第 5 行第 4 列的像素点进行均值滤波时，首先考虑需要对周围多少个像素点去取平均值。通常情况下，我们会以该当前像素为中心，对行数和列数相等的一块区域内的所有像素点的像素取平均值。例如，可以对当前像素点的像素周围 3×3 区域内所有像素点的像素取平均值，也可以对周围 5×5 区域内所有像素点的像素值取平均值。

当前像素点的位置为第 5 行第 4 列时，我们对其周围 5×5 区域内的像素值取平均值，像素点新值计算方法为：[(197＋25＋106＋156＋159)＋(149＋40＋107＋5＋71)＋(163＋

198＋226＋223＋156)＋(222＋37＋68＋193＋157)＋(42＋72＋250＋41＋75)]/25＝126。

计算得到新值以后，我们将新值作为当前像素点均值滤波后的像素值。我们针对图 8.1.15 的每一个像素点计算其周围 5×5 区域内的像素值均值，并将其作为当前像素点的新值，即可得到当前图像的均值滤波结果。

然而有的图像边界并不存在 5×5 的邻域。如图 8.1.15 的左上角第 1 行第 1 列上的像素点，其像素值为 23。如果以其为中心点取周围 5×5 邻域，则 5×5 邻域的部分区域位于图像外部。但是图像外部是没有像素点和像素值的，显然是无法计算该点的领域均值的。

因此，针对边缘的像素点，可以只取图像内存在的周围邻域点的像素值均值。如图 8.1.16 所示，计算左上角的均值滤波结果时，仅取灰色背景的 3×3 领域内的像素值的平均值。计算方法如下：

23	158	140	115	131	87	131
238	0	67	16	247	14	220
199	197	25	106	156	159	173
94	149	40	107	5	71	171
210	163	198	226	223	156	159
107	222	37	68	193	157	110
255	42	72	250	41	75	184
77	150	17	248	197	147	150
218	235	106	128	65	197	202

图 8.1.15 一幅图片的像素值分布

23	158	140	115	131	87	131
238	0	67	16	247	14	220
199	197	25	106	156	159	173
94	149	40	107	5	71	171
210	163	198	226	223	156	159
107	222	37	68	193	157	110
255	42	72	250	41	75	184
77	150	17	248	197	147	150
218	235	106	128	65	197	202

图 8.1.16 边界点处理

像素点新值＝[(23＋158＋140)＋(238＋0＋67)＋(199＋197＋25)]/9＝116。

除此之外，我们还可以扩展当前图像的周围像素点。例如，可以将当前 9×7 大小的图像扩展为 11×9 大小的图像，如图 8.1.17 所示。

	23	158	140	115	131	87	131	
	238	0	67	16	247	14	220	
	199	197	25	106	156	159	173	
	94	149	40	107	5	71	171	
	210	163	198	226	223	156	159	
	107	222	37	68	193	157	110	
	255	42	72	250	41	75	184	
	77	150	17	248	197	147	150	
	218	235	106	128	65	197	202	

图 8.1.17 拓展边缘

在完成图像边缘拓展后，我们可以在新增的行列内填充不同的像素值，但可能会破坏图像中的细节部分，最终导致图像失真。

（2）中值滤波

中值滤波是一种非线性滤波方法，常用于图像处理和信号处理中的去噪操作，主要通过计算图像或信号中的像素值的中值来实现去除椒盐噪声或脉冲噪声。相比于线性滤波方法，中值滤波在去噪过程中能够更好地保留图像的边缘和细节信息。

其核心思想是利用窗口内的像素值的中值来代替当前像素点的值。由于椒盐噪声和脉冲噪声的特点是随机出现，造成了一些像素值明显和周围像素不一致的情况。通过计算中值，可以有效地将异常像素值替换为周围像素的普遍值，从而实现去噪的效果。

相比于线性滤波方法，中值滤波能够有效地去除椒盐噪声或脉冲噪声，对孤立的噪声点有很好的去除效果。这是因为中值滤波是基于排序后的中间值进行替换，而噪声点在排序过程中会被排除在外。此外，能够较好地保留图像的边缘和细节信息。线性滤波方法可能会对图像进行模糊处理，导致边缘和细节的损失，而中值滤波能够在去噪的同时保持图像的清晰度和细节。

然而，中值滤波对于高斯噪声和较大的噪声或连续性较强的噪声，可能无法完全去除。同时，中值滤波的效果受窗口大小的影响。较小的窗口可能无法完全消除噪声，而较大的窗口可能会模糊图像。

因此，在使用中值滤波时，需要根据具体的应用场景和噪声特征选择合适的窗口大小，并在滤波前后进行评估和调整，以获得满意的去噪效果。对于不同类型的噪声，可以结合其他滤波方法进行优化处理，以达到更好的去噪效果。

（3）加权平均滤波

加权平均滤波是一种常见的线性滤波方法，用于图像处理和信号处理中的去噪操作。与均值滤波不同，加权平均滤波给予不同像素点不同的权重，通过加权计算的方式对周围像素进行平滑处理，这样可以更加准确地处理噪声，并在一定程度上保留图像的细节信息。

其核心思想是通过给予不同像素点不同的权重，更加准确地平滑图像中的噪声，并保留图像的细节。与均值滤波相比，加权平均滤波在计算平均值时考虑了像素之间的差异，使得亮度较大或较小的像素点对最终结果的影响权重不同。加权平均滤波的权重分配可以根据具体情况来确定。常见的权重分配方法包括高斯权重、均匀权重和自定义权重等。

其中，高斯权重指的是将权重值设为高斯函数的值，使得离中心像素点越近的像素点具有越大的权重，这样可以更好地处理高斯噪声；均匀权重指的是将权重值设为相等的常数，对窗口内的所有像素点进行简单平均，这种权重分配方法适用于均匀分布的噪声；自定义权重指的是根据实际需求和噪声特征进行权重的自定义设置（根据像素点的位置远近、亮度差异等因素来调整权重值）。

通过加权平均滤波方法可以更好地处理高斯噪声、椒盐噪声等不同类型的噪声，并且在去噪的同时能够保留图像的细节信息。这是因为加权平均滤波考虑了像素之间的差异，使得在平滑图像的同时，对细节进行了较好的保护。但要注意的是，加权平均滤波同样无法完全去除较大的噪声或连续性较强的噪声。

8.1.4　数据归一化

一般而言，样本特征由于来源以及评价指标不同，它们的尺度（即取值范围）往往差异很大。以描述长度的特征为例，当用“米”作单位时令其值为 x，那么当用“厘米”作单位时其值为 $100x$。不同机器学习模型对数据特征尺度的敏感程度不一样。如果一个机器学习算法在缩放全部或部分特征后不影响它的学习和预测，我们就称该算法具有尺度不变性(scale invariance)。比如线性分类器是尺度不变的，而最近邻分类器就是尺度敏感的。当我们计算不同样本之间的欧氏距离时，尺度大的特征会起到主导作用。因此，对于尺度敏感的模型，必须先对样本进行预处理，将各个维度的特征转换到相同的取值区间，并且消除不同特征之间的相关性，才能获得比较理想的结果。

（1）归一化的概念与作用

归一化（normalization）方法泛指把数据特征转换为相同尺度的方法。比如把数据特征映射到［0，1］或［－1，1］区间内，或者映射为均值为 0、方差为 1 的标准正态分布。

在机器学习领域中，不同样本特征的评价指标（特征向量中的不同特征就是所述的不同评价指标）往往具有不同的量纲，这样的情况会影响到数据分析的结果，为了消除指标之间的量纲影响，需要进行数据标准化处理，以解决数据指标之间的可比性。原始数据经过数据标准化处理后，各指标处于同一数量级，适合进行综合对比评价。其中，最典型的就是数据的归一化处理，其目的就是使得预处理的数据被限定在一定的范围内（比如［0，1］或者［－1，1］），从而消除奇异样本数据导致的不良影响。

奇异样本数据是指相对于其他输入样本特别大或特别小的样本矢量（即特征向量）。奇异样本数据的存在会引起训练时间增大，同时也可能导致模型无法收敛。因此，当存在奇异样本数据时，在进行训练之前需要对预处理数据进行归一化；反之，不存在奇异样本数据时，则可以不进行归一化。归一化的方法有很多种，这里，我们介绍几种在神经网络中经常使用的归一化方法。

（2）归一化的类型

① 线性归一化（min-max normalization）

线性归一化，也被称为最大最小归一化、离散标准化等，其是对原始数据进行线性变换，将数据值映射到［0，1］之间，用公式表示为：

$$x'=\frac{x-\min(x)}{\max(x)-\min(x)} \tag{8.1}$$

差标准化保留了原来数据中存在的关系，是消除量纲和数据取值影响范围的最简单的方法。线性归一化适用于数值比较集中的情况。但是，如果数据的最大值和最小值不稳定，很容易使得归一化的结果不稳定，使得后续使用效果也不稳定。如股票遇到超过目前属性［max，min］取值范围的时候，就会引起系统报错，需要重新确定最大值和最小值。除此之外，如果数值集中的某个数值很大，则规范化后各值接近于 0，并且将会相差不大。

② Z-score 归一化

Z-score 归一化也被称为标准差标准化，经过处理的数据的均值为 0，标准差为 1。其转化公式为：

$$x'=\frac{x-\mu}{\delta} \tag{8.2}$$

其中，μ 为原始数据的均值；δ 为原始数据的标准差，是当前用得最多的标准化公式。这种方法给予原始数据的均值（mean）和标准差（standard deviation）进行数据的标准化。经过处理的数据符合标准正态分布，即均值为 0，标准差为 1。通过使数据的分布符合标准正态分布，可以降低异常值的影响，并且有助于提升模型的稳定性和泛化能力。

③ 批量归一化

批量归一化（batch normalization，BN）是一种在深度学习中广泛应用的归一化技术，旨在加速神经网络的收敛速度，提高模型的稳定性和泛化能力。它主要是通过对每个样本特征进行归一化，使得其均值为 0，方差为 1。

批量归一化的主要思想是在训练过程中，将每一层的输入数据进行标准化处理，使得数据分布更稳定。这样做可以消除内部协变量偏移（internal covariate shift）、减小梯度爆炸和消失以及起到正则化作用。

其中，内部协变量偏移指的是在深度神经网络中，每一层输入的分布随着网络的训练而发生变化，导致网络的收敛速度变慢。通过批量归一化，可以将每一层的输入数据规范到相同的分布上，减少了不同层之间数据分布的差异，有效缓解了内部协变量偏移问题，加速网络的训练过程。另外，通过批量归一化，将数据的均值缩放到 0 附近，方差缩放到 1 附近，使得梯度的范围也保持在一个合理的范围内，减小了梯度爆炸和消失的概率，提高了网络的稳定性。同时，批量归一化本身具有一定的正则化作用，通过对数据进行规范化，可以避免模型过拟合。正则化的具体讲解见本章 8.3.3 节。

④ 层归一化

层归一化（layer normalization，LN）是一种常见的归一化技术，与批量归一化相比，它更适用于序列数据和小批量训练。层归一化是通过对每个样本的同一层特征进行归一化，来提高模型的性能和稳定性。批量归一化是对一个中间层的单个神经元进行归一化操作，针对的是小批量训练时的内部协变量偏移问题，而层归一化则更多关注单个样本在同一层特征上的分布情况。相比之下，层归一化更适用于处理变长序列数据，例如自然语言处理任务中的文本序列。

相比于批量归一化，层归一化具有适用性广、不依赖批量大小以及可以提升泛化能力的优点。具体来说，层归一化适用于各种尺寸的小批量数据，而且更适用于序列数据的处理。同时，层归一化不仅在训练集上进行归一化，还在测试集上也能起到类似的效果，因为它是基于样本特征进行归一化，而不依赖于批量的统计信息。

但需要注意的是，层归一化不适用于卷积神经网络（CNN），因为在 CNN 中，特征通常指的是图像的通道维度，而不是序列数据的时间步维度。在 CNN 中，批量归一化更加常用。

8.2 模型结构方面

在深度学习中，模型结构是指神经网络的整体架构，包括层数、层类型、连接方式等。模型结构的设计对于模型的性能和表现起着至关重要的作用。在实际应用中，选择适合任务的模型结构并对其进行调优是提升模型性能的关键步骤之一。以下将针对注意力模块、连接方式、残差结构和网络层数等进行讲解。

8.2.1 注意力机制

神经网络注意力机制是受到人类注意力启发而创造出的一种神经网络模块。人类在观察事物时，往往不会一次性关注全局信息，大多是根据需求将注意力集中到图像的特定部分，这样可以更加高效地提炼图片信息。

在神经网络模型中也是一样，引入注意力机制能够将有限的注意力集中在重点信息上，从而节省资源，快速获得最有效的信息。注意力机制最早应用于计算机视觉尤其是卷积神经网络中。该模块在卷积神经网络中本质为一个可自学习的权重矩阵，通过模型训练，学习到能识别特定特征的权重分布，从而用更少的参数量获取更优的识别效果。

最终在实际的模型调优中，注意力机制所体现出的优点如下：

第一，改善长序列处理。注意力机制可以将输入序列分解为较小的子序列，并对每个子序列分别进行处理。这可以帮助处理长序列，例如自然语言文本或时间序列数据。

第二，提高模型解释性。注意力机制可以可视化神经网络中不同部分的重要性，使得模型的行为更加可解释。这可以帮助机器学习工程师更好地理解模型的决策，并为改进模型提供指导。

第三，改善泛化能力。注意力机制可以减轻神经网络中的过拟合问题，因为它可以更好地关注重要的输入特征，而忽略不相关的特征。这可以提高模型的泛化能力，并减少对训练数据的依赖。

第四，适应不同任务。注意力机制可以应用于不同类型的任务，包括图像分类、机器翻译、语音识别和自然语言处理等。这使得注意力机制成为一种广泛适用的工具，可以帮助解决各种机器学习问题。

因此，注意力机制可以广泛应用于图像识别领域，且在循环神经网络处理长序列信息时，还可以提取出其中的关键信息，避免长距离的信息被弱化，有助于提取出其中的重要特征。具体的注意力机制见第七章。

8.2.2 特征金字塔

特征金字塔网络（feature pyramid network，FPN）是一种在计算机视觉中常用的神经网络架构，主要用于处理不同尺度下的物体检测和分割问题。

在传统的卷积神经网络中，不同层次的特征图（feature map）具有不同的语义信息，低层次的特征图通常包含较多的细节信息，而高层次的特征图则更加抽象，包含更高级别的语义信息。但是在处理不同尺度的目标时，单独使用某一层的特征图往往难以满足要求，因为同一类目标在不同尺度下的大小和形状变化较大。

FPN 的基本思想是通过搭建多个不同分辨率的特征图，来解决不同尺度的目标检测和分割问题。具体地，FPN 通过一个自顶向下和自底向上的特征融合机制，将不同层次的特征图结合起来，形成一个金字塔状的特征层次结构，从而提高模型的检测和分割性能，如图 8.2.1 所示。

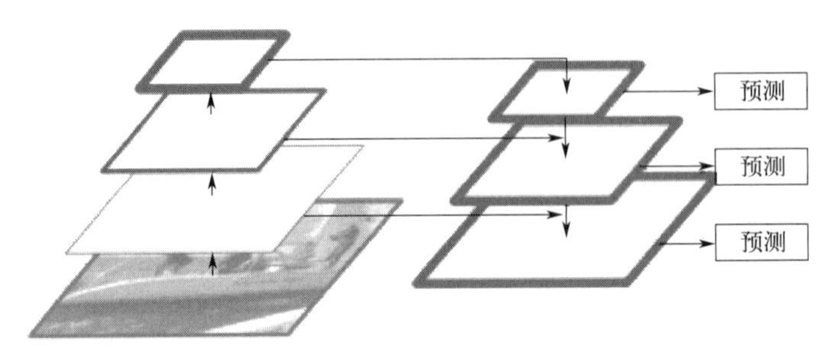

图 8.2.1　特征金字塔

FPN 网络通常由一个主干网络（backbone network）和一个特征金字塔网络两部分组成。主干网络通常采用一些经典的卷积神经网络模型，如 ResNet、VGG 等，用于提取图像的特征图。特征金字塔网络则是由多个不同尺度的特征图组成的，这些特征图会被自顶向下和自底向上的特征融合机制所整合。自顶向下的过程中，高层次的特征图通过上采样（up-sampling）和卷积操作逐步恢复分辨率，与低层次的特征图进行逐层融合；自底向上的过程中，低层次的特征图通过池化（pooling）操作逐步缩小分辨率，与高层次的特征图进行逐层融合。

通过这种方式，FPN 可以提取出具有不同尺度的目标的特征表示，从而在物体检测和分割任务中取得更好的性能。

8.2.3　残差结构

在深度学习模型结构调优中，使用残差结构是一种常用的方法。残差结构通过引入跨层连接，可以有效解决深度神经网络中的梯度消失和训练困难问题，从而提高模型的性能和稳定性。以下是详细的解释。

（1）残差结构的概念

残差结构，又称为残差块（residual block）或残差单元（residual unit），是一种具有跨层连接的神经网络结构。在传统的神经网络结构中，每个网络层的输入由上一层产生，并通过激活函数进行非线性处理，得到输出。在残差结构中，每个残差块的输入不仅来自上一层的输出，还包括一个跨层的直接连接，将输入直接传递到后面的层中。如图 8.2.2 所示。

这种跨层连接可以看作将输入和输出相加，残差结构也因此得名“残差”，意味着输出中包含残留信息。对于一个残差块，其输出如式(8.3) 所示：

$$y = F(x) + x \tag{8.3}$$

其中，x 是输入；$F(x)$是由一系列卷积、池化、激活等操作构成的映射函数。由于跨层连接的存在，残差块可以更容易地学习到与输入相差的部分，从而降低梯度消失的风险，提高模型的训练效率和性能。

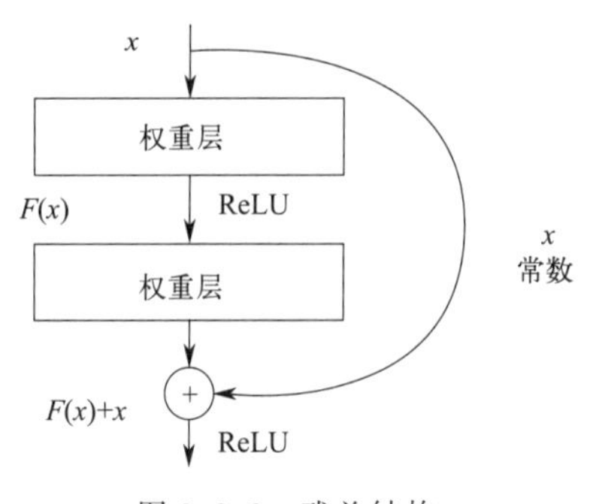

图 8.2.2　残差结构

（2）残差结构的优势

① 解决梯度消失问题

在传统的神经网络中，随着网络层数的增加，梯度会逐渐消失或爆炸，从而导致网络无法收敛。这是因为在反向传播过程中，每个层都会将梯度进行一次乘法，使得梯度值很快变得非常小。对于深度神经网络，这个问题尤为严重，影响了网络的训练和性能。而在残差结构中，引入了跨层连接，使得梯度可以直接流回到前面的层中，从而有效地解决了梯度消失问题。

② 提高模型精度

通过残差结构，可以让网络更深更复杂，从而提高模型的表达能力和精度。事实上，通过增加残差块的层数，可以构建非常深的神经网络，如 ResNet、DenseNet 等。

③ 加速模型训练

由于残差结构可以使得梯度更加容易地进行反向传播，因此可以在相同的训练迭代次数内，更快地达到收敛，加快模型训练的速度。此外，残差结构还可以利用并行计算的优势，更加有效地利用多核 CPU 和 GPU 的计算资源，进一步加速模型训练过程。

8.2.4　确定网络层数

如何确定深度神经网络的网络层数一直是深度学习领域中的一个开放性问题。过少的层数会导致模型容量不足，难以捕获数据的复杂性和表达能力；而过多的层数则会导致梯度消失或梯度爆炸问题，降低模型的训练效果。因此，确定合适的网络层数一直是深度学习中模型结构调优的关键问题。

目前常用三种方法，分别是观察损失函数变化、逐渐增加网络层数以及参考已有模型。

（1）观察损失函数变化

在训练深度神经网络时，可以通过观察损失函数在训练集和验证集上的表现，来决定合适的网络层数。一般分为以下几个步骤：

第一，设定初始网络层数。首先，设定一个初始的网络层数。可以选择一个相对较浅的网络作为起点，以确保模型具有足够的计算能力但不会过于复杂。

第二，训练模型。使用给定的初始网络层数，在训练集上进行模型的训练。训练时，需要设定适当的学习率和迭代次数，并监控训练集上的损失函数变化。

第三，观察训练集误差。记录并观察损失函数在训练集上的变化情况。如果网络层数较少，训练误差可能会快速下降并趋于稳定。但如果网络层数过多或过少，训练误差会表现出不合理的行为，如过拟合（训练误差继续下降而验证误差上升）或欠拟合（训练误差无法收敛到较低值）。

第四，观察验证集误差。同样地，记录并观察损失函数在验证集上的变化情况。一般来说，验证误差会在一定数量的迭代后达到最小值，然后逐渐上升。如果网络层数较少，验证误差可能会在较早的阶段就开始上升；而网络层数过多时，验证误差可能会在训练初期波动较大，或者在一直增加。

第五，寻找合适网络层数。根据观察训练误差和验证误差的变化趋势，可以确定一个合适的网络层数。合适的网络层数通常是训练误差逐渐降低，同时验证误差也保持较低的那个点。这意味着模型具备了足够的学习能力，能够在训练集和验证集上取得较好的效果。

第六，进一步的实验验证。确定了合适的网络层数，可以进行进一步的实验来验证所选层数的稳定性和泛化能力。例如，可以重复多次实验，统计均值和方差，以确保所选层数的可靠性。

但要注意的是，选择网络层数不仅依赖于损失函数的变化，还受到数据集的大小、复杂性，任务类型等其他因素的干扰。因此，在确定网络层数时，需要综合考虑以上因素，并根据实际情况做出合理的判断。

（2）逐渐增加网络层数

逐渐增加网络层数方法和观察损失函数变化方法有些许不同，逐渐增加网络层数方法是通过渐进地增加网络层数，然后观察模型在训练集和验证集上的表现而确定层数的方法。一般分为以下几个步骤：

第一，设定初始网络层数。首先，设定一个初始的网络层数。同样选择一个相对较浅的网络作为起点。

第二，使用设定的初始网络层数，在训练集上进行模型的训练。

第三，观察模型在训练集和验证集上的性能表现。随着网络层数的增加，我们期望看到模型在训练集上的性能逐渐提升。然而，在验证集上，如果网络层数过多或过少，性能指标可能无法继续改善，或者开始出现恶化。

第四，增加网络层数后重新训练。可以增加一层或几层新的网络层，可以是全连接层、卷积层或其他类型的层。

第五，重复第三和第四，并观察模型性能。如果增加网络层数后，性能指标继续改善，可以继续增加网络层数。否则，可以认为当前的网络层数可能是合适的。

需要注意的是，在训练中可以设定一个终止条件，如达到预设的最大网络层数、验证集性能不再改善等。一旦达到终止条件，可以停止增加网络层数的过程，并选择最终的网络层数作为最优模型。

（3）参考已有模型

在某些情况下，可以参考类似的任务或领域现有的模型，来确定合适的网络层数。例如，在图像识别任务中，经典的卷积神经网络（CNN）模型 AlexNet、VGG、ResNet 等都提供了参考模型。一般分为以下几个步骤。

第一，选择一个与你的任务或问题相关的参考模型。可以选择在该领域或任务上表现良好的模型，或者是经过广泛应用和验证的模型。

第二，仔细研究和理解所选择的参考模型的网络结构，包括层数、层类型和参数数量等，并了解参考模型的设定背景、任务需求以及对应的数据集特点。

第三，根据自己的任务需求和数据集特点，对参考模型进行调整。可以根据需要增加或减少网络层数，或者修改网络结构中的某些层。

第四，使用调整后的模型，在训练集上进行模型的训练，并在验证集上评估模型的性能。根据验证集上的性能表现，调整模型结构并重新训练，直到达到满意的性能。

需要注意的是，参考其他模型来确定网络层数并非一种绝对准确的方法，因为每个任务都有其特有的数据和要求。因此，在借鉴其他模型时，需要结合自己的实际情况和领域知识，进行适当的调整和验证。另外，还可以尝试多个不同的参考模型，进行对比实验，根据实验结果选择最佳的网络层数。

8.3 模型参数方面

在深度学习中，模型的性能和表现受到模型参数的影响。而参数调优是通过寻找最佳的参数组合，使得模型能够更好地拟合训练数据并在测试数据上取得较好的性能表现的过程。以下将详细介绍模型参数调优的几个方面，包括学习率调整、参数初始化、正则化等方法。

8.3.1 学习率调整

学习率是神经网络优化时的重要超参数。在梯度下降法中，学习率的取值非常关键，如果过大就不会收敛，如果过小则收敛速度太慢。常用的学习率调整方法包括学习率衰减、学习率预热、周期性学习率调整以及一些自适应调整学习率的方法，比如 AdaGrad、RM-Sprop、AdaDelta 等。

（1）学习率衰减

从经验上看，学习率在一开始要保持较大值，从而保证收敛速度，在收敛到最优点附近时，则要小些以避免来回振荡。比较简单的学习率调整可以通过学习率衰减（learning rate decay）的方式来实现，也称为学习率退火（learning rate annealing）。它是指在训练过程中逐渐降低学习率的策略。这样做的原因是，在开始时使用较大的学习率可以加快模型的收敛速度和探索空间，随着训练的进行，逐渐降低学习率有助于稳定模型并精细调整参数。

假设初始化学习率为 α_0，在第 t 次迭代时的学习率为 α_t，常见的衰减方法有以下几种。

① 分段常数衰减（piecewise constant decay）

分段常数衰减将整个训练过程分为多个阶段，每个阶段都有一个固定的学习率。通常情况下，每个阶段的长度是事先设定好的，可以根据训练数据的特点和模型的收敛情况进行调整。

即每经过 t_1、t_2、…、t_m 次迭代将学习率衰减为原来的 β_1、β_2、…、β_m 倍，其中 t_m

和 β_m（均<1）为根据经验设置的超参数。

② 逆时衰减（inverse time）

逆时衰减是一种学习率调整策略，它在训练过程中使用逆时函数来调整学习率。具体地说，在逆时衰减策略中，当训练次数越多时，学习率就越小。这种学习率的调整方式可以更好地控制学习过程，并且加快收敛速度。逆时衰减策略的数学式(8.4)如下：

$$\alpha_t = \alpha_0 \frac{1}{1+\beta \times t} \tag{8.4}$$

其中，β 为衰减率。

③ 指数衰减（exponential decay）

学习率按指数曲线进行衰减，可以根据训练的迭代次数或轮数调整衰减速度和衰减的幅度。数学式(8.5)如下：

$$\alpha_t = \alpha_0 \beta^t \tag{8.5}$$

其中，$\beta<1$ 为衰减率。

④ 自然指数衰减

在自然指数衰减中，学习率以指数的形式进行衰减，随着训练次数的增加，学习率越来越小。数学式(8.6)如下：

$$\alpha_t = \alpha_0 \exp(-\beta \times t) \tag{8.6}$$

其中，β 为衰减率。

⑤ 余弦衰减（cosine annealing）

学习率按余弦函数进行退火，使其在训练过程中以一定的周期性变化。数学式(8.7)如下：

$$\alpha_t = \frac{1}{2}\alpha_0 \left[1+\cos\left(\frac{t\pi}{T}\right)\right] \tag{8.7}$$

其中，T 为总的迭代次数。图 8.3.1 给出了不同衰减方法的示例（假设初始学习率为 1）。

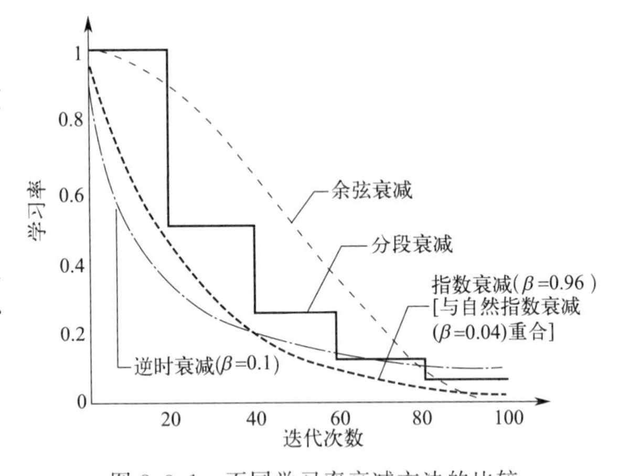

图 8.3.1 不同学习率衰减方法的比较

(2) 学习率预热

在小批量梯度下降法中，当批量的设置比较大时，通常需要比较大的学习率。但在刚开始训练时，由于参数是随机初始化的，梯度往往也比较大，再加上比较大的初始学习率，会使得训练不稳定。为了提高训练稳定性，我们可以在最初几轮迭代时，采用比较小的学习率，等梯度下降到一定程度后再恢复到初始的学习率，这种方法称为学习率预热(learning rate warmup)。

预热的具体实现方法可以是线性预热或多项式预热。线性预热中，学习率从较小的值开始，按线性递增的方式逐步增加；多项式预热中，学习率根据预设的多项式函数进行逐项调整。

(3) 周期性学习率调整

周期性调整是指在训练过程中按照一定的周期性模式对学习率进行调整，通过周期性的学习率变化引导模型在不同的学习率下探索更多的解空间，以优化模型性能。

为了使得梯度下降法能够逃离鞍点或尖锐最小值，一种经验性的方式是在训练过程中周期性地增大学习率。当参数处于尖锐最小值附近时，增大学习率有助于逃离尖锐最小值；当参数处于平坦最小值附近时，增大学习率依然有可能在该平坦最小值的吸引域（basin of attraction）内。因此，周期性地增大学习率虽然可能短期内损害优化过程，使得网络收敛的稳定性变差，但从长期来看有助于找到更好的局部最优解。

本节介绍两种常用的周期性调整学习率的方法：循环学习率和带热重启的随机梯度下降。

① 循环学习率

循环学习率（cyclic learning rate），即让学习率在一个区间内周期性地增大和缩小。它有多种形式，常见的有三角循环学习率（triangular cyclic learning rate）。三角循环学习率按三角波函数进行周期性衰减和增长，具体而言，三角循环学习率会在一个周期内逐渐增加学习率到一个最大值，然后再逐渐减小学习率到一个最小值，如此反复循环。这种循环的过程可以帮助模型跳出局部最优解，提高模型的收敛性和泛化能力，如图 8.3.2 所示。

② 带热重启的随机梯度下降

带热重启的随机梯度下降（stochastic gradient de-scentwith warm restarts，SGDR）是用热重启方式来替代学习率衰减的方法。学习率每间隔一定周期后重新初始化为某个预先设定值，然后逐渐衰减。每次重启后模型参数不是从头开始优化，而是从重启前的参数基础上继续优化，如图 8.3.3 所示。

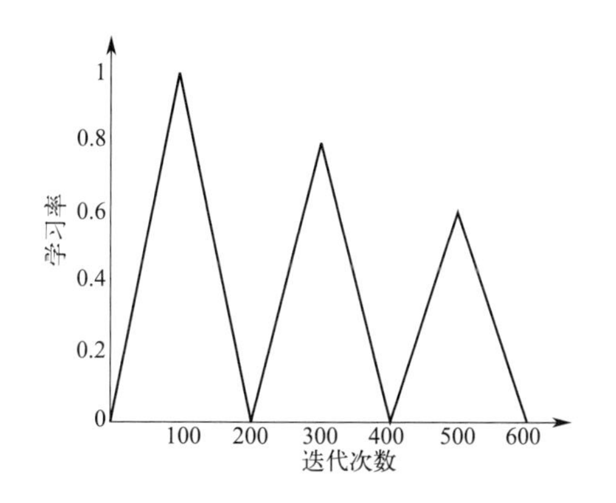

图 8.3.2 三角循环学习率

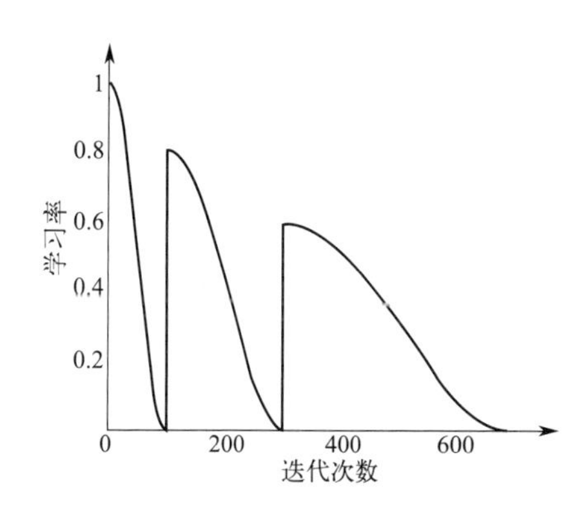

图 8.3.3 带热重启的随机梯度下降

8.3.2 参数初始化

神经网络的参数学习是一个非凸优化问题。当使用梯度下降法来进行优化网络参数时，参数初始值的选取十分关键，关系到网络的优化效率和泛化能力。参数初始化的方式通常有以下三种。

（1）预训练初始化

不同的参数初始值会收敛到不同的局部最优解。虽然这些局部最优解在训练集上的损失比较接近，但是它们的泛化能力差异很大。一个好的初始值会使得网络收敛到一个泛化能力高的局部最优解。通常情况下，一个已经在大规模数据上训练过的模型可以提供一个好的参数初始值，这种初始化方法称为预训练初始化（pretrained Initialization）。

预训练任务可以为监督学习或无监督学习任务。由于无监督学习任务更容易获取大规模的训练数据，因此被广泛采用。预训练模型在目标任务上的学习过程也称为精调（fine-tuning）。

（2）随机初始化

在线性模型的训练（比如感知器和逻辑回归）中，我们一般将参数全部初始化为 0。但是这在神经网络的训练中会存在一些问题，因为如果参数都为 0，在第一遍前向计算时，所有的隐藏层神经元的激活值都相同；在反向传播时，所有权重的更新也都相同，这样会导致隐藏层神经元没有区分性。这种现象也称为对称权重现象。为了打破这个平衡，比较好的方式是对每个参数都随机初始化（random initialization），使得不同神经元之间的区分性更好。

（3）固定值初始化

对于一些特殊的参数，我们可以根据经验用一个特殊的固定值来进行初始化。比如偏置（bias）通常用 0 来初始化，但是有时可以设置某些经验值以提高优化效率。在 LSTM 网络的遗忘门中，偏置通常初始化为 1 或 2，使得时序上的梯度变大。对于使用 ReLU 的神经元，有时也可以将偏置设为 0.01，使得 ReLU 神经元在训练初期更容易激活，从而获得一定的梯度来进行误差反向传播。

虽然预训练初始化通常具有更好的收敛性和泛化性，但是灵活性不够，不能在目标任务上任意地调整网络结构。因此，好的随机初始化方法对训练神经网络模型来说依然十分重要。比如基于固定方差的参数初始化、基于方差缩放的参数初始化和正交初始化方法。

基于固定方差的参数初始化方法主要是在初始化神经网络的权重时，为每个参数随机赋予一个固定的方差。这种方法通常使用均匀分布或高斯分布来生成初始权重值。通过设置合适的方差值，可以确保网络初始化时各个参数具有适当的变化范围，有助于避免梯度消失或梯度爆炸问题。

基于方差缩放的参数初始化方法是一种改进的初始化方法，它根据网络层的输入和输出维度来动态地调整每个参数的初始方差。

正交初始化方法是一种利用矩阵的正交性质来初始化权重的方法。它的主要思想是通过生成一个正交矩阵作为权重矩阵的初始值，可以避免参数之间的相互干扰和梯度消失问题。

8.3.3 网络正则化

机器学习模型的关键是泛化问题，即在样本真实分布上的期望风险最小化。而训练数据集上的经验风险最小化和期望风险并不一致。由于神经网络的拟合能力非常强，其在训练数据上的错误率往往都可以降到非常低，甚至可以到 0，从而会导致过拟合，对于新输入的数据不能很好地识别。因此，如何提高神经网络的泛化能力成为影响模型能力的关键因素。为此在机器学习中，提出了许多方法来减少测试误差。这些算法策略被称为正则化。

正则化（regularization）是一类通过限制模型复杂度，从而避免过拟合，提高泛化能力的方法，比如引入约束、增加先验、提前停止等。在传统的机器学习中，提高泛化能力的方法主要是限制模型复杂度，比如采用 L1 和 L2 正则化等方式。而在训练深度神经网络时，特别是在过度参数化（over-parameterization）时，L1 和 L2 正则化的效果往往不如浅层机器学习模型中显著。因此训练深度学习模型时，往往还会使用其他的正则化方法，比如提前停止和丢弃法等。

其中，L2 正则化（岭回归）最早由统计学家 Hoerl 和 Kennard 于 1970 年提出，用于解决线性回归中的多重共线性问题。L2 正则化通过在损失函数中添加模型参数平方和与正则化系数乘积的项，降低模型复杂度并控制参数的大小，从而防止过拟合。在机器学习中，L2 正则化经常用于正则化线性模型（如岭回归、逻辑回归等）。

后来，在 2006 年，统计学家 Tibshirani 提出了 L1 正则化（Lasso 正则化），它利用模型参数的绝对值之和进行正则化。与 L2 正则化不同，L1 正则化对模型参数的惩罚更加严厉，可以将一些不相关或冗余的特征的权重压缩至零，从而实现特征选择的效果。L1 正则化在高维数据分析和稀疏建模上具有重要的应用。

（1） L2 正则化

许多正则化方法通过对目标函数 J 添加一个参数范数正则项（惩罚项）$\Omega(\boldsymbol{\theta})$ 来限制模型的学习能力。我们将正则化后的目标函数记为 $\widetilde{J}$，得到式(8.8)：

$$\widetilde{J}(\boldsymbol{\theta};\boldsymbol{X},y)=J(\boldsymbol{\theta};\boldsymbol{X},y)+\alpha\Omega(\boldsymbol{\theta}) \tag{8.8}$$

其中，$\boldsymbol{\theta}$ 表示神经网络中的参数；$\boldsymbol{X}$ 表示输入；y 表示输出；$\alpha\in[0,\infty)$ 为正则系数（惩罚系数），它是用来权衡范数正则项 Ω 和标准目标函数 $J(\boldsymbol{\theta};\boldsymbol{X})$ 相对贡献的超参数。当为 0 时表示没有正则化；α 越大，则正则化惩罚越大。

在神经网络中，参数包括每一层的权重和偏置，我们通常只对权重做正则化而不对偏置做正则化。对偏置进行正则化可能会导致明显的欠拟合。虽然我们希望对网络的每一层参数都使用单独的正则项并分配不同的正则系数，但是寻找多个合适超参数的代价很大。

L2 正则化也被称为岭回归或 Tikhonov 正则，它是一种常用的正则化技术，用于控制模型的复杂度并防止过拟合。它通过向目标函数添加一个正则项来使权重更加接近原点。该正则项如式(8.9) 所示：

$$\Omega(\boldsymbol{\theta})=\frac{\alpha}{2}\sum_{i=1}^{n}\theta_i^2 \tag{8.9}$$

其中，θ_i 表示模型的第 i 个参数；n 表示参数的总数量。当然，我们也可以将参数正则化为接近空间中的其他特定点，同样具有正则化效果，特定的点越接近真实值其结果越好。但在我们不知道正确值的时候，默认选择零点。

L2 正则化的作用是通过最小化正则化项来约束模型参数的取值范围，使得参数更加平滑，并且尽量将参数的值分散在较小的范围内。这样可以有效地避免模型对训练数据的过度拟合，提高模型的泛化能力。同时，L2 正则化还可以降低特征之间的相关性，提升模型对噪声的鲁棒性。因此，选择合适的正则化系数 α 是使用 L2 正则化的关键。较大的 α 值会导致模型偏向于简单的参数取值，从而增加了欠拟合的风险；而较小的 α 值可能无法有效地降低过拟合现象。通常，可以通过交叉验证等方法来选择合适的 α 值。

（2） L1 正则化

L1 正则化的全称是 L1 范数正则化，也被称为 Lasso 正则化（least absolute shrinkage and selection operator）。它是一种常用的正则化技术，用于控制模型复杂度和特征选择。L1 正则化是通过在损失函数后面添加一个与模型参数的绝对值之和成正比的正则化项而实现的。该正则项如式(8.10）所示：

$$\Omega(\boldsymbol{\theta})=\alpha\sum_{i=1}^{n}|\theta_i| \tag{8.10}$$

即各个模型参数的绝对值之和。它与 L2 类似，同样不考虑偏置参数的正则化，并通过缩放正则项 Ω 的非负超参数 α 来控制 L1 规范化的约束强度。因此，类似地可以将 L1 正则化的目标函数表示为：

$$\widetilde{J}(\boldsymbol{\theta};\boldsymbol{X};\boldsymbol{y})=J(\boldsymbol{\theta};\boldsymbol{X};\boldsymbol{y})+\alpha\|\boldsymbol{w}\|_i \tag{8.11}$$

其中，$\boldsymbol{w}$ 表示权值向量。

具体来说，L1 正则化具有稀疏化的效果。由于 L1 正则化加入了绝对值惩罚，使得部分参数的值趋向于零。也就是说，L1 正则化可以自动地将某些不相关或冗余的特征的权重压缩至零，从而实现特征选择的功能。通过减少不重要特征的影响，L1 正则化能够简化模型，提高模型的解释性，并降低了特征之间的相关性。

同时，L1 正则化可以帮助防止过拟合。L1 正则化通过约束模型参数的范围，降低了模型的复杂度，有助于防止过拟合的发生。通过限制模型参数的数量和取值范围，L1 正则化使得模型更加简单，更容易泛化到未见过的数据。

然而，与 L2 正则化相比，L1 正则化可能更难优化。由于 L1 正则化项在零点处不可导，这导致优化求解过程变得复杂。在优化算法中，需要使用稀疏表示方法（例如 LARS、Lasso 等）来解决。此外，L1 正则化还倾向于产生稀疏权重，这在某些场景下可能会对模型的鲁棒性产生一定的影响。

综上所述，L1 正则化和 L2 正则化都是常用的正则化技术，它们通过在目标函数中添加正则化项来控制模型的复杂度，并防止过拟合。它们在模型参数的取值和特征选择方面有不同的效果，应根据具体情况选择合适的正则化方法。

（3）提前停止

可以理解，当模型具有很强的学习能力时极有可能过度学习训练集样本。在这个时候，训练误差确实会随着时间的推移逐渐降低，但验证集的误差有可能再次上升，并且这种现象大概率会出现，如图 8.3.4 所示。

虽然保存的模型参数通常是全部训练完成后的参数，但这个参数不一定是最优的。我们最初的目的是获得使验证集误差最低的参数设置。因此可以考虑这样的策略：当验证集上的

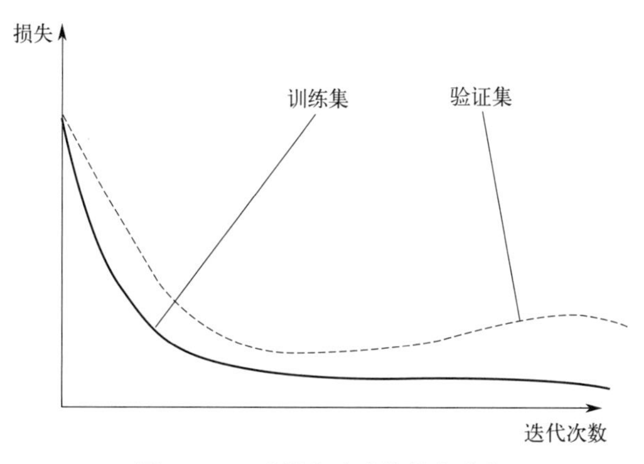

图 8.3.4 过拟合造成的损失升高

误差在事先指定的循环次数内没有进一步改善时，算法就终止。这种策略被称为提前停止(early stop)，它使用起来简单有效。对于深度神经网络来说是一种简单有效的正则化方法。

例如，当将循环次数设定为 5 时，就意味着如果模型在验证集上的损失在 5 次循环中没有得到提升的话，算法会终止模型的训练。上述循环次数被称为耐心（patience）。若在一定耐心值的循环中模型在验证集上的表现没有提升，那么我们可以认为后续的训练对模型是没有意义的，再去过多地学习训练集数据会导致模型的过拟合现象，毕竟我们希望最终得到的模型是一个具有很好泛化能力的模型。

（4）丢弃法

弃权（dropout）技术是一种计算方便，能够提升模型泛化能力的深度学习模型的改进方法。有时候我们希望能够同时训练多个模型，并在测试样本上评估这些模型以达到提升泛化能力的目的。但是，当每一个模型都是一个庞大神经网络的时候，这种做法就不切实际了，因为需要庞大的计算资源。dropout 能够解决这个问题，它能帮助我们近似地训练和评估指数级数量的庞大神经网络。

具体来说，当训练一个深度神经网络时，我们可以随机丢弃一部分神经元（同时丢弃其对应的连接边）来避免过拟合，这种方法称为丢弃法（dropout method），如图 8.3.5 所示。

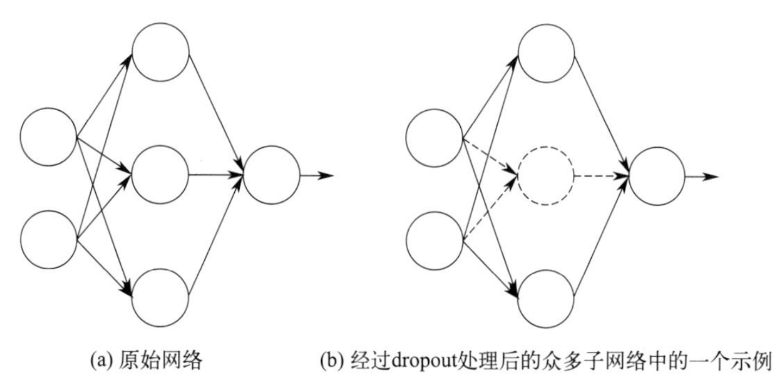

图 8.3.5 dropout 原理

每次选择丢弃的神经元是随机的。只需要通过概率（保留率）p 来判断需不需要保留，

将随机选出的那些单元的输出乘以 0 就可以有效地删除这个单元，通常以将神经元乘以掩码函数 mask 的形式予以实现。

$$\mathrm{mask}(\boldsymbol{x})\begin{cases}\boldsymbol{m}\odot\boldsymbol{x}\\ p\boldsymbol{x}\end{cases} \tag{8.12}$$

其中，$\boldsymbol{m}$ 表示丢弃掩码，通过以概率为 p 的伯努利分布随机生成。在训练时，激活神经元的平均数量为原来的 p 倍。而在测试时，所有的神经元都是可以激活的，这会造成训练和测试时网络的输出不一致。为了缓解这个问题，在测试时需要将神经层的输入 $\boldsymbol{x}$ 乘以 p，也相当于把不同的神经网络做了平均。概率 p 可以通过验证集来选取一个最优的值。

一般来讲，对于隐藏层的神经元，其概率 $p=0.5$ 时效果最好，这对大部分的网络和任务都比较有效。当 $p=0.5$ 时，在训练时有一半的神经元被丢弃，只剩余一半的神经元是可以激活的，随机生成的网络结构最具多样性。对于输入层的神经元，其概率通常设为更接近 1 的数，使得输入变化不会太大。对输入层神经元进行丢弃时，相当于给数据增加噪声，以此来提高网络的鲁棒性。

丢弃法一般是针对神经元进行随机丢弃，但是也可以扩展到对神经元之间的连接进行随机丢弃，或每一层进行随机丢弃。如图 8.3.6 所示。

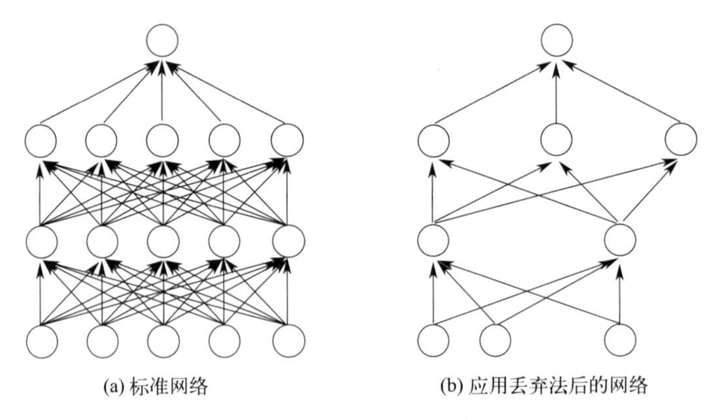

图 8.3.6　dropout 示例

必须指出的是，虽然 dropout 在特定模型上每一步的代价是微不足道的，但在一个完整的系统上使用 dropout 的代价可能非常显著。因为 dropout 是一个正则化技术，它通过随机（临时）删除非输出神经元增加了网络类型，同时也减少了模型的有效容量。为了抵消这种影响，我们必须增大模型规模。不出意外的话，使用 dropout 时最佳验证集的误差会小很多，但这是以更大的模型和更多训练算法的迭代次数为代价换来的。对于非常大的数据集，正则化带来的泛化误差减少得很小。在这些情况下，使用 dropout 和更大模型的计算代价可能超过正则化带来的好处。

8.3.4 预训练模型的迁移学习

对于人类而言，迁移学习（transfer learning）是一种天生的能力，也是使得人类快速掌握新技能的重要能力。很多人学会了骑自行车，掌握了控制两轮车平衡的技能，那么在学习骑电动车或者摩托车时会很自然应用这种平衡技能，帮助他们更快掌握其他两轮车的骑行方法。在人工智能领域，迁移学习也发挥着不容小觑的作用。

（1）迁移学习的目的

预训练模型的迁移学习旨在通过将在一个任务上学习到的知识和模型转移到另一个相关任务中，加快学习速度和提高性能。其目的是利用一项任务中学习到的知识去提升另一项任务的泛化能力，一般而言，迁移学习包括所有使用源任务中某种资源（数据、模型、标注等）来提升模型目标任务泛化能力的技术。该技术的关键在于找到两项任务之间的相似性，并利用这种相似性将源任务中学习到的知识应用于目标任务中指导任务的学习。

可以理解为，将预训练模型的参数作为起始点，在目标任务的数据上继续进行训练。而由于预训练模型已经在大规模数据上学习到了通用的特征表示，因此可以通过迁移学习将这些学习到的特征知识应用到目标任务上，避免从零开始训练模型。这样做可以节省训练时间和计算资源，并且提高模型对目标任务数据的泛化能力。

（2）预训练模型的迁移学习步骤

第一，选择预训练模型。使用大规模数据集在一个或多个相关任务上进行训练，得到一个在某个特定领域具有较好性能的模型。这个模型通常在计算机视觉、自然语言处理等领域中被广泛使用，如 ImageNet 数据集上预训练的卷积神经网络模型。

第二，特征提取。将预训练模型的层作为特征提取器，通过将输入数据传递到模型的某个层中，获取其输出作为特征表示。这些特征表示保留了原始数据的某种抽象表示，可以在新任务中使用。

第三，微调。根据新任务的特点和需求，对预训练模型进行微调。通常是在预训练模型的基础上修改最后几层，或者添加一些适应新任务的特定层。然后，使用新任务的数据进行训练。这一步可以根据实际情况调整学习率等。

通过迁移学习，可以在具有较少标注数据的新任务上显著提升模型的性能。另外，迁移学习充分利用了预训练模型在大规模数据上学到的知识，通过初始化模型参数或调整部分参数，使得模型更快地收敛并在目标任务上表现出更好的性能。这也是它被归类为模型参数调优方法的原因。

8.4 本章小结

深度学习优化技巧是网络成功应用并获得良好效果的基础和前提。本章从数据、模型结构和参数调整三个方面出发。

在数据处理方面，我们讨论了数据清洗、数据增强、数据降噪和数据归一化的方法，以提高数据质量和模型泛化能力。通过数据清洗去除异常值和噪声数据，可以提高模型的鲁棒性和可靠性。通过数据增强技术可以对原始数据进行变换和扩充，扩展训练集，从而提高模型的泛化能力。通过数据降噪帮助我们去除数据中的噪声，并提升模型的性能。通过数据归一化将不同特征的数据范围统一，从而更好地进行模型训练和收敛。

在模型结构方面，我们探讨了注意力机制、特征金字塔、残差结构和网络层数的优化技术，以改进模型表达能力和性能。通过注意力机制的引入能够使模型更加关注重要的特征，并适应不同的上下文。通过构建特征金字塔结构，有助于处理不同尺度的特征信息，提升模型对于多尺度目标的检测和识别能力。通过残差结构的使用，来缓解梯度消失问题，并使得模型更易优化。最后介绍了确定网络层数的方法。

在参数调整方面，我们讨论了学习率调整、参数初始化、网络正则化和预训练模型的迁移学习，以优化模型训练过程和减少过拟合风险。为深度学习实践者提供了指导和参考。通过合理应用数据处理、模型结构和参数调整的技术，可以优化深度学习模型，并取得更好的性能和效果。

第九章

智能机器人的视觉感知方法与视觉处理技术

在本章中，我们将讨论智能机器人的视觉感知方法和处理技术。我们将从经典的视觉感知方案开始讨论，然后探讨基于机器学习和深度学习的视觉感知方法。最后，我们将介绍面向少量样本学习的视觉感知方法。

9.1 经典的视觉感知方案

9.1.1 视觉信息获取

视觉信息获取是视觉感知的重要步骤之一，涉及多个层面的内容和技术。下面将分为三个部分进行深入讲解：数据源和设备选择、设备参数和性能优化，以及光学与传感技术的协同应用。

（1）数据源和设备选择

在机器视觉领域，合适的数据源和设备选择是确保获取高质量视觉信息的前提。数据源主要包括不同类型的摄像头，如数字摄像头、模拟摄像头、3D传感器、红外摄像机和高速摄像机等。它们各自具有独特的特性和应用领域。

数字和模拟摄像头是最常见的数据源。它们因其便捷性和灵活性被广泛应用于各种场景。然而，特殊的应用场景例如需要捕捉三维信息或在低光环境下工作，则可能需要使用3D传感器和红外摄像机。这些特殊类型的摄像头通过捕捉不同类型的信息，例如三维形态信息和热成像，满足特定场景下的信息获取需求。

为了获得高质量的图像，除了摄像头类型的选择，还需要考虑摄像头的分辨率、感光度、颜色复现能力等参数。分辨率直接决定了图像的清晰度和细节展现，而感光度和颜色复现能力则决定了摄像头在不同光照条件下的性能表现。

（2）设备参数和性能优化

设备参数和性能的优化是另一个关键环节。高性能的设备能够更准确、高效地获取视觉信息。在选择设备时，不仅要考虑设备的基本参数，还要根据实际应用场景进行性能优化和调整。

例如，在一个需要高速拍摄的应用场景中，摄像头的帧率和快门速度是重要参数。通过优化这些参数，可以确保摄像头在高速运动的场景下依然能够获取清晰、稳定的图像。另一方面，在低光或者不同光照条件下拍摄，则需要调整设备的感光度和曝光时间等参数，以获取亮度合适、细节丰富的图像。

性能优化还包括设备的校准和维护。定期的设备校准能够确保设备始终保持最佳状态，同时通过定期维护和检查，可以及时发现和解决设备的问题，防止在实际应用中出现故障或者性能下降。

（3）光学与传感技术的协同应用

视觉信息获取还涉及光学和传感技术的协同应用。在实际应用中，光学系统和传感器的相互配合能够大大提升信息获取的质量和效率。通过精确调整光学系统的参数，例如镜头的类型、焦距和光圈等，可以实现与传感器的最佳匹配，从而获得最佳的图像质量。

在设计光学系统时，还需要考虑到传感器的特性。不同类型的传感器，例如 CCD 和 CMOS 传感器，有不同的光学特性和对光学系统的要求。通过充分了解传感器的特性和要求，可以设计出更符合实际应用需要的光学系统。

同时，光学和传感技术的协同应用还包括了光学系统和传感器之间的相互校准和调整。通过精确校准光学系统和传感器，可以实现更准确、高效的视觉信息获取。

9.1.2 视觉显著性检测

视觉显著性（visual saliency）是指人类在观察某一区域时视野中存在能够引起人类视觉关注的局部区域，该局部区域被称为显著性区域。与此对应，视觉显著性检测（visual saliency detection）指通过智能算法模拟人的视觉特点，提取图像中的显著区域（即人类感兴趣的区域）。近年来，基于计算机技术的视觉显著性检测模型被广泛应用于图像分割、目标检测和视频编码等领域。

虽然显著性检测的方法多种多样，但追根溯源，从视觉注意机制出发，根据视觉注意力产生的因素，可以将显著性检测方法分为两大类：一类是由场景中的数据驱动的、非主动意识的自底向上（bottom-up）的方法，该类方法主要是基于场景中的一些低级视觉特征的直接激励，直接提取刺激人眼的显著性区域；另一类是任务驱动的、带有主观意愿的从上而下（top-down）的方法，该类方法基于高级特征的先验知识，需要提前学习相关高级特征。从下而上也可以认为是数据驱动，即图像本身对人的吸引，从上而下则是在人意识控制下对图像进行注意。计算机视觉领域主要做的是从下而上的视觉显著性，而从上而下的视觉显著性由于对人的大脑结构作用不够了解，无法深刻地揭示其作用原理，在计算机视觉领域的研究也相应很少。

（1）自下而上基于数据驱动的注意机制

仅受感知数据的驱动，将人的视点指导到场景中的显著区域；通常与周围具有较强对比度或与周围有明显不同的区域吸引自下而上的注意。利用图像的颜色、亮度、边缘等特征表示，判断目标区域和它周围像素的差异，进而计算图像区域的显著性。图 9.1.1 为自下而上的注意，第 5 列第 4 条和第 4 列的竖直摆放的条形能立即引起人的注意。

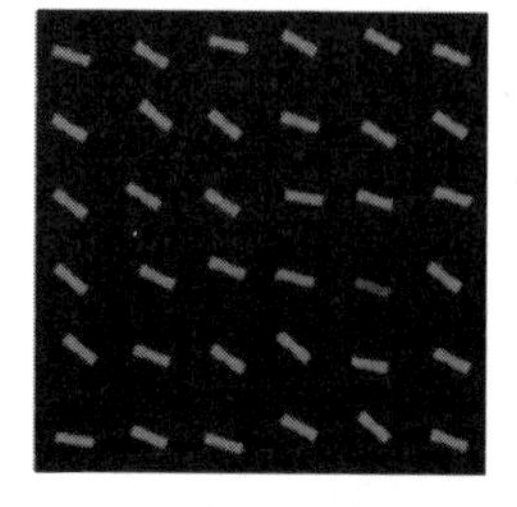
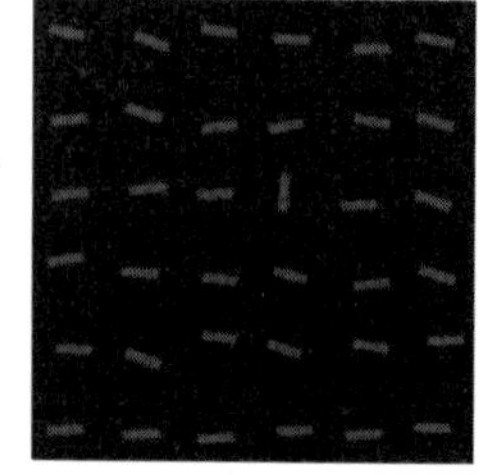

图 9.1.1　自下而上的注意

（2）自上而下基于任务驱动的目标的注意机制

由人的“认知因素”决定，比如知识、预期和当前的目标，对图像的特定特征来计算图像区域的显著性。图 9.1.2 为自上而下的注意，监控任务下，场景中的人体能引起注意。

图 9.1.2　自上而下的注意

9.1.3　光学系统的设计

在智能机器人的视觉感知系统中，从光学系统对使用要求满足程度出发，设计参数合理的光学系统，这是实现精准视觉感知的重要步骤。在视觉感知过程中，光学系统的作用主要是将实际世界中的三维场景信息转化为二维图像信息，使得机器人可以通过图像处理和分析算法来理解和处理这些信息。本节将会详细介绍光学方案中的一些关键因素，包括光学组件的选型、光源位置的布置、光的颜色选择以及抵抗外界光的干扰策略。

（1）光学组件的选型

光学组件是视觉感知系统的物理基础，一套完整的视觉感知系统应当包括相机、光源、图像处理系统和输出控制系统。想要完成光学系统的选型需要从以下几个方面入手。

① 相机选型

工业相机按照感光芯片类型可以分为 CCD 相机和 CMOS 相机；按照传感器的结构特性可以分为线阵相机、面阵相机。CCD 是目前机器视觉最为常用的图像传感器。它集光电转换及电荷存储、电荷转移、信号读取于一体，是典型的固体成像器件。CCD 作为一种功能

器件，与真空管相比，具有无灼伤、无滞后、低电压工作、低功耗等优点。CMOS 图像传感器则是将光敏元阵列、图像信号放大器、信号读取电路、模数转换电路、图像信号处理器及控制器集成在一块芯片上，还具有局部像素的编程随机访问的优点。

CCD 工业相机主要应用在运动物体的图像提取中，如电池壳缺陷检测，当然随着 CMOS 技术的发展，许多应用场景也开始选用 CMOS 工业相机。在视觉自动检查的方案或行业中，一般用 CCD 工业相机比较多。CMOS 工业相机因成本低，功耗低，应用也越来越广泛。

② 镜头选型

镜头的基本功能就是实现光束变换（调制），在机器视觉系统中，镜头的主要作用是将目标成像在图像传感器的光敏面上。镜头的质量直接影响到机器视觉系统的整体性能，合理地选择和安装镜头，也是机器视觉系统设计的重要环节。

在实际生产过程通常根据镜头与相机的接口类型、目标宽度、工作距离来确定镜头的焦距和视角，从而确定镜头型号（图 9.1.3）。

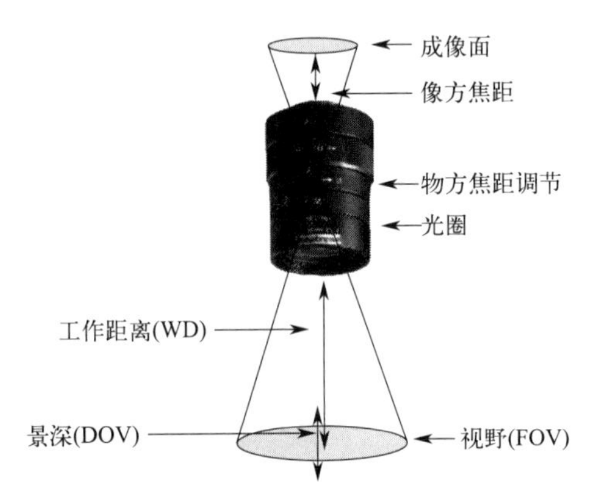

图 9.1.3　镜头参数及选型

③ 光源选型

光源是视觉感知系统中的重要组成部分，它决定了图像的亮度和对比度，直接影响到图像的质量和视觉感知的效果。选择光源时需要考虑以下几个因素。

亮度是光源最基本的属性，它决定了图像的亮度水平。一般来说，亮度越高，图像的噪声水平越低，但是过高的亮度也可能导致图像过曝。因此，需要根据具体的应用环境和目标来选择适当的亮度。

稳定性是光源的另一个重要属性，它决定了图像的色彩稳定性和时间连续性。一般来说，稳定性越高，图像的颜色偏差越小，更有利于颜色和光照的校准和补偿。

寿命是光源的使用成本和维护成本的重要考虑因素。一般来说，寿命越长，光源的使用成本越低，维护成本也越低。

基于以上因素，常见的光源类型有白炽灯、荧光灯、氙气灯、卤素灯、LED 灯等，每种光源都有其特点和应用领域。

（2）光源布置方案

光源位置的布置关系到光线的方向和分布，直接影响到图像的明暗、阴影和立体感，进而影响到最终成像的对比度、均匀性与一致性，我们需要通过设计光学方案最终达到成像对比度明显、均匀性良好且一致性良好（图 9.1.4～图 9.1.6）。

① 环形光源

环形光源（图 9.1.7）是最常用的光源，光源的外形是圆环，通过内部环状发光面来发光，相机通过中心的通孔对物品进行拍摄。环光由四周发光，各向均匀，对常规大小的产品都有较好的打光效果。以圆柱电池壳缺陷视觉检测为例，利用环形光源和面阵 CCD 相机实现对电池壳底部的拍照（图 9.1.8）。

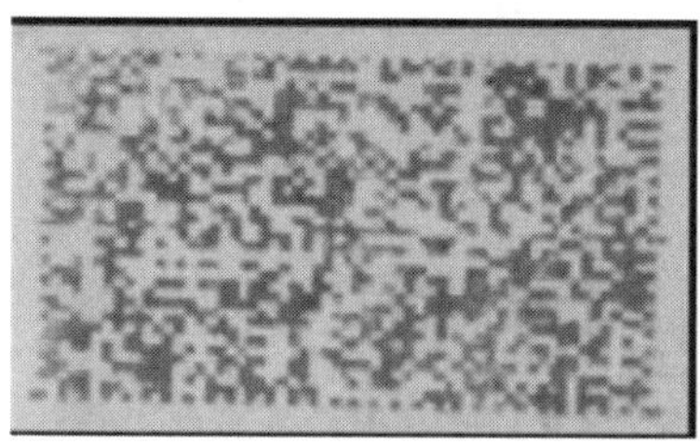

(a) 对比度较差

(b) 对比度明显

图 9.1.4　对比度

(a) 均匀性较差

(b) 均匀性良好

图 9.1.5　均匀性

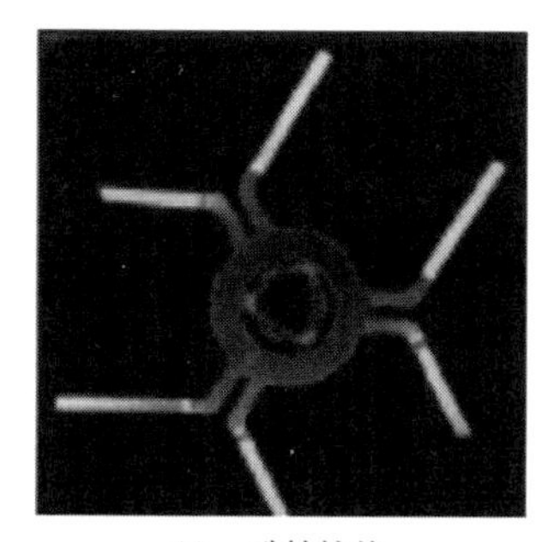

(a) 一致性较差

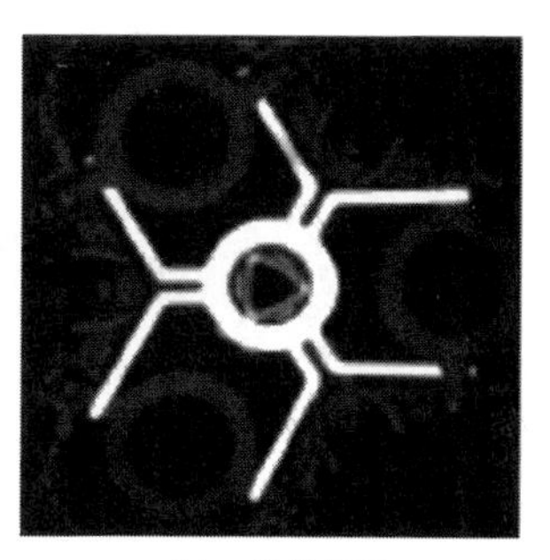

(b) 一致性良好

图 9.1.6　一致性

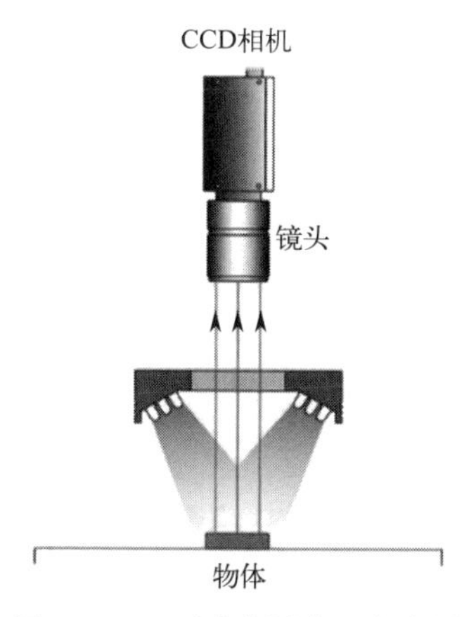

图 9.1.7　环形光源布置方案图

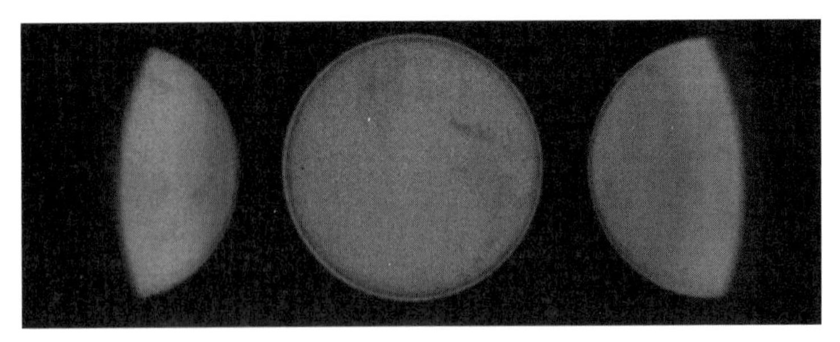

图 9.1.8　环形光源拍摄效果图

② 条形光源

条形光源（图 9.1.9）是较大方形结构被测物的首选光源；颜色可根据需求搭配，自由组合；照射角度与安装随意可调。应用领域：金属表面检查，图像扫描，表面裂缝检测，LCD 面板检测等。以圆柱电池壳缺陷视觉检测为例，使用条形光源搭配线扫 CCD 相机实现对电池壳圆柱面的高清拍摄（图 9.1.10）。

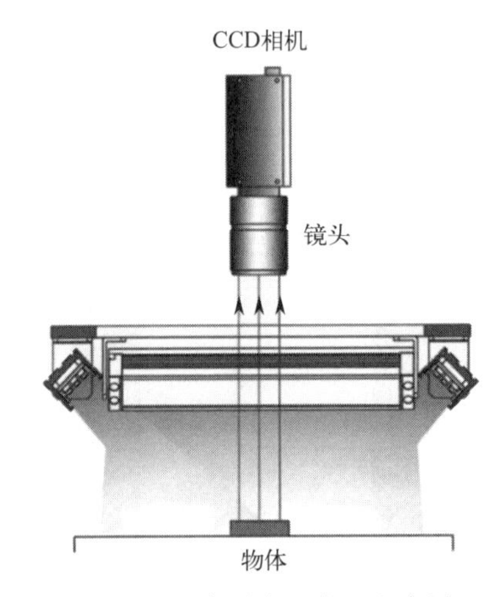

图 9.1.9　条形光源布置方案图

图 9.1.10　线扫 CCD 相机实际拍摄效果图

③ 背光及平行光源

用高密度 LED 阵列面提供高强度背光照明（图 9.1.11），能突出物体的外形轮廓特征，尤其适合作为显微镜的载物台。红白两用背光源、红蓝多用背光源，能调配出不同颜色，满足不同被测物多色要求。应用领域：机械零件尺寸的测量，电子元件、IC 的外形检测，胶片污点检测，透明物体划痕检测等。

④ 同轴光源

同轴光源（图 9.1.12）可以消除物体表面不平整引起的阴影，从而减少干扰；部分采用分光镜设计，减少光损失，提高成像清晰度，均匀照射物体表面。

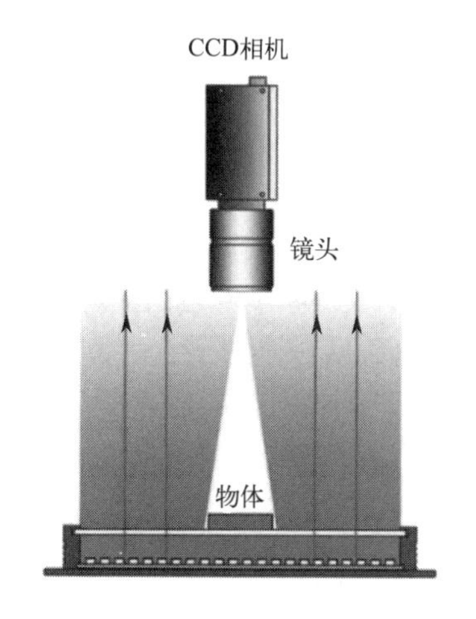

图 9.1.11 背光光源布置方案图

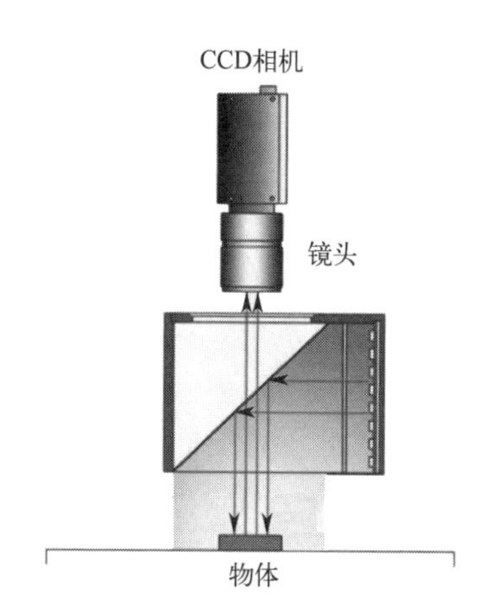

图 9.1.12 同轴光源布置方案图

应用领域：系列光源最适宜用于反射度极高的物体，如金属、玻璃、胶片、晶片等表面的划伤检测，芯片和硅晶片的破损检测，Mark 点定位，包装条码识别。以圆柱电池壳缺陷视觉检测为例，利用环形光源和面阵 CCD 相机实现对电池壳口部（图 9.1.13）和内壁的拍照。

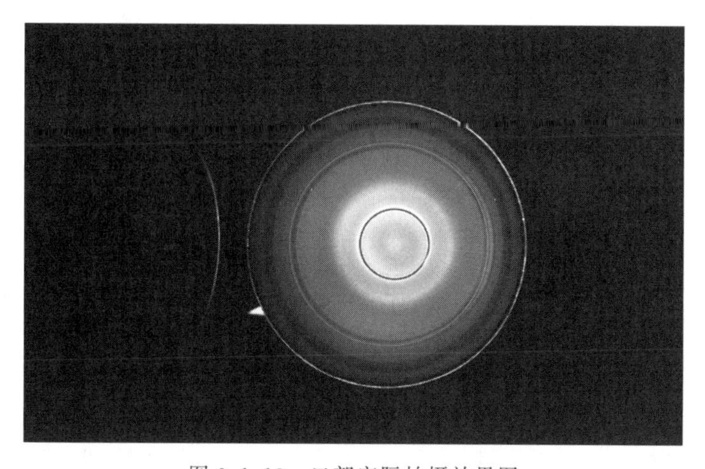
图 9.1.13 口部实际拍摄效果图

（3）光的颜色选择

光的颜色对图像的色彩和对比度有重要影响。在选择光的颜色时，需要考虑以下几个因素：

① 光的颜色温度

颜色温度决定了光的色调，如白炽灯发出暖色调的黄光，而荧光灯和 LED 灯可以发出冷色调的白光或蓝光。选择合适的颜色温度可以使目标颜色更准确，也可以增加图像的对比度和立体感。

② 光的颜色纯度

颜色纯度决定了光的饱和度，如彩色光比白光有更高的颜色纯度。选择合适的颜色纯度可以使目标颜色更鲜艳，也可以增加图像的对比度和立体感。

（4）抵抗外界光的干扰策略

在实际环境中，视觉感知系统常常需要面对外界光的干扰，如自然光、环境光、反射光等。为了提高视觉感知的效果和稳定性，需要采取如下策略来减少外界光的干扰。

① 光学滤镜

通过在相机前置特定的光学滤镜，可以有效地阻止特定波长的光线，从而减少外界光的干扰。

② 同步闪光

通过使用与相机快门同步的闪光灯，可以在短时间内提供强烈的光照，覆盖掉外界光的影响。

③ 光照补偿算法

通过图像处理算法，如直方图均衡化、伽马校正、白平衡等，可以在软件层面上补偿光照变化和颜色偏差，从而提高图像的质量和视觉感知的效果。

光学方案的设计是一个综合性的工程问题，需要充分考虑光源的性能、光线的分布、颜色的选择以及外界光的干扰等多个因素。只有选择合适的光学方案，才能确保视觉感知系统的效果和稳定性，从而提高智能机器人的性能和可靠性。

9.2 视觉感知的传统处理方法

9.2.1 图像处理基础

图像预处理是视觉感知中的首要步骤，它对于提高后续图像处理和分析的质量和准确性起到关键性的作用。预处理步骤的目标是通过对原始图像的一系列操作，提高图像的质量，增强图像中的有用信息，减少无关的噪声和干扰，从而为后续的特征提取和目标识别提供更好的输入。预处理步骤包括但不限于图像降噪、增强以及归一化等。

（1）图像降噪

图像降噪是图像预处理中的关键步骤，其目标是减少图像中的噪声，同时尽可能地保留图像的原始信息。噪声可能源自图像获取过程中的各种因素，如传感器的不完美，光照条件的变化，传输过程中的干扰等。图像降噪的方法有很多，比如最常用的包括平滑滤波器（如均值滤波器、中值滤波器等）和更为复杂的统计方法（如高斯滤波、双边滤波等）。在选择具体的降噪方法时，需要根据图像的特性以及噪声的类型和级别来确定。具体的方法见第十一章。

（2）图像增强

图像增强是一种用于提升图像质量，使得图像更适合特定应用的技术。常见的图像增强方法包括直方图均衡化、对比度拉伸、伽马校正等。直方图均衡化可以改善图像的对比度，使得图像的亮度分布更加均衡，这对于在暗环境中获得的图像尤其有用。对比度拉伸可以增强图像的对比度，使得图像的细节更加清晰。伽马校正可以调整图像的整体亮度，使得图像在视觉上更加平衡和自然。此外，也可以使用一些更为复杂的方法，如拉普拉斯增强，以增强图像的边缘和细节。具体的方法见第八章和第十一章。

（3）图像归一化

图像归一化是一种用于减少图像数据的尺度和亮度差异的技术。通过将图像的像素值映射到一个特定的范围（如 0～1 或－1～1），可以确保不同的图像在进行后续处理和分析时具有相同的尺度。这对于机器学习和深度学习方法尤其重要，因为它们通常假设输入数据具有相同或相似的尺度。此外，归一化也可以减少图像的动态范围，从而降低数据的复杂性，简化后续的计算和处理。

以上三种预处理技术是在许多视觉感知系统中广泛应用的基本方法。它们可以单独使用，也可以组合使用，以满足特定应用的需求。在选择和设计预处理步骤时，需要考虑图像的特性、噪声的类型和级别，以及后续处理和分析步骤的需求。

9.2.2 传统的图像特征提取

传统的图像特征提取方法主要是通过设计一些特定的算法或计算过程，从图像数据中提取有意义的信息，这些信息可以帮助我们理解图像的内容，或者用于后续的图像处理任务，如分类、检索、匹配等。以下是一些常见的传统图像特征提取方法的详细介绍。

（1）颜色特征提取

颜色是图像中最直观、最容易被获取的特征。对于颜色特征的提取，通常有两种常见的方法：颜色直方图和颜色矩。

① 颜色直方图

颜色直方图是一种统计图像中颜色分布的方法。具体来说，它将颜色空间划分为几个离散的区间（或称为“桶”或“箱”），然后统计每个区间中的像素数量。颜色直方图可以很好地反映出图像的颜色分布和组合，但是它忽略了颜色之间的空间关系。

② 颜色矩

颜色矩是一种用来描述颜色分布的统计特征，包括颜色的一阶矩（平均值）、二阶矩（方差）和三阶矩（偏度）。颜色矩可以提供比颜色直方图更详细的颜色信息，例如颜色的集中程度、分散程度和对称性等。

（2）纹理特征提取

纹理是指图像中重复出现的基本模式和局部变化，它可以反映出物体表面的粗糙度、方向、规则性等属性。纹理特征的提取方法有很多，其中最常见的有灰度共生矩阵（GLCM）和局部二值模式（LBP）。

① 灰度共生矩阵（GLCM）

GLCM 是一种统计方法，用于度量图像中两个像素之间的空间关系。具体来说，GLCM 会计算出图像中某个像素值与其邻域像素值在特定方向和距离下同时出现的频率。然后，可以从 GLCM 中计算出一些纹理特征，如对比度、相关性、能量和同质性等。

② 局部二值模式（LBP）

LBP 是一种描述图像局部纹理特征的方法。它通过比较像素点与其邻域像素点的灰度值，生成一个二进制码，然后统计这些二进制码的分布作为纹理特征。

（3）形状特征提取

形状特征是基于物体的外形轮廓进行描述的，它可以用于识别和分类不同的物体。传统的形状特征提取方法通常包括连续性代码（chain codes）和傅里叶描述符（Fourier descriptors）。

① 连续性代码（chain codes）

连续性代码是一种用于表示和描述对象边界的方法。它将对象的边界分解为一系列连接的直线段，并用一组数字代码来表示每一段的方向。连续性代码可以有效地描述对象的形状，但它对噪声和旋转变化敏感。

② 傅里叶描述符（Fourier descriptors）

傅里叶描述符是一种用于描述和识别物体形状的强大工具。它通过将物体的边界轮廓表示为复数序列，然后对这个序列进行傅里叶变换，得到一组描述物体形状的频率分量。傅里叶描述符对于形状的平移、旋转和尺度变化具有不变性，但它需要足够清晰和连续的边界轮廓才能有效。

（4）边缘特征提取

边缘是图像中灰度值变化剧烈的区域，通常对应物体的边界。边缘特征提取方法可以帮助我们检测和定位图像中的边缘，这对于物体识别和分割非常有用。常用的边缘特征提取算法包括 Sobel、Prewitt、Laplacian、Canny 等。

① Sobel 算子

Sobel 算子是一种用于边缘检测的离散差分算子，它通过计算像素点的梯度幅值和方向来检测边缘。Sobel 算子对噪声具有一定的鲁棒性，但它对边缘的定位精度较低。

② Canny 算子

Canny 算子是一种多阶段的边缘检测算法，它先使用高斯滤波器对图像进行去噪，然后使用 Sobel 算子计算梯度，接着进行非极大值抑制以得到细化的边缘，最后通过双阈值检测和边缘连接生成最终的边缘图像。Canny 算子对噪声的鲁棒性强，边缘定位精度高，但计算复杂度较高。

9.2.3 传统的目标检测和识别

在深度学习流行之前，许多传统的目标检测和识别方法都基于特定的假设或者模型，针对特定问题进行优化设计。这些方法通常需要人类专家的领域知识和经验，下面将详细介绍几种常见的传统目标检测和识别方法。

（1）基于阈值的方法

阈值方法是最简单也是最常用的图像分割方法之一。这种方法主要应用于灰度图像，通过设置一个阈值，将图像分割成目标和背景两个部分。这种方法通常用于单个目标检测，比如在医学图像中检测异常区域，或在工业视觉中检测产品缺陷。

阈值的选取是这种方法的关键，如果阈值选取得当，可以有效地将目标与背景分离。然而，在实际应用中，由于噪声、光照变化以及目标和背景颜色的相似性，阈值的选取通常很困难。为了解决这个问题，人们发展了许多自适应阈值选择方法，如 Otsu 方法、最大熵方法、双峰法等。

（2）基于区域生长的方法

区域生长是一种基于像素连通性的图像分割方法。这种方法首先选择一个或多个种子点，然后将与种子点连通且具有相似特性（如颜色、亮度或纹理）的像素添加到同一个区域中，直到没有更多的像素可以添加为止。

区域生长方法可以处理复杂形状的目标，并且能够保持目标内部的连通性。然而，这种方法对种子点的选择非常敏感，如果种子点选取不当，可能导致目标分割不完整或者将多个目标分割成一个。此外，区域生长方法通常需要大量的计算资源和存储空间，尤其是对于高分辨率的图像。

（3）基于滑动窗口的方法

滑动窗口是一种常用的目标检测方法，这种方法在图像中按一定的步长滑动一个固定大小的窗口，然后在每个窗口位置使用一个预先训练好的分类器判断窗口中是否包含目标。

滑动窗口方法可以检测图像中的多个目标，并可以处理不同大小的目标。然而，这种方法的主要缺点是计算量大，检测速度慢。为了解决这个问题，人们发展了许多加速技术，如图像金字塔、积分图像等。在这些技术的帮助下，滑动窗口方法在人脸检测、行人检测等应用中仍然非常有效。

（4）基于模板匹配的方法

模板匹配是一种基于相似度比较的目标检测方法。这种方法首先定义一个或多个目标的模板，然后在图像中查找与模板相似的区域。模板匹配方法可以处理复杂形状的目标，并且不需要目标的先验知识。

模板匹配方法通常使用交叉相关、欧氏距离、马氏距离等度量相似性。在处理旋转和缩放变化的目标时，可以使用旋转不变特征和尺度不变特征来构造模板。然而，模板匹配方法对于视角变化、光照变化和形状变形的目标检测效果通常不佳。此外，当模板数量增加时，模板匹配方法的计算量会显著增加。

（5）基于连通组件的方法

连通组件分析是一种基于像素连通性的目标检测方法。这种方法首先使用阈值方法或边缘检测方法将图像分割成多个区域，然后将连通的区域作为一个整体来识别目标。

连通组件分析方法可以处理复杂形状和纹理的目标，对图像的噪声和光照变化具有一定的鲁棒性。然而，这种方法对于目标间的触碰和重叠通常处理得不好，可能将多个目标识别为一个，或者将一个目标分割成多个。为了解决这个问题，人们发展了许多基于形状、纹理、颜色和运动等特征的区域合并和分割策略。

9.3 基于机器学习的视觉感知方法

9.3.1 集成学习

集成学习（ensemble learning）是一类机器学习框架，通过构建并结合多个学习器来完成学习任务，以达到更好的性能和泛化能力。一般结构是：先产生一组“个体学习器”，再用某种策略将它们结合起来。

集成学习的第一个问题就是如何得到若干个个体学习器。这里有两种选择。第一种就是所有的个体学习器都是一个种类的，或者说是同质的（homogeneous），同质集成中的个体学习器也称为“基学习器”（base learner），相应的学习算法称为“基学习算法”（base learning algorithm）。比如都是决策树个体学习器，或者都是神经网络个体学习器。第二种是所有的个体学习器不全是一个种类的，或者说是异质的（heterogeneous）。比如我们有一个分类问题，对训练集采用支持向量机个体学习器，用逻辑回归个体学习器和朴素贝叶斯个体学习器来学习，再通过某种结合策略来确定最终的分类强学习器。这时个体学习器一般不称为基学习器，而称作“组件学习器”（component leaner）或直接称为个体学习器。

个体学习器的结合策略主要有平均法、投票法和学习法等。

（1）平均法

对于数值类的回归预测问题，通常使用的结合策略是平均法，也就是说，对于若干弱学习器的输出进行平均得到最终的预测输出。最简单的平均是算术平均，也就是说最终预测如式(9.1) 所示：

$$\boldsymbol{H}(x)=\frac{1}{T}\sum_{i=1}^{T}\boldsymbol{h}_i(x) \tag{9.1}$$

如果每个个体学习器有一个权重 $\boldsymbol{w}$，则最终预测如式(9.2) 所示：

$$\boldsymbol{H}(x)=\sum_{i=1}^{T}\boldsymbol{w}_i\boldsymbol{h}_i(x) \tag{9.2}$$

其中，$\boldsymbol{w}_i$ 是个体学习器 $\boldsymbol{h}_i$ 的权重，如式(9.3) 所示：

$$\boldsymbol{w}_i \geqslant 0 \quad \sum_{i=1}^{T}\boldsymbol{w}_i=1 \tag{9.3}$$

(2) 投票法

对于分类问题的预测，我们通常使用的是投票法。假设我们的预测类别是 c_1，c_2，…，c_k，对于任意一个预测样本 x，我们的 T 个弱学习器的预测结果分别是 $h_1(x)$，$h_2(x)$，…，$h_T(x)$。

最简单的投票法是相对多数投票法，也就是我们常说的少数服从多数，也就是 T 个弱学习器对样本 x 的预测结果中，数量最多的类别为最终的分类类别。如果不止一个类别获得最高票，则随机选择一个做最终类别。

稍微复杂的投票法是绝对多数投票法，也就是我们常说的要票过半数。在相对多数投票法的基础上，不光要求获得最高票，还要求票过半数，否则会拒绝预测。

更加复杂的是加权投票法，和加权平均法一样，每个弱学习器的分类票数要乘以一个权重，最终将各个类别的加权票数求和，最大的值对应的类别为最终类别。

(3) 学习法

对弱学习器的结果做平均或者投票，相对比较简单，但是可能学习误差较大，于是就有了学习法这种方法。对于学习法，代表方法是 stacking，当使用 stacking 的结合策略时，我们不是对弱学习器的结果做简单的逻辑处理，而是再加上一层学习器，也就是说，我们将训练集弱学习器的学习结果作为输入，将训练集的输出作为输出，重新训练一个学习器来得到最终结果。

在这种情况下，我们将弱学习器称为初级学习器，将用于结合的学习器称为次级学习器。对于测试集，我们首先用初级学习器预测一次，得到次级学习器的输入样本，再用次级学习器预测一次，得到最终的预测结果。

根据个体学习器的不同，集成学习方法大致可分为两大类：个体学习器间存在强依赖关系，必须串行生成的序列化方法以及个体学习器间不存在强依赖关系，可同时生成的并行化方法。前者代表是 Boosting，后者代表是 Bagging 和随机森林。

① Boosting 类方法

Boosting 类方法是按照一定的顺序来先后训练不同的基模型，每个模型都针对先前模型的错误进行专门训练。根据先前模型的结果，来调整训练样本的权重，从而增加不同基模型之间的差异性。Boosting 的过程很类似于人类学习的过程，我们学习新知识的过程往往是迭代式的。第一遍学习的时候，我们会记住一部分知识，但往往也会犯一些错误，对于这些错误，我们的印象会很深。第二遍学习的时候，就会针对犯过错误的知识加强学习，以减少类似的错误发生。不断循环往复，直到犯错误的次数减少到很低的程度。

Boosting 类方法是一种非常强大的集成方法，只要基模型的准确率比随机猜测高，就可以通过集成方法来显著地提高集成模型的准确率。Boosting 类方法的代表性方法有 AdaBoost、GBDT 等。

(a) AdaBoost，是英文“adaptive boosting”（自适应增强）的缩写，由 Yoav Freund 和 Robert Schapire 在 1995 年提出。它的自适应在于：前一个基本分类器分错的样本会得到加强，加权后的全体样本再次被用来训练下一个基本分类器。同时，在每一轮中加入一个新的弱分类器，直到达到某个预定的足够小的错误率或达到预先指定的最大迭代次数。

具体说来，整个 AdaBoost 迭代算法就 3 步：

初始化训练数据的权值分布。如果有 N 个样本，则每一个训练样本最开始时都被赋予相同的权值：$1/N$。

训练弱分类器。具体训练过程中，如果某个样本点已经被准确地分类，那么在构造下一个训练集中，它的权值就被降低；相反，如果某个样本点没有被准确地分类，那么它的权值就得到提高。然后，权值更新过的样本集被用于训练下一个分类器，整个训练过程如此迭代地进行下去。

将各个训练得到的弱分类器组合成强分类器。各个弱分类器的训练过程结束后，加大分类误差率小的弱分类器的权重，使其在最终的分类函数中起着较大的决定作用，而降低分类误差率大的弱分类器的权重，使其在最终的分类函数中起着较小的决定作用。换言之，误差率低的弱分类器在最终分类器中占的权重较大，否则较小。

(b) GBDT 也是集成学习 Boosting 家族的成员，但是却和传统的 AdaBoost 有很大的不同。回顾下 AdaBoost，我们是利用前一轮迭代弱学习器的误差率来更新训练集的权重，这样一轮轮地迭代下去。GBDT 也是迭代，使用了前向分布算法，但是弱学习器限定了只能使用 CART 回归树模型，同时迭代思路和 AdaBoost 也有所不同。

在 GBDT 的迭代中，假设我们前一轮迭代得到的强学习器是 $f_{t-1}(x)$，损失函数是 $L(y,f_{t-1}(x))$，我们本轮迭代的目标是找到一个 CART 回归树模型的弱学习器 $h_t(x)$，让本轮的损失函数 $L(y,f_t(x))=L(y,f_{t-1}(x)+h_t(x))$ 最小。也就是说，本轮迭代找到决策树，要让样本的损失尽量变得更小。

GBDT 的思想可以用一个通俗的例子解释，假如有个人 30 岁，我们首先用 20 岁去拟合，发现损失有 10 岁，这时我们用 6 岁去拟合剩下的损失，发现差距还有 4 岁，第三轮我们用 3 岁拟合剩下的差距，差距就只有一岁了。如果我们的迭代轮数还没有完，可以继续迭代下去，每一轮迭代，拟合的岁数误差都会减小。

② Bagging 类方法

Bagging 类方法是通过随机构造训练样本、随机选择特征等方法来提高每个基模型的独立性的。由于训练数据的不同，获得的学习器会存在差异性，但是若采样的每个子集都完全不同，则每个基学习器都只能训练一小部分数据，无法进行有效的学习。因此考虑使用相互交叠的采样子集。代表性方法有 Bagging 和随机森林等。

(a) Bagging（bootstrap aggregating）通过提升训练数据集的多样性来增加模型的独立

性。首先在原始训练集上进行有放回的随机采样，生成 M 个含有 m 个样本的新训练集。有的样本在新训练集中可能出现多次，有的可能从未出现。利用这 M 个新的训练集，我们并行地训练 M 个基学习器，然后将这些基学习器进行集成。对于分类任务，Bagging 通常采用投票制，即选择票数最多的类别作为最终结果。对于回归任务，则采用平均法，即将所有基学习器的预测结果进行平均。如果有多个类别的票数相同，我们可以使用随机选择，或者考虑每个学习器投票的置信度来确定最终类别。

（b）随机森林（random forest，RF）是在 Bagging 的基础上再引入了随机特征，进一步提高每个基模型之间的独立性。在随机森林中，每个基模型都是一棵决策树，与传统决策树不同的是，在 RF 中，对每个基决策树的每个节点，先从该节点的属性集合中随机选择一个包含 k 个属性的子集，然后从这个子集中选择一个最优属性予以划分，而传统的决策树是直接在当前节点的属性集合中选择一个最优属性来划分集合。

9.3.2 局部二值模式

局部二值模式（local binary patterns，LBP）是一种用于图像处理和计算机视觉中的特征描述符。它通过将每个像素与其周围像素进行比较，并将结果编码为二进制数来描述图像的纹理信息。

LBP 最初由芬兰奥卢大学的 Timo Ojala、Matti Pietikainen 和 Topi Maenpaa 于 1994 年在论文“Multiresolution Gray-scale and Rotation Invariant Texture Classification with Local Binary Patterns”中提出。他们提出了一种用于纹理分析和识别的算法，并将其应用于人脸识别任务。

LBP 算法对于每个像素，将其与周围的 8 个像素进行比较，比它亮的像素设为 1，比它暗的像素设为 0，这样就得到了一个 8 位二进制数。将这个二进制数转化为十进制数，得到的值即为该像素的 LBP 值。对于整张图像，可以统计不同 LBP 值的出现频率，并用这些频率作为图像的特征向量。

（1）原始 LBP

在 3×3 的窗口中，以窗口中心像素为阈值，将相邻的 8 个像素的灰度值与其进行比较，若周围像素值大于中心像素值，则该像素点的位置被标记为 1，否则为 0。可以产生 8 位二进制数，将其转化为十进制数便得到了 LBP 编码（256 种），如图 9.3.1 左上角开始遍历组成二进制数，然后转化为十进制数。

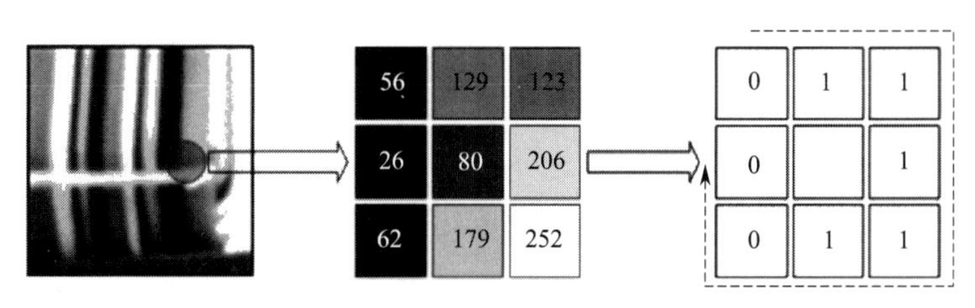

图 9.3.1　原始 LBP 编码

（2）圆形 LBP

为适应不同尺度的纹理特征，并达到灰度和旋转不变性的要求，Ojala 等人做出了改进，将 3×3 邻域扩展到任意邻域，并用圆形邻域代替正方形邻域。原始 LBP 算子的一个限制是它的 3×3 小邻域无法捕获具有大规模结构的主要特征。为了处理不同尺度的纹理，该算子后来被泛化为使用不同大小的邻域。局部邻域被定义为一组均匀分布在一个圆上的采样点，该圆以待标记的像素为中心，不落在像素内的采样点使用双线性插值进行插值，从而允许任意半径和邻域内任意数量的采样点。圆形 LBP 算子计算 LBP 的方式和原始 LBP 算子是一样的，以中心像素为阈值，将中心像素与邻域中的相邻像素进行比较，以顺时针方向连接所有这些二进制值来获得一个二进制数。图 9.3.2 显示了扩展 LBP（ELBP）算子的一些示例，其中符号（P，R）表示半径为 R 的圆上的 P 个采样点的邻域。

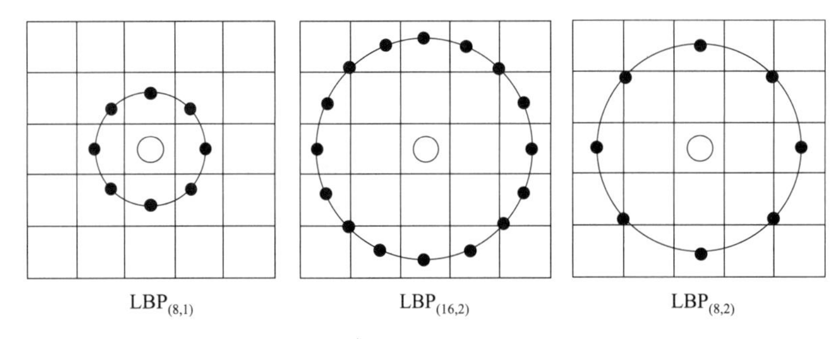

图 9.3.2 圆形 LBP 编码

（3）旋转不变 LBP

旋转不变 LBP 算子是在圆形 LBP 算子的基础上进行改进的。圆形 LBP（P，R）算子产生 2^P 个不同的输出值，对应于相邻集合中的 P 个像素可以形成的 2^P 个不同的二进制码。当图像旋转时，灰度值 g_p 将相应地沿着围绕 g_0 的圆的周长移动。由于 g_0 始终被指定为 g_c 左上角元素（0，R）的灰度值，因此旋转特定的二进制码自然会产生不同的 LBP（P，R）值，如图 9.3.3 所示。

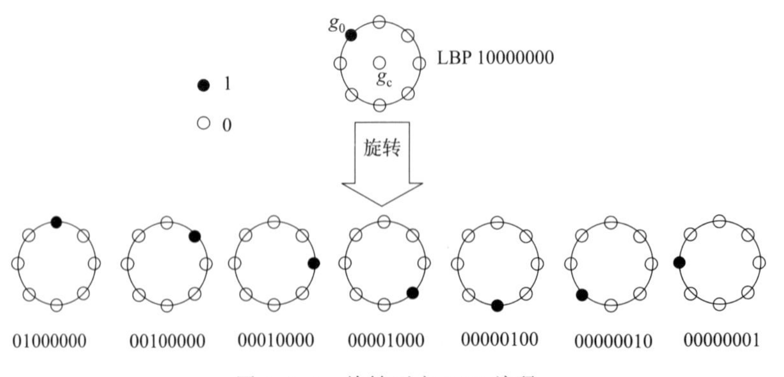

图 9.3.3 旋转不变 LBP 编码

旋转不变 LBP 算子就是不断地对圆形邻域的二进制码执行循环逐位右移（相当于图旋

转不同的角度），根据得到一系列的 LBP 二进制码，从这些 LBP 码中选择 LBP 值最小的作为中心像素点的 LBP 值（如图 9.3.3 中，应是取最右边最小的 00000001 为中心像素点的 LBP）。若令 $P=8$，$R=1$ 时，则 256 种二进制码都做这种旋转，得到最小的数作为旋转不变 LBP，旋转不变 LBP 一共有 36 种，如图 9.3.4 所示。

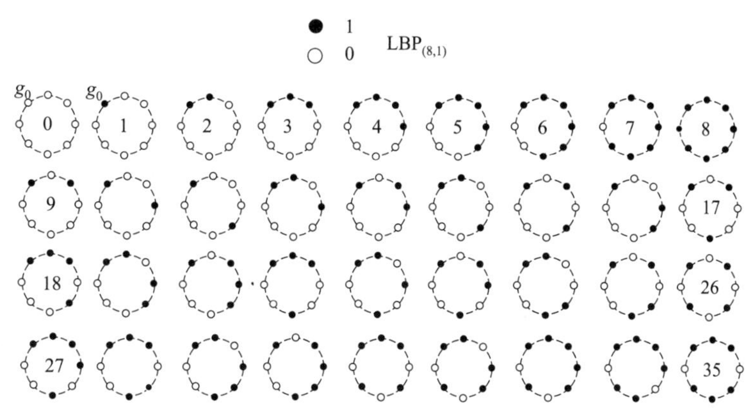

图 9.3.4 旋转不变 LBP 算子

9.3.3 特征点匹配方法

特征点匹配方法是计算机视觉中的一项关键技术，它能够在两幅或多幅图像之间找到相应的点。这种方法广泛应用于图像拼接、物体识别、目标追踪和三维重建等领域。本节将详细介绍特征点匹配方法的基本原理、主要算法及其应用。

（1）特征点提取

特征点提取是特征匹配方法的第一步，旨在从图像中提取出具有独特性和可区分性的点。这些点通常具有良好的重复性，即使在图像旋转、缩放、亮度变化和视角改变的情况下，仍能在其他图像中找到与其对应的点。常用的特征点提取算法包括：Harris 角点检测、SIFT（尺度不变特征变换）、SURF（加速鲁棒特征）、ORB（Oriented FAST and Rotated BRIEF）等。

① Harris 角点检测

Harris 角点检测是一种基于局部图像梯度信息的角点检测方法。它通过计算图像局部区域的梯度协方差矩阵特征值，找到图像中的角点。Harris 角点具有良好的旋转不变性，但在尺度变换时性能较差。

② SIFT 特征提取

SIFT 算法由 David Lowe 于 1999 年提出，是一种具有尺度、旋转和亮度不变性的特征提取方法。SIFT 特征提取分为四个步骤：尺度空间极值检测、关键点定位、关键点方向分配和关键点描述子生成。SIFT 特征具有较强的鲁棒性，但计算复杂度较高。

③ SURF 特征提取

SURF 是一种基于 SIFT 的改进算法，由 Bay 等人于 2006 年提出。SURF 通过使用积分图像、Hessian 矩阵近似和描述子简化等技巧，大幅提高了特征提取的速度，同时保持了良好的特征匹配性能。SURF 特征适用于实时应用场景，如实时目标识别和跟踪。

④ ORB 特征提取

ORB 于 2011 年由 Rublee 等人提出，是一种结合了 Oriented FAST 关键点检测和 Rotated BRIEF 描述子的特征提取方法。ORB 特征具有旋转不变性和尺度不变性，计算速度较快，适用于实时应用。与 SIFT 和 SURF 相比，ORB 特征具有较低的计算复杂度和内存需求。

（2）特征点匹配

特征点匹配是特征匹配方法的第二步，它的目标是在不同图像中找到相应的特征点对。常用的特征点匹配算法有：最近邻搜索、KD 树搜索、BBF（best-bin-first）搜索等。

① 最近邻搜索

最近邻搜索是一种简单的特征点匹配方法，其核心思想是计算待匹配特征点与参考图像特征点集合中每个特征点的距离（如欧氏距离），并找到距离最近的特征点作为匹配结果。尽管这种方法简单且易于实现，但在大规模特征点集合中的匹配效率较低。

② KD 树搜索

KD 树是一种高效的多维空间搜索结构，可以用于加速特征点匹配过程。KD 树将特征点集合划分为多个不相交的子集，每个子集由一个特征维度的分割平面确定。KD 树搜索方法首先构建参考图像特征点集合的 KD 树，然后使用待匹配特征点在 KD 树中搜索最近邻特征点。与暴力搜索相比，KD 树搜索具有较高的匹配效率。

③ BBF 搜索

BBF 算法是一种基于优先级队列的特征点匹配方法。在搜索过程中，BBF 算法首先将最近邻候选点按照距离的逆序插入优先级队列，然后从队列中取出距离最近的候选点并递归地搜索其子树。当搜索次数达到预设阈值时，算法终止并返回当前找到的最近邻特征点。BBF 算法在保证匹配精度的同时，具有较高的搜索效率。

（3）异常匹配点剔除

在特征点匹配过程中，可能存在一些错误的匹配结果，这些错误的匹配点通常称为异常匹配点（outliers）。为了提高匹配的准确性，可以采用如下方法剔除异常匹配点：最近邻距离比（NNDR）、RANSAC（随机抽样一致）等。

① 最近邻距离比

最近邻距离比是一种基于特征点距离的异常匹配点剔除方法。对于每个待匹配特征点，计算其与参考图像特征点集合中最近邻特征点和次近邻特征点的距离比。如果该比值大于预设阈值（如 0.8），则认为该匹配对可能是异常匹配点。这种方法的基本思想是，正确的匹配对通常具有显著的距离差异，而异常匹配点往往与多个特征点的距离相近。

② RANSAC

RANSAC 是一种鲁棒性较强的异常匹配点剔除方法。该方法首先从匹配对集合中随机抽取一组样本，然后根据这组样本估计几何变换模型（如单应性矩阵）。接下来，计算其他匹配对与估计模型的距离，并将距离小于预设阈值的匹配对视为内点。重复以上过程多次，最终选取具有最多内点的模型作为最优解。RANSAC 方法可以有效地剔除异常匹配点，提高匹配的鲁棒性。

（4）应用实例

特征点匹配方法广泛应用于计算机视觉的各个领域，以下是一些典型的应用实例。

① 图像拼接

图像拼接是将多幅图像融合成一幅大图像的过程。特征点匹配方法可以用于估计不同图像之间的几何变换关系（如单应性矩阵），从而实现图像的对齐和融合。

② 物体识别

物体识别是识别图像中特定类别物体的任务。通过提取和匹配特征点，可以实现不同视角、尺度和光照条件下的物体识别。

③ 目标追踪

目标追踪是在视频序列中实时跟踪特定目标的过程。特征点匹配方法可以用于估计目标在连续帧之间的运动关系，实现稳定的目标追踪。

④ 三维重建

三维重建是从二维图像中恢复三维场景的过程。通过特征点匹配和几何变换关系估计，可以实现多视图三维重建和基于单目视觉的稀疏三维重建。

9.3.4 方向梯度直方图

方向梯度直方图（histogram of oriented gradient，HOG）是应用在计算机视觉和图像处理领域，用于目标检测的特征描述器。它是在2005年的CVPR上，由法国国家计算机科学及自动控制研究所的Dalal等人提出的一种用于人体检测的方向梯度直方图（特征描述子），通过统计图像局部区域的梯度方向直方图来形成图像特征，再结合SVM分类器来实现人体检测。特征描述子可以说是图像的表示方式，通过抽取图像中的有用信息，丢弃图像中的额外信息从而简化图像的表示。通常情况下，特征描述子可以将一张3通道的彩色图片转化为一个特征向量。

HOG特征描述子的提取过程包括以下几个主要步骤：

第一，预处理。对输入图像进行归一化，消除光照变化对特征提取的影响。此外，通常也会将彩色图像转换为灰度图像，以降低计算复杂度。

第二，计算梯度。使用Sobel滤波器分别在水平和垂直方向上计算图像的梯度，得到梯度幅值和梯度方向。梯度幅值表示图像边缘的强度，梯度方向表示边缘的方向。

横向梯度：

$$\partial I/\partial x = Gx * I \tag{9.4}$$

纵向梯度：

$$\partial I/\partial y = Gy * I \tag{9.5}$$

式中，Gx 和 Gy 分别表示 x 和 y 方向的梯度算子；$*$ 表示卷积操作；I 表示输入图像。

梯度幅值：

$$|\nabla I|=\sqrt{(\partial I/\partial x)^2+(\partial I/\partial y)^2} \tag{9.6}$$

梯度方向：

$$\theta(x,y)=\arctan\left(\frac{\partial I/\partial y}{\partial I/\partial x}\right) \tag{9.7}$$

第三，划分单元与块。将图像分割成大小固定的单元（cell），每个单元包含若干个像素。然后将若干个相邻的单元组合成一个块（block），块之间可以有重叠。这样的设计有助于提高特征的空间鲁棒性。

第四，计算单元的梯度直方图。对每个单元，将梯度方向离散为若干个区间（通常为9个），并统计每个区间内梯度幅值的累加和，形成梯度方向直方图。这个直方图反映了图像局部区域的梯度分布特征。

第五，归一化块。对每个块进行L2范数归一化，以降低光照变化对特征描述子的影响。此外，也可以采用其他归一化方法，如L1范数归一化或L1-sqrt归一化。

每个块的L2范数：

$$V_{\text{block}}=\sqrt{\sum_{i=1}^{n}H_i^2} \tag{9.8}$$

式中，H_i 表示块内特征向量中各元素的值。

第六，连接块特征。将归一化后的块特征连接起来，形成最终的HOG特征描述子。这个特征描述子可以用于后续的分类、检测等任务。

HOG特征描述子具有很多优点，它对光照和局部阴影具有较好的鲁棒性，通过计算梯度和归一化处理，HOG特征描述子能够降低光照变化对特征提取的影响；它可以捕获局部结构信息，通过统计局部梯度分布，HOG特征描述子能够有效地捕获图像的局部结构信息，如边缘、纹理等；它的提取过程相对简单，计算量适中，实现较为容易。

HOG特征描述子在计算机视觉领域的应用广泛，如人体检测、行人检测、物体识别、场景分类等。在这些应用中，HOG特征描述子常与支持向量机（SVM）等分类器结合使用。具体来说，HOG特征描述子在人体检测中，能够有效地捕捉人体轮廓和姿态信息，实现高精度的检测。在行人检测中，HOG特征描述子可以用于提取行人图像的局部结构信息，再结合SVM分类器实现行人的检测和识别。在物体识别中，HOG特征描述子可以应用于多种物体的识别任务，如车辆、动物、建筑物等。通过提取和匹配HOG特征描述子，可以实现不同视角、尺度和光照条件下的物体识别。在场景分类中，场景分类是根据图像内容对场景进行分类的任务。HOG特征描述子可以用于提取场景图像的局部结构信息，实现场景的识别和分类。在动作识别中，HOG特征描述子可以应用于动作识别任务，如行走、跳跃等。通过提取视频序列中的关键帧，并结合HOG特征描述子，可以实现动作的识别和分类。在表情识别中，利用HOG特征描述子提取人脸图像的局部结构信息，可以实现表情识别。也可以将HOG特征描述子与SVM或其他分类器结合，能够实现高精度的表情识别。在手势识别中，HOG特征描述子也可以通过提取手部图像的局部结构信息，再结合分类器，实现手势的识别和分类。

尽管HOG特征描述子在许多计算机视觉任务中取得了成功，但它也存在一定的局限性。因为它对旋转、尺度变化和视角变化鲁棒性有限，且可能忽略全局结构信息。所以需考虑其他特征或结合多种特征来改进目标检测性能。

9.3.5 支持向量机

支持向量机（support vector machine，SVM）是一种广泛应用于分类和回归问题的监督学习模型。SVM 最早由 Vladimir Vapnik 和 Alexey Chervonenkis 于 1963 年提出，经过多年的发展，SVM 已经成为机器学习领域的经典算法之一。SVM 的核心思想是寻找一个最优决策边界，使得不同类别之间的间隔最大化。这样的决策边界具有较强的泛化能力，能够在未知数据上取得良好的分类性能。

SVM 的主要特点和优势如下：

(a) 最大间隔：SVM 试图找到一个最优决策边界，使得不同类别之间的间隔最大化。这样的边界具有较强的泛化能力，可以在未知数据上取得良好的分类性能。

(b) 结构风险最小化原则：SVM 的优化目标基于结构风险最小化原则，旨在平衡模型的复杂度和拟合能力。这样的原则有助于防止过拟合，提高模型的泛化性能。

(c) 核函数技巧：SVM 可以通过核函数技巧将线性不可分问题转化为线性可分问题。核函数可以将低维特征空间映射到高维特征空间，使得在高维空间中找到线性可分的超平面。这使得 SVM 具有很强的非线性分类能力。

(d) 稀疏性：SVM 的解具有稀疏性，只有部分支持向量参与决策函数的构建。这大大降低了计算复杂度，使得 SVM 在大规模数据集上具有较高的效率。

(e) 稳定性：SVM 的优化问题是一个凸优化问题，具有全局最优解。这使得 SVM 的求解过程稳定，不易受到局部最优解的影响。

SVM 的基本原理可以分为以下几个步骤：

第一，线性可分 SVM。对于线性可分的二分类问题，SVM 试图找到一个线性决策边界（即超平面），使得不同类别之间的间隔最大化。这个间隔被称为几何间隔，其定义为样本点到决策边界的最短距离。通过最大化几何间隔，SVM 可以获得较强的泛化能力。

任意超平面可以用下面这个线性方程来描述：

$$\boldsymbol{\omega}^{\mathrm{T}}\boldsymbol{x}+b=0 \tag{9.9}$$

最大化几何间隔，找到最优的超平面参数 $\boldsymbol{\omega}$ 和 b：

$$\max \frac{2}{\|\boldsymbol{\omega}\|} \tag{9.10}$$

使得对所有 $i=1$，2，…，n：

$$y_i(\boldsymbol{\omega}^{\mathrm{T}}\boldsymbol{x}_i+b)\geqslant 1 \tag{9.11}$$

式中，y_i 表示训练样本的类别标签，它可以取值为 $+1$ 或 -1，对于二分类问题，$+1$ 通常表示正类别，-1 表示负类别；$\boldsymbol{\omega}$ 表示超平面的法向量或权重向量，决定了分类超平面的方向，它的维度与输入样本的特征维度相同；$\boldsymbol{x}_i$ 表示训练样本的特征向量，它是一个包含多个特征的向量，与对应的类别标签 y_i 相关联；b 表示超平面的偏置（或截距），它决定了超平面与原点的位置关系。

第二，对偶问题与支持向量。SVM 的优化问题可以通过拉格朗日对偶问题进行求解。

定义拉格朗日乘子 $\alpha_i\geqslant 0$，对偶问题是最小化：

$$\min \frac{1}{2}\sum_{i=1}^{n}\sum_{j=1}^{n}\alpha_i\alpha_j y_i y_j \boldsymbol{x}_i^{\mathrm{T}}\boldsymbol{x}_j-\sum_{i=1}^{n}\alpha_i \tag{9.12}$$

式中，α_i 表示拉格朗日乘子，是对应于训练样本 $\boldsymbol{x}_i$ 的乘子，在支持向量机（SVM）中，每个训练样本都有一个对应的拉格朗日乘子；n 表示训练样本的数量，也是拉格朗日乘子的数量；$\boldsymbol{x}_j$ 表示训练样本的特征向量，与 $\boldsymbol{x}_i$ 对应；y_j 表示训练样本的类别标签，与 y_i 对应。

对于所有 $i=1,2,\cdots,n$，满足约束条件：

$$\sum_{i=1}^{n}\alpha_i y_i=0 \tag{9.13}$$

对偶问题的优势在于可以将原始问题转化为更容易求解的问题，同时引入核函数技巧。在对偶问题中，只有部分样本点的拉格朗日乘子非零，这些样本点被称为支持向量。支持向量是决策边界的关键，它们决定了分类器的性能。由于只有支持向量参与决策函数的构建，SVM 具有很好的稀疏性，可以在大规模数据集上高效运行。

第三，线性不可分 SVM。对于线性不可分的问题，SVM 引入松弛变量来允许部分样本点处于决策边界的错误一侧。

引入松弛变量 $\xi_i \geqslant 0$，对应于每个样本点，对应的优化目标变为：

$$\min \frac{1}{2}\|\boldsymbol{\omega}\|^2+C\sum_{i=1}^{n}\xi_i \tag{9.14}$$

对于所有 $i=1,2,\cdots,n$，满足约束条件：

$$y_i(\boldsymbol{\omega}^{\mathrm{T}}\boldsymbol{x}_i+b)\geqslant 1-\xi_i \tag{9.15}$$

这种方法使得 SVM 具有一定的容错性，可以处理噪声数据和异常点。同时，通过调整惩罚参数 C，可以平衡模型的复杂度和拟合能力，防止过拟合。

第四，核函数技巧。核函数技巧是 SVM 处理非线性问题的关键。核函数可以将低维特征空间映射到高维特征空间，在高维空间中寻找线性可分的超平面。常用的核函数包括线性核函数：

$$k(\boldsymbol{x}_i,\boldsymbol{x}_j)=\boldsymbol{x}_i^{\mathrm{T}}\boldsymbol{x}_j \tag{9.16}$$

多项式核函数：

$$k(\boldsymbol{x}_i,\boldsymbol{x}_j)=(\boldsymbol{x}_i^{\mathrm{T}}\boldsymbol{x}_j)^d \tag{9.17}$$

以及高斯核函数：

$$k(\boldsymbol{x}_i,\boldsymbol{x}_j)=\exp\left(-\frac{\|\boldsymbol{x}_i-\boldsymbol{x}_j\|}{2\delta^2}\right) \tag{9.18}$$

通过选择合适的核函数，SVM 可以获得很强的非线性分类能力。

第五，多分类问题。SVM 原生支持二分类问题，对于多分类问题，可以采用“一对一”（one-vs-one）或“一对多”（one-vs-all）策略将其转化为多个二分类问题。在实际应用中，这两种策略都可以取得较好的性能。

在计算机视觉和图像处理领域，SVM 广泛应用于目标检测、物体识别、场景分类等任务。通常情况下，SVM 与 HOG、SIFT 等特征描述子结合使用，实现对图像内容的高效识别和分类。随着深度学习技术的发展，基于卷积神经网络（CNN）的方法在许多计算机视觉任务中逐渐成为主流。然而，SVM 仍然在某些特定场景下具有优势，特别是在数据量较小或计算资源有限的情况下。

9.4 基于深度学习的视觉感知方法

9.4.1 经典的视觉感知网络结构

在计算机视觉领域，深度学习技术已经取得了显著的成功，特别是卷积神经网络（CNN）在视觉感知任务上的表现。CNN是一种特殊的神经网络结构，具有局部连接、权值共享和平移不变性等特点，使得它在图像识别、目标检测和语义分割等视觉任务上表现卓越。

如第五章卷积神经网络中的LeNet-5网络、AlexNet网络、VGGNet网络、GoogLeNet网络和ResNet网络等都是经典的视觉感知网络结构。

这些经典的视觉感知网络结构在计算机视觉领域具有重要意义，为智能机器人的视觉感知方法提供了强大的支持。随着深度学习技术的不断发展，更多先进的网络结构和优化技术将不断涌现，进一步推动智能机器人领域的进步。

9.4.2 基于深度学习的目标感知

目标感知是计算机视觉领域的重要任务之一，它包括目标识别、目标检测和目标跟踪等子任务。随着深度学习技术的不断发展，基于深度学习的目标感知方法在各个子任务上都取得了显著的进展。基于深度学习的目标感知方法主要有目标识别、目标检测、目标跟踪、语义分割和实例分割。

（1）目标识别

目标识别是将图像中的目标分配给某个已知类别的任务。卷积神经网络（CNN）是目标识别领域最成功的方法之一。在ImageNet大规模视觉识别挑战赛（ILSVRC）中，基于深度学习的方法已经超过了传统的计算机视觉方法，取得了人类识别水平的准确率。一些经典的CNN结构，如AlexNet、VGGNet、ResNet等，已经在目标识别任务上取得了显著的成功。

（2）目标检测

目标检测不仅需要识别图像中的目标，还需要定位目标在图像中的位置。基于深度学习的目标检测方法通常分为两类：一种是两阶段网络，如R-CNN（region-based CNN）及其变体，包括Fast R-CNN和Faster R-CNN；另一种是单阶段网络，如YOLO（you only look once）和SSD（single shot multibox detector），具体见第十一章。以YOLO系列检测算法为例，如图9.4.1所示展示了13×13个网格以及由此检测图中目标的大致流程。其中涉及很多个锚框，最后选出三个锚框来定位和识别目标。

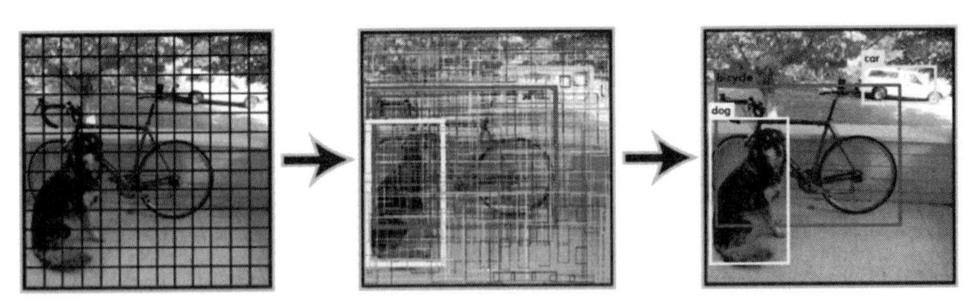

图 9.4.1　YOLO 图片检测大致流程

（3）目标跟踪

目标跟踪是在视频序列中对目标进行连续定位的任务。基于深度学习的目标跟踪方法通常采用循环神经网络（RNN）和长短时记忆网络（LSTM）等结构。这些网络可以学习视频序列中的时空特征，提高目标跟踪的准确性和鲁棒性。

循环神经网络和长短时记忆网络可以捕获视频序列中的时序信息。MDNet（multi-domain network for visual tracking）是一种基于 RNN 的目标跟踪方法，通过在多个域上进行训练，实现对不同场景的目标跟踪。另一种方法是基于 LSTM 的跟踪器，如 ROLO（recurrent YOLO for object tracking），它将 LSTM 引入 YOLO 框架，实现了对目标位置和速度的预测。

（4）语义分割和实例分割

语义分割是将图像中的每个像素分配给某个已知类别的任务。实例分割则需要在语义分割的基础上区分同类别目标的不同实例。基于深度学习的语义分割和实例分割方法通常采用全卷积网络（FCN）、U-Net、Mask R-CNN 等结构。

全卷积网络将传统 CNN 中的全连接层替换为卷积层，实现了对整个图像的像素级预测。U-Net 是一种基于全卷积网络的语义分割方法，其具有编码-解码结构，并采用跳跃连接捕获多尺度特征。U-Net 在医学图像分割等领域取得了显著成功。Mask R-CNN 是一种基于 Faster R-CNN 的实例分割方法，通过在 Faster R-CNN 中引入一个额外的分支预测目标的像素级掩码。Mask R-CNN 在 COCO 数据集上取得了最先进的实例分割性能。Mask R-CNN 检测流程如图 9.4.2 所示。

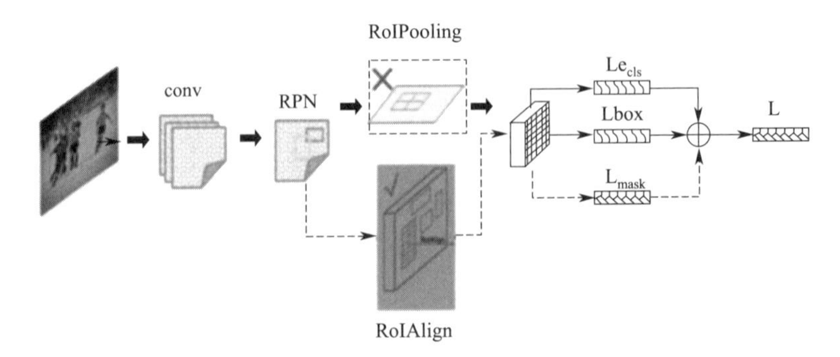

图 9.4.2　Mask R-CNN 检测流程

9.5 面向少量样本学习的视觉感知方法

9.5.1 孪生神经网络

孪生神经网络（siamese neural network），又名双生神经网络，是基于两个人工神经网络建立的耦合构架。孪生神经网络以两个样本为输入，其两个子网络各自接收一个输入，输出其嵌入高维度空间的表征，通过计算两个表征的距离，例如欧氏距离，比较两个样本的相似程度。

狭义的孪生神经网络由两个结构相同，且权重共享的神经网络拼接而成。广义的孪生神经网络，或伪孪生神经网络（pseudo-siamese network），可由任意两个神经网络拼接而成。孪生神经网络通常具有深度结构，可由卷积神经网络、循环神经网络等组成，其权重可以由能量函数或分类损失优化。

孪生网络用于处理两个输入相似的情况。比如，两个句子或者词汇的语义相似度计算，指纹或人脸的比对识别等使用孪生神经网络比较适合；伪孪生神经网络适用于处理两个输入有一定差别的情况，如验证标题与正文的描述是否一致，或者文字是否描述了一幅图片，就应该使用伪孪生神经网络。

孪生神经网络的结构如图 9.5.1 所示，和一般的神经网络不同，孪生神经网络具有两个输入。如在人类识别中，输入为两张人脸图像，通过孪生神经网络后得到了这两张图像的特征。如果为同一人，则输出的特征应较为相似；如果不是同一人，则输出的特征应较为不同，从而实现人脸识别。因此孪生神经网络非常适用于一些需要判断相似度的任务，如目标跟踪、小样本学习。在目标跟踪中，网络需要根据初始帧中的物体来预测后续帧中该物体的位置，因此需要它们的相似度。在小样本学习中，虽然网络在训练时没有遇到过某个物体，但通过孪生神经网络后发现其中一个物体与另一个物体的特征相似，则可以推断出二者为同一类物体。除此之外，在传统神经网络中，若需要识别一个新类则需要对网络重新训练，而孪生神经网络学习的是相似性，因此能够直接对新类进行相似度判断，从而无须重新训练的过程。但孪生神经网络同时有一些缺点，如训练时间更长等。

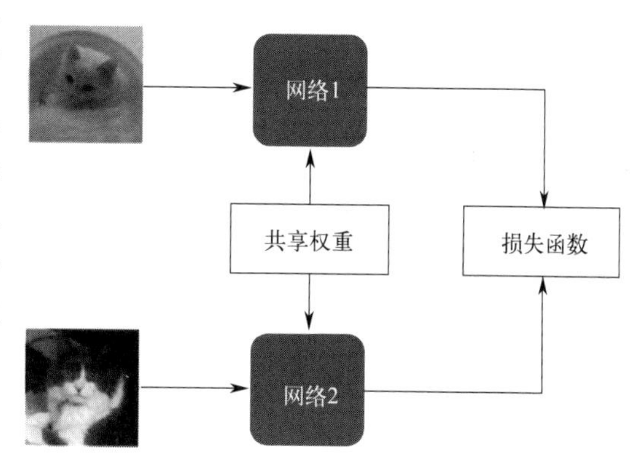

图 9.5.1 孪生神经网络的结构

9.5.2 零样本学习

在日常生活中，人类能够相对容易地根据已经获取的知识对新出现的对象进行识别。例如，带一个从未见过老虎的孩子到动物园，在没见到老虎之前，告诉他老虎长得像猫，但是比猫大得多，身上有跟斑马一样的黑色条纹，颜色跟金毛一样，那么当他见到老虎时，会第一时间认出这种动物。通过已知的猫、金毛、斑马推理出老虎的过程如图 9.5.2 所示。

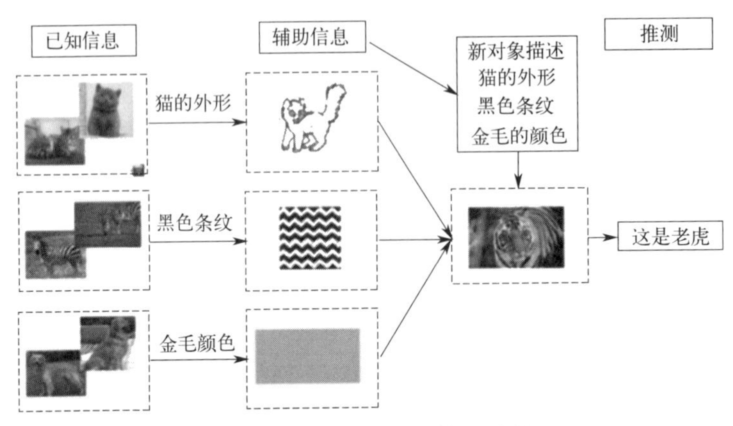

图 9.5.2　零样本学习推理过程

这种根据以往获取的信息对新出现的事物进行推理识别的能力，在 2009 年被正式提出，并取名为零样本学习（zero-shot learning，ZSL）。零样本学习是 AI 识别方法之一，简单来说就是识别从未见过的数据类别，即训练的分类器不仅仅能够识别出训练集中已有的数据类别，还可以对于来自未见过的类别的数据进行区分。

语义空间作为零样本学习的关键，有助于知识从可见类到不可见类的迁移。根据语义空间的构造方式，可以将已有工作中使用的语义空间分为人为语义空间和学习语义空间两种。

（1）人为语义空间

人为语义空间中的每个维度都是人工定义的。接下来，对几种典型的人为语义空间进行介绍。

属性空间：属性空间由属性构成，在零样本学习任务中使用最多。在属性空间中，每个属性是与类的一个特性相对应的单词或短语。所有类的所有属性形成语义空间。类原型的每个维度用二进制值或实数值来表示该类是否含有对应的属性。例如我们有属性集｛“四条腿”、“有尾巴”和“哺乳动物”｝，那么“青蛙”对应的属性为［1，0，0］，而马对应的属性为［1，1，1］。

词空间：词空间由一组词组成，该空间利用类和数据集的标记来提供语义信息。数据库是结构化的词数据库（如 WordNet），将其作为数据源或者利用其中的层次关系可以构建不同的语义空间。另外，词数据库中类之间的距离（如 Jiang-Conrath 距离、Lin 距离）或相似度也可以用来构建语义空间。

文本-关键字空间：通过每个类的文本描述中的关键字组成，文本描述可以从预定义的网站（例如 Wikipedia）获得，也可以从搜索引擎描述每个类的 Web 页面获得。

人为语义空间能够灵活地使用领域知识，但语义空间和类原型十分耗费人力。

（2）学习语义空间

学习语义空间中的维度不是人工定义的，每个类别原型都是以机器学习的方式获取的。

这些机器学习模型通常是从其他任务中预训练得到或从零样本学习中专门训练得到的。下面介绍几种常见的学习语义空间。

标记嵌入空间：类别原型的语义空间是通过标记嵌入得到的。随着词嵌入技术在NLP领域的发展，引入标记嵌入空间。词向量在嵌入过程中被映射到实数空间中成为类别原型，该实数空间中包含着类别的语义信息。语义相近的词在迁入后距离相近，反之较远。

文本嵌入空间：类别原型的语义空间是从类别的文本嵌入得到的，即该空间语义信息从文本描述中获取。将类的文本描述输入预训练模型，模型输出即为类别的原型。

图片特征空间：类别原型的语义空间是从样本中提取的。通常将属于同一类别的图像输入一个预训练的模型，将模型输出组合为一个向量表示作为该类的原型。

学习语义空间的原型的生成不需要人力参与且能够包含更多的信息，但通常需要借助一些机器学习模型得到。另外，获取到的类别原型的每个维度没有明显含义。

另外，根据测试或推论时数据的可用性，可以将零样本学习分为常规零样本学习和广义零样本学习两类。

（1）常规零样本学习

在常规的零样本学习中，在测试时要识别的图像仅限于未知类别，即测试类别。但这类方法并不实用，因为实际中很难保证测试时数据仅仅来自未知的类别。

（2）广义零样本学习

在广义零样本学习中，测试时的图像可以属于已知或未知类别。与常规设置相比，该设置实际上更加实用，但却更具挑战性。原因就是该模型仅在已知类图像上训练，因此可想而知其预测会偏向于已知类。这会导致许多未知类的图像在测试时被错误地分类为已知类，从而大大降低了模型的性能。

除了孪生神经网络和零样本学习，迁移学习也是面向少量样本学习的一种重要技术。迁移学习利用已有的知识和经验，将其迁移到新的任务或领域中，以解决数据稀缺的问题。为面向少量样本学习提供了一种有力的解决方案，帮助机器学习在数据稀缺的情况下实现更好的效果。

9.6　本章小结

本章主要介绍了智能机器人在感知方面的方法和技术，涵盖了经典视觉感知方案、机器学习、深度学习，以及少量样本学习方法。我们详细探讨了这些方法在机器人感知中的应用，以期为读者提供一个全面的理论体系和实践指导。

第一，我们回顾了经典的视觉感知方案，如视觉匹配和视觉显著性检测。这些方案通过提取图像的低级特征来实现场景分析和目标识别，但在复杂环境中的性能有限。为了在复杂场景中实现更高效的感知，我们开始关注机器学习和深度学习等技术。

第二，我们介绍了基于机器学习的视觉感知方法，如集成学习、局部二值模式、特征点匹配方法等。这些方法通过构建复杂的特征提取器和分类器实现目标识别和场景理解，但需要大量的手工特征设计和调整，限制了算法在实际应用中的普适性。

第三，我们深入讨论了基于深度学习的视觉感知方法，包括经典的视觉感知网络结构和基于深度学习的目标感知方法。深度学习方法通过自动学习图像的高级特征实现高效的目标识别和场景分析，但需要大量的标注数据和计算资源，限制了其在实际应用中的推广。

第四，为了解决深度学习方法中的数据不足问题，我们介绍了面向少量样本学习的视觉感知方法，如孪生神经网络、零样本学习和迁移学习。这些方法通过利用现有知识、学习高级特征表示以及有效地迁移已有模型，实现了在数据稀缺情况下的高效感知。

第十章

智能机器人的定位与导航规划技术

机器人在无人环境中实现智能自主移动，面临着“在哪里、到哪里、怎么去”三个需要解决的关键问题。“在哪里”是机器人对环境的认知与对自身的定位，“到哪里”是由任务决定的目标识别问题，“怎么去”是机器人需要解决的自主导航与路径规划问题。

10.1 地图表示与构建

对自主移动机器人来说，定位是导航与路径规划的基石。机器人定位的首要任务便是感知周围的环境并对环境知识加以描述。在智能机器人领域中，地图通常用于机器人的导航和路径规划，因此一张好的地图是移动机器人高效地完成任务的关键。下面将具体地介绍地图表示和地图构建。

10.1.1 地图表示

机器人学中，地图表示是指将机器人所感知到的环境信息表示为一种数据结构，以便机器人能够理解它所处的空间环境。机器人学中地图主要有五种描述形式，即栅格地图、拓扑地图、点云地图、特征地图和语义地图。

（1）栅格地图表示

栅格地图是一种基于网格化的地图表示方法，将地图划分为一系列相等大小的网格单元，每个单元格代表着地图上的一个固定大小的区域，并且与该区域相关联的信息以离散的形式存储在该网格中，例如障碍物、高度、颜色等信息。在栅格地图中，每个栅格只有三种状态：占据、空闲、未知，如图 10.1.1 所示。

栅格地图的主要优点在于它可以精确地描述地图的细节和特征，能够表示各种物体和区域的形状、大小、方向等信息。由于栅格地图具有固定的网格单元大小，因此可以方便地进行空间分析、路径规划和导航。此外，栅格地图还可以与传感器数据、卫星图像等信息相结合，提供更加全面和准确的地图信息。

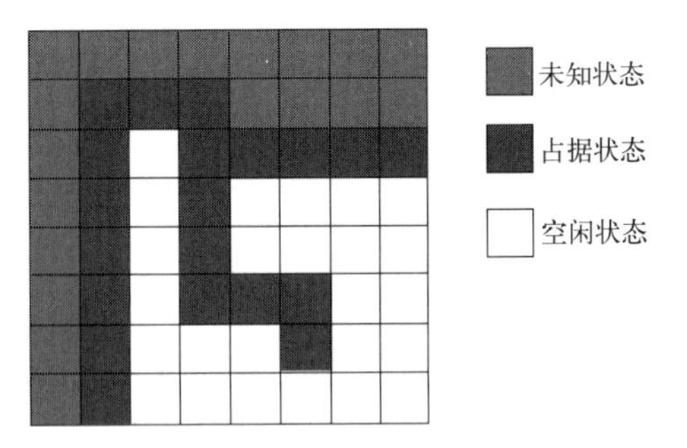

图 10.1.1 栅格的三种状态

在实际应用中，栅格地图被广泛应用于机器人导航、自动驾驶、GIS 等领域。在机器人导航中，栅格地图可以帮助机器人进行障碍物检测、路径规划和避障等任务。在自动驾驶中，栅格地图可以帮助车辆进行实时位置定位、路径规划和行驶决策。在 GIS 领域中，栅格地图可以帮助用户进行空间分析、资源管理和地图可视化等任务。

虽然栅格地图有很多优点，但也存在一些挑战和限制。栅格地图需要占用大量的存储空间，因为每个单元格都需要一个数字来表示其属性或状态。其次，栅格地图对网格单元的大小和分辨率有着很高的要求，这会影响地图的精度和细节，分辨率低时如图 10.1.2 所示。栅格地图还存在着数据更新和维护的问题，因为地图的更新需要重新扫描整个地图，这将会导致算法的复杂度增加。

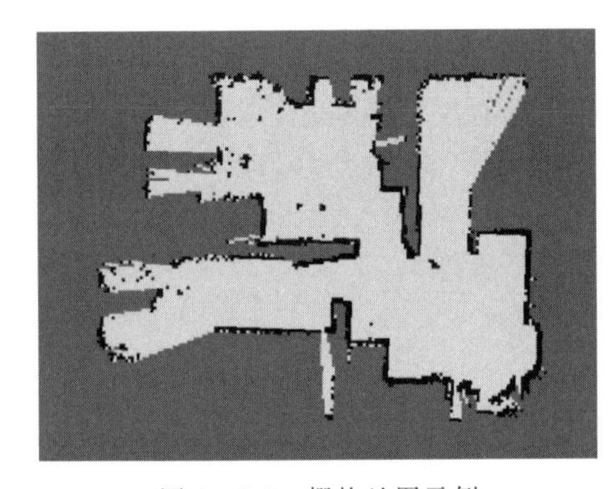

图 10.1.2 栅格地图示例

针对这些挑战和限制，研究人员提出了一些改进的方法。例如，可以使用多分辨率栅格地图来平衡精度和存储需求之间的折中，同时使用增量式地图更新算法来提高地图的实时性和可更新性。此外，也可以使用栅格地图与拓扑地图相结合的方法来提高地图的准确性和表现力。

总的来说，栅格地图是一种非常有效的地图表示方法，具有精度高、可解释性好、可用性广等特点。虽然存在一些挑战和限制，但是随着技术的发展和算法的改进，栅格地图的应用将会越来越广泛，为各种机器人、车辆和系统提供更加可靠和准确的导航和地图信息。

（2）拓扑地图表示

拓扑地图（topological map）作为一种地图表示方法，它主要描述了空间中不同位置之间的关系，而不是用具体的坐标来表示位置。拓扑地图通常由两个基本元素组成：节点和边。节点表示地图上的关键位置，边则表示节点之间的连接关系，如图 10.1.3 所示。拓扑地图的生成通常需要依赖于传感器采集的数据，例如激光雷达、相机、GPS 等。

拓扑地图不同于传统的坐标系地图，它不需要存储每个位置的具体坐标，而是通过记录位置之间的连接关系来描述地图。拓扑地图的优点是可以有效地避免传统地图中存在的坐标误差和不一致性问题，并且能够方便地进行路径规划和位置导航。但同时拓扑地图的建立也存在一定的挑战，由于拓扑地图仅仅描述了位置之间的连接关系，因此它无法精确地表示位置的具体坐标，也无法描述地图上的细节和特征。此外，如果在拓扑地图中加入新的节点和边，需要重新进行路径规划和导航，因此在实时变化的环境中，拓扑地图的实时更新和维护也是一个挑战。

为了解决这些问题，一些研究者提出了拓扑地图与坐标地图的混合表示方法，即同时使用拓扑地图和坐标地图来描述地图。在这种方法中，拓扑地图表示空间中不同位置之间的连接关系，而坐标地图则提供了位置的具体坐标和地图特征。通过这种混合表示方法，可以在保持拓扑地图优点的同时，增强地图的表现力和准确性。

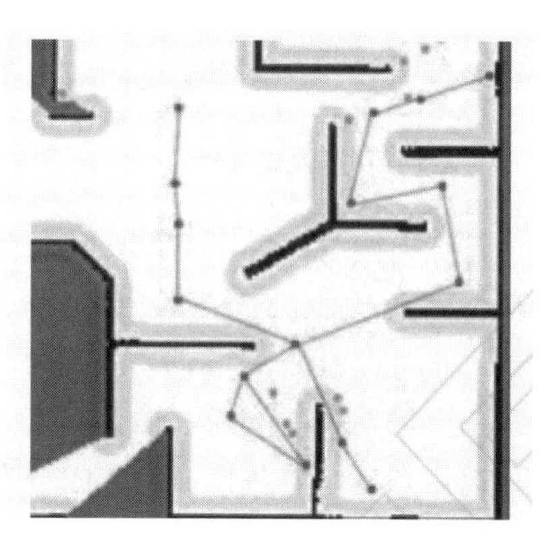

图 10.1.3 拓扑地图示例

（3）点云地图表示

点云地图是一种基于三维点云数据的地图表示方法，它通过采集传感器数据，将环境中的物体和场景信息以三维点云形式表现出来，然后将这些点云数据进行处理和分析，构建出一个表示环境的地图。与传统的地图表示方法不同，点云地图不是基于网格化或拓扑结构的，而是以点云数据形式直接表现环境的形状和特征。图 10.1.4 为使用激光雷达数据生成的点云地图。

图 10.1.4 点云地图示例

点云地图的主要优点在于它能够提供高精度和高分辨率的环境表达，能够表现环境中更为复杂和细节化的特征，如物体形状、表面纹理、光照信息等，能够更好地支持机器人或无人系统进行环境感知和决策。此外，点云地图还可以与其他传感器数据相结合，以提供更加全面和准确的地图信息。

在实际应用中，点云地图被广泛应用于自动驾驶、机器人导航、三维建模等领域。在自动驾驶领域中，点云地图可以帮助车辆进行实时位置定位、环境感知和路径规划等任务。在机器人导航领域中，点云地图可以帮助机器人进行障碍物检测、路径规划和避障等任务。在三维建模领域中，点云地图可以帮助用户生成高精度的三维模型和场景，支持虚拟现实、游戏开发等领域的应用。

虽然点云地图具有很多优点，但也存在一些挑战和限制。首先，点云数据的处理和分析需要高效的算法和计算资源，因此需要在性能和精度之间做出平衡。其次，点云地图需要大

量的存储空间，这对于实时处理和存储来说是一个挑战。此外，点云地图还存在数据不一致和噪声等问题，这会影响地图的精度和可靠性。

（4）特征地图表示

特征地图是一种用于展示地理特征的地图。这些特征可以是自然地理特征，如山脉、湖泊、河流、森林等；也可以是人类活动产生的地理特征，如道路、建筑物、城市、边界等，如图 10.1.5 所示。特征地图可以用来展示这些特征的空间分布和相互关系，以便更好地了解实际的地理场景。

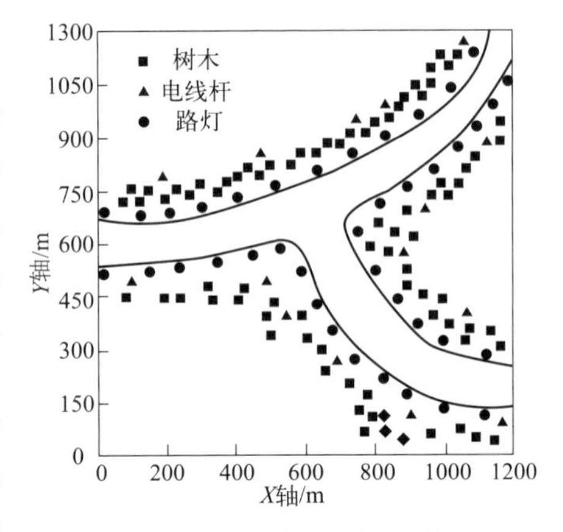

图 10.1.5 特征地图示例

特征地图的设计和制作通常需要根据地图使用者的需要进行特定的选择和呈现。例如，如果一个旅游者需要了解一个地区的山脉和湖泊的分布，特征地图将会显示该地区的山脉和湖泊的位置和名称，以便旅游者更好地了解这个地区的自然环境。同样，如果一家企业需要展示其在不同城市的办公室分布，特征地图将会显示这些城市和办公室的位置和名称，以便该企业更好地了解其在不同地区的业务分布情况。

特征地图的制作通常需要使用地图制图软件和地理信息系统技术，以便更好地组织和呈现地理空间中的特征。在特征地图的制作过程中，通常需要考虑一些设计原则，如地图的比例尺、颜色、符号、标签和图例等，以便更好地传递地理信息。

特征地图作为一种常见的地图类型，一般用于强调地理空间中特定的地理特征。通过特征地图的制作和使用，人们可以更好地了解地理空间中的特征，从而更好地理解和管理自然和人类环境。

（5）语义地图

随着机器人应用领域的不断扩展，其面对的作业环境也越来越复杂。为了应对这一变化，我们要做的不是盲目地增加机器人系统的功能和复杂度，而是需要提升机器人对环境的感知能力，构建一张更“完美”的地图。

长期以来，机器人使用的地图主要为传统的 2D 栅格地图、拓扑地图，用以指导机器人实现定位、导航、固定路径规划等功能。但这些传统的地图缺乏高层次语义信息，使得机器人在进行智能避障、识别、交互方面等任务时有着天然劣势，整体智能化水平不高。随着计算机视觉技术的发展，人们希望机器人能够像人类一样理解环境的结构、层次和语义特征，不仅能够完成自主运动还要能进行人机交互，充分发挥“人”的角色。以自动驾驶领域的语义地图为例，场景表现为车辆密集、人员密集，且环境复杂度高，如图 10.1.6 所示。对于使用自动驾驶的车辆要完成下列几项重要的任务：一是对目的地实现精确定位和路径规划；二是做出驾驶策略，例如遵守交通规则、预测其他车辆行为等；三是感知环境和障碍物检测；四是实时更新语义地图。对于图 10.1.6 中正在使用自动驾驶的车辆，不仅要对目的地进行定位和规划，还需要按照红绿灯和车道信息等交通规则进行行驶，行驶中要不断获取其他车辆和行人的信息以进行动态避障和急停，意味着其不仅要“看到”，还要能“读懂”，对周围环境做到“了然于心”。

图 10.1.6 语义地图示例

语义地图是机器人导航和理解环境的重要工具，但同时面临着一些挑战。获取和标注地图上的语义信息需要大量的人力和时间，且这些信息可能随着环境变化而变化，所以语义地图的维护成本较高。此外，在不同环境或任务下，语义信息的定义和标准可能不同，因此如何实现一致性和标准化也有待更进一步的研究。

10.1.2 地图构建

地图构建是同时定位与地图构建算法（simultaneous localization and mapping，SLAM）的简称，于 1986 年被首次提出。SLAM 技术是指在未知环境中，通过传感器感知数据同时估计智能设备自身的位姿信息以构建出环境地图。SLAM 技术在许多领域都有广泛的应用，如机器人导航、增强现实、无人驾驶等。

SLAM 问题可以描述为：机器人在未知环境中从一个未知位置开始移动，在移动过程中根据位置估计和传感器数据进行自身定位，同时构建增量式地图。早期的 SLAM 研究侧重于使用滤波理论来最小化运动物体的位姿数据和地图路标点的噪声数据，包括扩展卡尔曼滤波和粒子滤波算法，但难以得到大范围环境的地图。1997 年，基于图优化理论的 SLAM 问题求解算法被提出，但由于计算量过大，该方法难以实时运行。21 世纪以来，随着对 SLAM 问题更深入的理解以及稀疏线性理论的广泛应用，基于图优化理论的 SLAM 问题求解算法的计算速度得到优化。下面将分别介绍激光地图、视觉地图和语义地图的构建。

（1）激光地图构建

激光地图构建常用的算法有迭代最近点（iterative closest point，ICP）算法、Hector SLAM 算法、Occupancy Grid Mapping 算法、FastSLAM 算法等。

ICP 算法通过优化点云到点云之间的欧氏距离实现对点云的匹配，可以实现精度较高的点云位置估计，但需要一个较好的初值，否则算法可能陷入局部极值点。为此正态分布变换方法被提出，该方法将空间划分成栅格，计算参考点云在栅格内的概率密度函数，通过优化

观测点云在栅格内的概率响应以计算点云位置。这种方法受点云初值的影响较小且算法收敛较为稳定，但还需要将空间划分成栅格。后续高斯混合模型的稀疏三维点云匹配法被提出，其用局部连续表面不确定性表征数据点，用多层分段高斯混合模型表达隐表面并进行灵活匹配，进一步降低了对初值的依赖性，并提高了算法收敛速度。

Hector SLAM 算法通过对单激光束扫描数据进行匹配，优化机器人的位姿估计，从而实现定位。由于采用了高效的激光束模型和单激光束扫描匹配，Hector SLAM 能够实现实时的建图和定位，适用于快速移动的机器人。除此以外，考虑到机器人运动时可能产生的运动畸变，Hector SLAM 会对激光数据进行畸变补偿，提高定位的准确性。

Occupancy Grid Mapping（占据栅格地图构建）算法通过将环境划分为规则的网格，并在每个网格中记录该区域的占据状态，实现对环境的建模和感知。利用传感器（通常是激光雷达）对环境进行感知，获取障碍物或物体的位置信息。再将传感器获取的激光数据转化为一系列距离测量点，并根据激光数据与栅格的匹配程度来更新每个栅格的占据状态。根据激光数据的匹配结果，更新栅格地图中每个栅格的占据状态。如果激光数据击中了某个栅格，将该栅格标记为占据状态，表示该区域有障碍物。Occupancy Grid Mapping 算法提供了对环境的高分辨率表示，允许机器人对环境进行精确建模。

FastSLAM 采用粒子滤波作为其核心算法。粒子滤波是一种基于蒙特卡罗采样的概率滤波方法，它通过一组粒子来表示机器人的位置和地图的后验分布。因为粒子滤波允许对机器人的轨迹和地图进行并行处理，所以 FastSLAM 能够处理大规模环境下的 SLAM 问题。

（2）视觉地图构建

根据视觉传感器进行分类，视觉地图构建方法可以分为基于单目相机的地图构建、基于双目相机的地图构建和基于 RGB-D 相机的地图构建。单目相机系统的成本低，但无法获得场景的深度信息，需要通过多视图几何等方法计算出环境中目标点的坐标。双目相机系统可以获得场景中的目标点的深度信息，但对相机参数标定的要求较高。不论是单目相机还是双目相机，都只能恢复图像匹配点的深度信息。而 RGB-D 相机可以直接获取图像中每个像素点对应的深度信息和图像纹理信息，但检测范围小，容易出现数据空洞。根据提取的图像特征进行分类，视觉地图的构建方法可分为基于 SIFT 特征、基于 ORB 特征等方法。

SIFT 是一种计算机视觉领域常用的特征检测和描述子生成方法，用于在图像中检测出具有尺度不变性的关键点，进而生成描述子。SIFT 特征是一种强大的特征，对于图像的尺度、旋转和亮度变化具有高度的稳定性。SIFT 特征主要包括四个步骤：首先，通过在不同尺度下使用高斯函数构建尺度空间，检测图像中的极值点，这些点可能是关键点的候选；随后，通过比较极值点及其周围像素的梯度和曲率信息，确定具有稳定特性的关键点；再为每个关键点分配一个主方向，使得特征具有旋转不变性；最后以关键点为中心，在其周围区域构建描述子，用于描述关键点周围的特征信息。

SIFT 特征具有三大主要优势。首先，它具备尺度不变性，能够鲁棒地检测到图像在不同尺度下的特征点。其次，SIFT 特征保持旋转不变性，能够在图像不同旋转角度下检测到相同的特征点。最后，它具有局部不变性，对于局部几何变换（如平移、仿射变换）具有稳定的特性。这些特点使得 SIFT 特征成为计算机视觉领域中重要而强大的特征描述子。

ORB 是一种计算机视觉领域常用的特征检测和描述子生成方法，结合了 FAST（features from accelerated segment test）关键点检测器和 BRIEF（binary robust independent elementary features）描述子。ORB 特征是一种快速、稳健且高效的特征，广泛应用于图像匹配、目标跟踪和 SLAM 等领域。它以其快速、高效、旋转不变性和二进制描述子的优势，在计算机视觉领域得到广泛应用，为多个应用提供了强大的特征提取和描述能力。

随着机器视觉技术的兴起，研究者们的研究方向多聚焦于降低算法复杂度、减小误差、提高效率和精度、提高鲁棒性等方面。近年来，以下几个方面的研究正在得到关注：在动态环境中利用语义地图进行视觉 SLAM；将人工智能领域的方法引入视觉 SLAM；多传感器融合；多机器人协作。

（3）语义地图构建

随着机器人研究的深入，基于传统几何信息构建的地图难以适应复杂任务的需求，越来越多的研究者开始从事有关语义地图的研究。早期的语义地图构建方法多为直接将用传统的 SLAM 方法构建好的地图进行分割。近年来，一些研究机构开始从事对大量图像、RGB-D 或激光点云地图的标注工作，并开源了大量含语义标注结果的公开数据集。研究者们也尝试利用 SLAM 算法所输出的信息提高语义分割的效果，如通过利用激光和图像信息构建三层推理机制以实现在线语义地图的构建。环境的语义信息也可以帮助传统的 SLAM 方法获得更高的性能，如将单目 SLAM 算法与环境的语义信息结合，为算法提供更多的约束，从而适应更多的场景。一些研究者尝试同时优化 SLAM 算法的参数与语义推理的结果，但目前大部分这方面的方法由于计算量过大，多为离线系统。

10.2 移动机器人定位

移动机器人定位是确定其在已知环境中所处位置的过程，是实现机器人自动导航能力的关键。目前移动机器人定位领域应用较广泛的传感器有里程计、超声波、激光器、摄像机、红外线、深度相机、GPS 定位系统等，从主流种类来看，可以分为视觉定位、激光定位等大类。按时间跨度分类，可以分为短期定位和长期定位，其中长期定位着重于算法在较长一段时间内的定位效果。按先验知识分类可以分为有先验定位和无先验定位两类，其中有先验定位常称为位姿跟踪，无先验定位则称为全局定位。

10.2.1 传感器技术

（1）激光雷达

激光雷达（LIDAR）在机器人定位技术中发挥着重要作用，它是一种通过测量激光在环境中的反射来获取距离信息的传感器。激光雷达可以提供高精度、高分辨率的环境三维点云数据，因此在机器人定位、导航和地图构建等方面得到广泛应用。

激光雷达的基本原理基于光学测距，通过以下步骤实现：首先，发射激光束并让其传播于环境中；接着，当激光束遇到物体表面时产生反射，激光雷达接收这些反射信号；然后，测量激光从发射到接收的时间差，以计算激光在空间中传播的距离；最后，基于测得的距离和激光束的方向，激光雷达生成三维点云数据，展现环境结构和障碍物分布情况。这一过程使得激光雷达成为获取高精度三维环境信息的关键设备。

激光雷达不仅能提供高精度的距离测量，以及高分辨率的三维点云数据，还可以旋转或倾斜，实现对周围环境的360°全方位覆盖，获取全景信息，具有实时性、可靠性两大优势。所以，激光雷达在机器人定位技术中发挥着关键作用，为机器人在复杂环境中实现准确定位和导航提供了重要数据支持。

（2）视觉传感器

视觉传感器在机器人定位技术中起着重要作用，它能够提供丰富的视觉信息，帮助机器人感知和理解环境，实现准确定位。视觉传感器主要基于摄像头等设备，通过采集、处理图像或视频数据来获取环境信息，并通过计算机视觉算法进行分析、识别和定位。它通过光学系统（例如摄像头）采集环境中的光信号，转换成电信号，再通过图像处理、特征提取、目标识别等计算机视觉算法处理，最终获得对环境的理解和定位信息。视觉传感器具有信息丰富、高精度和高分辨率、灵活性等优势。

（3） GPS/IMU

全球定位系统（GPS）和惯性测量单元（IMU）在机器人定位技术中的组合应用，常被称为GPS/IMU导航系统。这种组合系统结合了GPS和IMU两种传感器的优势，以提供高精度、实时性较好的定位和导航解决方案。

GPS通过接收来自卫星的信号，利用信号传播时间计算卫星与接收器之间的距离，并通过多边定位技术确定接收器的位置。IMU通过测量加速度和角速度来计算机器人的运动状态，包括位置、速度、方向等。GPS提供了全球范围的绝对位置信息，但其精度受到多种因素影响。IMU能够提供高频率、高精度的相对运动信息。融合GPS和IMU可以在GPS信号不稳定或丢失时，通过IMU持续提供准确的定位信息，以保证导航的持续性和稳定性。

GPS/IMU组合具有高精度、实时性和鲁棒性等特点。

（4）超声波传感器

超声波传感器可以通过发射超声波脉冲并接收其回波来测量物体与传感器之间的距离，通过计算声波的传播时间来实现测距。它以其准确的距离测量能力，快速实时的测量过程以及适应不同表面和材料的优势，为机器人定位提供实时、精准的距离信息，支持机器人在复杂环境中快速定位和导航。

10.2.2 定位方法

（1）基于地图匹配的定位技术

基于地图匹配的定位技术是一种常见的定位方法，它通过机器人对环境地图进行感知和匹配，从而确定机器人当前的位置和姿态信息。该技术具有定位精度高、可靠性强等优点，在机器人导航、自主控制和环境感知等领域得到了广泛应用。基于地图匹配的定位技术需要一个事先构建好的环境地图，通常是拓扑地图或者栅格地图。在机器人运动过程中，机器人通过激光雷达或其他传感器获取当前环境的感知数据，并将其转换为一组地图特征，接着通过计算机视觉、图像处理等算法实现感知数据与地图特征的匹配。匹配结果可以通过各种滤波和优化算法进行计算和校正，最终确定机器人在地图上的位置和姿态信息。

基于地图匹配的定位技术能够为机器人导航和环境感知提供丰富而有力的支持，对于自主控制和协同机器人等领域也具有重要的应用价值。随着人工智能、深度学习等技术的发展，基于地图匹配的定位技术将不断优化和完善，为智能机器人的应用和发展提供更多可能。

（2）基于路标标识的定位技术

基于路标标识的定位技术是一种比较常见的室内定位技术，主要通过机器人感知、识别和跟踪环境中的路标来确定机器人当前的位置和姿态信息。该技术与基于地图匹配的定位技术的不同之处在于它不依赖于事先构建好的环境地图，而是通过生成和识别路标来实现定位功能。基于路标标识的定位技术需要设计和构建好的特殊标记，通常是二维码或者条形码等矩阵式图案。这些标记可以分布在环境中的不同位置，并包含机器人当前位置和方向信息的编码。在机器人运动过程中，机器人通过摄像头等传感器获取当前环境的感知数据，并将其转换为图像处理算法可以处理的格式。在图像处理阶段，机器人通过特定的识别算法识别并跟踪环境中的标记，然后推断出机器人的当前位置和姿态信息。

（3）基于概率估算的定位技术

基于概率估算的定位技术是一种常见的室内和室外机器人定位方法，其主要思想是利用传感器产生的观测信息和机器人自身的运动模型计算机器人在环境中的位置和姿态概率分布，从而实现对机器人精确定位的目的。与其他定位技术不同，基于概率估算的定位技术在处理模糊和噪声数据时更具鲁棒性和效率，并且能够提供全面的位置和姿态不确定性信息。

10.3 导航规划

导航规划在机器人定位与导航中担任关键角色，是实现自主机器人移动和行为的基础。它涉及确定机器人的路径，使其能够从当前位置移动到目标位置，避免障碍物并优化路径选择。导航规划的设计和优化可以最大程度地提高机器人的自主性和导航效率，使其能够在复杂、未知或动态变化的环境中自信地移动。它是实现机器人智能化、自主化的重要组成部分，对于机器人的实际应用具有重要的意义。

导航是指机器人按照预先给定的任务命令，根据已知的地图信息做出全局路径规划，并在行进过程中，实时感知周围的局部环境信息，做出各种决策，随时调整自身的姿态与位置，引导自身安全行驶，直至目标位置。智能机器人的导航系统是一种自主式智能系统，需要将感知、规划、决策和行动等模块结合起来，寻找最优或次优的无碰撞路径，其体系结构如图 10.3.1 所示。

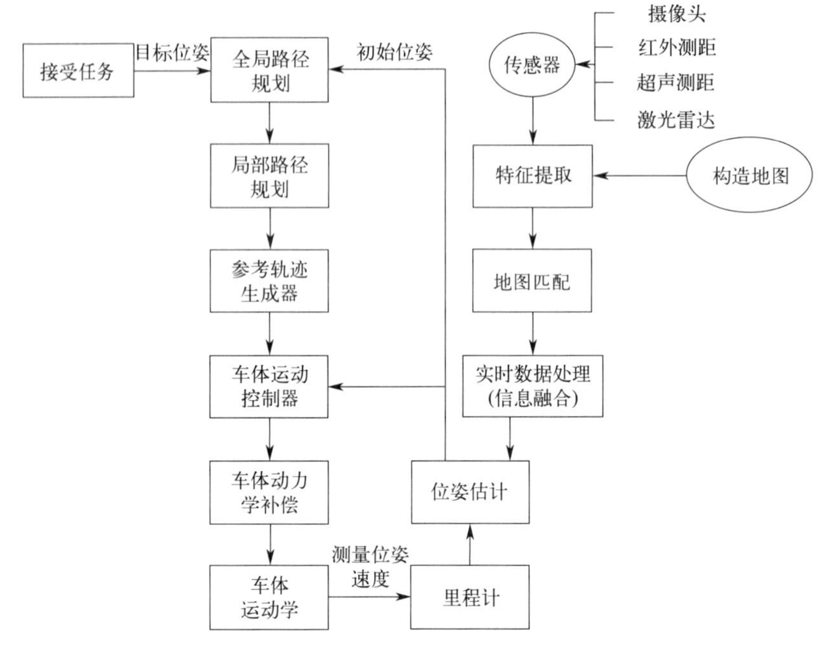

图 10.3.1 智能机器人导航系统的体系结构

10.3.1 导航技术

（1）磁导航

磁导航是目前移动机器人导航技术中最成熟可靠的方案，其在路径上连续埋设一定的导航设备（如磁钉、引导电缆），通过安装在移动机器人上的感应线圈对不同频率电流的检测来感知诸如位置、方向、曲率半径、道路出口位置等路径信息，从而为机器人指明去向。

优点：不受天气等自然条件的影响，且适用于 GPS 信号不可用的场合下；相对于一些其他定位技术，具有较低的实施和维护成本；可以实时更新机器人的位置和朝向，适用于需要实时导航的应用。

缺点：系统实施过程比较烦琐，变更运营路线需重新埋设导航设备；磁场受到环境中金属、电气设备和其他磁场干扰的影响，可能导致定位误差。

（2）惯性导航

惯性导航系统属于一种推算导航方式，即从一已知点的位置根据连续测得的运载体航向角和速度推算出其下一点的位置，因而可连续测出运动体的当前位置。惯性导航系统中依靠陀螺仪、加速度计等惯性传感器获取位置、速度等信息，用加速度计来测量运动体的加速度，经过对时间的一次积分得到速度，速度再经过对时间的一次积分得到距离，惯性导航系统示意图如图 10.3.2 所示。

优点：是不依赖于任何外部信息，也不向外部辐射能量的自主式系统，故隐蔽性好且不受外界电磁干扰的影响；可全天候、全球、全时间地工作于空中、地球表面乃至水下；能提供位置、速度、航向和姿态角数据，所产生的导航信息连续性好而且噪声低。

缺点：容易造成累计误差，在面积较大的复杂环境中，惯性导航的弊端会逐渐显现出来。此外，惯性导航虽然是一种较为初级的机器人定位导航技术，但它是全自主的导航系统，抗干扰强，如果与其他导航技术组合应用，克服其缺点，提升导航精度，就会具有很好前景。

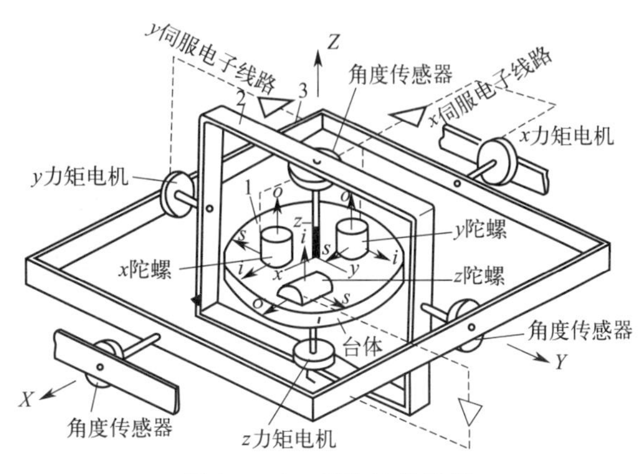

图 10.3.2　惯性导航示例

（3）视觉导航

视觉导航定位系统是借助摄像机/CCD 图像传感器或者其他的快速信号处理器，对目标对象周围的环境进行光学处理，借助这些外部图像处理器进行图像信息采集，将采集到的信息进行压缩，然后再反馈到一个提前搭建好的子系统（一般由神经网络和统计学构成），再通过这个子系统将采集到的图像信息和目标对象的实际位置联系起来，完成目标对象的自主导航定位功能。

视觉导航定位系统需借助的信号快速处理器，一般以单双目相机居多，采用的单、双目相机也是以高速相机为主。

视觉导航技术具有独特的优点，但也面临着一些挑战。视觉传感器可以提供丰富的环境信息，包括颜色、纹理、形状等，这些信息对于环境理解和导航决策至关重要。视觉导航技术能够实现高精度定位，尤其是当配合计算机视觉算法和深度学习技术时，可以实现亚厘米级的定位精度。然而，视觉传感器对光照条件和环境的变化比较敏感，不同光照条件或恶劣环境可能影响视觉定位的准确性。同时，视觉导航需要大量计算，尤其是在实时定位和导航过程中，这可能导致较高的计算资源消耗，会影响整体系统的响应速度。

（4）卫星导航

卫星导航（satellite navigation）是指采用导航卫星对地面、海洋、空中和空间用户进行导航定位的技术。常见的 GPS 导航、北斗导航等均为卫星导航。

卫星导航系统由导航卫星、地面台站和用户定位设备三个部分组成：

（a）导航卫星：卫星导航系统的空间部分，由多颗导航卫星构成空间导航网。

（b）地面台站：跟踪、测量和预报卫星轨道并对卫星上设备的工作进行控制管理，通

常包括跟踪站、遥测站、计算中心、注入站及时间统一系统等部分。跟踪站用于跟踪和测量卫星的位置坐标。遥测站接收卫星发来的遥测数据，以供地面监视和分析卫星上设备的工作情况。计算中心根据这些信息计算卫星的轨道，预报下一段时间内的轨道参数，确定需要传输给卫星的导航信息，并由注入站向卫星发送。

(c) 用户定位设备：通常由接收机、定时器、数据预处理器、计算机和显示器等组成。它接收卫星发来的微弱信号，从中解调并译出卫星轨道参数和定时信息等，同时测出导航参数（距离、距离差和距离变化率等），再由计算机算出用户的位置坐标（二维坐标或三维坐标）和速度矢量分量。用户定位设备分为船载、机载、车载和单人背负等多种形式。

卫星导航按测量导航参数的几何定位原理分为测角、时间测距、多普勒测速和组合法等系统，其中测角法和组合法因精度较低等原因没有实际应用，如图10.3.3所示为导航卫星。

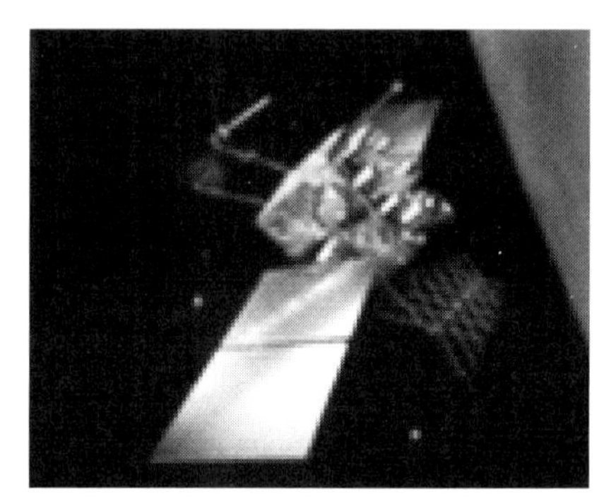
图 10.3.3 导航卫星

用户利用导航卫星所测得的自身地理位置坐标与其真实的地理位置坐标之差称为定位误差，它是卫星导航系统最重要的性能指标。定位精度主要决定于轨道预报精度、导航参数测量精度及其几何放大系数和用户动态特性测量精度。轨道预报精度主要受地球引力场模型影响和其他轨道摄动力影响；导航参数测量精度主要受卫星和用户设备性能，信号在电离层、对流层折射和多路径等误差因素影响，它的几何放大系数由定位期间卫星与用户位置之间的几何关系图形决定；用户的动态特性测量精度是指用户在定位期间的航向、航速和天线高度测量精度。

卫星导航系统在机器人导航中具有多重重要优势。首先，其全球定位覆盖范围广，包括GPS、GLONASS、Galileo、北斗等，能为机器人提供全球范围的定位服务。其次，卫星导航系统能够实现高精度的定位，通常在几米到几厘米的范围内，这对于精准定位的机器人应用尤为关键，如自动驾驶车辆、精准定位机器人等。此外，卫星导航系统具备实时性强的特点，能在机器人运动中实时提供定位信息，有助于机器人动态调整路径和避障策略。提供方向信息也是其优势之一，卫星导航系统能为机器人提供方向信息，支持正确的航向控制，尤其对于需要遵循特定航线或方向的应用至关重要。同时，其易于集成和使用，接收设备相对轻便且易集成到机器人系统中，操作相对简单，具有较低的学习曲线。卫星导航系统也不受地形和天气限制，机器人可以在不同地形和天气条件下进行导航，展现了较强的适应能力。最后，卫星导航数据可以与其他传感器数据进行融合，如激光雷达、视觉传感器等，以提高定位的准确性和鲁棒性，实现多模态融合，进一步增强了导航系统的性能。这些优势使得卫星导航系统成为机器人导航中不可或缺的关键技术。

尽管卫星导航系统在机器人导航中具有许多优势，但也存在一些劣势和限制：不适用于室内定位；定位信号易受干扰；耗能和成本较高等。

10.3.2 规划技术

为了实现机器人的导航，需要使用路径规划技术。这种技术可以根据机器人的环境和运动特征，计算出从起始点到目标点的最佳路线。根据方法和思路的不同，可以分为技术层面和规划层面两类。

(1) 技术层面

从路径规划技术的角度可分为以下4类：

① 模板匹配路径规划技术

模板匹配方法是利用路径规划所用到的或已产生的信息建立一个模板库，模板库中的任一模板包含每一次规划的环境信息和路径信息，随后将当前规划任务和环境信息与模板库中的模板进行匹配，以寻找出一个最优匹配模板，然后对该模板进行修正。

② 人工势场路径规划技术

人工势场路径规划技术的基本思想是将机器人在环境中的运动视为在虚拟的受力场中的运动。障碍物对机器人产生斥力，目标点对机器人产生引力，引力和斥力的合力作为机器人的控制力，从而控制机器人避开障碍物而到达目标位置。

③ 地图构建路径规划技术

地图构建路径规划技术按照机器人传感器搜索的障碍物信息，将周围区域划分为不同的网格空间，计算网格空间的障碍物占有情况，再依据一定规则确定最优路径，地图构建又分为路标法和栅格法。目前，地图构建技术已引起机器人研究领域的广泛关注，成为移动机器人路径规划的研究热点之一，但机器人传感器信息资源有限，使得网格地图障碍物信息很难计算与处理。同时，由于机器人要动态快速地更新地图数据，因此，地图构建方法必须在地图网格分辨率与路径规划实时性上寻求平衡。

④ 人工智能路径规划技术

人工智能路径规划技术是将现代人工智能技术应用于移动机器人的路径规划中，如人工神经网络、进化计算、模糊逻辑与信息融合等。人工智能技术应用于移动机器人路径规划，增强了机器人的“智能”特性，克服了许多传统规划方法的不足。

(2) 规划层面

根据规划层面和任务属性的不同，可以分为路径规划、避障规划、轨迹规划和行为规划。

① 路径规划

机器人的路径规划是指已知地图及自身位置和目标位置，规划一条使机器人到达目标的路径。路径规划问题可以大致分为三种类型：基于地图的全局路径规划，根据先验环境模型，找出从起始点到目标点的符合一定性能的可行或最优的路径；基于传感器的局部路径规划，环境是未知或部分未知的，需利用传感器获得障碍物的尺寸、形状和位置等信息；混合型路径规划，将全局规划与局部规划结合起来形成优势互补的方法。

路径规划方法有可视图法、Voronoi图法、人工势场法、Dijkstra算法、A^*（A-Star）算法、基于模糊逻辑的方法、基于神经网络的方法以及动态规划法。

可视图（visibillitygraph，VG）法是TLzano-Perez等人于1979年提出的。如图10.3.4所示，该方法要求机器人与障碍物各顶点之间、目标点与障碍物各顶点之间、各障碍物的顶点之间的所有连线是“可视的”，即连线不能穿越障碍物。VG法将起始点到目标点的最优

路径转化为从起始点到目标点经过可视直线的最短距离问题，适用于环境中的障碍物为多边形的情况。

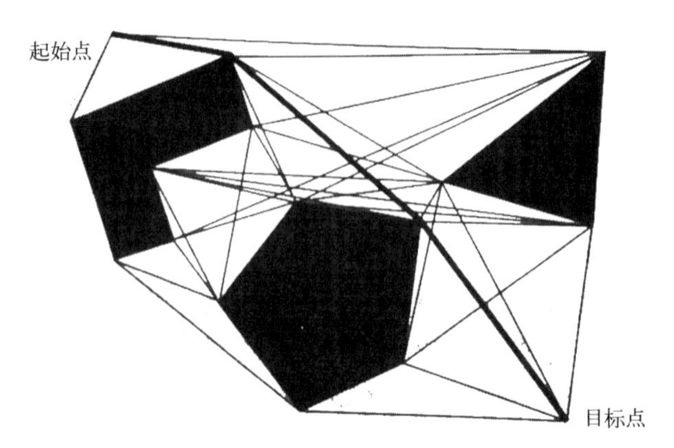

图 10.3.4 可视图法路径规划示意

Voronoi 图路径规划尽可能远离障碍物，如图 10.3.5 所示，虽然从起始点到目标点的路径会变长，但即使产生位置误差机器人也不会碰到障碍物。

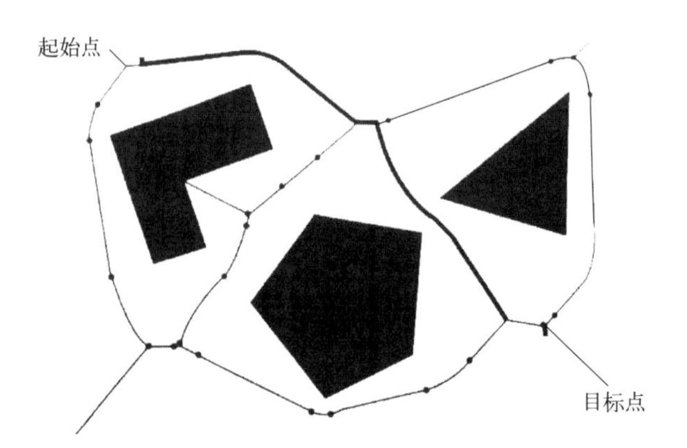

图 10.3.5 Voronoi 图法路径规划示意

人工势场法由 Khatib 提出，该法在空间构造了一种势力场，势场中包含斥力极和引力极，不希望机器人进入的区域（障碍物）属于斥力极，建议机器人进入的区域和子目标为引力极。引力极和引力极的周围由势函数产生相应的势场，机器人在势场中具有一定的抽象势能，机器人系统所受的抽象力促使机器人绕过障碍物向目标前进。

Dijkstra 算法是一种用于图论中单源最短路径问题的经典算法，由荷兰计算机科学家 Edsger W. Dijkstra 于 1956 年提出。其基本思想是从起始顶点出发，逐步拓展最短路径，直到找到所有顶点的最短路径为止。它采用贪心策略，每次选择距离起始点最近的未访问顶点，并以该顶点为中介更新起始顶点到其他顶点的距离。

斯坦福大学的研究人员在研制第一台轮式自主移动机器人时采用了 A * 算法，该算法的路径搜索启发函数由起始点到当前点的实际通行成本与当前点到目标点的预估通行成本两部分组成。实际上，A * 算法可以看作是在 Dijkstra 算法的基础上引入了一种启发式函数来加速搜索过程，以便更快地找到最短路径。因此，可以说 A * 算法可以视作是基于 Dijkstra 算法的一种扩展和优化。

基于模糊逻辑的机器人路径规划的基本思想是，各个物体的运动状态用模糊集的概念来表达。每个物体的隶属函数包含该物体当前位置、速度、大小和速度方向的信息，通过模糊综合评价对各个方向进行综合考察得到路径规划结果。

基于神经网络的机器人路径规划的基本思想是，障碍物中心处空间点的碰撞罚函数有最大值，随着空间点与障碍物中心距离的增大，其碰撞罚函数的值逐渐减小，且为单调连续变化。在障碍物区域外的空间点，其碰撞罚函数的值近似为零。因此，使整个能量函数 E 最小意味着该路径远离障碍物。

动态规划法是解决多阶段决策优化问题的一种数值方法。该算法将复杂的多变量决策问题进行分段决策，从而将其转化为多个单变量的决策问题。

② 避障规划

避障规划是关于机器人传感器信息、目标位置及目标位置相对距离的函数。该函数根据机器人在运动过程中得到的感知信息改变机器人的路或轨迹以避免与障碍物碰撞。早期的避障规划算法有模拟虫类爬行遇到障碍物进行绕行的 Bug 算法。1997 年，动态窗口法（dynamic window algorithm，DWA）被提出，其基本思想是在速度空间中搜索适当的平移速度和旋转速度，搜索空间被限制为能够在短时间内到达且没有碰撞的安全圆形轨迹，并可处理由机器人速度和加速度所需施加的约束。此外，人工势场法也经常被用来进行避障规划。

③ 轨迹规划

轨迹规划是根据机器人的运动学模型和约束寻找适当的控制命令，将可行路径转化为可行轨迹。路径不包含时间轴，而轨迹则包含时间轴。轨迹规划主要方法有图形搜索法、参数优化法和反馈法。图形搜索法是基于所规划路径点搜索满足运动学约束的基本图形，如回旋线、弧线、B 样条等。参数优化法借鉴多维轨迹规划方法，将多维轨迹规划分解为一维轨迹规划，通过运动模型得到多个一维轨迹规划的合成效果，采用数值法在连续系统中搜索得到满足边界条件的最优参数。反馈法根据当前状态与目标状态间的距离和角度偏差设计速度控制律，使偏差收敛于零。为适应环境的动态变化，避免路径和轨迹的全局重新规划，一系列的轨迹构造方法被提出，例如基于仿射变换的轨迹变换方法、基于演示学习的轨迹生成方法等。

④ 行为规划

移动机器人的行为规划是近年的研究热点，其目的是使路径规划结果满足一定的社会行为规则，更符合人类的认知。近年来，行为规划研究思路逐渐转向机器学习的方法，例如支持向量机、逆强化学习等，其利用机器人移动经验或人为遥控操作学习社会规则，并利用这种具有社会性质的行为规划解决高动态环境下移动机器人的僵持问题。

10.4 机器人运动控制

10.4.1 PID 控制

PID 控制（比例-积分-微分控制）是一种常用的控制算法，广泛应用于机器人运动控制中，尤其是在轨迹跟踪、姿态控制和速度控制等方面。PID 控制基于目标值与实际值之间的差异（偏差），通过比例项、积分项和微分项的组合来调节控制量，使得实际值逐渐接近目标值，实现系统稳定控制。

（1）PID控制原理

PID控制基于三个主要参数的调节，分别是比例项（P，proportional）、积分项（I，integral）和微分项（D，derivative）。比例控制根据当前偏差的大小调节控制量，偏差越大，控制量的调整越大。积分项根据偏差随时间的累积调节控制量，用于消除系统稳态误差。微分项根据偏差变化的速率调节控制量，用于抑制系统的超调和振荡。PID控制的控制量计算见式(10.1)。

$$C_{\mathrm{O}}=K_{\mathrm{p}}\times e(t)+K_{\mathrm{i}}\times\int e(t)\mathrm{d}t+K_{\mathrm{d}}\times\frac{\mathrm{d}e(t)}{\mathrm{d}t} \tag{10.1}$$

其中，$e(t)$ 是当前时刻的偏差；K_{p}、K_{i} 和 K_{d} 分别是比例、积分和微分的调节参数。

（2）PID控制应用

在机器人运动控制中，PID控制常用于速度控制、轨迹跟踪和姿态控制。通过对速度的PID控制，控制机器人的线速度，使其达到期望速度，适用于需要精确控制速度的场景，如自动驾驶中的车辆速度控制。在机器人需要沿着特定轨迹移动时，可以通过PID控制机器人的位置和姿态，使其按照期望轨迹进行运动，如无人飞行器沿着指定路径飞行。此外，PID控制可以控制机器人的姿态，包括俯仰、偏航和横滚等，使其达到期望的姿态，适用于需要控制机器人姿态的应用，如四旋翼飞行器的姿态控制。

（3）PID控制的优势和局限

PID控制的优势是简单直观，易于实现和调试，在能够对系统稳态误差进行补偿的同时具有广泛的适用性，适用于多种控制场景。但是，PID控制也存在不足之处，如受系统参数变化和外部扰动影响大；需要手动调整PID参数，且参数调整不易；对非线性、时变和复杂系统的控制效果有限等。

10.4.2 模型预测控制

在机器人运动控制领域，模型预测控制（model predictive control，MPC）是一种广泛应用的先进控制策略。它基于机器人动态模型和环境模型，通过预测未来一段时间内的机器人运动轨迹，以最优方式规划控制输入，从而实现对机器人运动的高效、灵活和精确控制。

MPC的基本原理具体如下：

(a) 通过对机器人的动力学和运动学进行建模，得到机器人的数学模型，通常是一组微分方程，描述机器人的运动行为。

(b) 基于机器人的动态模型，利用数学优化算法预测未来一段时间内机器人的运动轨迹。这段时间称为预测时域，可以根据需要调整。

(c) 在预测时域内，优化选择控制输入，以最小化某种性能指标，如控制误差、能量消耗等。性能指标和约束可以根据应用需求来设计。

(d) 从优化中获得的第一个控制输入被应用于机器人，实现控制策略。

(e) 根据机器人当前状态和所选控制输入，计算机器人的新状态，并在下一个时间步骤中重复上述过程。

模型预测控制在机器人运动控制领域的优势显著。首先，它能够充分考虑机器人的动力学模型和运动约束，确保所产生的运动轨迹符合系统的动力学和物理约束，保证运动的安全和稳定性。其次，MPC 具有多目标优化的特性，能够统一考虑多个目标，并通过合理权衡这些目标，生成最优的控制输入，使得机器人运动达到最佳状态。此外，MPC 适用于复杂环境，能够灵活适应不确定性和复杂环境下的运动控制，尤其在动态障碍物避障等情境下表现突出。最重要的是，MPC 具有高度的灵活性，可以根据特定任务要求和环境实时调整预测时域，以适应不同的控制需求，提高了机器人运动控制的适用性和实用性。

10.4.3 轨迹追踪

轨迹跟踪是机器人运动控制中的重要概念，它指的是机器人在运动过程中追踪预先规划好的路径或轨迹。这些路径可以是直线、曲线，或者更复杂的轨迹，机器人的任务是根据规定的轨迹信息，以最优或者预期的方式沿着这些轨迹运动。

轨迹跟踪的基本原理包括轨迹规划、轨迹跟踪控制和实时调整。轨迹规划阶段通过运动学或运动动力学模型计算出机器人应遵循的理想轨迹，这条期望轨迹指导了机器人运动的方向和路径。在轨迹跟踪控制阶段，控制器实时监测机器人当前位置与期望轨迹之间的偏差，然后计算所需的控制指令，以使机器人逐步朝着期望轨迹靠近。在实时调整阶段，控制器会根据机器人当前状态和轨迹上的位置不断调整控制指令，以确保机器人能够稳定地跟踪预定轨迹，适应环境变化和系统非线性特性。整个过程使得机器人能够以精准、稳定的方式沿着期望轨迹运动。

轨迹跟踪技术具有突出的特点与优势。首先，其精准度和稳定性使得机器人能够在实际运动中精确追踪预设轨迹，确保运动的稳定和精度。其次，轨迹跟踪具有较强的适应性，能够适用于多种轨迹类型，包括直线、曲线和复杂路径，使其在不同应用场景下发挥作用。最重要的是，轨迹跟踪技术具备出色的动态响应能力，能够迅速应对环境变化或任务要求的变动，实时调整轨迹跟踪控制，保证机器人运动的灵活性和适应性。这些优势使得轨迹跟踪技术在机器人运动控制领域具有重要意义和广泛应用前景。

10.5 多 AGV 任务调度及路径规划技术

随着经济的不断发展，人力劳动成本不断上升，以 AGV（自动导引车）为代表的移动机器人在运输制造业，尤其是流水线生产、港口运输、仓储管理和物流分配等领域得到了广泛的应用。

现代物流系统是智慧交通的重要组成部分，而其各细分场景，如自动化码头、智能仓储和快递分拣等的车辆调度与控制，则可以作为微观交通和无人驾驶研究的切入点。与复杂多

变的道路交通环境比较，相对低速、封闭的AGV应用场景，也更为适合作为无人驾驶技术的先行落点。AGV调度系统具有自动化程度高、运输效率高、人力成本低等优势，因此在物流行业中得到越来越广泛的应用。

随着各生产行业规模不断扩大，单AGV系统难以满足生产过程中柔性和效率日益增加的实际需求，因此AGV路径规划需要多台AGV并行工作，相互协作完成运输任务。但多AGV运行过程中存在大量单AGV调度不存在的问题，例如AGV运行路径冲突、路径规划如何最优、AGV搬运效率如何最大等，因此需要一个调度系统来对多个AGV进行调度，以完善或解决上述问题。

10.5.1 AGV调度系统任务描述

智能仓储作为物流系统的一个细分场景，存在着大量的运输任务。为了提高运输效率，采用AGV代替人们进行运输任务。以图10.5.1的场景作为仓储的布局示意图，其中包含货物存储区、拣选区、入库区、出库缓存区，其余空白区域为AGV的自由通行区。

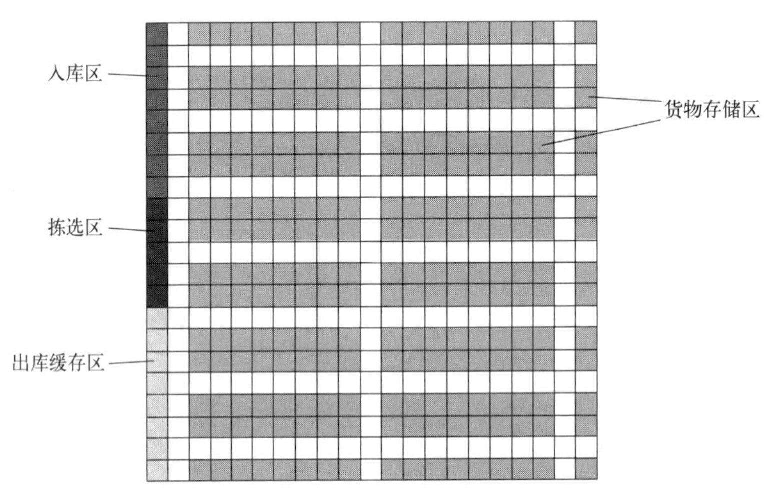

图10.5.1　仓储系统布局示意图

仓储系统的基本业务包含与外界交互的出入库任务，以及内部清点整理的库内管理任务。具体如下：

第一，收货入库任务。通过叉车将外来货物卸至入库缓存区，在清点扫描完成后，WMS（warehouse management system，仓储管理系统）根据存储规则为货物分配相应库位并生成入库任务，AGV调度系统实时调度合适的设备进行最终的搬运和存放。

第二，备货出库任务。WMS生成出库任务后，调度系统调度AGV等设备先将货物运至拣选区，拣选完成后AGV或叉车将待出库的货物运输至出库缓存区，后续装车任务由叉车完成，当被拣选后的货架上有剩余货物时，系统还需调度相关设备将其运回存储区。

第三，库内管理任务，包括货物整理和货物合并。无轨导航包括激光和视觉等，其技术相比有轨导航更为先进。将地图进行栅格化处理，可以便于AGV路径规划的计算，构建的栅格地图大致如图10.5.1所示。

调度系统是多 AGV 的控制中心，主要功能包括：AGV 任务调度、路径规划与交通控制。任务调度是在多 AGV 与多任务之间，完成合理的分配；路径规划与交通控制是为各 AGV 规划合适的路径，并通过交通管控让车辆有序通行。调度系统需要在保证任务及时完成的前提下，提高作业系统整体的运行效率。

10.5.2　AGV 任务调度功能

任务调度问题一般可表述为：在物流运输系统中有多台 AGV 和多个货物装卸站点，需要尽量合理地给各台 AGV 进行任务分配，在满足约束条件的情况下实现相应的性能目标，完成物料搬运任务。多 AGV 调度着重解决以下三个核心问题：各台 AGV 需执行的运输任务集合、各个任务集合内任务执行顺序以及每个任务集合对 AGV 的分配。

对于仓储系统中多 AGV 与多任务之间的匹配问题，生产计划系统将根据订单需求生成运输任务集合，运输任务提供相应的任务描述，调度系统通过任务描述提取出运输起点、起点属性、终点、终点属性、需求时间、载重量等信息，匹配任务与可用 AGV 的组合，完成任务的调度。为了更加合理地研究仓储多 AGV 系统的任务调度，分析仓储 AGV 作业流程及调度系统运行流程，提出如下合理假设。

(a) 每台 AGV 同时只能执行一个任务；

(b) 车间内 AGV 总数是确定值；

(c) 系统内 AGV 运行状态良好，不会出现不可预知的故障；

(d) 运输任务与 AGV 之间无匹配限制；

(e) AGV 完成一个物料搬运任务的过程是连续的；

(f) AGV 在行驶过程中，遇到临时障碍物由控制系统处理；

(g) AGV 原地转向、取货、放货具有恒定的作业时间；

(h) 忽略 AGV 规避碰撞和死锁的行为对行程时间的影响；

(i) 碰撞与死锁避免机制能够完全消除两辆 AGV 间的碰撞与死锁。

AGV 任务调度的本质是优化问题，面对不同的场景，AGV 调度的目标是多样的，如运行时间最小化、运输距离和最小化等。同时，调度目标的个数也有所差别。为了节省生产成本，AGV 数量不是无限的，先将 AGV 的数量固定。在多 AGV 系统中，总体的资源利用率可以通过时间利用率和能量利用率衡量。最末任务完成时间越早，则时间利用率越高；AGV 的空载行驶总路程越短，则能量利用率越高。以此定义目标函数的数学模型，见式(10.2)。

$$Z=\min(\alpha F_{t}+\beta F_{e}) \tag{10.2}$$

目标函数中的 F_t 表示最末任务完成时间，F_e 表示 AGV 总的空驶时间，考虑到存在任务繁重和任务轻松的不同时段，在两个目标前面增加权重值 α 和 β。可用遗传算法、粒子群算法等智能优化算法对其进行优化以获得优解。

多目标求解时，获得的结果为一解集，有的解偏向时间利用率，有的解偏向能量利用率。以图 10.5.2 为例，任务池中有从 s_1 到 e_1 的任务 m_1 和从 s_2 到 e_2 的任务 m_2。当需要时间利用率优先时，可以调度 AGV k_1 与 k_2 分别执行 m_1 和 m_2；当需要能量利用率优先时，可以调度 k_1 先后执行 m_1 和 m_2。因此时间与能量的平衡需要受到仓储系统实时繁忙程度的影响，任务频率高时需要保证作业效率优先，系统较为空闲时可以适当降低能耗。

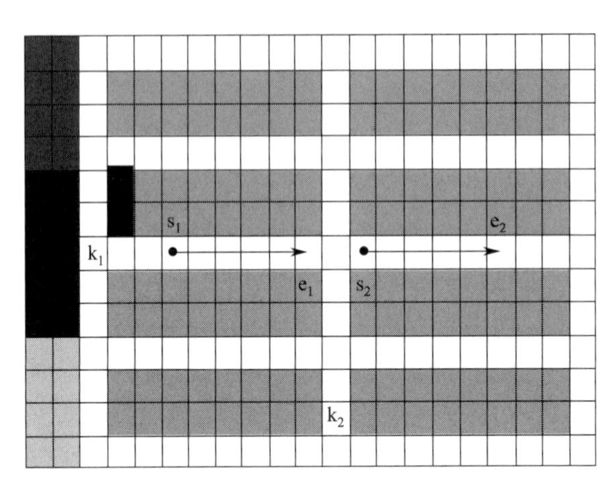

图 10.5.2 时间与能量优化示意图

10.5.3 AGV 的路径规划算法

多 AGV 路径规划问题是指在仓储车间内，为各台 AGV 规划出一条最优或接近最优的路径，使各台 AGV 能够无冲突完成系统分配的任务。在多 AGV 系统中，路径规划的主要方法同单 AGV 一致，但是各台 AGV 之间会产生相互影响，因此需设计策略避免多台 AGV 在复杂运行环境下的路径冲突。传统的路径规划算法有 A * 和 Dijkstra 算法。

Dijkstra 算法用于寻找在加权图中前往目标节点的最短路径，加权图是对边进行加权的图。

Dijkstra 算法可分为 5 步：

(a) 找出从起点出发，可以前往的、距离最小的未处理节点；

(b) 对于该节点的相邻节点，检查是否有前往它们的更短路径，若有则更新其距离；

(c) 将该节点加入已处理队列中，后续不再处理该节点；

(d) 重复步骤(a)～(d)，直到对图中除了终点的所有节点都进行了检查；

(e) 得到最终路径。

举例说明 Dijkstra 算法流程，如图 10.5.3 所示，找出从起点到终点的最短路径。

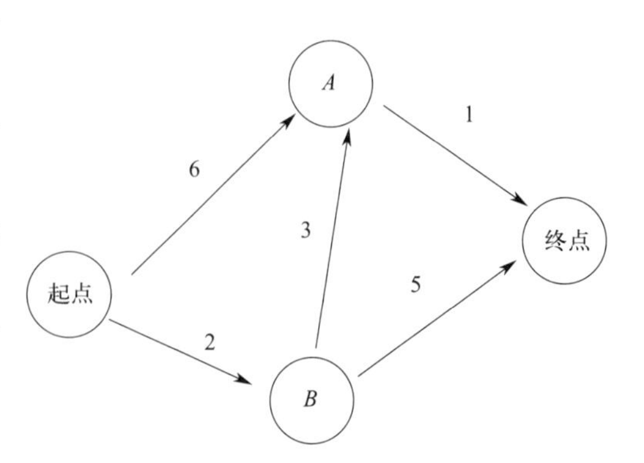

图 10.5.3 Dijkstra 算法实例

如表 10.5.1 所示，初始化时，设与起点相距为 0，与其他节点相距为 inf（无限大），算法结束的条件就是除终点外的所有节点都被处理了。

表 10.5.1　初始化状态

节点	父节点	距离	是否已处理
起点	—	0	否
A	—	inf	否
B	—	inf	否
终点	—	inf	—

找出当前距离最小的未处理节点，得到起点。起点的相邻节点为 A 和 B，将其他不能直接到达的节点距离保持为 inf，第一次更新如表 10.5.2 所示。

表 10.5.2　第一次更新状态

节点	父节点	距离	是否已处理
起点	—	0	是
A	起点	6	否
B	起点	2	否
终点	—	inf	—

继续找出当前距离最小的未处理节点，得到节点 B，计算经节点 B 前往其各个相邻节点的距离，B 到 A 距离为 3，加上起点到 B 的距离，得出起点经 B 到达 A 的距离为 5，小于从起点直接到 A 的距离；B 可到达终点，加上起点到 B 的距离，得出起点经 B 到达终点的距离为 7。至此 B 节点的所有邻居处理完毕，将 B 标识为已处理。更新如表 10.5.3 所示。

表 10.5.3　第二次更新状态

节点	父节点	距离	是否已处理
起点	—	0	是
A	B	5	否
B	起点	2	是
终点	B	7	—

重复上面的过程，找出当前距离最小的未处理节点，得到 A，计算经节点 A 前往其各个相邻节点的距离，A 到终点的距离为 1，加上起点到 A 的最短距离 5，得 6，小于从起点经 B 到达终点的距离。至此 A 节点的所有相邻节点处理完毕，将 A 标识为已处理。更新如表 10.5.4 所示。

表 10.5.4　第三次更新状态

节点	父节点	距离	是否已处理
起点	—	0	是
A	B	5	是
B	起点	2	是
终点	A	6	—

到此所有除了终点的节点都经过检查，得出从起点到终点最短距离为 6，最短路径通过终点的父节点逐级向上追溯为：起点→B→A→终点。这就是一套 Dijkstra 算法的完整流程。

A＊（A-star）算法与 Dijkstra 算法类似，但 A＊算法在 Dijkstra 算法的基础上加入了启发式函数（heuristics）以估计当前节点至目标的预期距离值。在一般情况下，实际距离和预期距离值会采用曼哈顿距离或欧氏距离。其一般表达式如式(10.3）所示：

$$f(n)=g(n)+h(n) \tag{10.3}$$

式中 $f(n)$——n 点的综合评价函数值；

$g(n)$——初始点至 n 点的实际距离；

$h(n)$——n 点至目标节点的预期距离值。

以图 10.5.4 所示为例。

以节点 1 为起点，终点未画出，起点的相邻节点为 2 和 3，以第一次更新状态为例，如表 10.5.5 所示。计算总距离时，不仅仅要考虑当前距离，还需考虑预期距离。最终选择当前距离与剩余预期距离最小的路径。

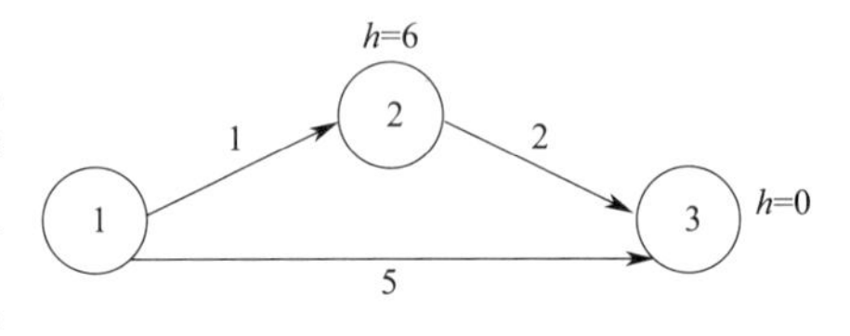

图 10.5.4 A＊算法实例

表 10.5.5 第一次更新状态

节点	父节点	当前距离 $g(n)$	剩余预期距 $h(n)$	是否已处理
起点 1	—	0	—	是
2	起点 1	1	6	否
3	起点 1	5	0	否

对 Dijkstra 和 A＊两种算法的求解效率进行分析，两种算法运行条件设置相同如图 10.5.5 所示。Dijkstra 在进行路径的搜索过程中没有目标导向，会将明显偏远的路径一起搜索，A＊算法加入了启发式函数 $h(n)$ 后搜索范围显著缩小，因此 AGV 使用 A＊算法能够大大提高寻找最短路径的效率。

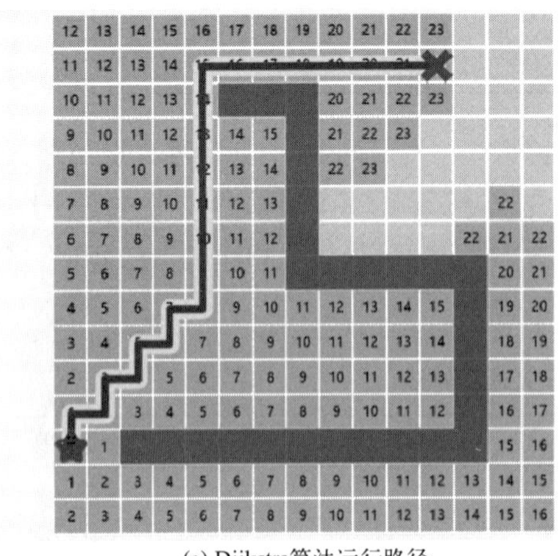

(a) Dijkstra算法运行路径

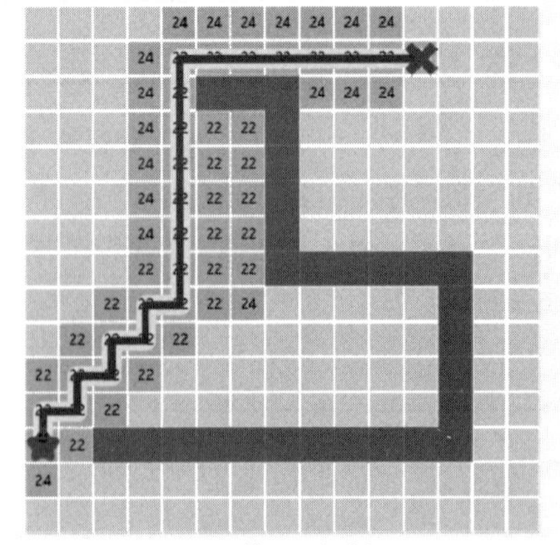

(b) A*算法运行路径

图 10.5.5 两种算法的运行路径

10.5.4 多 AGV 的冲突和避障算法

单 AGV 调度不存在路径冲突问题，但是其工作效率低，无法满足复杂繁重的运输任务需求。在多 AGV 系统中，路径规划的主要方法同单 AGV 一致，但是各台 AGV 之间会产生相互影响，因此需设计策略避免多台 AGV 在复杂运行环境下的路径冲突。时间窗算法多用于 AGV 避障，适用于解决各种冲突情况，因此多 AGV 系统可在 A * 路径算法的基础上融入基于交通规则的时间窗算法以获得一种更加适合多 AGV 系统作业环境的方法。

在 AGV 路径规划中，时间窗是指 AGV 从进入某路段到离开该路段所占用的时间段。可以将某路段的时间窗划分为空闲时间窗和占用时间窗。空闲时间窗为该路段空闲的时间段，在空闲时间窗内任何一辆 AGV 都可在该路段上行驶；占用时间窗为当前 AGV 在该路段行驶占用的时间段，在占用时间窗内其他车辆不能驶入该路段。

这里设 AGV 路径上的每个节点都用相应的坐标（x，y）表示，(x_1，y_1)—(x_2，y_2) 表示路径上 2 个节点（x_1，y_2）和（x_2，y_2）之间的路段。图 10.5.6 为两辆 AGV 在路段（2，9)—(2，13）上发生相向冲突的情况。图 10.5.7 为两辆 AGV 在节点（2，13）发生节点冲突的情况。

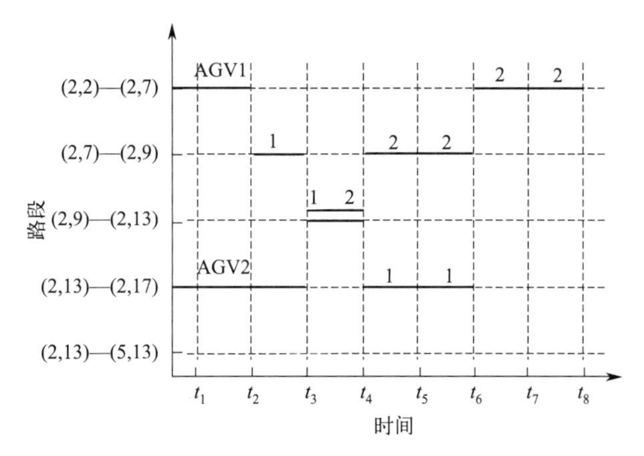

图 10.5.6 两辆 AGV 发生相向冲突的时间窗

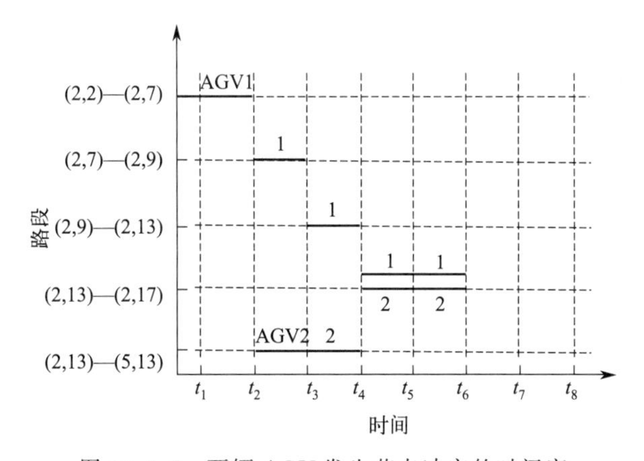

图 10.5.7 两辆 AGV 发生节点冲突的时间窗

为了解决多 AGV 的冲突问题，在每辆 AGV 的行驶过程中，提前对 AGV 路径上的 3 个节点进行时间窗的更新和排布，当检测到时间窗有冲突时，根据生产任务需求以及当前 AGV 离终点的远近程度动态调整相应 AGV 的优先级，让优先级低的 AGV 进行路径避让，从而避免 AGV 产生路径上的冲突与碰撞。以图 10.5.6 所示为例，AGV2 为低优先级的 AGV 车辆，两辆 AGV 会在时间段 $t_3 \sim t_4$ 冲突，将 AGV2 从 t_3 后开始运行的路径从 t_4 开始行驶以避让优先级高的 AGV1。

10.6 本章小结

智能机器人定位与导航技术是机器人领域的关键研究方向，具有重要的理论意义和广泛的应用前景。随着人工智能、传感技术和自主控制的快速发展，智能机器人的定位与导航技术正迎来前所未有的机遇和挑战。

随着工业自动化、服务机器人、智能交通等领域的不断发展，智能机器人的需求将逐步增加。智能机器人定位与导航技术的进步将推动机器人在各领域的应用。例如，自动驾驶汽车依赖高精度定位与导航技术实现智能导航，无人机在农业领域的广泛应用也需要定位与导航技术的支持。智能机器人的定位与导航技术将在日常生活、工业生产、医疗护理等多个领域发挥重要作用，为人们创造更多便利和效益。

然而，智能机器人的定位和导航技术仍然面临一些技术挑战。首先是定位精度和鲁棒性的提升。在复杂、多变的环境中，机器人需要实现高精度的定位，以应对不同场景下的导航需求。其次是多模态融合与数据融合技术的优化。如何将不同传感器获得的数据进行有效融合，以提高定位与导航系统的准确性和鲁棒性是一个重要的挑战。另外，对于特定场景、复杂环境的适应能力也是需要突破的难点。例如，室内外切换、动态环境、障碍物避让等情景都需要智能机器人能够快速准确地适应和响应。

综合而言，智能机器人定位与导航技术具有广泛的应用前景，可以极大地改善人们的生活、推动产业发展。然而，要实现这一前景，我们需要不断攻克技术挑战，提高定位与导航系统的精度、稳定性和适应性，以更好地服务于人类社会。

第十一章

基于深度学习的表面缺陷检测技术

表面缺陷检测是工业生产中至关重要的一项技术，它对于产品质量的控制和保证起着至关重要的作用。然而，传统的表面缺陷检测方法存在着许多局限性，无法满足日益复杂和高效率生产的需求。基于深度学习的表面缺陷检测技术以其强大的图像处理和模式识别能力，受到了国家、各大企业的高度重视，并已经在带钢、电池、汽车装配、液晶面板以及纺织品等领域得到广泛的应用。

本章将从表面缺陷检测技术的研究背景与意义和国内外的研究现状出发，详细介绍基于机器视觉的表面缺陷检测技术和基于深度学习的表面缺陷检测技术，并以液晶面板电极缺陷检测技术为例，介绍基于深度学习的方法在该领域中的应用。通过本章的学习，读者能够了解和掌握基于深度学习的表面缺陷检测技术，为实际生产中的缺陷检测提供有效的解决方案。

11.1 表面缺陷检测技术研究

工业生产过程中，由于现有技术、工作环境等因素，极易造成产品的质量问题，物体表面缺陷是产品质量问题最直观的体现。物体表面缺陷的检测，即对成品产品进行表面检查，以识别工业生产过程中造成的划痕、污渍、凹坑等缺陷。因此，物体表面缺陷检测是工业质检领域的一项重要课题，是确保自动化生产过程中产品质量的重要环节。下面将详细介绍物体表面缺陷检测技术。

11.1.1 研究背景与意义

在制造业强国战略的指引下，经过各方面努力，我国制造强国建设迈出了实质性步伐。

与此同时，随着经济的不断增长和人民生活水平的不断提升，人们对产品的质量要求越来越严格，不仅仅是追求实用性，还要求外表美观，体验度好。产品外观是产品表面质量的重要组成部分，由于生产环境等因素的限制，产品表面会不可避免地存在各种类型的缺陷。例如电池壳表面出现划伤、水渍、脏污等，液晶面板电极表面会出现划伤、磕伤、残胶等，金属表面会出现斑块、孔洞等，纸张表面会出现污点、色差等，产品表面的缺陷不仅影响产品的商业价值，对产品的后续加工以及用户体验都有严重的影响。因此在产品出厂之前，需要严格检查产品外观是否存在缺陷。

产品表面的缺陷表现为和产品其他部分不同的地方，即具有显著性。通过人眼很容易找到，因此传统的表面缺陷检测主要依靠人眼，但人眼检测有以下三点不足。第一，难以识别尺寸微小、颜色差异较小或者复杂背景中的缺陷；第二，人眼无法跟上高速传输的传送带，在实时检测方面有很大限制，会影响整体的检测进程；第三，人容易受主观因素影响，判断缺陷标准不一，不能得到可靠、一致、准确的检测结果，并且长时间工作也会影响人的身体健康。因此急需一种实时、可靠、自动的表面缺陷检测技术。

随着工业自动化、计算机视觉技术的飞速发展，物体表面缺陷检测技术也得到了不断的改进和创新。从最早的目视检测到传统的测量仪器，再到现代的机器视觉和激光扫描等技术，不断有新的方法和算法被提出并广泛应用于工业生产中。其中，特别是基于机器视觉的自动表面缺陷检测技术得到了迅猛的发展。它为产品表面缺陷提供了实时、精确、可靠的检测。机器视觉通过非接触的检测和光学的自动采集获得产品表面图像，使用图像处理算法提取不同图像的特征，如产品外观形状、产品像素直方图信息等，并且可以根据特征信息实现缺陷的定位、识别等，实现了检测的自动化、智能化，并且可以在恶劣的环境下高精度、长时间地工作，已经被广泛地使用在产品生产线的在线实时检测，包括带钢、PCB（printed circuit board，印制电路板）、汽车装配、电池、液晶面板以及纺织品等。几种常见的缺陷图像如图 11.1.1 所示。

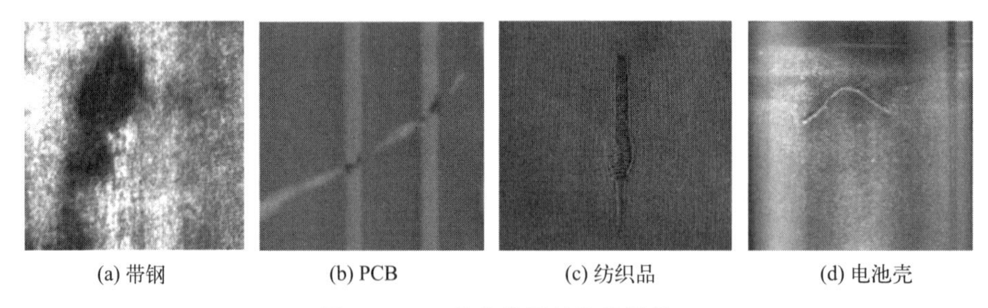
(a) 带钢　(b) PCB　(c) 纺织品　(d) 电池壳

图 11.1.1　几种常见的缺陷图像

11.1.2　国内外研究现状

工业检测是学术研究与工业生产相结合的一个领域，随着学术界研究成果的发表，其检测方法得到先进研究成果的理论支持，从而将这些研究成果应用到工业检测领域中。近年来，深度学习模型由于其出色的检测性能，在工业检测领域中应用的案例逐渐增多，工业检测技术也从一开始的人工肉眼检测到被基于图像处理的机器视觉检测方法广泛取代，然后逐渐转向基于深度学习检测方法的方向发展。接下来，将对传统的表面缺陷检测技术、基于机器学习的表面缺陷检测技术、基于深度学习的表面缺陷检测技术的研究现状进行介绍。

（1）传统的表面缺陷检测技术研究现状

传统的缺陷检测技术一般分为目视检测、手工测量仪器、X射线（X-ray）探伤、超声波检测等，如图11.1.2所示。其中，目视检测指的是由人工操作员进行目视检查，但容易受到主观因素的影响，如疲劳、缺乏专业知识和经验等，如今正在逐渐被取代。手工测量仪器指的是使用卡尺、显微镜等仪器进行测量，准确度取决于操作员的技能水平，且测量效率较低。X射线探伤则适用于金属等材料的内部缺陷检测，但对于非金属材料及表面缺陷的识别效果较差。超声波检测适用于材料的内部缺陷检测，但对于小尺寸表面缺陷的探测不够敏感。

鉴于以上各种不足，研究学者们一直在不停地探索新的技术。而机器视觉技术的出现，为研究学者们提供了一条新的道路。

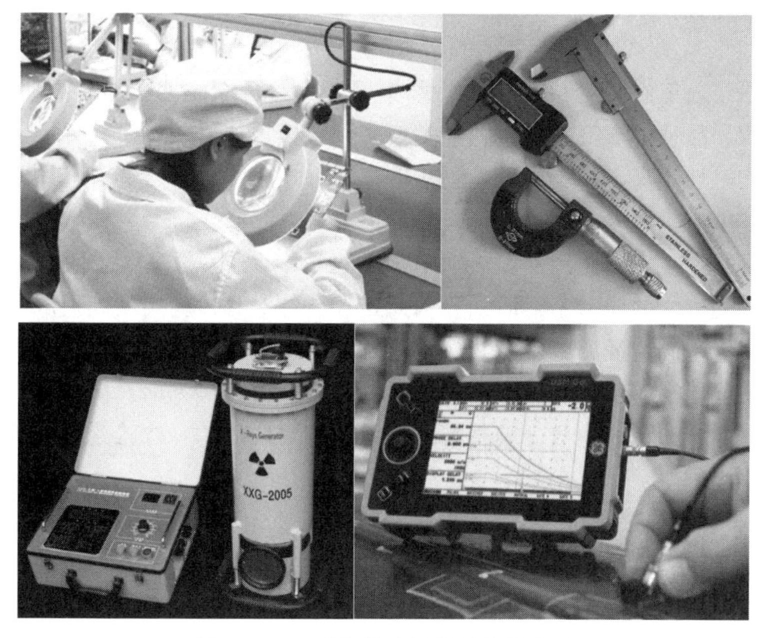

图11.1.2 传统的表面缺陷检测技术

（2）基于机器视觉的表面缺陷检测技术研究现状

国外对机器视觉技术的研究起步较早，20世纪70年代，手眼系统的出现标志着机器视觉技术应用的开始，80年代，美国使用机器视觉技术检测汽车零件。近年来，集成电路、计算机技术的发展使得国外已经出现了很多机器视觉系统供应商。如美国Westinghouse公司研制了Web Ranger系统，该系统能够对各种类型缺陷模块化管理，可以快速、准确地对玻璃、印刷品、金属等表面的缺陷进行检测；德国Parsytec公司主要研制了带钢表面缺陷检测系统，效率很高；瑞士BOBST、德国SIEMENS、加拿大HEXSIGHT、日本DAC等也提出了产品表面缺陷检测的具体检测方案。

国内对机器视觉技术的研究相对较迟，但是中国政府大力推动机器视觉技术在工业领域

的落地。近年来，北京凌云光视、北京大恒图像、上海法视特、深圳赛克数码、苏州南光电子以及国内的众多高校已经纷纷从事机器视觉技术的研发，同时也取得了很多成果。例如，大恒图像技术有限公司研制了玻璃瓶在线检测系统，可以检测玻璃瓶的尺寸、裂纹、划痕及缺口等，并且达到了实时检测；北京凌云光视提出了印刷品表面缺陷检测的解决方案，可以定量检测颜色偏差、印刷的精度等。

虽然国内机器视觉检测技术理论方面和实际应用方面已经取得了众多成果，但是从长远发展来看仍然存在以下几个问题：

① 在复杂环境中构建稳定、高效、可靠的表面缺陷检测系统问题

目前国内对于视觉检测技术的研究大多还处于实验室阶段，在良好的环境、小规模、低速等情况下可以取得好的检测结果，但实际工业领域有噪声、高温、振动、粉刺、灰尘等多种因素的影响，检测系统信噪比较低，较强的信号才能检验出来，微弱的信号可能会被检测为噪声，因此如何构建表面缺陷检测系统，使得在光照变化、有噪声或者振动等干扰情况下也能稳定、高效并且可靠地进行缺陷检测，是亟待解决的一个重要问题。

② 对于宽幅、大数据量的在线实时检测研究甚少

机器视觉在线表面缺陷的检测特点是数据量较大、冗余信息较多、提取特征的维数较高，同时考虑到产品种类丰富多彩、缺陷类型多种多样，如何从海量数据中提取有效缺陷特征难度较大，实时性不高。

③ 缺乏统一的检测方案

由于产品种类繁多，同一产品表面缺陷种类也很多，同一类型缺陷表现形式多种多样，不同缺陷外在表现产生的原因不得而知。因此，仅能针对具体应用问题提取特征，研制自动根据不同产品提取不同特征的解决方案有一定难度，研发自动化、高效化、可靠性能好、维护性能好和更智能的机器视觉表面缺陷检测系统是今后的发展方向。同时，对于缺陷分割来说，缺少标准的参考图像，造成分割精度较低，找到更合适的算法构建更准确的参考图像方面也需要进一步突破。

④ 检测的准确性有待提高

尽管目前优秀的方法层出不穷，使得检测的准确率和召回率都有一定的提高，但仍然不能满足实际需求，同时准确率和实时性之间的矛盾仍然是目前的难点。研究更具鲁棒性的图像处理、图像分析方法，提高缺陷检测的准确率和召回率也已然成为非常棘手的工作，同时，方法性能的评价标准还需进一步研究，以对方法的性能、效率等做出更准确、全面的刻画。

⑤ 模拟人的大脑构建机器视觉系统还需进一步研究

由于人类大脑可以快速锁定缺陷位置，并能一眼看出是什么类型缺陷，因此，如果机器具有人的能力，就可以高效检测出缺陷的位置，并能准确识别出缺陷类型。虽然基于机器视觉的检测和其密切相关的人工智能理论已经取得了很大的发展，但是如何基于生物智能指导机器视觉检测，模拟生物视觉层次化的特点，提取更高级的先验特征是未来机器视觉发展方向之一。

（3）基于深度学习的表面缺陷检测技术研究现状

深度学习算法能够达到传统方法无法企及的精度，因此在 2016 年的国际计算机视觉与

模式识别会议（Conference on Computer Vision and Pattern Recognition，CVPR）上，深度学习几乎成了当时计算机视觉研究的标配，人脸识别、图像识别、视频识别、行人检测、大规模场景识别的相关论文里都用到了深度学习的方法。

而目标检测作为计算机视觉中一个重要的研究领域，近年来，深度学习同样也在目标检测领域中大放异彩。目标检测领域的研究人员们通过在公共图像数据库 PASCAL VOC、MicroSoft COCO 上训练测试，来验证算法的先进性。2013 年，经典两阶段（two-stage）目标检测算法 R-CNN 的提出，使得深度学习真正开始被用于目标检测领域中。2015 年，Fast R-CNN 在 R-CNN 的基础上大幅提升了目标检测的速度，训练时间从 84h 减少为 9.5h，测试时间从 47s 减少为 0.32s，在 PASCAL VOC 2007 上的准确率与 R-CNN 一样，在 66%～67%之间。同一年，何凯明等人提出 ResNet，通过跨层连接进行残差学习，解决了深度神经网络训练出现网络退化的问题。2016 年，Faster R-CNN 的提出，将区域检测网络（region proposal network，RPN）和 Fast R-CNN 融合到一起，实现了端到端的目标检测，也使检测精度再次得到提高，Faster R-CNN 虽然检测精度较高，但其检测速度较慢。2015 年 6 月，YOLOv1 的提出，使得单阶段目标检测算法广为人知，其检测速度极快，但检测精度也极低。随后，YOLOv2、YOLOv3、YOLOv4 的相继提出，使单阶段目标检测网络在公共数据集上的成绩得到不断的刷新。目前，YOLO 系列目标检测算法已经发展到了 YOLOv8，在 MicroSoft COCO 数据集上达到了目标检测领域上最先进的检测效果。

以卷积神经网络为代表的深度学习算法在计算机视觉领域中出色的表现，使得众多学者将深度学习的方法应用到了表面缺陷检测领域。例如，伏彪结合所提出的可添加权重的混合注意力模块、全尺度深监督模块、特征加强模块，以及契合于旋转检测框的损失函数，构造了可一次完成目标检测和图像分割的多任务检测网络，使得电子器件缺陷的检测精度达到了一个优异的程度。游青华通过重设先验框的大小加强对疵点的回归能力，将浅层特征图信息融入高层特征图中丰富其语义信息并从多尺度的角度加强网络的特征提取能力，添加 DCN 模块以提升对不规则钢材缺陷的提取能力，最终改进后的检测算法对于钢材表面缺陷的检测精度和检测速度都有了一定的提高。李俊杰提出了两步池化算法对缺陷区域进行特征信息的增强，通过设定先验框尺寸以匹配布匹缺陷的检测场景，并进行多尺度信息融合，加强了原始模型对于布匹缺陷中小目标的检测效果，总体的检测精度得到了提升，并且检测网络对时间的开销也降低了。李雪峰在 Faster R-CNN 的基础上使用残差网络的变体 SCNet 作为特征提取层，根据 FPN 设计了 PinFPN，以此丰富了检测网络的底层语义信息，提升了检测网络对于输电线路销钉缺陷中小目标的检测能力，使检测网络的检测精度得到了提高。西安电子科技大学的研究团队提出的检测网络将提取到的全局动态卷积特征、全局动态多尺度融合特征和局部金字塔边缘特征，通过自学习尺度模块和空间信道域反向注意模块逐步融合，在印制电路板表面缺陷数据集上获得优异的检测效果。

相较于传统机器视觉算法中针对不同物体需要定制化不同的算法，深度学习算法更加通用；且深度学习所学习到的特征具有很强的迁移能力，在任务 A 训练得到的检测网络对于任务 B 也有着不错的检测效果。同时，由于深度学习的工程开发、优化、维护成本低，使得深度学习不仅在学术界大放异彩，在工业界也表现亮眼。深度学习的上述优点，使得越来越多的深度学习算法应用在表面缺陷检测领域。其中以卷积神经网络为代表的深度学习算法在计算机视觉领域中尤为出色。卷积神经网络的相关知识见第五章。

11.2 基于机器视觉的表面缺陷检测技术

11.2.1 机器视觉中的图像处理技术

图像处理技术就是利用计算机、摄像机及其他数字处理技术对图像施加某种运算和处理，以提取图像中的各种信息，从而达到某种特定目的的技术。在机器视觉中最常见的技术有图像降噪技术、图像增强技术和图像增广技术，接下来，我们将详细地讲解这三项技术。

（1）图像降噪技术

图像噪声是指存在于图像数据中的不必要的或多余的干扰信息。而图像降噪技术是指减少数字图像中噪声的过程。现实中的数字图像在数字化和传输过程中常受到成像设备与外部环境噪声等的影响，在这种条件下得到的图像称为含噪图像或噪声图像，会严重影响图像的成像质量，因此在图像增强处理和分类处理之前，必须予以纠正。

① 图像噪声

常见的图像噪声分为椒盐噪声（也称脉冲噪声）、高斯噪声、斑点噪声和噪声条纹四种。其中椒盐噪声是数字图像处理中常见的一种噪声形式，它表现为图像中随机出现黑白像素点的噪声，如图 11.2.1(b) 所示。

(a) 原图

(b) 椒盐噪声

(c) 高斯噪声

图 11.2.1　噪声示意图

这种噪声形式通常是在低光照环境下采集的图像，如矿井下的图像，或是由于图像传输或者存储过程中的错误所导致的，对于图像处理和分析等应用会造成很大的影响。通常处理椒盐噪声的方法包括中值滤波、均值滤波等方法。

高斯噪声是一种常见的随机噪声，其特点是在图像中出现的噪声值服从高斯分布，如图 11.2.1(c) 所示。高斯噪声在图像处理和计算机视觉领域中经常出现，这是由于许多图像采集和传输设备的固有噪声或信号传输过程中的信噪比引起的。高斯噪声通常采用滤波器进行降噪，比较常用的方法包括均值滤波、高斯滤波、中值滤波等。

斑点噪声是一种常见的图像噪声，通常出现在雷达、超声波图像等成像领域中。它的特点是在图像中出现大小不一、形态不规则的明暗斑点，严重影响了图像的质量和可读性，如图 11.2.2 所示。斑点噪声的形成是由于图像信号经过一些随机反射、折射或传播引起的。

对于斑点噪声的处理，通常采用滤波器进行降噪。其中比较常用的方法是中值滤波和小波变换。

噪声条纹指的是由频率交变信号干扰引起的周期性噪声，常见于摄像机和扫描仪，如图 11.2.3 所示。通常可以使用带通或陷波滤波器进行降噪。

图 11.2.2 建筑物的斑点噪声图

图 11.2.3 噪声条纹

② 图像降噪方法

图像降噪方法可以分为空间域降噪方法和频率域降噪方法，其他数据（如声音、信号等）的降噪方法如第八章所述，这里仅对图像降噪方法进行描述。其中空间域降噪的主要原理是利用图像中像素之间的相关性来去除噪声，即每个像素的值可以表示为其周围像素值的加权平均值。常见的方法有均值滤波和中值滤波。

均值滤波是通过改变某邻域的中心像素的灰度值来实现的，改变的规则是将邻域内各像素点灰度值的和取平均值进行替换。假设我们选定一幅图像 $f(x,y)$，大小为 $N\times N$，取其中某个像素点(x,y)，令它的某邻域空间为 S，S 内共存在 M 个像素点，经均值滤波降噪后的图像为 $p(x,y)$，则有：

$$p(x,y)=\frac{1}{M}\sum_{(i,j)\in S}f(x,y) \tag{11.1}$$

此算法原理特点是通俗易懂、计算量小、运算速度快，但其弊端也同样很明显，因为它使用平均值替代了所有像素点的原灰度值，导致经过滤波后的图像过度平滑而显得模糊、图像线条细节不清楚或者图像边界不分明。另外，降噪过程中所需滑动窗口的尺寸也会影响降噪效果，滑动窗口尺寸太小就会过滤噪声不彻底，而滑动窗口尺寸太大又会过度平滑，导致图像模糊。

鉴于上述问题，出现了许多改进的均值滤波器，比如自适应均值滤波、加权均值滤波、滚动均值滤波等，它们在对图像进行处理时与原始均值滤波不同的是不处理图像边缘部分，只过滤图像内部，相当于对均值滤波器起到了扬长避短的作用。

中值滤波也是常见的空域滤波，它将某区域内像素点的灰度值按照一定顺序排列，然后取排序后的中间值替代原来的灰度值。其基本思想可见下式：

$$y(n)=\text{med}[x(n-N)\cdots x(n)\cdots x(n+N)] \tag{11.2}$$

式中，$x(n-N)\cdots x(n)\cdots x(n+N)$表示像素点灰度值序列；med[ ] 表示取中间值操作。中值滤波同样复杂度低，运算快，对细节较少的图像效果更好。人们在这基础上也陆续提出了新的算法，例如开关中值滤波、加权中值滤波等，通过改变权值和方向来改善降噪效果。

频率域降噪方法就是将图像从空间域处理变换到频率域处理，即首先将原始图像通过卷积变换，将其变换到频率域，然后在频率域中对其进行操作，最终将结果变换到空间域中，进而使图像得到增强。其过程可用以下公式表示：

$$g(x,y)=h(x,y)*f(x,y) \tag{11.3}$$

式中，$h(x,y)$称为线性不变算子；$f(x,y)$为待处理函数；$g(x,y)$为卷积处理后的结果。则在频域有：

$$G(u,v)=H(u,v)F(u,v) \tag{11.4}$$

式中，$G(u,v)$、$H(u,v)$、$F(u,v)$与$g(x,y)$、$h(x,y)$、$f(x, y)$一一对应，其中$f(x,y)$是已知的，只需要给出$H(u,v)$，就可以根据式(11.4)算出$G(u,v)$，再通过逆变换求出卷积值$g(x,y)$，如式(11.5)所示：

$$g(x,y)=X^{-1}[H(u,v)F(u,v)] \tag{11.5}$$

式中，X表示逆变换。根据上述理论，我们可以将图像在频域上的处理大致分为以下三步：

步骤一，计算已知图像信号$f(x,y)$的X逆变换$F(u,v)$；

步骤二，将上一步的结果与相关函数$H(u,v)$相乘得到$G(u,v)$；

步骤三，将步骤二的结果做X逆变换操作，得到经频域变换的图像信号。

(2) 图像增强与增广技术

图像增强（image enhancement）和图像增广（image augmentation）是在计算机视觉领域常用的两个概念。图像增强是指对图像进行处理，目的是改善图像的质量、清晰度或视觉效果。常见的图像增强操作包括调整亮度、对比度、色彩饱和度、锐度等。图像增强可以用于改善图像的视觉感受，使得图像更易于分析和理解。

而图像增广是指通过一系列变换或扩展来生成新的训练样本，以增加训练集的多样性和鲁棒性。图像增广的目的是减少过拟合、提高模型的泛化能力。常见的图像增广操作包括随机裁剪、翻转、旋转、缩放、平移、加噪声等。这些操作可以增加图像数据的多样性，使得模型在真实场景下具有更好的效果。这项技术在深度学习中是必不可少的关键技术。这是因为深度学习网络需要大量的数据进行训练学习，如果没有足够的数据量，再好的深度学习目标检测算法也达不到较好的检测结果。在实际生产环境中，出现表面缺陷的产品数量远远少于正常的产品数量，并且在图像采集后需要进行筛选，使得合格的原始图像略少。而由于产品表面缺陷产生的随机性，所采集到的表面缺陷的原始图像数量并不均衡。这种不均衡会导致检测网络模型在训练学习时，会被“头部”类别（数据集中数量占比巨大的类别）主导而产生过拟合；与此同时，也使得检测网络模型对于“尾部”类别（数据集中数量占比极少的类别）数据的学习建模能力极其有限。这样，不同类别数量不均衡会进一步让检测网络模型的训练不能充分进行，最终导致卷积神经网络的特征学习达不到理想程度，影响整个检测网络模型的泛化能力。为了获得足够的图像数据，以及避免类别数据不均衡影响检测结果，需要使用图像增广技术来对原始图像数据进行扩充，以解决以上问题。

因此，图像增强注重改善图像质量和视觉感受，而图像增广注重增加训练集的多样性和鲁棒性。两者在目的和应用方面有所区别，但都可以在计算机视觉任务中起到重要的作用，都属于数据增强技术。具体的数据增强技术如第八章所述，包含多种几何变换方法和像素变换方法，这里不再进行赘述。

11.2.2　基于机器视觉的表面缺陷检测过程

传统的基于机器视觉检测的表面缺陷检测过程包括图像预处理（图像降噪、图像增强）、缺陷分割、缺陷特征提取及特征选择、缺陷分类等，其一般流程如图 11.2.4 所示。下面对各个环节做进一步的描述。

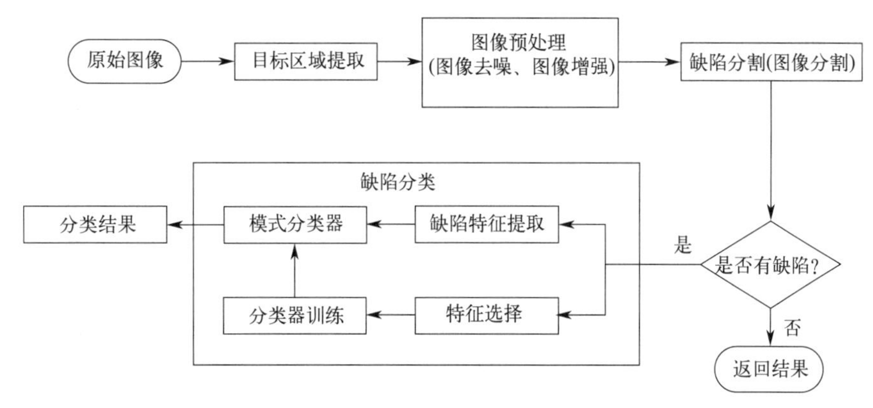

图 11.2.4　基于机器视觉检测的表面缺陷检测流程

（1）目标区域提取

由于采集到的图像中包含很多与检测目标无关的特征，为了精准识别检测目标位置、提高后续图像处理算法的速度以及降低算法的计算量，对目标区域进行提取和确定是必不可少的。即目标区域提取指的是对存在缺陷的区域进行框选，从而将缺陷所处的位置或是待检测的部分从原始图像中提取出来。

具体来说，对于一些大尺寸的图像，待检测目标只在图像中占据很小的一部分。此时若将整幅图像输入图像处理算法中，会显著增加图像处理算法的计算量，导致检测速度变慢、精度下降。因此需要对待检测目标区域进行提取，去除无效的特征区域。对于一些线阵扫描图，其文件内存过大，无法直接进行图像识别，需要将其裁剪成相同大小的小图，再依次输送到图像处理算法中，这也是目标区域提取的一种。如 Halcon、OpenCV 等图像处理算法软件一般都会有目标区域提取的相关算法，我们在编写算法程序时要注意进行合理的使用，以最大限度地利用算力资源。

（2）图像预处理

由于目标区域提取只是对区域进行提取，并不涉及图像本身像素的改变。因此，我们要考虑到获取的图像可能会受环境、传感器、电子元件等的影响而产生噪声（椒盐噪声和高斯噪声是最常见的两类噪声，如图 11.2.1 所示），导致图像质量不高。所以首先需要去除图像

中的噪声，以免对后续图像增强、缺陷特征提取、缺陷分割、缺陷识别等产生不利影响。

常见的去除噪声的方法有均值滤波、中值滤波、双边滤波。均值滤波也称线性滤波，其核心理念为邻域平均法，即使用中心像素及其邻域窗口中像素点的灰度平均值代替该中心像素点的灰度值，此时邻域越大降噪效果越好，但图像会越模糊，不能保持边缘细节特征，适合去除高斯噪声。中值滤波通过检测中心像素点邻域窗口像素的中值，从而代替该中心像素点的灰度值，可以减少均值滤波带来的图像模糊问题，适合去除椒盐噪声。具体的图像处理技术见下节。

由于缺陷的光照条件、形状、大小和深浅不同，导致图像灰度值分布不均匀，同时缺陷目标和背景之间的差异不明显。因此往往需要图像增强技术来提高缺陷目标的显著性，使得目标和背景差异性增大。

（3）缺陷分割

在对图像进行处理之后，我们可以通过肉眼很清晰地观察到图像中的待检测目标，同时判断出它是否是缺陷。但是，通过机器视觉来判断图像中是否存在缺陷，需要人工预先告诉机器什么是缺陷。因此我们还需要将缺陷的边缘、形状提取出来，即缺陷分割。缺陷分割方法主要包括：基于边缘的图像分割、基于区域的图像分割、基于阈值的图像分割、基于聚类的图像分割以及基于特定理论的图像分割等。

基于边缘的图像分割主要根据区域内像素值的不连续性，将变化较大的特征点检测出来，构成封闭边缘，使得缺陷目标和背景分割开，常用于灰度图像。典型方法包括微分算子和曲面拟合方法。微分算子通过计算一阶导数极值或二阶导数过零点确定边缘点，常用的算子有 Roberts、Sobel、Prewitt、Kirsch、Laplacian、Log、Canny 等。曲面拟合边缘检测方法使用平面或者曲面逼近图像的区域，用平面或者曲面的梯度代替像素点的梯度，从而实现边缘检测。检测到边缘点之后，将边缘点进行连接，去除干扰点，得到的区域即为缺陷目标区域。

基于区域的图像分割根据某种事先设定好的原则，将相似像素分为一类。传统的方法包括区域生长、区域分裂和合并等。区域生长法是从一个种子点开始，在其邻域内根据相似准则找到和其相似的像素，将其归为一类，逐渐扩大相似区域，从而实现区域的分割。此方法对于复杂形状的缺陷具有很好的分割效果，但是速度较慢，初始种子点的选择对后续分割结果影响较大，并且生长准则的确定不具有统一性，往往会造成过分割。基于区域的分割方法都需要考虑图像像素值和其空间位置的关系，计算复杂度较高。

基于阈值的图像分割是通过一定的策略来获得合适的阈值，从而将图像像素值和阈值比较，小于阈值的归为一类，大于等于阈值的归为一类。阈值分割法的关键和难点在于阈值的选择策略，主要分为全局阈值和局部阈值。全局阈值将整个图像分为两部分，只确定一个阈值，计算较简单，局部阈值将整个图像分为多个子图像，在每个子图中选择一个阈值对子图分割，计算速度较慢，难以满足实时性要求，因此，在机器视觉系统中，全局阈值的应用较为广泛。

基于聚类的图像分割是根据每个点的特征，包括灰度、纹理等对像素进行聚类，使得相似像素归为一类，常用的有 k 均值聚类、层次聚类以及模糊 C 均值聚类等。

基于特定理论的图像分割是近年来涌现的新方法，包括分水岭分割、基于模糊理论的分割、基于图论的分割等，该类方法计算复杂度较高，在机器视觉表面缺陷检测中因不能达到实时处理而应用较少。

（4）缺陷特征提取及特征选择

对于传统的表面缺陷检测算法，如何提取出良好的缺陷特征并设计出合适的分类器是关键，也是难点。图像特征提取实则为一种图像数据的降维方式，是从图像中提取出能够表征图像特征的数值化表示，这些特征表示可以被用来训练机器学习模型或进行计算机视觉任务，是后续缺陷识别的重要环节。图像特征提取是基于图像局部区域之间的像素灰度值的差异和相似性的，利用一系列的算法和技术来提取图像中的形状特征、灰度特征和纹理特征。其特征描述见第九章。

目前，对于表面缺陷技术的研究主要针对纹理特征，纹理特征反映了图像表面的结构信息以及各个像素与其周围像素的关系，不依赖于图像的颜色，是非常重要的特征，它需要在像素点邻域内计算统计性而不仅仅只依赖于单个像素灰度值，因此它具有局部性，并且纹理特征通常具有旋转不变性，对噪声不敏感，鲁棒性较好。纹理特征包括灰度统计特征、频谱变换特征、模型特征等。

灰度统计特征通过计算像素灰度值的分布得到，最简单的描述是直方图特征，但其仅反映像素值出现的频率，并没有反映像素的空间分布。图像的直方图特征给出了图像的诸多信息，包括像素的最值、均值、方差等，此外，L1 及 L2 范数、归一化系数、熵等也作为统计特征。直方图特征计算简单，对像素空间分布不敏感，具有旋转和平移不变性，在缺陷检测和识别领域中得到了广泛应用。

频谱变换特征指的是将图像（图像为二维离散信号）变换到频域，在频域空间去除周期性信息，并进行滤波，再反变换回原始图像域，最终通过差分可得到缺陷区域。常用的变换处理包括傅里叶变换、Gabor 变换、离散余弦变换、小波变换等。

模型特征指的是模型参数，即首先假设图像的正常纹理特征符合某模型，然后估计模型参数，通过参考图像和测试图像模型参数的差异实现缺陷定位。典型的方法包括高斯混合模型（Gaussian mixture model，GMM）、高斯马尔可夫随机场（Gaussian-Markov random field，GMRF）、自回归模型等。

另外，使用灰度统计特征计算像素点及其邻域的空间分布的方法，假设图像背景的统计特征是非常稳定的，可以使用不同的统计特征定位缺陷区域。然而不同的统计方法只针对特定的图像，适用性较窄，且这些方法的检测结果严重依赖于选择的滑动窗口大小和判别阈值，容易受到噪声影响。频谱变换特征通过选择合适的正交基将原始图像变换到频域，根据缺陷区域和非缺陷区域频域系数的不同定位缺陷，计算复杂性较高，对复杂纹理背景检测结果不佳，严重依赖于所选择的滤波器和滤波器的参数。模型特征准确率较高，首先假设图像的纹理背景符合某个特定的模型，然后使用无缺陷图像估计模型参数，通过判断检测的图像是否符合此模型来实现缺陷检测。但该类特征不能很好地检测小的缺陷、计算复杂度较高且最初模型假设不一定成立。

（5）缺陷分类

缺陷分割完成之后，还需要对缺陷进行分类，以便满足产品的分级以及不同的生产需求。缺陷分类的流程一般是提取缺陷特征，如纹理特征、几何特征、灰度特征或颜色特征等，通过降维方法对提取的特征再次降维，然后采用模式分类方法对特征分类，从而识别缺陷。常用的模式分类方法有 k 近邻、贝叶斯方法、支持向量机（support vector machine，SVM）、随机森林（random forest，RF）、神经网络分类等。

11.2.3 基于深度学习的表面缺陷检测技术

虽然机器视觉检测的特征提取算法，如小波变换法、多尺度几何方法、局部二值模式（local binary pattern，LBP）特征提取方法、梯度方向直方图（HOG）特征提取方法等能够提取特征并获得非常好的检测效果，但它们有三个主要缺陷。第一，手动提取的特征严重依赖于专家知识和复杂的设计方法，并且即使是专业人员也不一定知道提取什么特征较合适。第二，提取特征和设计分类器是分开的，分类器的好坏并不能指导特征的提取过程。因此，对于分类器来说，设计的特征可能不是最好的。第三，对于不同任务来说，设计的特征和分类器是变化的，所使用的特征提取算法也是不同的，通常需要有经验的人员来进行特征提取算法的选择。

当面临多种类型的表面缺陷需要检测时，只使用同一种特征提取算法并不合适；但同时使用多种算法又会导致算法的稳定性下降。此外，基于机器视觉的检测方法对图像的质量要求较高，很容易受到外界环境因素的影响，抗干扰能力较差。因此，它在真实、复杂的工业检测场景中检测效果并不太理想。

与人工检测技术和基于机器视觉的检测技术相比，基于深度学习的表面缺陷检测技术则是通过卷积网络逐层提取特征。其中浅层网络主要提取低级特征，如边缘、灰度特征等，深层网络逐渐将浅层网络的低级特征结合为高级语义特征，因此，可以很好地描述图像。并且它将特征提取和分类器设计结合起来，不需要手动设计特征和分类器，分类器的输出通过反向传播影响特征的提取过程，可以实现端到端的检测，完美地解决了传统方法的三个缺点。

这种基于端到端的网络，将特征提取、选择和分类融合在一起，共包含以下 3 种任务：分类、检测、分割。如图 11.2.5 所示。

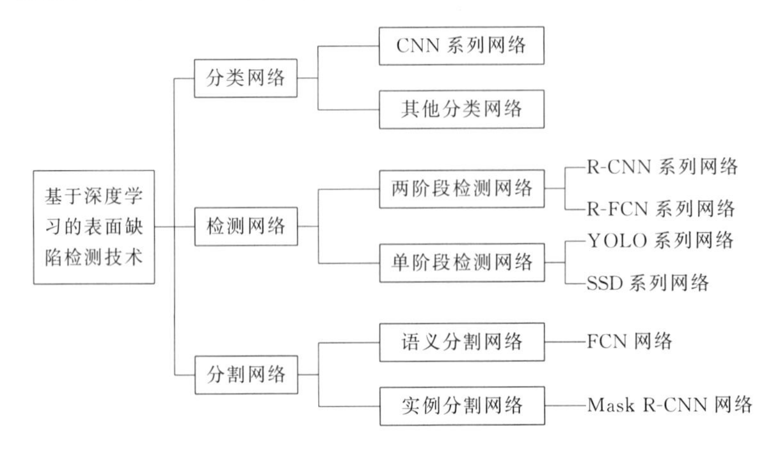

图 11.2.5 基于深度学习的表面缺陷检测技术框架

此外，深度神经网络模型常常具有上百层的结构，参数量巨大，在某些场景中，需要对深度神经网络进行轻量化处理。因此本节就按照缺陷检测中的分类、检测和分割任务进行总结。表 11.2.1 给出了部分深度神经网络的特征对比。

表 11.2.1　深度神经网络方式对比

网络	数据标签类型	检测结果	功能			网络特点
			分类	定位	分割	
VGG、ResNet、GoogLeNet 等	类别	缺陷是什么	√			适用于单一图像中缺陷二分类问题，标注成本低
Faster R-CNN、SSD、YOLO 等	矩形框	缺陷在哪里	√	√		适用于单一图像中缺陷多分类问题，标注成本较高
FCN、U-Net、Mask R-CNN 等	多边形	缺陷怎么样	√	√	√	适用于不同缺陷的分类及定位，标注成本高，可直观地表达缺陷的具体外形

（1）缺陷检测中的分类网络

缺陷分类是实际检测过程中必不可少的环节，根据缺陷类型可以对产品做出较为翔实的评价，但在真实的工业生产中，检测对象形状、尺寸、纹理、颜色、背景、姿态及光源等要素的巨大差异使缺陷分类较为困难，传统的基于图像处理的缺陷检测方法难以适用这些多变的检测场景，此时深度网络的优势就得到充分体现。用于缺陷分类的深度网络主要是卷积神经网络，近年来，基于深度学习的表面缺陷检测网络大都使用 VGG、GoogLeNet、ResNet 等作为骨干网络（backbone），其通常被用于特征提取和分类（其详细内容可见第五章卷积神经网络）。分类网络结构特点及解决问题对比如表 11.2.2 所示，其展示了这些不同骨干网络的结构特点和解决的问题，可以看出目前的分类网络在保证准确率的同时向高效率和轻量化方向发展。

表 11.2.2　分类网络结构特点及解决问题对比

网络	结构特点	解决结果	存在问题
VGG	通过堆加卷积层增加网络的深度	降低空间维度	网络参数量大，网络过深会导致梯度弥散，训练时间长
GoogLeNet	在多个尺度上同时进行卷积，在特征维度上进行分解	加快收敛速度	网络参数量大，网络过深会导致梯度弥散
ResNet	使用跳层连接跳过非线性层直接将特征传递到下一层	解决深度网络梯度弥散问题	网络参数量大

其中，VGG 网络结构简洁、具有很强的实用性。如 2019 年 Perez 等人在对建筑物表面的霉菌、变质和污渍进行检测时，对 VGG-16 网络结构进行了微调，使用了一个 1×4 的分类器替换最后的 1×1000 softmax 层；训练时，只更新第 5 块的权值，使得该网络在缺陷分类及定位方面表现出了较高的可靠性和鲁棒性。2020 年，Zhou 等人利用随机加权平均（stochastic weight averaging，SWA）优化器和 W-Softmax 损失函数对 VGG 网络进行改进，用于生成一种青梅缺陷检测的网络模型。还有 Guan 等人根据 ZFNet 中的反卷积和反池化模块，构建了模型 DeVGG19 用来提取钢表面缺陷特征图，均取得了很好的检测效果。

GoogLeNet 网络结构采用的是模块化结构。如 2020 年薛勇等人使用 GoogLeNet 迁移模

型对苹果进行缺陷检测，在迁移中取代网络的最后 3 层，在层次图中添加全连接层、softmax 层和分类输出层，从而具有泛化能力。2021 年，肖旺等人提出了一种 GoogLeNet-Mini 网络，将 3 层卷积层变为 1 层，并将原有 Inception 模块减少为 6 块，增加了卷积核数，并将该网络应用到鸭蛋缺陷检测中，取得了很好的检测效果。

ResNet 是 VGG-16 的延伸，通过增添了残差单元，解决了 DNN 退化的问题。如 2019 年 Mary 等人对 ResNet-50 进行改进，在 Conv1 和 Conv3 中增加 1 个下采样，以保留更精确的空间信息。Xie 等人融合了 ResNet-50、Densenet-121 和 VGG-16 网络结构的特点，从而提高了胡萝卜的分类效果。

分类网络的应用还有很多，这里仅是一些简单的介绍。一些网络结构未举例，例如深度置信网络、深度支持向量机网络（DSVM）及深度贝叶斯神经网络等，这些网络是在深度神经网络的基础上通过改变结构或与其他分类方法结合衍生出的深度网络。需要注意的是，这些方法各有利弊，需要根据实际需求进行选择。

（2）缺陷检测中的检测网络

近几年应用最多的目标检测网络包括区域卷积神经网络（region convolutional neural network，R-CNN）系列、YOLO 系列、SSD 系列及区域全卷积神经网络（R-FCN）。而基于深度学习的表面缺陷检测技术是依据网络中是否含有候选框，从而将网络分为单阶段和两阶段网络。单阶段网络中输入图像、输出备选框与分类是一体化完成的；而两阶段网络中一半选择备选框，一半对备选框进行判断，两者之间进行级联。所以依据是否使用备选框的思路，本节会对两阶段网络和单阶段网络进行讲解。

① 两阶段网络

R-CNN 系列是两阶段网络中的代表。其包括 R-CNN、Fast R-CNN 及 Faster R-CNN，属于两阶检测网络。R-CNN 在原始图像中选取候选区域，将神经网络作为这些区域的特征提取器，再根据特征做分类和边界锚框（bounding box）回归标出缺陷位置和类别，这类网络在实际使用之前需要对每个模块单独训练。Fast R-CNN 和 Faster R-CNN 在 R-CNN 的基础上将网络中的各部分做拓扑优化并调整了部分模块的作用，如 Faster R-CNN 引入区域生成网络（RPN），使得网络的检测速度得到了大幅度提升。

以 Faster R-CNN 为例，2018 年，Zhong 等人在检测高速铁路悬链线开口销缺陷时更是直接使用了 54 个不同比例的 Anchor，并将底层特征图下采样，与上采样后的高层特征图进行级联，形成新的特征图。2019 年，Ding 等人通过 K-means 设计 Anchor 比例，并在 Faster R-CNN 中引入特征金字塔网络（feature pyramid networks，FPN），以加强底层特征融合。2020 年，Tao 等人发现，使用单层 Faster R-CNN 直接检测航拍图像中的绝缘子缺陷所得到的精确率与召回率并不是很理想，便将两个 Faster R-CNN 级联起来，第 1 层用于绝缘子定位，第 2 层用于绝缘子中的缺陷定位，该方法能够适用于各种复杂背景下的绝缘子缺陷检测。2021 年，陈海泳等人在 FPN 中添加了自下而上的路径聚合形成一种新的网络 PA-FPN（path aggregation feature pyramid network），将 PA-FPN 引入 Faster R-CNN 中，以此提升了模型对多尺度裂纹缺陷特征的表达能力。

除此之外，Faster R-CNN 还被用于其他材料的缺陷检测上，例如轮毂、隧道、光伏电池等。

② 单阶段网络

单阶段网络主要包含 SSD 和 YOLO 两种。YOLO 官方系列目前包括 YOLOv1、YOLOv2、YOLOv3、YOLOv4 及 YOLOv5（如今算法在不断地研究下，2023 年已经出现 YOLOv8 了），其核心思想是将原始图像作为网络的输入，将图像分割成像素块，将每个像素块作为 ROI 对这些像素块内的对象做检测分类，根据检测结果直接在输出层做边界回归标出缺陷的位置和类别，其在实际使用之前只需要训练一次。SSD 继承了 YOLO 的思路，并加入了基于特征金字塔（FPN）的检测方式，该网络只需一次即可完成网络训练。

主要检测网络的对比如表 11.2.3 所示，其对上述系列检测网络中使用较为广泛的网络做了对比。使用 PASCAL VOC 2007 数据集测试这 3 种网络，并计算了每种网络的平均精度均值（mean average precision，mAP）和每秒传输帧数（帧/s）来分别反映检测准确率和检测速度。

表 11.2.3 主要检测网络的对比

名称	Faster R-CNN	YOLOv3	SSD
阶数	两阶	单阶	单阶
检测原理	CNN 提取特征，RPN 划分候选区域，预测分类并回归边框	CNN 做回归网络，直接预测边界框并分类	使用回归的方法结合多层网络特征预测边界框并分类
信息检测范围	局部信息	全局信息	全局、局部信息
平均精度均值(mAP)/%	85.6	58.8	75.1
检测速度/(帧/s)	15	158	72

可以看出 Faster R-CNN 因其划分候选区域的特点而具有较高的检测准确率，并且能够较好地检测图像中的细节，获取局部信息；YOLOv3 与其相反，将检测问题转化为回归问题，极大地提高了检测速度，但也带来了相对较低的检测准确率，并且对图像的全局信息有较好的检测能力；SSD 继承 YOLO 的检测思路，同时引用 FPN 提取的多层网络特征，使其兼具准确性和快速性，能够选择性地获得全局信息和局部信息，而使用过程中可以根据实际需求调整超参数，以便更灵活地解决问题。

目标检测网络具有较高的检测准确率和较快的检测速度，并且能够检测缺陷类别，标出缺陷位置。很多研究试图将其应用到实际工业生产过程中。至此，已经有了大量检测网络在工程生产件和成型件表面缺陷检测应用的案例。

2021 年，Zheng 等人针对 YOLOv3 网络对大中型目标不敏感、小缺陷漏检、误检等问题进行改进，提出了一种新的轴承盖缺陷检测技术。首先使用 BNA-Net 取代传统的 Darknet-53，减少参数；接着提出了注意预测子网、缺陷定位子网，其中缺陷定位子网进一步处理注意预测子网的全局特征，该方法主要用于大中型目标的检测，保持了较快的速度，也提高了检测精度。Duan 等人引入双密度卷积层结构，增加模型预测尺度，对 YOLOv3 进行改进，得到更好的铸件缺陷检测网络模型。

2018 年，Li 等人在保证检测精度的前提下，优化 SSD 结构得到 MobileNet-SSD，该方法可应用于集装箱上灌装线密封面的破损、凹陷、毛刺、磨损等典型缺陷的检测。2020 年，Liu 等人在对悬链线支撑部件缺陷进行精确定位时，也使用了 MobileNet-SSD，修改了 SSD 网络输出层的深度，优化了网络结构。

单阶段网络与两阶段网络各有利弊，如果追求检测速度，则基于单阶段的应用较多，若对检测精度有要求，则使用两阶段的网络。现阶段，研究人员已经开始关注将两者结合起来的检测网络，例如，RefineDet融合了RPN网络、FPN算法和SSD算法，既提高了检测精度，也保持了较快的检测速度，很好地做到了扬长避短。相对于分类网络不同的是，目标检测网络更强调实际工程的应用，这对检测速度和检测准确率都有较高的要求，在准确率上占优势的R-CNN网络逐步向更快的检测速度方面改进，而检测速度更快的YOLO网络则向更高的准确率方面改进。

（3）缺陷检测中的分割网络

分割网络将表面缺陷检测的重点由分类和定位转移到了缺陷与正常区域的分割方面。分割网络通常包括语义分割和实例分割，在对缺陷进行检测时，主要是区分缺陷与非缺陷区域。语义分割与实例分割最大的不同在于，实例分割在语义分割的基础上还可对缺陷进行定位、分类，并得到缺陷具体的几何形状。

① 语义分割

常见的语义分割网络有FCN、SegNet、U-Net等。其中全卷积网络（fully convolutional networks，FCN）是Jonathan Long等人于2015年在“Fully Convolutional Networks for Semantic Segmentation”文中提出的用于图像语义分割的一种框架，是深度学习用于语义分割领域的开山之作。依据FCN骨干网络的不同，其缺陷分割方法可以进一步细分为基础FCN、U-Net和SegNet 3种方法。U-Net是一种编码-解码器（encoder-decoder）结构，这种特殊的网络结构将编码过程的特征图与解码过程的特征图进行融合（包括特征相加和特征连接），实现编码器与解码器的信息交互或融合。SegNet也是一种经典的encoder-decoder结构，与U-Net不同的是，SegNet的解码器中利用了编码器中最大池化操作作为上采样操作的索引，用另一种方式实现了编码器与解码器的信息交互或融合。

② 实例分割

实例分割可以在上述语义分割的基础上，区分出属于同类的不同实例。Mask R-CNN是实例分割中最常见的、最具有代表性的网络。它是2017年何凯明等人在Faster R-CNN的基础上融入了语义分割网络而提出的一种实例分割方法，相较于一般的语义分割，当多个同类型缺陷重叠时，语义分割会将多个同类型缺陷当作整体进行处理，而实例分割能将每个缺陷分离并统计缺陷数目。不过目前Mask R-CNN最常见的应用则是直接对缺陷进行分割，例如，利用Mask R-CNN对焊缝、路面裂缝、皮革表面缺陷进行分割等。

分割网络相比于分类和检测网络，在缺陷信息特征提取上有一定的优势，但同样也需要大量的数据集做支撑。

11.3 具体案例：液晶面板电极缺陷检测技术

随着新一代信息通信技术的迅猛发展，作为终端设备的智能手机、平板电脑、智能家居等产品的市场需求持续增长。而液晶面板作为人机交互的重要组成部件，其生产规模急剧增大，现已成为信息产业中的支柱产业之一。

随着液晶面板行业的崛起，带动了液晶面板质检需求的快速增加。而由于传统的缺陷检测主要由人眼辨别，检测效率低下，难以满足快速增长的生产需求，为生产企业带来了巨大困难。因此，采用一种新型的液晶面板质量检测方式来代替人工检测是亟待解决的技术问题。

11.3.1　液晶面板电极缺陷

（1）液晶面板电极缺陷的由来

液晶面板一般由液晶层、电极层、玻璃基板和背光源等部分组成。其中，液晶层是由两块平行的玻璃基板夹持而形成的层，中间填充着液晶分子。电极层则是在玻璃基板上涂上氧化铟锡（indium tin oxide，ITO），一种透明导电材料，再经过蚀刻工艺形成的，用于施加电场。背光源则是用于照亮液晶层的光源，通常采用 LED（light emitting diode）灯。以薄膜晶体管液晶显示器（thin film transistor liquid crystal display，TFT-LCD）结构图为例，如图 11.3.1 所示。

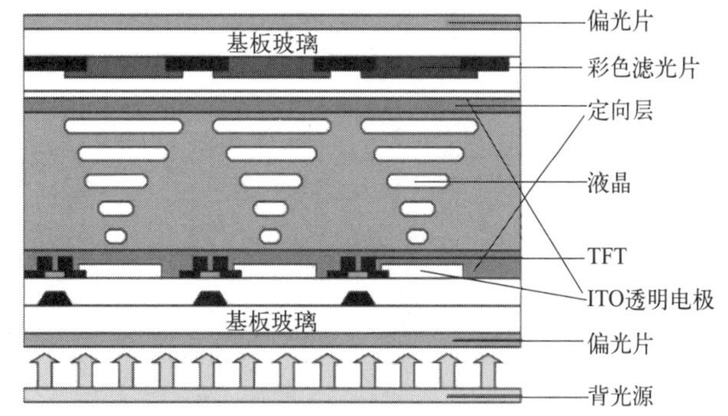

图 11.3.1　TFT-LCD 面板结构剖面图

薄膜晶体管液晶显示器具有高分辨率和低功耗等优点，是目前的主流屏幕之一，被广泛应用于液晶面板行业。TFT-LCD 显示屏的制作流程分为三个阶段，分别为 array（阵列刻蚀）阶段、cell（灌晶）阶段和 module（模组组装）阶段，如图 11.3.2 所示。每个阶段包含多个工艺流程，如镀膜、曝光、显影、切割、灌晶封口、面板组装和安装驱动芯片等工艺。其复杂的工艺流程会导致液晶面板在生产中出现各种缺陷，每一个环节都可能出现问题，从而在下一步的生产过程中产生缺陷，最终导致产品不良率较高。

在液晶面板的组成结构中，ITO 透明电极区域的质量是最为重要的。它包括中间的方形阵列区域和边缘密集排布的区域，这里主要关注的是液晶面板边缘密集排布区域的电极缺陷检测。边缘区域的电极主要负责与 IC（integrated circuit，集成电路）相连接，从而控制液晶面板的工作，如图 11.3.3 所示。

这是因为液晶面板显示的原理是利用电场的作用来改变液晶分子的排列状态，从而控制光的透过性和阻隔性。电极作为导电介质，其质量的好坏会直接影响电场的稳定，进而导致液晶分子对光的透过性下降，最终影响页面显示的流畅度、对比度、物理清晰度和色彩饱和度。因此液晶面板电极缺陷的检测至关重要。

由图 11.3.2 可知，液晶面板电极的制作工艺属于 array 阶段。其制作步骤如下：第一步，在清洗干净的素玻璃上均匀地沉积一层 ITO 薄膜；第二步，在 ITO 薄膜上均匀地涂布一层光刻胶，并在一定温度下对涂布光刻胶的玻璃进行烘干，增加光刻胶与玻璃表面的黏附性；第三步，使用紫外线光通过预先制作好的电极图形掩膜版照射光刻胶表面，使被照光刻

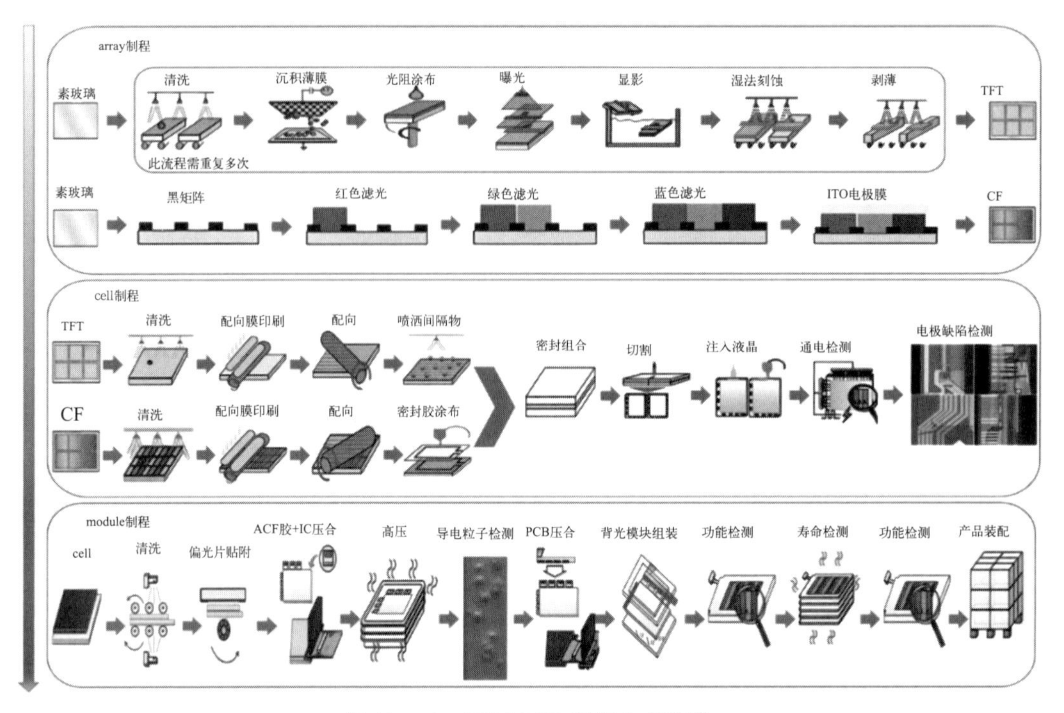

图 11.3.2 TFT-LCD 面板生产流程

图 11.3.3 液晶面板边缘电极区域

胶层发生反应；第四步，用显影液处理玻璃表面，将经过光照分解的光刻胶层除去，保留未曝光部分的光刻胶层，显影后再次对光刻胶进行高温处理，使光刻胶更加坚硬；第五步，使用适当的酸刻液将无光刻胶覆盖的 ITO 膜刻蚀掉，得到所需要的 ITO 电极图形；第六步，使用脱膜液，将玻璃上余下的光刻胶剥离掉，从而使玻璃上形成与光刻掩膜版完全一致的 ITO 电极图形，最终使用高纯水冲洗余下的脱膜液、光刻胶和其他杂质。

以上步骤均可能对 ITO 电极造成损伤，如显影时，光刻胶脱离；刻蚀时，酸刻液渗透到未曝光光刻胶的下方；脱模时，光刻胶残留等，最终形成形态各异的液晶面板电极缺陷，这就是液晶面板电极缺陷的由来。

（2）液晶面板电极缺陷的检测难点

液晶面板中常见的缺陷包括点缺陷、线缺陷和 Mura 缺陷。其中，点缺陷是液晶面板中最常见，也是最难检测的缺陷之一。其形态大小多样，一些缺陷尺寸微小，人眼根本无法察觉，并可能出现在液晶面板的任意位置。而线缺陷一般指形态狭长的缺陷，如划痕、裂纹等。点和线缺陷一般指的是形态缺陷，而 Mura 缺陷更多的是指液晶面板在显示时的缺陷，如明暗分布不均匀导致的暗斑等。“Mura”一词来源于日语，意为斑点、脏污，也被称为“云斑”，是液晶面板显示缺陷中最难检测的缺陷之一。在液晶面板电极区域最常见的一般是点缺陷和线缺陷。这些缺陷会对液晶面板显示造成严重影响。因此，液晶面板缺陷的检测是保证产品质量的关键环节。下面我们将从以下六个方面来描述液晶面板缺陷检测的难点。

第一，缺陷种类繁多。液晶面板的缺陷种类繁多，包括亮点、暗点、亮线、暗线、彩线、亮斑、暗斑、划伤、崩边、破损、裂纹等。这些缺陷可能是因为制造过程中的技术问题、材料问题或设备问题而产生的。同时，由于液晶面板具有高分辨率和高对比度等特点，缺陷往往难以识别，因此对缺陷的检测要求非常高。

第二，检测难度与分辨率相关。随着技术的发展，液晶面板的分辨率越来越高，尺寸越来越小。由此导致高分辨率液晶面板上的缺陷往往更加微小，检测的难度也在不断地提高。因此，相关的检测技术时刻面临着挑战，需要不停地更新换代，以提高精度和检测性能。

第三，缺陷检测的速度。液晶面板制造商为了满足快速增长的市场需求，其生产速度得到了很大的提高。然而，液晶面板的缺陷检测却需要准确地观察和细致地分析，这需要一定的时间。因此，在高速生产环境下，如何在短时间内有效地检测液晶面板的缺陷，是一个挑战。

第四，人工检测的局限性。传统的液晶面板缺陷检测通常依赖于人工的目视检查。然而，人工检测存在易疲劳、主观性不同的问题，不同的操作员对于相同的缺陷可能有不同的判断。这不仅会导致不一致的结果，还可能增加了人力成本和时间成本，无法保证产能及准确性。同时，人工检测无图片影像资料记录，缺陷出现的位置、类型无法统计归纳分析，检测标准一致性差，无法进行产品追溯。

第五，缺陷在不同光照条件下的可见性差异。液晶面板的缺陷在不同的光照条件下可能呈现出不同的可见性。例如，在强烈的光照下，某些缺陷可能会被掩盖或变得不可见，而在较暗的环境中则可能更容易被观察到。因此，为了准确地检测液晶面板的缺陷，需要考虑光照条件对于缺陷的影响。

第六，自动化检测的技术挑战。为了克服人工检测的局限性，许多制造商开始探索自动化的液晶面板缺陷检测技术。然而，自动化检测面临着许多技术挑战。例如，如何在高速运转的生产线上准确地捕捉和识别微小的缺陷，如何处理大量的图像数据，并且如何有效地区分缺陷与正常区域等。

以上这些难点需要我们进行进一步的研究和克服，通过不断改进和优化检测技术，提高液晶面板的质量，为用户提供更好的视觉体验。

（3）液晶面板电极缺陷的种类和特征

液晶面板电极区域的缺陷种类多样，根据缺陷的大小和形态，大致可分为划伤（scratch）、大划伤（big scratch）、磕伤（shell）和脏污（dirt）四大类，如图 11.3.4 所示。

图 11.3.4 中仅仅是展示四类缺陷中的典型代表，并不代表所有同类型的缺陷都是如此。其中划伤根据特征可以细分为三类，一是缺陷外观形状比较细，边缘比较整齐的划伤；二是

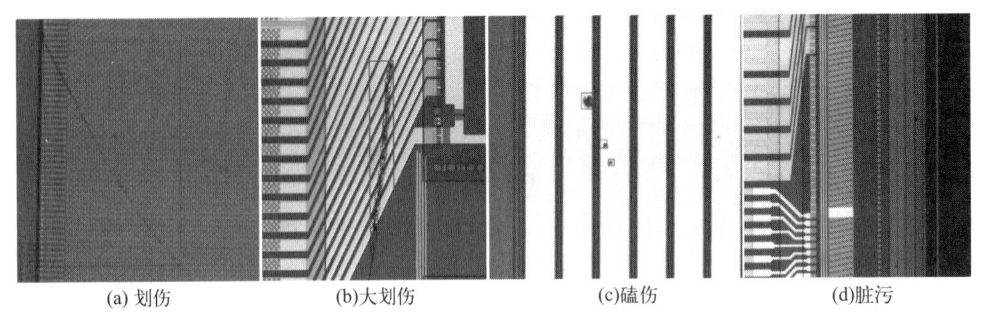
(a) 划伤 (b)大划伤 (c)磕伤 (d)脏污

图 11.3.4 液晶面板电极缺陷

缺陷深度比较浅，边缘平滑且只伤到表面膜的划伤；三是缺陷深度较深，但边缘整齐且形状较细，在图像中显示为单一黑色的划伤。

大划伤本质也是划伤缺陷的一种，但是由于形态差异过大，不宜与划伤分为同一类。如果将其划分为一类，不仅会使数据集中各种缺陷的数量失衡，还会使模型检测准确率下降，所以将其单独划分为一类。大划伤总体形状呈线形，根据不同的形态表示同样可分为两类，一是缺陷边缘不平滑，存在毛刺或是参差不齐；二是划伤较深，线形较粗，且在图像中往往呈黑白相间的样子。

磕伤一般指较大的椭圆形或者是较大的块状，这是因为液晶面板在生产中会误入一些异物或者是玻璃崩碎后的碎粒，从而在相机拍摄时形成黑色或者灰白色的块状物。

脏污指的是尺寸较小的黑点，它是液晶面板中最难检测的缺陷之一。另外，除去一些极小的脏污点忽略不计外，它也是液晶面板电极缺陷中数量最多的缺陷。

以上说明的仅仅是最常见的四种缺陷，在实际生产中还存在很多不一样的缺陷，但是由于个别缺陷种类的数量较少，难以在数据集中单独作为一种缺陷进行检测。因此，这些缺陷往往会根据形态大小相近原理，与上述四种缺陷合并。

11.3.2 基于深度学习的液晶面板电极缺陷检测方法

由于液晶面板中电极缺陷形态不一，使用传统基于图像处理的液晶面板电极缺陷检测方法效果不佳，检测准确率较低且适用性较差，因此考虑使用基于深度学习的液晶面板电极缺陷检测方法。接下来将详细介绍如何使用深度学习的方法进行液晶面板电极缺陷检测。

(1) 制作液晶面板电极缺陷数据集

深度学习是一门需要大量数据的学科，因此，在进行基于深度学习的液晶面板电极缺陷检测时，可以分为以下步骤：

第一步，收集大量的液晶面板电极区域原始图像。可以采用高分辨率的相机（黑白和彩色均可）或其他图像采集设备，对各种型号的液晶面板电极表面的图像进行采集。

第二步，裁剪大尺寸的电极图像。为了防止各个设备采集的液晶面板电极图像尺寸差距过大，不便于后续缺陷的标注工作，需要对图像进行初步的裁剪。如，线扫相机拍摄到的图像是长图，而电极缺陷尺寸较小，难以在整幅图中直接找到缺陷，可以将其裁剪放大成固定尺寸，从而便于电极缺陷的挑选和标注。

第三步，图像数据清洗与预处理。统计图像数据信息（总占用空间、数量、损坏图片数），去除已损坏的图像、模糊的图像以及相似的图像。

第四步，标注电极缺陷。使用Labelimg或Lableme图像标注软件手动在图像上进行绘制从而完成电极缺陷标注。同一块电极区域可能存在多个缺陷，所有的缺陷都需要标注出来。

第五步，数据增强。为了增加电极缺陷数据的多样性和鲁棒性，可以应用数据增强技术来扩充数据集。例如，可以通过旋转、翻转、缩放、添加噪声等方式，生成更多的缺陷样本。

第六步，数据集格式转换。不同的目标检测网络往往需要不同格式的数据集，常见的数据集格式有COCO、VOC和YOLO。

第七步，数据划分。将数据集划分为训练集、验证集和测试集。一般建议训练集、验证集和测试集的比例为8∶1∶1、7∶2∶1和6∶2∶2。也可以舍弃验证集，只划分为训练集和测试集，建议比例为9∶1和8∶2。

本书中制作的液晶面板电极缺陷数据集如表11.3.1所示。

表11.3.1 数据集中各种缺陷的数量

缺陷名称	训练集	验证集	测试集
大划伤(big scratch)	2958	359	411
划伤(scratch)	2210	328	251
磕伤(shell)	1432	177	207
脏污(dirt)	2408	298	255
合计	9008	1162	1124

由于数据集规模较小，为了提高模型的泛化性和鲁棒性。在建立数据集时，要注意使用图像增强和图像增广方法对数据进行改善，以此增加训练数据的丰富性和多样性，使模型学习到更多的特征。

(2) YOLOv7目标检测网络运行步骤

针对不同的检测任务，需要选择适合的目标检测网络进行训练。目前单阶段的目标检测网络是研究热点，尤其是YOLO系列目标检测算法得到了广泛的应用，从最初的YOLOv1版本逐渐更新迭代到如今的YOLOv8版本。其网络模型的特征提取能力越来越强，精度越来越高。因此，针对液晶面板电极缺陷检测，同第七章添加注意力机制一样选择用YOLOv7目标检测算法。

使用YOLOv7训练自己的数据集主要包括五个部分，分别为环境安装、制作数据集、模型训练、模型测试和模型推理。其中环境安装主要指cuda、cudnn、YOLOv7代码依赖文件以及PyTorch和torchvision的whl文件的安装；制作数据集的工作主要如上节所述，这里仅仅是说明如何将数据集放置在YOLOv7的代码中和如何对数据集进行划分。YOLOv7代码的下载方式见第七章的7.6.8节。

① 环境安装

以NVIDIA显卡为例，准备深度学习环境。首先安装pycharm、anaconda，并新建一个

conda 虚拟环境（这里的虚拟环境名为 yolov7）。接下来依次安装最新版的显卡驱动、cuda、cudnn，并在虚拟环境中安装 PyTorch 和 torchvision，这几个软件的版本互相关联，为了能使用更新的项目，尽量安装最新版本的环境（也可以根据需要重新建立虚拟环境）。可以采用官网首页推荐的在线安装方式，如图 11.3.5 所示。将“Run this Command”中的代码复制到命令行中进行安装。

PyTorch Build	Stable (2.0.1)		Preview (Nightly)	
Your OS	Linux	Mac		Windows
Package	Conda	Pip	LibTorch	Source
Language	Python		C++ / Java	
Compute Platform	CUDA 11.7	CUDA 11.8	~~ROCm 5.4.2~~	CPU
Run this Command:	conda install pytorch torchvision torchaudio pytorch-cuda=11.7 -c pytorch -c nvidia			

图 11.3.5　PyTorch 的在线安装

但这种安装方式耗时很长，且有时候会由于网络异常而安装失败。因此，本书采用下载 whl 文件方式（离线安装）安装，whl 文件下载迅速、安装简单，可以避免因网络差而导致的安装失败。其部分软件版本对应关系如图 11.3.6 所示。

torch	torchvision	python
main / nightly	main / nightly	>=3.6, <=3.9
1.9.0	0.10.0	>=3.6, <=3.9
1.8.1	0.9.1	>=3.6, <=3.9
1.8.0	0.9.0	>=3.6, <=3.9
1.7.1	0.8.2	>=3.6, <=3.9
1.7.0	0.8.1	>=3.6, <=3.8
1.7.0	0.8.0	>=3.6, <=3.8
1.6.0	0.7.0	>=3.6, <=3.8
1.5.1	0.6.1	>=3.5, <=3.8
1.5.0	0.6.0	>=3.5, <=3.8
1.4.0	0.5.0	==2.7, >=3.5, <=3.8
1.3.1	0.4.2	==2.7, >=3.5, <=3.7

图 11.3.6　软件版本对应关系

最后下载 YOLOv7 的代码，手动下载 zip 或是 git clone 远程仓库，这里下载的是 YOLOv7 的默认版本（main）代码，代码文件夹中会有 requirements. txt 文件，里面描述了所需要的安装包。本文最终安装的 PyTorch 版本是 1. 13. 1（GPU 版本），torchvision 版本是 0. 14. 1（GPU 版本），python 是 3. 8. 0，其他的依赖软件按照 requirements. txt 文件中标注的版本进行安装即可，如图 11. 3. 7 所示。

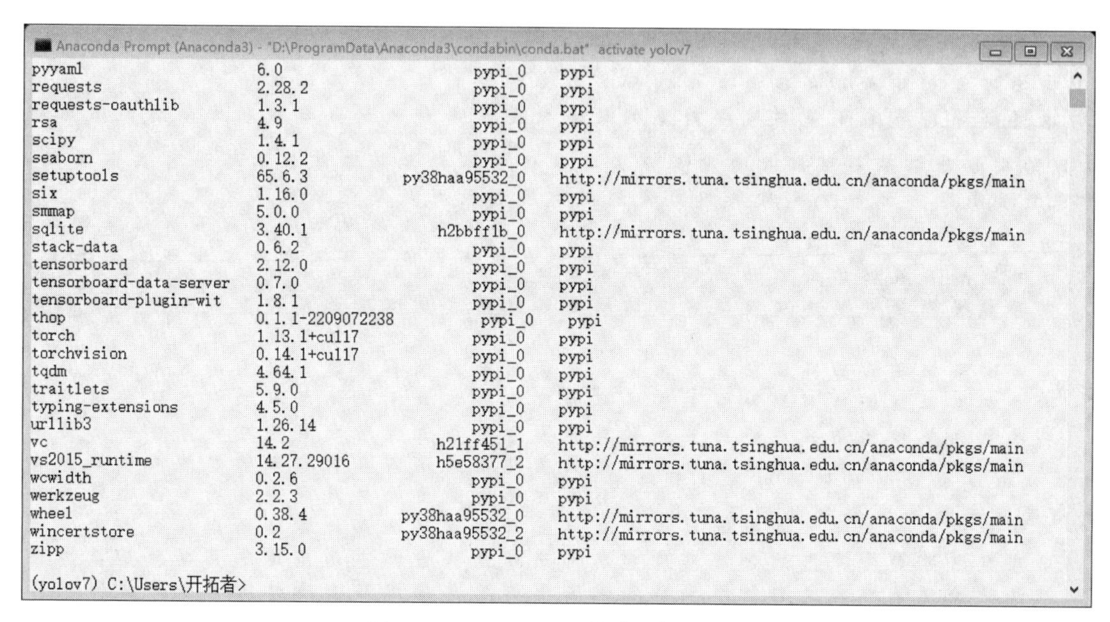

图 11. 3. 7　YOLOv7 依赖文件的安装

② 制作数据集

环境安装完成之后，需要对数据集进行准备。本书使用 Labelimg 标注软件对液晶面板电极缺陷进行了标注，其数据集格式是 VOC，而 YOLOv7 能够直接使用的是 YOLO 格式的数据，因此下面将介绍如何将自己的数据集转换成 YOLO 格式。

首先划分数据集，在 YOLOv7 代码中的 data 文件目录下新建 Annotations、images、ImageSets、labels 四个文件夹，其中 images 文件目录下存放数据集的图片文件，Annotations 文件目录下存放图片的 xml 文件（Labelimg 标注文件），ImageSets 文件目录下会在 python 脚本的运行下自动生成 train. txt、val. txt、test. txt 和 trainval. txt 四个文件，即人为对数据集进行划分，用来存放训练集、验证集、测试集以及训练和验证集图片的名字（无图片后缀 . jpg）。python 脚本名称可以自定义，其内容如下：

```
import os
import random
trainval_percent = 0.9    #表示训练和验证集占总体的90%，其对应的是 trainval.txt 文件，此时测试集占总体的10%，其对应的是 test.txt 文件。
train_percent = 0.9    #表示 trainval.txt 文件中提取90%，组成 train.txt 文件，其余10%组成 val.txt 文件
xmlfilepath = 'data/Annotations'    #标签文件的原始路径
txtsavepath = 'data/ImageSets'    #划分后储存的路径
total_xml = os.listdir(xmlfilepath)
```

```
num = len(total_xml)
list = range(num)
tv = int(num * trainval_percent)
tr = int(tv * train_percent)
trainval = random.sample(list, tv)
train = random.sample(trainval, tr)
ftrainval = open('data/ImageSets/trainval.txt', 'w')
ftest = open('data/ImageSets/test.txt', 'w')
ftrain = open('data/ImageSets/train.txt', 'w')
fval = open('data/ImageSets/val.txt', 'w')
for i in list:
    name = total_xml[i][:-4] + '\n'
    if i in trainval:
        ftrainval.write(name)
        if i in train:
            ftrain.write(name)
        else:
            fval.write(name)
    else:
        ftest.write(name)
ftrainval.close()
ftrain.close()
fval.close()
ftest.close()
```

然后将 xml 文件转换成 YOLO 系列的标签（txt 文件），在同级目录下再新建一个脚本文件 XML2TXT.py。注意，脚本文件中 classes=[“…”]一定需要填写自己数据集的类别，由于本书液晶面板电极缺陷有四种，分别是 scratch、big_scratch、shell 和 dirt，因此 classes=[“scratch”,“big_scratch”,“shell”,“dirt”]，代码如下所示：

```
import xml.etree.ElementTree as ET
import pickle
import os
from os import listdir, getcwd
from os.path import join
sets = ['train', 'test', 'val']
classes = [' scratch ', ' big_scratch' , ' shell' , ' dirt']
# 进行归一化操作
def convert(size, box): # size:(原图 w,原图 h) , box:(xmin,xmax,ymin,ymax)
    dw = 1./size[0]       # 1/w
    dh = 1./size[1]       # 1/h
    x = (box[0] + box[1])/2.0    # 物体在图中的中心点 x 坐标
    y = (box[2] + box[3])/2.0    # 物体在图中的中心点 y 坐标
    w = box[1] - box[0]          # 物体实际像素宽度
```

```
    h = box[3] - box[2]            # 物体实际像素高度
    x = x * dw      # 物体中心点 x 的坐标比(相当于 x/原图 w)
    w = w * dw       # 物体宽度的宽度比(相当于 w/原图 w)
    y = y * dh      # 物体中心点 y 的坐标比(相当于 y/原图 h)
    h = h * dh      # 物体宽度的宽度比(相当于 h/原图 h)
    return (x, y, w, h)      # 返回 相对于原图的物体中心点的 x 坐标比,y 坐标比,宽度比,高度比,取值范围[0-1]
# year ='2012', 对应图片的 id(文件名)
def convert_annotation(image_id):
'''将对应文件名的 xml 文件转化为 label 文件,xml 文件包含了对应的 bunding 框以及图片长宽大小等信息,通过对其解析,然后进行归一化,最终读到 label 文件中去,也就是说,一张图片文件对应一个 xml 文件,然后通过解析和归一化,能够将对应的信息保存到唯一一个 label 文件中去。label 文件中的格式:calss x y w h。同时,一张图片对应的类别有多个,所以对应的 bunding 的信息也有多个'''
    # 对应地通过 year 找到相应的文件夹,并且打开相应 image_id 的 xml 文件,其对应 bunding 文件。
    in_file = open('data/Annotations/%s.xml' % (image_id), encoding='utf-8')
    # 准备在对应的 image_id 中写入对应的 label,分别为
    # <object-class> <x> <y> <width> <height>
    out_file = open('data/labels/%s.txt' % (image_id), 'w', encoding='utf-8')
    # 解析 xml 文件
    tree = ET.parse(in_file)
    # 获得对应的键值对
    root = tree.getroot()
    # 获得图片的尺寸大小
    size = root.find('size')
    # 如果 xml 内的标记为空,增加判断条件
    if size != None:
        # 获得宽
        w = int(size.find('width').text)
        # 获得高
        h = int(size.find('height').text)
        # 遍历目标 obj
        for obj in root.iter('object'):
            # 获得 difficult ??
            difficult = obj.find('difficult').text
            # 获得类别 =string 类型
            cls = obj.find('name').text
            # 如果类别不是对应在我们预定好的 class 文件中,或 difficult==1 则跳过
            if cls not in classes or int(difficult) == 1:
                continue
            # 通过类别名称找到 id
            cls_id = classes.index(cls)
            # 找到 bndbox 对象
            xmlbox = obj.find('bndbox')
```

```
                # 获取对应的 bndbox 的数组 = ['xmin','xmax','ymin','ymax']
                b = (float(xmlbox.find('xmin').text), float(xmlbox.find('xmax').text), float(xml-
box.find('ymin').text),
                    float(xmlbox.find('ymax').text))
                print(image_id, cls, b)
                # 代入进行归一化操作
                # w = 宽, h = 高, b= bndbox 的数组 = ['xmin','xmax','ymin','ymax']
                bb = convert((w, h), b)
                # bb 对应的是归一化后的(x,y,w,h)
               # 生成 calss x y w h 在 label 文件中
                out_file.write(str(cls_id) + " " + " ".join([str(a) for a in bb]) + '\n')
    # 返回当前工作目录
    wd = getcwd()
    print(wd)
    for image_set in sets:
'''对所有的文件数据集进行遍历,主要做了两个工作:将所有图片文件都遍历一遍,并且将其所有的全
路径都写在对应的 txt 文件中去,方便定位;同时对所有的图片文件进行解析和转化,将其对应的 bundingbox
以及类别的信息全部解析写到 label 文件中去。最后再通过直接读取文件,就能找到对应的 label 信息'''
        # 先找 labels 文件夹,如果不存在则创建
        if not os.path.exists('data/labels/'):
            os.makedirs('data/labels/')
        # 读取在 ImageSets/Main 中的 train、test.. 等文件的内容
        # 包含对应的文件名称
        image_ids = open('data/ImageSets/%s.txt' % (image_set)).read().strip().split()
        # 打开对应的 2012_train.txt 文件对其进行写入准备
        list_file = open('data/%s.txt' % (image_set), 'w')
        # 将对应的文件_id 以及全路径写进去并换行
        for image_id in image_ids:
            list_file.write('data/images/%s.jpg\n' % (image_id))
            # 调用  year = 年份  image_id = 对应的文件名_id
            convert_annotation(image_id)
        # 关闭文件
        list_file.close()
```

以上代码中的路径仅为展示，不能直接运用，需要根据自身的文件路径进行填写，如果想要查看数据集中标签的类别和数量，则需要运行以下这个脚本，内容如下。

```
import os
from unicodedata import name
import xml.etree.ElementTree as ET
import glob
def count_num(indir):
    label_list = []
    # 提取 xml 文件列表
    os.chdir(indir)
```

```
    annotations = os.listdir('.')
    annotations = glob.glob(str(annotations) + '*.xml')
    dict = {}  # 新建字典,用于存放各类标签名及其对应的数目
    for i, file in enumerate(annotations):  # 遍历 xml 文件
        # actual parsing
        in_file = open(file, encoding='utf-8')
        tree = ET.parse(in_file)
        root = tree.getroot()
        # 遍历文件的所有标签
        for obj in root.iter('object'):
            name = obj.find('name').text
            if (name in dict.keys()):
                dict[name] += 1  # 如果标签不是第一次出现,则+1
            else:
                dict[name] = 1  # 如果标签是第一次出现,则将该标签名对应的 value 初始化为 1
   # 打印结果
    print("各类标签的数量分别为:")
    for key in dict.keys():
        print(key + ':' + str(dict[key]))
        label_list.append(key)
    print("标签类别如下:")
    print(label_list)
if __name__ == '__main__':
    # xml 文件所在的目录,修改此处
    indir = 'data/Annotations'
    count_num(indir)  # 调用函数统计各类标签数目
```

之后，在 YOLOv7 目录下的 data 文件夹下新建一个 mydata.yaml 文件（可以自定义命名），可以直接复制原有的 coco.yaml 文件，再进行改名。主要用来配置数据集的路径，即训练集和验证集的划分文件（train.txt、val.txt 和 test.txt）的路径，以及目标的类别数目和具体类别列表，mydata.yaml 内容如下：

```
train: ./data/train.txt
val: ./data/val.txt
test: ./data/test.txt
# number of classes
nc: 4
# class names
names: ['scratch', 'big_scratch', 'shell', 'dirt']
```

至此数据集制作完成，可以进行下一步模型训练了。

③ 模型训练

为了避免从零开始训练模型，在 YOLOv7 代码下载完成之后，在其代码下载界面下载预训练权重文件。其有两个版本，分别为 Test（yolov7.pt）和 Train（yolov7_training.pt）版本。之后在 YOLOv7 代码的文件夹路径下新建一个 weights 文件夹，然后将下载好的权

重文件放进去。之后选择想要使用的网络结构，YOLOv7 存在多个版本，而本文选择最普通的版本 yolov7. yaml，进入 cfg/training 文件夹，选择 yolov7. yaml，将其中的“nc”修改为自己的类别数量，这里修改为 4。

除此之外，在正式训练之前，还需要对 train. py 文件中的参数进行修改，如图 11.3.8 所示。其中最主要的参数有 weights（权重文件的地址），即之前下载的预训练权重文件安放的位置；epochs，指的就是训练过程中整个数据集将会被迭代的次数；batch-size，指每批次的输入数据量；cfg，存储模型结构的配置文件；data，存储训练、测试数据的文件；img-size，输入图片的宽高；device，指设备选择，本书是单块 GPU 所以用 0。其中，batch-size 和 img-size 的设置，需要根据自身的显卡性能来决定，其他的一些参数默认即可。

```
train.py
527 if __name__ == '__main__':
528     parser = argparse.ArgumentParser()
529     parser.add_argument('--weights', type=str, default='weights/pretrain/yolov7.pt', help='initial weights path')
530     parser.add_argument('--cfg', type=str, default='cfg/training/yolov7.yaml', help='model.yaml path')
531     # parser.add_argument('--cfg', type=str, default='cfg/baseline/yolov3.yaml', help='model.yaml path')
532     parser.add_argument('--data', type=str, default='data/mydata.yaml', help='data.yaml path')
533     parser.add_argument('--hyp', type=str, default='data/hyp.scratch.p5.yaml', help='hyperparameters path')
534     parser.add_argument('--epochs', type=int, default=100)
535     parser.add_argument('--batch-size', type=int, default=8, help='total batch size for all GPUs')
536     parser.add_argument('--img-size', nargs='+', type=int, default=[512, 512], help='[train, test] image sizes')
537     parser.add_argument('--rect', action='store_true', help='rectangular training')
538     parser.add_argument('--resume', nargs='?', const=True, default=False, help='resume most recent training')
539     parser.add_argument('--nosave', action='store_true', help='only save final checkpoint')
540     parser.add_argument('--notest', action='store_true', help='only test final epoch')
541     parser.add_argument('--noautoanchor', action='store_true', help='disable autoanchor check')
542     parser.add_argument('--evolve', action='store_true', help='evolve hyperparameters')
543     parser.add_argument('--bucket', type=str, default='', help='gsutil bucket')
544     parser.add_argument('--cache-images', action='store_true', help='cache images for faster training')
545     parser.add_argument('--image-weights', action='store_true', help='use weighted image selection for training')
546     parser.add_argument('--device', default='', help='cuda device, i.e. 0 or 0,1,2,3 or cpu')
547     parser.add_argument('--multi-scale', action='store_true', help='vary img-size +/- 50%%')
548     parser.add_argument('--single-cls', action='store_true', help='train multi-class data as single-class')
549     parser.add_argument('--adam', action='store_true', help='use torch.optim.Adam() optimizer')
```

图 11.3.8　train. py 参数界面

之后运行训练命令如下：

python train. py --img 640 --batch 32 --epoch 300 --data data/mydata. yaml --cfg cfg/deploy/yolov7x. yaml --weights weights/yolov7x. pt --device '0'

以上命令中要注意参数和地址的正确。如果不想用命令，可以直接运行 train. py 文件。

④ 模型测试

模型训练完成之后，会生成一系列权重文件，如图 11.3.9 所示。

```
best.pt
epoch_000.pt
epoch_024.pt
epoch_049.pt
epoch_074.pt
epoch_095.pt
epoch_096.pt
epoch_097.pt
epoch_098.pt
epoch_099.pt
init.pt
last.pt
```

图 11.3.9　模型训练后的权重文件

接下来就需要评估模型的好坏，一般使用 best. pt 作为训练好的模型权重去进行测试，即在有标注的验证集上进行模型效果的评估。在 YOLOv7 代码中运行 test. py 文件，test. py 文件中指定数据集配置文件和训练结果模型，如图 11.3.10 所示。

其中，weights 指的是训练好的模型权重存放的位置；batch-size 指测试时每批次的输入数据量；conf-thres 指的是置信度的阈值，通俗来说就是网络对检测目标相信的程度，如果这里设置“0”的话，那么网络只要认为预测的这个目标有一点点的概率是正确的目标，它都会标记出来；iou-thres 指 IoU 的阈值，可以理解为预测框和真实框的交并比；data 和 device 含义同上。设置完参数后，运行 test. py 文件，会得到以下文件，如图 11.3.11 所示。

```
298 ▶ if __name__ == '__main__':
299       parser = argparse.ArgumentParser(prog='test.py')
300       # parser.add_argument('--weights', nargs='+', type=str, default='runs/train/exp27/weights/best.pt', help='model.pt
301       parser.add_argument('--weights', nargs='+', type=str, default='weights/c2f-v2-cbam-bifpn-wiou3/best.pt', help='mode
302       parser.add_argument('--data', type=str, default='data/mydata.yaml', help='*.data path')
303       parser.add_argument('--batch-size', type=int, default=16, help='size of each image batch')
304       parser.add_argument('--img-size', type=int, default=512, help='inference size (pixels)')
305       parser.add_argument('--conf-thres', type=float, default=0.50, help='object confidence threshold')
306       parser.add_argument('--iou-thres', type=float, default=0.45, help='IOU threshold for NMS')
307       parser.add_argument('--task', default='test', help='train, val, test, speed or study')
308       parser.add_argument('--device', default='0', help='cuda device, i.e. 0 or 0,1,2,3 or cpu')
309       parser.add_argument('--single-cls', action='store_true', help='treat as single-class dataset')
310       parser.add_argument('--augment', action='store_true', help='augmented inference')
311       parser.add_argument('--verbose', action='store_true', help='report mAP by class')
312       parser.add_argument('--save-txt', action='store_true', help='save results to *.txt')
313       parser.add_argument('--save-hybrid', action='store_true', help='save labels+prediction hybrid results to *.txt')
```

图 11.3.10　test.py 参数界面

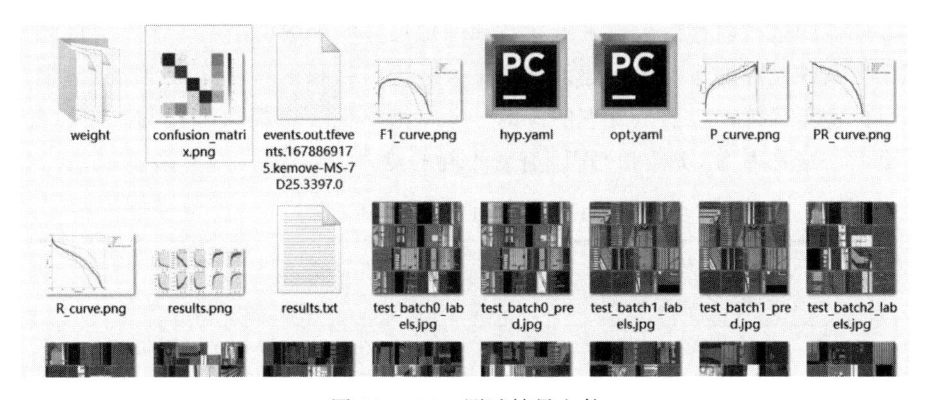

图 11.3.11　测试结果文件

图 11.3.11 中分别表示了权重文件夹、混淆矩阵图（confusion_matrix.png）、F_1 分数图（F1_curve.png）、准确率与置信度的关系图（P_curve.png）、召回率与置信度的关系图（R_curve.png）、准确率与召回率的关系图（PR_curve.png）以及效果展示图。

⑤ 模型推理

模型测试完成后，还需要在没有标注的数据集上进行进一步的推理验证，确保模型具有一定的鲁棒性。打开 detect.py 文件，在文件中指定测试图片和测试模型的路径，其他参数，如 img_size、conf-thres、iou-thres 可自行修改，如图 11.3.12 所示。

```
179 ▶ if __name__ == '__main__':
180       parser = argparse.ArgumentParser()
181       # crop-v3 bifpn c2f-v2-cbam-bifpn-wiou3 v3 yolov3 yolov4 yolov5s
182       parser.add_argument('--weights', nargs='+', type=str, default='weights/v3/best.pt', help='model.pt path(s)')
183       parser.add_argument('--source', type=str, default='inference/images', help='source')  # file/folder, 0 for webcam
184       parser.add_argument('--img-size', type=int, default=512, help='inference size (pixels)')
185       parser.add_argument('--conf-thres', type=float, default=0.3, help='object confidence threshold')
186       parser.add_argument('--iou-thres', type=float, default=0.25, help='IOU threshold for NMS')
187       parser.add_argument('--device', default='0', help='cuda device, i.e. 0 or 0,1,2,3 or cpu')
188       parser.add_argument('--view-img', action='store_true', help='display results')
189       parser.add_argument('--save-txt', action='store_true', help='save results to *.txt')
190       parser.add_argument('--save-conf', action='store_true', help='save confidences in --save-txt labels')
191       parser.add_argument('--nosave', action='store_true', help='do not save images/videos')
192       parser.add_argument('--classes', nargs='+', type=int, help='filter by class: --class 0, or --class 0 2 3')
193       parser.add_argument('--agnostic-nms', action='store_true', help='class-agnostic NMS')
194       parser.add_argument('--augment', action='store_true', help='augmented inference')
195       parser.add_argument('--update', action='store_true', help='update all models')
```

图 11.3.12　detect.py 参数界面

测试完毕后，每个测试图片会在指定的 inference/images 输出文件夹中生成结果图片文件。根据结果图片进一步判断模型的检测准确率。

11.3.3 实验结果和性能评估

(1) 实验环境和训练参数选择

11.3.2 节中介绍了虚拟环境的安装，这里主要介绍操作系统和硬件环境的选择。本书训练是在 Ubuntu20.04 系统下进行的，选择 CPU（central processing unit，又称中央处理器）型号为 Intel Core i7-12700@2.50GHz，运行内存为 32GB；GPU（graphic processing unit，又称图形处理器）型号为 NVIDIA GeForce RTX 3080 GPU，运行内存为 10GB。在训练时，处理器的运行内存越大，其批次数和图像尺寸的上限就越大，训练时间相对地会缩短。因此，在条件允许的情况下，建议选择更大运行内存和更高计算能力的处理器。

但在目标检测领域，特别是处理图像的任务（液晶面板电极缺陷检测）中，对 GPU 的需求相对更大，这是因为 CPU 和 GPU 有着不同的能力，如表 11.3.2 所示。

表 11.3.2　CPU 和 GPU 的差异

名称	CPU	GPU
组成单元	运算单元、控制单元、缓存单元	同 CPU
组成占比	25%的 ALU(运算单元) 25%的 Control(控制单元) 50%的 Cache(缓存单元)	90%的 ALU(运算单元) 5%的 Control(控制单元) 5%的 Cache(缓存单元)
适用场景	适合需要前后计算步骤严密关联的计算场景	适合前后计算步骤无依赖性,相互独立的计算场景
计算能力	可以进行复杂运算,计算量小	只可以进行简单计算,计算量大
计算速度	单线程计算,计算速度慢	多线程(并行)计算,计算速度快

由表 11.3.2 可知，GPU 不仅计算量大，而且可以多线程计算，更适合进行目标检测任务。

训练时采用的批处理大小为 16，图像输入尺寸为 512×512，训练轮数为 250，优化器选择随机梯度下降法（SGD），学习率选择为 0.01，使用余弦退火学习率策略进行调整。其中批处理大小和图像输入尺寸是根据图像处理器的运行内存决定的，在训练时，应当以自身处理器的不同，酌情增大或减小。

(2) 评价指标

通过 11.3.2 节中的模型训练和测试之后，可以得到训练好的模型权重和测试结果图片，那么如何分析这些测试结果图片并判断模型的好坏呢？接下来，以训练结果图为例，详细介绍这些结果图片。

① 混淆矩阵图片

混淆矩阵（confusion matrix），也称为误差矩阵或分类表，是用于评估分类模型性能的一种工具。它对模型的预测结果与真实标签进行了比较和统计，以展示模型在不同类别上的分类准确性。对于分类问题，混淆矩阵有四个要素，分别为真正例（true positive，TP），模型正确地将正样本预测为正样本的数量；假正例（false positive，FP），模型错误地将负样本预测为正样本的数量；假反例（false negative，FN），模型错误地将正样本预测为负样本的数量；真反例（true negative，TN），模型正确地将负样本预测为负样本的数量，如图11.3.13所示。

混淆矩阵		预测值	
		正	负
真实值	正	TP	FN
	负	FT	TN

图 11.3.13 混淆矩阵

在液晶面板电极缺陷检测中，为了更直观地看到数据的分布，对数据在列方向上进行了归一化处理，此时混淆矩阵对角线上的数即是召回率。如图11.3.14所示，其中行代表真实标签，列代表模型的预测结果。

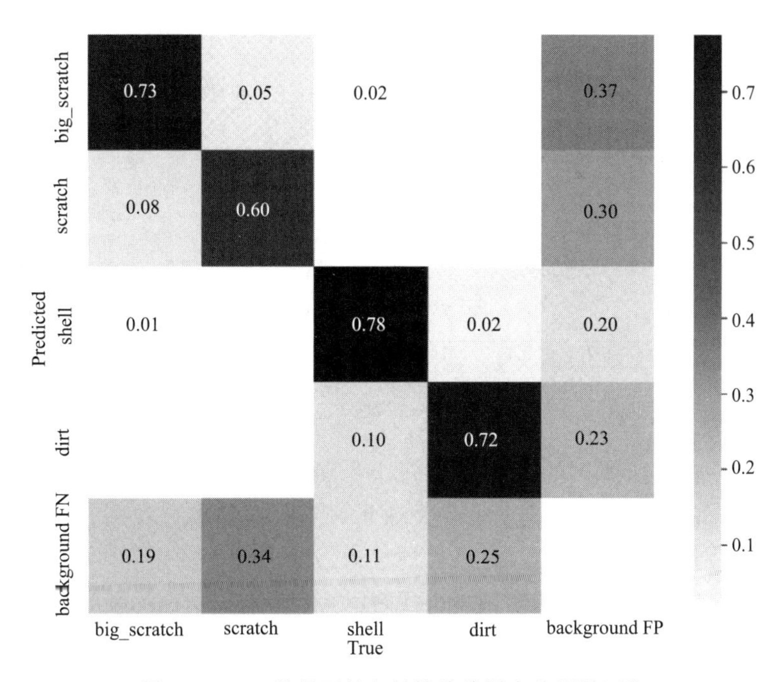

图 11.3.14 液晶面板电极缺陷检测中的混淆矩阵

根据这些要素，可以计算出一些常见的分类评估指标，如精确率（precision，P）、召回率（recall，R）、平均精度（average precision，AP）、平均精度均值（mean average precision，mAP）和 F_1 值（F_1 score）。具体的讲解见第三章，其计算公式如下。

$$\text{Precision}=\frac{\text{TP}}{\text{TP}+\text{FP}} \tag{11.6}$$

$$\text{Recall}=\frac{\text{TP}}{\text{TP}+\text{FN}} \tag{11.7}$$

$$AP=\int_0^1 P(R)\,dR \tag{11.8}$$

$$mAP=\frac{\sum_{j=1}^{M} AP}{M} \tag{11.9}$$

$$F_1=\frac{2\times Precision\times Recall}{Precision+Recall} \tag{11.10}$$

式中，M 表示类别数。

② F_1 分数图

F_1 分数，它被定义为精确率和召回率的调和平均数。F_1 分数的值是从 0 到 1 的，其中 1 是最好，0 是最差，如图 11.3.15 所示。当模型的 F_1 值较高时，说明模型在精确率和召回率之间取得了一个相对均衡的结果。这意味着模型在正确预测正样本和尽可能捕捉所有真正例之间取得了良好的平衡。

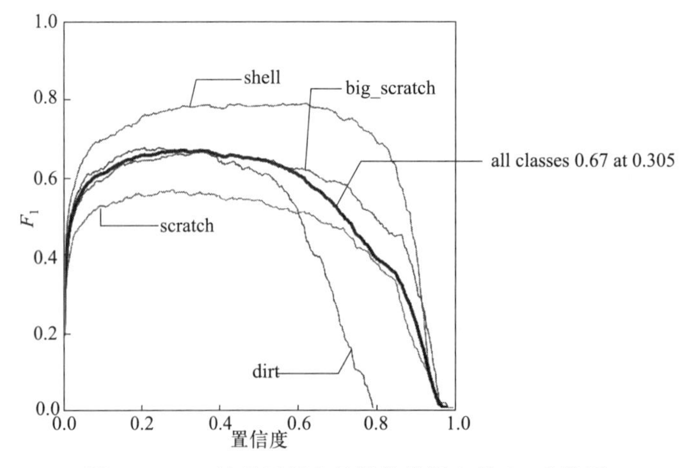

图 11.3.15　液晶面板电极缺陷检测中的 F_1 分数图

同时，在多类别分类问题中，可以观察每个类别的 F_1 值并进行比较。如果某个类别的 F_1 值较低，可能代表模型在该类别上的分类效果较差，容易出现误判。这可以帮助我们识别出模型在特定类别上存在的问题，并针对性地进行改进。

当调整模型的参数、特征或其他相关因素时，可以观察 F_1 值的变化。如果模型经过调整后的 F_1 值有所提升，则说明调整对于改善模型性能是有效的。如果 F_1 值没有明显变化，可能需要重新考虑调整策略或尝试其他方法。

因此，我们可以通过 F_1 值来判断模型在综合分类性能上的表现，并在不同类别和调整过程中提供指导和参考。但需要注意的是，F_1 值只是评估指标之一，还需要综合考虑其他指标和实际应用需求来对模型效果进行全面评估。

③ 精确率与置信度的关系图

如图 11.3.16 所示，它是液晶面板电极缺陷检测中的精确率与置信度曲线图，展示了不同置信度阈值下的预测精确率。通过分析精确率与置信度的关系图，可以了解到不同置信度阈值下模型的分类精确率，进而根据实际需求选择合适的置信度阈值。例如，如果要求较高的分类准确性，可以选择较高的置信度阈值，从而过滤掉置信度较低的预测结果。相反，如果对误判容忍度较高或需要尽可能捕捉更多的样本，可以选择较低的置信度阈值。

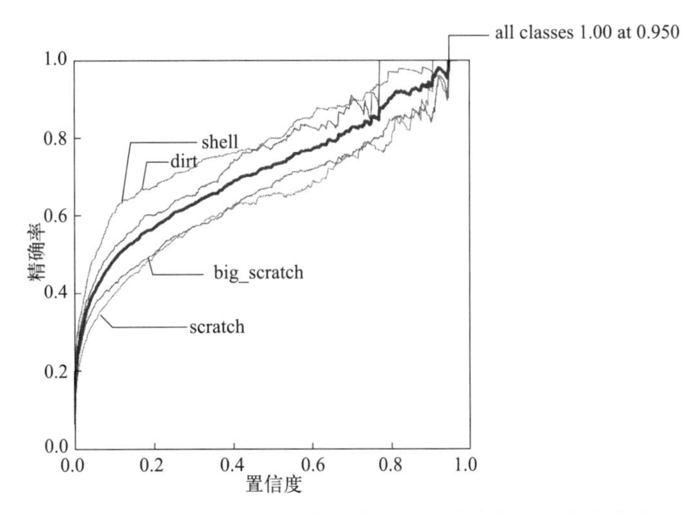

图 11.3.16　液晶面板电极缺陷检测中的精确率与置信度曲线图

通过曲线图可知，当置信度阈值较高时，即选择较高的置信度阈值作为分类的依据，预测精确率较高，但可能会有较多的误判；当置信度阈值较低时，即选择较低的置信度阈值作为分类的依据，预测精确率较低，但预测结果更可靠。曲线的斜率越陡，说明模型在较高置信度下的性能提升越明显。

④ 召回率与置信度的关系图

如图 11.3.17 所示，它是液晶面板电极缺陷检测中的召回率与置信度曲线图。通过分析召回率与置信度曲线图，可以了解到不同置信度阈值下模型的召回率表现。根据实际需求，可以选择合适的置信度阈值。如果需要尽可能捕捉更多样本，可以选择较低的置信度阈值；如果要求较高的预测准确性，并能容忍较低的召回率，则可以选择较高的置信度阈值。

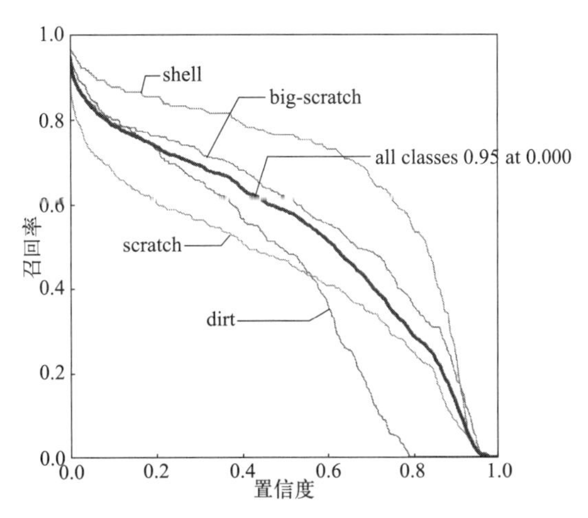

图 11.3.17　液晶面板电极缺陷检测中的召回率与置信度曲线图

⑤ 精确率与召回率的关系图

精确率与召回率曲线，P 代表的是精确率，R 代表的是召回率。一般情况下，将 recall 设置为横坐标，precision 设置为纵坐标。PR 曲线下围成的面积即 AP，所有类别 AP 平均

值即 mAP。如图 11.3.18 所示，它是液晶面板电极缺陷检测中的 PR 曲线图。

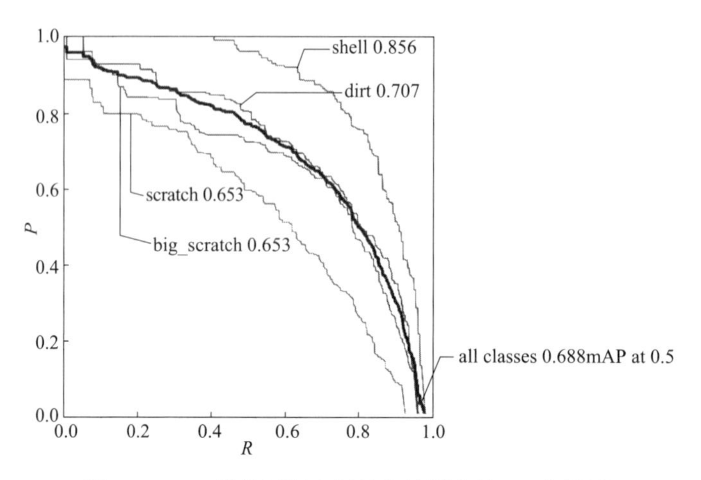

图 11.3.18 液晶面板电极缺陷检测中的 PR 曲线图

如果 PR 曲线图的其中的一个曲线 A 完全包住另一个学习器的曲线 B，则可断言 A 的性能优于 B，当 A 和 B 发生交叉时，可以根据曲线下方的面积大小来进行比较。一般训练结果主要观察精度和召回率波动情况（波动不是很大则训练效果较好）。

（3）实验结果与分析

上节中展示的只是训练图像，一般不作为最终的结果。在模型训练完成之后，还需要对模型进行测试，得到新的 PR 曲线，如图 11.3.19 所示。

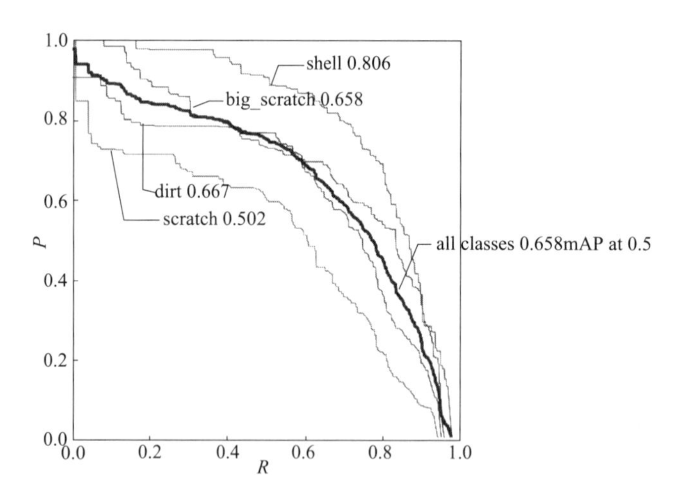

图 11.3.19 测试后的 PR 曲线图

由图 11.3.19 中可知，模型对四类缺陷的检测准确率分别为 50.2%（划伤）、65.8%（大划伤）、80.6%（磕伤）和 66.7%（脏污），平均检测精度为 65.8%。由结果可分析知，该模型对划伤缺陷的检测能力较弱。根据 11.3.1 节中电极各类缺陷的描述可知，划伤缺陷与电极本身的纹路和大划伤缺陷存在一定的相似度。因此，在进行数据集标注时，可能存在人为标注误差，导致数据集中混入了质量不高的标签，影响了后续模型训练的效果。同时，也是因为液晶面板电极缺陷数据集本身数据集量较少，在模型的训练过程中产生了过拟合的问题。在后续进一步的研究中，可以从数据和模型本身两个方向入手，进一步地提升模型检测的效果。

以下展示了液晶面板电极缺陷标注图像和预测图像的区别。如图 11.3.20 所示，其中详尽地标注了电极区域中存在的各种缺陷。为更加直观地体现出模型预测的准确度，以图 11.3.21 进行对比可知，该模型可以实现对液晶面板电极缺陷的检测。

图 11.3.20　人工标注的电极缺陷图

图 11.3.21　模型预测的电极缺陷图

11.4 本章小结

本章详细介绍了基于深度学习的表面缺陷检测技术。首先，我们探讨了表面缺陷检测技术的研究背景与意义，强调了深度学习在该领域中的重要性。接着，总结了国内外的研究现状，概述了已有的研究成果和技术进展。

然后，详细介绍了基于机器视觉的表面缺陷检测技术，包括图像处理技术的基础知识和常用方法，以及表面缺陷检测的整体过程。特别地，重点讨论了基于深度学习的表面缺陷检测技术中的三种网络（分类、检测和分割）的原理和应用。

最后，为了进一步说明该技术的实际应用，以液晶面板电极缺陷检测技术为例进行了案例分析。介绍了液晶面板电极缺陷的特点，并详细描述了基于深度学习算法的检测方法，包括具体的步骤和技术细节。给出了相应的实验结果和性能评估，验证了该技术在液晶面板电极缺陷检测中的有效性。

同时，需要注意的是基于深度学习的方法虽然在表面缺陷检测领域已经取得了优异成功，但实际工业上的应用还较少，主要还是用在目标识别等领域。主要原因有两个：第一，公开的表面缺陷检测数据集非常少；在工业领域中，采集缺陷图像并人工标记缺陷形状和位置通常需要很大的花费；第二，自动表面缺陷检测需要精确定位缺陷位置，而深度学习通常被用作图像分类或者生成边界框。

综上所述，本章全面介绍了基于深度学习的表面缺陷检测技术，包括研究背景、国内外研究现状、基于机器视觉的技术、基于深度学习的方法以及具体案例。通过本章的学习，读者可以深入了解和掌握这一领域的最新进展，将其更多地应用到实际生产中。未来，这一技术有望在更广泛的工业领域得到应用，并不断取得创新和突破。

第十二章

基于深度学习的人机协作动作识别

深度学习技术作为当前人工智能领域中的热门话题，在计算机视觉、自然语言处理等多个领域中都已经得到了广泛应用。而且，在人机交互领域深度学习也有着广泛的应用。

在传统的机器人控制中，往往需要明确的指令和丰富的经验完成任务，而这种方式很难适应现实场景中变化多端的任务环境，会占用大量时间和资源。相比之下，使用深度学习技术进行人机协作动作识别，不但可以使机器人更加智能化，还可以更好地适应复杂多变的任务场景，从而提高机器人的执行效率。

基于骨架模态的深度学习动作识别技术是其中一种非常有前景的技术。这种技术通过获取人体骨架结构来识别人类动作，相较于基于图像的方法，基于骨架模态的方法在运行速度和精度上都有很大的优势。此外，还有其他多模态和多种神经网络模型可以用于人机协作动作识别，如基于声音信号的模型等，这些模型的应用将会进一步拓展机器人的任务控制和人机交互能力。

本章将讨论如何使用基于骨架模态的深度学习技术，以及其他多模态和多种神经网络来识别人类动作，并将其应用于智能机器人的协同任务控制和人机交互，特别是在一般齿轮减速器的装配任务中。

12.1 人机协作动作识别技术研究

12.1.1 研究背景与意义

近年来，随着人工智能技术的快速发展，机器人已经成为现代社会中不可或缺的一部分。智能机器人可以协助人类完成各种物理任务，例如生产制造、物流配送、医疗保健等领域的工作。在这样的应用场景中，机器人需要具备高度的灵活性和适应性，使其能够与人类实现高效的协作。

人机协作动作识别是实现机器人与人类之间高效协作的关键技术之一。它可以帮助机器人自主地感知人类动作，并根据人类的行为模式进行任务规划和决策。例如，在制造业中，智能机器人需要通过感知人员的动作来获取作业信息，从而制定相应的操作流程和加工工艺。在医疗保健领域，机器人也需要通过感知患者的动作和姿态来进行康复训练和手术操作等任务。

另外，人机协作动作识别技术还可以帮助机器人更好地适应不同场景和环境下的任务需求。例如，在复杂的工业环境中，机器人需要通过人的引导和协助来规避障碍物和危险物质，保证任务的安全性和高效性。在日常生活中，机器人需要通过感知人类动作来提供各种服务，例如家庭保洁、烹饪等。

由此可以看出，人机协作动作识别技术对于智能机器人的发展和应用具有十分重要的意义。因此，近年来研究者们陆续开展了相关研究工作，并提出了一系列基于深度学习的动作识别算法和模型。这些方法不仅在精度和准确率上有较大的提升，同时也为智能机器人领域带来了更加广阔的发展前景。

随着智能机器人在制造业、医疗保健、教育等领域的应用越来越广泛，人机协作机器人的需求也越来越大。在人机协作中，机器人需要根据人类的动作意图，主动协助人类完成任务。因此，如何准确地识别人类的动作意图成为了人机协作的关键问题。基于深度学习的动作识别技术能够通过学习人类的运动模式和动作特征，实现对人类动作意图的准确识别，从而为智能机器人的协同任务控制和人机交互提供强有力的支持。

传统的动作识别方法主要使用基于图像或视频的表征来识别动作，这些表征包括 RGB 图像、光流、深度图等。但是，这些方法的性能受到很多因素的影响，例如光照条件、摄像头位置、遮挡等。另外，这些方法无法准确地捕捉人体关节的运动信息，因此难以识别一些复杂的动作。

近年来，基于骨架模态的深度学习技术成为动作识别领域的研究热点。基于骨架模态的方法使用深度相机或传感器获取人体关节的运动信息，然后使用深度学习模型对这些信息进行建模和识别。与传统的图像或视频模态相比，基于骨架模态的方法具有以下优势：能够准确地捕捉人体关节的运动信息，从而更好地识别复杂的动作；不受光照和摄像头位置等因素的影响；具有更快的运行速度和更小的存储空间。

因此，在人机协作装配和其他人机交互任务中，基于骨架模态的深度学习动作识别技术具有很大的应用前景。本章将介绍如何使用基于骨架模态的深度学习技术来识别人类动作，并探讨这些信息如何被用于智能机器人的协同任务控制和人机交互。

12.1.2 国内外研究现状

目前，基于深度学习技术的动作识别算法已经成为在智能机器人领域最为流行的方法之一。其中，骨架模态是一种广泛采用的动作识别模型。基于骨架模态的动作识别方法能够从人体骨架结构的运动信息中提取出高度抽象的动作特征，实现对人类动作意图的准确识别。例如，基于骨架模态的时空图卷积网络（ST-GCN），还有 TCN、MS-G3D 等。这些模型能够从时空数据中提取出时空图特征，在各种动作识别任务中都取得了较好的性能，基本实现了对人类动作的高精度识别。

ST-GCN是目前应用最为广泛的模型之一。ST-GCN模型使用基于图卷积网络（GCN）的方法对骨架序列进行建模，并通过时空卷积对骨架序列进行特征提取和分类。相比传统的CNN和LSTM等模型，ST-GCN具有更强的时空建模能力和更小的参数量，因此能够取得更好的性能。在人机协作装配和其他人机交互任务中，ST-GCN可以用于识别人类的动作，从而实现机器人的自适应控制和人机协同操作。

除了骨架模态，还有其他多模态和多种神经网络模型可以用于人机协作动作识别。例如，基于RGB视频模态和深度信息模态的3D-CNN模型可以实现对人类动作的识别。这些模型能够从多个视角、多种数据形式中提取出丰富的动作特征，为机器人实现准确的动作意图识别提供更多的选择。

在人机协作领域，动作识别技术已被广泛应用。以下是一些人机协作动作识别的案例。

在医疗领域，机器人可以通过识别患者的动作和姿态，为患者提供康复训练。例如，在某家医院里，机器人能够识别患者手部的运动轨迹和力度，并根据患者的康复需求，设计出相应的康复训练方案。这种方法可以为患者提供个性化的康复训练、减少医护人员的工作量，并提高康复的效果。

在制造业领域，机器人可以通过识别工人的动作来获得作业信息，从而指导机器人针对该作业进行操作。例如，在某工厂的汽车制造流程中，机器人采用了ST-GCN模型识别工人的动作，实现了与人类的协同操作，从而使生产效率得到了显著提高。

在教育领域，机器人可以通过识别孩子的动作和表情，与孩子进行有趣的互动。例如，在某幼儿园里，机器人能够识别孩子的动作和表情，以此为基础与孩子进行游戏和唱歌等互动。这种方法可以为孩子提供丰富的学习资源，提高其学习兴趣和积极性。

总之，随着智能机器人技术的不断发展，人机协作动作识别技术将在各个领域发挥着越来越重要的作用，也会带来更多的创新和应用。

12.1.3　动作识别模型

在基于骨架模态的深度学习动作识别中，常用的模型包括ST-GCN、TCN、MS-G3D等。下面将对其中的ST-GCN模型进行介绍（图12.1.1）。

ST-GCN模型是一种基于图卷积网络（GCN）的深度学习模型，用于对骨架序列进行建模和识别。ST-GCN模型将骨架序列表示为一个图，其中每个节点表示一个关节，每个边表示两个关节之间的连接关系。然后，模型使用时空卷积对这个图进行特征提取和分类。

ST-GCN模型的优点是具有更强的时空建模能力和更小的参数量。相比传统的CNN和LSTM等模型，ST-GCN能够更好地捕捉关节之间的时空关系，从而实现更准确的动作识别。同时，ST-GCN模型的参数量较小，能够在有限的计算资源下运行，因此在实际应用中更具有优势。

总体来说，在人机协同装配和其他人机交互任务中，基于骨架模态的深度学习动作识别技术具有很大的应用前景。通过使用这些技术，智能机器人能够理解人类的动作意图，并作

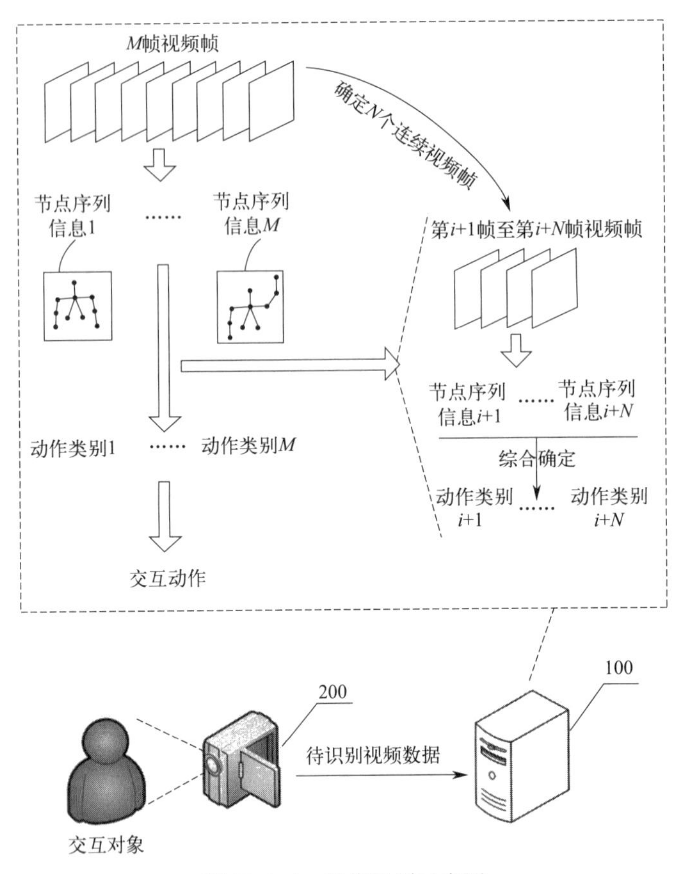

图 12.1.1　动作识别示意图

出适当的反应，从而实现更高效、更安全的人机协同操作。

12.2　人机协作应用

12.2.1　动作识别技术在人机协作中的应用

在人机协作任务中，动作识别技术可以帮助机器人更好地理解人类的意图和行为，从而实现智能机器人的协同控制。在装配任务中，机器人可以通过识别人类的装配动作意图，主动协助人类完成装配过程。在工业生产线上，机器人可以通过识别工人的动作意图，从而更好地协调工作，提高生产效率和质量。例如，在汽车制造过程中，机器人需要协助人类工人完成各种组装任务，这些组装任务需要机器人能够识别人类的动作和意图。使用基于骨架模态的深度学习技术可以帮助机器人准确地跟随人类的动作，以便更好地完成任务。

在人机协作任务中，机器人还需要能够识别人类的动作和姿态，以便更好地与人类进行交互（图 12.2.1）。例如，在机器人陪伴老年人的任务中，机器人需要能够识别人类的姿态和动作，以便更好地理解人类的需求，并与人类进行交互。基于骨架模态的深度学习技术可以帮助机器人更好地理解人类的姿态和动作，以便更好地与人类进行交互。

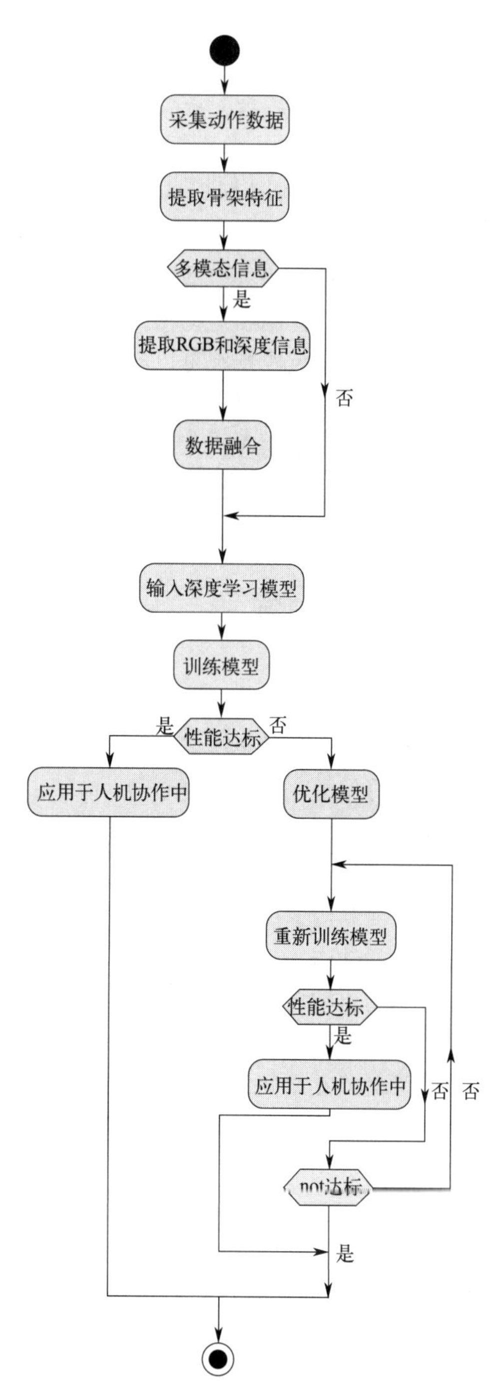

图 12.2.1 动作识别应用于人机协作流程图

12.2.2 动作识别技术在虚拟现实领域中的应用

动作识别技术在虚拟现实领域中也具有广泛的应用前景。虚拟现实技术的快速发展，使得人们可以在虚拟环境中进行各种操作，如游戏、培训、仿真等。在这些应用场景中，人体动作识别技术可以为虚拟角色的控制和操作提供一种便捷且直观的方式。

虚拟现实中的动作识别技术主要分为两种：基于传感器的动作捕捉和基于图像的动作识别。基于传感器的动作捕捉通常使用惯性传感器、电磁传感器或光学传感器等来采集人体运动信息，可以实现较为精准的动作捕捉，但对硬件要求较高且不便携。而基于图像的动作识别则可以使用相机或深度相机来捕捉人体运动信息，不需要额外的传感器设备，便于实现。

基于图像的动作识别技术在虚拟现实中的应用主要包括手势识别、动作捕捉和虚拟角色控制等。其中，手势识别可以实现虚拟现实场景中的自然交互，例如使用手势进行操作和控制。动作捕捉可以实现对虚拟角色的精准控制和运动捕捉，为虚拟现实游戏、培训和仿真等应用提供了更为直观的交互方式。虚拟角色控制则可以实现对虚拟角色的自动控制，例如通过识别用户的运动状态来实现虚拟角色的自动跟随。

总之，动作识别技术在虚拟现实领域中的应用可以为虚拟环境提供一种直观、便捷的交互方式，具有广阔的应用前景。

12.3 人机协作中的动作识别问题

人机协作是指人类和机器人之间相互合作的一种模式。在许多任务中，机器人需要根据人类的意图和动作来执行相应的动作。这就需要机器人能够识别人类的动作，并准确理解其含义。因此，动作识别技术在人机协作中变得越来越重要。

动作识别问题的定义是从连续的数据流中自动识别具有特定动作表现的行为。例如，在人机协作场景中，这些行为可能是人类手部的运动轨迹，或者其他身体部位的运动、姿态以及表情等。因此，动作识别算法需要利用这些输入数据，通过深度学习等手段来提取出与特定动作相关的信息，从而区分不同的动作。

在动作识别领域，特征提取是最为重要的环节之一。特征提取的目标是从原始数据中提取出共性信息，以便区分不同动作。例如，在基于骨架模态的动作识别中，时空图是一种常用的特征表示方法。它将独立的骨骼节点之间的联系建立在时空域中，从而提取出了骨架节点的运动信息，并将其编码为时空图中的特征向量。这种特征表示方法在基于深度网络的动作识别中具有较好的性能，可以提高分类准确度和鲁棒性。

除了特征提取之外，动作识别问题还需要选择合适的分类器和决策规则来实现动作分类。目前，许多机器学习算法已被应用于动作分类领域，包括支持向量机（SVM）、K 近邻算法（KNN）以及决策树等。这些算法通常具有良好的分类性能和鲁棒性，能够满足不同场景下的动作分类需求。

当前，这些基于深度学习和多模态数据处理技术的动作识别算法已经成为动作识别领域中的主流方法。未来，随着智能机器人技术的不断发展，动作识别技术将在更多的领域得到广泛应用。本章我们将详细讨论人机协作动作识别问题的定义和动作特征提取方法。

12.3.1 动作识别问题定义

动作识别问题是指对于输入的人体动作数据（如骨架数据、RGB 图像、深度图像等），通过机器学习算法对动作进行分类或识别的过程。在人机协作中，动作识别可以帮助智能机器人更好地理解人类的行为意图，从而更加准确地执行任务。

动作识别问题可以归纳为监督学习问题，其目标是通过给定的训练数据集，训练出一个能够将输入数据映射到输出类别的映射函数。在动作识别任务中，输入数据是人体的动作数据，输出类别通常是不同的动作类别。

在人机协作任务中，我们需要将人类的动作映射到特定的任务或行为。因此，动作识别问题可以定义为：给定一个动作序列和相应的任务或行为，我们的目标是训练一个深度学习模型，将动作序列映射到对应的任务或行为。

动作序列可以用多个传感器捕捉的数据来表示，例如 RGB 摄像头、深度摄像头、惯性测量单元（IMU）等。不同类型的传感器提供的数据特征不同，可以用于捕捉不同方面的动作信息。因此，多模态数据融合是实现高精度动作识别的一种有效方法。

12.3.2 动作特征的提取

动作识别问题的一个重要挑战是如何从输入数据中提取有意义的特征，以便机器学习算法能够对动作进行准确分类。在人机协作中，可以使用多种不同的特征表示方式，例如骨架数据、RGB 图像、深度图像等。传统的方法通常采用手工设计的特征提取算法，例如基于人体关键点的姿态特征、基于频域变换的时频特征等。这些方法需要专业知识和大量的经验来设计，且往往无法充分利用数据中的信息。

近年来，深度学习技术已经在动作识别领域得到广泛应用。深度学习模型可以自动从数据中提取有意义的特征，避免了手工设计特征的缺点。目前，常用的深度学习模型包括基于骨架模态的 ST-GCN 模型、基于 RGB 视频模态的 3D-CNN 模型、基于深度信息模态的 3D-CNN 模型等。

对于基于骨架模态的动作识别任务，首先需要构建起人体骨架的空间模型，获取每一个骨骼关键点的空间坐标，并获取它们之间的空间位置关系。现阶段通常分两步来提取骨骼的空间特征。

（1）Kinect 骨骼关键点提取

Kinect V2 是微软公司推出的一款深度相机，由 1 个 RGB 摄像头、1 个红外发射器、1 个红外接收器和数个麦克风组成。Kinect V2 由飞行时间（time of flight，TOF）技术得到深度图像。TOF 技术的探测设备自身发射红外光，红外光在遇到物体后发生反射，接收器接收反射光线，通过计算发射光线和接收光线的时间差就可以得到被拍摄物体与探测器的距离，该距离即是物体的深度信息。由深度信息得到人体骨骼关节点三维坐标，并由此得到骨骼图。

在拣选作业中，工人往往站在工作台前进行操作，下半身处于被遮挡的状态。在识别工人动作时，可将重点放在人体上半身的主要关节点上，则能减少无关骨骼点对动作的影响，方便算法对数据的处理，使系统运算时间减少，有利于动作的快速识别。而手指和指尖关节点在实际过程中容易被遮挡，导致数据出现跳动，误差过大，故不宜将这 2 种关节点作为特征。综上所述，选择 12 个关节点作为原始特征。如图 12.3.1 所示为 Kinect V2 识别骨架图。

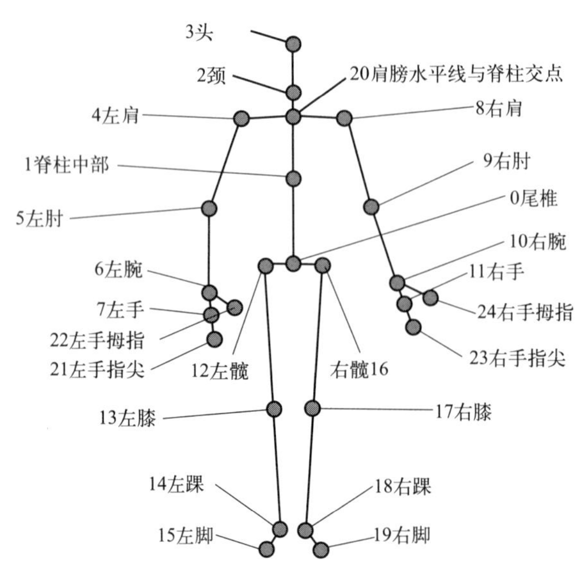

图 12.3.1　Kinect V2 识别骨架图

（2）人体结构向量建模

选取合适的特征是进行动作识别的基础工作，结合拣选场景，所选取的特征应满足：运动特征对不同类型的动作都能够完整描述；运动特征对不同的动作要有区分性；应尽量选取容易提取和容易处理的特征；对于不同体型的人和不同的相机位置等外部无关因素来说，特征描述能保持稳定，且对噪声不敏感。

在选取特征之前，根据人体结构，选取 17 组人体结构向量，在这些结构向量的基础上进行特征选择。选取上肢与躯干部分结构向量共 11 组，由上半身的各个关节点按照人体结构依次连接而成；连接部分结构向量共 6 组，由手腕关节分别和脊椎中心、肩部中心连接构成。各人体结构向量与人体骨骼关节点的对应关系如表 12.3.1 所示。

表 12.3.1　人体结构向量表

向量名称	起点	终点	向量名称	起点	终点
$\boldsymbol{i}_{0,1}$	0	1	$\boldsymbol{i}_{9,10}$	9	10
$\boldsymbol{i}_{1,2}$	1	2	$\boldsymbol{i}_{10,11}$	10	11
$\boldsymbol{i}_{2,3}$	2	3	$\boldsymbol{i}_{1,5}$	1	5
$\boldsymbol{i}_{2,4}$	2	4	$\boldsymbol{i}_{1,6}$	1	6
$\boldsymbol{i}_{4,5}$	4	5	$\boldsymbol{i}_{1,9}$	1	9
$\boldsymbol{i}_{5,6}$	5	6	$\boldsymbol{i}_{1,10}$	1	10
$\boldsymbol{i}_{6,7}$	6	7	$\boldsymbol{i}_{2,6}$	2	6
$\boldsymbol{i}_{2,8}$	2	8	$\boldsymbol{i}_{2,10}$	2	10
$\boldsymbol{i}_{8,9}$	8	9	—	—	—

在获取各个骨骼关键点坐标，及其之间的连接关系后，即可将其组织成一个数组结构。代表骨架的空间特征，用作动作模型输入。

此外，除了基于骨架的动作识别方法，还可以使用基于 RGB 图像和深度图像的 3D-CNN 方法。这些方法可以使用卷积神经网络对输入的图像数据进行特征提取和表示。例如，可以使用 3D-CNN 对输入的 RGB 和深度图像进行联合处理，从而更好地捕捉动作的时空信息。在基于 RGB 视频模态的 3D-CNN 模型中，输入数据是一个三维视频序列，模型通过多层三维度卷积操作，完成对深度数据中与动作相关的特征的提取。

在特征提取过程中，还可以采用其他的技术，如时序卷积、循环神经网络、注意力机制等。这些技术可以进一步提高动作识别的准确性，并且可以根据不同的任务需求进行选择和组合。

12.3.3　动作识别模型的构建

在获得人体骨架空间特征后，可以将其构成的空间坐标数组以时间顺序作为标签记录下来。接下来还需要构建基于深度学习的动作识别模型。在动作识别领域中，不仅仅需要学习到画面中人物动作的空间特征，同时也需要学习到时间维度的特征。

时空图卷积网络模型 ST-GCN 通过将图卷积网络（GCN）和时间卷积网络（TCN）结合起来，扩展到时空图模型，设计出了用于行为识别的骨骼点序列通用表示，该模型将人体骨骼表示为图的数据结构，如图 12.3.2 所示，其中图的每个节点对应于人体的一个关节点。图中存在两种类型的边，即符合关节的自然连接的空间边（spatial edge）和在连续的时间步骤中连接相同关节的时间边（temporal edge）。在此基础上构建多层的时空图卷积，它允许信息沿着空间和时间两个维度进行整合。

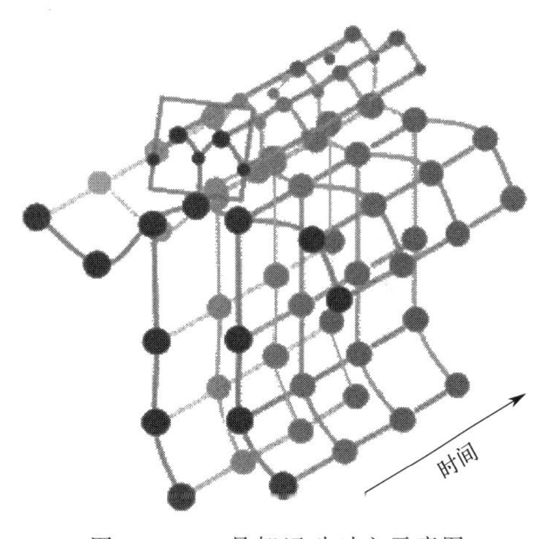

图 12.3.2　骨架运动时空示意图

ST-GCN 的网络结构大致可以分为三个部分。首先，对网络输入一个五维矩阵（N，$\boldsymbol{C}$，T，V，M），其中 N 为视频数据量；$\boldsymbol{C}$ 为关节特征向量，包括（x，y，acc）；T 为视频中抽取的关键帧的数量；V 表示关节的数量，在本项目中采用 25 个关节数量；M 则是一个视频中的人数。然后，再对输入数据进行 Batch Normalization 批量归一化。接着通过设计 ST-GCN 单元，引入 ATT 注意力模型并交替使用 GCN 图卷积网络和 TCN 时间卷积网络，对时间和空间维度进行变换，在这一过程中对关节的特征维度进行升维，对关键帧维度进行降维。最后，通过调用平均池化层、全连接层，并后接 softmax 层输出，对特征进行分类。

在上述网络结构中，最重要的为 GCN 图卷积网络、TCN 时间卷积网络以及 ST-GCN 单元这三个特征单元。

图卷积网络（GCN）借助图谱的理论来实现空间拓扑图上的卷积，提取出图的空间特征，具体来说，就是将人体骨骼点及其连接看作空间拓扑图，再使用图的邻接矩阵、度矩阵和拉普拉斯矩阵的特征值和特征向量来表述和研究该图的性质。原 ST-GCN 实现中，作者对于图卷积实现过程中，将对称归一化形式的拉普拉斯矩阵中插入了注意力机制，使其部分可学习。原 ST-GCN 将骨骼点构成的图，根据不同的动作划分为了三个子图，如图 12.3.3 中所示 1# 节点表达向心运动、2# 节点表达离心运动、3# 节点表达静止的动作特征。并由此产生了三个不同卷积核 A_1、A_2、A_3，对运动过程中同一时刻的骨骼空间图分别进行多核图卷积，实现输入的升维变换，进一步提取出其运动特征。

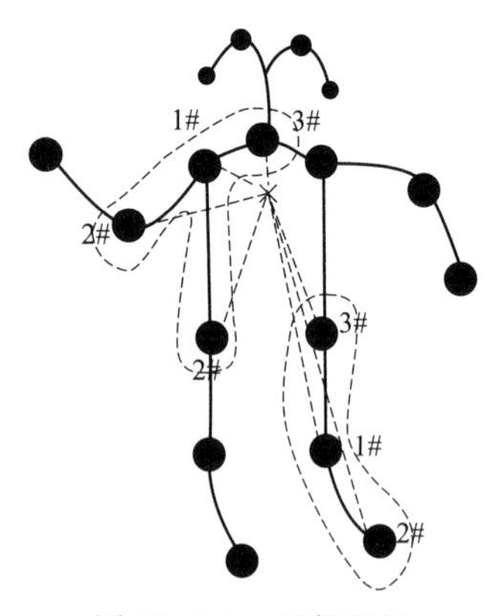

图 12.3.3　骨架空间拓扑示意图

时序卷积网络（TCN）则用于学习时间中关节变化的局部特征。如图 12.3.4，TCN 相较于 CNN，对时间序列提取特征时，不再受限于卷积核的大小。对普通卷积，需要更多层才能采集到一段时间序列的特征，而 TCN 中采用的膨胀卷积（dilated convolution），通过更宽的卷积核，可以采样更宽的信息。卷积核先完成一个节点在其所有帧上的卷积，再移动到下一个节点，如此便得到了骨骼点图在叠加下的时序特征。对于 TCN 网络，我们通过使用 9×19×1 的卷积核进行卷积。

为了保持总体的特征量不变，当关节点特征向量维度（$\boldsymbol{C}$）成倍变化时，我们的步长采取 2，其余采取 1。

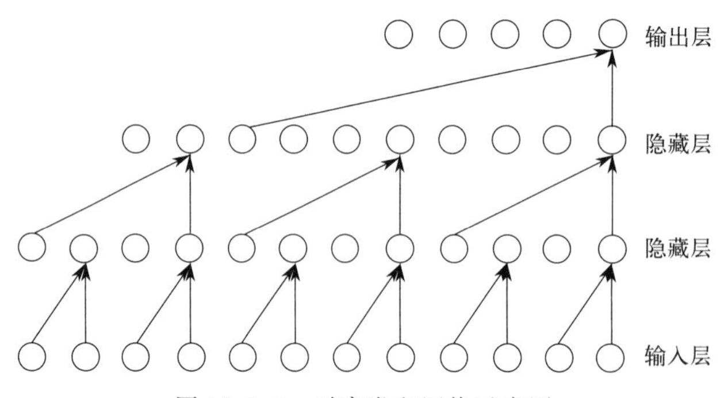

图 12.3.4　时序卷积网络示意图

将二者结合实现空间和时间特征的不断卷积，即可实现对于人体运动中不同动作的特征概括与提取。图 12.3.5 为改进 ST-GCN 网络结构示意图。

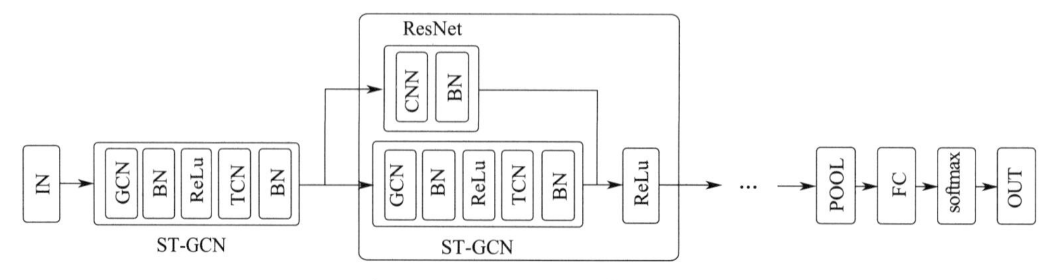

图 12.3.5　ST-GCN 网络示意图

12.3.4 人机协作场景中的动作识别

为了实现高效、无缝衔接的人机协作，机器人需要快速、可靠地识别人类正在执行的任务，并安全地调整机器人自身的运动路径。但是，人类所执行的任务计划具有不可观测性。在同一任务中，人类的运动随时间而变化且运动时间不一致，这就对准确及时地识别人类执行的任务提出了巨大的挑战。以上章节介绍了人体行为的表征以及对运动数据的特征提取，接下来将进一步介绍如何将动作识别技术与人机协作相结合。

在人机协作场景中，机器人需要实时监测人体姿态和行为，以便及时作出反应并调整自身的运动路径。这涉及对多个方面的信息进行感知和处理，包括人体姿态、人体运动轨迹等。目前，机器人视觉、力觉、声学等感知系统已经比较成熟，可以获取大量的感知数据。因此，如何从这些数据中有效提取人类动作的特征，并构建准确可靠的动作识别模型，是当前人机协作领域的研究热点和难点。

针对人机协作场景中的动作识别问题，研究者们采用了多种技术和方法。其中，基于深度学习的动作识别方法受到广泛关注。这种方法能够自动地从感知数据中学习到特征表示，避免了手工设计特征的烦琐过程，从而提高了动作识别的精度和效率。

在人机协作场景中，机器人需要与人类保持良好的交互，并根据人类动作执行相应的任务。因此，为了提高动作识别的准确性，需要将人类动作与任务之间的关系考虑进来。具体而言，可以通过定义任务模型和人类动作模型，建立起任务与人类动作之间的映射关系。任务模型可以描述机器人需要执行的具体任务，而人类动作模型则可以表示人类在执行任务时所表现出的典型动作。

一般情况下，人类在执行任务时，动作序列并不是严格按照预先设定的标准进行的。因此，在构建任务与人类动作的映射关系时，需要考虑到动作序列的时间变化和不确定性。这可以通过基于时间的动作识别方法来实现。这种方法能够对动作序列进行连续的时间建模，并从中学习到动作的特征，从而有效地解决了动作序列时间变化和不确定性带来的挑战。

获取和识别到操作人员的动作后，下一步就是将动作识别应用到人机协作中来，例如现在有一个装配任务需要人类和机器人协同完成，该任务需要人类在一个狭窄的空间内进行操作，例如将零部件安装到机器上。机器人作为协作伙伴，需要监测人类的动作，并根据人类动作提供协助。整个工作流程可以分为以下几个步骤：

第一，人体姿态和行为感知：机器人使用其视觉、力觉、声学等感知系统，实时监测人类的姿态、运动轨迹等信息，并对其进行处理和分析。当机器人检测到人类的运动轨迹和姿态表明人类对某个零部件进行操作时，机器人会进入下一个步骤。

第二，零部件和动作模型建立：机器人首先需要了解要装配的零部件的具体细节和装配流程，同时，机器人还需要建立起零部件和人类动作之间的映射关系，构建出合理可靠的零部件和动作模型。

第三，运动意图推测：基于前两步所得到的信息，机器人会根据零部件和人类动作模型推测人类的运动意图，即判断人类当前或下一步的行动是什么。

第四，协助策略生成：在推测出人类运动意图后，机器人将根据零部件和人类动作模型制定相应的协助策略。例如，如果机器人判断人类需要对零部件进行旋转，则可以主动帮助人类操作。

第五，协助行动执行：当机器人确定了协助策略后，它将通过自身的控制系统，在合适的时间和位置，为人类提供协助。机器人的协助可能涉及多个方面，例如指导人类操作、提供支撑和稳定等。在协助过程中，机器人还需要不断地监测人类的状态和动作，及时调整协助策略，以确保协助的效果和安全。

以上就是机器人识别到人的动作后主动给人提供协助的工作流程。在实际应用中，结合具体任务的需求和机器人的功能，不断优化和完善这一工作流程，将会提高人机协作的效率和质量。

12.4 具体案例：基于深度学习的动作识别

在本节中，将展示一个基于深度学习的人机协作动作识别的具体案例，结合案例讲解训练一个动作识别模型的全流程。该流程包括动作视频采集设备的选择、环境设置和参数设计、数据处理和识别模型的训练。

12.4.1 动作视频采集设备的选择

在人机协作任务中，动作识别技术可以用于识别人类的动作意图，从而实现智能机器人的协同控制。在本案例中，我们使用了 Kinect V2 深度相机作为动作采集设备。利用 Kinect V2 深度相机自带的关键点识别算法可以方便地捕捉到人体骨骼关键点的三维姿态信息。

12.4.2 环境设置和数据采集

为了使得 Kinect V2 深度相机可以顺利提取出人体骨架的空间关键点，在设置实验环境时应注意选择尽量无遮挡的实验区域与单一背景。在测试环境中调节相机的摆放位置，使其可以采集并识别被试者全身的骨骼关键点。

约定一些待识别的标准动作，如手臂向上、向下，手臂画圈、双手画叉等作为动作识别模型需要识别的对象。若要进行协同装配任务，则只需将识别结果与机械臂的对应操作进行映射即可，例如当模型识别到当前操作人员正在进行手臂画圈操作时则输出机械臂拾取工件的指令；当模型识别到当前操作人员在进行双手画叉操作时则输出机械臂放下工件的指令，此处我们将着重讲解动作识别的模型构建与训练部分。

在模型采集阶段被试者需要在规定时间内完成这些标准动作，且需要在不同角度分别进行采集，经过每个标准动作 30 次左右的采集后即可形成模型的训练集文件。

识别并绘制骨骼关键点的 C 语言参考代码：

```
void drawSkeleton(Mat& SkeletonImage, CvPoint pointSet[ ], const Joint * pJoints, int whichone)
{
```

```
// 绘制骨架函数
// 绘制躯干
DrawBone(SkeletonImage, pointSet, pJoints, whichone, JointType_Head, JointType_Neck);
DrawBone(SkeletonImage, pointSet, pJoints, whichone, JointType_Neck, JointType_SpineShoulder);
DrawBone(SkeletonImage, pointSet, pJoints, whichone, JointType_SpineShoulder, JointType_SpineMid);
DrawBone(SkeletonImage, pointSet, pJoints, whichone, JointType_SpineMid, JointType_SpineBase);
DrawBone(SkeletonImage, pointSet, pJoints, whichone, JointType_SpineShoulder, JointType_ShoulderRight);
DrawBone(SkeletonImage, pointSet, pJoints, whichone, JointType_SpineShoulder, JointType_ShoulderLeft);
DrawBone(SkeletonImage, pointSet, pJoints, whichone, JointType_SpineBase, JointType_HipRight);
DrawBone(SkeletonImage, pointSet, pJoints, whichone, JointType_SpineBase, JointType_HipLeft);

//绘制右臂
DrawBone(SkeletonImage, pointSet, pJoints, whichone, JointType_ShoulderRight, JointType_ElbowRight);
DrawBone(SkeletonImage, pointSet, pJoints, whichone, JointType_ElbowRight, JointType_WristRight);
DrawBone(SkeletonImage, pointSet, pJoints, whichone, JointType_WristRight, JointType_HandRight);
DrawBone(SkeletonImage, pointSet, pJoints, whichone, JointType_HandRight, JointType_HandTipRight);
DrawBone(SkeletonImage, pointSet, pJoints, whichone, JointType_WristRight, JointType_ThumbRight);

// 绘制左臂
DrawBone(SkeletonImage, pointSet, pJoints, whichone, JointType_ShoulderLeft, JointType_ElbowLeft);
DrawBone(SkeletonImage, pointSet, pJoints, whichone, JointType_ElbowLeft, JointType_WristLeft);
DrawBone(SkeletonImage, pointSet, pJoints, whichone, JointType_WristLeft, JointType_HandLeft);
DrawBone(SkeletonImage, pointSet, pJoints, whichone, JointType_HandLeft, JointType_HandTipLeft);
DrawBone(SkeletonImage, pointSet, pJoints, whichone, JointType_WristLeft, JointType_ThumbLeft);

// 绘制右腿
DrawBone(SkeletonImage, pointSet, pJoints, whichone, JointType_HipRight, JointType_KneeRight);
DrawBone(SkeletonImage, pointSet, pJoints, whichone, JointType_KneeRight, JointType_AnkleRight);
DrawBone(SkeletonImage, pointSet, pJoints, whichone, JointType_AnkleRight, JointType_FootRight);

// 绘制左腿
DrawBone(SkeletonImage, pointSet, pJoints, whichone, JointType_HipLeft, JointType_KneeLeft);
```

```
DrawBone(SkeletonImage, pointSet, pJoints, whichone, JointType_KneeLeft, JointType_AnkleLeft);
DrawBone(SkeletonImage, pointSet, pJoints, whichone, JointType_AnkleLeft, JointType_FootLeft);
}
```

12.4.3 数据处理

在数据采集过程中，我们采集了被试者多次操作的运动数据。收集的数据包括 RGB 图像、深度图像和骨架数据。

采集到的数据中，由于现场环境光，以及视角等因素的影响，会出现部分的毛刺点或缺失，不能直接使用。所以我们在模型训练前仍需要对数据进行预处理

为了解决骨骼关键点识别算法失误导致的突变问题，首先需要对动作数据进行去噪去除波动过大的点，再对数据进行平滑和滤波处理。为了解决视角遮挡或其他因素导致的关键点缺失，需要结合缺失点前后的骨骼关键点坐标进行插值和拟合，通过这些操作来完成数据的清洗和预处理。最后将数据进行标准化和归一化。

获得数据集后，我们将处理后的数据划分为训练集、验证集和测试集，其中训练集和验证集用于模型训练，测试集用于评估模型的性能。并将其输入 ST-GCN 网络中进行训练和测试。

12.4.4 模型训练

获得骨骼关键点代表的不同运动数据后，就可以构建神经网络动作识别模型并进行训练了。

在具体实现上，我们使用了 PyTorch 深度学习框架来构建和训练模型。我们选择的模型经典的 ST-GCN 模型，模型结构前文已经有所介绍。我们只需调节其训练程序中的参数及 dataloader 信息，使其适应我们所制作的训练数据集即可。

核心模型 ST-GCN 的参考代码：

```
class STGCN(nn.Layer):
"""
ST-GCN model from:
"Spatial Temporal Graph Convolutional Networks for Skeleton-Based Action Recognition"Args: in_channels: int, channels of vertex coordinate. 2 for (x,y), 3 for (x,y,z). Default 2. edge_importance_weighting: bool, whether to use edge attention. Default True. data_bn: bool, whether to use data BatchNorm. Default True.
    """
# 函数定义与初始化
def __init__(self,
                in_channels=2,
                edge_importance_weighting=True,
                data_bn=True,
```

```
                    layout='fsd10',
                    strategy='spatial',
                    **kwargs):
            super(STGCN, self).__init__()
            self.data_bn = data_bn
#加载 graph
        self.graph = Graph(
            layout=layout,
            strategy=strategy,
        )
        A = paddle.to_tensor(self.graph.A, dtype='float32')
        self.register_buffer('A', A)

#构建 st_gcn 网络主体
        spatial_kernel_size = A.shape[0]
        temporal_kernel_size = 9
        kernel_size = (temporal_kernel_size, spatial_kernel_size)
        self.data_bn = nn.BatchNorm1D(in_channels *
                                      A.shape[1]) if self.data_bn else iden
        kwargs0 = {k: v for k, v in kwargs.items() if k != 'dropout'}
        self.st_gcn_networks = nn.LayerList((
            st_gcn_block(in_channels,
                         23,
                         kernel_size,
                         1,
                         residual=False,
                         **kwargs0),
            st_gcn_block(23, 23, kernel_size, 1, **kwargs),
            st_gcn_block(23, 23, kernel_size, 1, **kwargs),
            st_gcn_block(23, 23, kernel_size, 1, **kwargs),
            st_gcn_block(23, 128, kernel_size, 2, **kwargs),
            st_gcn_block(128, 128, kernel_size, 1, **kwargs),
            st_gcn_block(128, 128, kernel_size, 1, **kwargs),
            st_gcn_block(128, 256, kernel_size, 2, **kwargs),
            st_gcn_block(256, 256, kernel_size, 1, **kwargs),
            st_gcn_block(256, 256, kernel_size, 1, **kwargs),
        ))

        # initialize parameters for edge importance weighting
        if edge_importance_weighting:
            self.edge_importance = nn.ParameterList([
                self.create_parameter(
                    shape=self.A.shape,
```

```
                default_initializer=nn.initializer.Constant(1))
            for i in self.st_gcn_networks
        ])
    else:
        self.edge_importance = [1] * len(self.st_gcn_networks)

    self.pool = nn.AdaptiveAvgPool2D(output_size=(1, 1))
#初始化权重
def init_weights(self):
    """Initiate the parameters.
    """
    for layer in self.sublayers():
        if isinstance(layer, nn.Conv2D):
            weight_init_(layer, 'Normal', mean=0.0, std=0.02)
        elif isinstance(layer, nn.BatchNorm2D):
            weight_init_(layer, 'Normal', mean=1.0, std=0.02)
        elif isinstance(layer, nn.BatchNorm1D):
            weight_init_(layer, 'Normal', mean=1.0, std=0.02)
#前向传播函数
def forward(self, x):
    # data normalization
    N, C, T, V, M = x.shape
    x = x.transpose((0, 4, 3, 1, 2))  # N, M, V, C, T
    x = x.reshape((N * M, V * C, T))
    if self.data_bn:
        x.stop_gradient = False
    x = self.data_bn(x)
    x = x.reshape((N, M, V, C, T))
    x = x.transpose((0, 1, 3, 4, 2))  # N, M, C, T, V
    x = x.reshape((N * M, C, T, V))

    # forward
    for gcn, importance in zip(self.st_gcn_networks, self.edge_importance):
        x, _ = gcn(x, paddle.multiply(self.A, importance))

    x = self.pool(x)  # NM,C,T,V --> NM,C,1,1
    C = x.shape[1]
    x = paddle.reshape(x, (N, M, C, 1, 1)).mean(axis=1)  # N,C,1,1
    return x
```

接下来，利用训练集对其进行训练。在训练过程中为了防止学习率过大，在收敛到全局最优点的时候会来回摆荡，我们可以设置一个较小的学习率，例如将初始值设置为 0.01，并使用了学习率衰减策略，即每经过 10 个 epoch，学习率就会乘以 0.1 以此来使模型快速收敛。此外还可以在训练过程中通过权重衰减和 dropout 等技巧来避免模型的过拟合问题。

最后，还需要利用验证集对训练好的模型进行调优，并对测试集进行测试，评估模型的性能表现。在模型的评估中我们通常采用准确率、精确率、召回率和 F_1 score 等指标来评估模型的性能表现，同时还可以对比不同神经网络模型和不同输入模态的表现，以得出最优的模型方案。

12.4.5 动作识别模型的性能评估

为了评估所提出的基于骨架模态的深度学习动作识别模型的性能，我们还需要利用之前采集的测试集和实时采集的动作数据进行测试。

为了评估训练出的基于骨架模态的深度学习动作识别模型的性能，我们可以采用准确率和混淆矩阵作为评价指标，如第三章 3.7 节评价指标。

在准确率方面，我们将测试数据集中的每个动作序列输入训练好的模型进行分类，并计算出正确分类的序列所占的比例。具体而言，准确率定义为：

$$\text{Accuracy}=\frac{\text{Number of correctly classified sequences(正确分类的序列数量)}}{\text{Total number of sequences(总序列数量)}}\times 100\% \tag{12.1}$$

在混淆矩阵方面，我们将测试数据集中的每个动作序列输入训练好的模型进行分类，并将分类结果与真实标签进行比较。通过统计每个类别的序列被分类为其他类别的次数，我们可以得到一个 n/timesn 的混淆矩阵 $\boldsymbol{C}$，其中 n 是动作类别的数量。混淆矩阵的每个元素 $C_{\{i,j\}}$ 表示真实标签为 i 的序列被分类为 j 的次数。根据混淆矩阵，我们可以计算出每个类别的精确率、召回率和 F_1 值，分别定义为：

$$\begin{aligned}\text{Precision}_i&=\frac{C_{\{i,i\}}}{\sum_{j=1}^{n}C_{\{j,i\}}}\\ \text{Recall}_i&=\frac{C_{\{i,i\}}}{\sum_{j=1}^{n}C_{\{i,j\}}}\\ F_{1i}&=\frac{2\times\text{Precision}_i\times\text{Recall}_i}{\text{Precision}_i+\text{Recall}_i}\end{aligned} \tag{12.2}$$

其中，Precision_i 表示被分类为类别 i 的序列中，真正属于类别 i 的序列所占的比例；Recall_i 表示真实标签为类别 i 的序列中，被正确分类为类别 i 的序列所占的比例；F_{1i} 是精确率和召回率的调和平均值，综合了模型的精确率和召回率。

通过以上指标，可以全面地评估我们所训练出的基于骨架模态的深度学习动作识别模型在训练与测试集上的性能表现。最后还可以将训练完成的模型封装起来，并编写一个可视化的 UI 界面进行操作，可以用该模型完成一个人机协作机器人控制，或是其他人机交互任务。

12.5 前沿拓展：基于肌电信号及脑机设备的动作识别

在动作识别研究中，除了视觉识别的方案外，在一些特定领域如医疗和康复辅助方面，基于肌电信号（electromyography，EMG）的动作识别技术也具有广泛的应用前景。

人体的所有运动与姿态都由神经系统控制完成，神经肌肉控制系统主要通过大脑皮层的运动区、脑干和脊髓等神经结构来互相传递肌肉的运动指令。大脑产生的抽象运动意识通过神经信号传递到相应的肌肉，通过控制具体的肌肉收缩完成人体运动。肌电信号是伴随肌肉收缩产生的电生理信号，通过肌电采集装置如图12.5.1即可读取这些电生理信号。通过分析和处理肌电信号，即可以实现对人类动作的准确识别和理解。

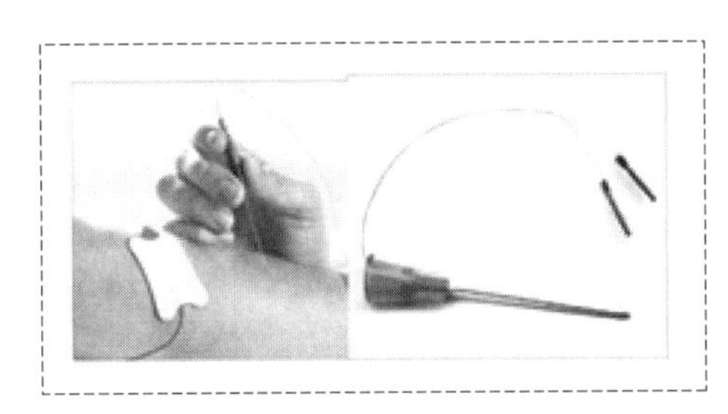
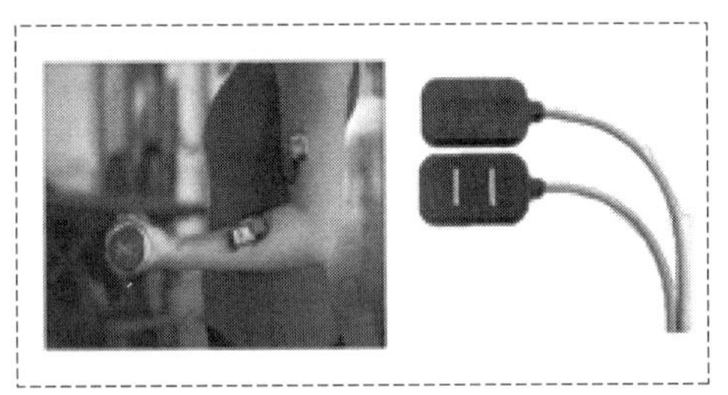

图12.5.1 两种肌电采集装置

基于肌电信号的动作识别技术在康复医学领域有着重要的应用。例如，在康复训练中，通过监测患者的肌电信号，可以及时评估患者的肌肉活动情况，并根据需要进行针对性的康复训练。此外，基于肌电信号的动作识别技术还可以用于智能假肢的控制。通过捕捉残肢周围的肌电信号，智能假肢可以模拟出人类的运动，从而提供更加自然和灵活的肢体控制方式。

在基于肌电信号的动作识别任务中，通常采用的方式为采集特定肌肉组的表面肌电信号，通过电极阵列进行采集并将其放大和滤波后获得可用的动作信号。这种信号为一维动作电位序列，同一类动作的肌电信号内在规律相同，而不同动作肌电信号内在规律不同。但不同动作之间的区别没有太强的表征，难以直接定义或者采用线性分割的方式将其辨识与分类，所以为了提取其深层特征并对其特征进行分类，一般采用深度学习的方法。

利用深度学习方法进行肌电动作信号的分类同样需要考虑输入数据的自身特性，由于动作信号依然具有时序特性，所以选用的神经网络模型依然采用RNN、LSTM、TCN等可以提取时序特征的网络模型。通过数据采集与训练，获得神经网络分类器，利用深度学习的高层语义提取能力对输入的肌电信号进行分类，并可以利用分类结果进行人机交互或驱动辅助康复机器人。

同时，脑机设备动作识别技术也逐渐成为研究的热点。这种技术通过测量人脑活动产生的信号，并进行相应的信号处理和分析，实现对人类动作的识别和控制。与肌电信号不同，脑机设备可以直接捕捉到人脑活动的信息，无须通过肌肉活动来间接推断人类的动作意图。

将肌电信号动作识别和脑机设备动作识别整合在一起，可以充分发挥两者的优势，提高动作识别的准确性和灵活性。例如，在康复训练中，结合肌电信号和脑机设备信号的动作识别可以更全面地评估患者的运动能力和康复进展。同时，将肌电信号和脑机设备应用于智能假肢控制，可以实现更加精准和自然的肢体运动控制。

基于肌电信号和脑机设备的动作识别技术将在未来的人机协作中发挥重要作用。它们不仅能够提高机器人对人类意图和行为的理解能力，还可以实现更加自然和高效的人机交互方式，推动人机协作技术的发展。因此，对基于肌电信号和脑机设备的动作识别技术进行深入研究和应用具有重要意义。

12.6 本章小结

本章主要介绍了基于骨架模态的深度学习动作识别技术在人机协同装配或其他人机交互任务中的应用。我们首先介绍了人机协作动作识别技术的研究背景和意义，概述了国内外研究现状，并详细介绍了动作识别模型。随后，我们讨论了动作识别技术在人机协作中的应用，以及动作识别技术在虚拟现实领域中的应用。接着，我们探讨了人机协作中的动作识别问题，包括动作识别问题定义和动作特征的提取。最后，我们以具体案例为例，介绍了基于深度学习的人机协作动作识别的实现，包括动作视频采集设备、环境设置和参数设计、数据处理、模型训练和动作识别模型的性能评估。通过本章的学习，读者可以了解到深度学习动作识别技术的原理和应用，以及如何将其应用于人机协同任务控制和人机交互。

总体而言，基于骨架模态的深度学习动作识别技术在人机协同装配和其他人机交互任务中具有广泛的应用前景，能够有效地提高智能机器人的控制精度和人机交互效率。

第十三章

基于深度学习的机器人视觉抓取

随着人工智能技术的飞速发展，机器人已经成为许多领域的研究热点。其中，机器人视觉抓取技术是机器人学习领域中的重要研究方向之一。通过将深度学习等技术应用于机器人视觉抓取中，如基于深度学习的位姿估计、抓取检测等可以有效地提高机器人对视觉传感器获得信息的感知和理解能力，从而实现更加灵活、高效的机器人操作。

13.1 研究背景及意义

13.1.1 机器人视觉抓取技术应用

随着工业自动化程度的提高，机器人在工业生产线上的应用越来越广泛。作为机器人技术中的重要组成部分之一，机器人视觉抓取技术成为了研究热点。

相较于传统的机械臂抓取方式，机器人视觉抓取技术通过视觉传感器获取物体信息，并利用该信息控制机器人的运动实现物体的抓取，具有更高的灵活性和适应性，并能够适应多种物体形状和复杂场景。因此，该技术在各个领域中得到了广泛应用，如工业制造、物流配送、医疗护理、农业生产和家庭服务等。

在工业制造领域，机器人视觉抓取技术可帮助机器人进行物体的搬运、组装和加工等操作。在电子制造中，该技术可用于电子元器件的识别、抓取和电子产品的生产与组装。在汽车制造中，它能够帮助机器人实现对零部件的识别和抓取，从而实现汽车的组装和加工。

在物流配送领域，机器人视觉抓取技术可用于货物的搬运和分拣操作。例如，在快递配送中，机器人可通过视觉抓取技术实现对包裹的识别和抓取，从而实现对包裹的搬运和分拣。在仓库管理中，机器人可通过视觉抓取技术实现对货物的识别和抓取，从而实现对货物的存储和管理。

在医疗护理领域，机器人视觉抓取技术可以帮助机器人进行医疗器械和药品的搬运和管理等操作。例如，在医院中，机器人可以通过视觉抓取技术实现对药品的识别和抓取，从而实现对药品的管理和配送。在手术操作中，机器人可以通过视觉抓取技术实现对手术器械的识别和抓取，从而实现对手术器械的准确和安全操作。

在农业生产领域，机器人视觉抓取技术可以帮助机器人进行农产品的采摘和管理等操作。例如，在果园中，机器人可以通过视觉抓取技术实现对水果的识别和采摘，从而实现对水果的收获和管理。在农田中，机器人可以通过视觉抓取技术实现对农作物的识别和管理，从而实现对农作物的种植和管理。

在家庭服务领域，机器人视觉抓取技术可以帮助机器人进行家庭用品的搬运和管理等操作。例如，在家庭清洁中，机器人可通过视觉抓取技术实现对清洁用品的识别和抓取，从而实现对家庭清洁的操作。在家庭照料中，机器人可通过视觉抓取技术实现对家庭用品的识别和搬运，从而使家庭生活更加便捷和舒适。

除了以上应用领域，机器人视觉抓取技术还有其他广泛的应用。例如，在危险环境下的救援和搜救任务中，该技术有助于机器人在复杂的环境中进行搜索和救援。在航天和深海探测任务中，机器人视觉抓取技术可以帮助机器人进行物体的采集、搬运和操作。在智能家居和人机交互领域中，机器人视觉抓取技术可实现更智能化和便捷化的服务。

机器人视觉抓取技术还可以与其他技术结合，实现更多样化和创新化的应用。例如，将该技术与机器人语音识别、自然语言处理等技术结合，可实现更智能化和人性化的服务；将其与虚拟现实、增强现实等技术结合，则可实现更直观化和互动化的操作。

综上所述，机器人视觉抓取技术具有广泛的应用前景，其将成为机器人技术领域的重要研究和发展方向，为实现机器人在各领域的广泛应用提供更坚实的技术支持。

13.1.2　机器人视觉抓取技术发展

随着现代计算机、通信技术以及传感器等技术的快速发展，机器人的应用越来越广泛，呈现出快速增长的趋势。其中，视觉抓取技术作为机器人应用中不容忽视的一部分，其发展历程可以分为以下几个阶段：

(a) 基于二维视觉的抓取技术。随着计算机技术的发展和摄像机成像原理的研究，机器人视觉抓取技术逐渐得以实现。最早的机器人视觉抓取技术采用的是基于二维图像的方法，也称为“2.5D 抓取”，该方法通过对物体的二维图像进行处理，提取出物体的边缘、角点等特征信息，然后利用机器人视觉算法计算出物体的位置、大小、形状等参数，最后通过控制机器人移动到指定位置进行抓取。

该方法的优点是计算量小、速度快，然而由于无法获取物体的三维信息，往往会出现抓取误差较大的情况。在该发展阶段，针对视觉抓取中目标检测、位置估计、抓取规划等主要任务，主要是通过一系列的图像处理算法进行实现。当时的处理器速度和存储容量都比较有限，所以这些算法主要由较为简单的图像处理过程组成，如二值化、边缘检测、卷积以及模板匹配等，如图 13.1.1 所示通过二值化和边界提取可获得图像中物体的尺寸和位置等参数。但由于图像会受到光线等原因的干扰产生噪声，该方法仍然存在其限制性，例如在复杂背景下，目标对象的辨识仍然相对困难，导致整个机器人的抓取运行精度和速度都存在问题。

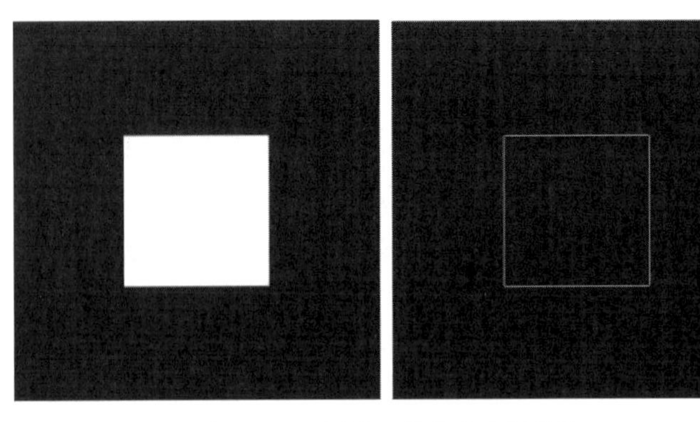

图 13.1.1　图像二值化和边界提取

(b) 基于深度信息的抓取技术。为了解决基于二维视觉的局限性，研究人员开始探索基于深度信息的抓取技术。该方法利用激光雷达、结构光、双目视觉等传感器获取物体的三维信息（如图 13.1.2 所示点云图像），经过物体形状拟合匹配或者三维物体目标检测处理后获得点云中物体的位置、大小、形状等参数，控制机器人执行动作和抓取。该方法的优点是可以获取物体的三维信息，具有更高的抓取精度和稳定性。然而，由于所使用的传感器成本较高、计算量大，因此在实际应用中受到一定限制。

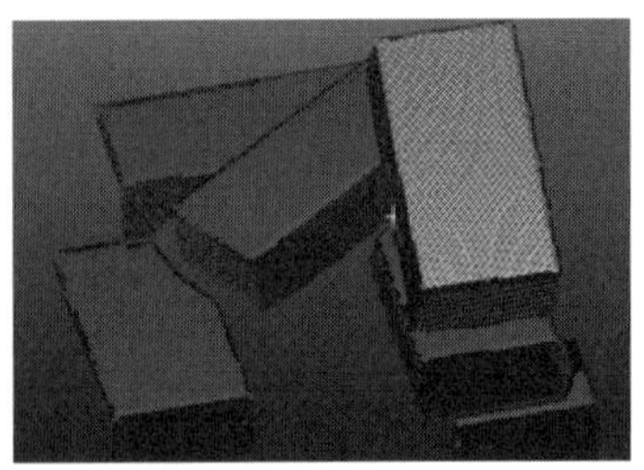

图 13.1.2　点云图像与三维重建

(c) 基于深度学习的抓取技术。随着深度学习算法的发展，研究人员开始探索基于深度学习的机器人视觉抓取技术。该方法利用深度学习模型对点云或者图像数据中物体的形状、表面纹理等信息特征进行学习和识别，在深度学习模型的推理过程中将提取出的特征映射为物体的位置、姿态、大小、形状等参数，如图 13.1.3 和图 13.1.4 所示，利用深度学习目标检测算法可以获取点云或图像数据中物体的位置，经过处理后即可获取机器人执行抓取时所

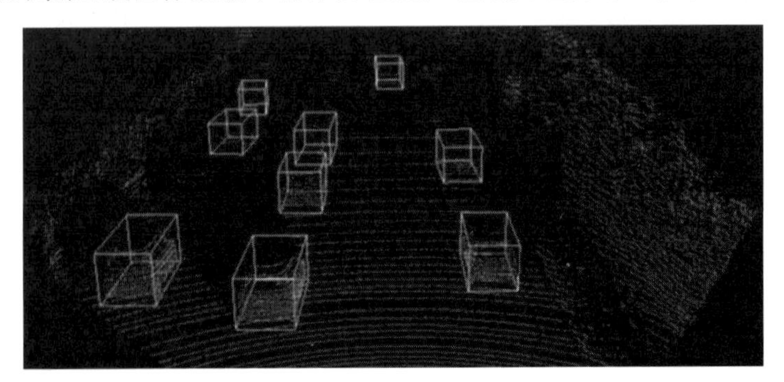

图 13.1.3　三维目标检测与定位

需的目标物体位置、姿态等参数，控制机器人执行抓取动作。该方法的优点是可以更加准确和快速地获取抓取姿态和位置信息，具有更高的抓取精度和稳定性。然而，该方法需要大量的训练数据和计算资源，并且对于未见过的物体，其识别抓取能力相对较弱。

图 13.1.4　二维目标检测与定位

深度学习作为一种强大的图像处理和模式识别技术，已经被广泛应用于机器人视觉抓取任务中。深度学习算法可以从大量的数据中学习到有用的特征和知识，并通过训练来优化机器人的抓取策略，从而提高机器人的抓取准确率和效率。传统的机器人视觉抓取方法通常需要在先验知识的基础上手动设计特征和模型，这样的方法不仅需要大量的人力和时间投入，而且往往难以适应新的场景和物体。相比之下，深度学习算法可以自动学习到有用的特征和模型，从而可以更好地适应不同的场景和物体。因此，基于深度学习的机器人视觉抓取技术具有更好的灵活性和适应性，能够更好地应对复杂多变的实际应用场景。

从实际应用角度来看，基于深度学习的机器人视觉抓取技术可以大大提高机器人的抓取效率和准确率。在工业自动化领域，机器人视觉抓取已经广泛应用于各种生产线上，例如电子制造、汽车制造和食品加工等。基于深度学习的机器人视觉抓取技术可以帮助企业提高生产效率和质量，降低成本，增强市场竞争力。

综上所述，基于深度学习的机器人视觉抓取技术具有重要的理论和实际意义。它能够推动机器人技术的发展并提高人类生活质量，因此，对于该领域的深入研究和探索具有重大的意义。

13.2　深度学习在机器人视觉抓取中的应用及研究现状

深度学习在机器人视觉抓取中的应用已经成为当前机器人技术领域的研究热点之一。机器人视觉抓取系统由抓取检测系统、抓取规划系统和控制系统组成，其中抓取检测系统是关键的入口点，共有三个关键任务：目标检测定位、位姿估计和抓取点检测。目前，待抓取物体的检测定位、位姿估计和抓取点检测三项仍是深度学习在机器人视觉抓取领域中的主要应用和研究方向。基于视觉的机器人抓取工作流程如图 13.2.1 所示：通过摄像头获取目标物体的图像，然后通过深度学习模型对抓取物体进行检测定位、姿态估计和抓取点的检测，确定最佳的抓取点和抓取姿态后进行抓取策略规划，最后根据抓取策略实施并完成抓取。

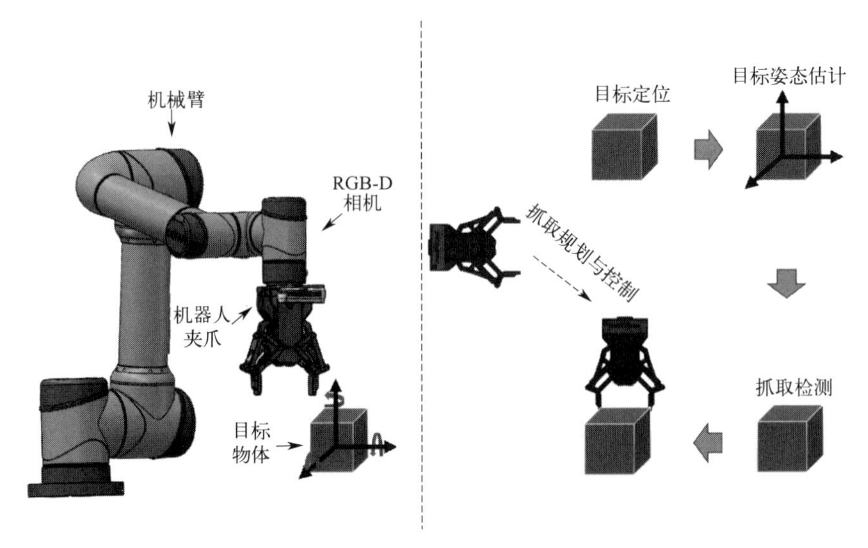

图 13.2.1 机器人视觉抓取过程

13.2.1 目标检测定位

目标检测定位是机器人视觉抓取技术的重要组成部分，大多数抓取方法首先需要计算目标在输入图像数据中的位置，这涉及目标检测和分割技术，目标检测提供目标对象的矩形包围框，目标分割提供目标对象的精确边界，通过深度学习模型可以实现对图像中的目标物体进行检测和定位。

目前，应用于机器人视觉抓取目标检测定位任务中的深度学习目标检测算法主要可以分为两类：基于两阶段和单阶段的方法。基于两阶段的方法主要包括 Faster R-CNN、R-FCN、Mask R-CNN 等，这些方法在第一阶段先利用区域建议网络生成目标候选区域矩形框，第二阶段中再对候选的矩形框进行类别划分和更精确的边界回归。单阶段的方法主要包括 YOLO、SSD、RetinaNet 等，这些方法直接对整张图片进行物体边界框的分类和回归。

(a) Faster R-CNN 是一种基于区域提取的目标检测算法，它提出了一种新的区域提取网络（region proposal network，RPN），可以对图像中的目标进行快速准确的检测。Faster R-CNN 的性能在多个目标检测数据集上都达到了当时的最佳水平。Mask R-CNN 在 Faster R-CNN 的基础上进一步增加了对目标分割的支持，可以同时输出目标的位置、类别和掩模，在目标检测和实例分割任务上取得了非常好的表现。

(b) SSD 和 YOLO 是单阶段的目标检测算法，YOLO 通过将目标检测问题转化为回归问题，直接输出图像中目标的位置和类别，具有实时性和高效性的优点，但在小目标检测和低分辨率下的表现较差，是一种单阶段的目标检测算法。SSD 通过在多个不同尺度的特征图上进行分类和回归来检测不同大小的目标，具有较快的检测速度和较高的检测精度。

(c) RetinaNet 是一种基于单尺度特征金字塔网络（feature pyramid network，FPN）的目标检测算法，使用一种新的损失函数（focal loss），可以有效地解决目标检测中的类别不平衡问题，在多个目标检测数据集上取得了非常好的表现。

深度学习在目标检测领域的应用已经取得了显著的进展，各种基于深度学习的目标检测算法层出不穷，不断推动着目标检测任务的发展，目标检测技术也逐渐被应用到机器人的视觉抓取任务中。

13.2.2 位姿估计

在机器人视觉抓取任务中，除了需要检测和识别物体外，还需要对物体的位置和姿态进行估计。

深度学习算法可以从大量的图像数据中学习到物体的姿态信息，并通过训练来优化物体姿态估计的准确率和效率。目前，基于深度学习的抓取位姿估计算法主要可以分为两类：基于图像的方法和基于点云的方法。

基于图像的方法主要使用卷积神经网络（CNN）来学习图像中的特征，然后通过解析几何或回归等方法将特征映射为物体在图像中的位置和朝向，最后结合坐标系转换以估计物体在相应坐标系下的位姿。基于点云的方法则通过使用点云神经网络（PointNet）等模型，直接从点云数据中学习物体的位姿特征后通过回归或分类等方式预测物体的位置和姿态。

（1）基于图像的抓取位姿估计算法

算法主要可以分为两类。单阶段方法直接通过 CNN 学习图像中的物体位置和姿态特征，然后将学习到的特征映射为空间中各个位姿的评分，完成物体的位姿估计，常见的算法包括 GraspNet、GQCNN、GGC-Net 等。两阶段方法则分为物体检测和位姿估计两个阶段，首先通过物体检测算法（如 Faster R-CNN、YOLO 等）检测出物体的位置，然后再通过回归算法估计物体的位姿，常见的算法包括 MOPED、RobustGrasp、FASTER 等。

（2）基于点云的抓取位姿估计算法

主要使用点云神经网络（PointNet）等模型，直接从点云中学习特征完成对物体位姿的估计，常见的算法包括 PointNetGrasp、PointNetGPD 等。此外，还有一些算法如 Dense-Fusion、PointPoseNet 等结合点云和 RGB 图像的信息特征进行位姿估计。

13.2.3 抓取点检测

抓取点检测是机器人视觉抓取技术中的关键任务之一，其主要目的是确定最佳的抓取点和抓取姿态。目前，国内外的研究者提出了多种抓取点检测方法，包括基于点云的方法、基于图像的方法和基于多模态融合的方法等。

(a) 在基于点云的抓取点检测方面，国外的研究者提出了一系列方法，例如，Point-Net、PointNet＋＋等，这些方法通过对点云数据进行学习和分类，实现了较好的抓取点检测效果。

(b) 在基于图像的抓取点检测方面，国外的研究者提出了一些方法，例如，GraspNet、GPD 等方法通过对图像进行学习和分类，实现了较好的抓取点检测效果。其中最具代表性的是 GraspNet，GraspNet 是一种基于 CNN 的抓取点检测算法，其主要思想是通过 CNN 网络来预测图像中所有可能的抓取点和相应的得分，从而实现抓取点检测，该算法在机器人视觉抓取检测中得到了广泛的应用。

（c）在基于多模态融合的抓取点检测方面，国内的研究者提出了一些方法，例如，多模态融合抓取点检测（MMF-Grasp）方法，通过将视觉、力觉和声觉信息进行融合，实现了较好的抓取点检测效果。

基于深度学习的机器人视觉抓取技术的研究和发展已经取得了不少进展，目标检测、物体姿态估计和抓取点检测等技术都得到了广泛应用和研究。未来，随着深度学习和机器人技术的不断发展和革新，机器人视觉抓取技术将不断优化和升级，实现更加高效、准确和稳定的抓取操作，为实现机器人在工业制造、物流配送、医疗护理、农业生产、家庭服务等领域的广泛应用提供了更加坚实的技术支持。

同时，机器人视觉抓取技术的发展也面临着一些挑战和问题。例如，在实际应用中，机器人需要对复杂、多变的环境和场景进行适应和处理，而目前的机器人视觉抓取技术对于复杂场景的处理还存在一定的局限性。此外，机器人视觉抓取技术的实现还需要多种技术的协同作用，例如，机器人运动规划、力觉控制等技术，这些技术的优化和协同作用也是机器人视觉抓取技术发展的关键之一。

针对这些挑战和问题，未来的研究方向主要包括以下几个方面。首先，需要进一步优化和改进机器人视觉抓取技术的算法和模型，提高其在复杂场景下的适应性和鲁棒性。其次，需要加强机器人视觉抓取技术和其他机器人技术的协同作用，例如，将视觉、力觉、声觉等多模态信息进行融合，实现更加完整的机器人感知和控制。此外，还需要对机器人视觉抓取技术在不同应用场景下的应用进行深入研究和探索，提高其在工业制造、物流配送、医疗护理、农业生产、家庭服务等领域的应用效果和实用性。

13.3 基于深度学习的机器人视觉抓取问题描述

13.3.1 机器人抓取任务分类

机器人抓取技术是机器人应用场景中不可或缺的一部分，它能够让机器人更快地捡起物品并放到目标位置，从而提高工作效率。根据待抓取物体的抓取位姿的自由度，可以将机器人抓取任务进一步分类为 2D 平面抓取和 6DoF 抓取。

（a）2D 平面抓取：2D 平面抓取，如图 13.3.1(a) 所示，是指机器人的抓取工作是基于一个二维平面，例如在工厂、桌面整理等工作环境。待抓取对象位于工作台上，这种情况下机器人抓取位姿被定义为二维平面位姿（包含 2～4 个自由度），机器人只需要控制夹爪（机器人末端）的 3 个平移自由度位置和绕垂直于工作平面轴向的旋转角度即可实现物体的定位和抓取。这种抓取方式适用于基于视觉传感器等二维传感器进行感知和控制的应用场景，如在家庭服务机器人中抓取物品、在工业应用中抓取平面工作台上的工件等。

（b）6DoF 抓取：随着机器人的应用领域越来越广泛和应用场景变得更加复杂，许多机器人抓取任务要求机器人能够从各个空间角度进行抓取，机器人抓取从二维平面发展到空间六自由度抓取。6DoF 抓取，如图 13.3.1(b) 所示，是指物体在三维空间中的位置和姿态的

6 个自由度，包括 3 个平移自由度和 3 个旋转自由度。通过计算物体在世界坐标系下的位置和姿态，机器人可以将手爪放置到正确的位置以便抓住物体。这种抓取方式适用于需要完成复杂操作的应用场景，如在工业生产线上对零件进行组装、在医疗领域中进行微创手术等。

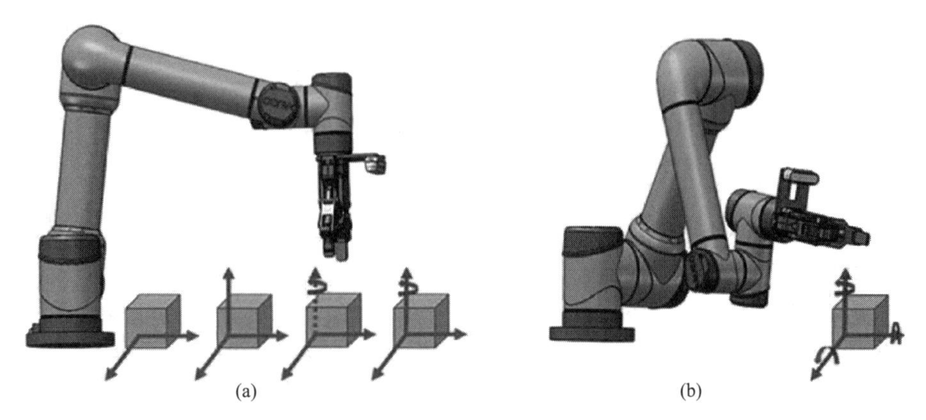

图 13.3.1　机器人 2D 平面抓取和 6DoF 抓取

13.3.2　机器人抓取位姿表示

人类主要通过在视觉上对待抓取物体进行分析并估计抓取物体的最佳方式来抓取物体。对机器人来说，抓取位姿表示或定义是进行鲁棒抓取估计的必要条件。此外，基于深度学习的机器人视觉抓取的实现也依赖于大量的数据样本，抓取位姿表示是机器人要学习的参考，也称为标签。

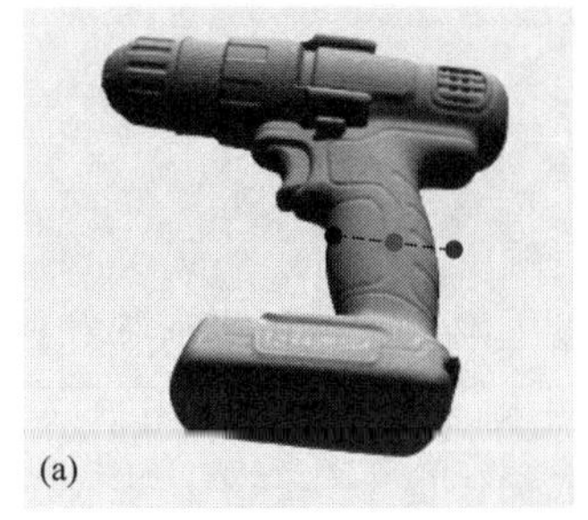

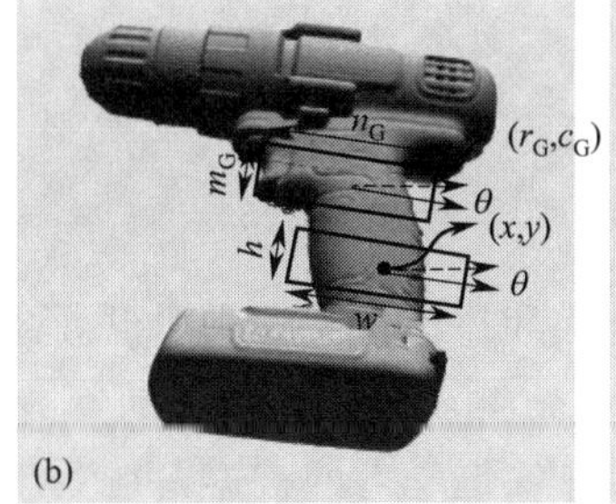

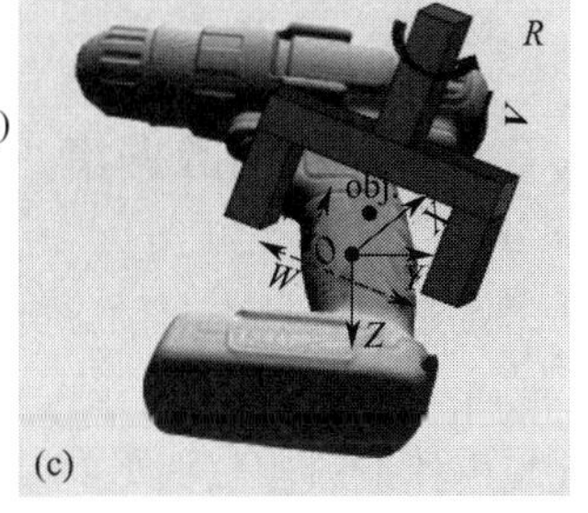

图 13.3.2　机器人抓取位姿表示

(a) 抓取点表示。如图 13.3.2(a) 所示，对于大多数物体，人类进行抓取时通常会选择用手去抓住物体上的一个小区域，该区域可以被称为抓取点。例如，一个杯子可以通过抓取杯子侧面把手上的一个位置来实现抓取。现代机器人实现抓取的关键是估算每个物体的抓取点位置，其中包括中心坐标 (x,y) 或 (x,y,z) 等 2～3 个参数。早期的机器人抓取技术主要是通过估计抓取点来实现的，这些方法通过图像直接预测物体的抓取点，而不需要建立三维模型。这种抓取的表示方法非常简单，并且具有广泛的适用性，可以在待抓取物体的图像上执行像素级别的抓取位姿检测。然而，这种抓取点表示方法仅能指示机器人末端夹持器需要到达的具体位置，无法估计其他重要参数，例如夹持器的方向、开合的宽度和角度旋转等。

（b）抓取矩形框。为了克服抓取点表示法的局限性，有研究者提出了抓取矩形框表示方法，如图 13.3.2(b) 所示，该方法中抓取位姿最多由 7 个参数组成，包括夹爪的 3D 位置、3D 方向和夹爪两个手指之间的距离。定向矩形抓取表示是一种常见的包含 5 个参数的五维抓取表示，其中包括矩形框的右上角的坐标 (r_G, c_G)、夹具定位（红线 m_G）、夹具打开和关闭的宽度（蓝线 n_G）以及蓝线与 x 轴（水平方向）之间的夹角角度（θ）。在定向矩形表示基础上，有研究者对其进行了改进，将五维抓取位姿表示为 (x, y, w, h, θ)。其中 (x, y) 是矩形的中心坐标，θ 是矩形相对于水平轴的方向角，h 和 w 分别是矩形的高度和宽度。改进后的定向矩形框表示方法是目前许多研究人员工作中最常用的，且该方法的有效性已被广泛证明。此外许多研究工作根据实际情况对五维定向抓取表示进行了进一步的改进。例如有研究者忽略参数 h 提出了 (x, y, w, θ) 的四维抓取表示，还有的研究者选择仅保留 (x, y, θ) 3 个参数来进一步简化抓握表示。总之，定向矩形抓取表示和衍生出的相关抓取表示被广泛使用。抓取矩形具有比抓取点更多的参数，涵盖诸如方位、角度、抓手宽度等信息。它可以帮助机器人完成更复杂的任务，该方法主要用于自由度较少的平面抓取任务，想要实现 6DoF 抓取还存在一些限制。

（c）6 自由度抓取位姿。与抓取点和抓取矩形不同，6DoF 抓取位姿侧重于表示空间中的定向抓取，是基于三维模型或三维点云等信息生成的。许多研究使用 6DoF 特征作为抓取位姿表示，如图 13.3.2(c) 所示，obj 为被抓取物体的中心点，$\boldsymbol{V}$ 是夹持器接近物体的矢量，D 为夹持器中心点到物体中心点的距离，R 为夹持器绕进近轴的平面内旋转角度，W 为夹持器开闭宽度。

抓取点表示的参数较少，有利于减少计算量，具有一定的通用性。目前有许多改进的抓取矩形框表示，可以在平面抓取过程中估计物体位置、夹持器开闭宽度和旋转角度等参数。6DoF 抓取姿态表示更适合于复杂场景中物体抓取姿态的精确估计。

13.3.3 抓取检测数据集

在深度学习领域中，图像分类和目标检测的成功很大程度上取决于大规模训练数据集的存在。例如，ImageNet 对于图像分类，COCO 对于目标检测来说具有重要作用。同样地，获取大规模抓取检测数据集对基于深度学习的机器人视觉抓取操作也十分重要，现有的抓取数据集根据其数据来源和标注方式，一般可分为以下五类。

（a）真实图像，人工标注。这类数据集采用相机采集真实场景的图像，并采用人工的方式标注抓取位姿。由于人工拍摄图像及标注比较耗时，这类数据集规模通常较小，且因为人的主观性与抽象的抓取位姿不完全统一，所以人工标注的抓取位姿一般不够精确，其中使用最广泛的是美国康奈尔大学实物抓取数据集。该数据中包含了在不同位置和姿态进行拍摄的 240 种抓取物品的总共 885 个匹配的 RGB-D 图像和点云文件，每幅图像中有多个被标记为抓取成功或抓取失败的矩形框，共标记了 8019 个抓取矩形框，部分样本及标注标签如图 13.3.3 所示。该数据集比其他研究工作中的数据集小，在网络训练的过程中容易造成过拟合，需要使用数据增广方式对其进行扩充。

（b）真实图像，真实机械臂自监督收集标签。这类数据集同样采用真实相机采集图像，

图 13.3.3　康奈尔数据集部分样本及标签

收集抓取标签的方式为首先在图像上采样多个抓取位姿，然后驱动真实机械臂逐个进行抓取尝试，将成功抓取的位姿记录为正样本标签。由于该方案更加耗时且采集的标签较少，这类数据集一般研究较少。卡耐基梅隆大学采用机器人随机试错抓取方式来获取抓取数据集。该数据集包含以抓取点为中心截取的正方形彩色图片块、数据采集时对该抓取点执行的抓取角度以及抓取是否成功的标签，这些数据是通过一台 Baxter 机器人进行 700h 的抓取实验获得的，共包含 150 个物体的 5 万次抓取尝试，部分样本及标签如图 13.3.4 所示。

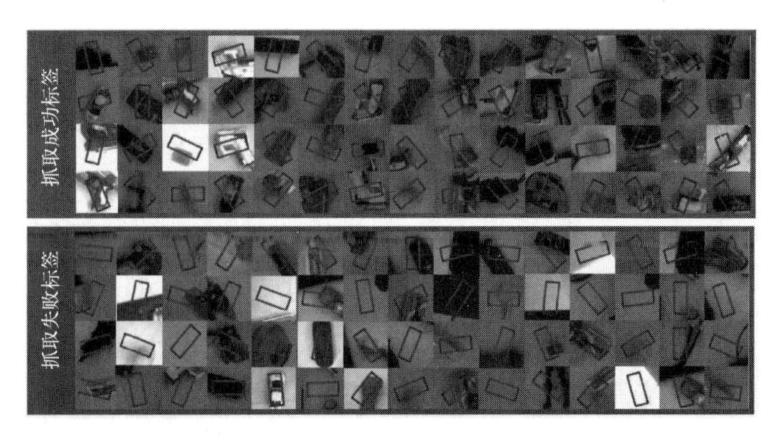

图 13.3.4　卡耐基梅隆大学抓取数据集部分样本及标签

(c) 仿真图像，仿真机械臂自监督收集标签。这类数据集在仿真环境中使用 3D 物体模型构建抓取场景，使用仿真相机渲染 RGB-D 图像和点云，然后使用仿真机械臂进行抓取采样。与上一类数据集相比，在仿真环境中渲染图像和收集抓取标签效率更高，从而可以构建更大的数据集。其中使用最广泛的是法国里昂大学在 2018 年提出的 Jacquard 抓取数据集。该数据集对 ShapeNet 模型库的 11619 个 3D 物体模型生成了共 54485 张 RGB-D 图像，并使用立体视觉算法生成了带有噪声的深度图像。尽管样本较多，但每个场景只包含一个物体，使得基于该数据集学习的抓取网络无法应对多物体堆叠场景，部分样本及标签如图 13.3.5 所示。

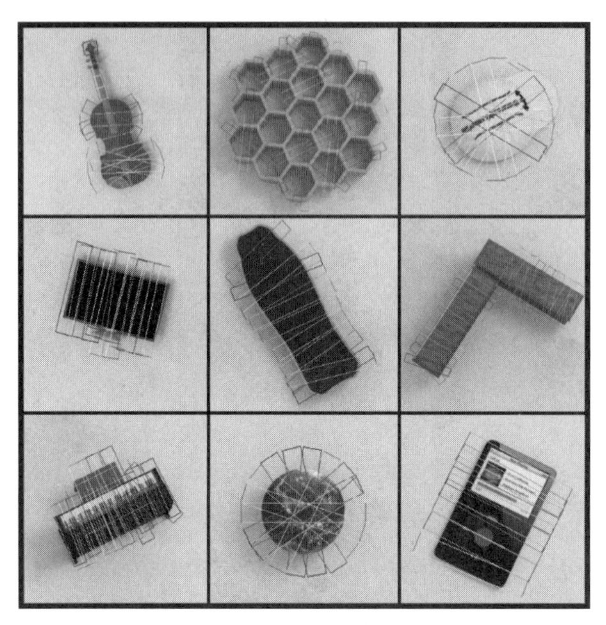

图 13.3.5 Jacquard 抓取数据集部分样本及标签

(d) 仿真图像，解析计算标签。由于人工标注和机械臂采样抓取都存在效率较低的问题，近年来，基于稳定性条件计算抓取标签的方案被广泛使用。这类数据集首先在 3D 物体表面采样稠密的 6 自由度抓取位姿，然后将多个 3D 模型堆叠组成抓取场景，通过碰撞检测等方法筛选出可以稳定抓取的标签。目前使用最广泛的数据集为加州大学在 2017 年提出的 Dex-Net2.0 数据集，该数据集包含采集自 1500 个 3D 物体模型的 670 万个仿真深度图像，每张图像包含一个以图像中心为抓取点的平面抓取标签。数据集生成过程及部分样本如图 13.3.6 所示。

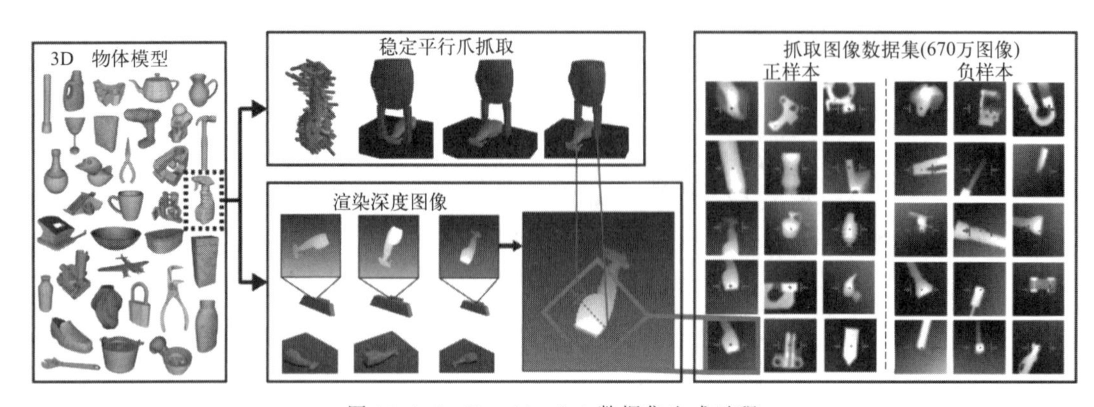

图 13.3.6 Dex-Net 2.0 数据集生成过程

(e) 真实图像，解析计算标签。仿真图像与真实图像间的差异使在仿真环境中学习的网络无法在现实世界中达到同样的性能。为了解决该问题，最新的方案首先获取真实物体的

3D 模型并计算物体表面稠密的 6 自由度抓取位姿，然后使用相机在真实的物体场景中采集图像，并手动标注场景中每个物体的位姿，接着通过碰撞检测算法筛选出可以稳定抓取的标签。代表性的数据集为上海交通大学在 2020 年提出的 GraspNet-1Billion 数据集，包含采集自 88 个物体的 97000 张 RGB-D 图像和约 12 亿个 6 自由度抓取标签，且每个场景都由多个物体组成。该数据集的生成过程及部分样本如图 13.3.7 所示。

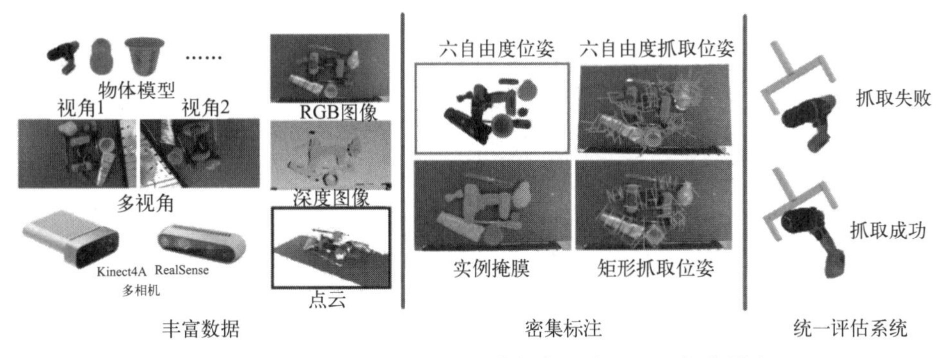

图 13.3.7　GraspNet-1Billion 数据集生成过程及部分样本

13.4　机器人视觉系统标定与坐标转换

机器人视觉抓取系统的硬件部分主要包括机械臂、末端执行器和视觉传感器。在机器人运动中，通常需要指定机器人末端执行器在基座坐标系下的目标位置和姿态，但是通过视觉传感器例如相机获取到的待抓取物体的位姿往往是在传感器坐标系下。要想将传感器的感知数据作用于机器人运动控制，需要将目标位置和姿态从传感器坐标系转换到机器人基座坐标系下表示，以确保机器人可以准确地执行任务。此外，将坐标系转换到机器人基座坐标系下还可以简化运动规划和轨迹生成过程，提高机器人的运动效率和精度。而利用相机作为视觉传感器获取图像，进而获取待抓取物体位姿，其中涉及相机的成像原理和相关的坐标系标定与转换过程。

13.4.1　相机成像原理

相机小孔透视成像模型如图 13.4.1 所示，主要包括三维世界坐标系、相机坐标系、二维图像坐标系与图像像素坐标系。三维世界坐标系（O-X_w-Y_w-Z_w）代表现实空间，我们可以自主对其进行定义，主要功能是用于体现物体在世界中的绝对坐标，单位为物理单位（如 mm）。相机坐标系（O-X-Y-Z）以相机光心为原点，其中 X 和 Y 两个轴分别和二维图像坐标系中对应的 x 和 y 轴平行，物理单位同样是 mm。二维图像坐标系（o_1-x-y）的原点在相机成像中心点附近，其定义在相机成像平面上，它的 x 轴和 y 轴分别与图像像素坐标系的 u 轴和 v 轴平行。最后是图像像素坐标系，其原点位于相机成像的左上角，其定义在像素平面上，水平方向定义为 u 轴，竖直方向定义为 v 轴，与前几个坐标系不同，该坐标系以图像像素数量作为单位。

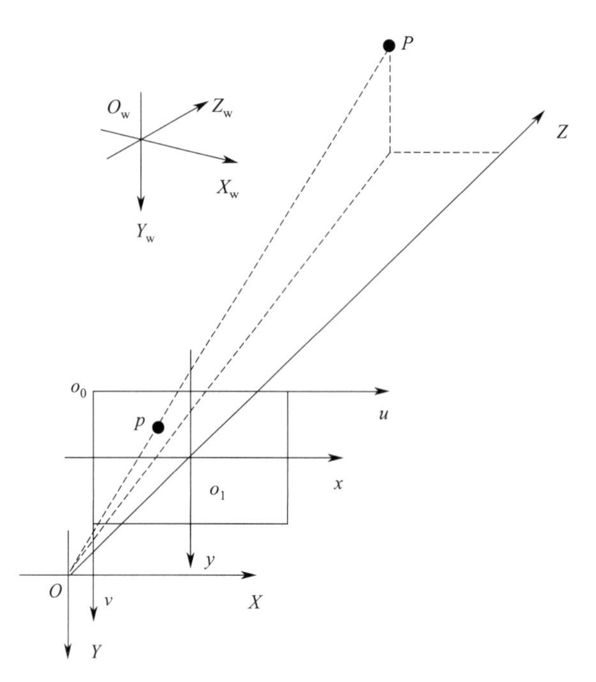

图 13.4.1　相机成像及坐标系示意

可以通过单个像素的物理尺寸来关联像素坐标系和图像坐标系之间的关系：

$$\begin{cases} u = x/d_x + u_0 \\ v = y/d_y + v_0 \end{cases} \tag{13.1}$$

其中，(u_0, v_0) 为图像坐标系原点 o_1 在像素坐标系下的坐标值；d_x 及 d_y 是二维图像坐标系 x 轴和 y 轴方向上一个像素点的真实物理尺寸。将式(13.1) 用齐次坐标系表示：

$$\begin{bmatrix} u \\ v \\ 1 \end{bmatrix} = \begin{bmatrix} 1/d_x & 0 & u_0 \\ 0 & 1/d_y & v_0 \\ 0 & 0 & 1 \end{bmatrix} \begin{bmatrix} x \\ y \\ 1 \end{bmatrix} \tag{13.2}$$

利用旋转平移变换 $\boldsymbol{R}$ 和 $\boldsymbol{T}$ 能够将三维世界坐标系下坐标变换到相机坐标系下：

$$\begin{bmatrix} X \\ Y \\ Z \\ 1 \end{bmatrix} = \begin{bmatrix} \boldsymbol{R} & \boldsymbol{T} \\ 0 & 1 \end{bmatrix} \begin{bmatrix} X_w \\ Y_w \\ Z_w \\ 1 \end{bmatrix} = M_1 \begin{bmatrix} X_w \\ Y_w \\ Z_w \\ 1 \end{bmatrix} \tag{13.3}$$

其中，$\boldsymbol{R}$ 为 3×3 的正交单位矩阵；$\boldsymbol{T}$ 为 3×1 的平移向量。对于世界坐标系中随机一点 P，其与相机光心的连线在图像平面上形成一点 p，相机焦距定义为光心与图像坐标系原点之间的距离。相机坐标系与二维图像坐标系之间的关系类似于数学中的相似三角形，具体如下：

$$\begin{cases} x = fX/Z \\ y = fY/Z \end{cases} \tag{13.4}$$

将式(13.4) 用齐次坐标表示：

$$Z\begin{bmatrix}x\\y\\1\end{bmatrix}=\begin{bmatrix}f&0&0&0\\0&f&0&0\\0&0&1&0\end{bmatrix}\begin{bmatrix}X\\Y\\Z\\1\end{bmatrix} \tag{13.5}$$

将式(13.5)和式(13.3)代入式(13.2)中可以得到三维世界坐标系中一点 P 在图像像素坐标系下的成像点 p：

$$Z\begin{bmatrix}u\\y\\1\end{bmatrix}=\begin{bmatrix}1/d_x&0&u_0\\0&1/d_y&v_0\\0&0&1\end{bmatrix}\begin{bmatrix}f&0&0&0\\0&f&0&0\\0&0&1&0\end{bmatrix}\begin{bmatrix}\boldsymbol{R}&\boldsymbol{T}\\0&1\end{bmatrix}\begin{bmatrix}X_w\\Y_w\\Z_w\\1\end{bmatrix} \tag{13.6}$$

$$=\begin{bmatrix}f_x&0&u_0&0\\0&f_y&v_0&0\\0&0&1&0\end{bmatrix}\begin{bmatrix}\boldsymbol{R}&\boldsymbol{T}\\0&1\end{bmatrix}\begin{bmatrix}X_w\\Y_w\\Z_w\\1\end{bmatrix}=[\boldsymbol{M}_1\boldsymbol{M}_2]\begin{bmatrix}X_w\\Y_w\\Z_w\\1\end{bmatrix}$$

式中，f_x 和 f_y 为相机归一化焦距；$\boldsymbol{M}_1$ 为通过相机标定获得的内部参数；$\boldsymbol{M}_2$ 为相机外参矩阵，是相机坐标系与世界坐标系间的转换矩阵。

理想的透视模型是针孔成像模型，物和像会满足相似三角形的关系。但是实际上由于相机光学系统存在加工和装配的误差，透镜并不能满足物和像成相似三角形的关系，所以如图13.4.2所示，相机图像平面上实际所成的像与理想成像之间会存在畸变。畸变主要是径向畸变、切向畸变，畸变属于成像的几何失真，是由于焦平面上不同区域对图像的放大率不同形成的画面扭曲变形的现象，这种变形的程度从画面中心至画面边缘依次递增，主要在画面边缘反映比较明显。

图 13.4.2　图像畸变示意

故在相机标定时引入畸变参数用于校正，具体校正公式如下：

$$\begin{cases}x_{\text{cored}}=x(1+k_1r^2+k_2r^4+k_3r^6)\\y_{\text{corred}}=y(1+k_1r^2+k_2r^4+k_3r^6)\end{cases} \tag{13.7}$$

$$\begin{cases}x_{\text{corrected}}=x+[2p_1y+p_2(r^2+2x^2)]\\y_{\text{corrected}}=y+[2p_2x+p_1(r^2+2y^2)]\end{cases} \tag{13.8}$$

其中，k_1、k_2、k_3 表示相机的径向畸变参数；p_1、p_2 表示切向畸变参数。按照 k_1、k_2、p_1、p_2、k_3 顺序构成相机的畸变参数矩阵，相机畸变参数矩阵与上述式(13.6)中的

M_1 内部参数矩阵共同被称为相机内参。

13.4.2 相机标定

相机的标定过程就是指求解相机内部参数、畸变参数和外部参数矩阵的过程。同步标定内部参数和外部参数，一般包括两种策略。

(a) 光学标定：利用已知的几何信息（如定长棋盘格）实现参数求解；

(b) 自标定：在静态场景中利用 structure from motion 估算参数。

通过空间中已知坐标的（特征）点（X_i,Y_i,Z_i），以及它们在图像中的对应坐标（u_i,v_i），直接估算 11 个待求解的内部和外部参数。

其中光学标定的方法中，最常用的为张正友标定法。张正友博士在 1999 年发表在国际顶级会议 ICCV 上的论文 "Flexible Camera Calibration by Viewing a Plane from Unknown Orientations" 中，提出了一种利用平面棋盘格进行相机标定的实用方法。该方法介于摄影标定法和自标定法之间，既克服了摄影标定法需要高精度三维标定物（昂贵、操作麻烦）的缺点，又解决了自标定法鲁棒性差的难题。

利用棋盘格标定板图像（如图 13.4.3 所示）进行相机的标定参数求解：利用相应图像检测算法得到每个角点的像素坐标（u,v），将世界坐标系固定于棋盘格上，则棋盘格上任一点的物理坐标 $W=0$，由于标定板的世界坐标系是人为定义好的，且标定板上每一个格子的尺寸大小是已知的，可以计算得到每一个角点在世界坐标系下的物理坐标（U,V,$W=0$）。利用这些信息 [每一个角点的像素坐标（u,v），每一个角点在世界坐标系下的物理坐标（U,V,$W=0$）]来进行相机的标定，获得相机的内外参矩阵、畸变参数。

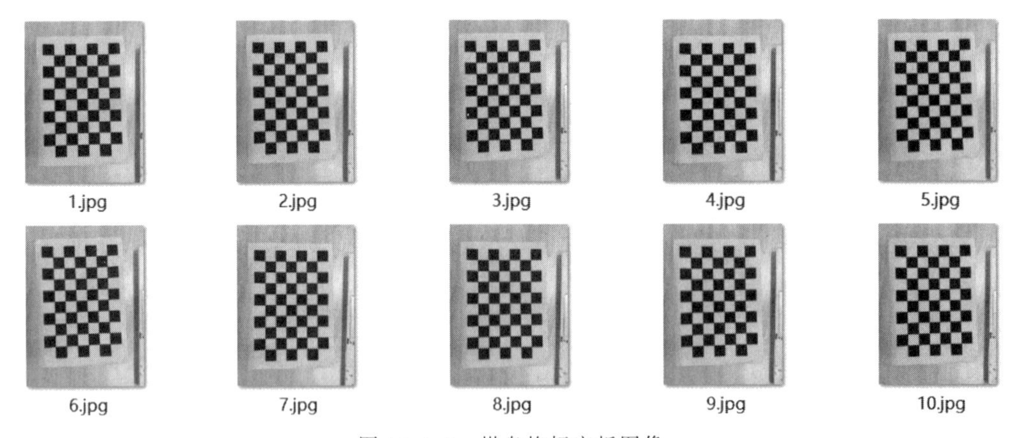

图 13.4.3 棋盘格标定板图像

13.4.3 手眼标定

手眼标定是指求解出工业机器人的末端坐标系与相机坐标系之间的坐标变换关系，或者工业机器人的基底坐标系与相机坐标系之间的坐标变换关系。手眼标定有两种情形：第一种是相机（眼）固定在机器臂（手）的末端，如图 13.4.4(a) 所示，相机相对于机器臂末端是固定的，相机跟随机器臂移动，这种方式的手眼标定称为 eye in hand；第二种是相机（眼）和机器臂（手）分离，如图 13.4.4(b) 所示，相机相对于工业机器人的基座是固定的，机器臂的运动对相机没有影响，这种方式的手眼标定称为 eye to hand。

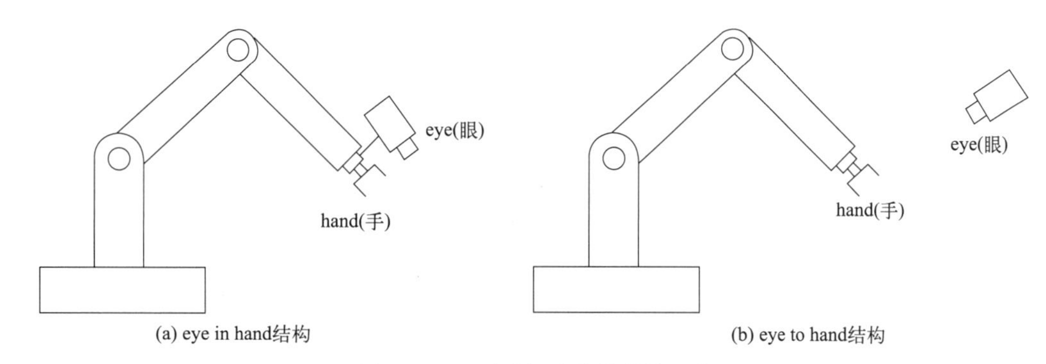

图 13.4.4　手眼标定安装结构示意

(1) 眼在手上的手眼标定

对于 eye in hand 手眼标定方式，需要求解工业机器人的末端坐标系与相机坐标系之间的坐标转换关系。eye in hand 手眼标定的原理示意图如图 13.4.5 所示，相机被安装在机械臂末端，棋盘格标定板被放置在相机可视范围内。手眼标定涉及标定板坐标系 cal（O_g-X_g-Y_g-Z_g）、相机坐标系 cam（O_c-X_c-Y_c-Z_c）、机械手坐标系 end（O_h-X_h-Y_h-Z_h）及机械臂基坐标系 base（O_b-X_b-Y_b-Z_b）之间的转换。任意移动两次机器臂，由于标定板和机器臂的基底是不动的，因此对于某个世界点，其在 base 坐标系和 cal 坐标系下的坐标值不变，在 end 坐标系和 cam 坐标系下的坐标值随着机器臂的运动而改变，根据这一关系，可以求解出 end 坐标系和 cam 坐标系之间的转换矩阵。

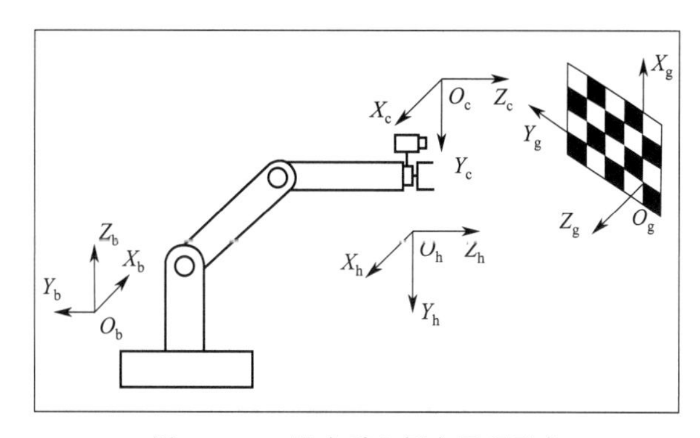

图 13.4.5　眼在手上标定原理示意

(2) 眼在手外的手眼标定

eye to hand 的手眼标定原理示意如图 13.4.6 所示。相机固定在机器臂之外，相机和机器臂底座相对静止。其中，相机坐标系为 O_c，标定板坐标系为 O_w，机器臂末端坐标系为 O_e，机器臂底座坐标系为 O_b。涉及几个坐标系的转换，即标定板坐标系到相机坐标系的转换关系 T_w^c，相机坐标系到机器臂底座坐标系的转换关系 T_c^b，机器臂底座坐标系到机器臂末端坐标系的转换关系 $T_{\mathrm{b}}^{\mathrm{e}}$，其中相机坐标系到机器臂底座坐标系的转换关系 $\boldsymbol{X}$ 即为需要求解的手眼标定矩阵，标定过程参见眼在手上的过程。

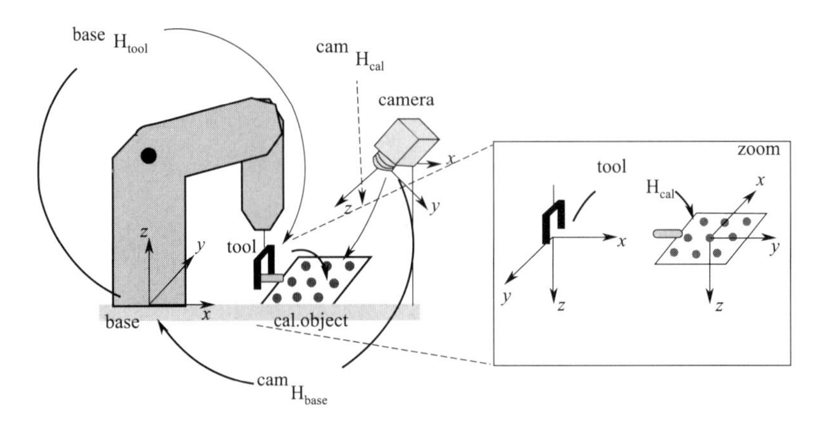

图 13.4.6　眼在手外标定原理示意

13.5　具体实例：抓取位姿检测

基于深度学习的抓取位姿检测目前主流存在两种检测策略：判别式抓取检测策略和生成式抓取检测策略。

判别式抓取检测策略主要是通过采样获得多个潜在的抓取姿态，并通过对各个抓取姿态进行评估和过滤后选择出最优抓取姿态，判别策略通常是多阶段的，参考采样-评估-排序的方法。

生成式抓取检测策略直接根据特征预测和输出抓取姿态而不进行候选抓取姿态的采样，通常是单阶段的检测。

13.5.1　判别式抓取检测

近年来基于判别式的抓取检测主要依赖于区域卷积神经网络（region convolutional neural network，RCNN）结构，类似于 Fast-RCNN 网络算法的原理，基于判别式抓取检测策略的深度学习模型的检测过程为：利用抓取区域建议网络（region proposal network，RPN）生成候选抓取区域，在此基础上对候选抓取位姿进行进一步评估并滤除筛选出最优抓取姿态。

（1）基于 Mask- RCNN 级联抓取检测神经网络

利用 Mask-RCNN 提取抓取特征并生成抓取位置的候选包围框，利用一个抓取角度预测网络 Y-Net 和抓取可行性评估网络 Q-Net，获得候选包围框中待抓取物体的准确的抓取角和抓取可行性的分布。

抓取位置检测问题本质上可以转化为目标检测或实例分割问题，基于 Mask-RCNN 的抓取位置初步检测，具有较高的检测率和准确率，抓取矩形由 Mask-RCNN 掩码外接的最小相邻矩形生成。残差卷积神经网络（ResNet）被用作基本特征提取的骨干网络，从输入 RGB 图像中提取抓取特征图。区域候选网络从抓取特征图输出多个候选抓取区域，抓取候选框进入 Mask 分支后输出掩码，掩模的最小邻接矩形被用作抓取矩形，并输入第二阶段的 Q-Net 和 Y-Net 进行抓取质量评估和角度估计，网络工作流程如图 13.5.1 所示。

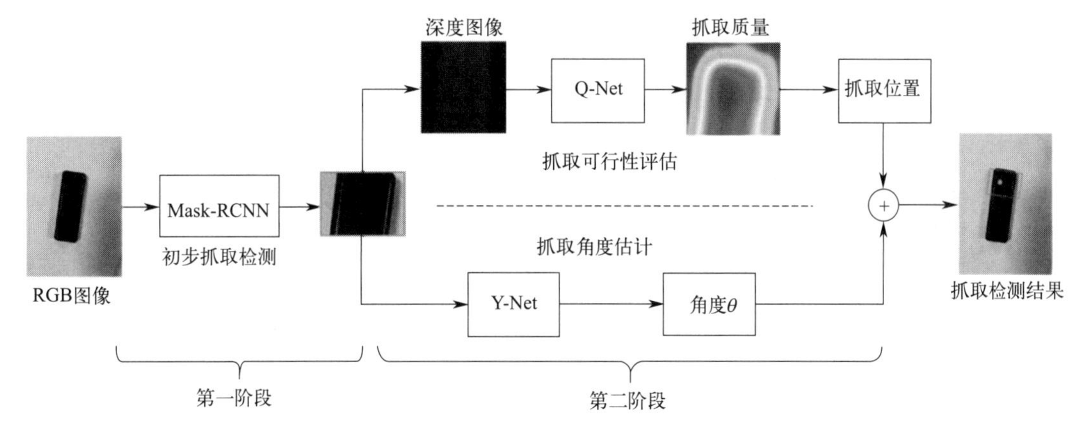

图 13.5.1 基于 Mask-RCNN 级联抓取检测神经网络工作流程

（a）基于 Q-Net 的抓取可行性评估：利用卷积神经网络 Q-Net，对每个像素点的抓取质量进行评价，并将抓取矩形中抓取质量得分最高的点作为机器人抓取位置，Q-Net 结构如图 13.5.2 所示。

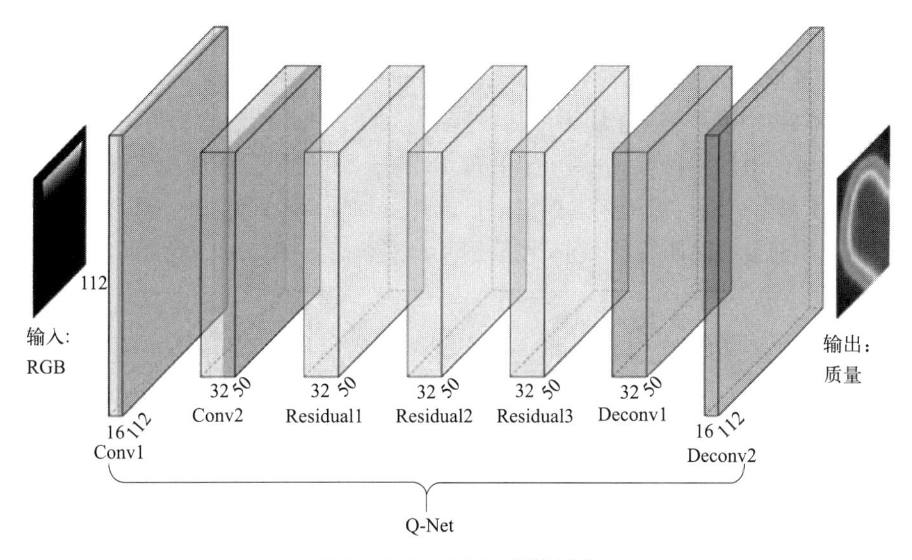

图 13.5.2 Q-Net 网络结构

（b）基于 Y-Net 的抓取角度预测：利用一个分类图像 Y-Net 进行 180 个角度的分类预测，实现对抓取角度评估，精度达到 1°，Y-Net 结构如图 13.5.3 所示。

（2）基于多级 CNN 的抓取检测

根据视觉抓取的多任务要求，可以利用多个深度学习模型分别进行不同任务的学习和预测，最后再将多个任务模型进行级联，即多级卷积神经网络（CNN）。有研究者提出的用于抓取位姿检测的多级卷积神经网络，网络分为四层：第一层用于获取抓取对象的位置，第二层用于获取候选抓取矩形，第三层用于评估候选抓取矩形的质量，第四层是用于预测夹爪

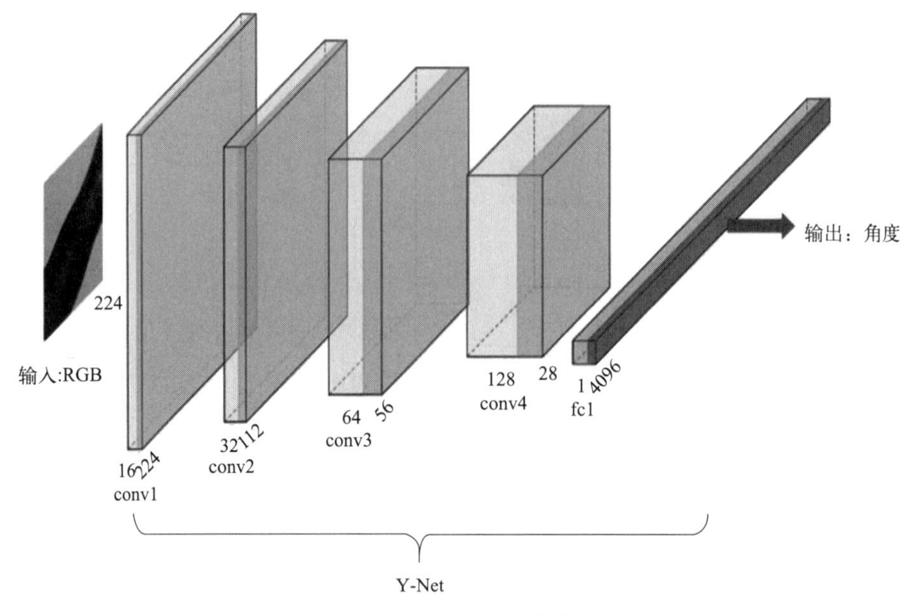

图 13.5.3 Y-Net 网络结构

（包括双指夹爪和多指灵活夹手）手指的位置分布。实验证明该方法可以实现对各种未知物体的有效抓取，并且可以将抓取位姿映射为二指机械手和五指机械手的抓点分布，适用于多种类型的夹爪的抓取位姿预测。

多级 CNN 抓取检测网络结构如图 13.5.4 所示，由四个部分组成：第一级 CNN 用于确定对象位置；第二级两个 CNN 网络分别用于处理 RGB 图像和深度图像，以获得候选抓取矩形；第三级 CNN 用于对上一级生成的候选抓取矩形进行更加精确的评估和预测，以确定二指平行夹持器的最佳抓取部分；第四级的 CNN 网络用于预测和确定多指灵巧手的抓点分布。

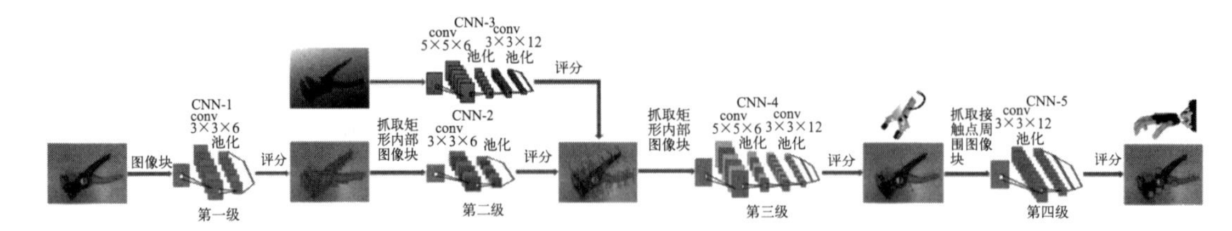

图 13.5.4 基于多级 CNN 的抓取检测网络结构

现有的基于图像的判别式抓取检测方法主要是类似于 Fast-RCNN 和 Mask-RCNN 的多级结构，虽然有些方法引入了 STN（空间变形网络）和 Inception 等结构化模块，但总体策略是一致的。

13.5.2 生成式抓取检测

与判别式策略的多阶段技术不同，生成式的方法通常是单阶段的，依赖于全卷积神经网络（full convolutional neural network，FCNN）。Redmon 和 Angelov 在 2015 年提出了一种基于卷积神经网络的机器人抓取检测方法，该方法直接回归矩形框的宽、高、旋转角度、中心点等参数，表示图像中可抓取的物体抓取位姿，取得了较高的效率。除此之外，还有一些研究者提出了使用 RGB 图像和 Depth 深度数据的后期融合策略，在保证效率的同时充分利用多模态信息。

（1）基于卷积神经网络的机器人抓取检测方法

该方法基于对原始的 RGBD 图像数据直接回归出抓取位姿，抓取位姿用定向矩形框进行表示。

定向抓取矩形通常表示为五维抓取，该方法能有效地描述平行板夹持器的方向、位置和张开距离，五维抓取被表示为如下的数学形式：

$$g=\{x,y,w,h,\theta\} \tag{13.9}$$

五维定向矩形框抓取表示如图 13.5.5 所示，定向矩形的中心（x,y）表示夹持器的位置，h 表示夹持器的宽度，w 表示夹持器的开口距离，θ 表示水平轴线与夹持器的移动方向之间的角度。

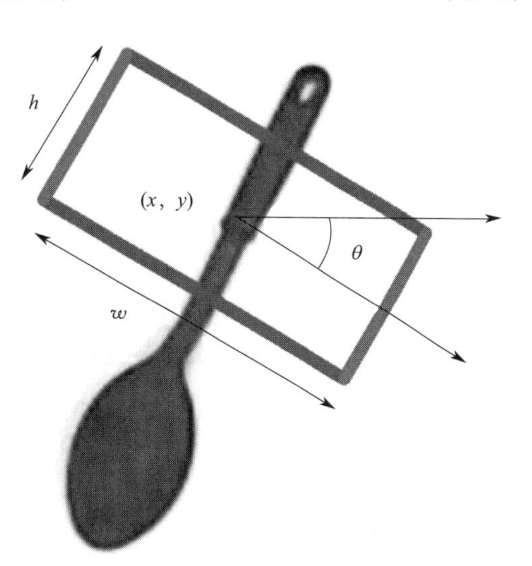

图 13.5.5　抓取定向矩形五维表示

网络结构如图 13.5.6 所示，原始图像输入卷积层后，卷积层会对原始图像进行特征提取，然后将提取的特征进行展平后输入全连接网络进行特征整合，最后是六个神经元的输出，分别对应抓取的坐标信息等，其中四个神经元对应着位置和高度信息，抓取的角度信息是双重旋转对称性，通过 2 倍角度的正弦和余弦对进行角度参数化，以进行角度预测。由于最后采用了全连接层的结构，该方法只能进行单个抓取位姿的预测，若需同时进行多个位姿的预测，需要将网络最后的全连接结构改为卷积结构，利用不同的输出通道中的特征值表示抓取矩形框的坐标信息参数值。

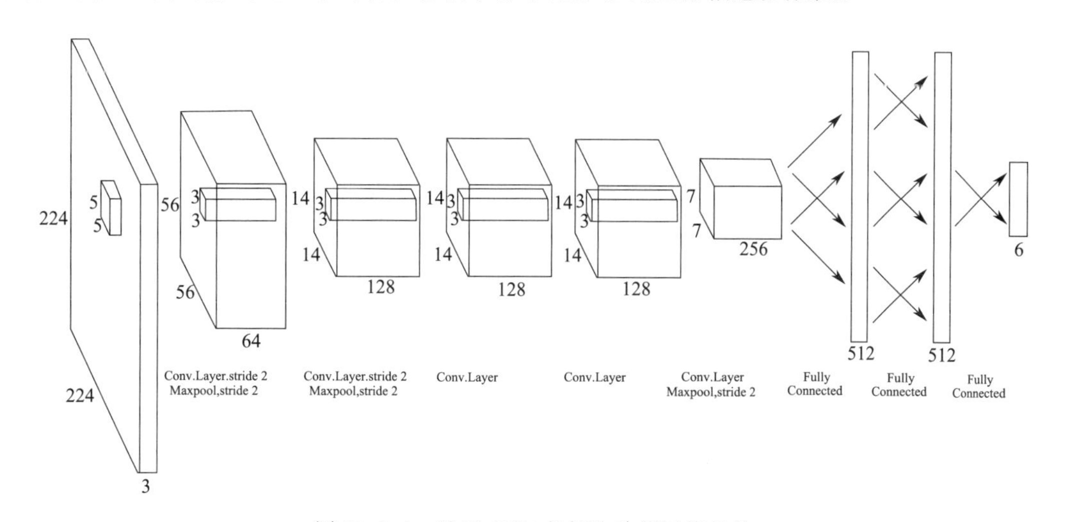

图 13.5.6　基于 CNN 的抓取检测网络结构

（2）基于 RPN 网络的生成式抓取检测

机器人抓取检测只有两类的检测任务：可抓取或不可抓取。类似地，来自 Faster-RCNN 框架的区域提议网络（RPN）将候选框分类为前景或背景。因此，选择 RPN 网络作为机器人抓取检测网络是合理的。抓取检测不仅需要检测物体的抓取位置，还需要检测物体的抓取姿势。然而，在一般对象检测中使用的水平矩形只能表示抓取对象的位置，不能有效地表示对象的姿态，因此需要采用定向矩形（如图 13.5.5 所示）来表示抓取检测结果。

RPN 是一个单级检测网络，可以直接输出检测结果。因此，与两级检测网络相比，基于 RPN 的抓取检测网络能够提高检测效率。基于 RPN 的抓取检测网络结构如图 13.5.7 所示，包括特征提取模块、抓取建议模块和分类回归模块。首先由特征提取模块从输入图像中提取对象特征，然后由抓取建议模块生成抓取建议，特征提取模块生成的特征图为这些抓取建议提供了先验位置，最后通过 3×3 卷积分别将抓取方案输入分类网络和回归网络中进行抓取位姿的输出。

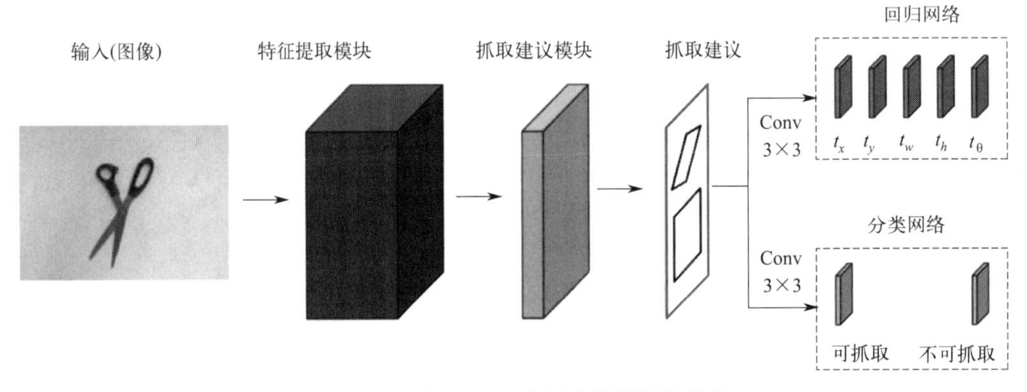

图 13.5.7 基于 RPN 的抓取检测网络结构

抓取建议模块用于对特征提取模块输出的特征图进行处理，对特征图的每一个网格生成 k 个抓取候选矩形框建议，例如对于大小为 $W\times H$ 的特征图，最终生成的抓取候选矩形框总数为 $k\times W\times H$。RPN 生成抓取候选框的具体过程如图 13.5.8 所示：利用 3×3 卷积核在特征图上进行滑动处理，回归层的卷积核输出的是用于对 k 个抓取提议矩形框的坐标进行编码的 $5k$ 个特征图，分类层卷积核输出用于预测 k 个抓取提议矩形框抓取概率的 $2k$ 个特征图。

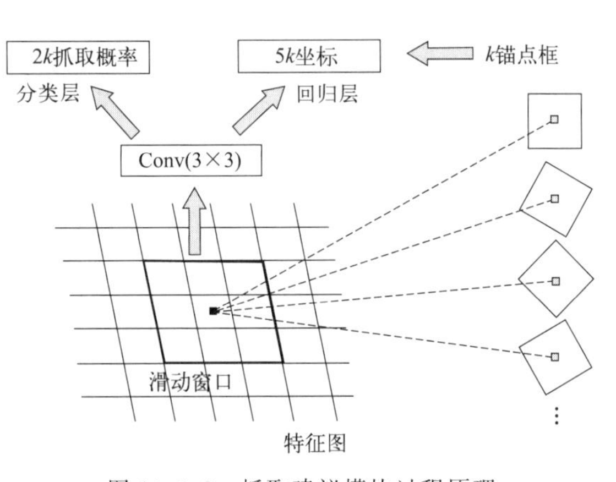

图 13.5.8 抓取建议模块过程原理

基于 RPN 的抓取检测网络需要执行抓取概率分类和抓取矩形框位姿回归两个任务。在训练期间，特征图上每个锚点（网格左上角位置）被分配类别标签和矩形框的五个坐标参数，损失函数定义如式(13.10) 所示，其中 i 是锚点的索引；p_i 是由 softmax 函数计算的第 i 个锚点的类别概率；l_i 是第 i 个锚点的类别标签，当锚点为正样本（即可抓取）

时，l_i 为 1，否则为 0；t_i^* 是真实标注矩形的位置参数相对于对应的锚点的偏移量；t_i 是网络输出的预测抓取矩形位置参数相对于对应的锚点的偏移量；N_{cls} 和 N_{reg} 是指批量输入样本中锚点的数量；L_{cls} 是分类损失；L_{reg} 是回归损失；α 是两个任务损失的平衡参数。

$$L(p_i,l_i,t_i^*,t_i)=\frac{1}{N_{cls}}\sum_i L_{cls}(p_i,l_i)+\alpha\frac{1}{N_{neg}}\sum_i[l_i>0]L_{reg}(t_i^*,t_i) \tag{13.10}$$

（3）基于 GGCNN 的生成式抓取检测

与基于矩形框回归的方式不同，还有研究者提出了像素级的生成方法——类似于基于 FCNN 的图像分割方法，该方法的输出通常用一组热图来表示，热图表示抓握的质量、角度和宽度等。相比于矩形框的生成式方法，像素级抓取检测方法使抓取检测粒度更细、精度更高，该方法达到了与判别策略相同的精度水平，但效率更高。

生成抓取卷积网络（generative grasping convolutional neural network，GGCNN）是一种全卷积网络，由昆士兰大学的 Morrion 等人基于图像语义分割的思想提出，结构如图 13.5.9 所示，网络由 U-net 结构的主干网络和 4 个输出检测头组成。

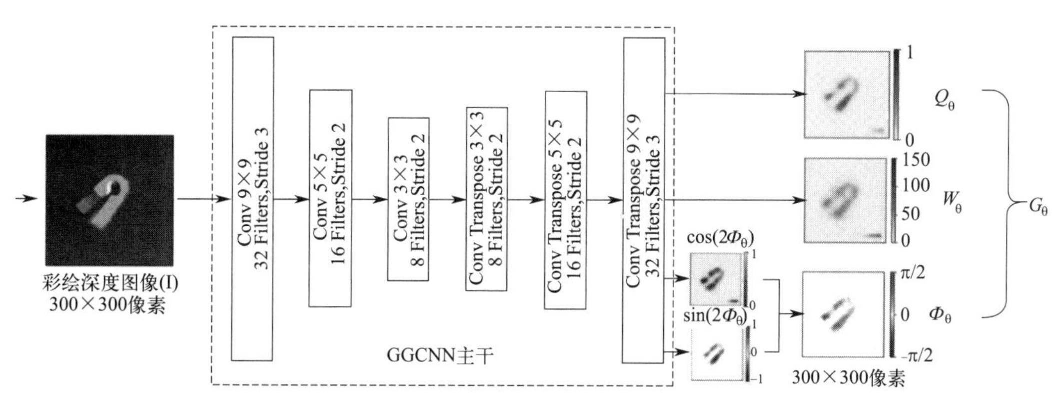

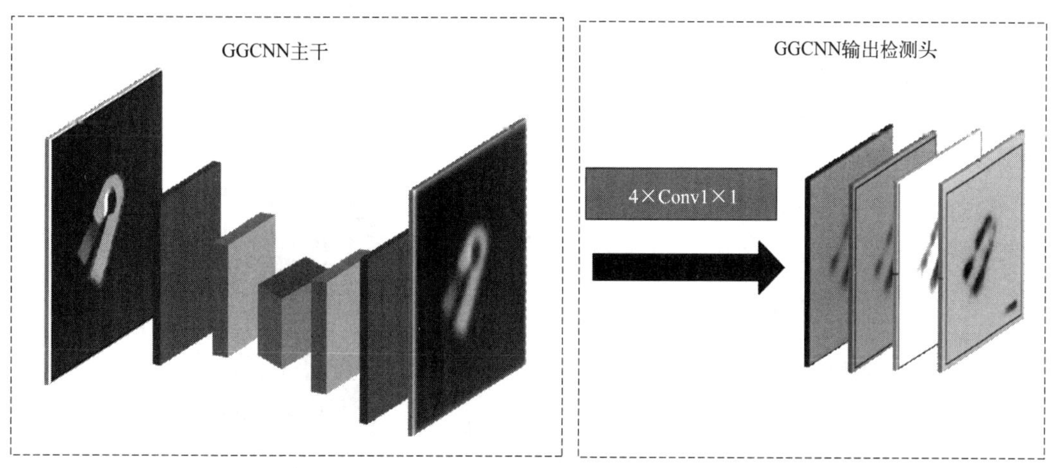

图 13.5.9 GGCNN 网络结构

主干网络部分包括：用于提取输入图像特征的 3 层下采样卷积层，通过三层卷积步长分别为 3、2、2 的卷积层对输入图像进行下采样，最终输出尺寸为原图 1/12 大小的特征图；

用于将获得的特征图还原为输入图像大小的三个上采样转置卷积层，下采样卷积层是通过设置卷积步长实现的特征图分辨率降低（即下采样），故转置卷积层的卷积步长与下采样卷积层的卷积步长一一对应，以实现特征图分辨率的还原。

检测头部分采用 4 个卷积核对主干网络输出特征图进行卷积，分别输出代表输入图像各像素点位置的抓取质量 Q_θ（即抓取成功率）、抓取角度 Φ_θ 和抓取时夹爪的张开宽度 W_θ 的特征图，其中抓取角度不直接输出，而是输出 $\sin(2\Phi_\theta)$ 和 $\cos(2\Phi_\theta)$ 两个特征图，经过反正切三角函数变化即可求得对应的角度值，如式(13.11) 所示：

$$\Phi_\theta = \frac{1}{2}\arctan\frac{\sin(2\Phi_\theta)}{\cos(2\Phi_\theta)} \tag{13.11}$$

Q_θ 是描述在图像每个点 (u,v) 处执行的抓取的质量的图像，该值是范围 $[0,1]$，其中更接近 1 的值表示更高的抓取质量，即抓取成功的机会更大。Φ_θ 是描述在每个点处执行抓取时夹爪绕竖直方向需要的旋转角度的图像，由于二指夹爪的抓取角度是围绕 $\pm\pi/2$ 轴对称的，因此输出角度的值在 $[-\pi/2,\pi/2]$ 范围。W_θ 是描述要在每个点处执行抓取时的抓取器宽度的图像，值在 $[0,150]$ 像素的范围内，可以根据深度相机参数和测量的深度值转换成实际物理长度。

如图 13.5.10 所示，GGCNN 网络直接生成像素级的抓取位姿，类似于执行像素级的语义分割任务：网络的输出是和输入图像尺寸大小一致的 3 组热图，分别代表输入图像各像素点位置的抓取质量 Q（即抓取成功率）、抓取角度 Angle 和抓取时夹爪的张开宽度 Width，根据最大抓取质量 Q 原则或者是抓取质量 Q 超过设定阈值的原则即可选择合适的抓取点并获得其在图像中的坐标，再根据该坐标在抓取角度 Angle 和抓取宽度 Width 的特征图中提取的对应的角度值和宽度值，即可获得抓取物体在图像坐标系下的 4 维抓取位姿 (x,y,w,θ)。该方法不依赖于滑动窗口或进行抓取位姿边界框的回归，相比于矩形框的生成式方法，像素级

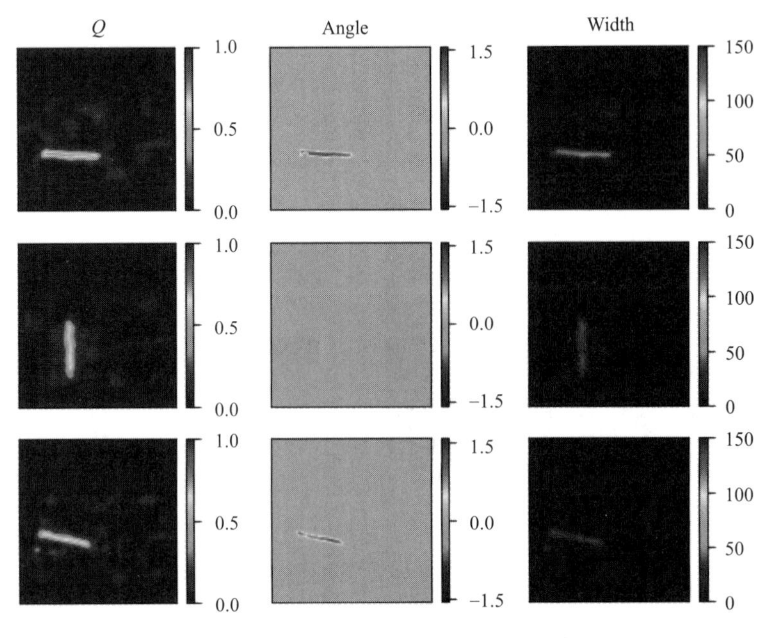

图 13.5.10　GGCNN 输出特征图示意

抓取检测方法使抓取检测粒度更细、精度更高，该方法达到了与判别策略相同的精度水平，但效率更高。

13.5.3　从零开始训练抓取检测模型：GGCNN

本节将以训练 GGCNN 网络模型为例，以 GGCNN 开源代码入手，从数据集的处理、网络结构的搭建、网络训练和测试等几个方面介绍如何从零开始训练抓取检测模型，训练模型的框架为 PyTorch。

（1）GGCNN 源代码下载

从源码网址 https：//github. com/dougsm/ggcnn 下载 GGCNN 源代码文件，包括 models 和 utils 两个文件夹以及 GGCNN 的测试脚本 eval _ ggcnn. py 和训练脚本 train _ ggcnn. py 共四个文件。其中 models 文件夹中主要包括 GGCNN 网络模型的脚本文件以及模型的输出后处理的脚本函数文件，utils 文件夹中主要是制作和加载模型训练数据集时的相关脚本和函数文件。

（2）数据集处理与加载

美国康奈尔大学实物抓取数据集（Cornell 数据集）是目前抓取检测领域比较常用的数据集之一。其中包含了 240 种物品，每个物品都被摆放成了多种不同位置和姿态进行拍摄，总共 885 幅图像。在该数据集中，每幅图像中有多个被标记为抓取成功或抓取失败的矩形框，共标记了 8019 个抓取矩形框。该数据集比其他研究工作中的数据集小，在网络训练的过程中容易造成过拟合，需要使用数据增广方式对其进行扩充，本次训练 GGCNN 网络，采用该数据集作为训练和测试数据集。从 Cornell 数据集网站 http：//pr. cs. cornell. edu/grasping/rect_data/data. php 或者第三方资源分享网站下载 Cornell 数据集。本文数据集从第三方资源分享网站下载，文件包括三个压缩文件夹 origin、data-1、data-2，其中 origin 文件夹中的 backgrounds 是拍摄和采集数据集时的背景图片，RectangleLable 文件是标注的抓取矩形框标签可视化图像。

data-1 和 data-2 中存放的是数据集文件，其中 . png 文件是原始 RGB 图像，pcd * . txt 是点云文件，记录的是与 RGB 图像一一对应的深度图的信息，pcd * cneg. txt 和 pcd * cpos. txt 是在 RGD 图像坐标系下利用定向抓取矩形框标注的抓取位姿的负样本和正样本标签（即抓取矩形框的 4 个角点坐标）。原始 GGCNN 是利用深度图像作为模型的输入，故需要将 Cornell 数据集中的 PCD 点云文件转换生成 . tiff 格式深度图作为网络输入，可以使用 GGCNN 源代码中 utils/dataset_processing 文件夹下 generate_cornell_depth. py 脚本实现该操作，脚本中代码如下：

```
import glob
import os
import numpy as np
from imageio import imsave
import argparse
```

```
from utils.dataset_processing.image import DepthImage


if __name__ == '__main__':
    parser = argparse.ArgumentParser(description='Generate depth images from C ornell PCD files.')
    parser.add_argument('path', type=str, help='Path to Cornell Grasping Dataset')
    args = parser.parse_args()

    pcds = glob.glob(os.path.join(args.path, '*', 'pcd*[0-9].txt'))
    pcds.sort()

    for pcd in pcds:
        di = DepthImage.from_pcd(pcd, (480, 640))
        di.inpaint()

        of_name = pcd.replace('.txt', 'd.tiff')
        print(of_name)
        imsave(of_name, di.img.astype(np.float32))
```

通过命令行指令 python-m utils.dataset_processing.generate_cornell_depth <Path To Dataset>，将<Path To Dataset>修改为 Cornell 数据集的保存路径后运行即可完成点云文件到 .tiff 格式深度图的转换，在保存路径中查看是否有 tiff 文件进行验证。

（3） GGCNN 模型结构

GGCNN 的模型结构在 models 文件夹 ggcnn.py 或 ggcnn2.py 脚本中，ggcnn.py 脚本中代码如下，可以在其中进行修改编辑网络结构，或者重新新建脚本文件进行模型结构定义，代码需要包括 3 个部分内容：模型结构定义、模型权重初始化以及定义模型前向推理过程。

```
import torch.nn as nn
import torch.nn.functional as F


filter_sizes = [32, 16, 8, 8, 16, 32]
kernel_sizes = [9, 5, 3, 3, 5, 9]
strides = [3, 2, 2, 2, 2, 3]


class GGCNN(nn.Module):
    """
    GG-CNN
    Equivalient to the Keras Model used in the RSS Paper (https://arxiv.org/abs/1804.05172)
    """
#网络结构定义
    def __init__(self, input_channels=1):
        super().__init__()
```

```
        self.conv1 = nn.Conv2d(input_channels, filter_sizes[0], kernel_sizes[0], stride=strides[0], padding=3)
        self.conv2 = nn.Conv2d(filter_sizes[0], filter_sizes[1], kernel_sizes[1], stride=strides[1], padding=2)
        self.conv3 = nn.Conv2d(filter_sizes[1], filter_sizes[2], kernel_sizes[2], stride=strides[2], padding=1)
        self.convt1 = nn.ConvTranspose2d(filter_sizes[2], filter_sizes[3], kernel_sizes[3], stride=strides[3], padding=1, output_padding=1)
        self.convt2 = nn.ConvTranspose2d(filter_sizes[3], filter_sizes[4], kernel_sizes[4], stride=strides[4], padding=2, output_padding=1)
        self.convt3 = nn.ConvTranspose2d(filter_sizes[4], filter_sizes[5], kernel_sizes[5], stride=strides[5], padding=3, output_padding=1)

        self.pos_output = nn.Conv2d(filter_sizes[5], 1, kernel_size=2)
        self.cos_output = nn.Conv2d(filter_sizes[5], 1, kernel_size=2)
        self.sin_output = nn.Conv2d(filter_sizes[5], 1, kernel_size=2)
        self.width_output = nn.Conv2d(filter_sizes[5], 1, kernel_size=2)
        #权重初始化
        for m in self.modules():
            if isinstance(m, (nn.Conv2d, nn.ConvTranspose2d)):
                nn.init.xavier_uniform_(m.weight, gain=1)
    #前向推理过程
    def forward(self, x):
        x = F.relu(self.conv1(x))
        x = F.relu(self.conv2(x))
        x = F.relu(self.conv3(x))
        x = F.relu(self.convt1(x))
        x = F.relu(self.convt2(x))
        x = F.relu(self.convt3(x))

        pos_output = self.pos_output(x)
        cos_output = self.cos_output(x)
        sin_output = self.sin_output(x)
        width_output = self.width_output(x)

        return pos_output, cos_output, sin_output, width_output
```

(4) GGCNN 模型训练

完成数据集处理和网络模型结构的自定义或编辑后，运行训练脚本 train_ggcnn.py，train_ggcnn.py 中代码主要包括四个模块：parse_args——训练参数配置函数、train——训练运行函数、validate——验证或测试运行函数以及 run——程序运行主函数。如需要修改部分默认参数，如训练次数、学习率、训练样本批次数、训练迭代次数等参数，可在 parse_args 函数模块中修改 default 的值即可，代码如下。

```
def parse_args():
    parser = argparse.ArgumentParser(description='Train GG-CNN')

    # Network
    parser.add_argument('--network', type=str, default='ggcnn', help='Network Name in .models')

    # Dataset & Data & Training
    parser.add_argument('--dataset', type=str, help='Dataset Name ("cornell" or "jaquard ")')
    parser.add_argument('--dataset-path', type=str, help='Path to dataset')
    parser.add_argument('--use-depth', type=int, default=1, help='Use Depth image for training (1/0)')
    parser.add_argument('--use-rgb', type=int, default=0, help='Use RGB image for training (0/1)')
    parser.add_argument('--split', type=float, default=0.9, help='Fraction of data for training (remainder is validation)')
    parser.add_argument('--ds-rotate', type=float, default=0.0,
                        help='Shift the start point of the dataset to use a different test/train spli for cross validation.')
    parser.add_argument('--num-workers', type=int, default=8, help='Dataset workers')
    parser.add_argument('--batch-size', type=int, default=8, help='Batch size')
    parser.add_argument('--epochs', type=int, default=50, help='Training epochs')
    parser.add_argument('--batches-per-epoch', type=int, default=1000, help='Batches per Epoch')
    parser.add_argument('--val-batches', type=int, default=250, help='Validation Batches')

    # Logging etc.
    parser.add_argument('--description', type=str, default='', help='Training description')
    parser.add_argument('--outdir', type=str, default='output/models/', help='Training Output Directory')
    parser.add_argument('--logdir', type=str, default='tensorboard/', help='Log directory')
    parser.add_argument('--vis', action='store_true', help='Visualise the training process')

    args = parser.parse_args()
    return args
```

训练相关参数配置完成后即可运行 train_ggcnn.py 脚本进行模型的训练，若采用命令行形式启动脚本，参照 python train_ggcnn.py --description training_example --network ggcnn --dataset cornell --dataset-path <Path To Dataset>，修改<Path To Dataset>为 Cornell 数据集的保存路径即可运行。

如需采用 debug 模式运行脚本，则需要在上述 parse_args 函数中的'--dataset-path'参数后添加 default 值为 Cornell 数据集的保存路径。

（5） GGCNN模型抓取检测评估测试

模型训练完毕后，保存训练好的模型，利用命令行指令 python eval _ ggcnn. py --network <Path to Trained Network> --dataset jacquard --dataset-path<Path to Dataset> --jacquard-output --iou-eval 运行 eval _ ggcnn. py 脚本，可选 Cornell 或者 jacquard 数据集作为测试集，指令中“--network <Path to Trained Network>”需要将<Path to Trained Network>部分改为训练好模型的保存路径，“--dataset jacquard”表示利用 jacquard 数据集进行测试，“--dataset-path <Path to Dataset>”表示数据集路径，修改<Path to Dataset>为指定数据集路径即可，“--jacquard-output --iou-eval”表示将测试结果利用 jacquard 数据集标注格式进行输出并利用交并比评判原则进行评估。如需要在读取测试集中的图片输入模型进行模型评估的过程中将预测的抓取位姿用矩形框表示绘制在 RGB 和深度图像上进行抓取位姿的可视化效果，则加上“--vis”参数，如图 13. 5. 11 所示为部分测试集样本检测结果的可视化效果。具体代码如下：

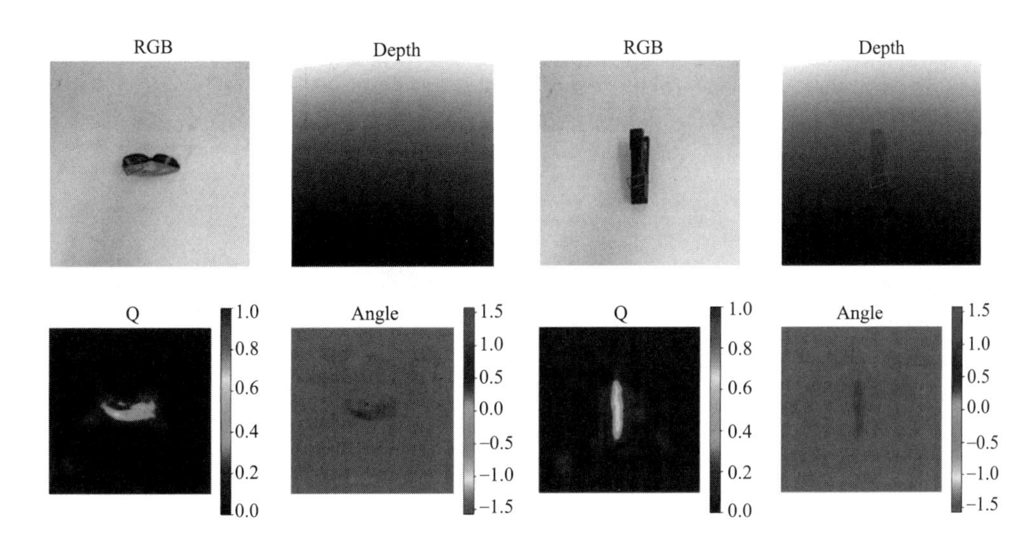

图 13. 5. 11 GGCNN 模型 Cornell 数据集抓取检测结果示意

```
import argparse
import logging
from models. ggcnn2 import GGCNN2
import torch. utils. data
from models. loss import focal_loss
from models. common import post_process_output
from utils. dataset_processing import evaluation, grasp
from utils. data import get_dataset
logging. basicConfig(level=logging. INFO)

def parse_args():
    parser = argparse. ArgumentParser(description='Evaluate GG-CNN')
```

```
    # Network
    parser.add_argument('--network', type=str, help='Path to saved network to evaluate')

    # Dataset & Data & Training
    parser.add_argument('--dataset', type=str, default="cornell", help='Dataset Name ("cornell" or
"jaquard")')
    parser.add_argument('--dataset-path', type=str, default="cornell", help='Path to dataset')
    parser.add_argument('--use-depth', type=int, default=1, help='Use Depth image for evaluation
(1/0)')
    parser.add_argument('--use-rgb', type=int, default=0, help='Use RGB image for evaluation (0/1)')
    parser.add_argument('--augment', action='store_true', help='Whether data augmentation should
be applied')
    parser.add_argument('--split', type=float, default=0.0,
                        help='Fraction of data for training (remainder is valid ation)')
    parser.add_argument('--ds-rotate', type=float, default=0.0,
                        help='Shift the start point of the dataset to use a different test/train split')
    parser.add_argument('--num-workers', type=int, default=1, help='Dataset workers')

    parser.add_argument('--n-grasps', type=int, default=1, help='Number of grasps to consider per
image')
    parser.add_argument('--iou-eval', action='store_true', default=True, help='Compute success
based on IoU metric.')
    parser.add_argument('--jacquard-output', action='store_true', help='Jacquard-dataset style out-
put')
    parser.add_argument('--vis', action='store_true', default=True, help='Visualise the network
output')

    args = parser.parse_args()

    if args.jacquard_output and args.dataset != 'jacquard':
    raise ValueError('--jacquard-output can only be used with the --dataset jacquard option.')
  if args.jacquard_output and args.augment:
    raise ValueError('--jacquard-output can not be used with data augmentation.')

    return args

  if __name__ == '__main__':
    args = parse_args()

    # Load Network
    net = torch.load(args.network)
```

```
    device = torch.device("cuda:0")
    net.to(device)
    # Load Dataset
    logging.info('Loading {} Dataset...'.format(args.dataset.title()))
    Dataset = get_dataset(args.dataset)
    test_dataset = Dataset(args.dataset_path, start=args.split, end=1.0, ds_rotate=args.ds_rotate,
random_rotate=args.augment, random_zoom=args.augment,include_depth= args.use_depth, include_rgb=args.
use_rgb)
    test_data = torch.utils.data.DataLoader(
        test_dataset,
        batch_size=1,
        shuffle=False,
        num_workers=args.num_workers
    )
    logging.info('Done')

    results = {'correct': 0, 'failed': 0}

    if args.jacquard_output:
        jo_fn = args.network + '_jacquard_output.txt'
        with open(jo_fn, 'w') as f:
        pass

    with torch.no_grad():
        for idx, (x, y, didx, rot, zoom) in enumerate(test_data):
            logging.info('Processing {}/{}'.format(idx + 1, len(test_data)))
            xc = x.to(device)
            yc = [yi.to(device) for yi in y]
            lossd = net.compute_loss(xc, yc)

            q_img, ang_img, width_img = post_process_output(lossd['pred']['pos'], lossd['pred']['
cos'],lossd['pred']['sin'], lossd['pred']['width'])

            if args.iou_eval:
                s = evaluation.calculate_iou_match(q_img, ang_img, test_data.dataset.get_gtbb
(didx, rot, zoom),no_grasps=args.n_grasps,grasp_width=width_img,
                                                   )
                if s:
                    results['correct'] += 1
                else:
                    results['failed'] += 1
```

```
        if args.jacquard_output:
            grasps = grasp.detect_grasps(q_img, ang_img, width_img=width_img, no_grasps=1)
            with open(jo_fn, 'a') as f:
                for g in grasps:
                    f.write(test_data.dataset.get_jname(didx) + '\n')
                    f.write(g.to_jacquard(scale=1024 / 300) + '\n')

        if args.vis:
            evaluation.plot_output(test_data.dataset.get_rgb(didx, rot, zoom, normalise=
False),test_data.dataset.get_depth(didx, rot, zoom), q_img,ang_img, no_grasps=args.n_grasps, grasp_
width_img=width_img)

    if args.iou_eval:
        logging.info('IOU Results: %d/%d = %f' % (results['correct'],results['correct'] + re-
sults['failed'],results['correct'] / (results['correct'] + results['failed'])))

    if args.jacquard_output:
        logging.info('Jacquard output saved to {}'.format(jo_fn))
```

13.6 基于深度学习的机器人视觉抓取技术挑战和未来发展方向

深度学习技术在机器人视觉抓取检测中取得了很大的进展，但是仍然存在一些挑战。

(a) 数据集不足：深度学习技术需要大量的数据进行训练，但是机器人视觉抓取检测的数据集往往比较有限，这限制了深度学习技术在该领域的应用。

(b) 精度不够高：机器人视觉抓取检测需要实现高精度的目标检测、物体姿态估计和抓取点检测等任务，但是当前深度学习技术的精度仍然有待提高。

(c) 实时性要求高：机器人视觉抓取检测需要实时性较高，但是当前深度学习技术的计算速度和响应时间仍然有待提高。

未来发展方向包括：

(a) 数据集增加、算法及硬件优化：为了提高深度学习技术在机器人视觉抓取检测中的应用效果，需要增加相应的数据集，以提高深度学习模型的精度和可靠性，可以通过硬件优化和进一步优化深度学习算法，提高其计算速度和响应时间，以满足机器人视觉抓取检测的实时性要求。

(b) 强化学习和深度学习的融合：随着强化学习的发展，越来越多的研究开始将深度学习和强化学习相结合，以实现更高效的机器人视觉抓取任务。例如，可以使用深度学习算法对图像进行处理和特征提取，然后将提取到的特征输入强化学习算法中，以实现更优秀的抓取策略。

(c) 多模态感知技术的应用：在机器人视觉抓取任务中，除了视觉感知外，还可以利用声音、力和触觉等多种感知模态，以提高机器人的抓取准确率和效率。未来的研究可以将多模态感知技术与深度学习算法相结合，以实现更为准确和可靠的机器人视觉抓取任务。

（d）可解释性深度学习算法的研究：深度学习算法在机器人视觉抓取任务中取得了很大的成功，但是深度学习算法的黑箱特性也带来了一些问题，例如模型的可解释性较差，难以理解模型的决策过程。因此，未来的研究可以探索可解释性深度学习算法，以提高模型的可解释性和可靠性。

总之，随着深度学习技术的不断发展，基于深度学习的机器人视觉抓取检测应用将会越来越广泛。未来，我们可以通过增加数据集、进行算法和硬件优化、应用多模态融合感知技术、融合强化学习技术等手段，进一步提高机器人视觉抓取检测的准确性、鲁棒性和实时性，为机器人在实际应用中提供更加高效、智能和可靠的服务。

13.7 本章小结

本章从研究背景和意义的角度入手，系统阐述了机器人视觉抓取技术的应用和发展，详细介绍了深度学习技术在机器人视觉抓取中目标检测定位、位姿估计和抓取点检测三个关键任务中的应用。针对机器人抓取任务分类、抓取位姿表示、抓取检测数据集等基于深度学习的机器人视觉抓取问题进行总结和说明。详细总结了机器人视觉系统的标定与相关坐标转换的原理和过程，以具体的抓取检测算法案例分析介绍深度学习在机器人视觉抓取任务中的应用及原理。最后以 GGCNN 为例，介绍了抓取检测模型的训练和测试过程。

参考文献

[1] 刘凡平．神经网络与深度学习应用实战［M］．北京：电子工业出版社，2018.

[2] 陈达权．基于深度学习的非线性函数逼近有效性探析［J］．电脑知识与技术，2019，15（05）：169-170.

[3] 王敏．基于深度学习的人脸识别方法［J］．计算机与数字工程，2020，48（02）：433-436.

[4] 徐健，吴曙培，刘秀平．基于改进深度神经网络的纱管分类［J］．激光与光电子学进展，2020，57（10）：152-159.

[5] 侯向丹，赵一浩，刘洪普，等．融合残差注意力机制的 UNet 视盘分割［J］．中国图象图形学报，2020，25（09）：1915-1929.

[6] 周伟枭，蓝雯飞．融合文本分类的多任务学习摘要模型［J］．计算机工程，2021，47（04）：48-55.

[7] 周培诚，程塨，姚西文，等．高分辨率遥感影像解译中的机器学习范式［J］．遥感学报，2021，25（01）：182-197.

[8] 谭俊杰，梁应敞．面向智能通信的深度强化学习方法［J］．电子科技大学学报，2020，49（02）：169-181.

[9] 吉朝明，宋铁成．优化形式下的稀疏表示分类器的人脸识别［J］．重庆理工大学学报（自然科学），2020，34（02）：120-126.

[10] 王雨轩，陈思溢，黄辉先．基于改进深度强化学习的倒立摆控制器设计［J］．控制工程，2022，29（11）：2018-2026.

[11] 费春国，刘启轩．基于动态衰减网络和算法的图像识别［J］．电子测量与仪器学报，2022，36（07）：230-238.

[12] 高飞，赵洁琼，林翀，等．基于距离度量学习的 SAR 图像识别方法［J］．北京理工大学学报，2021，41（03）：334-340.

[13] 张颖麟，胡衍，东田理沙，等．生成对抗式网络及其医学影像应用研究综述［J］．中国图象图形学报，2022，27（03）：687-703.

[14] 孙太平，吴玉椿，郭国平．量子生成模型［J］．物理学报，2021，70（14）：38-46.

[15] 刘鹏，谢春华，安文韬，等．卷积神经网络在 SAR 遥感海岛海岸带地物信息提取中的应用综述［J］．海洋开发与管理，2021，38（08）：3-10.

[16] 高樱萍，宋丹，陈玉婷．基于卷积神经网络和迁移学习的服装图像分类［J］．纺织科技进展，2021（11）：48-52.

[17] 严驰腾，何利力．基于 BERT 的双通道神经网络模型文本情感分析研究［J］．智能计算机与应用，2022，12（05）：16-22.

[18] 王天君．基于小样本迁移学习的轴承故障诊断［J］．机械管理开发，2022，37（07）：160-162.

[19] 唐文笙，张亮，程登，等．基于 kettle 的车机大数据清洗方案［J］．电子测试，2022，36（12）：81-83.

[20] 邓慈云，马孝杰．Python 电影数据采集和可视化系统研究［J］．网络安全技术与应用，2022（11）：46-48.

[21] 孔钦，叶长青，孙赟．大数据下数据预处理方法研究［J］．计算机技术与发展，2018，28（05）：1-4.

[22] 周涛，刘赟璨，陆惠玲，等．ResNet 及其在医学图像处理领域的应用：研究进展与挑战［J］．电子与信息学报，2022，44（01）：149-167.

[23] 刘建军，邓洁清，郭世雄，等．基于知识学习的储能电站健康监测与预警［J］．电力系统保护与控制，2021，49（04）：64-71.

[24] 邱锡鹏．神经网络与深度学习［M］．北京：机械工业出版社，2020.

[25] Duan H D，Zhao Y，Chen K，et al. Revisiting skeleton-based action recognition［C］//Proceedings of the IEEE/CVF Conference on Computer Vision and Pattern Recognition. Los Alamitos：IEEE Computer Society Press，2022：2959-2968.

[26] Tang Y S，Tian Y，Lu J W，et al. Deep progressive reinforcement learning for skeleton-based action recognition［C］//Proceedings of the IEEE Conference on Computer Vision and Pattern Recognition. Los Alamitos：IEEE Com-

puter Society Press, 2018: 5323-5332.

[27] Xu Y, Cheng J, Wang L, et al. Ensemble one-dimensional convolution neural networks for skeleton-based action recognition [J]. IEEE Signal Processing Letters, 2018, 25 (7): 1044-1048.

[28] Shi L, Zhang Y, Cheng J, et al. Two-stream adaptive graph convolutional networks for skeleton-based action recognition [C] //Proceedings of the IEEE/CVF conference on computer vision and pattern recognition. 2019: 12026-12035.

[29] Ahmad T, Jin L, Lin L, et al. Skeleton-based action recognition using sparse spatio-temporal GCN with edge effective resistance [J]. Neurocomputing, 2021, 423 (4): 389-398.

[30] Song Y F, Zhang Z, Shan C, et al. Richly activated graph convolutional network for robust skeleton-based action recognition [J]. IEEE Transactions on Circuits and Systems for Video Technology, 2020, 31 (5): 1915-1925.

[31] Si C, Chen W, Wang W, et al. An attention enhanced graph convolutional lstm network for skeleton-based action recognition [C] //Proceedings of the IEEE/CVF conference on computer vision and pattern recognition. 2019: 1227-1236.

[32] Song Y , Gao L , Li X , et al. A novel robotic grasp detection method based on region proposal networks [J]. Robotics and Computer-Integrated Manufacturing, 2020, 65: 101963.

[33] Morrison D, Corke P, Leitner J. Learning robust, real-time, reactive robotic grasping [J]. The International Journal of Robotics Research, 2020, 39 (2-3). 351-353.

[34] Butler K T, Davies D W, Cartwright H, et al. Machine learning for molecular and materials science [J]. Nature, 2018, 559 (7715): 547-555.

[35] Reichstein M, Camps-Valls G, Stevens B, et al. Deep learning and process understanding for data-driven Earth system science [J]. Nature, 2019, 566 (7743): 195-204.

[36] Tian H, Song K, Li S, et al. Data-driven robotic visual grasping detection for unknown objects: A problem-oriented review [J]. Expert Systems with Applications, 2023, 211: 118624.

[37] Ren S, He K, Girshick R, et al. Faster R-CNN: Towards real-time object detection with region proposal networks [J]. IEEE Transactions on Pattern Analysis & Machine Intelligence, 2017, 39 (6): 1137-1149.

[38] Pessach D, Shmueli E. A review on fairness in machine learning [J]. ACM Computing Surveys (CSUR), 2022, 55 (3): 1-44.

[39] Huang H, Tang X, Wen F, et al. Small object detection method with shallow feature fusion network for chip surface defect detection [J]. Scientific reports, 2022, 12 (1): 3914.

[40] Wang Z, Zhan J, Duan C, et al. A review of vehicle detection techniques for intelligent vehicles [J]. IEEE Transactions on Neural Networks and Learning Systems, 2022.

[41] Xia K, Lv Z, Liu K, et al. Global contextual attention augmented YOLO with ConvMixer prediction heads for PCB surface defect detection [J]. Scientific Reports, 2023, 13 (1). 0805

[42] Moor M, Banerjee O, Abad Z S H, et al. Foundation models for generalist medical artificial intelligence [J]. Nature, 2023, 616 (7956): 259-265.

[43] Wang J, Dai H, Chen T, et al. Toward surface defect detection in electronics manufacturing by an accurate and lightweight YOLO-style object detector [J]. Scientific Reports, 2023, 13 (1): 7062.

[44] Stark T, Stefan V, Wurm M, et al. YOLO object detection models can locate and classify broad groups of flower-visiting arthropods in images [J]. Scientific Reports, 2023, 13 (1): 16364.

[45] Chen F X R, Lin C Y, Siao H Y, et al. Deep learning based atomic defect detection framework for two-dimensional materials [J]. Scientific Data, 2023, 10 (1): 91.

[46] Qu S, Yang X, Zhou H, et al. Improved YOLOv5-based for small traffic sign detection under complex weather [J]. Scientific reports, 2023, 13 (1): 16219.

[47] Jia X, Tong Y, Qiao H, et al. Fast and accurate object detector for autonomous driving based on improved YOLOv5 [J]. Scientific reports, 2023, 13 (1): 1-13.